纺织服装高等教育“十二五”部委级规划教材

现代棉纺技术

XIANDAI MIANFANG JISHU

（第二版）

张曙光 主 编
耿琴玉 副主编
张 冶
于修业 主 审

東華大學出版社

内容提要

本教材以国产新型棉纺设备为基础，比较全面地阐述了现代棉纺生产设备的机构与工作原理、棉纺工艺原理与工艺配置、传动与工艺计算、综合技术讨论，具体包括原料选配、开清棉、梳棉、清梳联、精梳、并条、粗纱、细纱、后加工、新型纺纱等工序的相关内容，较系统地归纳了有关棉纺生产过程与工艺原理的知识点及其相互关系。

本教材为高职高专纺织类专业教材，也可作为棉纺企业的工程技术人员的参考资料及技术工人的培训教材。

图书在版编目(CIP)数据

现代棉纺技术/张曙光，耿琴玉，张冶主编.—2版.—上海：东华大学出版社，2012.8

ISBN 978-7-5669-0123-1

Ⅰ.①现…　Ⅱ.①张…　②耿…　③张…　Ⅲ.①棉纺织—纺织工艺　Ⅳ.①TS115

中国版本图书馆CIP数据核字(2012)第182297号

责任编辑：张　静
封面设计：李　博

出　　版：东华大学出版社(上海市延安西路1882号，200051)
本社网址：http://www.dhupress.net
淘宝书店：http://dhupress.taobao.com
营销中心：021-62193056　62373056　62379558
印　　刷：上海市崇明裕安印刷厂
开　　本：787×1 092　1/16　印张 24.75
字　　数：618千字
版　　次：2012年8月第2版
印　　次：2012年8月第1次印刷
书　　号：ISBN 978-7-5669-0123-1/TS·342
定　　价：49.00元

第二版前言

《现代棉纺技术》自2007年出版以来，至今已有五年。在这五年中，国内外棉纺技术在各方面有了新的进步与发展，如设备方面，有清梳联及生条质量在线检测、高速并条机及自调匀整、多电机驱动的粗纱机、粗细联、细络联、粗纱机及细纱机的集体落纱、多功能全数控细纱机、MVS涡流纺纱机等；原料方面，各种天然纤维与化学纤维在棉纺设备上的应用和生产，相应地开发出了品种多样化的棉纺新产品；新技术方面，除了应用十分普遍的紧密纺、赛络纺、赛络紧密纺、赛络菲尔纺、竹节纱、包芯纱之外，又出现了低扭矩纺纱方法、嵌入式纺纱方法等。为了适应现代棉纺技术的发展与进步，本次修订版对第一版做了如下调整：

1. 修改了第一版中的一些错误；

2. 删除了开清棉的六辊筒开棉机及其工艺；

3. 增补了竹节纱及其工艺分析内容；

4. 介绍了赛络菲尔纺纱、低扭矩纺纱方法、嵌入式纺纱、多功能全数控细纱机等新技术。

本教材也可作为棉纺企业的工程技术人员的参考资料及技术工人的培训教材。

本教材在修订过程中，得到了江苏大生集团沈健宏董事长、江苏苏州震纶集团吴建坤副总经理、南通纺织控股集团纺织染有限公司陈忠总经理、江苏海门荣祥纺织厂陆勤俭厂长、南通纺织职业技术学院张进武教授和刘梅城高级工程师的技术支持，在此一并表示真诚的谢意。

由于编者水平有限，资料收集不太全面，加之平时工作繁忙，修订时间十分仓促，恳请广大读者提出宝贵意见，以便今后不断改进与完善。

编　者

2012年7月

前　言

跨入21世纪，棉纺技术在各方面取得了很大的发展与进步。国内外新型棉纺设备的应用，如清梳联、自调匀整、高速精梳机、高速并条机、悬锭式高速粗纱机、高速转杯纺纱机、细络联、自动络筒机等以及纺织器材质量的提高，使棉纺产品的产质量大幅度地提高；新原料的应用及新产品的开发，如各种天然纤维（山羊绒、精短毛、亚麻等）与化学纤维在棉纺设备上的应用和加工，相应开发出了各种棉纺新产品；新技术的应用，如赛络纺纱、赛络菲尔纺纱、紧密纺纱、竹节纱、包芯纱等，提高了产品质量，并增加了产品品种；新工艺的应用，如高效工艺的出现为提高棉纺厂的产质量及经济效益提供了理论基础。

高职高专纺织类专业教材《现代棉纺技术》正是在这个大前提的指导思想下编写而成的。本教材是南通纺织职业技术学院国家级精品建设专业"现代纺织技术"的主干课程的配套教材，是在多年的教学改革基础上编写而成的，具有鲜明的"必需、够用"的高职特色，内容的针对性和实用性强。自1999年至今，以讲义的形式在南通纺织职业技术学院试用了8年，其间经过几次修改，使用效果良好，为提高教学质量与教学效果奠定了基础。

本教材比较全面地阐述了现代棉纺生产设备与工艺的有关内容，充分吸收国内外最新棉纺设备与工艺的研究成果，同时考虑到目前广大纺织企业的生产实际，适当选取了部分20世纪80—90年代具有代表性的棉纺设备内容，较系统地归纳了有关棉纺生产过程与工艺原理的知识点及其相互关系。本教材的主要特点，一是在内容安排上，每章正文之前有内容提要，每章结束之后有本章重点和复习思考题，且复习思考题的形式包括基本题、综合题、实训题；二是各章内容的编排顺序，基本上是先概述，然后进行设备与工作原理分析，再进行工艺应用与实例分析，最后是综合技术讨论。在教学过程中，建议采用理论紧密结合实际的教学模式和"边讲边练、讲练结合"的教学方法，参考学时100～140学时，可根据各院校的实际教学计划进行取舍。本教材也可作为棉纺企业的工程技术人员的参考资料及技术工人的培训教材。

本教材绪论、第一章、第二章、第三章、第四章由南通纺织职业技术学院张冶执笔，第五章、第六章、第七章由南通纺织职业技术学院张曙光执笔，第八章、第九章、第十章由南通纺织职业技术学院耿琴玉执笔。全书由张曙光负责整理统稿，并由东华大学于修业教授审稿。本教材在编写过程中，得到了天津天纺投资控股有限公司闫江荣高级工程师、经纬宏大集团青岛纺织机械厂谈树起高级工程师、江苏海门荣祥纺织厂陆勤俭厂长、江苏吴江震纶集团吴建坤副总经理、南通英瑞纺织有限公司施海燕副总经理的技术支持，在此一并表示真诚的谢意。

由于编者水平有限，资料收集不太全面，且时间较为仓促，书中肯定存在许多不足之处，恳请各位读者提出宝贵意见，以便今后不断改进与完善。

编　者

2007 年 8 月

目录

绪　论

一、本课程的基本任务

将棉纤维或棉型、中长型化纤加工成纱线的技术，称为棉纺技术。“现代棉纺技术”就是阐述这一加工技术的工艺原理和实践应用的课程。通过对本课程的学习，可使我们了解棉纺纺纱系统中原料的选配与混合、各主要纺纱设备的机构、工艺过程，掌握开松、除杂、混合、梳理、均匀、并合、牵伸、加捻与卷绕等作用的基本工艺原理，熟悉工艺调节、产品质量控制、传动系统和工艺计算，了解新型纺纱技术等。本课程的基本任务是：

(1) 掌握原料的主要性能和配棉方法。

(2) 熟悉纺纱各工序设备的工艺原理，掌握工艺调节的基本理论和工艺计算。

(3) 能进行各种原料的纱线产品的工艺实施和工艺调整，具备工艺设计能力。

(4) 熟悉半制品、成品的质量要求和控制方法，具有纱线产品开发能力。

(5) 具有综合运用专业知识，灵活处理质量、产量及消耗等生产实际问题的能力。

二、纺纱系统和工艺流程

把纺织纤维加工成纱的过程称为纺纱，纺纱过程是由所用原料的基本特性及成纱用途的要求决定的。纺纱工艺系统一般按照加工原料的不同分为棉纺、毛纺、麻纺、绢纺等系统。本教材仅介绍棉纺工艺系统中的工艺原理与设备。

进入棉纺厂的原料一般是经过初加工的棉纤维和化学纤维，为了运输和储藏方便，采取的包装形式通常为各种压紧的棉包或化纤包，包中的纤维呈相互纠缠的紊乱状态，并含有各种杂质和疵点。要将这样的原料纺成满足一定质量要求的纱，必须经过一系列的加工过程。纺纱时经过的加工程序称为工艺流程，要根据不同的原料、不同的成纱要求确定纺纱系统。棉纺厂一般有粗梳系统和精梳系统两种，其工艺流程如下所述。

1. 粗梳系统

粗梳系统又称为普梳系统。一般用于纺制质量要求一般的纱线，其工艺流程见图 0-1。

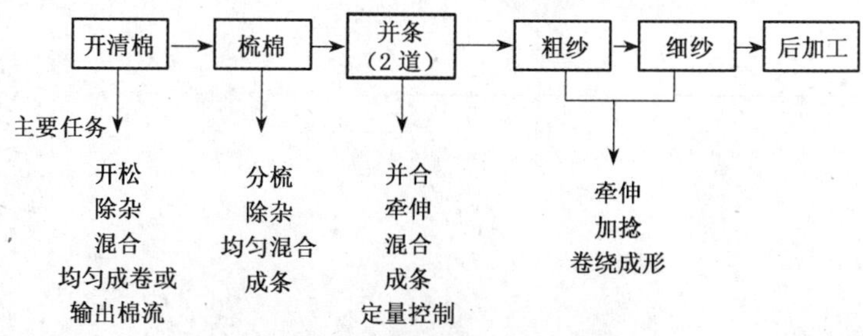

图 0-1　粗梳(普梳)纺纱系统

2. 精梳系统

精梳系统主要用于纺制质量要求高或线密度较细的高档棉纱和特种工业用纱等，要求纱线结构均匀、强力高、毛羽少、光泽好，其工艺流程见图 0-2。

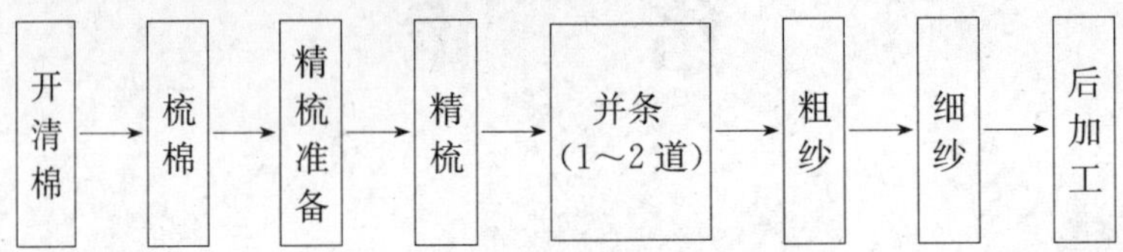

图 0-2　粗梳纺纱系统

后加工根据产品的销售方式和包装方式的不同而有不同的工序，包括络纱、并纱、捻线、摇纱、成包等。

以上两种棉纺纺纱系统都属于传统的环锭纺系统，当前发展很快的还有新型纺纱系统，如转杯纺、喷气纺、摩擦纺等，采用的是棉条直接成纱的技术，省掉了粗纱工序，工艺流程缩短，产量大幅度提高。

改革开放以来，我国棉纺行业经历了快速发展，截止 2007 年，全国拥有 8 720 万纱锭，纤维加工量占全国纺织纤维加工量的 50％以上，产值占整个纺织行业的 30％，棉纺新原料、新设备、新技术层出不穷。因此，学习和掌握棉纺工艺原理和纺纱先进技术，将为我们从事纺纱实践奠定扎实的专业基础。

第一章　原料的选配与混合

内容提要

本章主要介绍原棉和化学纤维的选配目的和原则、配棉的依据、原料的工艺性能对成纱品质的影响、配棉方法、混合方法以及配料计算等，重点阐述分类排队法以及生产中的注意事项。本章的教学目的是使学生掌握原料的主要性能以及在生产中如何保证成纱质量的稳定，并能根据不同纱线产品的用途和质量要求合理选配原料。

第一节　原棉的选配

一、配棉概述

原棉的主要物理性质如线密度、长度、强度、成熟度以及含杂等都是很不均匀的，这些性质随着棉花的生长条件、品种、产地以及轧花质量的不同而有差异。原棉的性质与纺纱工艺、成纱质量有着密切的关系，如表 1-1 所示。为了充分发挥和合理利用不同原棉的特性，达到保证质量、降低成本、稳定生产的目的，棉纺厂一般不采用单一唛头纺纱，而是把几种原棉搭配起来，组成混合棉使用。

表 1-1　原棉性质与纺纱的关系

棉纤维性质	概　念	一般范围	与纺纱的关系
长度(mm)	伸直时两端点间的距离	23～33	纤维长，纺纱强度大，断头少，可纺低线密度纱
短绒率(%)	长度小于 16 mm 的纤维所占比率	10～15	短绒少，纺纱条干均匀，断头少，强度高
强力(cN/根)	单根纤维的强力	3.43～4.41	在一定线密度范围内，单纤维强力高，成纱强力高
线密度(tex)	长度为 1 000 m 的纤维公定重量克数	0.2～0.15	在正常成熟度的情况下，纤维细，成纱强度大，可纺低线密度纱，条干均匀
成熟度(成熟系数)	腔宽与壁厚的比值对应系数	1.5～2.1	成熟正常的纤维，强度高，染色均匀，除杂效果好
含水率(%)	原棉含水的比率	7.5～9.5	含水率正常的纤维，除杂容易；含水率过高，易产生棉结；含水率过低，毛羽纱增多
含杂率(%)	原棉含杂的比率	1.5～3.0	原棉中带纤维杂质、疵点少，成纱中棉结、杂质少

所谓配棉，就是将原棉搭配使用的技术，即根据成纱质量要求，结合原棉特点制定混合棉的各种成分及混用比例的最佳方案，并按产品分类定期编制配棉排队表。做好配棉工作，不仅能增进生产效能，保证和提高成纱产量和质量，而且对成纱成本有显著影响。因此，配棉工作在纺织厂中具有极为重要的技术经济意义。

（一）配棉的目的

1. 保持生产和成纱质量相对稳定

保持原棉性质的相对稳定是生产和质量稳定的一个重要条件。如果采用单一唛头纺纱，当一批原棉用完后，必须调换另一批原棉接替使用（称为接批）。这样，次数频繁、大幅度地调换原料，势必造成生产和成纱质量的波动。如果采用多种原料搭配使用，只要配合得当，就能保持混合棉性质的相对稳定，从而使生产过程及成纱质量也保持相对稳定。

2. 合理使用原棉，满足纱线质量要求

根据纱线线密度和用途不同，对纱线质量和特性的要求也不同，加之纺纱工艺各有特点，因此，各种纱线对使用原棉的质量要求也不一样。另外，棉纺厂储存的原棉数量有多有少，质量有高有低，采用混合棉纺纱，可充分利用各种原棉的特性，取长补短，以满足纱线质量的要求。

3. 节约用棉，降低成本

配棉要从经济效益出发，控制配棉单价和吨纱用棉量，力求节约用棉，降低成本。例如在纤维长度较短的混合棉中适当混用一些长度较长的低级棉，或在纤维线密度大的混合棉中混用少量线密度较小、成熟度较差的低级棉，不仅不会降低成纱质量，相反可使成纱强度有一定程度的提高。对于纺纱过程中产生的一部分回花、再用棉，可按配棉技术以一定比例回用或降级使用，也可收到降低成本、节约用棉的效果。

（二）配棉原则

根据实践经验总结，配棉的原则是质量第一、统筹兼顾，全面安排、保证重点，瞻前顾后、细水长流，吃透两头、合理调配。

1. 质量第一，统筹兼顾

要处理好质量与节约等的关系。

2. 全面安排，保证重点

生产品种虽多，但质量要求不同，在统一安排的基础上，尽量保证重点产品的用棉。

3. 瞻前顾后，细水长流

配棉要考虑到库存原棉、车间上机原棉、原棉供应预测三方面的情况，延长每批原棉的使用期，力求做到多唛头生产，一个品种一般用 5～9 个唛头。

4. 吃透两头，合理调配

要及时摸清到棉趋势和原棉质量，并且随时掌握产品质量的信息反馈情况，机动灵活、精打细算地调整配棉（调配时间应根据具体情况决定，可一月一次、一旬一次或一周一次等）。

贯彻配棉原则时，应努力做到以下三点：

① 稳定：力求混合棉质量长期稳定，以保证生产稳定。

② 合理：在配棉工作中，不搞过头的质量要求，也不片面地追求节约。

③ 正确：指配棉表中的成分与上机成分相符，做到配棉成分上机正确。

二、配棉依据

（一）根据成纱品种和用途选配原棉

棉纺厂是多品种生产。从规格上讲，有高线密度纱、中线密度纱、低线密度纱和特低线密度纱；从加工方法上讲，有普梳纱和精梳纱、单纱和股线；就用途讲，有经纱和纬纱、针织用纱、起绒纱以及特种用纱等。纱线品种不同，质量要求也不一样，在配棉时应分别予以考虑。棉纺纱线线密度的一般分类见表 1-2，棉纺纱线产品分类和名称见表 1-3。

表 1-2　棉纺纱线线密度的一般分类

类别	线密度	英制支数
特低线密度纱	10 tex 及以下	60^S及以上
低线密度纱	11～20 tex	58^S～29^S
中线密度纱	21～30 tex	28^S～19^S
高线密度纱	32 tex 及以上	18^S及以下

表 1-3　棉纺纱线产品分类和名称

依　据	棉纺纱线产品的名称
原料不同	纯棉纱、纯化纤纱、棉与化纤混纺纱等
纺纱方法不同	环锭纺纱、转杯纺纱、喷气纺纱等
纺纱工艺不同	普梳纱、精梳纱、包芯纱等
加捻方向不同	顺手纱（S 捻）、反手纱（Z 捻）
产品用途不同	机织用纱（经纱、纬纱）、针织用纱、起绒用纱、缝纫用纱等

1. 棉纱的线密度

低线密度和特低线密度的棉纱一般用于高档产品，要求成纱强度高，外观疵点少，条干均匀度好。低线密度和特低线密度的纱的直径小，横截面内包含的纤维根数较少，疵点容易显露，且截面内的纤维根数分布不匀时，对棉纱的条干均匀度的影响较大。因此，配棉时应选用色泽洁白、品级高、纤维细、长度长、杂质和有害疵点少以及含短绒较少的的原棉，一般不混用再用棉。

中高线密度的纱的质量要求较低，所用的纤维可以适当短粗些，同时还可混用一些再用棉及低级棉。

2. 普梳纱和精梳纱

精梳纱一般为高档产品，要求外观好、条干均匀、棉结和杂质少。精梳工序能大量排除短纤维和部分杂质性疵点，但对于排除棉结比较困难，可用一些含短绒较多的原棉，不宜多用含棉结较多的原棉。成熟度过差和含水率较高的原棉在纺纱过程中容易产生棉结，应避免使用。精梳棉纱要选用色泽好、长度较长、整齐度略次、线密度适中、强度较高的原棉，有些精梳纱需要使用长绒棉。普梳纱选用含短绒较少的原棉，对提高成纱强度有利，在纺低线密度纱时尤为显著。

3. 单纱和股线

单纱经并合加捻后成为股线，条干有所改善，纤维的强度利用率高，疵点显露率低，光泽和弹性增强，配棉时可选择色泽略次、长度一般、强度中等、未成熟纤维和疵点稍多、轧花质量稍差的原棉。纺同线密度的股线，配棉对原棉的要求相对于单纱略低。

4. 经纱和纬纱

经纱经过的工序多，在生产过程中承受张力和摩擦的机会也较多，要求纱的结构紧密结实、弹性好、强度高、毛羽少，配棉时可选择色泽略次、纤维较细长、强度较高、成熟度适中、整齐度较好的原棉。而对某些经纱浮于布面的织物，对原棉的色泽和棉结、杂质的要求较高。

纬纱不上浆，准备工序简单(直接纬纱不经准备工序)，去除杂质的机会少，同时纬纱一般浮于织物的表面，故其色泽、含杂对织物的外观及手感的影响大，纬纱在织造时所受的张力小，故对强度的要求不高，因此宜选用色泽好、含杂较少、长度略短、线密度略高、强度稍差的原棉。

5. 针织用纱

针织品柔软丰满，要求针织用纱的条干与强度均匀，细节、疵点和棉结少。针织纱对条干的要求很高，粗细不匀的纱在针织物上表露特别明显，因此配棉时对成纱强度、条干和疵点各方面都要照顾到。所以，应选择色泽乳白有丝光、细长、整齐度高、成熟正常、短绒率低、未成熟纤维和疵点少、轧花良好的原棉。起绒织物的针织用纱，应选择成熟度高、弹性好、长度较短的原棉。

6. 染色用纱

一般棉布都要经过染整加工。织物的吸色能力和纤维性质的关系很大，染色的深浅对原棉的要求不同。浅色布对原棉的要求高，不能混用成熟度系数低和差异大的原棉。否则，纤维混合不匀时，染色后会产生条花或斑点。浅色布用的原棉要求色泽较好、含杂较少、成熟正常。染质量较高的深色布对纤维吸色要求高，故成熟度要好，以防染色不匀。漂白布和一般染色布所用的原棉可稍次，若坯布上略有条花疵点时，经染色或漂白后可以消除，但漂白布所用的原棉忌带油污麻丝等异性纤维。印花布对原棉的要求可更低些，因为印花布上的棉结杂质可以被印花所覆盖，轻微横档、条花疵点一般不易被察觉。

7. 特种用纱

特种用纱的种类很多，应按用途不同进行选择。如轮胎帘子线用纱要求强度高、伸长小、不匀率小、外观要求可稍差，故应选用纤维长而细、整齐度好、强度高的原棉，而对色泽、含杂的要求可较低。汽车轮胎帘子线的强度要求较高，应选用长绒棉；自行车轮胎帘子线则可用细绒棉。起绒纱要求纤维粗而短，以利于起绒，对棉结、杂质的要求不高，可以选用品级较差的原棉。绣花线、缝纫线、手帕用纱等要求采用强度较高、色泽好、棉结和杂质少的原棉。

(二) 根据纱线的质量考核项目选用原棉

根据国家标准的规定，棉纱质量按单纱强力变异系数(单强 CV 值)、百米重量变异系数、条干均匀度、一克内棉结粒数、一克内棉结杂质粒数评等，此外还要考虑单纱断裂强度和百米重量偏差，优等纱还要考核十万米纱疵。除此之外，还参照 USTER 统计公报来评定棉纱等级。棉纱质量的好坏，除与生产管理、工艺条件、机械状态、操作水平等有关外，还和原棉的优劣及其使用的合理与否有密切关系，因此，掌握好纱线质量对原棉的不同要求以及它

们之间的相互关系，充分发挥各种原棉的长处，在提高纱线质量、稳定生产和降低成本等方面都起着很重要的作用。

1. 单纱断裂强度和单纱断裂强度变异系数

配棉时为了保证纱线强度、减小强度不匀率，原棉的性质主要考虑以下几点：

(1) 纤维的断裂强度

不同地区、不同种类的棉纤维，其断裂强度有很大的差异。纤维强度高，纱线强度高。

(2) 原棉的成熟度和线密度

在纤维成熟度正常的范围内(细绒棉最好为1.6～1.8，长绒棉最好为1.7～2.0)，纤维线密度小，成纱截面内包含的纤维根数多，纤维之间的接触面积大，成纱强度高，单强CV值小。棉纤维的线密度和成熟度对纺不同线密度的纱的影响程度有差别，对低线密度纱的影响要大一些。如果低线密度纱用细纤维，成纱强度显著增加；高线密度纱用细纤维，成纱强度的提高则较小；纺高线密度纱时，若采用成熟度好、线密度高、断裂强度大的纤维，纱线强度反而有较大幅度的提高。

(3) 纤维长度、长度整齐度、短绒含量

纤维长度长，纤维间的接触机会多，摩擦抱合力大，成纱强度高；长度整齐度好，强度不匀低；棉花的短纤维含量对成纱强度的影响显著。短绒多，成纱强度低，强度不匀率也大。纺低线密度纱时，长度指标对成纱强度的影响更显著。

(4) 地区、色泽和手感

各地区的自然条件不同，棉花采摘迟早不一，原棉的色泽、手感有很大差异，而色泽和手感在一定程度上反映了棉纤维成熟度的好坏。一般原棉色泽好、手感富有弹性，其成熟度较好，成纱强度也高；若纤维柔软无弹性，手感死板涩滞，说明纤维较细，成熟度差，对成纱质量不利。一般中期棉的性能优于早期、晚期棉。所以，应该摸清各地区原棉的特点，在配棉时掌握变化规律，做到心中有数。

2. 百米重量变异系数

百米重量变异系数反映纱线长片段的均匀情况。它主要由车间管理工作和机械状态决定，但与原棉的性质和配棉工作也有关系。当配棉成分变动时，接批前后原棉的长度、线密度、短绒率、含水率以及棉包密度等差异较大时，会影响成纱的百米重量变异系数。这是原棉唛头调动而影响牵伸效率变化的结果。为了避免这种情况，应控制好对成纱定量有影响的原棉使用。

3. 条干均匀度

条干均匀度反映纱线短片段的均匀情况。原棉性质对纱线条干有显著影响，重点考虑以下几点：

(1) 线密度

棉纤维愈细，成纱条干愈均匀，但纤维的线密度不匀率高不利于成纱条干，适当降低纤维的平均线密度对条干均匀度是有利的。实践证明，采用“粗中夹细”，即搭用5%～10%线密度较小的低级棉纺纱，既可利用低级棉降低成本，又不影响成纱质量。

(2) 短绒

原棉中的短绒愈多，长度愈不整齐，成纱条干就愈差。在普梳纱(生条短绒率为18%以上)、精梳纱(精梳条短绒率为9%以上)的短绒率处于较高水平时，随着短绒率的增加，纱线条干呈显著恶化的趋势，主要原因是牵伸机构对短纤维的运动控制能力差。

(3) 棉结杂质

棉结和带纤维籽屑是形成棉纱粗节的主要因素。试验证明，棉纱上的粗节有50%是由棉结杂质形成的。另外，在牵伸过程中，结杂会干扰其他纤维的正常运动，造成棉纱条干不匀。因此，配棉时要注意掌握原棉的成熟度、含水率以及棉结、软籽表皮、带纤维的籽屑等。

4. 棉纱的结杂粒数

配棉时，对结杂粒数的控制一般应考虑以下几点：

(1) 成熟度与轧花

成纱中的棉结，有一部分是由轧花不良形成的。轧花好的原棉，棉层均匀清晰，成纱棉结杂质少；轧花差者，产生的索丝、棉结，特别是紧棉索、紧棉结，其梳理和排除困难，成纱棉结杂质增多。皮辊棉在轧棉时不产生棉结，成纱棉结少。原棉的成熟度是影响棉纱结杂的重要因素。成熟度差的原棉，纤维刚性差，在纺纱过程中容易扭曲形成棉结。而且，棉籽表皮在棉籽上的附着力小，轧棉时容易形成带纤维杂质，这种杂质十分脆弱，在纺纱过程中容易分裂。如果成熟度好，杂质也较坚硬，分裂的机会便较少。

(2) 原棉含杂

原棉中的僵片、带纤维籽屑、软籽表皮等疵点对成纱棉结杂质的影响较大。这些杂质在机械作用下很容易碎裂，因此，棉纱上的杂质粒数比原棉中的杂质粒数多。配棉时，应特别注意原棉单唛试纺中结杂粒数和带纤维籽屑粒数的稳定。

(3) 原棉回潮率

原棉回潮率高，纤维间粘连力大，刚性低，易扭曲，杂质不易排除，成纱棉结杂质增多，原棉成熟度差时尤为显著。原棉回潮率过低，杂质容易破碎，成纱结杂增加，而且车间飞花多，棉纱表面毛羽增多。低级棉的回潮率一般较高，对成纱结杂粒数的影响较大。

此外，黄白纱问题在目前的国家标准中虽未规定，但对织物外观有直接影响。产生黄白纱的主要原因是在“接批”过程中黄白棉搭配比例发生波动。配棉时应根据不同黄染程度，注意均衡搭配使用。再者，某些含糖高、含蜡高的原棉，在纺纱时容易产生绕罗拉、绕皮辊及绕皮圈的“三绕”现象，应适当控制使用或经处理后再用。

三、配棉方法

目前，棉纺厂普遍使用的配棉方法是分类排队法。

(一) 原棉的分类

所谓分类，就是根据原棉的特性和各种纱线的不同要求，把适合纺制某类纱的原棉划为一类，组成该种纱线的混合棉。生产品种多，可分若干类。分类时应注意以下问题。

1. 根据纱线品种和用途对原棉进行分类

纺制质量等级相同并处在一定线密度范围的纱线，可选用大体相同的配棉质量，构成一个配棉类别。原棉分类时，应先安排低线密度和特低线密度纱，后安排中、高线密度纱；先安排重点产品，后安排一般或低档产品。

2. 原棉资源

分类时要考虑原棉产地、数量、质量、到棉趋势和棉季变动，并结合考虑各种原棉的库存量，做到瞻前顾后、留有余地。

3. 气候条件

严冬干燥季节，为使挡车工操作方便，需适当提高成纱强度。梅雨季节，可适当混用成熟度好、棉结、杂质较少的原棉，使成纱质量稳定。

4. 原棉性质差异

每一个配棉类别的配棉成分范围由配棉质量指标及其差异确定。一般地讲，接批棉间的性质差异越小越好。混合棉中允许一部分原棉的性质差异略大一些，如“短中加长”“粗中加细”的配棉方法，有利于改善成纱条干和成纱强度。

(二) 原棉的排队

排队就是在分类的基础上将同一类原棉排成几个队，把地区、性质相近的排在一个队内，当一个批号的原棉用完后，用同一个队中的另一个批号的原棉接替，使混合棉的性质无显著变化，达到稳定生产和保证成纱质量的目的。为此，原棉在排队安排时应考虑如下因素。

1. 主体成分

为了保证生产过程和成纱质量的相对稳定，在配棉成分中应有意识地安排某几个批号的某些性质接近的原棉作为主体，一般以地区为主体，也有以长度或线密度为主体的。主体原棉在配棉成分中应占70%左右。在具体工作中，当难以用一种性质相近的原棉为主体时，可以采用某项性质以某几批原棉为主体，但要注意同一性质不要出现双峰。

2. 队数与混用百分比

队数与混用百分比有直接关系，队数多，混用百分比小；队数少，则混用百分比大。但队数过多，车间管理工作不便，又易造成混棉不匀，影响成纱质量；而队数过少，由于混用百分比过大，原棉接批时容易造成混合棉性质有较大差异。

抓棉机混棉时，队数可适当增加。此外，还要考虑总用棉量、原棉的产区、品种和质量以及产品的质量和要求。棉花产地来源广、质量性能差异大、棉种复杂时，队数宜多。目前，配棉队数一般为5～9队。在队数确定后，可根据原棉质量情况及成纱质量要求确定各种原棉的混用百分比。为了减少成纱质量的波动，最大混用百分比一般为25%左右。若先后接替原棉的主要性质差异过大，则混用百分比应控制在10%以内。

3. 抽调接替

接替时应掌握混合棉的质量少变、慢变、勤调的原则，采用取长补短、分段增减、交叉抵补的方法，从而保持相对稳定。抽调接替的方法为分段增减和交叉替补。

(1) 分段增减

分段增减就是把一次接批的成分分成两次或多次进行接批。例如配棉成分为25%的某一个批号的原棉即将用完，需要由另一个批号的原棉来接替，但因这两个批号的原棉性质差异较大，如采取一次接批，就会造成混合棉性质的突变，对生产不利。在这种情况下，可以考虑采用分段增减法进行接批，即在前一个批号的原棉还没有用完前，先将后一个批号的原棉换用10%，等前一个批号用完后，再将后一个批号的原棉成分增加到25%。根据原棉情况，也可分多段完成。

(2) 交叉抵补

接批时，某队中接批的原棉的某些性质较差，为了弥补，可在另一队原棉中选择一批在这些指标上较好的原棉同时接批，使混合棉的质量平均水平保持不变。此外，还应掌握同一天内接批的原棉批数，一般不超过2批，以百分比计，不宜超过25%。

（三）原棉性质差异控制

为了保证生产中配棉成分的稳定，避免棉花质量明显波动，关键是控制好原棉性质差异。在正常情况下，原棉性质差异控制范围见表1-4。

表1-4　原棉性质差异控制范围

控制内容	混合棉中原棉性质差异	接批原棉性质差异	混合棉平均性质差异
产地	—	相同或接近	地区变动≤25% （针织纱≤15%）
品级	1～2级	1级	0.3级
长度	2～4 mm	2 mm	0.2～0.3 mm
含杂	1%～2%	含杂率1%以下，疵点接近	含杂率0.5%以下
线密度 （公制支数）	0.07～0.09 dtex （500～800公支）	0.12～0.13 dtex （300～500公支）	0.02～0.06 dtex （50～150公支）
断裂长度	1～2 km	接近	不超过0.5 km

高档品的差异要小，低档品的差异可稍大。原棉色泽是否有丝光、手感是否柔软富有弹性，往往因产地而异，故配棉质量特别要求"产地"稳定。此外，包装规格也需考虑，紧包配紧包、松包配松包、体积大小均等。

（四）回花和再用棉的使用

纺纱生产过程中的回花包括回卷、回条、粗纱头、皮辊花、细纱断头吸棉等，可以与混合棉混用。但因回花受重复打击多，易产生棉结，而且回花的短绒率高，因此混用量不宜超过5%。回花一般本支回用，但对质量有特殊要求的特低线密度纱、混纺纱等，规定部分回花不能回用，但可以降级使用或利用回花专纺。

再用棉包括开清棉机的车肚花（俗称统破籽）、梳棉机的车肚花、斩刀花和抄针花、精梳机的落棉等。再用棉的含杂率和短绒率都较高，一般经预处理后降级混用，常混于中、高线密度纱、副牌纱或废纺中使用。精梳落棉在高线密度纱中可混用5%～20%，在中线密度纱中可混用1%～5%。

（五）配棉经验简介

1. 搞好检验"三结合"

目前，我国检验原棉质量的方法有手感目测、仪器测试和试纺三种，各有优缺点。把三者结合起来，就能取长补短，通过参照对比，可比较正确地掌握各批原棉的特点。

2. 低级棉的混用

低级棉可分为早期和晚期两大类。低级棉的混用，应根据其特点来决定。一般，早期低级棉的成熟度较好、含杂较少，但纤维较粗、强度低、色泽灰暗、虫害死纤维较多；晚期低级棉的特点是成熟度差、纤维细、强度低、含水多、短绒多、疵点多。晚期低级棉比较细，可在经纱配棉中搭配一些；早期低级棉较粗、强度低，对成纱强度不利，但疵点较少，对成纱外观的影响不大，故可在纬纱用棉中混用一些。

3. 原棉库存量的掌握

目前，国内很多企业都存在原棉库存偏低的问题，严重影响了产品质量的稳定。增加原棉库存量对一些企业来说难以实现。原棉库存量的底线多少能保证产品的质量要求呢？根据许多企业的生产经验：特低线密度纱（10 tex 以下）保持 2 个月以上、低线密度及中高线密度纱（10 tex 以上）保持 40 天以上的原棉库存，能够顺利完成原棉的接批过渡，保证产品质量的稳定；当低线密度、中线密度纱的原棉库存保持 1 个月、特低线密度纱的原棉库存保持 40 天时，在原棉产地、接批品级比较稳定的条件下，接批过渡时基本能够保持产品质量的稳定；当原棉库存低于 20 天时，实行原棉接批自然过渡的方法，产品质量难以保证，甚至会出现黄白纱。

（六）配棉方案及实例

1. 常规产品配棉参考指标（表 1-5）

表 1-5 常规产品配棉方案

配棉类别		主要品种	平均品级	最低品级	平均长度（mm）	长度差异（mm）
特低线密度（4～10 tex）	特	6 tex 以下精梳纱、高速缝纫线、特种用纱等	长绒棉	—	35 以上	—
	甲	6～10 tex 精梳纱、精梳全线府绸、精梳全线卡其、高档薄织物、高档手帕、高档针织品、绣花线等	长绒棉或细绒棉 1.2～1.8	2	长绒棉或细绒棉 31～33	—
低线密度（11～20 tex）	特	11～12 tex 精梳纱、精梳府绸、精梳横贡、高密度织物、提花织物、高档汗衫、涤棉混纺	1.5～2	3	30±1	2
	甲	府绸、半线府绸、半线直贡、羽绸、色织被单、丝光平绒、割绒、汗衫、棉毛衫、染色要求高的产品	2.1～2.6	4	30±1	2
	乙	平布、麻纱、斜纹、直贡、半线织物（平布、哔叽、华达呢、卡其）的经纱、细帆布、漂白布、染色布	2.3～2.8	4	29±1	2
中线密度（21～32 tex）	甲	府绸、纱罗、灯芯绒棉纱、割绒、织布起绒、针织起绒、汗衫、棉毛衫、薄型卫生衫、深色布轧光等	2.3～2.8	4	28±1	4
	乙	平布、斜纹、哔叽、华达呢、卡其、直贡、半线织物的纬纱及色织、被单、中帆布、鞋布、无色布等	2.5～3.0	4	28±1	4
	丙	色纱、漂白布、印花布、劳动布、蚊帐布、夹里布	3.0～3.5	5	27±1	4
高线密度（32 tex 以上）	甲	高档粗平布、府绸、半线织物的纬纱、被单布、绒布深色布、针织起绒布等	2.6～3.1	5	26±1	4
	乙	平布、斜纹、哔叽、华达呢、卡其、直贡、印花布	3.0～3.8	5	26±1	4
	丙	工作服、粉袋布、底布、粗平布、毛巾、劳动手套	4.1～4.8	5	26±1	6
低档产品		家俱布、窗帘布、装饰布、绒布、帆布、粗布、绒毯等	—	6	—	6

2. 配棉实例

已经分类的原棉，按地区、质量、类型基本接近的批次集中在一起，参照各考虑因素，对混合棉的平均质量进行综合平衡。确定配棉成分后，将原棉依次排列成队，计算使用期限，等待接替，制定配棉表。配棉实例见表 1-6。

表 1-6　配棉实例

纱的线密度 16×2 tex　配棉排队表

产地	等级	成分(%)	包数	用棉进度(以虚线表示)																									百克粒数					技术品级	技术长度	含杂率(%)	回潮率(%)	物理特性						
				11月								12月																																
				19日	23日	24日	25日	26日	27日	28日	30日	1日	2日	3日	4日	5日	6日	7日	8日	9日	10日	11日	12日	13日	14日	15日	16日	18日	未熟籽	破籽	带纤维籽屑	不带纤维籽屑	总计粒数					成熟度	强力(cN)	线密度[dtex(公支)]	右半部长度(mm)	主体长度(mm)	短绒率(%)	基数(%)
湖北孝感	329	20	203	----	----	----	----	----	----	----	----	----	----	----	----	----	----	----	----	----	----	----	----	----					290	40	200	760	1 290	2.25	28.58	2.2	8.8	1.79	4.15	1.77 5 661	30.16	27.91	10.74	41.32
湖北黄陂	329		215																						----	----	----	----	250	180	190	750	1 370	2.5	27.93	2.2	8.2	1.75	4.02	0.173 5 785	29.43	26.30	13.92	35.18
湖北孝感	329	23	164	----	----	----	----	----	----	----	----	----	----	----	----	----	----	----	----	----	----	----	----	----					320	70	320	1 080	1 790	2.5	28.70	2.1	8.0	1.76	4.10	1.77 5 655	30.62	27.78	10.14	39.12
湖北孝感	329		59																						----	----	----	----	540	160	700	1 000	2 400	2.5	29.20	2.9	8.0	1.75	4.02	1.77 5 650	29.32	26.86	13.20	43.01
湖北孝感	429	20	66	----	----	----	----	----	----	----	----																		280	160	400	900	1 740	3.25	28.50	3.3	8.5	1.75	4.03	1.70 5 871	28.02	25.21	14.15	41.78
湖北孝感	429		56									----	----	----	----	----	----	----											440	140	240	1 500	2 320	3.25	28.28	2.9	8.3	1.79	4.15	1.76 5 686	29.83	27.06	11.63	38.14
湖北黄陂	429		58																----	----	----	----	----	----	----	----	----	----	500	180	840	900	2 420	3.75	29.50	4.3	7.9	1.73	3.51	1.71 5 851	30.94	28.01	15.30	31.74
河南商邱	227	22	500	----	----	----	----	----	----	----	----	----	----	----	----	----	----	----	----	----	----	----	----	----	----	----	----	----	293	47	460	453	1 253	1.75	28.58	1.7	7.6	1.74	4.04	1.84 5 440	29.86	26.85	12.83	36.28
河南商邱	327	15	495	----	----	----	----	----	----	----	----	----	----	----	----	----	----	----	----	----	----	----	----	----	----	----	----	----	365	15	500	595	1 475	3.0	28.00	2.0	7.5	1.77	4.47	1.90 5 251	30.55	27.96	12.23	39.55

续 表

产地	等级	成分(%)	包数	用棉进度(以虚线表示) 11月 19日	23日	24日	25日	26日	27日	28日	30日	12月 1日	2日	3日	4日	5日	6日	7日	8日	9日	10日	11日	12日	13日	14日	15日	16日	18日	百克粒数 未熟籽	破籽	带纤维籽屑	不带纤维籽屑	总计粒数	技术品级	技术长度	含杂率(%)	回潮率(%)	物理特性 成熟度	强力(cN)	线密度[dtex(公支)]	右半部长度(mm)	主体长度(mm)	短绒率(%)	基数(%)

项目	期	数值	各项指标逐日平均	指标	19日	23日	24日	25日	26日	27日	28日	30日	1日	2日	3日	4日	5日	6日	7日	8日	9日	10日	11日	12日	13日	14日	15日	16日	18日
平均长度	上期	28.40		技术品级			2.51							2.51							2.61						2.61		2.66
				技术长度(mm)			28.51							28.47							28.71						28.80		28.67
				含杂率(%)			2.26							2.18							2.46						2.64		2.64
	本期	28.26		回潮率(%)			8.1							8.06							7.98						7.98		7.98
			百克粒数	未熟籽			307							339							351						402		394
				破籽			69							65							73						94		122
平均品级	上期	2.58		不孕籽																									
				带纤维籽屑			370							338							458						545		543
				不带纤维籽屑			769							889							769						750		748
	本期	2.98		合计粒数			1 515							1 631							1 651						1 791		1 807
				成熟度			1.76							1.77							1.76						1.76		1.75
				未熟棉率(%)			25.02							24.23							23.67						25.10		25.17
混棉差价率(%)	上期	121.12		强力(cN)			4.14							4.16							4.03						4.01		3.98
				线密度[dtex(公支)]			1.79 5 592							1.80 5 555							1.79 5 588						1.79 5 587		1.78 5 612
				右半部长度(mm)			29.83							30.19							30.41						30.11		29.96
	本期	119.07		主体长度(mm)			27.11							27.48							27.67						27.46		27.14
				短绒率(%)			11.97							11.47							12.20						12.90		13.54
				基数(%)			39.53							38.81							37.53						38.42		37.19

说明：

第二节 化学纤维的选配

一、化学纤维选配的目的和意义

随着化纤工业的飞速发展以及人民需求的日益提高，化学纤维愈来愈成为纺织工业不可缺少的重要原料之一。由于化学纤维品种繁多、性质各异，因此根据不同产品的用途，适当选配化学纤维原料，以增加花色品种，改善纤维的可纺性能，提高织物的服用性能，降低产品成本。化学纤维的选配目的如下所述。

1. 充分利用化纤特性以提高产品的使用价值

各种纤维都有自己不同的特性。例如，涤纶纤维的强度及弹性均好，纯涤纶产品的保形性好，具有挺括的风格，但因纤维的吸湿性差，织物的吸湿透气性差，穿着不舒服；棉纤维的吸湿性好，强度一般，弹性差，纯棉产品虽穿着舒适，但牢度差，易起皱；将棉和涤纶混纺，就能充分利用两者的特性，取长补短，制成挺括、抗皱、尺寸稳定、保形性和服用性能都好的涤/棉织物。又如黏胶纤维的吸湿性好，染色鲜艳，但牢度差、不耐磨，而锦纶的强度高，特别耐磨，若在黏胶纤维中混入少量锦纶，织物的耐磨性和坚牢度可显著提高。

2. 增加花色品种以满足社会需要

利用各种化纤的纯纺和混纺，可使产品的品种日新月异，变化无穷。如各种不同规格的涤/棉、棉/维、黏/锦等二合一织物，涤/棉/锦等三合一织物，还有五合一及多种长纤维的织物；又如利用棉和黏纤的吸湿性的差异，由一根棉纱和一根黏纤纱合股而织成的织物，染色后有花呢感；又如涤/棉混纺织物经过电光整理或减量整理，可使织物柔软且具有真丝感；还可利用花色线，如竹节纱等，织成具有麻风格的织物和装饰品。

3. 降低产品成本

化纤品种多，不仅性质差异大，价格差异也较大。在选择原料时，既要考虑稳定生产和提高质量，还要注意降低成本。当前市场上，涤纶、锦纶等合成纤维的价格低于天然纤维，所以采用涤纶、锦纶等化纤代替棉，既可增加织物牢度，提高纺织品质量，满足多方面的需要，又能降低成本。

4. 改善纤维的可纺性

合成纤维的吸湿性差、比电阻高，纺纱过程中的静电现象较为严重，纯纺比较困难，如混入一定数量的棉或黏纤，增加了吸湿导电性，纺纱可顺利进行。

二、化纤品种的选配

化纤原料的选配主要有纤维品种的选配、混纺比例的确定及纤维性质的选配三个方面。纤维品种的选配对混纺纱的性质起决定作用，混纺比例的确定对织物服用性能的影响很大，纤维性质的选配则主要影响纺纱工艺和混纺纱的质量。

化纤品种的选配应根据成纱用途来选择。

1. 针织内衣用纱

要求柔软光洁、条干均匀、吸湿性好，宜选用棉或黏胶纤维与维纶、腈纶等合成纤维混纺。

2. 外衣用纱

要求坚固耐磨，织物手感厚实、挺括、富有弹性，宜选用涤纶、锦纶与棉混纺。

3. 特殊用纱

如轮胎帘子线，要求坚牢耐磨、不变形，宜采用涤纶或锦纶作原料；再如渔网用线，要求易干不霉、质轻耐磨，选用维纶比较合适；又如工作服，要求耐酸耐碱，多选用氯纶为原料。

三、化纤性质的选配

同一种纤维的各项性质，如长度、线密度、伸长率等，都对产品性能有直接影响，所以，在原料选配的过程中也要加以考虑。目前，利用现有棉纺设备加工的化学纤维有棉型和中长型两类。

棉型：长度一般有 35 mm 和 38 mm 两种，线密度(线密度)为 1.2～2.2 dtex；

中长型：长度为 51～76 mm，线密度为 2.2～3.3 dtex。

1. 化纤长度和线密度

化学纤维的长度和线密度的选配，分别受纺纱设备的适纺长度和成纱截面内的纤维根数等条件的制约。根据实践经验，当长度 L 和线密度 N_t 的单位分别为 mm 和 dtex 时，它们之间的关系式为：$L/N_t \approx 23$。

为满足织物不同风格的需要，长度和线密度之比可适当调整：

① $L/N_t > 23$ 的较细长纤维，可用以生产细薄织物；

② $L/N_t < 23$ 的较粗短纤维，可用以生产外衣织物。

当然，L/N_t 的数值是有限度的。过大，加工时容易断裂，成纱棉结多；过小，则可纺性差，成纱容易发毛。一般，特低线密度纱常选用 1.0～1.2 dtex、38～42 mm 纤维；低线密度纱常选用 1.3～1.7 dtex、35～38 mm 纤维；高线密度纱常选用 1.7～2 dtex、32～38 mm 纤维；中长纤维常选用 2.8～3.3 dtex、45～65 mm 纤维。

在纺制低线密度、中线密度混纺纱时，选用的细绒棉，其线密度以 1.67 dtex±0.14 dtex (6 000公支±500 公支)为宜，成熟度系数宜在 1.4 以上，纤维长度以 29～31 mm 为主。在纺制特低线密度纱和品质要求较高的产品时，宜选用长绒棉。

2. 化纤的强伸性质

纤维强度高，成纱强度也高。纤维的强伸性与纤维品种有关，同一品种的纤维，其强度和伸长也有差异。例如涤纶纤维，有低强高伸、中强中伸和高强低伸型之分。与棉混纺时，如选用低强高伸型涤纶，则不易纺纱；如选用高强低伸型涤纶，则成纱强度高，细纱断头率低，但织物不耐磨；而选用中强中伸型涤纶，则无上述缺点，较为理想。化纤的强度不匀率和伸长不匀率也影响成纱强度，选配时应予以考虑。

3. 与成纱结构有关的纤维性质

两种纤维混纺时，细长、卷曲小、初始模量大的纤维容易分布在纱条的内层；粗短、卷曲大、初始模量小的纤维易分布在纱条的外层。处于外层的纤维关系到织物的表面性质，如耐磨、手感、外观等。因此，要适当选配纤维性质，使某种纤维处于纱条外层、某种纤维处于纱条内层，以达到充分利用纤维性质的目的。

4. 化学纤维的沸水收缩率

当采用多唛头混用时，不同型号纤维的沸水收缩率应相接近，否则，成纱在蒸纱定捻时或印染加工受热后产生不同的收缩，印染品就会出现布幅宽窄不一，形成条状皱痕。

5. 色差

所谓色差，在纺部，就是目测同一品种的熟条、粗纱和细纱时，可发现明显的色泽差异以及在络纱筒子上发生不同色泽的层次。原纱的色差会使印染加工染色不匀，产生色差疵布，对印染成品的质量有很大影响。

四、混纺比的确定

不同的混纺比例对织物服用性能和耐磨牢度的影响也不相同。例如涤和棉混纺，因涤纶纤维的保形性好，混纺织物的保形性随涤纶混合比例的增加而提高。当混用涤纶在20%以下时，织物稍有滑、挺、爽的感觉，保形性不突出；混用80%以上时，织物吸湿性偏低，纺纱性能和服用性能都差。因此，如希望提高织物的耐磨性、洗可穿性能时，可提高涤纶的混用量；如欲改善织物的透气、透水性、柔软性等，则需提高棉纤维的混用量。目前，市场上多采用涤/棉混纺比例为65/35，这样的织物兼顾了涤与棉的优点。再如低比例的涤/棉织物40/60、35/65、20/80等，虽然强度和耐磨性差些，但有和65/35混纺织物相似的服用性和洗可穿性能，又有类似天然纤维的吸湿性与亲水性以及棉型外观和穿着舒适等特点。

五、选配时注意的问题

由于化纤的制造方法与工艺条件不同，同一品种的化纤，来自不同工厂及批号不同时，其性能差异也较大。因此，加工时应将不同批号多包搭配混合使用，以稳定生产，提高质量。

此外，化纤的卷曲度、含油以及超倍长纤维等问题在选配时也要注意。

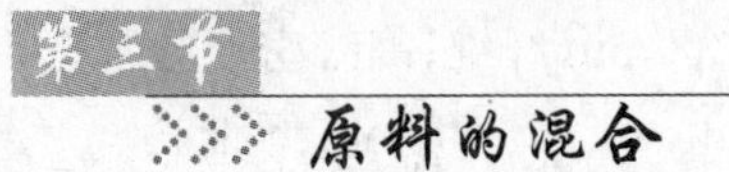

第三节 原料的混合

原料的混合是纺纱生产中的一项基础性工作，合理的配料只有经充分混合才能获得预期的效果。

一、混合的目的和原则

混合的目的，一是使每种配料成分在混合料中保持规定的比例，二是使混合料的任何组成成分或单元体内各种成分的纤维均匀分布。

均匀地混合是保证质量的一个重要环节，尤其是混纺纱。若混合不匀，不仅影响各道工序的顺利进行，而且影响织物质量，更突出的是造成织物染色不匀，布面呈现条痕、色疵等缺点，影响风格，降低服用性能。为了达到混料的目的，混合时要注意下列原则：

① 混合前应先开松，开松愈好，即原料块状愈小，则混合愈好；

② 多包取料，以便消除各包间的差异；

③ 不同原料，不同处理；

④ 保证混合料与配料表相符；

⑤ 混棉方法应力求简易，便于管理，减轻劳动强度。

二、混合的方法

原料的混合方法不同，则混合料质量及混合效果也不同。在满足混合原则的基础上，应根据原料的性质、机械设备选择适当的混料方法。

目前，国内生产中采用的混合方法主要有棉包混合、条子混合(片状混合)、称重混合等。

1. 棉包混合

将配棉表所规定的各种成分的棉包，按排包图排列在自动抓棉机的打手下方，由打手逐包抓取适量的原棉，此种方法称为棉包混合，主要适用于纯棉纺纱、纯化纤纺纱、化纤混纺纱。采用棉包混合的优点是在原料加工的开始阶段就进行混合，使这些原料经过开清棉各单机和以后各工序的机械加工，混合比较充分；缺点是由于棉包松紧、规格、重量存在差异，使得混纺比例不易控制准确。

2. 条子(片状)混合

化学纤维与棉混纺时，由于原棉含有较多杂质和短绒，而化纤比较清洁，为便于清除原棉中的杂质和短绒，一般多采用原棉与化纤分别经过清梳工序处理，然后在并条机上按预定的混纺比进行混合。涤/棉混纺大都采用这种方法。该方法的优点是混纺比易掌握；缺点是混合不易均匀，需要增加并条道数，采用三道并条工艺才行。为了缩短工艺流程，减少并条道数，有的工厂采用复并机进行片状混合。实践证明，采用片状混合可比条子混合减少一道并条而获得效果的相同。

3. 小量称重混合

将几种纤维成分按混合比例进行称重后混合。近几年制造的自动称量机，可以将纤维按不同混合比例自动称重后铺放在混棉长帘子上。该种混合方法主要适用于混纺比要求较高的化纤混纺和色纺。

三、配料计算

1. 棉包混合及称重混合时湿重混纺比计算

化纤混纺时以干重混纺比为准，根据设计的干重混纺比和实测的实际回潮率，根据下式求湿重混纺比：

$$x_i = \frac{y_i(100 + W_i)}{\sum_{i=1}^{n} y_i(100 + W_i)}$$

式中：x_i 为第 i 种纤维的湿重混纺比；y_i 为第 i 种纤维的干重混纺比；W_i 为第 i 种纤维的实际回潮率。

例　涤/黏混纺，设计干重混纺比为65/35，若涤的实际回潮率为0.4%，黏的实际回潮率为11.0%，求两种纤维的湿重混纺比。

解　将已知数据代入上式得：

$$x_1 = \frac{65 \times (100 + 0.4)}{65 \times (100 + 0.4) + 35 \times (100 + 11)} = 62.68\%$$

$$x_2 = \frac{35 \times (100 + 11)}{65 \times (100 + 0.4) + 35 \times (100 + 11)} = 37.32\%$$

即在投料时，应按涤 62.68％、黏 37.32％的湿重混纺比计算重量和包数。

2. 棉条混合时条子干定量计算

采用条子混合时，在初步确定条子的混合根数后，应计算各种混合纤维条子的干定量，见下式：

$$\frac{y_1}{N_1} : \frac{y_2}{N_2} : \frac{y_3}{N_3} : \cdots : \frac{y_n}{N_n} = g_1 : g_2 : g_3 : \cdots : g_n$$

式中：y_1，y_2，y_3，…，y_n 为各种纤维的干重混纺比；N_1，N_2，N_3，…，N_n 为各种纤维条的混合根数；g_1，g_2，g_3，…，g_n 为各种纤维条的干定量；n 为混合纤维条的种数。

例 涤和棉混纺，设计干重混纺比为 65/35，在并条机上混合，初步确定用 4 根涤条和 2 根棉条喂入头道并条机，涤条干定量为 18 g/5 m，求棉条的干定量。

解 将已知数据代入上式得：

$$\frac{65}{4} : \frac{35}{2} = 18 : g_2$$

$$g_2 = 19.38(\text{g}/5\ \text{m})$$

即涤和棉混纺时，采用 4 根涤条、2 根棉条混合，棉条干定量为 19.38(g/5 m)。

如果按所设计根数计算出的干定量值过大或过小，可修改预先所设的根数或定量，使之达到合适范围。

3. 混合体性能指标的计算

配棉时的混合棉和化纤配料时的混合料称为混合体，混合体的各项性能指标以混合体中各原料的性能指标及其重量百分比加权平均计算，参见下式：

$$X = X_1A_1 + X_2A_2 + X_3A_3 + \cdots + X_nA_n = \sum_{i=1}^{n} X_iA_i$$

式中：X 为混合体的某项性能指标；X_i 为第 i 种纤维的某项性能指标；A_i 为第 i 种纤维的混用重量百分比。

本章学习重点

学习本章后，应重点掌握四大模块的知识点：

一、配棉的目的、原则、配棉依据

讨论：1. 不同品种的纱线对原棉的要求有哪些不同？

2. 对成纱质量影响大的配棉敏感性指标有哪些？

二、掌握配棉方法——分类排队法

1. 分类排队的定义以及生产中重点考虑的因素。

2. 原棉差异控制范围。

3. 回花和再用棉的使用。

讨论：生产中如何保证成纱质量的稳定？

三、化纤原料性质的选择要点

四、原料混合方法、特点和配料计算

复习与思考

一、基本概念

配棉　主体成分　分类　排队　回花　再用棉　原棉有害疵点

二、基本原理

1. 试述原棉的性能与纺纱质量的对应关系。
2. 原料选配的依据是什么？
3. 试述针织用纱对原棉的选配要求。
4. 对成纱质量影响大的配棉指标主要有哪些？
5. 如何保证生产中配棉成分的稳定？
6. 分类排队时应注意哪些问题？
7. 说明配棉时原棉的差异控制范围。
8. 何为回花、再用棉？生产中如何使用？
9. 化纤选配的内容有哪些？
10. 有哪几种原料混合方法？怎样合理选用？

基本技能训练与实践

训练项目1:到纺纱厂棉检室了解原棉和化纤检验项目、测试指标范围,收集各品种纱的配棉表,并写出综合分析报告。

训练项目2:根据给定纱线品种,模拟配棉,制定配棉表,并计算混合棉的平均性能指标。

第二章　开清棉

内容提要

本章概述了开清棉工序的任务、开清棉机械类型、工艺流程，详细介绍了抓棉机、混棉机、开棉机、清棉机及辅助机械的机构、工艺过程、工作原理、主要工艺影响因素以及成卷机传动与工艺计算，并简述了棉卷质量控制的有关内容。

第一节　开清棉工序概述

一、开清棉工序的任务

将原棉或各种短纤维加工成纱需经过一系列纺纱过程，开清棉是棉纺工艺过程的第一道工序。原棉或化纤都是以紧压成包的形式进入纺纱厂的，原棉中还含有较多的杂质和疵点。因此，开清棉工序的主要任务是开松、除杂、混合及均匀成卷。

1. 开松

通过开清棉联合机各单机中的角钉、打手的撕扯和打击作用，将棉包或化纤包中压紧的块状纤维松解成小棉束，为除杂和混合创造条件。

2. 除杂

在开松的同时去除原棉中50%～60%的杂质，尤其是棉籽、籽棉、不孕籽、砂土等大杂。

3. 混合

将各种原料按配棉比例充分混合。

4. 均匀成卷

制成一定规格(即一定长度和重量，结构良好，外形正确)的棉卷或化纤卷，以满足搬运和梳棉机的加工需要。在采用清梳联合机的情况下，则不需成卷，而是直接输出棉流至梳棉机的储棉箱中。

以上各项任务是相互关连的。要清除原料中的杂质疵点，就必须破坏它们与纤维之间的相互联系，为此就应将原料松解成尽量小的纤维束。因此，本工序的首要任务是开松原料，原料松解得愈好，除杂与混合的效果愈好。但开松过程中应尽量减少纤维的损伤、杂质的碎裂和可纺纤维的下落。

二、开清棉机械的类型

在开清棉工序中，为完成开松、除杂、混合、均匀成卷这四大任务，开清棉联合机由具有各种作用的单机组成，按机械的作用特点以及所处的前后位置可分为下列几种类型：

（1）抓棉机械

如自动抓棉机，可从许多棉包或化纤包中抓取棉块和化纤，喂给前面的机械。它具有扯松与混合的作用。

（2）棉箱机械

如自动混棉机、多仓混棉机、双棉箱给棉机等，这些机械都具有较大的棉箱和一定规格的角钉机件，输入的原料在箱内进行比较充分的混合，同时利用角钉把原料扯松，并尽量去除较大的杂质。

（3）开棉机械

如六辊筒开棉机、豪猪开棉机、轴流式开棉机等，其主要作用是利用打手机件对原料进行打击、撕扯，使原料进一步松解并去除杂质。

（4）清棉、成卷机械

如单打手成卷机，其主要作用是以较细致的打手机件，使输入的原料获得进一步的开松和除杂，用均棉机构及成卷机构制成比较均匀的棉卷或化纤卷。采用清梳联合机时，则输出均匀的棉流，供梳棉机加工使用。

（5）辅助机械

如凝棉器、配棉器、除金属装置、异纤清除器等。

以上各类机械通过凝棉器和配棉器连接，组成开清棉联合机。

三、开清棉机械的发展和典型工艺流程

20 世纪 50 年代初期，我国自行设计并制造了多种类型的开清棉机械，如 54 型、58 型开清棉联合机等。20 世纪 60—70 年代，我国成批生产了多种按不同要求系列化的第二代开清棉机械，如 LA001～LA007 型开清棉联合机，以及不成卷的清棉与梳棉连接的 LA011 和 LA012 型开清棉联合机等。为了加速我国棉纺工业的现代化，从 20 世纪 80 年代开始，研制了具有国际水平、又适合我国国情的第三代开清棉设备 FA 系列。

目前，国内清梳设备主要生产企业有郑州宏大纺织机械有限公司、青岛宏大纺织机械有限公司、江苏金坛纺织机械总厂等，它们吸收国际先进纺机制造商如德国特吕茨勒、瑞士立达的设计和制造经验，结合我国国情，生产的成套开清棉联合机的主要设备技术水平达到或接近 20 世纪 90 年代中后期的国际先进水准。这些设备普遍应用可编程（PLC）或计算机控制、变频调速或多电机传动等，极大地提升了我国开清棉设备的制造水平，其主要设备型号可参照表 2-1。

综观开清棉的过去和现在，其发展趋势大致是：提高单机的开松作用和除杂效果，减少纤维的损伤，增加混合作用，提高其混合比例的准确度，进一步实现工艺流程自动化和连续化，提高流程的适应性，向清梳联方向发展。（详细内容见第四章“清梳联与自调匀整”）

表 2-1　开清棉联合机主要设备型号一览表

序号	类别	型　号	名　称	主要生产厂家
1	抓棉机	A002D、FA002 系列	圆盘式自动抓棉机	郑州宏大纺织机械有限公司
		FA006、F006C	往复式自动抓棉机	
		FA009	往复式自动抓棉机	青岛宏大纺织机械有限公司
2	混棉机	A006BS、A006CS、FA016A	自动混棉机	郑州宏大纺织机械有限公司
		FA022 系列(6 仓、8 仓、10 仓)	多仓混棉机	
		FA028 系列	多仓混棉机	
		FA025、FA025A	多仓混棉机	江苏金坛纺织机械总厂
		FA029 系列	多仓混棉机	青岛宏大纺织机械有限公司
3	混开棉机	A035 系列(A035E、A035G)、FA018	混开棉机	郑州宏大纺织机械有限公司
4	开棉机	FA104、FA104A、FA104B	六辊筒开棉机	
		FA106、FA106B	豪猪开棉机 锯片打手开棉机	
		FA106A	梳针辊筒开棉机	
		FA107、FA107B	小豪猪开棉机 锯片打手开棉机	
		FA103A	双轴流开棉机	
		FA113 系列	单轴流开棉机	
		FA105A	单轴流开棉机	青岛宏大纺织机械有限公司
		FA102	单轴流开棉机	江苏金坛纺织机械总厂
5	配棉器	A062-Ⅱ、A062-Ⅲ	电气配棉器	郑州宏大纺织机械有限公司
		FA135-Ⅱ、FA135-Ⅲ	气动配棉器	
6	给棉机	A092AST	双棉箱给棉机	
		FA046A	振动式棉箱给棉机	
7	成卷机	A076F、FA141、FA141A	单打手成卷机	
8	清棉机	FA109A	三辊筒清棉机	
		FA111A	单辊筒清棉机	
		FA112	四辊筒清棉机	
		FA116	主除杂机	青岛宏大纺织机械有限公司
9	除微尘机	FA151	除微尘机	郑州宏大纺织机械有限公司
10	凝棉器	A045B、A045C、FA051A 系列	凝棉器	

下面介绍传统的开清棉(成卷)工艺流程。

(一) 加工棉纤维

1. LA004 型开清棉联合机工艺流程(图 2-1)

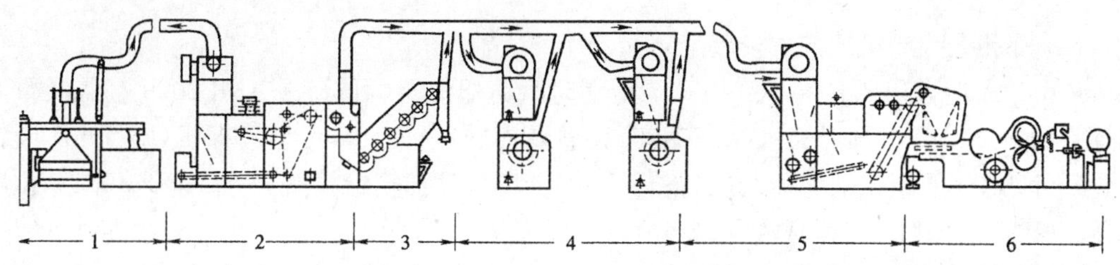

图 2-1 LA004 型开清棉联合机

1—A002D 型自动抓棉机 2—A006B 型自动混棉机 3—A034 型六辊筒开棉机
4—A036B 型豪猪开棉机 5—A092A 型双棉箱给棉机 6—A076A 型单打手成卷机

A002D 型自动抓棉机(2 台)→A006B 型(附 A045 型凝棉器)→A034 型六辊筒开棉机(附 A045 型凝棉器)→A036B 型豪猪式开棉机(附 A045 型凝棉器)→A036B 型豪猪式开棉机(附 A045 型凝棉器)→A062 型电气配棉器(二路或三路)→A092A 型双棉箱给棉机(2～3 台,附 A045 型凝棉器)→A076A 型单打手成卷机(2～3 台)

2. FA 系列棉纺开清棉流程

FA002 型自动抓棉机(2 台并联)→FA121 型除金属杂质装置→FA104A 型六辊筒开棉机(附 A045 型凝棉器)→FA022 型多仓混棉机→FA106 型豪猪式开棉机(附 A045 型凝棉器)→FA107 型豪猪式开棉机(附 A045 型凝棉器)→A062 型电气配棉器(二路)→A092AST 型振动式双棉箱给棉机(2 台,附 A045 型凝棉器)→FA141 型单打手成卷机(2 台)

3. 郑州宏大纺机厂推荐流程

FA002A 型自动抓棉机×2→TF37 型手动两路配棉器(可选)→AMP3000 金属及重杂物探除器→FA103A 型双轴流开棉机(附 FA051A 型凝棉器)→FA022-6 型多仓混棉机(附 TF27 桥式吸铁)→FA106 型豪猪式开棉机(附 FA051A 型凝棉器)→FA135-Ⅱ型气动配棉器(二路)→FA046 型振动棉箱给棉机(2 台,附 FA051A 型凝棉器)→FA141A 型单打手成卷机(2 台)

注:① FA002A 型圆盘抓棉机可用 FA002B 型圆盘抓棉机或 FA006 型往复抓棉机代替;

② FA103A 型双轴流开棉机可用 FA113 系列单轴流开棉机代替;

③ 若原棉质量较好,FA103A 型双轴流开棉机、FA022-6 型多仓混棉机可用 FA018 型混开棉机代替;

④ FA141A 型单打手成卷机可用 A076 系列成卷机代替。

(二) 加工化纤

(1) A002D 型自动抓棉机(2 台)→A006CS 型(附 A045 型凝棉器)→A036CS 型梳针辊筒开棉机(附 A045 型凝棉器)→A062 型电气配棉器(二路或三路)→A092AS 型双棉箱给棉机(2～3 台,附 A045 型凝棉器)→A076C 型单打手成卷机(2～3 台)

(2) FA002 型自动抓棉机(2 台并联)→FA121 型除金属杂质装置→FA022 型多仓混棉

机→FA106A 型梳针辊筒开棉机(附 A045 型凝棉器)→A062 型电气配棉器(二路)→A092AST 型振动式双棉箱给棉机(2 台,附 A045 型凝棉器)→FA141 型单打手成卷机(2 台)

(3) 郑州宏大纺机厂推荐流程

FA002A 型自动抓棉机×2→TF37 型手动两路配棉器(可选)→AMP3000 金属及重杂物探除器→FA017 型预混棉机(附 FA051A 型凝棉器)→FA111A 型清棉机(附 TF34 吸铁装置)→FA135-Ⅱ型气动配棉器(二路)→FA046 型振动棉箱给棉机(2 台,附 FA051A 型凝棉器)→FA141A 型单打手成卷机(2 台)

注:① FA002A 型圆盘抓棉机可用 FA002B 型圆盘抓棉机或 FA006 型往复抓棉机代替;

② FA017 型预混棉机可用 FA028B 型多仓混棉机代替;

③ FA141A 型单打手成卷机可用 A076F 型成卷机代替。

第二节 开清棉设备机构

一、抓棉机械

抓棉机是开清棉联合机的第一台设备。抓棉机的主要作用是按照确定的配棉成分和一定的比例抓取原料。原料经抓棉机械的打手抓取后以棉流的形式送入下一机台,具有初步的开松和混合作用。抓棉机的机型较多,按其运动特点可分为两类:一类为环行式,另一类为往复式。它们的工作原理基本相同,在结构上都要满足多包抓取、连续抓取、安全生产、均衡供应的工作要求。

(一) FA002 型环行式自动抓棉机

1. FA002 型环行式自动抓棉机的机构和工艺过程

FA002 型环行自动抓棉机适于加工棉、棉型化纤和中长化纤,其结构如图 2-2 所示,主要由抓棉小车 3、伸缩管 2、内外圈墙板 5 和 6、输棉管道 1 和地轨 7 等机件组成。抓棉小车由抓棉打手 4 和肋条 8 等组成。

棉包放在圆形地轨内侧的抓棉打手的下方,抓棉小车沿地轨做顺时针环行回转,它的运行和停止受前方机台棉箱内的光电管控制。当前方机台需要原棉时,小车运行;前方机台不需要原棉时,小车就停止运行,以保证均匀供给。同时,小车每回转一周,小车间歇下降一定距离,由齿轮减速电机通过链轮、链条、4 个螺母、4 根丝杆传动。小车运行到上、下极限位置时,受限位开关控制。抓棉小车运行时,抓棉打手同时做高速回转,借助肋条紧压棉包表面,锯齿刀片自肋条间均匀地抓取棉块,抓取的棉块由前方机台凝棉器风扇或输棉风机所产生的气流将棉块吸走,通过输棉管道落入前方机台的棉箱内。

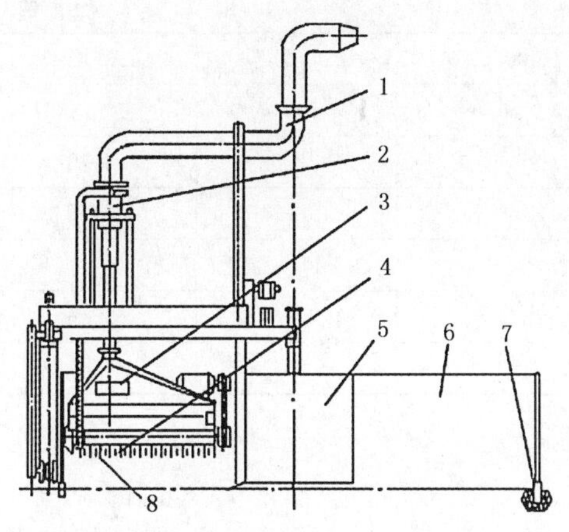

图 2-2 FA002 型环行式自动抓棉机

1—输棉管道 2—伸缩管 3—抓棉小车 4—抓棉打手 5—内圈墙板 6—外圈墙板 7—地轨 8—肋条

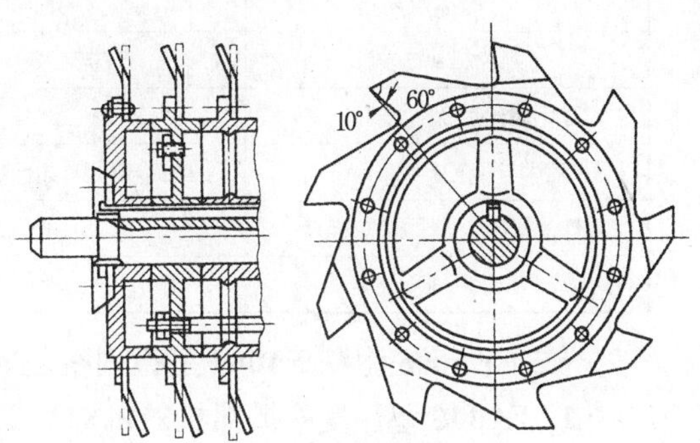

图 2-3 抓棉打手

打手高速转动时,拖动离心开关,运行中若打手绕花而降速时,离心开关触点分离,行车电动机停止转动,打手定位,抓不到原料;若打手速度回升,离心开关闭合,行车电动机启动,打手恢复抓取原料。

和 A002D 型相比,FA002 型抓棉机的最大特征是可以并联抓取,使它的开松、混合质量明显改善。抓棉打手结构如图 2-3 所示,由锯齿形刀片、隔盘(共 31 片)和打手轴等组成。每个隔盘上的刀片数由内向外分为三组,里面一组(1～12 片)9 齿/片,中间一组(13～20 片)12 齿/片,外面一组(21～31 片)15 齿/片,其作用是补偿打手径向抓棉的差异,力求均衡。锯齿刀片的刀尖角为 60°,对原料的抓取角(刀片工作面与刀片顶点和打手中心连线之间的夹角)为 10°。

2. 几种圆盘式抓棉机的技术特征

国产圆盘式抓棉机的主要技术特征见表 2-2。

表 2-2 国产自动抓棉机的主要技术特征

项 目	A002A 型	A002C 型	A002D 型	FA002 型
产量[kg/(台·h)]	800	800	800	800
堆放棉包重量(kg)	2 000	2 000	2 000	4 000(2 台)
外圈墙板直径(mm)	无	4 760	4 760	4 760
内圈墙板直径(mm)	1 300	1 300	1 300	1 300
内圈墙板形式	固定式	转动式	转动式	转动式
小车运转速度(r/min)	1.7,2.3	1.7,2.3	1.7,2.3	0.59～2.96
打手直径(mm)	385	385	385	385
打手转速(r/min)	740	740	710	740
打手刀片形式	U 形	U 形	锯齿刀片	锯齿刀片
刀片刀尖角	50°	50°	60°	60°

续 表

项　目	A002A 型	A002C 型	A002D 型	FA002 型
刀片抓取角	10°	10°	10°	10°
刀片排列方式	8 排交叉	8 排交叉	31 片组合	31 片组合
刀片伸出肋条距离(mm)	0～10	2.5～7.5	2.5～7.5	2.5～7.5
刀片与地面距离(mm)	最高 1 080，最低 20	最高 1 110，最低 30		
打手每次下降距离(mm)	1.5～6	3～6	3～6	3～6
功率(kW)	2.3	3，0.25，0.55	3，0.25，0.5	4.17

(二) FA006 型和 FA009 型系列往复式抓棉机

1. FA006 型往复式抓棉机的机构和工艺过程

FA006 型往复式抓棉机结构如图 2-4 所示，主要由抓棉小车、转塔、抓棉器、抓棉打手、压棉罗拉管、输棉管道、地轨及电气控制柜等组成，适于加工各种原棉和 76 mm 以下的化学纤维。抓棉器 2 内装有两个抓棉打手 3 和三个压棉罗拉 5。打手刀片为锯齿形，刀尖排列均匀。两个压棉罗拉分布在打手外侧，一个在两打手之间。抓棉小车通过四个行走轮在地轨上做双向往复运动，同时，间歇下降的抓棉打手高速回转，对棉包顺序抓取，被抓取的棉束经输棉管道，籍前方凝棉器或输棉风机的抽吸送至前方机台的棉箱内。

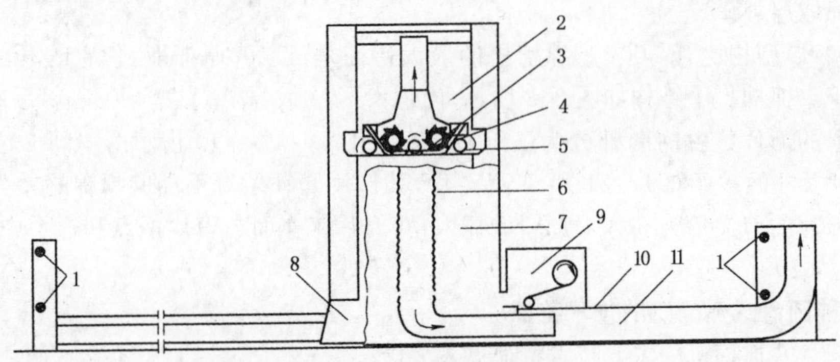

图 2-4　FA006 型往复式抓棉机

1—光电管　2—抓棉器　3—抓棉打手　4—肋条　5—压棉罗拉
6—伸缩输棉管　7—转塔　8—抓棉小车　9—覆盖带卷绕装置　10—覆盖带　11—输棉管道

FA006 系列往复式抓棉机单侧可放置 50 个棉包。它采用间歇下降的双锯齿刀片打手，随抓棉小车作往复运动，对棉包顺序抓取，其间歇下降量可在 0.1～19.9 mm/次范围内无级调节，抓取棉束小而均匀，平均重量为 30 mg，且棉束的离散度小，有利于后续进一步的开松和均匀混合。在 FA006 基本型基础上开发的 FA006A 型往复抓棉机还具有分组抓取功能，可处理相隔排放的不同原料，同时纺多个品种，供应一至两条开清棉生产线。FA006B 和 FA006C 型往复抓棉机更具有棉包自动找平、抓棉器打手倒挂装置、抓棉臂下降量数字精确控制功能，小车行走、压棉罗拉、转塔旋转由三电机变频传动，调整简单、稳定可靠。使用打手倒挂装置，使两个打手的高低位置根据抓棉方向的变化自动调节，始终保持前低后高。这样，两个打手在工作时的负荷基本相当，减少抓取棉束的离散度，降低了纤维损伤。此外，所有工艺参数可在电气操作台控制面板上方便地进行设定和更改。

2. 几种往复式自动抓棉机的技术特征

几种往复式抓棉机的技术特征见表 2-3。

表 2-3 几种往复式抓棉机的技术特征

项 目	FA006 型	FA006A 型	FA006(B 和 C)型		FA009 型	
工作宽度(mm)	1 720		1 720	2 300	1 720	2 300
最高产量[kg/(台·h)]	1 000		1 000	1 500	1 000	1 500
单侧堆放棉包数	约 50 包		约 50 包	约 80 包	约 50 包	约 80 包
工作高度(mm)	1 600		1 700	1 775	1 720	
打手形式	双打手、锯齿刀片				双打手、锯齿刀片	
打手直径(mm)	300		250		280	
打手转速(r/min)	1 440				1 650	
打手间歇下降(mm/次)	0.1～19.9,连续可调				0.1～20.0,连续可调	
工作行走速度(m/min)	12		5～15,变频调速		2～16,可调	
压棉罗拉直径(mm)	共三个，130，116，130				—	
棉包找平功能	无		有		有	
抓棉器回转	手动		自动		自动	
小车行走记忆	无	有	有		有	
分组抓棉功能	无	有	有		有	

二、棉箱机械

棉箱机械包括以混合作用为主的混棉机械和以均匀给棉作用为主的双棉箱给棉机。棉箱机械的共同特点是都具有较大的棉箱和角钉机件，利用棉箱可对原料进行混合，利用角钉机件可对原料进行扯松、去除杂质和疵点。混棉机械的主要作用是混合原料，其位置靠近抓棉机械，而双棉箱给棉机的位置靠近成卷机械。国产棉箱机械主要有下述几种型号。

(一) FA022 型多仓混棉机

1. FA022 型多仓混棉机的机构和工艺流程

FA022 型多仓混棉机适于各种原棉、棉型化纤和中长化纤的混合，该机有 6 仓、8 仓和 10 仓之分，其 6 仓机构如图 2-5 所示。输棉风机 1 将后方机台的原料抽吸过来，经过进棉管 2 进入配棉道 6，顺次喂入各储棉仓 4。各储棉仓的顶部均有活门 5，前后隔板的上半部分均有网眼小孔隔板 8，当空气带着纤维进入储棉仓后，空气从小孔逸出，经回风道 3 进入下部混棉道 12。与此同时，网眼板将纤维凝聚并留在仓内，使纤维与空气分离，凝聚的纤维在后续纤维的重力、惯性力及空气静压力的作用下，不断地从网眼板的上方滑向下方，充实储棉仓的下部。这样，仓内的储料不断增高，网眼小孔逐渐被纤维遮住，透气有效面积逐渐

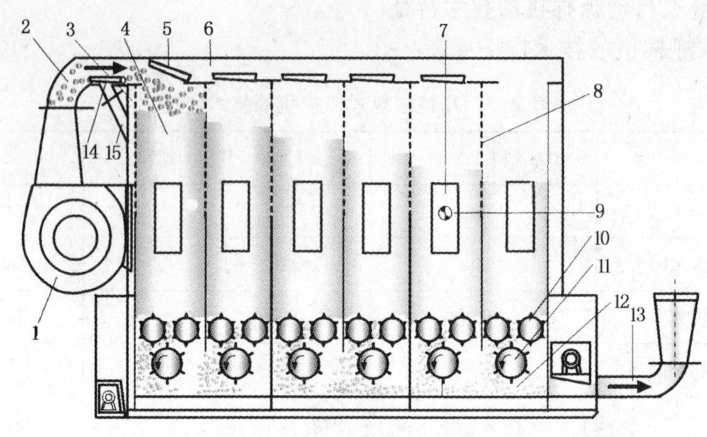

图 2-5 FA022 型多仓混棉机

1—输棉风机 2—进棉管 3—回风道 4—储棉仓 5—活门 6—配棉道 7—观察窗 8—隔板 9—光电管 10—给棉罗拉 11—打手 12—混棉道 13—出棉管 14—总活门 15—旁风道管

减小,仓内及配棉道内的气压逐步增高。当仓内储料达到一定高度、配棉道内的气压(静压)上升到一定数值时,压差开关发出满仓信号(也有采用在仓顶安装光电管来检测仓内储料是否满仓),由仓位转换气动机构进行仓位转换,本仓活门关闭,下一仓的活门自动打开,原料喂入转至下一仓;如此,逐仓喂料,直到充满最后一仓为止。在第二仓的观察窗 7 的 1/3~1/2 高度处装有一根光电管 9,监视仓内纤维的存量高度。当最后一仓被充满时,若第二仓内纤维存量不多,原料高度低于光电管位置,则喂料转回第一仓;后方机台继续供料,使多仓混棉机进行下一循环的逐仓喂料过程。若最后一仓被充满时,第二仓内纤维存量较多,存料高度高于光电管位置,则后方机台停止供料,同时关闭进棉管中的总活门 14,但输棉风机仍然转动,气流经旁风道管 15 进入垂直回风道,最后由混棉道逸出。待仓内存量高度低于光电管位置时,光电管装置发出信号,总活门打开,后方机台又开始供料,重复上述喂料过程。这样,储棉仓的高度总是保持阶梯状分布。在各仓底部均有一对给棉罗拉 10 和一个打手 11,原料经开松后落入混棉道内,顺次叠加在一起完成混合作用,然后被前方气流吸走。

2. FA022 型多仓混棉机的混合特点

(1) 时间差混合

FA022 型多仓混棉机主要依靠各仓进棉时间差来达到混合的目的,其工作原理概括为"逐仓喂入、阶梯储棉、不同时输入、同步输出、多仓混合",即不同时间先后喂入本机各仓的原料,在同一时刻输出,以达到各种纤维混合的目的。

(2) 大容量混合

FA022 型多仓混棉机的容量为 440~600 kg,约为 A006BS 型自动混棉机容量的 15 倍,所以混合片段较长,是高效能的混合机械。为了增大多仓混棉机的容量,除了增加仓位数外,FA022 型多仓混棉机还采用了正压气流配棉,气流在仓内形成正压,使仓内储棉密度提高,储棉量增大。

3. FA022 型多仓混棉机的技术特征(表 2-4)

表 2-4 FA022 型多仓混棉机的技术特征

机 型		FA022-6 型	FA022-8 型	FA022-10 型
产量[kg/(台·h)]		500	600	700
机幅 (mm)		1 400		
打手	形式	六翼齿形钢板		
	直径(mm)	420		
	转速(r/min)	260，330		
罗拉	形式	六翼钢板		
	直径(mm)	200		
	转速(r/min)	0.1，0.2，0.3		
输棉风机	直径(mm)	500		
	转速(r/min)	1 200，1 440，1 728		
罗拉间隔距(mm)		30		
罗拉与打手间隔距(mm)		11		
总功率(kW)		12.2		

(二) FA025 型多仓混棉机

1. FA025 型多仓混棉机的机构和工艺过程

FA025 型多仓混棉机的机构如图 2-6 所示。上一机台输出的棉流经顶部输棉风机吸入输棉管道 1，在导向叶片的作用下，均匀喂入六个棉仓 2，气体由棉仓上的网眼板排出。各仓原棉由弯板处转 90°后叠加在水平输棉帘 7 上向前输送，受角钉帘 5 的逐层抓取作用被撕扯成小棉束输出，均棉罗拉 4 回击过厚的棉块，使其落入小棉箱 3 内，产生细致混合，剥棉罗拉 6 剥取角钉帘上的棉束，喂入下一个机台。

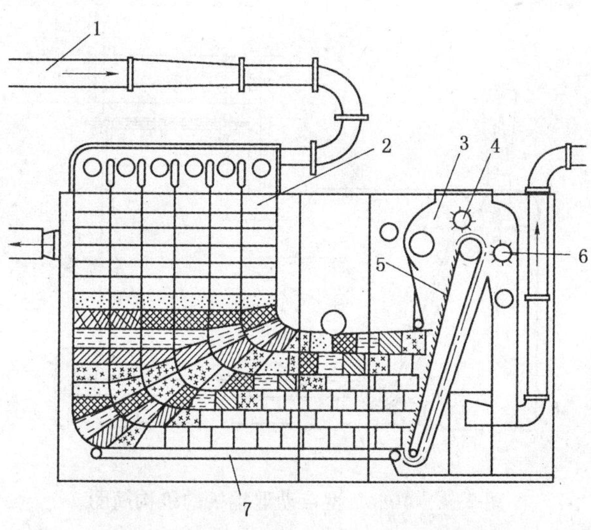

图 2-6 FA025 型多仓混棉机的机构简图

1—输棉管道 2—棉仓 3—小棉箱 4—均棉罗拉 5—角钉帘 6—剥棉罗拉 7—输棉帘

2. FA025 型多仓混棉机的混合特点

(1) 时差混合

同时输入,六层并合,不同时输出,依靠路程差产生的时间差,从而实现时差混合。

(2) 三重混合

在水平输棉帘、角钉帘及小棉箱三处产生三重混合作用,因而能实现均匀细致的混合效果。

3. FA025 型多仓混棉机的技术特征(表 2-5)

表 2-5　FA025 型多仓混棉机的技术特征

项 目	技术特征	项 目	技术特征
产量[kg/(台·h)]	150～600	均棉罗拉至角钉帘隔距(mm)	15～39
机幅(mm)	1 200	剥棉罗拉至角钉帘隔距(mm)	3～16
仓 数	6	输棉风机风量(m^3/s)	1.1
水平帘线速度(m/min)	0.23～0.79	配棉头可调角度	0°, −5.5°, +5.5°, +8.5°, +14°
角钉帘线速度(m/min)	60～100	功率(kW)	3.31

(三) A006B 型和 FA016A 型自动混棉机

1. A006B 型自动混棉机的机构和工艺流程

A006B 型自动混棉机的机构如图 2-7 所示。该机一般位于自动抓棉机的前方,与凝棉器联合使用。原料靠储棉箱上方的凝棉器 1 吸入本机,通过翼式摆斗 2 的左右摆动,将棉块横向往复铺放在输棉帘 5 上,形成一个多层混合的棉堆。压棉帘 13 将棉堆适当压紧,因其速度和输棉帘相同,故棉堆被两者上下夹持喂给角钉帘 7。角钉帘对棉堆进行垂直抓取,并携带棉块向上运动,当遇到压棉帘的角钉时,由于角钉帘的线速度大于压棉帘,于是棉块在

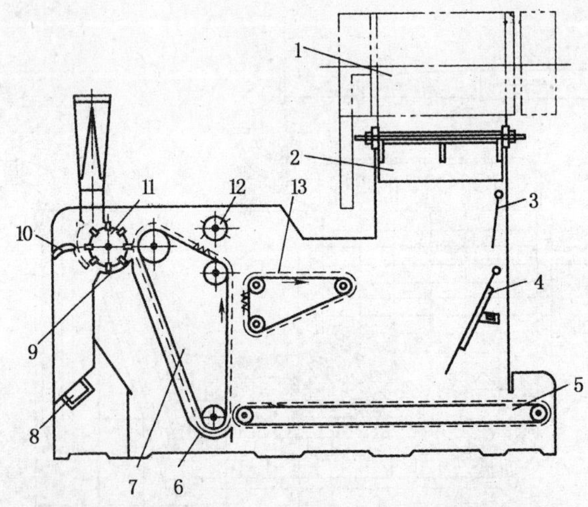

图 2-7　A006B 型自动混棉机的机构简图

1—凝棉器　2—摆斗　3—摇栅　4—混棉比斜板　5—输棉帘　6—尘棒　7—角钉帘
8—磁铁　9—尘格　10—间道隔板　11—剥棉打手　12—均棉罗拉　13—压棉帘

两帘子之间受到撕扯作用，从而获得初步开松。被角钉帘抓取的棉块向上运动时，与均棉罗拉12相遇，因均棉罗拉的角钉与角钉帘的角钉的运动方向相反，棉块在此处既受撕扯作用又受打击作用。较大的棉块被撕成小块，一部分被均棉罗拉击落在压棉帘上，重新送回储棉箱与棉堆混合；一部分小而松的棉块被角钉帘上的角钉带出，被剥棉打手11击落在尘格9上。在打手和尘棒的共同作用下，棉块被松解成小块，而棉块中一部分较大的杂质如棉籽、籽棉等通过尘棒间隙下落，棉块则输入前方机械，继续加工。

均棉罗拉与角钉帘之间的隔距可根据需要调节，使角钉帘上的棉块经均棉罗拉作用后可以输出较均匀的棉量。储棉箱内的摇栅3(或光电管)能控制棉箱内的储棉量，当储棉量超过一定高度时，通过电气系统使抓棉小车停止运行，停止给棉；反之，当棉箱内的储棉量低于一定水平时，电气系统使抓棉小车运行，继续给棉。在出棉部分装有间道装置，可以根据工艺要求改变出棉方向。间道隔板10位于虚线位置时为上出棉，位于实线位置时为下出棉(A006C型自动混棉机用于纺化纤，只有上出口)。在下出棉口有装磁铁8，用于吸除原棉中的一部分铁杂，以防事故发生。

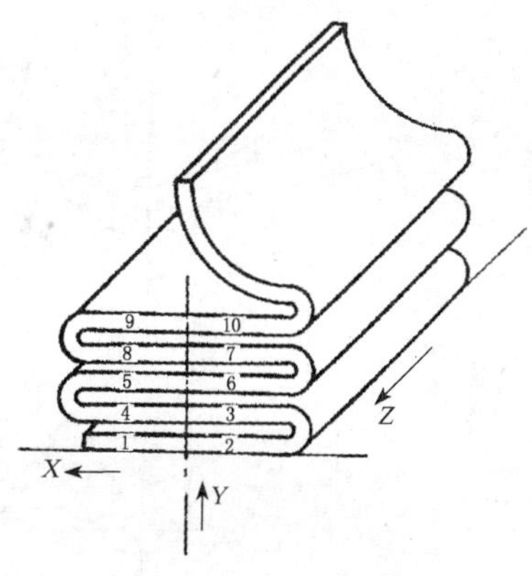

图2-8 棉层铺放示意图

2. A006B型自动混棉机的混合特点

A006B型自动混棉机主要利用“横铺直取、多层混合”的原理达到均匀混合的目的。采用这种方法，不仅可使角钉帘在同一时间内抓取的棉块能包含配棉所规定的各种成分，而且可使自动抓棉机喂入的各种成分的原棉之间在较长片段上得到并合与混合。图2-8所示为棉层的铺放情况，图中Z方向是水平帘的喂棉方向，X方向是棉层的铺放方向，Y方向是角钉帘垂直运动的抓取方向。

3. A006B型自动混棉机的技术特征(表2-6)

表2-6 A006B型自动混棉机的技术特征

项　目	技术特征	项　目		技术特征
产量[kg/(台·h)]	600～800	尘棒形式		扁钢尘棒
机幅(mm)	1 060	尘棒根数		19
输棉帘线速度(m/min)	1，1.25，1.5，1.75	扁钢尘棒间隔距(mm)		10
压棉帘线速度(m/min)	1，1.25，1.5，1.75	剥棉打手与尘棒处隔距(mm)	进口	10～15
角钉帘线速度(m/min)	60，70，80，100		出口	12～20
均棉罗拉直径(mm)	260	压棉帘与角钉帘隔距(mm)		60～80
均棉罗拉转速(r/min)	200	角钉帘与均棉罗拉隔距(mm)		40～80
剥棉打手直径(mm)	400	摆斗摆动次数(次/min)		19～25
剥棉打手转速(r/min)	430	全机总功率(kW)		1.57

4. FA016A型自动混棉机

该机是在传统的A006系列混棉机的基础上改进设计的，其机构如图2-9所示。该机利用横铺直取的原理进行混棉，在出口处为双打手，即圆柱角钉打手和U形刀片打手，在混棉的同时加强开松作用，并带有自动吸落棉装置。本机还可加装回花帘子，用于人工喂棉。

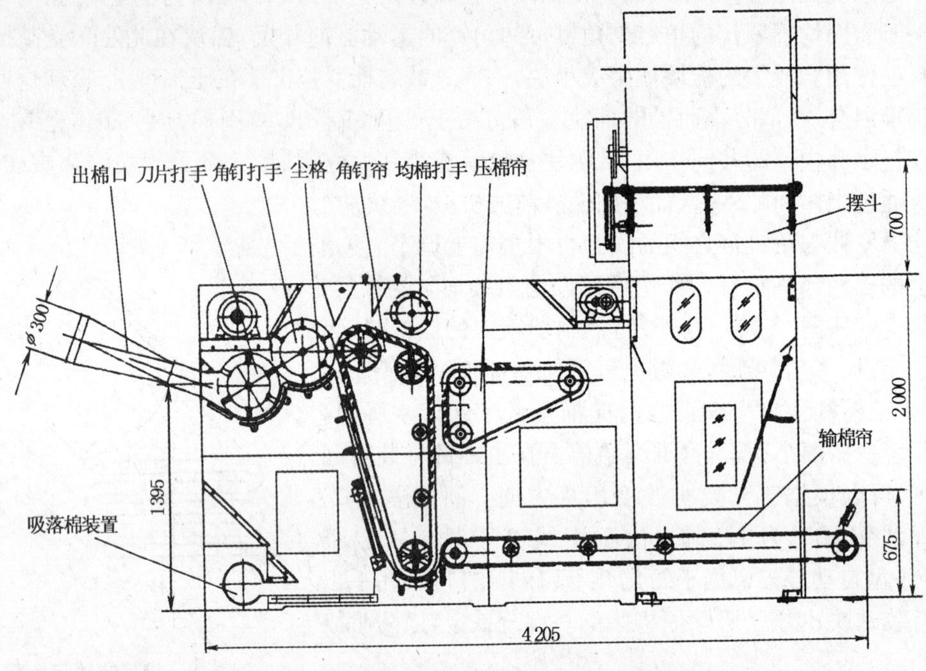

图 2-9　FA016A 型自动混棉机的机构简图

(四) A092AST 型和 FA046A 型振动棉箱给棉机

本系列机型主要采用振动棉箱代替了传统 A092A 型的 V 形帘棉箱，输出的纤维经振动后成为密度均匀的筵棉，喂入成卷机制成均匀的棉卷。棉箱给棉机的主要作用是均匀给棉，并具有一定的混合与扯松作用。

1. 振动棉箱给棉机的工艺过程

(1) A092AST 型振动棉箱给棉机

A092AST 型振动棉箱给棉机的主要机构如图2-10所示。原棉经凝棉器喂入本机的进棉箱 10，进棉箱内装有调节板 12，用于调节进棉箱的容量，侧面装有光电管 2，可根据进棉箱内原料的充满程度控制电气配棉器进棉活门的启闭，使棉箱内的原料保持一定高度。进棉箱下部有一对角钉罗拉 9，用于输出原料。机器中部为中储棉箱 7，下方有输棉帘 8，原料由角钉罗拉输出后落在输棉帘上，由输棉帘送入中储棉箱。中储棉箱的中部装有摇板 11，摇板随箱内原料的翻滚而摆动。当原料超过或少于规定容量时，由于摇板的倾斜带动一套连杆及拉耙装置，以控制角钉罗拉的停止或转动。输棉帘前方为角钉帘 5，角钉帘上植有

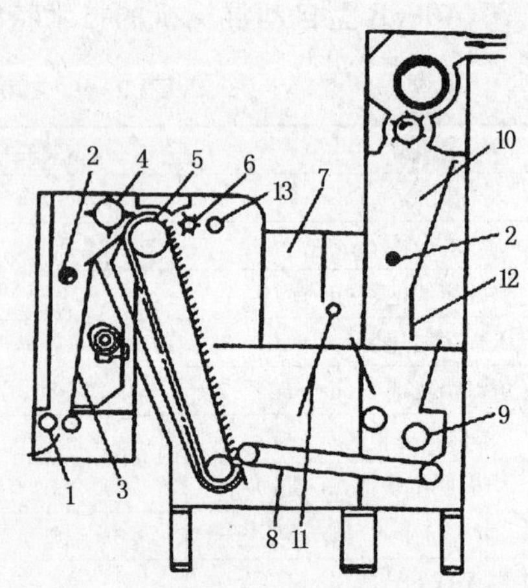

图 2-10　A092AST 型振动棉箱给棉机

1—出棉罗拉　2—光电管　3—振动板　4—剥棉打手　5—角钉帘　6—均棉罗拉　7—中储棉箱　8—输棉帘　9—角钉罗拉　10—进棉箱　11—摇板　12—调节板　13—清棉罗拉

倾斜角钉，以抓取和扯松原料。角钉帘后上方的均棉罗拉 6 从角钉帘上打落较大及较厚的棉块或棉层，以保证角钉帘带出的棉层厚度相同，使机器均匀出棉，并具有扯松原料的作用。均棉罗拉表面装有角钉，与角钉帘的角钉交叉排列。均棉罗拉与角钉帘之间的隔距可以根据需要进行调节。角钉帘的前方有剥棉打手，用于从角钉帘上剥取原料，使其进入振动棉箱，同时具有开松作用。

振动棉箱由振动板 3 和出棉罗拉 1 等组成。振动棉箱的上部装有光电管，控制角钉帘和输棉帘的停止或转动。经振动板作用后的筵棉由输出罗拉均匀地输送到单打手成卷机。

A092A 型在输出部位靠 V 形帘强迫夹持棉层喂入成卷机，棉层横向均匀度较差。而 A092AST 型则采用振动板棉箱给棉，棉束在棉箱内自由下落，棉层横向密度较均匀，为提高棉卷质量创造了条件。

(2) FA046A 型振动棉箱给棉机

FA046A 型振动棉箱给棉机(图 2-11)是在 A092AST 的基础上改进而成的。A092AST 的振动频率及振幅不可调节，而 FA046A 的振动频率及振幅可以调节，以适应不同原料的要求。

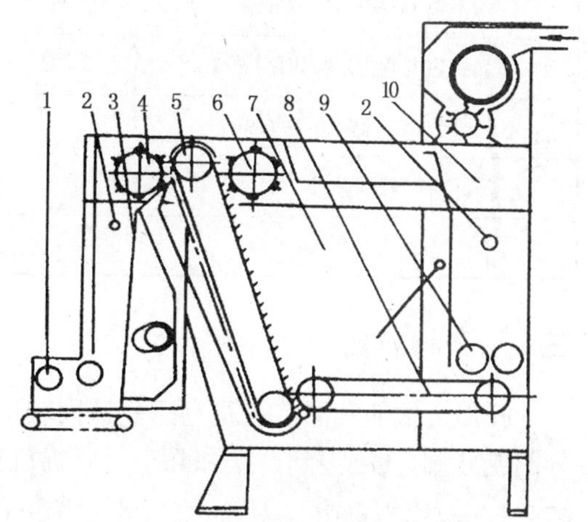

图 2-11　FA046 型振动棉箱给棉机

1—出棉罗拉　2—光电管　3—振动板　4—剥棉打手　5—角钉帘　6—均棉罗拉　7—中储棉箱　8—输棉帘　9—角钉罗拉　10—进棉箱

2. A092AST 和 FA046A 型振动式给棉机的均匀作用特点

为达到开松良好和出棉均匀的要求，双棉箱给棉机通过三个棉箱逐步控制储棉量的稳定，以达到出棉均匀的目的。

① 在进棉箱和振动棉箱内均装有光电管，以控制进棉箱和振动棉箱内存棉量的相对稳定，使单位时间内的输出棉量一致。

② 中储棉箱的棉量由摇板—拉耙机构控制。

③ 通过角钉帘与均棉罗拉的隔距控制出棉均匀，当两者隔距小时，除开松作用增强外，还能使输出棉束减小和均匀，但隔距小时产量低(此时，应适当增加角钉帘的线速度)。

④ 通过振动棉箱控制输出棉层的均匀，采用振动棉箱使箱内的原料密度更为均匀，使均匀作用大大改善。

3. A092AST 和 FA046 型振动棉箱给棉机的技术特征(表 2-7)

表 2-7　A092AST 和 FA046A 型振动棉箱给棉机的技术特征

项　目	A092AST 型	FA046A 型
产量[kg/(台·h)]	250	250
角钉帘线速度(m/min)	50, 60, 70	46.5～75.6
输棉帘线速度(m/min)	10.4, 12.6, 14.5	10.0～16.3
剥棉打手直径(mm)	320	320

续 表

项 目	A092AST 型	FA046A 型
剥棉打手转速(r/min	458	429
均棉罗拉直径(mm)	260	320
均棉罗拉转速(r/min)	335	272
角钉帘与均棉罗拉隔距(mm)	0~40	0~40
振动板振动频率(次/min)	167	154, 205, 257
振幅(mm)	11	8~12
电动机总功率(kW)	1.52	2.94

三、开棉机械

开棉机械的共同特点是利用高速回转机件(打手)的刀片、角钉或针齿对原料进行打击、分割或分梳,使之得到开松和除杂。开棉机械的打击方式有两种,一是原料在非握持状态下经受打击,称为自由打击,如多辊筒开棉机、轴流开棉机等;二是原料在被握持状态下经受打击,称为握持打击,如豪猪式开棉机等。在开清棉联合机的排列组合中,一般先排自由打击的开棉机,再排握持打击的开棉机。

开棉机械的除杂是在打手的周围装有由若干尘棒组成的栅状尘格,受高速回转打手作用后的纤维和杂质被投向尘格并与尘棒相撞,纤维块被尘棒滞留,杂质则从尘棒间隙下落。

(一) 豪猪式开棉机

1. FA106 型豪猪式开棉机的机构和工艺流程

FA106 型豪猪式开棉机适于对各种品级的原棉作进一步的开松和除杂,其机构如图 2-12 所示。原棉在凝棉器的作用下进入储棉箱 1 内,光电管 2 控制棉箱保持一定的储棉高度,当棉箱中的储棉量过多或过少时,可通过光电管控制后方的机台停止给棉或重新给棉,以保持箱内一定的储棉量。通过改变调节板 3 的位置来调节输出棉层厚度。木罗拉 4 使原棉初步压缩后送至金属给棉罗拉 5,给棉罗拉受弹簧加压紧握棉层接受豪猪打手 6 打击、分割和撕扯。被打手撕下的棉块,沿打手圆弧的切线方向撞击在尘棒上。在打手与尘棒的共同作用以及气流的配合下,棉块获得进一步的开松与除杂,

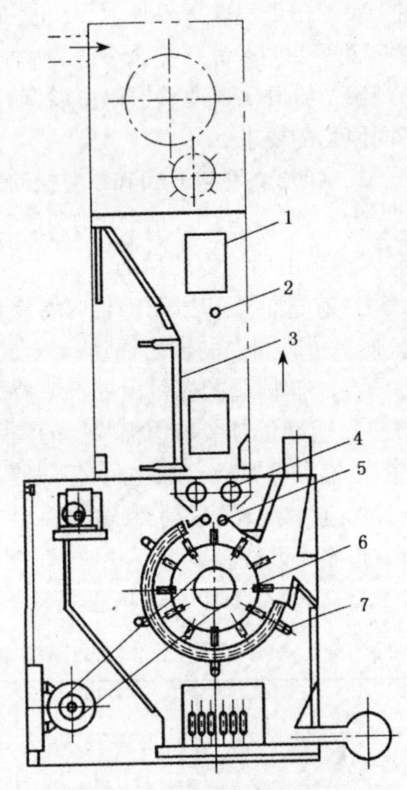

图 2-12 FA106 型豪猪式开棉机

1—储棉箱 2—光电管 3—调节板 4—木罗拉 5—给棉罗拉 6—豪猪打手 7—尘格

被分离的尘杂和短纤维则由尘棒间隙落下。在出棉口处装有剥棉刀,以防止打手返花。

(1) 豪猪打手结构

如图 2-13 所示,打手轴上装有 19 个圆盘,每个圆盘上装有 12 把矩形刀片。12 把刀片不在一个平面上,并且以不同的角度向圆盘两侧倾斜,刀片的倾斜大小成不规则排列,对整个棉层宽度都有打击作用,并使得打手高速回转时不因产生轴向气流而影响棉块在横向的均匀分布。

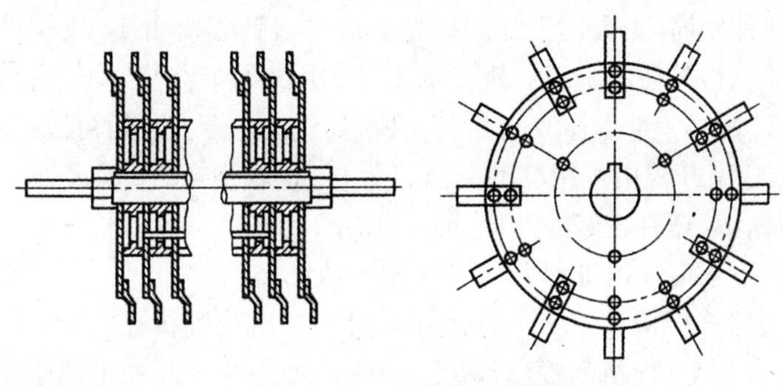

图 2-13 豪猪打手的结构

(2) 豪猪式开棉机的尘格

豪猪打手下方的 63 根尘棒分为四组,包围在打手的 3/4 圆周上。尘棒隔距可通过调节尘棒安装角来调节。尘棒的结构如图 2-14(a)所示。*abef* 面称为顶面,以托持棉块;*acdf* 面称为工作面,以反射撞击在尘棒上的杂质;*bcde* 面称为底面。尘棒顶面与工作面间的夹角 α 称为清除角,安装时迎着棉块的运动方向,具有分离杂质和阻滞棉块以及与打手共同扯松棉块的作用。α 一般为 40°～50°,其大小与开松除杂作用有关,当 α 较小时,开松除杂作用好,但尘棒的顶面托持作用较差。尘棒顶面与底面的交线至相邻尘棒工作面的垂直距离称为尘棒间的隔距,增大尘棒间的隔距,可更多地排除杂质。

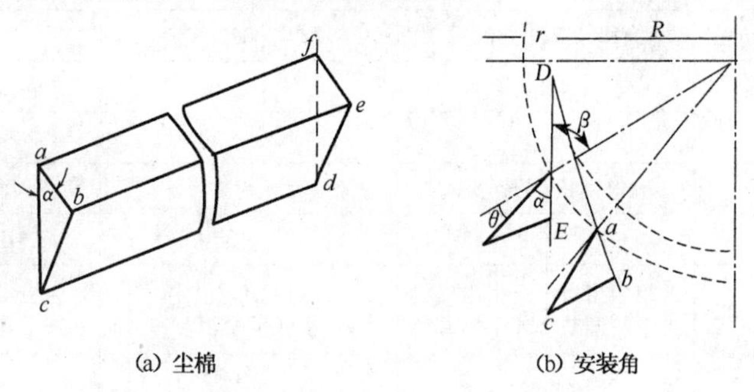

(a) 尘棉　　(b) 安装角

图 2-14 尘棒的结构与安装角

(3) 尘棒安装角

尘棒工作面与工作面顶点至打手轴心连线之间的夹角 θ 称为尘棒的安装角,见图 2-14(b)。调节安装角时,尘棒间的隔距也随着改变。θ 角的变化对落棉、除杂及开松都有影响,其变化规律为:随着 θ 角的增大,尘棒间的隔距逐渐减小,顶面对棉块的托持作用大,尘棒对棉流的阻力小,开松差、落杂少;反之,θ 角小时,尘棒对棉块形成一定阻力,开松好、落杂多,但托持作用削弱,容易落白花。

2. FA106 型豪猪式开棉机的作用特点

FA106 型豪猪式开棉机属于握持打击开松，打击力大，具有较高的开松、除杂性能，但纤维易损伤，杂质易碎。

3. FA106 系列其他打手类型的开棉机

(1) FA106A 型梳针辊筒开棉机和 FA106B 型锯齿刀片开棉机

FA106A 型梳针辊筒开棉机的机构基本上与 FA106 型豪猪式开棉机相同，区别之处是将豪猪打手换成梳针辊筒，主要用于加工棉型化纤。梳针辊筒由 14 块梳针板组成，运转时梳针刺入棉丛内部进行开松和梳理。辊筒的 1/2 圆周外装有尘棒，由于化纤不含杂质，故将原 FA106 型在进口处的一组尘棒改为弧形光板，其他的尘棒安装角可以通过机器外的手轮进行调节。FA106B 型开棉机采用鼻型锯齿打手，打手轴由 41 个锯齿刀盘组成，每个锯齿刀盘有 30 根鼻型锯齿，具有较好的开松、除杂作用。

(2) FA107 型小豪猪开棉机和 FA107A 型小梳针开棉机

FA107 型小豪猪开棉机和 FA107A 型小梳针开棉机分别排在 FA106 型豪猪式开棉机和 FA106A 型梳针辊筒开棉机的输出部位。FA107 型小豪猪开棉机的豪猪打手由 28 个圆盘组成，上面植有矩形刀片。FA107A 型的打手为三翼梳针式，梳针直径为 3.2 mm。它们的机构、作用分别与 FA106 型和 FA106A 型相同。

4. 豪猪式开棉机的技术特征(表 2-8)

表 2-8　豪猪式开棉机的技术特征

<table>
<tr><td colspan="2">机　型</td><td>FA106</td><td>FA106A</td><td>FA107</td><td>FA107A</td><td>A036BS</td><td>A036CS</td></tr>
<tr><td colspan="2">产量[kg/(台·h)]</td><td>800</td><td>600</td><td>600</td><td>250</td><td>600～800</td><td>600</td></tr>
<tr><td colspan="2">适合加工原料</td><td>棉</td><td>化纤</td><td>棉</td><td>化纤</td><td>棉</td><td>化纤</td></tr>
<tr><td rowspan="3">打手</td><td>形式</td><td>矩形刀片</td><td>梳针辊筒</td><td>矩形刀片</td><td>三翼梳针</td><td>矩形刀片</td><td>梳针辊筒</td></tr>
<tr><td>直径(mm)</td><td>610</td><td>600</td><td colspan="2">406</td><td>610</td><td>600</td></tr>
<tr><td>转速(r/min)</td><td colspan="2">480, 540, 600</td><td colspan="2">720, 800, 900</td><td colspan="2">480, 540, 600</td></tr>
<tr><td rowspan="4">给棉罗拉</td><td>直径(mm)</td><td colspan="2">76</td><td colspan="2">70</td><td colspan="2">76</td></tr>
<tr><td>转速(r/min)</td><td colspan="2">14～70</td><td colspan="2">15.6～78</td><td colspan="2">35, 39, 46, 48, 69</td></tr>
<tr><td>传动方式</td><td colspan="2">单独电动机，无级变速器</td><td colspan="2">无级变速器</td><td colspan="2">(可变换的)齿轮传动</td></tr>
<tr><td>与打手隔距(mm)</td><td>6</td><td>11</td><td colspan="2">—</td><td>6</td><td>11</td></tr>
<tr><td colspan="2">尘棒形式</td><td>四组尘格机
外手轮调节</td><td>三组尘格机
外手轮调节</td><td colspan="2">一组三角形尘棒
机外手轮调节</td><td>四组尘格机
外手轮调节</td><td>三组尘格机
外手轮调节</td></tr>
<tr><td colspan="2">尘棒根数</td><td>63</td><td>49</td><td colspan="2">23</td><td>68</td><td>54</td></tr>
<tr><td rowspan="3">尘棒间的隔距(mm)</td><td>进口一组</td><td>11～15
(14 根)</td><td>弧形光板</td><td colspan="2" rowspan="3">尘棒间隔距
5～10</td><td>11～15</td><td>6～10</td></tr>
<tr><td>中间两组</td><td colspan="2">6～10(每组 17 根)</td><td>6～9</td><td>6～10</td></tr>
<tr><td>出口一组</td><td colspan="2">4～7(15 根)</td><td>4～10</td><td>4～7</td></tr>
<tr><td rowspan="3">打手与尘棒间隔距(mm)</td><td>进口一组</td><td>10～14</td><td>15～19</td><td colspan="2" rowspan="3">—</td><td>10～14</td><td>15～19</td></tr>
<tr><td>中间两组</td><td>11～17</td><td>15～19</td><td>11～17</td><td>15～19</td></tr>
<tr><td>出口一组</td><td>14.5～18.5</td><td>19～23.5</td><td>14.5～18.5</td><td>19～23.5</td></tr>
</table>

（二）FA105A 型、FA102 型和 FA113 型单轴流开棉机

该系列机型为高效的预开棉设备。FA105A 型单轴流开棉机如图 2-15 所示，进入本机的原料，沿导棉板做螺旋状运动，在自由状态下经受多次均匀、柔和的弹打，使之得到充分开松、除杂。

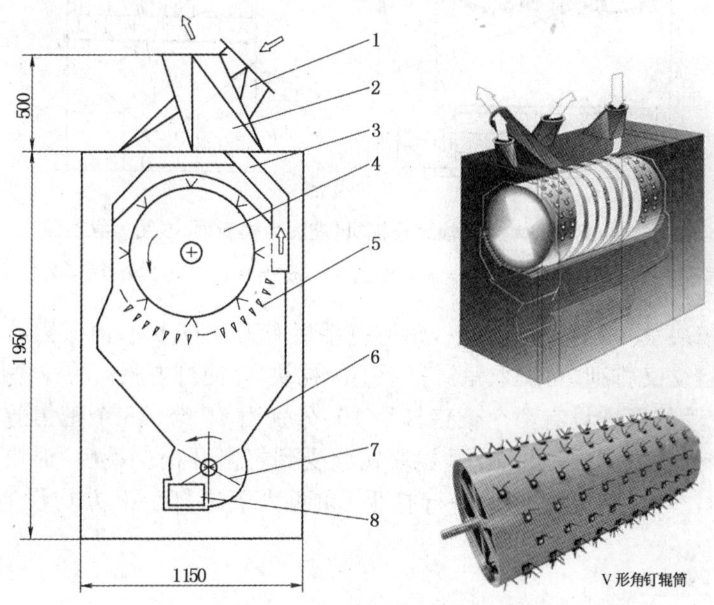

图 2-15 FA105A 型单轴流开棉机

1—进棉管 2—出棉管 3—排尘管 4—V 形角钉辊筒 5—尘格
6—落棉小车 7—排杂打手 8—吸落棉出口

该机的主要特点有：①无握持开松，对纤维的损伤少；②V 形角钉富有弹性，开松柔和充分，除杂效率高，实现了大杂“早落少碎”；③角钉打手转速为 480～800 r/min，由变频电机传动，无级调速；④尘棒隔距可手动或自动调节，以满足不同的工艺要求；⑤可供选择的间歇或连续式吸落棉装置；⑥特殊设计的结构加强了微尘和短绒的排除。

预开棉机一般安装在抓棉机和混棉机之间。FA105A 型适用于各种等级的棉花加工，FA113 型适用于加工棉、化纤和混合原料。

（三）FA103A 双轴流开棉机

本机适用于加工各种等级的原棉，其机构如图 2-16 所示。原棉靠气流输送进入打手室，并由两个角钉辊筒对其自由打击，对纤维的损伤小。棉流在沿打手轴向做旋转运动的同时，籽棉等大杂沿打手切线方向从尘棒间隙落下。转动的排杂打手能把尘杂聚拢，由自动吸落棉系统吸走，并能稳定尘室内的压力。

（四）A035 系列混开棉机

A035DS 型混开棉机由角钉刀片打手、两个小豪猪打手、尘格、角钉帘、输棉帘、压棉帘、均棉罗拉、棉箱、摆斗、光电装置等机件组成，如图 2-17 所示。由后方机台输出的原棉在本机储棉箱 1 上方的凝棉器 2 的作用下吸入本机，通过摆斗 3 的摆动，把棉层横向逐层铺在输棉帘 4 上。储棉箱内有光电管，角钉帘 5 抓取原棉进入前方打击区，在角钉帘的后上方装有均棉罗拉 6，较大棉块在此处被击落，回入储棉箱，重新和棉箱中的棉堆混合。

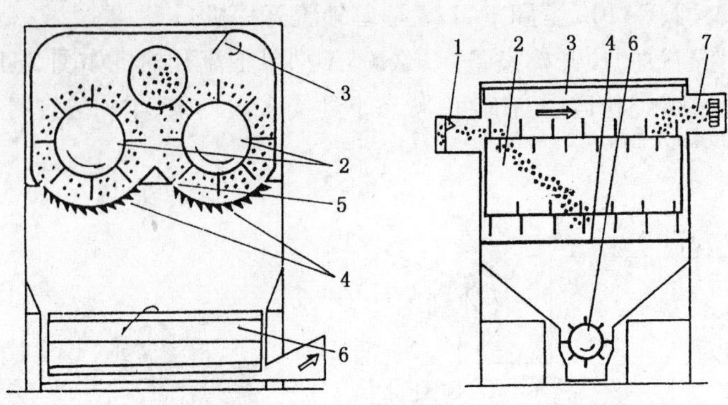

图 2-16　FA103A 型双轴流开棉机(左图为横断面,右图为纵剖面)

1—进棉口　2—角钉辊筒　3—导向板　4—尘棒　5—导向板　6—排杂打手　7—出棉口

角钉帘带出的棉块被角钉打手 8 剥下,角钉打手后有刀片打手 9,由于刀片打手的刀片与角钉打手的角钉交叉排列,可剥取角钉打手上的棉块,并使打击原棉的开松作用较为均衡。在角钉、刀片打手的下方设有两个豪猪打手 10,分别由 19 个、28 个密集薄片的打手刀盘组成,刀片的排列采用无规则排列法,棉块在此受到打击开松。最后,棉块被前方凝棉器吸出机外。双打手(8 和 9 亦称为平行打手)和两个豪猪打手下方均设有尘格,可排出杂质。

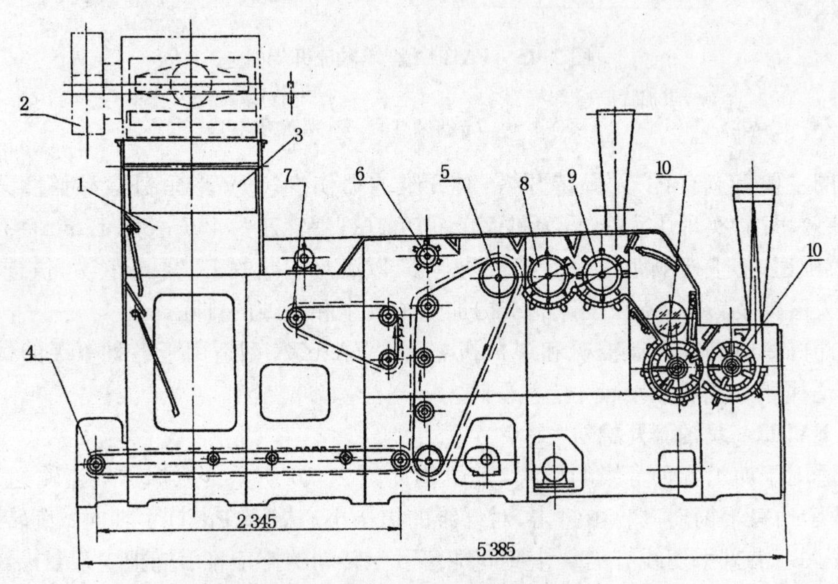

图 2-17　A035DS 型混开棉机

1—储棉箱　2—凝棉器　3—摆斗　4—输棉帘　5—角钉帘
6—均棉罗拉　7—压棉帘　8—角钉打手　9—刀片打手　10—豪猪打手

A035DS 型混开棉机是综合了混棉机和开棉机的作用特点而制成的棉箱机械,它具有以下工艺特点:

① 在原棉含杂为 1.8%~3.5%时,全机总除杂效率达到 30%~35%,与 A006BS 型自动混棉机、FA104A 型六辊筒开棉机、FA106 型豪猪式开棉机三台机器的除杂效率总

和相比，差异较小，因而，基本上可以替代上述三台机器，为缩短清棉工序流程创造了条件；

② 由于豪猪打手刀片加密，加强了对纤维的开松作用，且棉层在无握持状态下受到打击，故对纤维的损伤较小。

四、成卷机

原料经上述一系列机械加工后，已达到一定程度的开松与混合，一些较大的杂质已被清除，但尚有相当数量的破籽、不孕籽、籽屑和短纤维等，需经过清棉机械进一步的开松与清除。清棉机械的作用是继续开松、均匀、混合原料，控制和提高棉层纵、横向的均匀度，制成一定规格的棉卷或棉层。

（一）FA141 型单打手成卷机

1. FA141 型单打手成卷机的工艺过程

FA141 型单打手成卷机适用于加工各种原棉、棉型化纤及 76 mm 以下的中长化纤，其机构如图 2-18 所示。由 A092AST 型双棉箱给棉机振动棉箱输出的棉层，经 FA141 型的角钉罗拉 15、天平罗拉 14、天平曲杆 16 喂给综合打手 12。当通过棉层太厚或太薄时，经铁炮变速机构，自动调节天平罗拉的给棉速度。天平罗拉输出的棉层受到综合打手的打击、分割、撕扯和梳理作用，开松的棉块被打手抛向尘格 13，杂质通过尘格落下，棉块在打手与尘棒的共同作用下得到进一步的开松。由于风机 11 的作用，棉块被凝聚在上下尘笼 10 的表面，形成较为均匀的棉层，细小的杂质和短纤维穿过尘笼网眼，被风机吸出机外。尘笼表面的棉层由剥棉罗拉 9 剥下，经过凹凸防黏罗拉 8，再由四个紧压罗拉 7 将棉层压紧后，经导棉罗拉 6，由棉卷罗拉 5 绕在棉卷扦上制成棉卷，自动落卷称重。

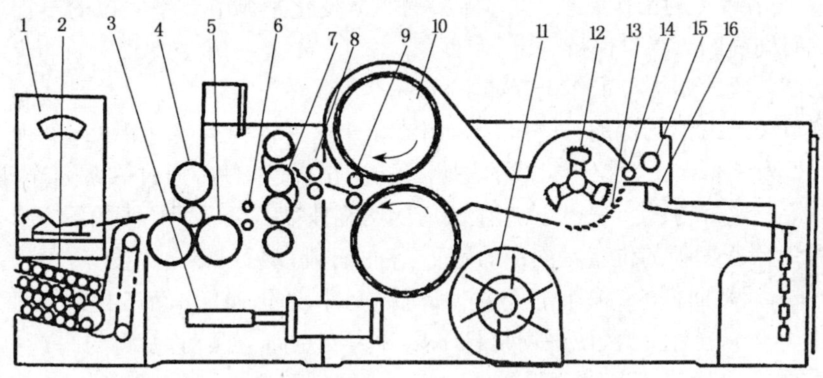

图 2-18　FA141 型单打手成卷机示意图

1—棉卷秤　2—存放扦装置　3—渐增加压装置　4—压卷罗拉　5—棉卷罗拉　6—导棉罗拉　7—紧压罗拉　8—防黏罗拉　9—剥棉罗拉　10—尘笼　11—风机　12—综合打手　13—尘格　14—天平罗拉　15—角钉罗拉　16—天平曲杆

2. FA141 型单打手成卷机的主要机构和作用

（1）打手的结构与作用

FA141 型单打手成卷机采用综合打手。综合打手由翼式打手和梳针打手发展而来，其结构如图 2-19 所示。在打手的每一臂上，都是刀片 1 装在前面、梳针 2 装在后面，因此，其作用兼有翼式打手和梳针打手的特点。刀片刀口角(楔角)为 70°，梳针直径为 3.2 mm，梳针密度为 1.42 枚/m^2，梳针倾角为 20°，梳针高度自头排到末排依次递增，以加强对棉层的梳理作用。此外，打手刀片可根据工艺要求进行拆装，拆下刀片，换成护板，即可作为梳针打手使用。综合打手对棉层的作用是先利用刀片对棉层整个横向施以较大的打击冲量，进行打击开松之后，梳针刺入棉层内部进行分割、撕扯、梳理，破坏纤维之间、纤维与杂质之间的联系而实现开松。综合打手的作用缓和，杂质破碎较少，并能清除部分细小杂质。

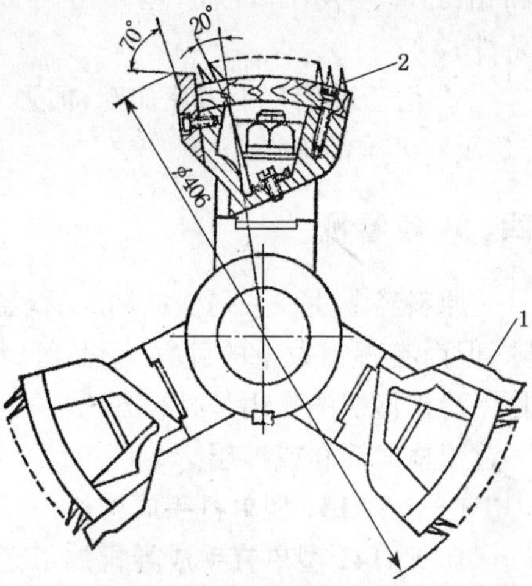

图 2-19 综合打手

1—刀片 2—梳针

(2) 尘棒的结构和作用

综合打手下方约 1/4 的圆周外装有一组尘棒，尘棒的结构及作用与豪猪式开棉机相同，也是三角形尘棒，与综合打手配合，起开松、除杂的作用。尘棒之间的隔距也是借机外手轮进行调节。

(3) 均匀机构和作用

为使清棉机的产品达到一定的均匀要求，必须对棉层的纵、横向均匀度加以控制。产品的均匀度在开清棉联合机中是逐步完成的。FA141 型单打手成卷机的均匀机构主要包括天平调节装置和一对尘笼。

① 天平调节装置的工作原理：通过棉层的厚薄变化来调节天平罗拉的给棉速度，使天平罗拉单位时间内的给棉量保持一定。

天平调节装置的结构与工作过程如下：

天平调节装置由棉层检测、连杆传递、调节和变速等机构组成，如图 2-20 所示。由 16 根天平曲杆 2 及一根天平罗拉 1 组成的检测机构测出棉层厚度，通过一系列连杆导致一定位移并传递给变速机构，使天平罗拉产生相应的给棉速度。天平罗拉 1 的下方有 16 根并列的天平曲杆 2，天平罗拉的位置是固定的，而天平曲杆则以刀口棒 3 为支点，可以上下摆动。当棉层变厚时，天平曲杆的头端被迫下摆，其尾端上升，通过连杆 4 和 5 使总连杆(又称吊钩攀)6 随之上升。总连杆上升，使平衡杠杆 7 以 8 为支点向上摆动，使得与平衡杠杆左端相连的调节螺丝杆 10 上升。此时，双臂杠杆 11 以 12 为支点向右摆动，带动连杆 13 使铁炮皮带叉 14 右移，铁炮皮带 15 随之向主动铁炮(也称下铁炮)16 的小直径处移动一定距离。由于主动铁炮的转速是恒定的，被动铁炮(也称上铁炮)由主动铁炮传动，它又通过蜗杆 18、蜗轮 19、齿轮 20 传动天平罗拉及其后方的给棉机构。此时，铁炮皮带向主动铁炮的小直径方向移动，天平罗拉的转速减慢，给棉速度相应减慢。反之，棉层变薄时，由于天平曲杆本身的重量及平衡重锤 9 的作用，天平曲杆的头端上抬，平衡杠杆的左端下降，铁炮皮带向主动铁炮的大直径端移动，天平罗拉转速成比例地增加，给棉速度加快。

天平调节装置的这套均匀机构是以横向分段检测棉层，然后进行纵向控制，所以，对棉层的横向均匀度不能调节。

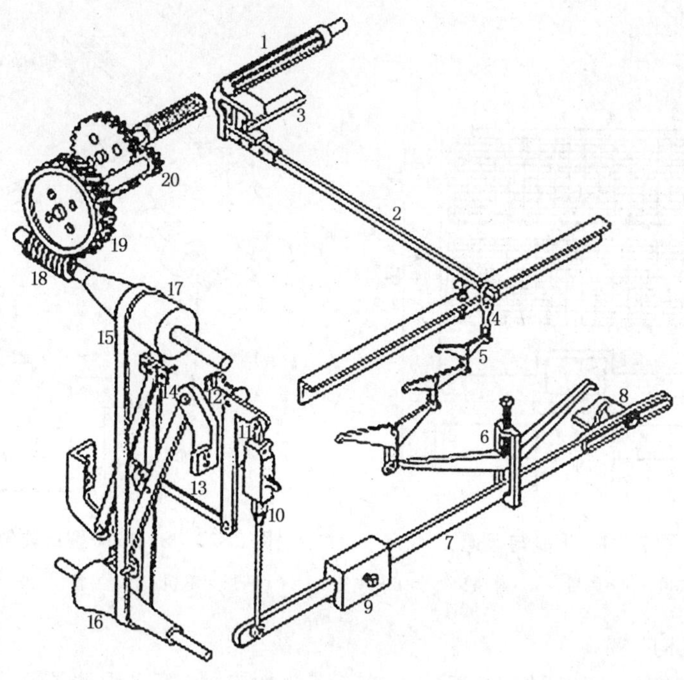

图 2-20　天平调节装置

1—天平罗拉　2—天平曲杆　3—刀口棒　4,5—连杆　6—总连杆
7—平衡杠杆　8—支点　9—平衡重锤　10—调节螺丝杆　11—双臂杠杆
12—支点　13—连杆　14—铁炮皮带叉　15—铁炮皮带　16—主动铁炮
17—被动铁炮　18—蜗杆　19—蜗轮　20—齿轮

② 尘笼的结构和作用:尘笼与风道的结构如图 2-21 所示。在综合打手的前方,有上、下一对尘笼 5 和 6。尘笼两端有出风口 1,与机架墙板构成的风道 2 相连接。当风机 3 回转,通过排风口 4 向地沟排风时,在尘笼网眼外形成一定的负压,促使空气由打手室向尘笼流动,棉块被吸在尘笼表面而凝成棉层。细小尘杂和短绒随气流进入网眼,经风机排入机台下面的尘道中,再经滤尘设备净化,净化后的空气可进入车间回用;棉层则由尘笼前面的一对出棉罗拉剥下而向前输送。

尘笼的主要作用是凝聚棉层,调节棉层的横向均匀度,使棉块均匀分布在尘笼表面。在凝聚棉层的过程中,尘笼表面吸附棉层较厚的地方,透过的气流减弱,便不再吸附棉块,而吸附棉层较薄的地方,仍有较强的气流通过,使棉块补充上去。尘笼的这种均匀自调作用,提高了棉层的横向均匀度,有利于制成均匀的棉卷。

③ 自调匀整装置:铁炮是机械式变速机构,它对棉层喂给量的均匀调整有很大的滞后性。目前,在国产清棉机上,天平喂给部分广泛采用电子式自调匀整装置,反应灵敏,调速范围大,控制准确及时,如 SYH301 型自调匀整装置,其结构如图 2-22 所示。在天平调节装置的总连杆上挂有重锤 3,重锤上装有高精度的位移传感器。当天平罗拉和天平杆之间的棉层厚薄发生变化时,经天平杠杆传递,使总连杆上的重锤产生位移,由位移传感器测出变化量并转换为电信号送给匀整仪 2 处理,而后调整天平罗拉电机速度,使天平罗拉喂入速度变化,达到瞬时喂入棉量一致。

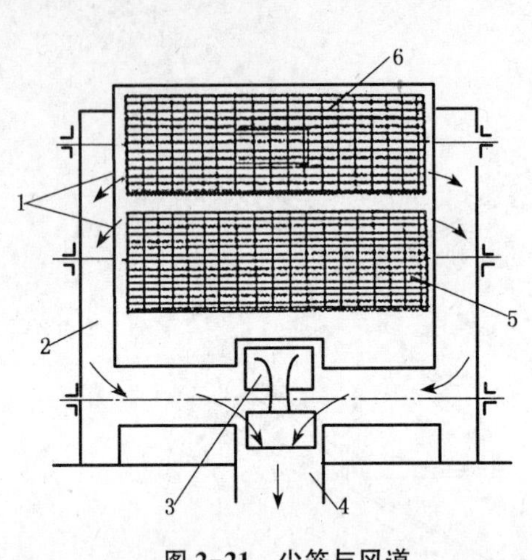

图 2-21　尘笼与风道

1—出风口　2—风道　3—风机　4—排风口　5，6—尘笼

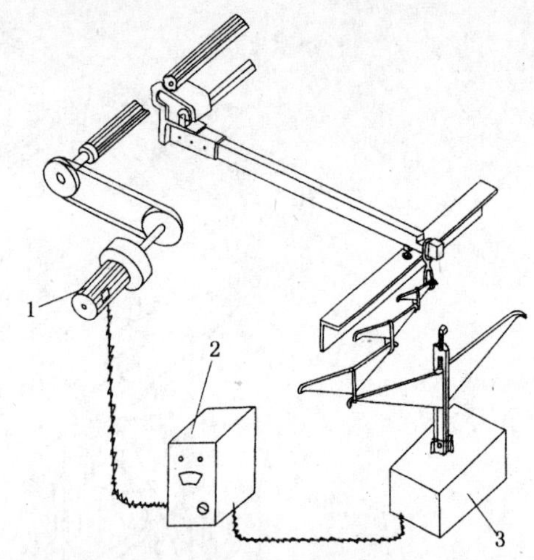

图 2-22　SYH301 型自调匀整装置

1—调速电机　2—匀整仪　3—重锤和位移传感器

(4) 成卷机构

经开清棉工序加工的原棉，为适应下道工序的加工，如不采用清梳联，则需制成一定长度、一定重量、厚薄均匀和成形良好的棉卷，所以清棉机一般配备有成卷机构。

为了满足加压、卷绕和落卷等要求，成卷机构应包括紧压罗拉加压装置、棉卷加压制动装置、满卷自停装置以及自动落卷装置等。

① 紧压罗拉加压装置：为了在卷绕之前形成较为紧密的棉层，使其层次分清，避免粘连，需要用紧压罗拉来加压，除四个紧压罗拉的自重外，还需另外施加一定压力。FA141 型单打手成卷机采用气动加压，其加压装置及棉层过厚的自停装置如图 2-23 所示，加压大小由调压阀调节，若紧压罗拉之间通过的棉层过厚时，加压杠杆上的碰板触动电气开关，切断电源，自行停车。

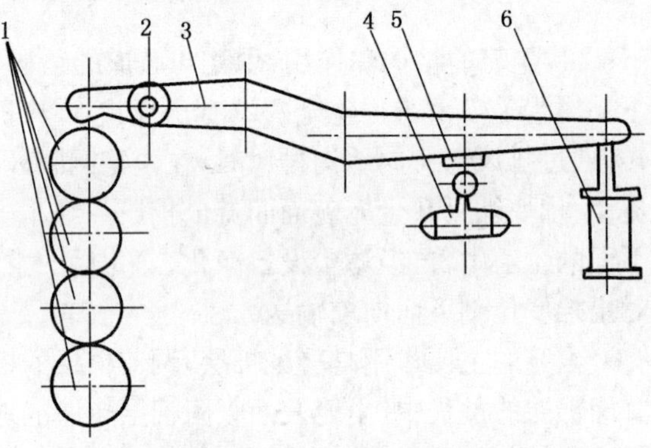

图 2-23　紧压罗拉加压及棉层过厚自停装置

1—紧压罗拉　2—支轴　3—加压杆
4—电气开关　5—碰板　6—气缸

② 压卷罗拉加压装置：棉层自紧压罗拉输出后，经导棉罗拉到棉卷罗拉上，棉层因棉卷罗拉的摩擦作用而卷绕在棉卷扦上。棉卷在形成过程中需施加一定压力，使制成的棉卷紧密坚实、成形良好、容量大，且便于搬运。压卷罗拉的加压与压钩的升降由气缸控制，升降速度可通过节流阀和气控调压阀调节，加压采用气动渐增加压。压卷罗拉与渐增加压装置如图 2-24 所示，成卷时压钩渐渐上升，装在压钩 3 上的导板 4 推动渐增加压气阀 5 进行渐增加压。这样，可以达到棉卷直径小时，加压小；棉卷直径增大时，加压随之增大，使整个棉卷受压均匀、内外一致。加压的大小，可根据成卷要求进行调整。

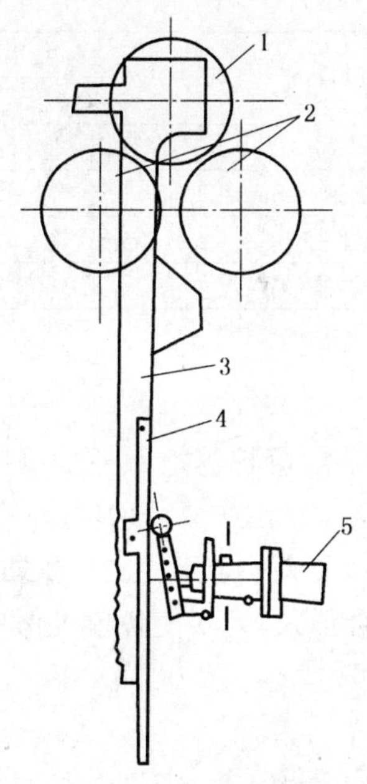

图 2-24 压卷罗拉与渐增加压

1—压卷罗拉 2—棉卷罗拉 3—压钩
4—导板 5—渐增加压气阀

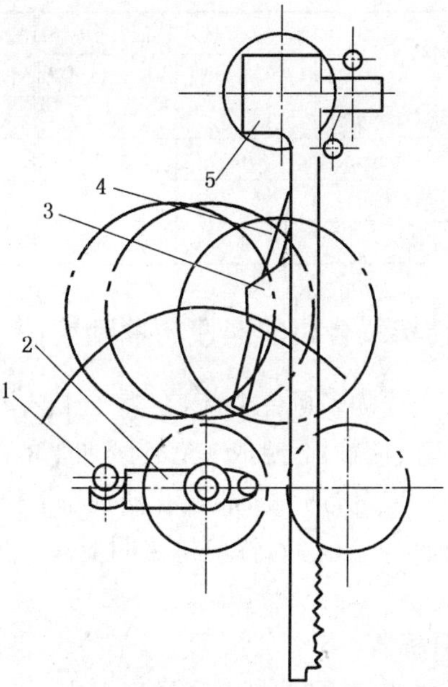

图 2-25 压钩与推放扦装置

1—棉卷扦 2—翻扦臂 3—压板
4—推扦板 5—压钩

③ 自动落卷装置:FA141 型单打手成卷机采用 YH401B 记数器测定棉卷长度及自动落卷装置。压钩及自动推放扦装置如图 2-25 所示,满卷时的作用过程如下:

(a) 压钩 5 积极上升,带动棉卷罗拉加速,切断棉卷;

(b) 棉卷被推出落至棉卷秤的托盘上;

(c) 压钩升顶,触动电气开关,气缸反向并进气,压钩积极下降;

(d) 压钩上的压板 3 压及翻扦臂 2,预备棉卷扦 1 被放入两个棉卷罗拉之间,自动卷绕生头;

(e) 压卷罗拉落底加压,开始成卷。

3. 单打手成卷机的技术特征(表 2-9)

表 2-9 单打手成卷机的技术特征

项 目	技术特征		项 目	技术特征	
	A076C 型	FA141 型		A076C 型	FA141 型
产量[kg/(台·h)]	250		风机形式	离心式	
成卷宽度(mm)	980	960	风机转速(r/min)	800～1 200	1 100～1 400
成卷重量(kg)	12～18	13～30	综合打手直径(mm)	406	
成卷长度(m)	30～43	30～80	综合打手转速(r/min)	900～1 000	
成卷时间(min)	3～6	3～10	尘棒形式	一组三角形尘棒	
棉卷罗拉直径(mm)	230		尘棒根数(根)	15	
棉卷罗拉转速(r/min)	10～15		尘棒间隔距	5～8 机外手轮调节	
压卷罗拉直径(mm)	155	184	打手与尘棒隔距(mm)	进口 8,出口 18	

续 表

项 目	技术特征		项 目	技术特征	
	A076C 型	FA141 型		A076C 型	FA141 型
压卷罗拉转速(r/min)	—		13～16	天平罗拉直径(mm)	
导棉罗拉直径(mm)	70	80	天平罗拉转速(r/min)	9～22.6	
导棉罗拉转速(r/min)	—	28～34	棉卷定长控制	定长齿轮	YH401 记数器
尘笼直径	560	560	电动机总功率(kW)	8	11.1

五、开清棉联合机的连接与联动

开清棉工序为多机台生产，在整个工艺流程中，通过凝棉器把每一个单机互相衔接起来，利用管道气流输棉，组成一套连续加工的系统。为了平衡产量，原棉由开棉机输出后，在喂入清棉机前要进行分配，故在开棉机与清棉机之间，要有一定形式的分配机械；为了适应加工不同的原料，开清棉各单机之间应有一定的组合形式；为了使各单机保持连续定量供应，还需要一套联动控制装置。

(一) 凝棉器

凝棉器由尘笼、剥棉打手和风扇组成，其主要作用是输送棉块、排除短绒和细杂及排除车间中的部分含尘气流。

1. A045B 型凝棉器的机构和工艺过程

A045B 型凝棉器的机构如图 2-26 所示。当风机(在图的右边，没有画出)高速回转时，空气不断排出，使进棉管 1 内形成负压区，棉流即由输入口向尘笼 2 的表面凝聚，一部分小尘杂和短绒则随气流穿过尘笼网眼，经风道排入尘室或滤尘器，凝聚在尘笼表面的棉层由剥棉打手 3 剥下，落入储棉箱中。

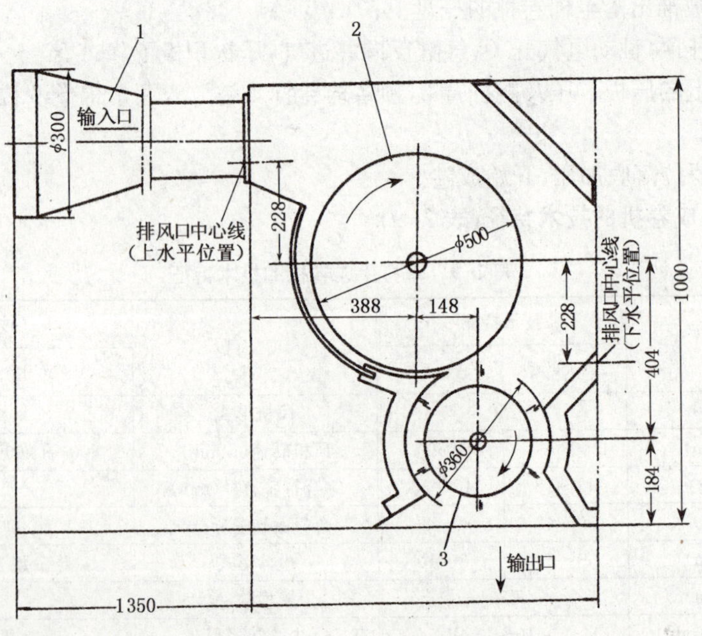

图 2-26 A045B 型凝棉器

1—进棉管 2—尘笼 3—剥棉打手

2. 凝棉器的工艺参数

(1) 风机速度

风机速度的确定,应符合棉流的输送要求。当风机转速太低时,风量和风压都不够,容易造成堵车;反之,风机转速过高时,动力消耗大且凝棉器振动较大,容易损坏机件。选择风机速度的原则是在不发生堵车的前提下尽量选用较低的转速,还应考虑机台间输棉管道的长度、管道是否漏风等。

(2) 尘笼转速

尘笼转速的高低影响凝聚棉层的厚薄。当尘笼转速较高时,凝聚棉层薄,增加了清除细小尘杂和去除短绒的作用,但尘笼表面容易形成一股随尘笼回转的气流,使棉层不能紧贴尘笼表面而呈浮游状态,在尘笼气流的作用下容易成块冲向前方,如积聚过多,在打手的上方容易发生堵车。所以,尘笼转速不宜过快。A045B 型凝棉器的剥棉打手转速为 260 r/min 时,尘笼转速采用 85 r/min;剥棉打手转速为 310 r/min 时,尘笼转速应采用 100 r/min。

(3) 剥棉打手

A045B 型凝棉器采用皮翼式剥棉打手,为了克服剥棉处尘笼的吸附力,剥棉打手的线速度应高于尘笼的线速度。另外,打手直径小,易缠花。根据生产经验,打手与尘笼的线速度之比一般不小于 2∶1。

3. 凝棉器的技术特征(表 2-10)

表 2-10 几种凝棉器的技术特征

机 型	A045B	A045C	FA051
产量[kg/(台·h)]	800		
尘笼直径(mm)	500		490
尘笼转速(r/min)	85, 100		111
打手形式	六排皮翼式		
打手转速(r/min)	260, 310		367
风扇直径(mm)	500		410
风扇转速(r/min)	1 200, 1 400, 1 600		2 290、2 430、2 570、2 750
风扇排风量	4 500 左右		4 000~7 000
总功率(kW)	4		8.25

(二) 配棉器

由于开棉机与清棉机的产量不平衡,需要借助配棉器将开棉机输出的原料均匀地分配给 2~3 台清棉机,以保证连续生产并获得均匀的棉卷或棉流。配棉器的形式有电气配棉器和气流配棉器两种,电气配棉采用吸棉的方式,气流配棉采用吹棉的方式。FA 系列开清棉联合机采用的是 A062 型电气配棉器。

1. A062 型电气配棉器

图 2-27 为 A062 型电气配棉器的机构图,它装在 FA106 型豪猪式开棉机与 A092AST 型双棉箱给棉机之间,利用凝棉器气流的作用,把经过开松的棉块均匀分配给 2~3 台 A092AST 型双棉箱给棉机。

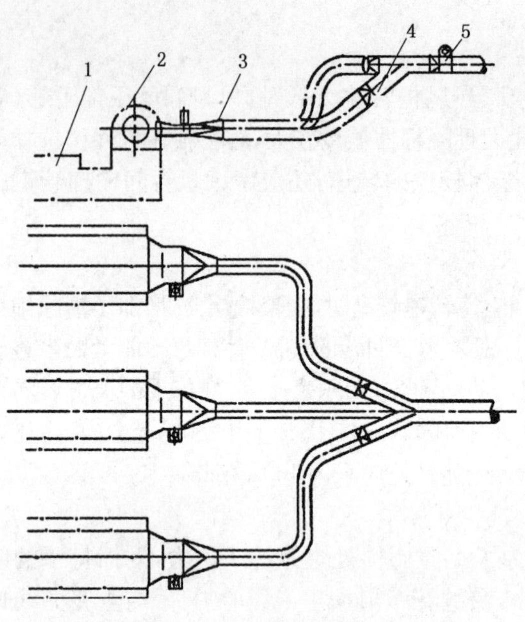

图 2-27 A062 型电气配棉器

1—A092AST 型双棉箱给棉机 2—A045B 型凝棉器 3—进棉斗 4—配棉头 5—防轧安全装置

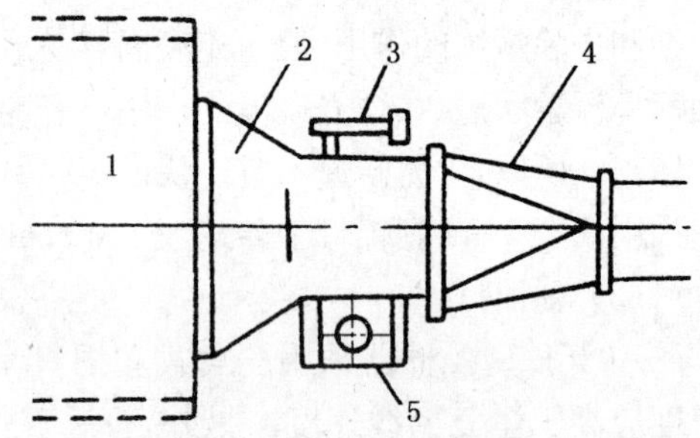

图 2-28 进棉斗

1—凝棉器 2—二级扩散管 3—重锤杠杆 4—一级扩散管 5—电磁吸铁

(1) 配棉头

为三通或四通管道，二路电气配棉为 Y 形三通管道，三路电气配棉为品字形四通管道。配棉头内装有调节板，以改变棉流的运动轨迹，可使 2～3 台双棉箱给棉机获得均匀的配棉量。

(2) 进棉斗

如图 2-28 所示，由一个带有两节扩散的管道、进棉活门和直流电磁吸铁等组成。当 A092AST 型双棉箱给棉机的进棉箱需要棉时，通过光电管接通电源，吸铁上吸，进棉活门开启，棉块通过凝棉器喂入双棉箱给棉机的进棉箱；反之，当 A092AST 型双棉箱给棉机的进棉箱内的储棉量超过规定高度时，电气开关断电，吸铁释放，进棉活门借重锤的平衡作用而关闭，停止给棉。进棉斗采用联动控制，即当两台或三台 A092AST 型双棉箱给棉机的进棉箱全部充满时，通过电气控制使两台或三台进棉斗的活门全部开启，同时豪猪式开棉机停止给棉，让管道内的余棉和开棉机上的惯性棉同时进入 A092AST 型双棉箱给棉机的进棉箱，然后活门关闭。当其中任一台需要棉时，开关接通，该机吸铁上吸，进棉活门开启，豪猪式开棉机重新给棉，而其他机台的吸铁则释放，进棉活门关闭。

(三) 金属除杂装置

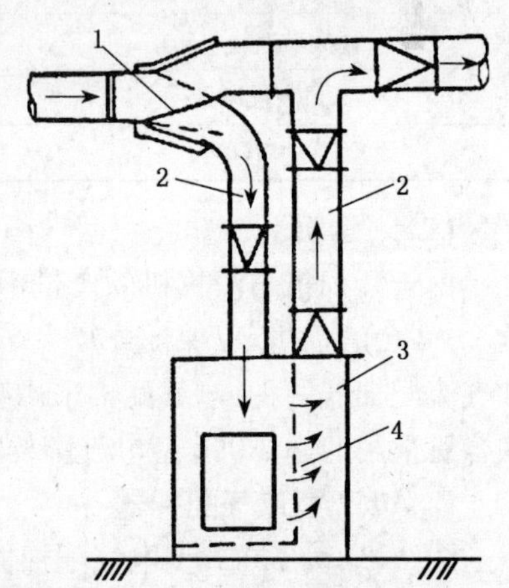

图 2-29 FA121 型金属除杂装置

1—活门 2—支管道 3—收集箱 4—筛网

FA121 型金属除杂装置如图 2-29 所示，在输棉管的一段部位装有电子探测装置(图中没画出)，当探测到棉流中含有金属杂质时，由于金属对磁场起干扰作用，

发出信号并通过放大系统使输棉管专门设置的活门1短暂开放(图中虚线位置),使夹带金属的棉块通过支管道2落入收集箱3内,然后活门立即复位,恢复水平管道的正常输棉,棉流仅中断2～3 s。而经过收集箱的气流透过筛网4,进入另一支管道2,汇入主棉流。该装置的灵敏度较高,棉流中的金属杂质可基本排除干净,防止金属杂质带入下台机器而损坏机件或引起火灾。

(四) 开清棉联合机的联动

开清棉联合机是由各单机用一套联动装置联系起来的,前后呼应,控制整个给棉运动,当棉箱内的棉量充满或不足以及落卷停车或开车时,使前后机械及时停止给棉或及时给棉,以保证定量供应和连续生产。此外,联动装置还需保障工作安全,防止单机台因故障而充塞原棉,造成机台堵塞、损坏或火灾危险等。

1. 控制方法

联动装置在构造上可分为机械式和电气式两种,后者的控制较为灵敏、准确,机械式如拉耙装置、离合器等,电气式如光电管、按钮连续控制开关等。国产开清棉联合机采用机械和电气相结合的控制装置。

控制方法可分逐台控制、顺序控制和连锁控制三种。逐台控制是一段一段地进行控制,如前方的一台机器不需要原棉时,可以控制其后方的一台不给棉,但后方更远的机器仍可给棉;反之,当前方的一台机器需要棉时,后一机台的给棉部分便产生运动向前给棉。连锁控制就是把某几台机器的运动或某台机器的几种运动联系起来控制,例如自动抓棉机打手的上升与下降,当打手正在下降时需要改为上升,应先停止打手下降,然后使打手上升;若不先停止打手下降,即使按动上升按钮,打手也无法上升。采用这种控制可避免两相线路同时闭合而造成短路停车事故。顺序控制是对开清棉机的开车、关车的次序进行控制。

2. 开关车的顺序

一般是先开前一台机器的凝棉器,再开后一台的打手,达到正常转速后,再逐台开启给棉机件。如果前一台凝棉器未开车,则喂入机台的打手不能转动;机台的打手不启动,则给棉机件不能开动。关车的顺序与开车顺序相反,即先停给棉,再关打手,最后凝棉器停止吸风。

第三节　开清棉工艺配置

一、开清棉的工艺原则

开清棉是纺纱的第一道工序,通过各单机的作用逐步实现对原棉的开松、除杂、混合、均匀的加工要求。各单机的作用各有侧重,开清棉工艺主要是对抓棉机、混棉机、开棉机、给棉机、清棉机等主要设备的工艺参数进行合理配置,其工艺应遵循“多包取用、精细抓棉、混合充分、渐进开松、早落少碎、以梳代打、少伤纤维”的原则。

二、开清棉工艺流程及组合实例

(一) 开清棉工艺流程的选择要求

选择开清棉流程,必须根据单机的性能和特点、纺纱品种和质量要求,并结合使用原棉的含杂内容和数量、纤维长度、线密度、成熟系数和包装密度等因素。使用化纤时，要根据纤维的性能和特点，如纤维长度、线密度、弹性、疵点多少、包装松紧、混棉均匀等因素考虑。选定的开清棉流程的灵活性和适应性要广，要能够加工不同品质的原棉或化纤，做到一机多用、应变性强。

开清点是指对原料进行开松、除杂作用的主要打击部件。开清棉流程应配置适当个数的开清点，主要打手为轴流、豪猪、锯片、综合、梳针、锯齿等，每个打手作为一个开清点；多辊筒开棉机、混开棉机及多刺辊开棉机，每台也作为一个开清点。当原棉含杂高低和包装密度不同时，应考虑开清点的合理配置。根据原棉含杂情况不同，配置的开清点数可参见表 2-11。

表 2-11　原料与开清点的关系

原棉含杂率(%)	2.0 以下	2.5～3.5	3.5～5.5	5.0 以上
开清点数	1～2	2～3	3～4	5 或经预处理后混用

根据纺纱线密度的不同选择开清点数，一般为高线密度纱 3～4 个开清点，中线密度纱 2～3 个开清点，低线密度纱 1～2 个开清点。配置开清点时应考虑间道装置，以适应不同原料的加工要求。

要合理选用混棉机械，配置适当棉箱个数，保证棉箱内的存棉密度稳定。为使混合充分均匀，可选用多仓混棉机。

在传统成卷开清棉流程中，还要合理调整摇板、摇栅、光电检测装置，保证供应稳定、运转率高、给棉均匀以及发挥天平调节机构或自调匀整装置的作用，使棉卷重量不匀率达到质量指标要求。

(二) 组合实例

1. 纺棉流程

(1) FA002A 型自动抓棉机×2→TF30A 型重物分离器(附 FA051A 型凝棉器)→FA022-6 型多仓混棉机→FA106B 型豪猪式开棉机(附 A045B 型凝棉器)→A062-Ⅱ型电器配棉器→[FA046A 型振动棉箱给棉机(附 A045B 型凝棉器)＋FA141A 型单打手成卷机]×2

(2) FA002A 型自动抓棉机×2→A035E 混开棉机(附 FA045B 型凝棉器)→FA106B 型豪猪式开棉机(附 A045B 型凝棉器)→A062-Ⅱ型电器配棉器→[FA046A 型振动棉箱给棉机(附 A045B 型凝棉器)＋FA141A 型单打手成卷机]×2

2. 纺化纤流程

(1) FA002A 型自动抓棉机×2→FA022-6 型多仓混棉机→FA106A 型梳针式开棉机(附 A045B 型凝棉器)→A062-Ⅱ型电器配棉器→[FA046 型振动棉箱给棉机(附 A045B 型凝棉器)＋FA141A 型单打手成卷机]×2

三、除杂效果评定指标

为了鉴定除杂效果，配合工艺参数的调整，要定期进行落棉试验与分析。表示除杂效果的指标有落棉率、落棉含杂率、落杂率、除杂效率和落棉含纤率等。

① 落棉率：反映落棉的数量。

$$落棉率=\frac{落棉重量}{喂入原棉重量}\times 100\%$$

② 落棉含杂率:反映落棉的质量。用纤维杂质分离机把落棉中的杂质分离出来进行称重。

$$落棉含杂率=\frac{落棉中杂质重量}{落棉重量}\times 100\%$$

③ 落杂率:反映落杂的数量,也称绝对落杂率。

$$落杂率=\frac{落棉中杂质重量}{喂入原棉重量}\times 100\%$$

④ 除杂效率:反映去除杂质的效能,与落棉含杂率有关。

$$除杂效率=\frac{落杂率}{原棉含杂率}\times 100\%$$

⑤ 落棉含纤维率:反映可纺纤维的损失量。

$$落棉含纤率=\frac{落棉中纤维重量}{落棉重量}\times 100\%$$

⑥ 总除杂效率:反映开清棉工序机械的总除杂效能。

$$总除杂效率=\frac{原棉含杂率-棉卷含杂率}{原棉含杂率}\times 100\%$$

四、各单机工艺配置

(一) 自动抓棉机工艺配置

自动抓棉机的工艺原则是在保证供应的前提下尽可能"少抓勤抓",以利于混合与除杂,抓棉机的运转率争取达到90%以上。

1. 影响抓棉机开松作用的主要工艺参数

(1) 打手刀片伸出肋条的距离

此距离大时,抓取的棉块大,开松作用降低,刀片易损坏。为提高开松作用,打手刀片伸出肋条的距离不宜过大,控制在1~6 mm较好(偏小掌握)。

(2) 抓棉打手间歇下降的距离

下降距离大时,抓棉机产量高,但开松作用降低、动力消耗增加,一般为2~4 mm /次(偏小掌握)。

(3) 打手转速

转速高时,刀片抓取的棉块小,开松作用好,但打手转速过高,抓棉小车振动过大,易损伤纤维和刀片,一般FA002型为700~900 r/min, FA006型为1 000~1 200 r/min。

(4) 抓棉小车运行速度

适当提高小车运行速度,单位时间内抓取的原料成分增多,有利于混合,同时产量提高,一般为1.7~2.3 r/min。

2. 影响抓棉机混合作用的主要工艺因素

抓棉小车运行一周，按比例顺序抓取不同成分的原棉，实现原料的初步混合。影响抓棉机混合效果的工艺因素如下：

(1) 合理编制排包图和上包操作

① 编制排包图时，对相同成分的棉包要做到"横向分散、纵向错开"，保持打手轴向并列棉包的重量相对均匀。此外，对于圆盘抓棉机，小比例成分的纤维包原料置于内环，而大比例成分的纤维包原料置于外环，一般排 24 包。当棉包高低、长短、宽窄差异较大时，要合理搭配排列。

② 上包时应根据排包图上包，如棉包高低不平时，要做到"削高嵌缝、低包松高、平面看齐"；混用回花和再用棉时，也要纵向分散，由棉包夹紧或打包后使用。

(2) 提高小车的运转率

为了达到混棉均匀的目的，抓棉机抓取的棉块要小，所以在工艺配置上应做到"勤抓少抓"，以提高抓棉机的运转率。

提高小车运行速度、减少抓棉打手下降动程以及打手刀片伸出肋条的距离，是提高运转率行之有效的措施。提高抓棉机的运转率，对以后工序的开松、除杂和棉卷均匀度都有益。抓棉机的运转率一般要求达到 90%以上。

(二) A006B 型自动混棉机工艺配置

A006B 型自动混棉机的主要任务是对原料进行混合，并伴有初步的开松、除杂作用。

1. A006B 型自动混棉机的混合作用及主要工艺影响因素

A006B 型自动混棉机的混合原理是"横铺直取、多层混合"，混合效果由棉层的铺层数决定，影响混合作用的主要因素有摆斗的摆动速度和输棉帘的输送速度。

加快摆斗的摆动速度和减慢输棉帘的速度，均可增加铺放的层数，混合效果好。为了使棉箱内的多层棉堆外形不被破坏，便于角钉帘抓取全部配棉成分，在棉箱内的后侧装有混棉比斜板。当输棉帘的速度加快时，混棉比斜板的倾斜角也增大。倾斜角一般在 22.5°～40.0°范围内调整，倾斜角过大，则影响棉箱中的存棉量。另外，棉箱内存棉量的波动要小，以保证均匀出棉。

2. A006B 型自动混棉机的开松作用及主要工艺影响因素

A006B 型自动混棉机的开松作用，主要是利用角钉等机件对棉块进行撕扯与自由打击来实现的，对纤维的损伤小，杂质也不易破碎。本机的开松作用主要发生在以下四个部位：

① 角钉帘对压棉帘与输棉帘夹持的棉层的加速抓取；

② 角钉帘与压棉帘间的撕扯；

③ 均棉罗拉与角钉帘间的撕扯；

④ 剥棉打手对角钉帘上棉块的剥取、打击、开松。

以上开松部位除第一点为一个角钉机件的扯松作用外，其余均为两个角钉机件间的撕扯作用。

影响开松作用的主要工艺参数有：

(1) 两角钉机件间的隔距

主要是均棉罗拉与角钉帘间的隔距和压棉帘与角钉帘间的隔距。隔距小，开松作用好，且出棉稳定，有利于均匀给棉，因此在保证前方供应的情况下取隔距较小为宜。但隔距减小后，通过的棉量少，机台产量低，所以在减小隔距的同时需增加角钉帘的速度。角钉帘与压棉帘的隔距一般为 40～ 80 mm，角钉帘与均棉罗拉的隔距一般为 20～60 mm。

(2) 角钉帘和均棉罗拉的速度

提高角钉帘的速度，产量增加，但单位长度上受均棉罗拉的打击次数减少，开松作用有所减弱。一般通过变换角钉帘的运行速度来调节自动混棉机的产量。均棉罗拉加速后，棉块受打击的机会增多，同时打击力增加，开松效率提高。角钉帘与均棉罗拉间的速比，称均棉比，应使均棉比保持适当的关系。

(3) 角钉倾斜角与角钉密度

减小角钉帘的倾角，角钉对棉块的抓取力增大，有利于角钉帘的抓取，棉块也不易被均棉罗拉击落，但角度过小影响抓取量。角钉密度是指单位面积上的角钉数，常用角钉的"纵向齿距×横向齿距"表示。植钉密度过小，开松次数减少，棉块易嵌入钉隙之间；但密度过大，棉块易浮于钉尖表面而被均棉罗拉打落，影响开松与产量。A006BS 型混棉机上角钉帘的植钉密度为 64.5 mm×38 mm。

综上所述，在保证产量的前提下，为加强开松作用，需加快均棉罗拉的转速、适当加快角钉帘的速度、缩小均棉罗拉与角钉帘的距离。因角钉帘与压棉帘的扯松作用发生在均棉罗拉之前，所以其隔距应比角钉帘与均棉罗拉的隔距大些。为了保证棉箱内原棉的均匀输送，输棉帘与压棉帘的速度应相同。因角钉帘的速度决定机台产量，故应首先选定。

3. 自动混棉机的除杂作用及主要工艺影响因素

自动混棉机的除杂作用主要发生两个部位，一是角钉帘下方的尘格，二是剥棉打手下的尘格。影响自动混棉机的除杂作用的因素主要有：

(1) 尘棒间的隔距

为了充分排除棉籽等大杂，尘棒间的隔距应大于棉籽的长直径，一般为 10～12 mm。适当增大此隔距，对提高落棉率和除杂效率有利。

(2) 剥棉打手和尘棒间的隔距

此隔距的大小对开松、除杂作用均有影响，一般采用进口小、出口大的配置原则，进口小可增强棉块在进口处的开松作用，随着棉块逐渐松解，其体积逐步增大，一般进口为 8～15 mm、出口为 10～20 mm，可随加工需要进行调整。

(3) 剥棉打手的转速

打手转速的高低直接影响棉块的剥取和棉块对尘格的撞击作用，对开松和除杂均有影响。转速过高，会出现返花，且因棉块在打手处受重复打击和过度打击，易形成索丝和棉团。剥棉打手的转速一般采用 400～500 r/min。

(4) 尘格包围角与出棉形式

当采用上出棉时，尘棒包围角较大，由于棉流经剥棉打手输出形成急转弯，可利用惯性除去部分较大、较重的杂质，但同时需要增加出棉风力。当采用下出棉(即与六辊筒开棉机连接)时，尘格包围角较小，对除杂作用略有影响。

(三) FA106 型豪猪式开棉机的开松、除杂作用及主要工艺影响因素

开棉机械的主要作用是对原料进行开松和除杂。开棉机的工艺参数，应根据原棉性质和成纱质量要求合理配置，一方面避免过度打击，造成对纤维的损伤和杂质碎裂；另一方面要防止可纺纤维下落而造成浪费。现以 FA106 型豪猪式开棉机为例，讨论开棉机的开松除杂作用及主要工艺影响因素。

豪猪式开棉机上，由给棉罗拉握持的棉层，被豪猪打手握持经受打击、分割和撕扯，被撕下的棉块沿打手圆弧的切线方向撞击在尘棒上，在打手与尘棒的共同作用以及气流的配合下，使棉块获得进一步的开松和除杂。影响豪猪式开棉机的开松、除杂作用的主要因素有：

(1) 打手速度

当给棉量一定时，打手转速高，开松、除杂作用好，但速度过高，杂质易碎裂，而且易落白花或出紧棉束，落棉含杂反而降低。打手转速一般为 500～700 r/min。加工纤维长度长、含杂少或成熟度较差的原棉时，通常采用较低的打手转速。

(2) 给棉罗拉转速

给棉罗拉的转速是决定本机产量的主要因素，转速高，产量高，但开松作用差，落棉率低；反之，则产量低，开松作用强，落棉率增加。因为产量降低后，打手室内的棉层薄，对开松、除杂有利。本机的最大产量可达 800 kg/h，但一般以500～600 kg/h 为宜。

(3) 打手与给棉罗拉间的隔距

此隔距较小时，开松作用较大，纤维易损伤。此隔距不经常变动，应根据纤维长度和棉层厚度而定。当加工较长纤维、喂入棉层较厚时，此隔距应放大，一般加工化学短纤维时用 11 mm，加工棉纤维时用 6 mm。

(4) 打手与尘棒间的隔距

此隔距应按由小到大的规律配置，以适应棉块逐渐开松、体积膨胀的要求。打手至尘棒间的隔距愈小，棉块受尘棒阻击的机会增多，在打手室内停留的时间愈长，故开松作用大，落棉增加；反之，此隔距大时，开松作用差，落棉减少。一般，纺中线密度纱时，进口隔距采用 10～18.5 mm，出口隔距采用 16～20 mm。由于此隔距不易调节，在原棉性质变化不大时一般不予调整。

(5) 打手与剥棉刀之间的隔距

此隔距以小为宜，一般采用 1.5～2 mm，过大时，打手易返花而造成束丝。

(6) 尘棒间隔距

尘棒间隔距应根据原棉含杂多少、杂质性质和加工要求配置。一般情况下，尘棒间隔距的配置规律是从入口到出口为由大到小，这样有利于开松、除杂，减少可纺纤维的损失。进口一组的尘棒间隔距为 11～15 mm，中间两组为 6～10 mm，出口一组为 4～7 mm。根据工艺要求，尘棒间的隔距可通过尘棒安装角在机外整组进行调节。

(7) 气流和落棉控制

一般将豪猪开棉机的落杂区分为死箱与活箱两个落杂区，与外界隔绝的落棉箱称为“死箱”，而与外界连通的落棉箱称为“活箱”，并开设前、后进风和侧进风，见图 2-30 所示。死箱以落杂为主，活箱以回收为主。

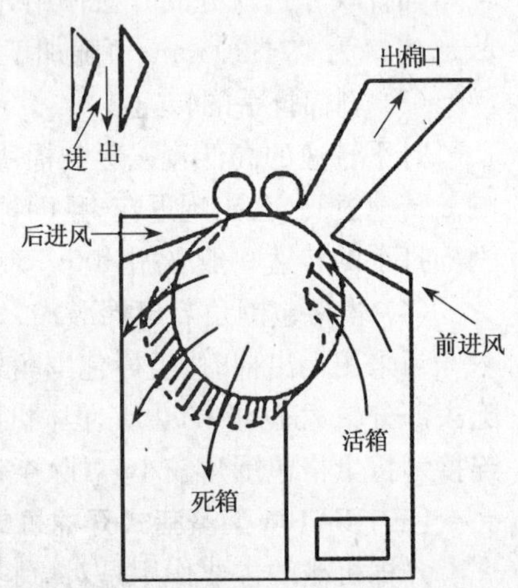

图 2-30　尘棒间气流流动情况

① 加工普通含杂的原棉，含杂少时增加侧进风，减少前、后进风；反之，应减少侧进风，增加前、后进风，使

车肚落杂区扩展，适当增加落棉，减少纤维回收。

② 加工高含杂原棉，应考虑不回收，加大前、后进风量，放大入口附近的尘棒间隔距，并将前、后箱全部封闭成死箱。

③ 加工化纤，要加强纤维的回收，可采用前、后全“活箱”，减少纤维下落。采用尘棒全封闭时，应考虑空气补给。

(8) 尘笼和打手速度配比

尘笼与打手通道的横向气流分布与打手的形式和速度、风机速度和吸风方式有关。为保证尘笼表面的棉层分布均匀及棉流输送均匀，风机的速度应大于打手速度 10%～25%，风扇转速增大，从尘棒间补入的气流增强，落棉减少；打手转速增大，从尘棒间流出的气流增多，落棉增加，其中可纺纤维的含量也增加，使落棉含杂率降低。因此，增加打手转速，不利于豪猪式开棉机的气流控制。

FA106 型豪猪式开棉机具有较高的开松、除杂性能，落棉中含不孕籽、破籽、籽棉、棉籽等杂质的比例较大。在加工含杂率为 3%左右的原棉时，一般落棉率为 0.6%～0.7%，落棉含杂率为 60%～75%，落杂率为 0.3%～0.5%，除杂效率为 10%～16%。目前，在开清棉联合机的组成中，一般都配两台豪猪式开棉机，并设有间道装置，可根据使用原棉情况选用一台或两台。

(四) FA141 型单打手成卷机工艺配置

1. 开松、除杂作用及主要工艺影响因素

(1) 综合打手速度

在一定范围内增加打手转速，可增加打击次数，提高开松、除杂效果。但打手转速太高，易打碎杂质、损伤纤维和落白花。一般打手转速为 900～1 000 r/min。加工的纤维长度长或成熟度较差时，宜采用较低转速。

(2) 打手与天平罗拉之间的隔距

在喂入棉层薄、加工纤维短而成熟度高时，此隔距应小；反之，应适当放大。此隔距一般为 8.5～10.5 mm，由加工纤维的长度和棉层厚度决定。

(3) 打手与尘棒之间的隔距

随着棉块逐渐开松、体积增大，此隔距从进口至出口逐渐增大，一般进口为 8～10 mm、出口为 16～18 mm。

(4) 尘棒与尘棒之间的隔距

此隔距主要根据喂入原棉的含杂内容和含杂量而定，一般为 5～8 mm。适当放大此隔距，可提高单打手成卷机的落棉率和除杂效率，但应避免落白花。

2. 天平调节装置的均匀作用与工艺调节

天平调节装置由天平罗拉和天平曲杆对棉层厚度进行横向分段检测，再由连杆传递机构将检测到的棉层厚度变化的位移信息传递给变速机构，变速机构改变天平罗拉的转速，从而改变单位时间内棉层的喂给量，使天平罗拉单位时间内的给棉量保持一定，对棉层厚度进行纵向均匀度的控制。天平调节装置的调节方法主要有：

(1) 需要调整棉卷定量时的调节方法

① 若棉卷定量的改变是通过改变棉箱给棉机输出的棉层厚度实现的，则棉卷定量调整时需改变天平调节装置中平衡杠杆支点的位置，通过变化杠杆比例系数来改变天平罗拉转

速，从而使棉卷定量符合要求（改变杠杆比 m，支点靠近总连杆时，m 大，反之则相反；如棉卷定量加重时，m 应减小，则支点位置应远离总连杆）。

② 若棉卷定量的改变是通过改变棉卷罗拉与天平罗拉之间的传动比实现的，则棉卷定量的调整只要改变牵伸变换齿轮，不需要变动杠杆比 m。

(2) 棉层密度改变时的调节方法

当生产中棉层密度的变化大，致使棉卷重量与标准定量的偏差大时，也可通过下列方法调节，但调节量不宜过大：

① 转动螺杆上的六角螺帽，移动铁炮皮带的位置，如棉卷偏轻，则将铁炮皮带向主动铁炮的大头端移动，以改变天平罗拉的喂入速度来弥补棉层密度的变化；

② 移动重锤的位置，如棉卷偏重，可将重锤向支点移近，使天平杆与天平罗拉间的棉层加压减轻，密度减小，反之亦然。

(3) 安装校正法

在平车和品种工艺翻改后都需对杠杆比进行重新调整，从而保证杠杆比与棉层厚度和棉层密度的正确配合。

第四节 FA141 型单打手成卷机的传动与工艺计算

一、传动系统

FA141 型单打手成卷机的传动系统如下：

① 电动机(5.5 kW)→综合打手→风机

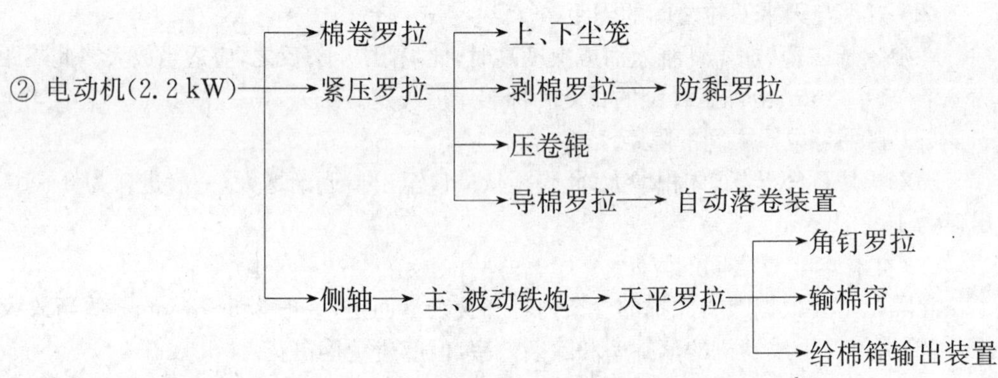

③ 电动机(90 W) → 上扦下轴 → 上扦上轴、上拔轴

1. FA141 型单打手成卷机的传动特点

① 打手和风扇等快速机件与给棉罗拉等慢速机件以及需要停止的机件分开传动，保证间歇落卷和停止给棉的需要。

② 自动落卷由小电动机单独传动，保证动作准确。

③ 车头设有开关，可使给棉和成卷部分同时停转。在天平罗拉和传动部分设有离合

器,可停止棉层喂入。另外,天平罗拉的传动齿轮上设有安全防轧装置,当棉层过厚时,可脱开传动以防损坏。为了保证天平罗拉的喂棉,喂入部分均由天平罗拉传动。

2. FA141 型单打手成卷机传动图(图 2-31)

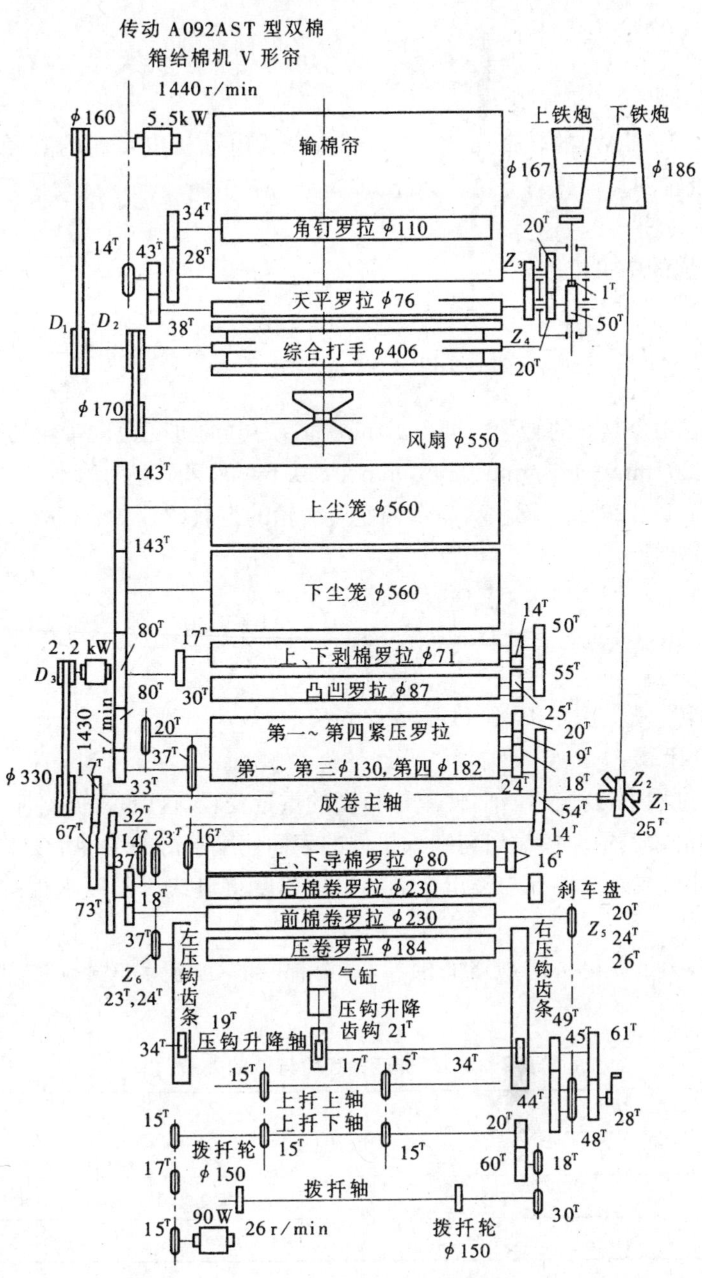

图 2-31 FA141 型单打手成卷机传动图

二、工艺计算

1. 速度计算

① 综合打手转速 n_1

$$n_1(\text{r/min}) = n \times \frac{D}{D_1} = 1\,440 \times \frac{160}{D_1} = \frac{230\,400}{D_1}$$

式中：n 为电动机(5.5 kW)的转速(1 440 r/min)；D 为电动机皮带轮的直径(160 mm)；D_1 为打手皮带轮的直径(230 mm、250 mm)。

② 天平罗拉转速 n_2

设皮带在铁炮的中央位置。

$$n_2(\text{r/min}) = n' \times \frac{D_3 \times Z_1 \times 186 \times 1 \times 20 \times Z_3}{330 \times Z_2 \times 167 \times 50 \times 20 \times Z_4} = 0.096\,5 \times \frac{D_3 \times Z_1 \times Z_3}{Z_2 \times Z_4}$$

式中：n'为电动机(2.2 kW)的转速(1 430 r/min)；D_3为电动机变换皮带轮的直径(100 mm、110 mm、120 mm、130 mm、140 mm、150 mm)；Z_1/Z_2为牵伸变换齿轮的齿数(24/18、25/17、26/16)；Z_3/Z_4为牵伸变换齿轮的齿数(21/30、25/26)。

③ 棉卷罗拉转速 n_3

$$n_3(\text{r/min}) = n' \times \frac{D_3 \times 17 \times 14 \times 18}{330 \times 67 \times 73 \times 37} = 0.102\,6 \times D_3$$

棉卷罗拉的转速范围为 10.26～15.39 r/min。

2. 牵伸倍数计算

产品在加工过程中被抽长拉细，使单位长度的重量变轻，这就称为牵伸。产品被抽长拉细的程度用牵伸倍数表示。按输出与喂入机件的表面速度求得的牵伸倍数称为机械牵伸倍数(亦称理论牵伸倍数)，按喂入与输出产品的单位长度重量或线密度求得的牵伸倍数称为实际牵伸倍数。

在成卷机中，为了获得一定规格的棉卷，需对棉卷罗拉与天平罗拉之间的牵伸倍数 E 进行调节。

表 2-12　牵伸变换齿轮与 E 的关系

Z_4/Z_3	Z_2/Z_1		
	18/24	17/25	16/26
30/21	3.446	3.124	2.827
26/25	2.508	2.274	2.058

① 机械牵伸倍数

$$E = \frac{d_1}{d_2} \times \frac{Z_4 \times 20 \times 50 \times 167 \times Z_2 \times 17 \times 14 \times 18}{Z_3 \times 20 \times 1 \times 186 \times Z_1 \times 67 \times 73 \times 37} = 3.216\,2 \times \frac{Z_2 \times Z_4}{Z_1 \times Z_3}$$

式中：d_1为棉卷罗拉的直径(230 mm)；d_2为天平罗拉的直径(76 mm)。

② 实际牵伸倍数

$$实际牵伸倍数=\frac{机械牵伸倍数}{1-落棉率}$$

3. 棉卷长度计算

FA141 型单打手成卷机的棉卷长度由 YH401B 型计数器控制。当计数器显示所要求的数字时，便产生落卷动作。

① 棉卷计算长度 L

$$L(\text{m}) = n_4 \times \pi d \times e_1 \times e_0 / 1\,000$$

式中：n_4 为导棉罗拉生产一个棉卷的转数；d 为导棉罗拉的直径(80 mm)；e_1 为棉卷罗拉与导棉罗拉之间的牵伸倍数；e_0 为压卷罗拉与棉卷罗拉之间的牵伸倍数。

其中：

$$e_1 = \frac{230}{80} \times \frac{16 \times 54 \times 32 \times 18}{37 \times 14 \times 73 \times 37} = 1.022\,6$$

$$e_0 = \frac{184}{230} \times \frac{37 \times 73 \times 14 \times 24 \times 20 \times 23}{18 \times 32 \times 54 \times 19 \times 23 \times Z_6}$$

式中：Z_6 为压卷罗拉与棉卷罗拉之间的棉卷张力齿轮的齿数，有 23 和 24 两种。

② 棉卷的伸长率 ε：棉卷在卷绕过程中有伸长，故实际长度大于计算长度。设棉卷的实际长度为 L_1，计算长度为 L，则棉卷的伸长率 ε 为：

$$\varepsilon = \frac{L_1 - L}{L} \times 100\%$$

③ 棉卷的实际长度 L_1

$$L_1(\text{m}) = L \times (1+\varepsilon)$$

当棉卷线密度一定时，其长度由整个棉卷的总重量来考虑选定，棉卷越长，棉卷总重量越重。棉卷总重量直接影响运输和梳棉机上卷的劳动强度，一般棉卷的总重量控制在16～20 kg 范围内。棉卷长度的调整可根据需要调节 YH401B 型记数器的数值，调好后即可开车生产。

4. 产量计算

① 理论产量 $G_{理}$

$$G_{理} = \frac{\pi \times D \times n_3 \times 60 \times N}{1\,000 \times 1\,000 \times 1\,000} \times (1+\varepsilon)$$

或

$$G_{理} = \frac{\pi \times D \times n_3 \times 60 \times g}{1\,000 \times 1\,000} \times (1+\varepsilon)$$

式中：$G_{理}$ 为理论产量[kg/(台·h)]；D 为棉卷罗拉的直径(mm)；N 为棉卷线密度(tex)；g 为棉卷在公定回潮率时的定量(g/m)。

② 定额产量 $G_{定}$：定额产量是考虑了时间损失所计算出的产量。时间损失是指如落卷停车、小修理停车、故障停车等的时间损失，这需要通过测定而确定，一般用时间效率或有效时间系数表示。时间损失越多，时间效率越低。

$$G_{定} = G_{理} \times 时间效率$$

第五节 开清棉综合技术讨论

提高棉卷质量和节约用棉是开清棉工序的一项经常性的重要工作，它不仅影响细纱的质量，而且在很大程度上决定了产品的成本。为提高棉卷质量，一方面要充分发挥开清棉工序中各单机的作用，另一方面要制定必要的棉卷质量检验项目和控制指标，以便及时发现问题并加以纠正，确保成纱质量的稳定和提高。

一、棉卷质量要求

目前的开清棉工序的质量检验项目有棉卷含杂率、棉卷重量、棉卷重量差异和棉卷不匀率等(表 2-13)。此外，还要进行各机台的落棉试验、分析落杂情况、控制落棉数量、增加落杂、减少可纺纤维的损失等。节约用棉是指在不影响棉卷质量的前提下尽量减少可纺纤维的损失，具体做法是提高各单机的落棉含杂率和降低开清棉联合机的总落棉率，即统破籽率。由于总落棉率的多少直接影响每件纱的用棉量，所以是节约用棉的主要控制指标。其中含杂量的多少，影响开清棉联合机的除杂效率和棉卷含杂率。提高质量和节约用棉是矛盾的对立与统一，涉及的面很广，不仅与原棉有关，而且与工艺调整、机械维修、操作管理、温湿度控制等都有密切关系。

表 2-13 开清棉工序的质量检验项目和控制范围

检验项目	质量控制范围
棉卷重量不匀率	棉 1.1%左右，涤 1.4%左右
棉卷含杂率	按原棉性能质量要求制定，一般为 0.9%～1.6%
正卷率	>98%
棉卷伸长率	棉<4%，涤<1%
棉卷回潮率	棉 7.5%～8.3%，涤 0.4%～0.7%
总除杂效率	按原棉性能质量要求制定，一般为 45%～65%
总落棉率	一般为原棉含杂率的 70%～110%

二、棉卷含杂率的控制

在整个纺纱过程中，除杂任务绝大部分由开清棉和梳棉两个工序负担，其他工序中，除了络筒机有一定的除杂作用外，其余各工序的除杂作用很少。在清、梳两个工序中，清棉一般除大杂，如棉籽、籽棉、不孕籽、破籽等；而一些细小、黏附性很强的杂质以及短绒等，则可留给梳棉工序清除，如带纤维籽屑、软籽表皮、短绒等。开清棉联合机各单机的机构特点不同，对不同杂质的除杂效率各异，故应充分发挥各单机的特长，在清、梳合理分工的前提下，使棉卷含杂率尽可能降低，达到降低成纱棉结、杂质和节约用棉的目的。

棉卷含杂率的控制，应视原棉含杂数量和内容而定。开清棉除杂工艺原则有两条，一是不同原棉不同处理，二是贯彻“早落、少碎、多松、少打”的原则。

开清棉工序的总除杂效率、落棉含杂率、棉卷含杂率的一般控制范围见表 2-14 所示。

表 2-14 开清棉工序的总除杂效率

原棉含杂率(%)	总除杂效率(%)	落棉含杂率(%)	棉卷含杂率(%)
1.5 以下	40 左右	50 左右	0.9 以下
1.5～1.9	45 左右	55 左右	1 以下
2～2.4	50 左右	55 左右	1.2 以下
2.5～2.9	55 左右	60 左右	1.4 以下
3～4	60 左右	65 左右	1.6 以下

1. 开清棉各单机对各类杂质和疵点的清除能力

棉箱机械的角钉帘下和剥棉打手部分应尽可能将原棉中的棉籽、籽棉全部除去，如有少量残留，则应在豪猪开棉机中全部除清；不孕籽、尘屑、碎叶应在主要打手处排除。但往往还有少量带到棉卷中，由下一道工序即梳棉机的刺辊部分排除。至于带纤维籽屑、僵片、软籽表皮等在开棉机中较难清除，一般在清棉机的梳针打手处可排除一部分，余下部分应在梳棉机中排除。

原棉中含棉籽、籽棉、大破籽等大杂较多时，应执行早落防碎的工艺，防止这些大杂在以后的握持打击中被罗拉压碎而成为破籽和带纤维籽屑，那么在开清棉加工中就更难清除，就会增加梳棉机的除杂负担。因此，必须充分发挥棉箱机械的扯松作用，采用多松工艺，在第一台棉箱的剥棉打手下配置较大的尘棒间隔距，创造大杂早落、多落的条件。

含不孕籽较多的原棉，应充分发挥各类打手机械的除杂作用。含软籽表皮和带纤维籽屑较多的原棉，除充分发挥梳针打手的作用外，对主要打手如豪猪打手、六辊筒打手应采用较小的尘棒隔距和少补风、全死箱等清除细杂的工艺。

2. 不同原棉不同处理

① 正常原棉：由于原棉成熟正常、线密度适中、单纤维强度较高、回潮率适中、有害疵点少，因此，开清棉一般采用多松早落、松打交替，充分发挥棉箱机械以及开棉机的开松、除杂作用。

② 低级棉：由于低级棉的成熟度差、单纤维强度低、回潮率高、有害疵点多，因此，开清棉一般采用多松早落多落、少打轻打、薄喂慢速、少返少滚、减少束丝和棉结的工艺。

③ 原棉含杂率过高：如含大杂较多时，应多松早落多落，适当增加开清点；如含细小杂质较多时，应使梳棉工序多承担除杂任务。

④ 原棉回潮率过高或过低：原棉回潮率过高，会降低开清棉机械的开松和除杂的效果，因此，原棉需经干燥后再混用，干燥可采用松解暴晒后自然散发的方法；回潮率过低的原棉，如低于 7%时，一般先给湿，然后放置 24 h 再混用。

三、棉卷均匀度的控制

棉卷不匀分纵向不匀和横向不匀，在生产中以控制纵向不匀为主。纵向不匀是考核棉卷单位长度的重量差异，它直接影响生条重量不匀率和细纱的重量偏差，通常以棉卷 1 m 长为片段，称重后算出其不匀率的数值。棉卷不匀率根据不同原料不同控制，一般棉纤维控制在 1%以内，棉型化纤控制在 1.5%以内，中长化纤控制在 1.8%以内。在棉卷测长过程中，通过灯光目测棉层横向的分布情况，如破洞及横向各处的厚薄差异等。横向不匀过大的棉卷，在梳棉机加工时，棉层薄的地方，纤维不能处在给棉罗拉与给棉板的良好握持下进行梳理，容易落入车肚成为落棉，不利于节约用棉。所以，棉卷横向不匀特别差时要及时改善。另外，生产上还应控制棉卷的重量差异，即控制棉卷定量或棉卷线密度的变化。一般要求每个棉卷重量与规定重量相差不超过正负1%～1.5%，超过此范围作为退卷处理。退卷率一般要求不超过1%，即正卷率需在99%以上。棉卷均匀度控制的好坏是衡量开清棉工序生产是否稳定的一项重要指标。

提高棉卷均匀度和正卷率的主要途径如下：

(1) 原料

混合原料中各成分的回潮率差异过大或化纤的含油率差异过大时，如果原料的混合不够均匀，会造成开松度的差异，影响天平罗拉喂入棉层密度的变化，使得棉卷均匀度恶化，因此，喂入原棉密度应力求一致。

(2) 工艺

调整好整套机组的定量供应，稳定棉箱中存棉的高度和密度，控制各单机单位时间的给棉量和输出量稳定，提高机台运转率。正确选用适当的打手和尘笼速度，使尘笼吸风均匀。

(3) 机械状态

保证天平调节装置的正常工作状态或采用自调匀整装置。

(4) 车间温湿度

严格控制车间温湿度变化，使棉卷回潮率及棉层密度趋向稳定，开清棉车间的相对湿度一般为55%～65%。

(5) 操作管理

严格执行运转操作工作法，树立质量第一的思想，按配棉排包图上包，回花、再用棉应按混合比例混用，操作人员不能随便改变工艺等。

第六节 开清棉工序加工化纤的特点

一、化纤的特点

目前在棉纺设备上加工的化学纤维可分为两类，即长度在40 mm以下的棉型化纤和长度为51～76 mm的中长化纤。化纤的特点是无杂质、较蓬松，含有硬丝、并丝、束丝等少量疵点，加工时极易产生静电并产生黏卷现象。另外，化纤中含有少量的超长和倍长纤维，极易缠绕打手。

二、开清棉工序加工化纤的工艺流程与工艺参数

1. 工艺流程

采用短流程(两个棉箱、两个开清点)、多梳少打的工艺路线，以减少纤维损伤，防止黏卷。

2. 打手形式

采用梳针辊筒(如FA106A型梳针辊筒开棉机)。

3. 工艺参数

① 打手转速:一般比加工同线密度的棉纤维低,如速度过高,不仅容易损伤纤维,而且因开松过度而造成纤维层粘连。

② 风扇速度:一般风扇与打手的速比比加工棉纤维时大,风扇的转速宜控制在1 400～1 700 r/min。

③ 给棉罗拉速度:给棉罗拉速度以较快为好,这样棉箱厚度可调小,形成薄层快喂,有利于加工。

④ 打手与给棉罗拉间的隔距:由于化学纤维的长度比棉纤维长且与金属间的摩擦系数较大,所以清棉机打手与给棉罗拉间的隔距应比纺棉时大,一般为11 mm。

⑤ 尘棒间的隔距:因化纤含杂少,故尘棒间的隔距应比纺棉时小。在化学纤维含疵率低的情况下,打手室落杂区的尘棒要反装,适当采用补风,以减少可纺纤维的损失。

⑥ 打手与尘棒间的隔距:因纤维蓬松,为了减少纤维损伤或搓滚成团的现象,打手与尘棒间的隔距应放大。

4. 防止黏卷的措施

黏卷是化纤纺纱中一个突出的问题。化纤易产生黏卷的原因,一是纤维卷曲少且在加工过程中易于消失,纤维间的抱和力小;二是化纤较蓬松,回弹性大;三是化纤的吸湿性差,与金属的摩擦系数大,易产生静电。防止黏卷的措施有以下几种:

① 采用凹凸罗拉防黏装置,使纤维层在进入紧压罗拉前先经凹凸罗拉轧成槽纹,使化纤卷内外层分清,起到较好的防黏作用。

② 增大上、下尘笼的凝棉比,应比纺棉时大,使大部分纤维凝聚在尘笼表面,这对防止黏卷有显著的效果。

③ 增大紧压罗拉的压力,可使纤维层内的纤维集聚紧密,一般比纺棉时大30%左右。

④ 采用渐增加压,即纤维卷加压随成卷直径的增加而增加。

⑤ 在第二、第三紧压罗拉内安装电热丝,通过电热丝加热,使紧压罗拉的表面温度升高到95～105℃,则纤维层在通过第二、第三紧压罗拉时可获得暂时的热定形,从而达到防止黏卷的目的。

⑥ 采用重定量、短定长的工艺措施,不仅可防止黏卷,还可降低化纤卷的不匀率。适当增加成卷定量,有利于改善纤维层的结构,增强纤维间的抱合力,从而减少黏卷。

⑦ 在化纤卷间夹粗纱(或生条),用5～7根粗纱或生条头夹入化纤内,将纤维层隔开,可作为防止黏卷的一个辅助性措施。

本章学习重点

学习本章后,应重点掌握四大模块的知识点:

一、开清棉流程中各单机(抓棉机、混棉机、开棉机、清棉机)的机构组成与工作原理

1. 各单机的工艺流程、机构组成、主要技术特征。

2. 主要机构的工作原理及作用特点,如开松、除杂、混合、均匀等。

二、开清棉工艺设计原理以及主要工艺影响因素

三、清棉机传动系统和工艺计算

四、棉卷质量控制指标与控制方法

复习与思考

一、基本概念

自由打击开松　握持打击开松　尘棒安装角　横铺直取　落棉率　落棉含杂率　落杂率　除杂效率　棉卷重量不匀率　正卷率

二、基本原理

1. 试述开清棉工序的任务。
2. 开清棉联合机组主要包括哪些设备？这些设备的主要作用是什么？
3. 自动抓棉机有哪几种形式？试说明圆盘抓棉机的“勤抓少抓”工艺。
4. 试说明 A006B 型、FA022 型、FA025 型三种混棉机的混合特点。
5. 影响 A006B 型自动混棉机的开松作用的主要因素有哪些？
6. A092AST 型双棉箱给棉机是如何保证均匀给棉的？
7. 什么是自由打击？握持打击？各有何特点？
8. 什么是尘棒安装角？如何根据原棉的含杂调节尘棒安装角？
9. 简述单轴流开棉机的作用特点。
10. 影响 FA106 型豪猪开棉机的开松除杂作用的因素有哪些？
11. FA141 型单打手成卷机有什么作用？
12. 简述天平调节装置的工作原理。
13. 棉卷有哪些质量控制指标？
14. 论述开清棉工序中提高棉卷均匀度的方法。

基本技能训练与实践

训练项目 1:到工厂了解开清棉流程、设备组成以及开清棉工艺配置,并重点针对不同原棉、不同处理进行工艺讨论。

训练项目 2:上网收集有关的开清棉机组设备资料,了解不同原料(棉、化纤以及新纤维)的开清棉工艺特点。

第三章 梳 棉

内容提要 >>>

本章简述了梳棉工序的任务、工艺流程、两针面之间的作用，详细叙述了梳棉机给棉刺辊部分、锡林盖板道夫部分和剥棉圈条部分的机构、工作原理、主要工艺影响因素以及针布的规格参数、梳棉机传动与工艺计算，阐述了生条质量控制的有关内容和方法以及当前最新的梳棉机技术发展。

第一节 >>> 梳棉工序概述

一、梳棉工序的任务

经过开清棉工序的加工，棉卷或棉流中的纤维多数呈松散棉块、棉束状态，并含有1%左右的杂质，其中多数为较小的带纤维或黏附性较强的杂质和棉结。所以，必须将纤维束彻底松解成单纤维。同时，要继续清除残留在棉束中的细小杂质。伴随分梳和除杂工作，还应充分混合各配棉成分的纤维，制成均匀的棉条，以满足下道工序加工的要求。因此，梳棉机的任务是：

(1) 分梳

在少损伤纤维的前提下，对喂入棉层进行细致而彻底的分梳，使束纤维分离成单纤维状态。

(2) 除杂

继续清除残留在棉层中的杂质和疵点，如带纤维籽屑、破籽、不孕籽、软籽表皮、棉结以及短纤维和梳不开的纤维束与尘屑等。

(3) 均匀、混合

利用梳棉机针布梳理的“吸”“放”功能，使纤维间充分混合，并使生条保持重量均匀。

(4) 成条

制成一定线密度的均匀棉条(梳棉机制成的棉条，习惯上叫生条)，并有规则地圈放在条筒内，供下道工序使用。

梳棉机上棉束被分离成单纤维的程度与成纱强度和成纱条干密切相关。在普梳系统中，梳棉后的工序不再有积极清除杂质、疵点的作用，所以生条中的含杂情况在很大程度上决定了细纱棉结杂质的含量多少。由于梳棉机的落棉率是普梳纺纱系统各单机中最高的，且落棉中含有一定数量的可纺纤维，直接关系到吨纱用棉量，因此需要合理控制梳棉机的落棉率。另外，细纱每一万纱锭需配备的梳棉机台数（简称万锭配台）较多，日常保全、保养和看管所需的劳动消耗多，设备维修费用也较高。

综上所述，保持梳棉机良好的工作状态，在改善纱条结构、提高细纱质量、节约用棉、降低成本等方面都有重要作用。

二、国产梳棉机的发展

国产梳棉机的发展经过了三个阶段。20 世纪 50 年代，我国自行设计制造的 1181 系列弹性针布梳棉机，其产量为 4～6 kg/(台•h)，结束了我国不会制造梳棉机的历史，进入了以国产梳棉机装备我国纺织工业的阶段。

1960 年生产的 A181 系列型金属针布梳棉机，单产为 9 kg/(台•h)。1958—1963 年间，曾研究试制了 Al81E 型金属针布梳棉机，该机主要采取提高速度、增加分梳和改进剥棉等技术措施，使产量达到 15 kg/(台•h)。在此基础上，又成功研制了 A185 型梳棉机和 A186 型系列梳棉机，前者产量为 15～20 kg/(台•h)，后者产量为 15～25 kg/(台•h)。其中，A186C 型和 A186D 型梳棉机的适应性较强，能加工纯棉和棉型化学纤维及中长纤维，是国内使用量较大的机型。Al86E 型梳棉机与 A186D 型梳棉机相比，提高了主要工作机件和支撑件的刚度，改善了高速运转的稳定性，产量提高到 20～30 kg/(台•h)。另外，还设计制造了 A187A 型小型梳棉机、A189 型梳棉机和与转杯纺纱配套的 A190 型双联梳棉机。20 世纪 80 年代后期研制生产的新一代 FA201 型梳棉机，由于消化吸收了国外高产梳棉机的优点，增加了分梳区域，产量达到 25～30 kg/(台•h)。目前，国产梳棉机的发展主要体现在以下几个方面：

① 速度与产量不断提高，目前产量已上升到 45～85 kg/(台•h)；

② 适纺纤维范围扩大，新型梳棉机可纺 22～76 mm 的棉、棉型化纤及中长化纤；

③ 主要机件、支撑件的钢度和加工精度不断提高，从而改善了梳棉机的稳定性；

④ 扩大分梳区域、改进附加分梳元件和采用新型针布，使分梳质量和除杂效果大大提高；

⑤ 采用吸尘机构及密封机壳，改善了生产环境；

⑥ 采用自调匀整机构，进一步提高了生条质量。

三、梳棉机的工艺流程

图 3-1 所示为 FA201 型梳棉机的工艺流程简图。该机由几个部分组成。

（一）给棉和刺辊部分

棉卷置于棉卷罗拉 16 上，并借其与棉卷罗拉间的摩擦而逐层退解（采用清梳联时，由机后的喂棉箱 18 输出均匀棉层），沿给棉板 19 进入给棉罗拉 15 和给棉板之间，在紧握状态下向前喂给刺辊 11，使棉层接受开松与分梳。由刺辊分梳后的纤维随刺辊向下，经过两块刺辊分梳板 14 的梳理、两把除尘刀的清除后（两把除尘刀分别装在两块分梳板的前部），经过三角小漏底 21，由锡林 9 剥取。杂质和短绒等在给棉板与第一除尘刀之间、第一分梳板与第二除尘刀之间以及第二分梳板与三角小漏底之间落下，成为后车肚落棉。

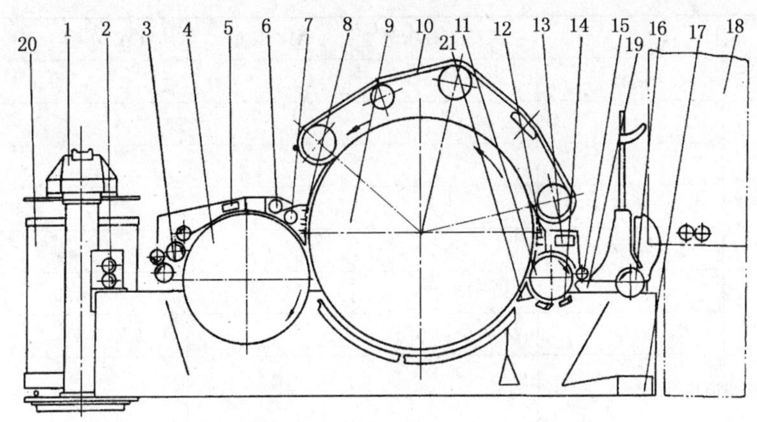

图 3-1 FA201 型梳棉机简图

1—圈条器 2—大压辊 3—剥棉罗拉 4—道夫 5—清洁辊吸点 6—盖板花吸点 7—三角区吸点 8—前固定盖板 9—锡林 10—盖板 11—刺辊 12—后固定盖板 13—刺辊罩吸点 14—刺辊分梳板 15—给棉罗拉 16—棉卷罗拉 17—车肚花吸点 18—喂棉箱 19—给棉板 20—条筒 21—三角小漏底

这个部分以刺辊的握持分梳为特点，是梳棉机的主要除杂区和第一分梳部分。

(二) 锡林、盖板和道夫部分

由锡林剥取的纤维随同锡林向上，经过后固定盖板 12 的梳理后，进入锡林盖板工作区，锡林和盖板 10 的针齿对纤维进行细致的分梳。充塞到盖板针齿内的短绒、棉结、杂质和少量可纺纤维，在走出工作区后由盖板花吸点 6 吸走。随锡林走出工作区的纤维通过锡林与前固定盖板 8 的梳理后，进入锡林、道夫工作区，其中一部分纤维凝聚在道夫 4 的表面，被道夫转移输出；另一部分纤维随锡林返回，又与从刺辊针面剥取的纤维并合，重新进入锡林、盖板工作区，进行分梳。

这个部分是以锡林、盖板和道夫的细致分梳为特点，是梳棉机的第二分梳部分。

(三) 剥棉成条和圈条部分

道夫表面所凝聚的纤维层，被剥棉罗拉 3 剥取后形成棉网，经喇叭口制成棉条，由大压辊 2 输出，通过圈条器 1 将棉条有规则地圈放在条筒 20 内。

这个部分也称为梳棉机的输出部分。

(四) 吸尘系统

为使梳棉机正常高速生产、减少纱疵、改善劳动环境，在清洁辊、锡林道夫三角区、刺辊罩壳以及盖板花处设有吸尘罩，在刺辊下方的后车肚处设有吸棉漏斗，上述吸落棉装置同滤尘系统相连，简称吸尘系统。这是高产梳棉机的一个重要组成部分。

四、梳棉机的主要技术特征

梳棉机的主要技术特征见表 3-1。

表 3-1 梳棉机的主要技术特征

项目	A186C(D)型	A186E 型	FA201 型	FA202 型
产量[kg/(台·h)]	15～25	15～30	25～30	
可纺纤维长度(mm)	22～76			

续 表

项目		A186C(D)型	A186E 型	FA201 型	FA202 型
直径(mm)	锡林	1 290			
	道夫	706			
	刺辊	250			
	给棉罗拉	70			
转速(r/min)	锡林	330，360			320～400
	道夫	15～28	18.9～35.6	18.9～35.6	18.42～40.75
	刺辊	980～1 070		800，930	828～1 039
工作盖板根数		40		41	
盖板总根数		106			
盖板速度(mm/min)		81～266		72～342	81～264
给棉板工作面长度(mm)		28，30，32，46，60			30，46，60
除尘刀高度(mm)		±6		与分梳板固装	
除尘刀角度		85°～100°			
刺辊下分梳板块数		无		2	1
小漏底弦长(mm)		175.5，200		三角小漏底	
固定盖板根数		无		前 4 根，后 3 根	前 2 根，后 2 根
剥棉形式		四罗拉	三罗拉		
锡林传动形式		锡林轴摩擦离合器	主电机轴摩擦离合器		
刺辊传动形式		平皮带交叉传动		平皮带正反面传动	
道夫快慢速比		3∶1	4∶1		
道夫变速形式		双速电机			
吸尘点布置		刺辊、道夫、后车肚处共三吸		刺辊、道夫、安全清洁辊和盖板花四点连续吸，机下前后车肚间歇吸	
总牵伸倍数		67～120		68～129	69～153
条筒尺寸		直径 600 mm，高 900 mm、1 100 mm			
电机总功率(kW)		2.95		4.82	4.44

五、针面对纤维的作用

由于梳棉机上各主要机件表面包有针布，所以各机件间的作用实质上是两个针面的作用，根据针齿配置(即针齿的倾斜方向)以及两针面的相对运动方向不同，对纤维可产生分梳、剥取、提升三种作用。

(一) 分梳作用

1. 分梳作用的条件

① 两针面的针齿相互平行配置；

② 一个针面的针尖逆对着另一针面的针尖运动；

③ 两针面之间的隔距很小。

2. 分梳作用的过程

如图 3-2 所示,由于两针面的隔距很小,故由任一针面携带的纤维都有可能同时被两个针面的针齿所握持而受到两个针面的共同作用。此时纤维和针齿间的作用力为 R,R 可分解为平行于针齿工作面方向的分力 p 及垂直于针齿工作面方向的分力 q,前者使纤维沿针齿向针内运动,后者将纤维压向针齿。无论对哪一针面来说,在力 p 的作用下,纤维都有沿针齿向针内移动的趋势。因此,两个针面都有握持纤维的能力,从而使纤维有可能在两针面间受到梳理作用。

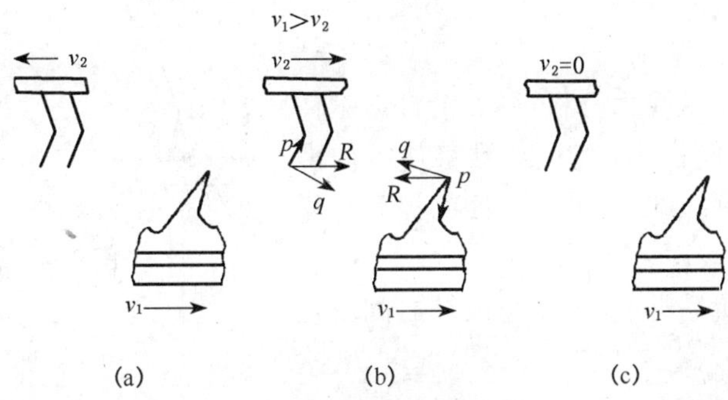

图 3-2 分梳作用

梳棉机上,锡林与盖板之间的作用、锡林与道夫之间的凝聚作用,实质上是分梳作用。

(二) 剥取作用

1. 剥取作用的条件

① 两针面的针齿相互交叉配置;

② 一个针面的针尖沿着另一针面的针尖的倾斜方向相对运动;

③ 两针面之间的隔距很小。

2. 剥取作用的过程

图 3-3(a)和(b)中,针面Ⅰ的针尖沿针面Ⅱ的针齿的倾斜方向运动,因两针面的相对运动对纤维产生分梳力 R,将 R 分解为平行于针齿工作面方向的分力 p 和垂直于针齿工作面方向的分力 q。对针面Ⅰ而言,纤维在分力 p 的作用下有沿针齿向内移动的趋势;而对针面Ⅱ而言,纤维在分力 p 的作用下有沿针齿向针外移动的趋势。所以,针面Ⅱ所握持的纤维将被针面Ⅰ所剥取。而图 3-3(c)中,则是针面Ⅱ剥取针面Ⅰ上的纤维。因此,在剥取作

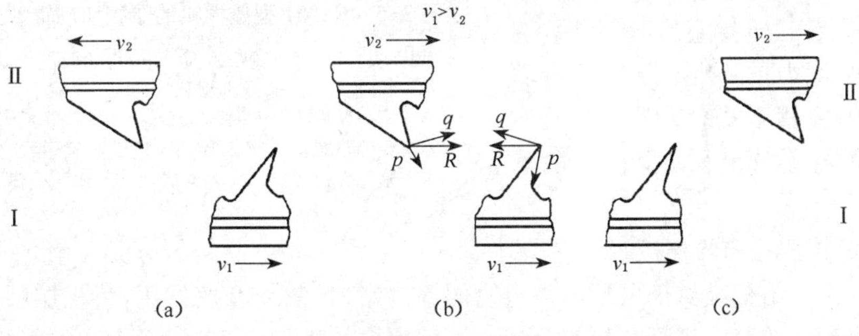

图 3-3 剥取作用

用中，只要符合一定的工艺条件，纤维将从一个针面完全转移到另一个针面上。

梳棉机上，锡林与刺辊间的作用就是剥取作用。

(三) 提升作用

1. 提升作用的条件

① 两针面的针齿相互平行配置；

② 一个针面的针尖顺着另一个针面的针尖运动；

③ 两针面之间的隔距很小。

2. 提升作用的过程

如图 3-4 所示。从受力分析可知，沿针齿工作面方向的分力 p 指向针尖，表示纤维将从针内滑出。若某针面内沉有纤维，在另一针面的提升作用下，纤维将升至针齿表面。

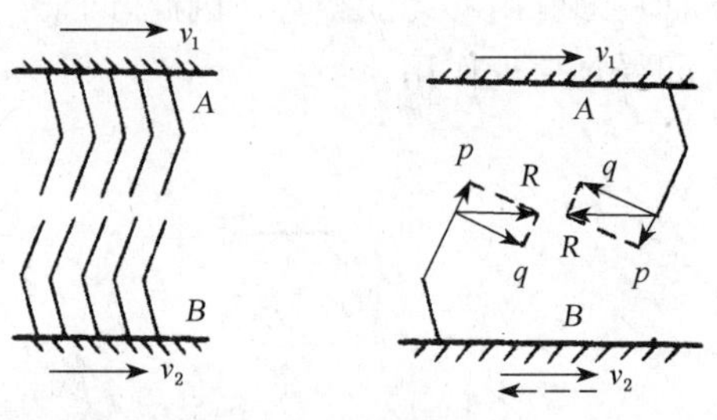

图 3-4 提升作用

在粗梳毛纺的梳毛机上，风轮与锡林之间就是提升作用。

第二节 梳棉机的机构

一、给棉和刺辊部分的机构

FA201 型梳棉机的给棉和刺辊部分主要由棉卷架、棉卷罗拉、给棉板、给棉罗拉、刺辊、除尘刀和分梳板等机件组成，如图 3-5 所示。该部分的主要作用是给棉、握持、分梳和除杂。

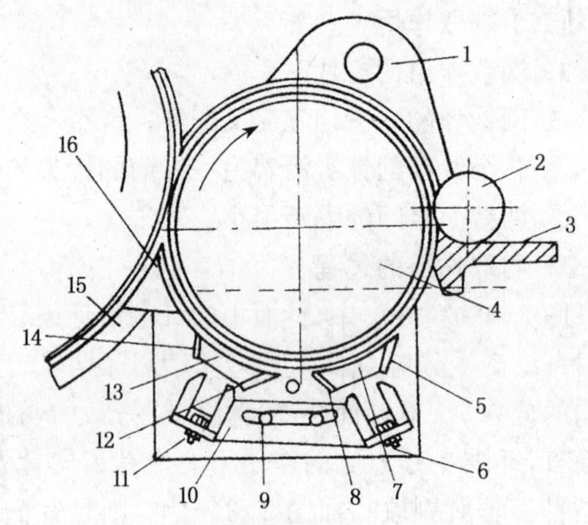

图 3-5 FA201 型梳棉机的给棉和刺辊部分机构

1—刺辊吸尘罩 2—给棉罗拉 3—给棉板 4—刺辊 5—第一除尘刀 6—分梳板调节螺杆 7—第一分梳板 8—第一导棉板 9—托脚螺丝 10—双联托脚 11—分梳板调节螺丝 12—第二除尘刀 13—第二分梳板 14—第二导棉板 15—大漏底 16—三角小漏底

(一) 棉卷架和棉卷罗拉

棉卷置于棉卷罗拉上，棉卷的回转轴心(即棉卷扦)嵌在左右两个棉卷架的竖槽内，棉卷罗拉通过摩擦带动棉卷退解棉层。棉卷直径变小后，为弥补退卷摩擦力的不足，棉卷扦沿着向后倾斜的斜槽下滑，以增加棉层与棉卷罗拉的接触面积，减少棉层的意外伸长。

(二) 给棉罗拉和给棉板

给棉罗拉与给棉板对棉层形成强有力的握持钳口，依靠摩擦作用，将棉层喂给刺辊，使刺辊在整个棉层的横向进行开松与分梳。给棉罗拉的直径为 70 mm，为增加给棉罗拉表面和棉层的摩擦力，使握持牢靠、喂给均匀，在给棉罗拉表面刻有齿形沟槽，并在罗拉两端施加

压力。FA201 型梳棉机的给棉罗拉加压采用机上杠杆偏心式弹簧加压机构，如图 3-6 所示。加压手柄 2 按下，弹簧 1 压缩的回弹力通过加压杠杆 3 传递至给棉罗拉 4，实现棉层加压，抬起手柄即可卸压。加压范围为 34.32～55.9 N/cm。

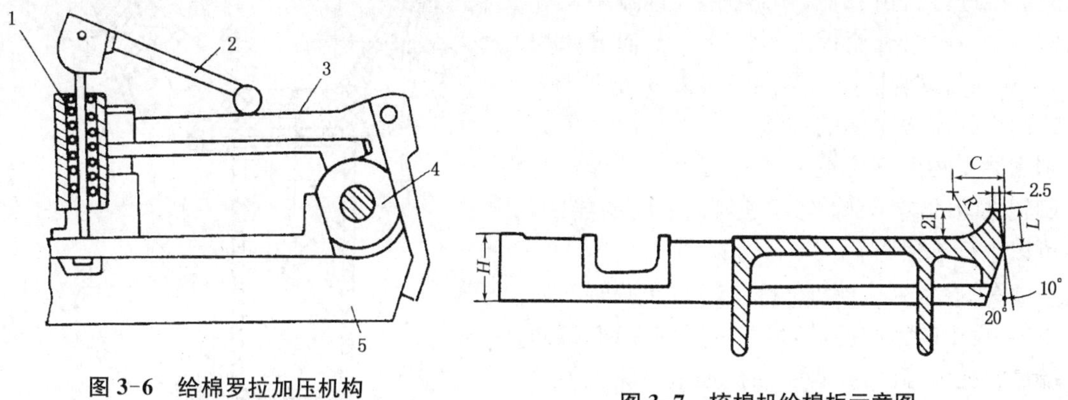

图 3-6　给棉罗拉加压机构

1—弹簧　2—加压手柄　3—加压杠杆　4—给棉罗拉　5—给棉板

图 3-7　梳棉机给棉板示意图

为了保证给棉罗拉与给棉板对棉层强有力的握持，使刺辊逐步刺入棉层，给棉板设计成如图 3-7 所示的形状。给棉罗拉和给棉板间的隔距自入口到出口应逐渐缩小，使棉层在圆弧段逐渐被压缩，握持逐渐增强。FA201 型梳棉机的给棉板工作面长度(图中的 L)有 28 mm、30 mm、32 mm、46 mm 和 60 mm 五种规格。加工的纤维越长，选用的给棉板工作面长度越长。

(三) 刺辊

刺辊主要由筒体(俗称铁胎)和包覆物(锯条)组成，其结构如图 3-8 所示。筒体为铸铁制成的圆筒，表面有 10 头螺旋沟槽，用于嵌入锯条。沟槽的螺距为 2.54 mm，导程为 25.4 mm，裸状沟底直径为 239 mm。利用专用包卷机在沟槽内镶嵌刺辊锯条，形成刺辊。筒体两端用堵头 4(即法兰盘)和锥套 3 固定在刺辊轴上，沿堵头内侧圆周有槽底大、槽口小的梯形沟槽。平衡铁螺丝可沿沟槽在整个圆周移动。校验平衡时，平衡铁 5 可固紧在需要的位置上，平衡后再装上镶盖 2 封闭筒体。

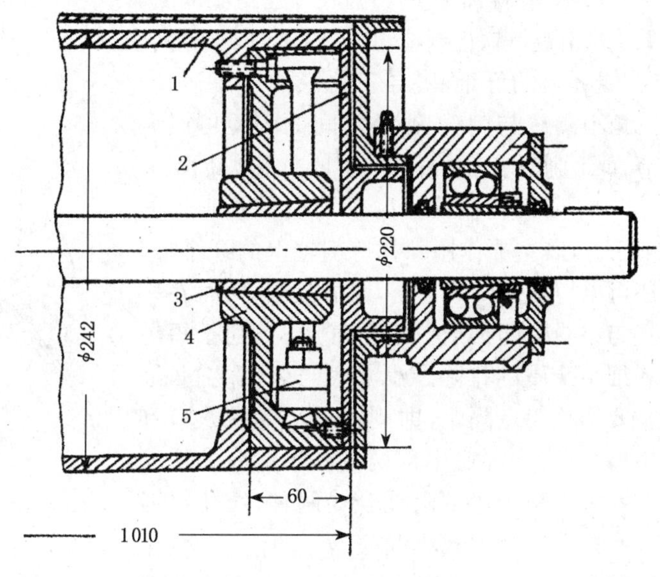

图 3-8　刺辊结构

1—筒体　2—镶盖　3—锥套　4—堵头　5—平衡铁

由于刺辊的转速较高，与相邻机件的隔距很小，因此，对于刺辊筒体和针齿面的圆整度、刺辊圆柱针齿面与刺辊轴的同心度以及整个刺辊的静、动平衡等，都有较高要求。

(四) 刺辊分梳板和除尘刀

FA201 型梳棉机的刺辊分梳板结构如图 3-9 所示。分梳板的主要作用是与刺辊配合，对纤维进行自由分梳、松解棉束、排除杂质和短绒等。两组分梳板上的齿片 2 横向分布均匀，齿面与刺辊同心。两把除尘刀 3 分别固装在两组分梳板主体的前侧。两块导棉板 1 分别固装在两组分梳板主体的后侧。导棉板与刺辊之间的隔距、除尘刀与刺辊之间的隔距，可以进行单独调节。

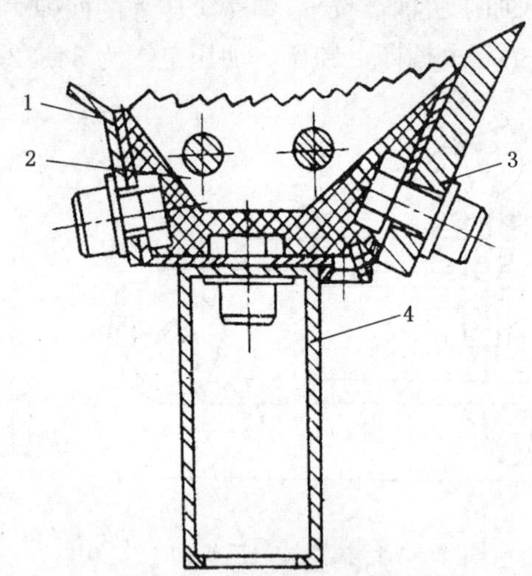

图 3-9　刺辊分梳板的结构

1—导棉板　2—齿片　3—除尘刀　4—加强筋

A186 系列梳棉机的除尘刀位于刺辊的后下方，用中碳钢制造，形状如带刃的扁钢，其两端嵌在托脚槽内，托脚装在机框上。除尘刀的主要作用是配合刺辊排除杂质(破籽、不孕籽、僵片棉等)，并对刺辊上的可纺纤维起一定的托持作用，使其随刺辊回转而顺利地转移给锡林。除尘刀的进出位置(刀刃与刺辊的隔距)、高低位置(刀刃与机框水平面的相对位置)、角度(刀背与机框水平面间的夹角)等工艺参数，均可以根据工艺要求进行调节。

(五) 小漏底

FA201 型梳棉机的小漏底为三角小漏底，采用平滑镀锌铁板制造，其主要作用是托持刺辊、锡林上的纤维，引导三角区的气流运动。三角小漏底与刺辊、锡林之间的隔距可以调节，保证刺辊表面的纤维顺利地向锡林转移。

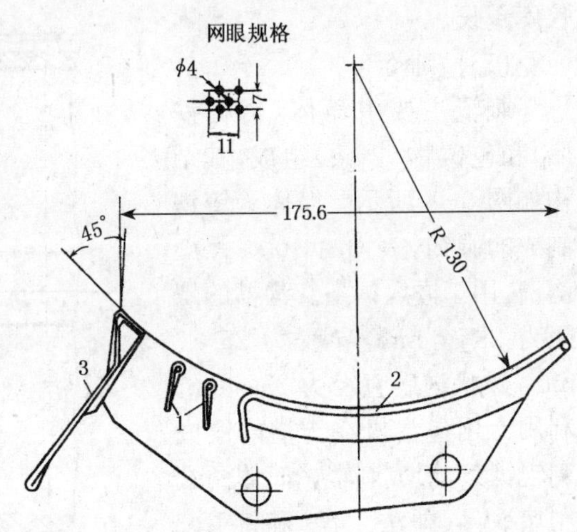

图 3-10　A186 系列梳棉机的小漏底结构图

1—尘棒　2—网眼板　3—导流板

A186 系列梳棉机的小漏底位于刺辊的前下方，其主要作用除托持刺辊上的纤维外，还可以切割入口处气流，调节落棉，同时在刺辊与小漏底间形成一定的气压，有利于短绒和细小杂质的排除。小漏底与刺辊之间，通常要调整四点隔距，即刺辊与小漏底入口和出口两点、小漏底中部两点。小漏底的形式有网眼式和尘棒网眼混合式两种，纺化纤时也有采用全封闭式小漏底的。图 3-10 为尘棒网眼混合式小漏底的结构图。小漏底入口处有两根尘棒 1，其余部分均为直径为 4 mm 的网眼板 2，以便排除尘杂和短绒。小漏底入口尖角为 45°，顶部为 2 mm 半径圆弧，入口下方装一导流板 3，引导入口处溢出的气流向下流动，以免干扰小漏底尘格和网眼部分排除杂质。小漏底弦长及其与刺辊的隔距大小，直接影响落棉数量。

二、锡林、盖板和道夫部分的机构

锡林、盖板和道夫部分的机构主要由锡林、盖板、道夫、前后固定盖板、前后罩板和大漏底等组成。经刺辊分梳后转移至锡林针面上的棉层中，大部分纤维呈单纤维状态，棉束重量百分率为15%～25%，此外还含有一定数量的短绒和黏附性较强的细小结杂。所以，这部分机构的主要作用包括：锡林和盖板对纤维做进一步的细致分梳，彻底分解棉束，并去除部分短绒和细小杂质；道夫将锡林针面上转移过来的纤维凝聚成纤维层，在分梳、凝聚过程中实现均匀混合；前后罩板和大漏底罩住或托持锡林上的纤维，以免飞散。

(一) 锡林

锡林是梳棉机的主要机件，其作用是将刺辊初步分梳的纤维剥取并带入锡林盖板工作区，做进一步的细致分梳、伸直和均匀混合，并将纤维转移给道夫。锡林由辊筒和针布组成。FA201型梳棉机的锡林辊筒直径为1 284 mm，包覆针布后的工作直径为1 290 mm。由于锡林的直径大、转速高、与相邻机件的隔距很小，为保证锡林回转平稳、隔距准确，对锡林的圆整度、辊筒与轴的同心度以及锡林辊筒的静、动平衡等要求很高。为减少锡林辊筒包卷针布后的变形程度，FA201型梳棉机的锡林辊筒筒体厚度加厚至150 mm，筒体内壁有五条加宽加厚的梯形环形筋，以增加筒体刚性。锡林轴与两端堵头采用螺栓夹紧结构，并采用自动调心双列滚柱轴承，以提高锡林的安装精度。

(二) 道夫

道夫的作用是将锡林表面的纤维凝聚成纤维层，并在凝聚过程中对纤维进一步分梳和均匀混合。道夫由辊筒和针布组成，其结构和锡林相似。FA201型梳棉机的道夫辊筒直径为698 mm，包覆针布后的工作直径为706 mm。由于道夫的直径较小、转速较低，因而对其动平衡、包卷针布后的变形及轴承的要求比锡林低。

锡林和道夫的针布，是用专用的包卷机，给金属锯条施以一定的张力，密集包卷在磨修好的锡林和道夫的辊筒表面而形成的。为保证针面的圆整和针齿锋利，需采用专用磨具进行周期性的磨针工作。

(三) 盖板的结构和作用

盖板的作用是与锡林配合对纤维做进一步的细致分梳，使纤维充分伸直和分离，并有去除部分短绒和细小杂质以及均匀混合的作用。

FA201型梳棉机共有106根盖板，其中工作盖板41根。106根盖板用链条连接，形成回转盖板，由盖板传动机构传动，沿曲轨慢速回转。盖板由盖板铁骨和盖板针布组成。盖板铁骨的结构如图3-11(a)所示，它是一狭长铁条，长1 072 mm、宽33.3 mm，工作面包覆盖板针布，针面宽度22 mm。为了增加刚性，保证盖板、锡林两针面间的隔距准确，盖板铁骨的截面呈“T”形，且铁骨两端各有一段圆脊，相当于链条的滚子，以接受盖板传动机构的推动。盖板铁骨两端的扁平部搁在曲轨上，盖板的曲轨支持面叫踵趾面。为使每根盖板与锡林两针面间的隔距入口大于出口，踵趾面与盖板针面(或铁骨平面)不平行。所以，扁平部截面的入口一侧(趾部)较厚，而出口一侧(踵部)较薄，见图3-11(b)，这种厚度差叫踵趾差。踵趾差的作用是使蓬松的纤维层在锡林、盖板的两针面间逐渐受到分梳。FA201型梳棉机的盖板踵趾差为0.56 mm，而且出口一侧针面有3 mm的小平面，使锡林、盖板两针面间的平均隔距缩小，提高了锡林、盖板间的分梳效能。

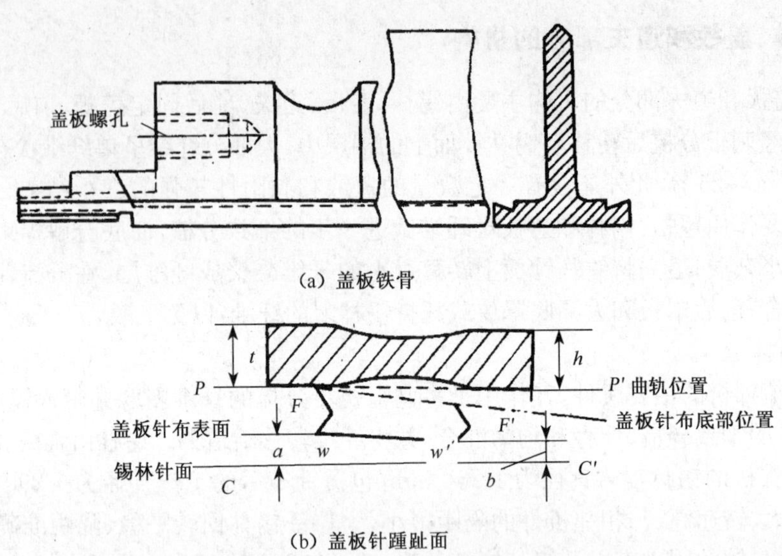

(b) 盖板针踵趾面

图 3-11　盖板铁骨和盖板踵趾面

盖板针面是由包盖板机将盖板针布包覆在盖板铁骨平面上形成的，盖板针面要求平整，具有准确的踵趾关系，而且全机各块盖板间的针面高度差异在允许公差范围内，以避免碰针、损坏针布、影响分梳效果。要达到这些要求，需用磨盖板机进行周期性的磨修。

(四) 固定盖板的结构与作用

FA201 型梳棉机上安装有前、后固定盖板。三块后固定盖板安装在后罩板上部，每块盖板上均包覆金属针布，其齿尖密度分稀、中、密三种，自下而上逐渐由稀到密。后固定盖板的作用是对进入锡林盖板工作区前的纤维进行预分梳，改善纤维束的开松与除杂，减轻锡林针布和回转盖板针布的负荷。四块前固定盖板安装在前下罩板下面，其作用是使纤维层由锡林向道夫转移前再次受到分梳，以提高纤维的伸直平行度，改善生条质量。前、后固定盖板均安装在左、右两侧垫板上，它们与锡林之间的隔距可用调整垫片进行调节，结构简单，调节方便。

(五) 前、后罩板的结构和作用

前、后罩板的主要作用是罩住锡林针面上的纤维，以免飞散。前、后罩板用厚 4～6 mm 的钢板制成，上下呈刀口形，用螺丝固装于前、后短轨上，根据工艺要求可调节其高低位置以及它们与锡林间的隔距。

后罩板位于刺辊的前上方，其下缘与刺辊罩壳相接。调节后罩板与锡林间入口隔距的大小，可以调节三角小漏底出口处的气流静压高低，从而影响后车肚的气流和落棉。

前上罩板的上缘位于盖板工作区的出口处，它的高低位置及其与锡林间的隔距大小，直接影响纤维由盖板向锡林的转移，从而可以控制盖板花的多少。

(六) 大漏底的结构和作用

大漏底是用铁皮制成的，前后两节由铰链相连，便于装拆和调节隔距。大漏底中间的大部分弧面上为尘棒，其进出口各有一段光滑的圆弧面板。

大漏底的主要作用是托持锡林上的纤维，部分短绒和尘杂则在离心力的作用下由尘格排除。大漏底与锡林间的隔距有三处，即入口、出口及前后两节的接口处。隔距的大小，一般入口大、出口小、中间逐步收小，使锡林带动的气流均匀地流出尘棒，有利于短绒和细小尘

杂的排除，为此，大漏底的曲率半径应接近或略大于锡林的半径。

(七) 锡林墙板和盖板清洁装置

锡林墙板的结构如图 3-12 所示，它是由生铁制成的圆弧形铁板，固定于锡林两侧的机框上。圆拱形的中心与锡林中心同心，并以其圆拱形门框面罩住锡林端面的外环。它是安装曲轨、短轨及盖板部分传动机构的基础。因此，对于墙板的制造和安装的要求很高，左右两块墙板必须弧形准确、一致，各托脚的滑轨作用线应与锡林的法线相重合，以保证有关部件准确安装。

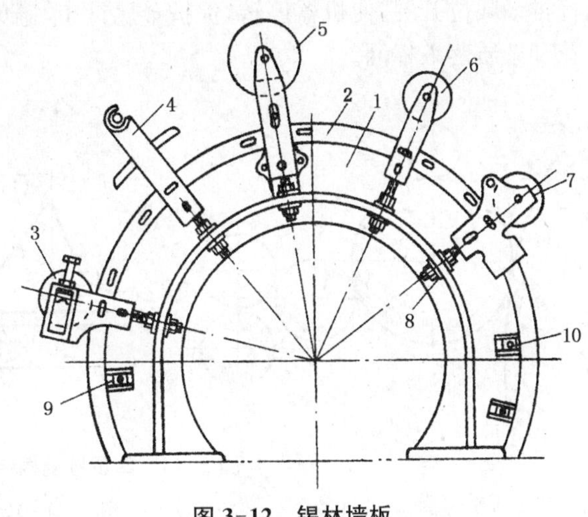

图 3-12 锡林墙板

1—墙板 2—曲轨 3—后托脚 4—盖板磨针托脚 5—中托脚 6—支撑托脚 7—前托脚 8—托脚调节螺丝 9—后罩板托脚座 10—前罩板托脚座

曲轨是由生铁制成的弧形铁轨，装在墙板上，左右各一根，其表面光滑并具有弹性，盖板在其上缓慢滑行；其上有短轴和槽孔，利用五只托脚及其螺栓装在墙板上，可通过调节螺丝来调节曲轨的高低位置，改变盖板与锡林间的隔距。

盖板清洁装置包括上斩刀、螺旋毛刷、小毛刷和五角绒辊等。上斩刀是带有锯齿的长条钢片，安装在斩刀轴的轴向截平面上，它的作用是拉剥盖板花(斩刀花)。螺旋毛刷是在一个木质圆辊表面植有鬃毛而成，鬃毛分布呈螺旋状，它安装在盖板星形齿轮的上方，其作用是清洁盖板针隙部分。在上斩刀和毛刷清洁残留的杂质与短纤维的同时，盖板脊背和两边踵趾部分的尘屑，用小毛刷和五角绒辊清洁。

三、剥棉和圈条部分

(一) 剥棉装置

1. 对剥棉装置的工艺要求

剥棉装置的作用是将凝聚在道夫表面的纤维层剥下，形成棉网。在工艺上，对剥棉装置有下列要求：

① 能顺利地从道夫上剥取纤维层，并保证其结构均匀、不破坏纤维的伸直平行度，不增加棉结等；

② 当原料性状、工艺条件或温湿度发生变化时，剥棉装置能保持剥棉稳定，不会引起棉网破洞、破边甚至断头；

③ 机构简单，使用和维修方便。

目前，剥棉形式主要有罗拉剥棉和斩刀剥棉，前者一般用于棉纺梳棉机，后者一般用于毛纺梳毛机，本节仅介绍罗拉剥棉。

2. 四罗拉剥棉装置

A186 系列梳棉机采用四罗拉剥棉装置，其结构如图 3-13 所示。剥棉罗拉和转移罗拉表面均包覆同样规格的“山”字形锯条。“山”形锯条既能有效地从道夫上剥取棉网，又有利于光滑轧辊从转移罗拉剥取棉网。剥棉罗拉上搁有一根绒辊，由剥棉罗拉摩擦传动。在绒辊两端各装一个限位开关，随着绒辊绕花增加，绒辊芯子上抬，上抬到一定位置时，通过控制杆推动限位开关，使机器停转，保护金属针布，避免轧坏。整个剥棉装置由罩盖盖住，以免飞花和杂质落入棉网。

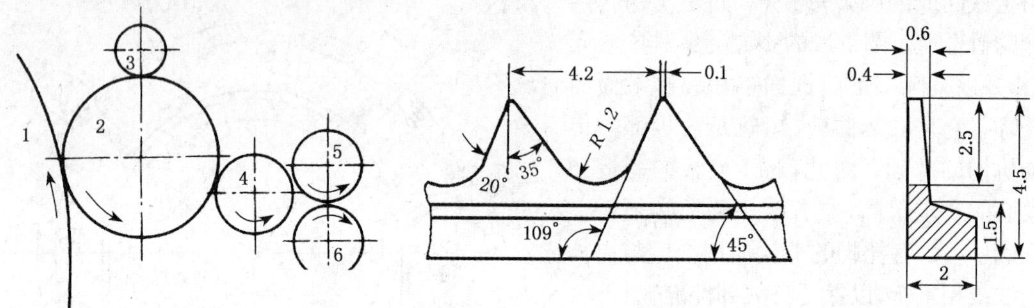

图 3-13 四罗拉剥棉装置及锯条规格

1—道夫 2—剥棉罗拉 3—绒辊 4—转移罗拉 5—上轧辊 6—下轧辊

四罗拉剥棉装置有较好的剥棉效能，但机构复杂，维修不便。特别是老厂改造时，机架需接长，占地面积大。道夫返花及罗拉绕花将轧坏金属针布，仍需提高防轧措施的可靠性。

3. 三罗拉剥棉装置

FA201 型梳棉机采用三罗拉剥棉装置，其结构如图 3-14 所示。与四罗拉剥棉装置相比，它省略了一个转移罗拉，且上轧辊直径减小、下轧辊直径增大。剥棉罗拉、道夫间的作用以及剥棉罗拉、上轧辊间的作用，均与四罗拉剥棉装置相同。同时，由于下轧辊直径较大，表面有螺旋沟纹，所以在生头时能依靠其摩擦和黏附作用引导棉网。三罗拉剥棉装置的效能好，结构紧凑，机身可以缩短，操作和维修较方便。

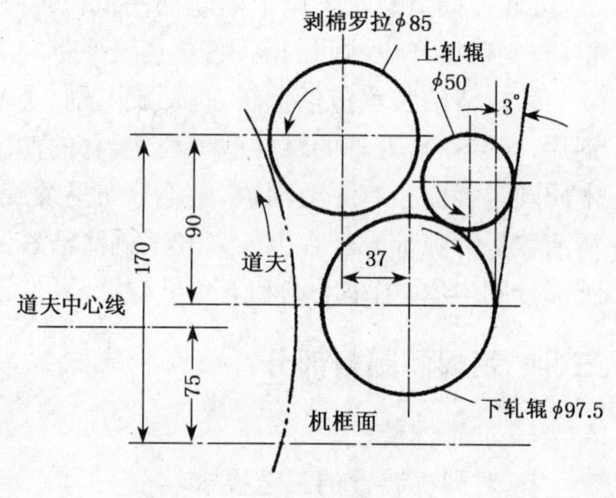

图 3-14 三罗拉剥棉装置

(二) 成条

棉网由剥棉装置剥离后，由大压辊牵引，经喇叭口逐渐集拢、压缩成条。

1. 棉网的运动

棉网在上、下轧辊与喇叭口间的一段行程中，由于棉网横向各点与喇叭口的距离不等，因而棉网横向各点虽由轧辊同时输出，却不同时到达喇叭口，即棉网横向各点进入喇叭口有一定的时间差，从而在棉网纵向产生混合与均匀作用，有利于降低生条的条干不匀率。

2. 喇叭口与压辊

从轧辊输出的棉网，集拢成棉条后是很松软的，经喇叭口和压辊的压缩后，才能成为紧密而光滑的棉条。这不仅是为了增加条筒的容量，而且可以减少下道工序引出棉条时所产生的意外牵伸和断头。棉条的紧密程度取决于喇叭口出口截面的大小和形状及压辊所加压力的大小等因素。

（1）喇叭口

喇叭口的直径大小对棉条的紧密程度的影响较大。喇叭口的直径应与生条定量相适应，如直径过小，棉条在喇叭口与大压辊间产生意外牵伸，影响生条的均匀度；如直径过大，达不到压缩棉条的作用，影响条筒的容量。FA201 型梳棉机的喇叭口直径有6.5 mm和 8 mm 两种，可根据棉条定量合理选用。新型喇叭口的出口截面为长方形，它的长边与压辊钳口线垂直交叉，可使棉条四面受压，增进棉条的紧密度。

（2）压辊

FA201 型梳棉机的上、下压辊的直径均为 76 mm。压辊加压的大小同样会影响生条的紧密程度。压辊的加压量是可以调节的，一般纺化纤时压力应适当增加。国内外有用凹凸压辊、双压辊等技术措施，使棉条压缩更紧密，以增加条筒容量、减少断头。

（三）圈条器

圈条器由圈条喇叭口、小压辊、圈条盘（或圈条斜管齿轮）、圈条器传动部分等组成。圈条器的作用是将压辊输出的棉条有序地圈放在棉条筒中，以便储运和供下道工序使用。

1. 圈条形式

因棉条圈放直径与条筒半径的关系不同而有大、小圈条之分，棉条圈放直径大于条筒半径者称为大圈条，棉条圈放直径小于条筒半径者称为小圈条，如图 3-15 所示。大圈条的条圈曲率半径大，纤维伸直较好，可减少黏条并保持棉条光滑，提高圈条质量。但是大圈条要求圈条斜管直径大，在圈条斜管的倾角相同时，大圈条的圈条斜管高度比小圈条高，这不仅造成机构笨重、动力消耗多、惯性力大，而且条筒有效高度减少，影响条筒容量。随着梳棉机的高产高速化，在条筒直径不断增大时，大都采用小圈条。FA201 型梳棉机采用大条筒、小圈条。

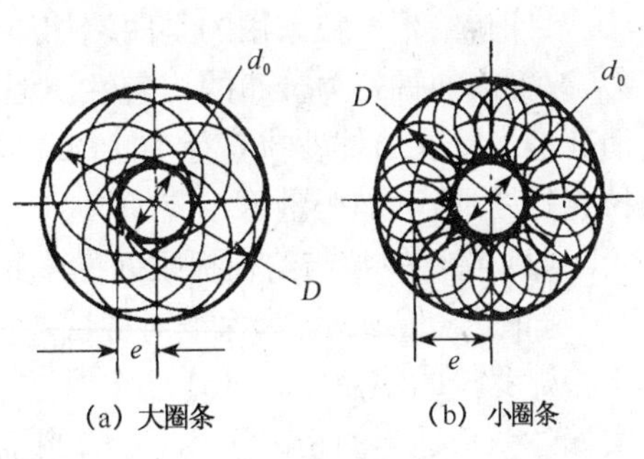

图 3-15　大、小圈条

第三节　梳棉机工艺配置

一、给棉和刺辊部分的工艺

给棉、刺辊部分的主要作用是握持、喂给、分梳、除杂。棉层只有在受到充分分梳的条件下，才能有效地清除杂质和疵点、伸直纤维。刺辊的分梳和除杂质量的好坏，不仅直接影响锡林盖板间的分梳质量，而且与生条的棉结杂质粒数、条干均匀度、后车肚落棉以及纤维受损伤程度有密切关系。因而，刺辊的分梳和除杂作用，在整台梳棉机的作用中占有重要地位。

（一）给棉和刺辊部分的分梳作用及工艺

1. 刺辊的分梳过程

（1）握持分梳

刺辊握持分梳时，棉层被有效握持，经给棉钳口缓慢地喂入刺辊锯齿的作用弧内，如图

3-16所示。高速回转的刺辊以其锯齿自上而下地打击、穿刺、分割和梳理棉层，由于棉层在给棉罗拉与给棉板间受到较大圆弧面的控制，同时刺辊有较大的齿密，对棉层的作用齿数较多，加上刺辊与给棉罗拉的速度差异达千倍左右，所以棉层中70%～80%的棉束被刺辊分解成单纤维状态。

(2) 自由分梳

自由分梳作用发生在刺辊与分梳板之间。当刺辊带着纤维经过分梳板时，纤维尾端和棉层内层未受到刺辊充分梳理的纤维受到分梳板锯齿的梳理，提高了纤维的分离度，为锡林盖板工作区的细致分梳创造了有利条件。

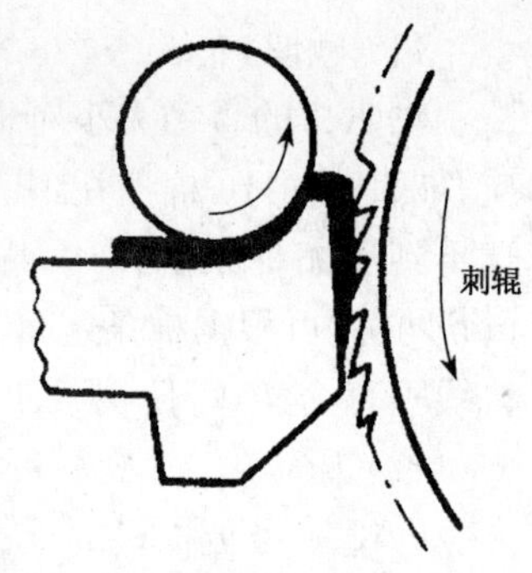

图3-16 刺辊握持分梳过程

2. 刺辊部分的分梳工艺及主要影响因素

(1) 给棉罗拉的加压

给棉罗拉与给棉板对喂入的棉层要求握持牢靠、横向握持均匀、握持力适当，否则刺辊会较多地抓取未经充分分解的棉束，并造成横向不匀。

目前，给棉罗拉采用的是两端加压的方式。增大加压量，有利于增加对棉层的平均握持力，改善横向握持力分布的均匀性。但加压量过大，不仅罗拉挠度增加，而且用电量、机物料消耗增多。在给棉罗拉直径为70 mm时，加压量一般采用34.22～55.9 N/cm。若给棉罗拉直径增加，其加压量可相应加大。

(2) 给棉罗拉与给棉板之间的隔距

如图3-17所示，为保证对棉层的有效握持，给棉板圆弧$\overset{\frown}{AB}$的曲率半径为36 mm，稍大于给棉罗拉的半径(35 mm)，给棉罗拉中心O'与给棉板曲率中心O的相对位置向给棉板鼻尖偏过一个适当的距离$\overline{OO'}$，因此，当棉层喂入后，给棉板与给棉罗拉之间的隔距自入口至出口逐渐缩小，使棉层在圆弧$\overset{\frown}{AB}$内逐渐被压缩而增强握持力，入口隔距为0.31 mm(0.012英寸)，出口隔距为0.13 mm(0.005英寸)。

(3) 给棉板工作面长度与分梳工艺长度

给棉板工作面长度与分梳工艺长度如图3-18所示。

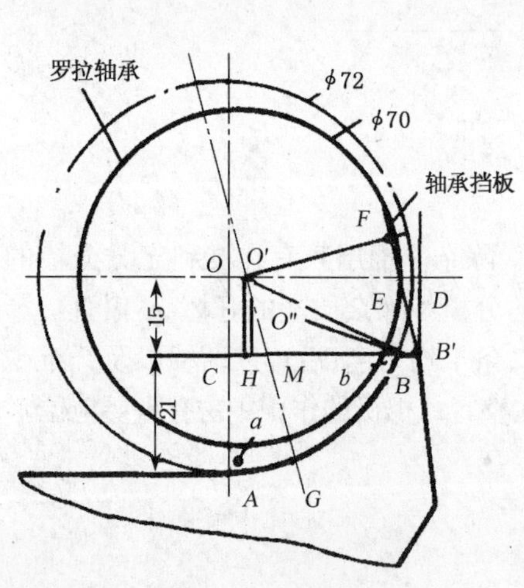

图3-17 给棉罗拉与给棉板间的配置

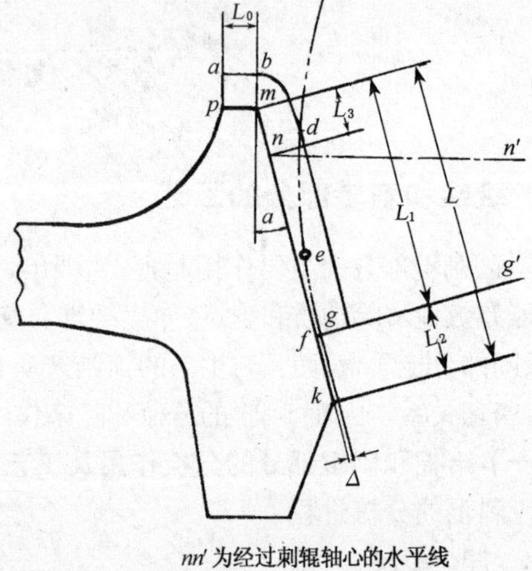

图3-18 给棉板工作面长度与分梳工艺长度

① 给棉板工作面长度 L：给棉板的整个斜面长度 L 称为工作面长度；

② 给棉板分梳工艺长度 S：刺辊与给棉板隔距点 f 以上的一段工作面长度 L_1 与鼻尖宽度 L_0 之和，称为给棉板分梳工艺长度 S，$S = L_0 + L_1$。

给棉板分梳工艺长度 S 与刺辊的分梳质量十分密切，这是由于给棉板分梳工艺长度 S 直接决定了刺辊开始分梳点（简称始梳点）的位置高低。如分梳工艺长度缩短，始梳点位置升高，纤维被握持分梳的长度增加，刺辊的分梳作用增强，但纤维损伤加剧；如分梳工艺长度太长，始梳点过低，纤维被握持分梳的长度较小，棉束重量百分率增加，分梳效果差。

由上述分析可知，给棉板分梳工艺长度小，对纤维的分梳作用强，分梳效果好，但对纤维的损伤严重。应根据下列三种情况，合理选择给棉板分梳工艺长度：

(a) 当分梳工艺长度＞纤维的主体长度时，分梳效果差，纤维损伤少；

(b) 分梳工艺长度＜纤维的主体长度时，分梳效果好，对纤维有损伤；

(c) 当分梳工艺长度≈纤维的主体长度时，分梳效果好，对纤维的损伤也小。

因此，给棉板分梳工艺长度与刺辊的分梳效果有很大关系，为兼顾分梳和减少对纤维的损伤，一般选择给棉板分梳工艺长度和纤维的主体长度相适应。而给棉板分梳工艺长度又与给棉板工作面长度有关，所以，必须根据不同的纤维长度来选择不同工作面长度的给棉板。生产中，若给棉板分梳工艺长度和纤维的主体长度不相适应，可采用垫高（即分梳工艺长度增加）或刨低（即分梳工艺长度缩短）给棉板底部的方法进行相应调整。给棉板规格的选用见表 3-2。

表 3-2　给棉板规格的选用

给棉板工作面长度(mm)	给棉板分梳工艺长度(mm)	适纺纤维长度(棉纤维主体长度)(mm)
28	27～28	29 以下
30	29～30	29～31
32	31～32	原棉：33 以下；化纤：38
46	45～46	中长化纤：51～60
60	59～60	中长化纤：60～75

(4) 刺辊转速

刺辊转速较低时，在一定范围内增加刺辊转速，握持分梳作用增强，残留的棉束重量百分率降低；当刺辊转速较高时，增加刺辊转速，棉束的减少幅度不大，反而使纤维损伤增多，而且过快的刺辊转速会影响锡林与刺辊的速比，若速比太小，则刺辊上的纤维不易转移到锡林上。

刺辊转速范围一般为 980～1 100 r/min。加工的纤维长度较长时（如化纤），刺辊转速应较低；加工的纤维长度较短时，刺辊转速可较高。

(5) 刺辊与给棉板间的隔距

刺辊与给棉板间的隔距是梳棉机上重要的分梳隔距。当此隔距偏大时，棉层的底层得不到刺辊锯齿的直接分梳，而且各层纤维的平均分梳长度较短，因此，分梳效果较差。在机械状态良好的条件下，此隔距以偏小掌握为宜，一般采用0.18～0.30 mm。在喂入棉层偏厚、给棉板工作面长度偏短或加工纤维的强度偏低的情况下，为了减少短绒，可适当加宽此隔距。

(6) 刺辊下加装分梳板

FA201 型梳棉机在刺辊下方取消了 A186 系列的小漏底，而改用两块锯齿分梳板，以增强刺辊部分分解棉束的作用。分梳板齿距为 5 mm，齿厚为 0.8 mm，工作角为 90°，两组分梳板上的齿片左右倾斜 7.5°。每块分梳板前装一把除尘刀，以完成除杂作用。

(7) 刺辊锯齿规格

在锯齿规格中，锯齿工作角、纵向齿距和齿尖厚度对分梳作用的影响较大。锯齿工作角小时，对纤维层的穿刺能力强，分梳效果好，但不易抛出杂质，对除杂不利。刺辊锯齿工作角一般为 75°～85°，纺棉时用小些，纺化纤时选大些。

锯齿密度包括纵向齿密和横向齿密，纵向齿密与纵向齿距有关。锯齿密度加大后，每根纤维受到的作用齿数增多，分梳效果好，但易损伤纤维，对除杂及纤维转移不利。所以，齿密应与工作角相配合，兼顾分梳与除杂等因素，一般大工作角配大齿密，小工作角配小齿密。

锯齿的齿尖厚度分厚型(0.4 mm)、中薄型(0.2～0.3 mm)、薄型(0.2 mm 以下)三种。齿尖厚度小(即薄齿)，穿刺能力强，分梳效果好，纤维损伤少，但薄齿的强度低，易轧伤、倒齿。锯齿总高和齿高小，则强度高，对纤维向锡林转移有利。

随着梳棉机产量的不断提高，刺辊锯齿向薄齿、高密发展，以便在不过多提高刺辊转速的情况下提高穿刺能力，保证分梳质量。

(二) 给棉和刺辊部分的除杂作用及工艺

1. FA201 型梳棉机刺辊部分的落杂区

如图 3-19 所示，给棉板与第一除尘刀顶端之间称为第一落杂区，第一导棉板与第二除尘刀顶端之间称为第二落杂区，第二导棉板与三角小漏底入口之间称为第三落杂区。第一落杂区和第二落杂区为主要除杂区域，每个落杂区的长度可以通过调换不同厚度的除尘刀和不同弦长的导棉板以及调整除尘刀和导棉板的位置进行调整，以达到控制落棉的目的。由于刺辊良好的分梳作用，使纤维与杂质获得较充分的分离，为刺辊部分的除杂创造了有利条件。在正常情况下，刺辊部分能除去棉卷中 50%～60%的杂质，落棉含杂率达 40%左右。但是，由于分梳开松后的单纤维或小棉束，其运动容易受到气流的影响，若控制不当，易使落棉不正常，如后车肚落白花、落棉过多或过少、落杂太少、除尘刀和小漏底挂花等。

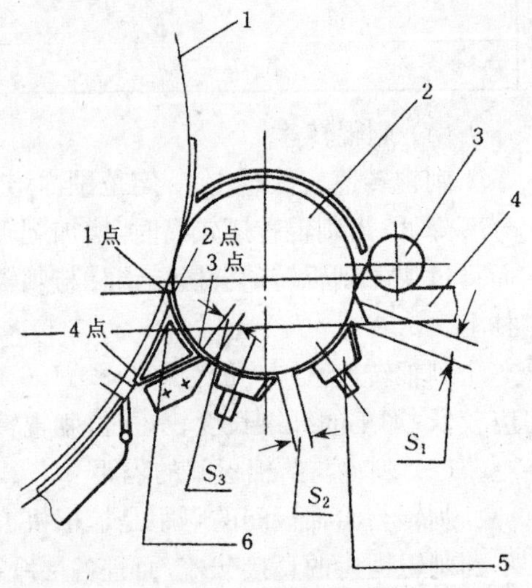

图 3-19　后车肚落杂区

1—锡林　2—刺辊　3—给棉罗拉　4—给棉板　5—刺辊分梳板　6—三角小漏底

2. FA201 型刺辊部分的除杂工艺及主要影响因素

影响后车肚落棉的因素很多，主要有以下几个方面：

(1) 刺辊速度

提高刺辊速度，有利于分解棉束、暴露杂质、使杂质的离心力增加。所以，刺辊速度在一定范围内增加，可以提高刺辊部分的除杂作用，但要注意保持锡林与刺辊间一定的速比关系，使刺辊上的纤维能够顺利转移到锡林上。

（2）落杂区分配

FA201 型梳棉机后车肚的落棉量，可根据喂入棉卷的含杂量及含杂内容合理调整。在配棉成分改变后，通过调整除尘刀、导棉板规格，可调整第一落杂区的长度和第二落杂区的长度。当原棉含杂量较高时，可适当增加第一落杂区和第二落杂区的长度；当含杂量较低时，可缩短两个落杂区的长度。第一落杂区的长度调节范围为 38～50 mm，第二落杂区的长度调节范围为 14～18 mm，第三落杂区的长度固定为 10 mm。

（3）除尘刀、小漏底与刺辊间的隔距

除尘刀、小漏底与刺辊间的隔距缩小，切割的气流附面层厚度增加，车肚落棉量增加，有利于排除尘杂。但在附面层内层，纤维含量较高而杂质较少，若隔距过小，将使落棉中的可纺纤维含量增加，不利于节约用棉。一般第一除尘刀与刺辊的隔距为 0.38 mm，第二除尘刀与刺辊的隔距为 0.3 mm，三角小漏底的入口隔距为0.5 mm。

3. A186 系列梳棉机的后车肚除杂工艺

A186 系列梳棉机的后车肚由三个落杂区组成，如图 3-20 所示。给棉板与刺辊隔距点到除尘刀与刺辊隔距点间的距离称为第一落杂区，除尘刀与刺辊隔距点到小漏底入口间的距离称为第二落杂区，小漏底入口到出口间的距离称为第三落杂区。若小漏底弦长不变，第一、第二落杂区的长度随着除尘刀的位置高低而变化。

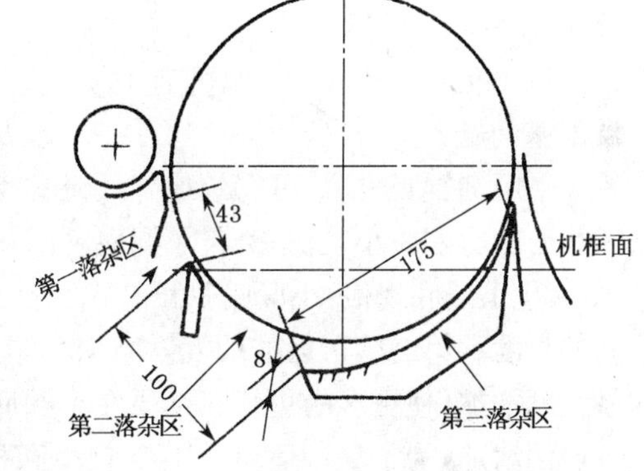

图 3-20　A186D 型梳棉机的后车肚三个落杂区的分布与长度

除尘刀工艺包括除尘刀的高低和安装角度及除尘刀与刺辊的隔距。小漏底工艺包括小漏底与刺辊的隔距、小漏底的规格和形式。

（1）除尘刀工艺

① 除尘刀的高低：除尘刀的高低是以机框水平面为基准的，一般在±6 mm 范围内调节。放低除尘刀，第一落杂区长度（给棉板与除尘刀之间的长度）增加，第二落杂区长度（除尘刀与小漏底入口之间的长度）缩短，使得第一落杂区的落棉增加，而第二落杂区的落棉减少，但两者相抵，后车肚的总落棉率仍然增加。抬高除尘刀，则与上述情况相反。

② 除尘刀的安装角度：除尘刀的安装角是指刀背与水平面之间的夹角，A186C 型梳棉机的除尘刀安装角调节范围为 85°～100°。除尘刀的安装角度小，刀背对附面层气流的阻力大，纤维和杂质易落下，使后车肚落棉增加；除尘刀的安装角度大，刀背对附面层气流的阻力小，而且纤维的回收作用增加，使后车肚落棉减少，而落棉含杂率有所提高。

③ 除尘刀与刺辊的隔距：除尘刀与刺辊的隔距缩小，除尘刀切割的附面层厚度增加，落棉增加。此隔距过小，虽然落棉率增加，但由于附面层内层所含纤维量较多而杂质较少，使落棉含杂率降低。

除尘刀工艺要根据喂入原料的含杂率和含杂内容进行合理调整，如棉卷含杂率高或含大杂较多时，应适当加大第一落杂区的长度，故采用低刀工艺；反之，采用高刀工艺。经过长期的生产实践，普遍认为纺纯棉时，除尘刀应采用“低刀大角度”，对多落杂质和回收纤维均有良好的效果。

(2) 小漏底工艺

① 小漏底与刺辊间的隔距:小漏底与刺辊间的隔距自入口至出口逐渐收小,气流流动顺利,小漏底内的气压变化较平缓,使气流从尘棒间和网眼中缓和地排出,有利于排除尘杂和短绒。小漏底是否能够顺利地排除短绒和尘杂,取决于小漏底内气流静压的高低,如气流静压过高,网眼中排出的气流过急,常使网眼堵塞。

小漏底的入口隔距一般采用4.7～9.5 mm。当入口隔距增大时,进入小漏底的气流量增加,从小漏底排出的气流、短绒和尘杂增多。但由于小漏底入口分割出去的附面层较薄,被挡落的短绒和尘杂减少,从而使后车肚的总落棉率减少。当喂入棉层中含杂较多时,入口隔距应减小。小漏底的出口隔距一般采用0.4～1.6 mm。当出口隔距增大时,刺辊带出小漏底的气流流量增多,锡林、刺辊三角区的静压增高,从而使小漏底出口处的静压随之增高,有助于网眼部分排除短绒和尘杂。但隔距过大,小漏底内部的静压也增大,造成排出气流过急,易使网眼糊塞,同时会使小漏底入口处堆积纤维甚至挂花,造成纤维间断地被带入漏底或落入车肚,形成棉网云斑或车肚落白花。采用收小大漏底的出口隔距、适当放大后罩板的入口隔距,均可有效降低三角区的静压和小漏底出口处的静压,可解决网眼糊塞问题。

采用刺辊吸尘罩,可有效地降低锡林、刺辊三角区的静压,使小漏底的出口隔距对三角区静压的影响减小,也是改善小漏底网眼糊塞的有效措施。

② 小漏底规格:小漏底弦长是影响落棉的主要因素之一,它直接影响给棉板与小漏底间的长度和第二落杂区的长度。减少小漏底弦长,可增加第二落杂区的长度,同时附面层增厚程度增加,使更多的短绒和杂质在小漏底入口处被挡落。当提高产量时,因落棉并不随之按比例增加,为了保持适当的除杂效率和落棉率,小漏底弦长应适当缩短。A186C型梳棉机的小漏底弦长有175.6 mm(纺纯棉)和200 mm(纺化纤)两种规格,在弦长为175.6 mm时,第一落杂区的长度为35～50 mm,第二落杂区的长度为89～114 mm。

③ 小漏底形式:小漏底的形式有尘棒网眼混合式、全网眼式和全尘棒式。其中,以第一种形式(尘棒1～4根)用得较多,制造上虽不如全网眼式方便,但尘棒间隙大,可多落杂质;另外,要增加弦长时可焊接尘棒,不必调换小漏底。新机上也有采用全尘棒式的,可减少小漏底变形和网眼的清扫工作。小漏底入口有圆口和尖口,尖口的落棉稍多。Al86C型梳棉机的小漏底为尘棒网眼混合式,圆形网眼直径为4 mm,小漏底入口采用尖口,尖口夹角为45°。生产过程中,小漏底必须光洁、无锈斑或油污,否则易阻留纤维而挂花或糊塞。所以,揩车、平车时应揩擦小漏底、清刷网眼,以保持光滑和洁净。

二、锡林、盖板和道夫部分的工艺

(一) 锡林与刺辊间的剥取作用及工艺

1. 锡林与刺辊间的剥取作用过程

刺辊对喂给的棉层进行握持分梳后,应将其表面的全部纤维顺利地转移给锡林。所以,锡林与刺辊两针面间配置为剥取作用,并使两针面间具有较大的相对速度。这样,锡林才能将纤维从刺辊上全部剥取下来,并使转移到锡林表面的纤维结构良好。如果剥取纤维不完全,则会造成刺辊返花,纤维充塞锯齿,影响刺辊的分梳作用,同时,还会被搓成棉结或产生棉网云斑,影响棉网质量。

2. 锡林与刺辊间的工艺配置

影响纤维转移的因素有锡林与刺辊间的速比、纤维长度和性状、锡林与刺辊转移区的长度和隔距、纤维在刺辊上的规格及技术状态等。

(1) 速比和离心力

纤维的转移是在大漏底鼻尖和后罩板底边之间的转移区 S 内完成的，如图 3-21 所示。

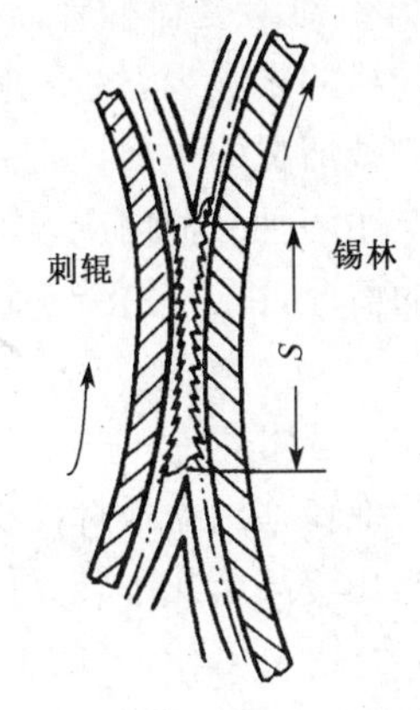

图 3-21 纤维由刺辊向锡林转移

为了使锡林针面能完全剥取刺辊表面的纤维，锡林表面的线速度必须大于刺辊表面的线速度，两者之比称为速比，速比与转移区的长度和纤维(束)的长度有关。

当速比较小时，纤维也可以被剥取。这是因为刺辊的直径较小而转速较高，锯齿上纤维受到的离心力较大，又因刺辊和锡林一起带入转移区的气流速度较大，可帮助纤维转移，所以速比即使小至 1.1～1.3 时仍能转移。但是，仅靠离心力和气流转移纤维，由于在转移过程中伸直纤维的作用较差，从而影响锡林针面的纤维层的结构。另外，刺辊在开关车时的转速低于正常转速，离心力较小，易造成开关车低速时刺辊返花。因此，速比应根据不同的原料和工艺要求确定。通常，纺棉时速比为 1.4～2.2，纺长绒棉或中长化学纤维时速比为 1.8～2.4。

(2) 刺辊与锡林的隔距

此隔距越小，纤维转移越完全。由于隔距小，锡林针尖抓取刺辊锯齿上的纤维的机会多、时间早，使纤维(束)与锡林针面的接触齿数多，有利于纤维的转移。FA201 型梳棉机一般采用 0.13～0.18 mm。

(二) 锡林、盖板和道夫间的分梳作用与工艺

1. 锡林和盖板间的分梳作用过程

锡林与盖板的隔距很小，两个针面的作用为分梳作用。因此，在锡林、盖板两个针面间，纤维和纤维束被反复转移和交替分梳，使纤维的两端都有机会受到梳理，并在反复转移时产生混合作用。黏附在纤维中的杂质，有的随纤维反复转移，有的被分离后凭借锡林回转的离心力抛向盖板的纤维层上，导致盖板纤维层中含杂率较高。在锡林与盖板的整个分梳区内，都产生“凝聚形成棉须、分梳棉须、分离纤维与尘杂”的作用。FA201 型梳棉机上，盖板分梳区的包围弧略大于锡林一周的 1/3。

慢速运动的盖板在离开工作区时，较长的纤维被锡林与盖板同时握持，大部分纤维可借助前上罩板的作用而转移至锡林，并被锡林带走，而盖板所携带的短绒和杂质在走出工作区后被斩刀剥落，成为盖板花。

随锡林走出盖板工作区的纤维层在向道夫转移之前，再次受到前固定盖板的分梳，以进一步提高单纤维的伸直平行度，改善棉网的清晰度，提高成纱质量。

2. 锡林盖板工作区内纤维分梳转移的几种情况

从刺辊转移至锡林针面的新纤维，在锡林盖板工作区，其分梳转移有如下几种情况：

(1) 锡林一转，一次工作区分梳

① 纤维不受盖板针面的握持，即不转移给盖板，只有一端受梳针梳理，由锡林直接带出

盖板工作区，随即转移给道夫。

② 纤维有受盖板针面握持的机会，但在盖板上的停留时间短，且在锡林、盖板两针面间反复转移的次数少，最后仍由锡林在回转一周时间内带出盖板工作区，随即转移给道夫。这与第一种情况的主要区别在于，该纤维或纤维束在反复转移过程中，两端均受到分梳。

上述两种分梳情况，均属在锡林回转一周时间内纤维或纤维束被锡林盖板工作区分梳一次的情况，由于最多经过工作区一次，所以分梳不充分，这里称为"锡林一转，一次工作区分梳"。

(2) 锡林多转，一次工作区分梳

纤维转移到盖板针面上，无论是一次转移还是多次转移，在盖板上的停留时间较长，需经锡林几转甚至几十转，纤维才第一次被锡林带出工作区，并随即转移给道夫，分梳次数较多，称为"锡林多转，一次工作区分梳"。

(3) 多次工作区分梳

纤维由锡林带出工作区，与道夫第一次相遇时，没有转移给道夫，再返回盖板工作区，甚至有部分纤维两次、三次或更多次地返回盖板工作区，经过多次反复分梳后，才转移给道夫。纤维这样的分梳过程，称为"多次工作区分梳"。多次工作区分梳使纤维分梳充分，棉网中纤维束较少，但多次返回，与新纤维的搓擦增加，导致棉结增加。

(4) 纤维沉入针齿间隙

不能转移给道夫，成为盖板花或抄针花。

由锡林转移凝聚至道夫的纤维层中，包含上述前三种分梳成分，即锡林某转向道夫转移的纤维层中，包含本转、前一转、前两转……和前 n 转从刺辊剥取的纤维。但锡林各转从刺辊剥取的纤维，作为不同分梳成分进入道夫纤维层，其所占比例是不同的。其中"锡林一转，一次工作区分梳"的纤维成分，在走出盖板工作区后大都处于锡林针面的表层，有较多机会转移到道夫上，在棉网中所占比例最大。这对提高棉网分梳质量不利，必须提高锡林、盖板两针面对纤维的握持与反复转移的能力，尽可能减少"锡林一转，一次工作区分梳"的纤维成分，相应提高"锡林一转，一次工作区分梳"的质量。同时应适当控制"多次工作区分梳"的纤维比例，以减少棉结的产生，以利于棉网质量的全面提高。

3. 锡林盖板工作区的分梳工艺主要影响因素

(1) 定期抄针

随着运转时间的增加，锡林、盖板针齿的内层纤维量逐渐增加，削弱了针齿对纤维的握持、分梳和转移能力，纤维易浮在两针面之间，被搓擦成棉结。为了保证棉网质量，锡林和道夫需定期抄针，以清除沉入针隙的内层纤维(抄针花)，恢复和改善针面的分梳效能，提高棉网质量。

(2) 高产高速与棉网质量

梳棉机在原状态下提高产量时，会使锡林盖板针齿单位面积上的纤维量增加，从而影响分梳作用，棉网质量恶化。因而在梳棉机产量提高以后，增加锡林的转速，纤维所受的离心力大大提高，增加了纤维向道夫的转移能力，减少了锡林单位针面上的纤维量，增强了锡林、盖板针齿对纤维的握持、分梳和转移能力。所以说，加快锡林转速是提高产量、保证棉网质量的有效措施。

(3) 锡林与盖板间的隔距

锡林与盖板间的隔距用五点隔距进行校正，在盖板工作区内，从入口到出口，一般隔距配置为 0.25 mm、0.23 mm、0.2 mm、0.2 mm、0.23 mm(10 英丝、9 英丝、8 英丝、8 英丝、9 英丝)。进口一点的隔距大些,可减少纤维充塞,并符合纤维束逐步分解的要求;出口一点位于盖板传动部分,盖板上下位置易走动,隔距也稍大些。

锡林和盖板间采用"紧隔距",是充分发挥盖板工作区分梳效能的重要工艺措施。因为隔距缩小有如下作用:一是针齿刺入纤维层深,接触的纤维多;二是纤维被针齿握持、分梳的长度长,分梳力大;三是两针面间转移的纤维量多;四是浮于两针面间的纤维少,不易被搓成棉结。因此,"紧隔距"可以得到"强分梳"。生产试验证明,隔距减小后,成纱棉结少、强度高,而且质量比较稳定。若要实现"紧隔距、强分梳"的工艺措施,必须在改善机械状态、严格保证针面平整度和针齿锋利的基础上,求"紧"求"准"。在针齿平整度较差、纺低级棉或纺化纤时,隔距应适当放大,约为 0.25 mm(10/1 000 英寸)。

(4) 针布规格

锡林、盖板的针布规格对纤维分梳和棉网质量也有很大影响。盖板要通过盖板花排除短绒与杂质,所以针齿较深且稀,以增加针齿容纤量。新型锡林金属针布的特点是浅齿、密齿、小工作角,以增加针齿的握持、分梳能力,同时避免纤维充塞针齿齿隙。总之,梳棉机上锡林、盖板、道夫针布必须配套使用,同时必须保持针齿的锋利、光洁、耐磨、平整,以保证两个针面之间良好的分梳、转移能力以及满足"紧隔距、强分梳"的工艺要求。

(三) 锡林和盖板部分的除杂作用及工艺

棉层经给棉和刺辊部分的作用后,残存的细小杂质和疵点在盖板工作区内经锡林、盖板的细致分梳后与纤维分离,随同盖板花和抄针花被清除。所以,要提高棉网质量、降低成纱结杂,应提高盖板花率及其含杂率。

仔细观察盖板花,可发现盖板针布的表面附有较多的杂质,说明在锡林和盖板两针面间进行分梳作用时,大部分杂质并不随纤维一起充塞齿隙,而是随同纤维在锡林和盖板两针面间反复转移。杂质和纤维分离后,在锡林的离心力作用下,杂质被抛到盖板纤维层上,因而可以在走出盖板工作区的盖板花表面看到附有较多的杂质。根据对盖板花的检验,其中大部分杂质为带纤维籽屑、软籽表皮和僵瓣,还有一部分棉结。较短纤维不易被锡林针齿抓取,而留存在盖板花中较多,特别是短于 16 mm 的纤维,约占盖板花的 40%以上。

生产中常合理地调整有关工艺参数,如前上罩板上口和锡林的隔距、前上罩板的高低位置以及盖板速度等,从而达到降低盖板花率、提高盖板花含杂率和节约用棉的目的。

由于调节前上罩板上口和锡林的隔距、前上罩板的高低位置比较麻烦,现在生产中一般常采用改变盖板速度的方法来调节盖板花的数量。

1. 盖板速度对除杂的影响

当盖板速度较快时,盖板在工作区停留的时间较短,每块盖板的盖板花量略有减少,盖板花的含杂率也略有降低,但单位时间内走出工作区的盖板根数增加,因而,盖板速度较快时,总的盖板花重量和除杂效率反而有所增加。例如盖板速度增加一倍时,每块盖板在工作区运行的时间缩短为原来的一半,如每块盖板的盖板花量由 0.5 g 减少到 0.4 g,其含杂率由 10%降低为 8%,但在相同时间内,盖板走出工作区的块数增加一倍,相应带出的盖板花量为 2×0.4 g,而慢速时仅为 0.5 g。两者相比,增速后盖板花重量增加了 60%,盖板花的绝对除杂量也提高了 28%。

FA201 型梳棉机的锡林为金属针布,抄针花少,所以,应适当提高盖板速度,以增加盖板花的绝对除杂量来保证梳棉机的除杂效率。在加工不同原料时，其盖板速度可在 72.3～341.9 mm/min 之间调整。

2. 前上罩板上口和锡林隔距对盖板花的影响

前上罩板上口和锡林针面间的隔距大小对盖板花量的影响很大，对长纤维进入盖板花的影响更为显著。前上罩板对盖板花的作用如图 3-22 所示。当携带较长纤维的盖板行进到工作区出口处最前的两块盖板的位置时，因纤维的尾端离开盖板针面，接触到前上罩板的上口，纤维被迫弯曲而贴于锡林针面，增强了锡林针齿对纤维的握持作用，同时使纤维容易沿着盖板针齿工作面的方向脱落。当前上罩板上口与锡林间的隔距减小时，纤维被前上罩板压下，使纤维与锡林针齿的接触齿数增多，有利于锡林抓取纤维，使盖板花减少。反之，隔距增大则盖板花增加。所以此隔距是调整盖板花量的主要工艺参数，在实际生产中，此隔距选用范围为 0.47～0.65 mm(19/1 000～26/1 000 英寸)。

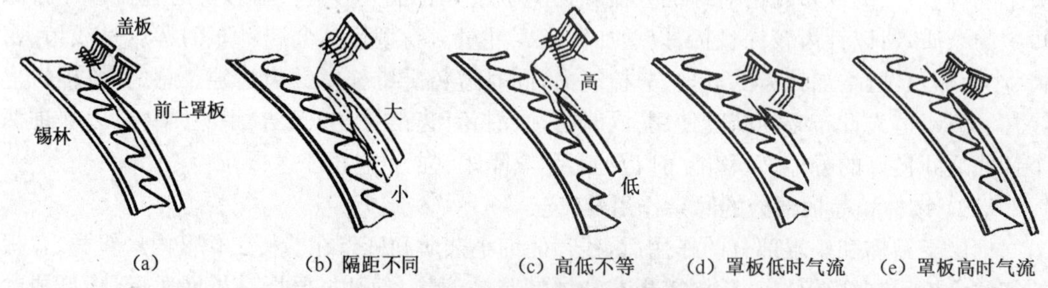

图 3-22 前上罩板对盖板花的作用

3. 前上罩板高低位置对盖板花的影响

前上罩板高低位置对盖板花的影响也很明显，如图 3-22(c)所示。当前上罩板位置较高时，其效果和缩小前上罩板上口与锡林间的隔距相似，同样使盖板花减少；当前上罩板位置较低时，盖板花增加。

(四) 锡林、盖板和道夫部分的均匀、混合作用

锡林、盖板和道夫部分除了对纤维的分梳、除杂作用外，还有良好的混合与均匀作用，分梳愈充分，混合与均匀作用愈好。

1. 混合作用

在锡林、盖板和道夫部分，由于道夫转移率一般不超过 15%，于是锡林将大部分纤维带回，与从刺辊上新剥取的纤维多次重叠后，一起进入盖板工作区，经不同的反复转移和交替分梳，产生不同次数的工作区分梳，使同时喂入的纤维分布在不同时间输出的棉网中，这样就使喂入纤维在梳棉机上得到良好的混合。

梳棉机上的混合作用主要是单根纤维之间的混合，远比开清棉机的混合细致。所以，梳棉机的混合作用对于提高成纱的内在质量和外观质量是非常重要的。

2. 均匀作用

如对正常生产的梳棉机突然停止给棉，可看到棉网并不是立即中断，而是输出的生条逐渐变细，而后才中断，这一过程在金属针布梳棉机上可持续3～7 s。将变细的棉条逐段称重，可得到如图 3-23 所示的曲线 2—7—8。如在棉条变细的过程中恢复给棉，棉条也不会立即达到正常的定量，而有一个逐渐增重的过渡阶段，将此棉条逐段称重，可得图示曲线

7—6。可见，在梳棉机生产过程中，停止一段时间给棉，其输出的棉条变化曲线上，2—3—4—7所围的面积表示停止给棉时机内放出的纤维量，5—7—6所围的面积则表示恢复给棉后机内吸收的纤维量。

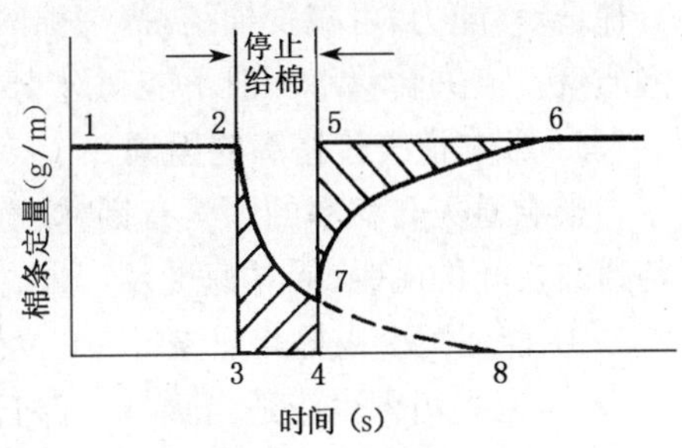

图3-23　均匀作用试验

吸收或放出纤维是锡林、盖板和道夫部分针面间分梳和反复转移纤维的结果。这种由于吸放纤维减缓生条短片段不匀的作用，称为梳棉机的均匀作用。

在正常生产情况下，喂入棉层在短片段上有厚有薄，有的地方还出现小破洞，通过刺辊分梳后转移到锡林针面上，纤维分布也是不均匀的。但当锡林将这些纤维带至盖板工作区分梳时，锡林上纤维多的地方，纤维易被盖板针面抓取和握持，即锡林向盖板放出或转移纤维；锡林上纤维少的地方，锡林针齿有较强的抓取和握持纤维的能力，可从盖板纤维层中抓取并握持一部分纤维，即盖板向锡林放出或转移纤维。通过锡林和盖板间的分梳转移所引起的吸放纤维，使锡林走出盖板工作区时，针面上的纤维分布较进入盖板工作区时均匀得多。同时，在锡林向道夫转移纤维时，具有20～30倍的凝聚、并合机会，使输出棉网在短片段上较喂入棉层均匀。在棉网汇合成条时，棉网的横向不匀和纵向不匀得到进一步的改善。但是，当喂入纤维量的波动足以引起锡林和盖板针面负荷发生较大变化时，生条的重量也随之发生波动，梳棉机的均匀作用只是使其波动减缓一些。因此，更换棉卷时，搭头要牢靠而平齐，斜搭头可减少由于棉卷搭头不良引起的生条的短片段的不匀。

（五）道夫的凝聚作用

锡林与道夫间的作用常称为凝聚作用，这是因为慢速道夫在一个单位面积上的纤维是从快速锡林的很多个单位面积上转移、聚集得来的。如锡林与道夫的表面速度之比为26时，则道夫纵向1 m长的面积上的纤维是从锡林26 m长的面积上凝集而来的。

锡林、道夫间的作用表现形式为“凝聚”，但两针面间的作用实质为分梳。根据分梳作用的特点，道夫以其清洁的针面进入工作区，仅能凝聚锡林纤维层中的部分纤维而不是全部纤维。

1. 道夫转移率

锡林针面上的纤维不可能一次全部转移到道夫针面上，只是部分转移。通常用道夫转移率表示锡林上的纤维至道夫的转移能力：

$$\gamma = (q/Q) \times 100\%$$

式中：γ为道夫转移率；q为锡林一周转移给道夫的纤维量(g)；Q为锡林走出盖板工作区带向道夫时针面负荷折算成锡林一周针面上的纤维量(g)(可以用自由纤维量代替)。

一般，梳棉机的道夫转移率为6%～15%。

2. 道夫转移率与分梳质量的关系

道夫转移率小，意味着大部分纤维将被锡林重新带回盖板工作区，纤维分梳细致；但道夫转移率过小，由锡林返回盖板工作区的纤维增多，锡林、盖板的针面负荷大，易造成纤维损伤和棉结增加。适当提高道夫转移率，锡林、盖板的针面负荷降低，增强针面对纤维的握持、分梳、转移能力，可减少棉结，提高棉网的清晰度，但转移率过高会降低纤维的分梳效果和棉网质量。道夫转移率一般不能超过15%。

3. 影响道夫转移率的因素

影响道夫转移率的因素有锡林、道夫针布的种类、规格、针齿形态以及两者的配合、锡林与道夫之间的隔距、锡林速度及产量、生条定量和道夫速度等。

① 合理配套锡林与道夫针布的齿形与规格，道夫针齿宜采用小角度、深齿、齿隙大容量的设计，道夫齿密也应适当降低，有利于提高道夫转移率。

② 尽量减小锡林与道夫之间的隔距，以确保纤维的正常转移，锡林与道夫之间的隔距一般要求在0.10～0.12 mm(3～5英丝)。

③ 提高锡林转速、梳棉机产量增大、生条定量加重以及道夫速度加快，均会提高道夫转移率。

(六) 生条中的纤维形态

棉网中的纤维大部分为弯钩形态，有前弯钩、后弯钩和两端弯钩等，尤其以后弯钩居多。在凝聚过程中，被道夫握持的纤维的另一端受到锡林快速的梳理，输出时，被梳理伸出的一端在前，而被道夫握持的另一端在后，因而形成后弯钩，如图3-24所示。

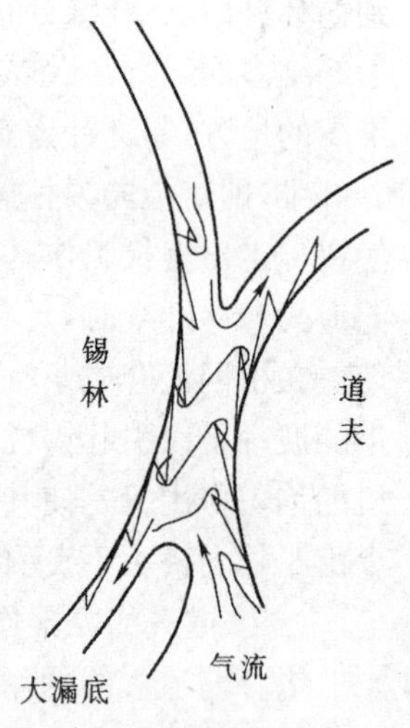

图3-24 锡林至道夫的纤维转移

三、剥棉和圈条成形

(一) 四罗拉剥棉作用原理

1. 道夫至剥棉罗拉

道夫棉网中的大部分纤维，其尾端被道夫针齿握持，头端则浮于道夫表面，当其与一定速度回转的剥棉罗拉相遇时便发生剥取，主要有三个原因：

① 道夫与剥棉罗拉间的隔距很小(0.125～0.225 mm)，剥棉罗拉与纤维接触，产生摩擦力；

② 纤维之间的黏附作用；

③ 剥棉罗拉的表面速度略高于道夫，其间配置1.026倍的张力牵伸。这种张力牵伸所产生的棉网张力，不致破坏棉网的结构，同时可增加棉网在剥棉罗拉上的黏附力，所以剥棉罗拉能连续地从道夫上剥下棉网，并转移到转移罗拉上。

2. 转移罗拉至剥棉罗拉

转移罗拉和剥棉罗拉间的作用，与剥棉罗拉和道夫间的作用基本相似。

3. 上、下轧辊至转移罗拉

上轧辊和转移罗拉间的作用是拉剥作用，上轧辊与转移罗拉间的隔距很小(0.125～0.225 mm)，而下轧辊和转移罗拉间的隔距有10 mm左右，在生头时，转移罗拉上的棉网在上轧辊处受到轧辊的摩擦黏附而被剥离，并由轧辊输出。上、下轧辊与转移罗拉间配置1.123倍的张力牵伸，使轧辊与转移罗拉间的棉网上有一定的拉剥力。在正常运转时，上、下轧辊依靠该拉剥力将棉网从转移罗拉上拉剥下来。棉网从上、下轧辊间输出时，上、下轧辊对棉网中的杂质有压碎作用。上、下轧辊各有一把清洁刀，用于清除黏附在轧辊上的飞花和杂质，防止棉网断头后卷绕在轧辊上。

(二) 使用罗拉剥棉时工艺上应注意的因素

① 棉网要有一定的定量(一般在 14 g/5 m 以上),否则棉网强度过小,经不起拉剥,易产生破边、破洞,甚至出现断头。

② 原棉品级过低、纤维过短,将导致棉网强度低,不易收拢成条而引起断头。

③ 道夫与轧辊的线速度增加时,为了使棉网能顺利地向喇叭口集拢,应有较大的张力牵伸。

④ 车间温湿度要严格控制,温度为 18～25℃、相对湿度为 50%～60%,当温度低而道夫速度高时,车间相对湿度应稍偏高。

(三) 影响剥棉质量的因素

剥棉罗拉和转移罗拉的锯齿表面状态与剥棉质量有很大关系。如锯齿有毛刺或黏有油污时,容易勾住或黏附纤维,使棉网出现破边、破洞等,影响生条条干均匀度,甚至出现断头。因此,应经常对两个罗拉的锯齿进行刷光处理。在锯齿光洁不便生头时,可摇起生头板以托持棉网。

(四) 对圈条器的工艺要求

① 圈条斜管齿轮每回转一转圈放的棉条长度,应为小压辊同时送出的长度与圈条牵伸之乘积。

② 圈条斜管齿轮的转速与底盘齿轮的转速之比,称为圈条速比。圈条速比的大小,应保证在斜管齿轮一转时,底盘齿轮在以偏心距为半径的圆周上转过的弧长与棉条直径相等,以保证棉条一圈一圈地紧密铺放。

③ 棉条圈放应层次清晰,互不粘连,中心气孔竖直并贯穿全高,外缘与筒壁的间隙应大小适当,棉条在下道工序中能顺利引出。

④ 在圈条器提供的几何空间条件下,合理配置圈条工艺,提高条筒容量,减少换筒次数,以提高设备利用率和劳动生产率。

⑤ 圈条器应适应高速,运转时负荷轻、噪音小、磨灭少、不堵条且便于保养。

第四节 梳棉机的传动和工艺计算

一、梳棉机的传动要求

1. 调整传动工艺参数方便

在传动系统的适当部位,设置变换带轮和变换齿轮,以便根据质量、产量和消耗要求,调整速度、牵伸等工艺参数,且各种调整应具有独立性。

2. 便于运转操作

梳棉机由于产量的增加必须提高道夫转速。梳棉机高速后,生头操作时道夫需慢速,生头以后逐渐升至正常转速。在道夫向快速转换时,道夫应有一个逐步增速的过程。

FA201 型梳棉机采用双速电动机传动道夫,其速比为 4∶1,当梳棉机生头完毕转入快速运转时,为避免道夫速度突变影响生条均匀度,在双速电动机轴头上加一个惯性轮(重量约 18 kg),加大道夫系统的转动惯量,使道夫有 6 s 以上的升速时间。双速电动机通过电磁离合器带动道夫运转，当发生故障切断双速电动机电源时，电磁离合器脱开，道夫可不受飞轮惯性的影响而立即停车。

3. 设置质量和安全保证措施

(1) 道夫与刺辊间的连锁

锡林和道夫分别由各自的电动机传动，由于惯性不同，它们的启动时间也不一样，锡林和刺辊需要的时间较长，而道夫及给棉罗拉需要的时间则很短。若同时启动，将造成当给棉罗拉开始喂入正常棉量时，刺辊尚在启动过程中，速度较低，易被卡死，所以道夫及给棉罗拉必须在锡林和刺辊启动一段时间后才能启动。关车时，锡林、道夫也不同时停止，道夫停得快，锡林停得慢，所以停车后在锡林和道夫的转移区堆积过量纤维，重新开车后将引起断头，并影响生条质量。

为保证两个传动系统间正常的速度关系，在刺辊与道夫之间安装一个离心开关，由刺辊拖动。当刺辊启动达到一定转速后，离心开关发出信号，道夫方能启动。当刺辊降速时，降速幅度比发出信号时约低 30～50 转，道夫即自动停车。这样，就保证了道夫与刺辊的连锁。

(2) 安全自停装置

为保证安全生产、避免损伤针布和保证生条质量，FA201 型梳棉机上设有多处自停装置。

① 厚卷自停。当喂入棉层过厚或有硬杂物混入时，给棉罗拉抬高，其两端的加压杠杆上的螺钉触及自停装置的微动开关，控制道夫和给棉停止。

② 刺辊速度降低自停。在运转过程中，当传动刺辊的皮带松弛或滑脱后，导致刺辊速度降低，电子速度开关动作，信号灯亮，停车。

③ 返花自停。当剥棉罗拉返花时，绒辊花增加，绒辊芯子上抬，推动摇板动作，使搬动开关常闭，故障继电器动作，道夫刹车。这可防止因剥棉不良而造成轧车事故。

④ 断条光电自停。正常运转时若出现断条，光电自停装置发出信号，控制道夫停车。

⑤ 圈条器内断条自停和堵管自停。在圈条器小压辊处装有一个微动开关，控制棉条堵塞斜管自停；另有一个机械触点，控制断条自停。

⑥ 防护罩打开自停。

二、梳棉机传动系统

FA201 型梳棉机的传动系统如下：

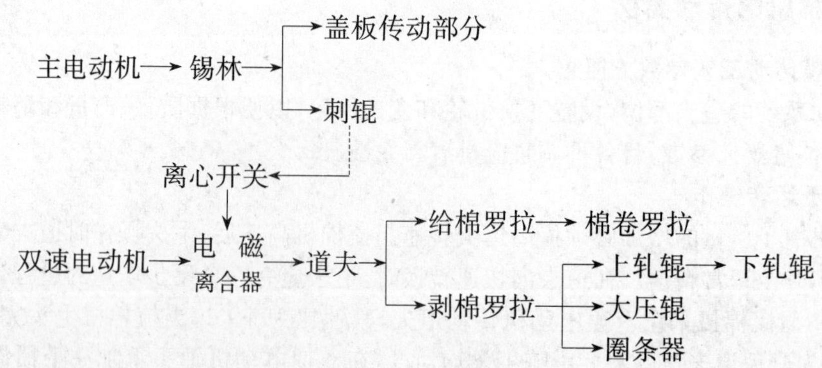

如图 3-25 所示，电动机通过尼龙平皮带传动锡林，皮带的背面传动刺辊皮带轮 3，并由

一个固定张力轮 1 和一个可调张力轮 4 保持平皮带的张力。FA201 型梳棉机的传动图见图 3-26 所示。

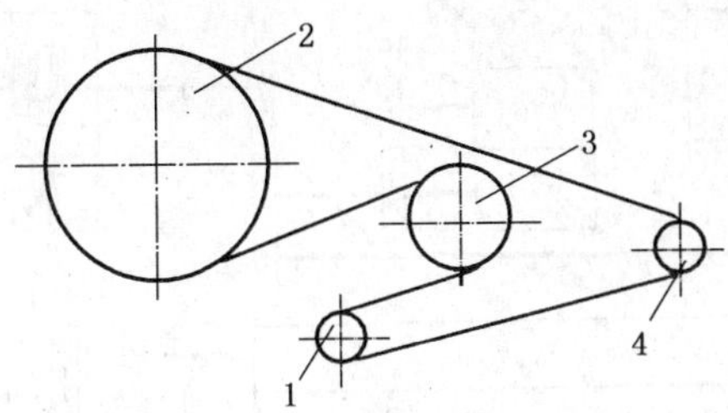

图 3-25 FA201 型梳棉机锡林与刺辊的传动

1—固定张力轮 2—锡林皮带轮 3—刺辊皮带轮 4—可调张力轮

三、工艺计算

(一) 速度计算(三角带和平皮带的传动效率均取 98%)

(1) 锡林转速 n_c

$$n_c(\text{r/min}) = n_1 \times \frac{D}{542} \times 98\% = 1\,460 \times \frac{D}{542} \times 0.98 = 2.64D$$

式中:n_1 为主电动机的转速(r/min);D 为主电动机皮带轮的直径(mm)。

纺棉时选取 D=136 mm,锡林转速约为 360 r/min;纺化纤时选取 D=125 mm,锡林转速约为 330 r/min。

(2) 刺辊转速 n_t

$$n_t(\text{r/min}) = n_1 \times \frac{D}{D_t} \times 98\% = 1\,460 \times \frac{D}{D_t} \times 0.98$$

式中:D_t 为刺辊皮带轮的直径(mm)。

刺辊皮带轮直径纺棉时选用 209 mm,刺辊转速约为 930 r/min;纺化纤时选用 224 mm,刺辊转速约为 800 r/min。

(3) 盖板速度 V_f

$$V_f = n_c(\text{mm/min}) \times \frac{100}{240} \times \frac{Z_4}{Z_5} \times \frac{1}{17} \times \frac{1}{24} \times 14 \times 36.6 \times 98\% = 0.511\,42 \times n_c \times \frac{Z_4}{Z_5}$$

式中:Z_4 和 Z_5 为盖板速度变换齿轮的齿数,Z_4/Z_5=18/42、21/39、26/34、30/30、34/26、39/21。

(4) 道夫转速 n_d

$$n_d(\text{r/min}) = n_2 \times \frac{88}{253} \times \frac{20}{50} \times \frac{Z_3}{190} \times 98\% = 1.048 \times Z_3$$

式中:n_2 为双速电动机的转速(r/min),正常生产时,n_2 为 1 460 r/min;Z_3 为道夫速度变换齿轮的齿数,其范围为18~34。

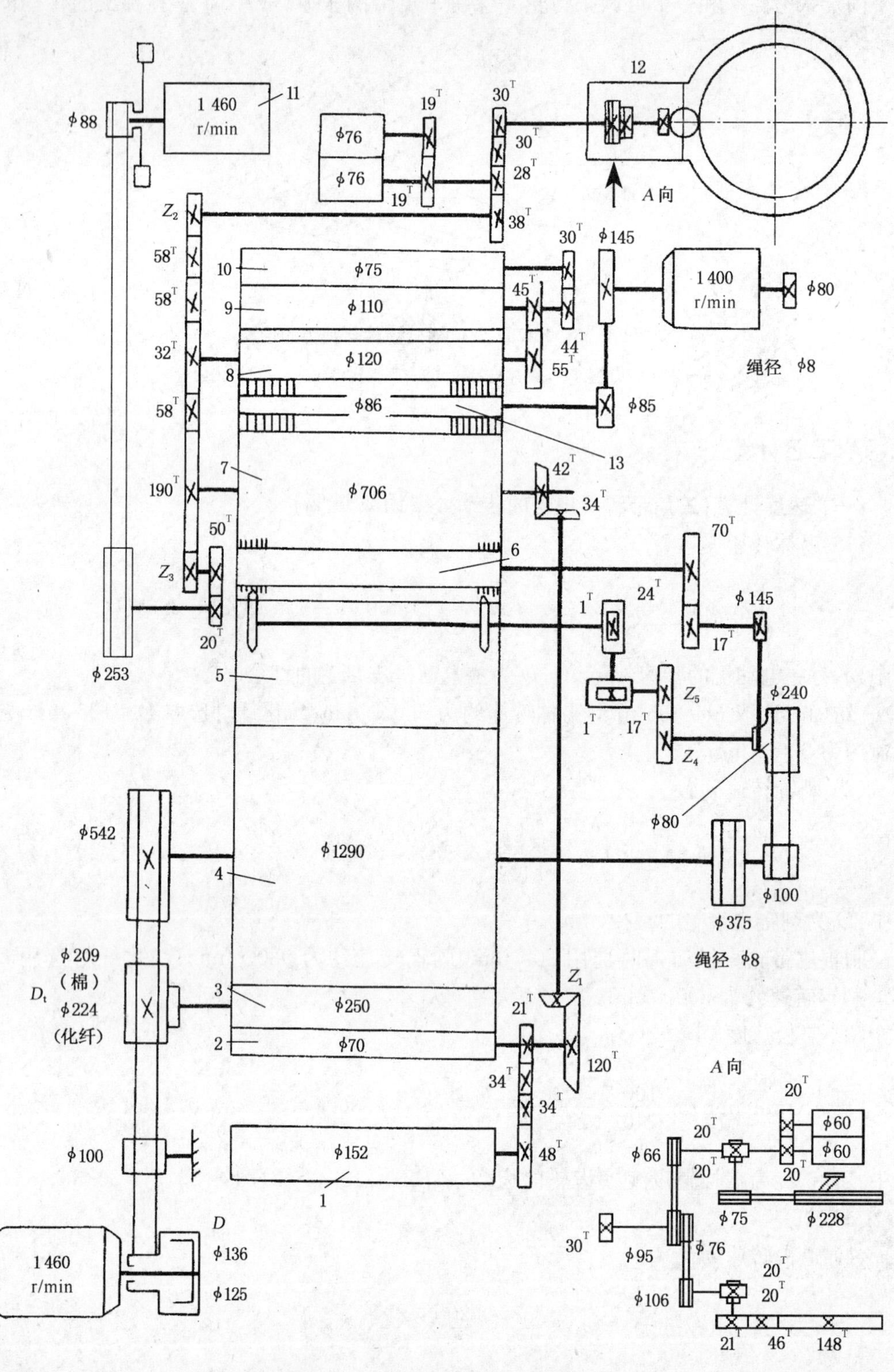

图 3-26　**FA201** 型梳棉机的传动图

（5）小压辊出条速度 V

$$V(\text{m/min}) = 60\pi \times 1\,460 \times \frac{88}{253} \times \frac{20}{50} \times \frac{Z_3}{Z_2} \times \frac{38}{30} \times \frac{95}{66} \times \frac{1}{1\,000} \times 98\% = 68.4 \times \frac{Z_3}{Z_2}$$

式中：Z_2为棉网张力牵伸变换齿轮（简称张力牙）的齿数，有 19、20、21 三种。

（二）牵伸计算

（1）部分牵伸倍数

① 给棉罗拉～棉卷罗拉

$$e_1 = \frac{48}{21} \times \frac{70}{152} = 1.053$$

② 刺辊～给棉罗拉

$$e_2 = \frac{n_t}{n_d \times \frac{42}{34} \times \frac{Z_1}{120}} \times \frac{250}{70} = 346.94 \times \frac{n_t}{n_d Z_1}$$

式中：Z_1为牵伸变换齿轮的齿数，也称轻重牙，其齿数范围为 13～21。

③ 锡林～刺辊

$$e_3 = \frac{n_c}{n_t} \times \frac{1\,290}{250} = 0.009\,52 \times D_t$$

④ 道夫～锡林

$$e_4 = \frac{n_d}{n_c} \times \frac{706}{1\,290} = 0.547 \times \frac{n_d}{n_c}$$

⑤ 剥棉罗拉～道夫

$$e_5 = \frac{190}{32} \times \frac{120}{706} = 1.009$$

⑥ 下轧辊～剥棉罗拉

$$e_6 = \frac{55}{45} \times \frac{110}{120} = 1.12$$

⑦ 大压辊～下轧辊

$$e_7 = \frac{45}{55} \times \frac{32}{Z_2} \times \frac{38}{28} \times \frac{76}{110} = \frac{24.55}{Z_2}$$

⑧ 小压辊～大压辊

$$e_8 = \frac{28}{30} \times \frac{95}{66} \times \frac{60}{76} = 1.061$$

(2) 总牵伸倍数

梳棉机的总牵伸倍数是指小压辊与棉卷罗拉之间的牵伸倍数:

$$E=\frac{48}{21}\times\frac{120}{Z_1}\times\frac{34}{42}\times\frac{190}{Z_2}\times\frac{38}{30}\times\frac{95}{66}\times\frac{60}{152}=\frac{30\,362.4}{Z_2\times Z_1}$$

(3) 实际牵伸倍数

按输出与喂入机件的表面线速度之比求得的牵伸倍数称为机械牵伸倍数(也称为理论牵伸倍数),按喂入半制品定量与输出半制品定量之比求得的牵伸倍数称为实际牵伸倍数。因为梳棉机有一定的落棉,所以实际牵伸倍数大于机械牵伸倍数,两者的关系式如下:

$$实际牵伸倍数=\frac{机械牵伸倍数}{1-落棉率}$$

(三) 产量计算

梳棉机的理论产量取决于生条的定量和小压辊的速度。在FA201型梳棉机上,可通过改变道夫变换齿轮的齿数Z_3来调整道夫的速度,从而达到调整梳棉机理论产量的目的。

(1) 理论产量$G_{理}$

$$G_{理}=n_d\times60\times\frac{190}{Z_2}\times\frac{38}{30}\times\frac{95}{66}\times\frac{60\pi}{1\,000}\times\frac{g}{5\times1\,000}=0.784\times\frac{g\times n_d}{Z_2}$$

式中:$G_{理}$ 为理论产量[kg /(台·h)];n_d为道夫转速(r/min);g 为生条定量(g/5 m)。

(2) 定额产量$G_{定}$

$$G_{定}=G_{理}\times时间效率$$

时间效率为实际运转时间与理论运转时间之比的百分率。

第五节 针布

一、针布概述

梳棉机上的刺辊、锡林、道夫、盖板及附加分梳件上,均包覆着不同类型的针布。针布的规格型号、工艺性能和制造质量,直接影响梳棉机的分梳、除杂、混合与均匀的效果。

(一) 针布的分类

针布分金属针布和弹性针布两大类。除刺辊锯条外,早期的梳棉机都使用弹性针布。随着高产、优质和化纤纺纱发展的需要,从20世纪60年代开始,锡林和道夫上大量推广使用金属针布,其品种、规格逐步增加,不仅能适纺纯棉粗、中、低线密度纱,也能满足不同品种化纤的纺纱要求。目前,棉纺梳棉机上的锡林、道夫针布已全部采用金属针布,盖板则采用弹性针布。

（二）针布的工艺要求

为了提高梳棉机的分梳效能，获得高产、优质、低耗的工艺效果，在针布的针齿设计、制造质量和使用维修技术等方面，应满足如下工艺性能要求：

① 具有良好的穿刺和握持纤维的性能，使纤维在两针面间受到有效的分梳。

② 具有良好的转移能力，使纤维（束）易于从一个针面向另一个针面转移。例如，纤维（束）在锡林、盖板两针面间应能顺利地反复转移，从而得到充分而细致的分梳；已分梳好的纤维能适时地向道夫凝聚转移，以降低针面负荷，改善自由分梳效能，提高分梳质量。

③ 具有一定的齿隙容纤量和良好的吸收与释放纤维的能力，从而提高梳棉机的均匀与混合能力。

④ 针齿应锋利、光洁、耐磨、平整。针齿锋利，可使针齿的穿刺和抓取能力强，分梳作用好；针齿光洁，不易挂花，纤维能顺利转移；针齿耐磨，使针尖锋利度持久，作用稳定；针面平整，能保证紧隔距、强分梳的工艺要求。

（三）金属针布的主要规格参数

金属针布的主要规格参数和齿形与分梳、除杂、均匀、混合及纤维转移等工艺性能的关系密切，生产中应根据加工的纤维品种和成纱质量要求合理选择。金属针布的主要规格参数见图 3-27 所示。

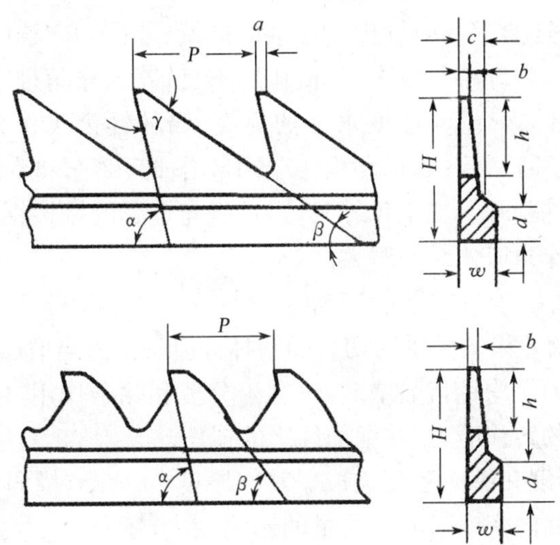

图 3-27 金属针布的规格

P—纵向齿距 H—齿总高 d—基部高度 w—基部宽度 a—齿顶长
b—齿尖厚度 c—齿部宽 α—锯齿工作角 β—齿背角 γ—齿尖角 h—齿高

金属针布现统称为梳理用齿条。梳理用齿条型号的标记方法按适纺纤维类别代号、被包卷部件代号、齿总高、齿前角、齿距、基部厚度和基部横截面代号的顺序组成。适纺纤维类别代号，棉纤维为 A；被包卷部件代号，锡林为 C，道夫为 D，刺辊为 T。梳棉机梳理用齿条的表示现采用标准型号标记方法，锡林针布规格示例见表 3-3。

表 3-3 锡林针布规格示例

型号规格	齿总高 H (mm)	齿前角(°)	纵向齿距 P (mm)	基部宽度 w (mm)	齿密 [齿/(25.4 mm)^2]
AC1835×01540	1.8	35	1.5	0.4	1 075
AC1835×01550	1.8	35	1.5	0.5	860
AC2030×01350	2.0	30	1.3	0.5	993
AC2030×01540	2.0	30	1.5	0.4	1 075
AC2515×01560	2.5	15	1.5	0.6	717
AC2520×01565	2.5	20	1.5	0.65	662
AC2525×01360	2.5	25	1.3	0.6	827
AC2815×01660	2.8	15	1.6	0.6	772
AC2825×01360	2.8	25	1.3	0.6	827

如针布规格 AC2815×01385 表示：纺棉用锡林齿条，齿总高 $H=2.8$ mm，齿前角$=15°$（工作角 $\alpha=90°-15°=75°$），纵向齿距 $P=1.3$ mm，基部宽度 $w=0.85$ mm。

1. 针齿工作角

针齿工作角 α 即基线与针齿工作面间的夹角，亦称齿面角。针齿工作角与齿前角互为余角。针齿工作角的大小直接影响针齿对纤维的握持、分梳和转移的能力，若工作角偏大，针齿对纤维的握持能力差，纤维易脱离，分梳作用不良；若工作角过小，纤维易沉入齿隙，导致锡林绕花。随着梳棉机产量和速度水平的提高，锡林针齿工作角趋向减小，由原来的 75°～80°减小为目前的 55°～65°，齿前角由 10°～15°增加为 25°～35°。锡林针齿工作角的选用应根据加工原料的性能而定，加工化纤时，因化纤与金属的摩擦系数比棉纤维大，为了防止绕锡林，锡林针齿工作角应比纺棉时大。

2. 针齿密度

针齿密度 N 与分梳效果的关系密切。如锡林针齿密度适当增加，针齿对纤维的握持增强，作用在每根纤维上的平均针齿数增多，有利于分梳和除杂作用，棉网质量改善。但针齿密度过高，会影响道夫的转移能力，并增加纤维的损伤。

针齿密度由横向密度和纵向密度组成。基部厚度 w 越小，横向密度越大；纵向齿距 P 越小，纵向密度越大。横向密度对分梳质量的影响较大，横向密度大，棉网质量好。目前使用的锡林针齿的横向密度与纵向密度之比一般为 2∶1 左右，最大达 4.25∶1。

纺纱线密度和纺纱原料不同时，所选用的针齿密度也不同。纺化纤时，由于化纤与针齿的摩擦系数较大，易产生静电而发生绕锡林现象，齿密要适当小些。但齿密过小，会造成分梳不足，影响分梳质量。实际生产中，锡林常用的齿密 N，纺纯棉高线密度纱采用 100 齿/cm^2（650 齿/英寸^2）左右，纺纯棉中线密度纱采用 108 齿/cm^2（700 齿/英寸^2）左右，纺纯棉低线密度纱采用 124 齿/cm^2（800 齿/英寸^2）左右，纺棉型化纤一般采用 93～108 齿/cm^2（600～700 齿/英寸^2），纺中长化纤采用 93 齿/cm^2（600 齿/英寸^2）左右。

3. 齿深和齿总高

锡林齿深 h 的大小对分梳作用有一定的影响。h 小，即浅齿，可使充塞在齿隙下部的纤维少，而处在齿尖接受积极分梳的纤维多，转移率高，分梳效果好。此外，浅齿的抗轧性能好，齿间不易嵌塞破籽，产生的气流较弱，可减少气流外溢，浅齿还能提高齿尖强度。但齿深 h 的大小应满足梳棉机产量对针隙容纤量的要求，否则纤维将向两针面充塞或受搓擦。因此，齿深 h 对纤维的握持转移作用的影响很大，纺中高线密度纱、单产高的品种时，齿深应大些，反之应小些。

齿总高 H 与基部高度 d、齿高 h 有关。基部高度 d 太大，包卷时针齿不易贴服于铁胎，包后平整度差，且易倒条；d 太小，包卷时容易伸长变形。一般，锡林针布的 H 为 2.5～3.6 mm，道夫针布的 H 为 4～4.7 mm。

4. 其他规格参数

主要有齿尖角、齿顶面积、齿尖耐磨度等。齿尖角 γ 越小，齿越尖，针齿穿刺性能和分梳效果越好，γ 一般为 15°～30°。齿顶面积越小，针齿越锋利，分梳效果越好，棉结可减少，但齿顶面积过小，锋利度衰退快，淬火时齿顶易烧毁。高速高产梳棉机上，针齿处理纤维量相应增加，要延长针布使用寿命，必须提高齿尖耐磨度。金属针布的材质、针齿的淬火处理工艺是影响齿尖耐磨度的主要因素。

新型金属针布在制造与设计上突出了锋利度、密齿、浅齿、小工作角、高耐磨等特点，同时提高了加工精度。

5. 针齿形状分析

金属针布的针齿形态，俗称齿形，它与针布的握持、转移、抗轧、防嵌等性能有密切关系。图 3-28(a)所示为普通直齿形，工作面为一直线，分梳时位于齿尖上的纤维易滑向齿根，造成齿隙充塞，对分梳和转移不利。为阻止纤维沉入齿隙，可将工作角在工作面的某点处加大，成为超过 90°的钝角，也可将工作角从某点处逐渐变大，下接一段圆弧，称为带弧工作面，实质上是负角渐变的工作面，如图 3-28(c)所示。该齿形可使纤维沉入齿尖一定深度后不再下沉，既不易充塞齿隙又不易向外抛出，使纤维被握持于齿尖，具有良好的分梳效能。若将齿背设计成圆弧形背角，即形成弧背负角齿形，这种齿形既有利于分梳且不易充塞纤维，还能促使纤维转移和增强齿尖强度，在锡林针布中应用较多。图 3-28(b)所示的山形齿形，其工作面为负角，不能握持纤维，只能拉剥纤维，主要应用于剥取棉网的剥棉罗拉和转移罗拉。

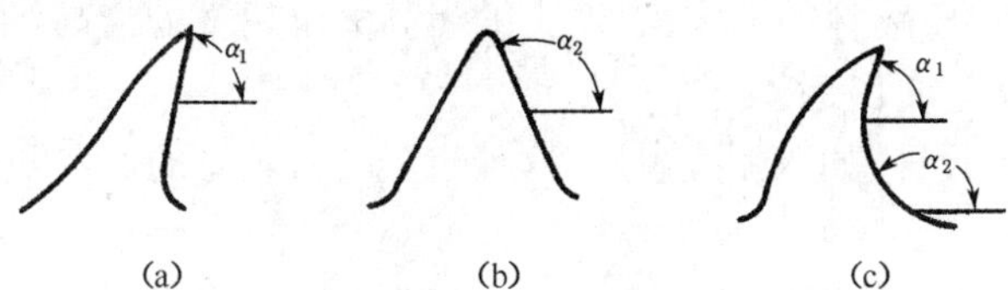

图 3-28 金属针布的齿形图

锡林针布还有其他类型的齿形设计，如图 3-29 所示。为了提高齿尖的锋利程度，增加齿隙容量，将齿形设计成凹背负角齿形，如图中(a)所示。而图中(b)所示的平底齿形，可显著增加齿隙容量，适纺中、高线密度棉纱。道夫针布多为凸背齿形，如图中(c)所示。由于道夫针布的工作角小而齿高较高，分梳时易造成针齿损伤，采用凸背齿形，能使齿尖强度显著增加，并保持一定的齿尖高度。

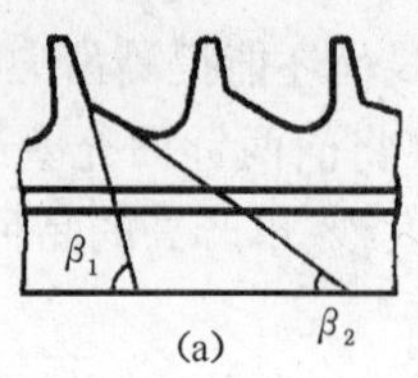

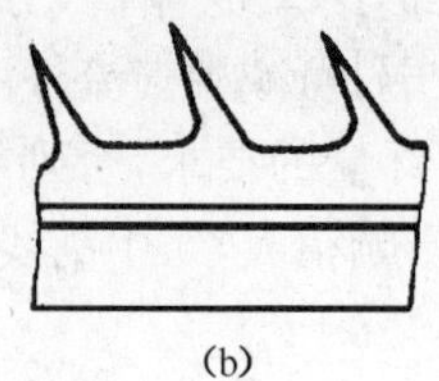

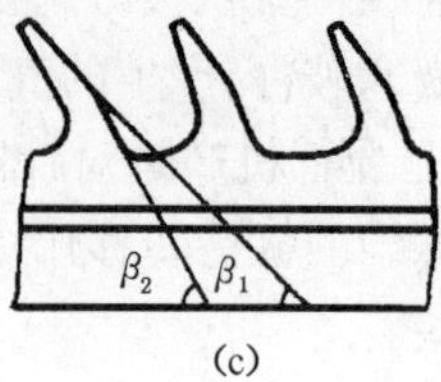

图 3-29　金属针布的其他齿形

二、锡林和道夫针布

(一) 锡林针布

锡林针布的发展趋势是矮、浅、薄、密、尖、小，以提高梳理效果和均匀、混合作用。

1. 采用矮齿、浅齿

锡林针布齿总高由原来的 3.2 mm 减小至 3.0 mm、2.8 mm，甚至减小到 2.5 mm、2.0 mm、1.8 mm、1.5 mm；齿深由 1.1 mm 减小到 0.6 mm、0.4 mm。

2. 采用薄齿、密齿

锡林针布的基布宽度明显减薄，由原来的 1.0～0.8 mm 减至现在的 0.7～0.6 mm，甚至 0.4 mm，齿距则由 1.3 mm 增大至 1.7 mm，横纵向齿密比由 2 增大到 4.25，齿密[齿/(25.4 mm)^2]由 600 多逐步增加至 700 多、800 多、900 多、1 000 多。

3. 采用小工作角

随着锡林速度的提高，锡林针布的齿前角趋向增大，即工作角趋向减小，由 80°～78°减小为 75°、70°、65°、60°，极大地提高了锡林针布对纤维的握持、梳理能力。

4. 采用尖顶设计

锡林针布的齿尖由平顶向尖顶过渡，齿顶面积由原来的 0.07 mm×0.05 mm 减小到 0.05 mm×0.03 mm，甚至更小，提高了针齿的穿刺能力。

(二) 道夫针布

为了疏通锡林道夫三角区的高压气流和增加道夫针隙容纤量，并提高道夫转移率，道夫针齿宜采用小角度、深齿、齿隙大容量的设计。道夫针布应与锡林针布配套选用，一般道夫的工作角(58°～65°)小于锡林的工作角，道夫的齿高大于锡林的齿高，道夫的齿密小于锡林的齿密。道夫的齿形有如下变化：

① 采用特殊齿形设计，如双弧线齿形，这种齿形具有较好的抓取和转移纤维的能力，同时抗轧能力有所增强。

② 齿总高增大，普遍采用 4.0 mm、4.5 mm、5.0 mm，齿深也有明显增加。

③ 侧面用阶梯形、沟槽形，增强握持和转移能力，见图 3-30(a)。

④ 鹰嘴形齿尖、组合形齿尖，减小了齿尖部分的工作角，同时大大增强了转移能力和抗轧性，见图 3-30(b)。

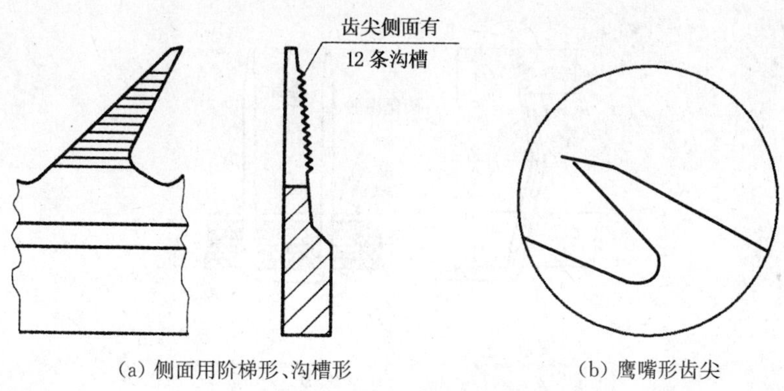

(a) 侧面用阶梯形、沟槽形　　(b) 鹰嘴形齿尖

图 3-30　道夫齿形

三、刺辊锯齿

刺辊锯条的齿形参数及代号与锡林、道夫针布基本相似，其发展趋势也是薄齿、浅齿、密齿，但工作角适当加大。刺辊锯条的齿形见图 3-27 所示，其主要规格参数见表 3-4 所示。

表 3-4　刺辊锯条规格

型号规格	齿总高 H (mm)	齿前角 (°)	纵向齿距 P (mm)	基部宽度 w (mm)	齿密 [齿/(25.4 mm)^2]
AT5615×05611	5.6	15	5.6	1.09	36
AT5610×05611	5.6	10	5.6	1.09	36
AT5813×04211	5.8	13	4.2	1.09	48
AT5815×05011	5.8	15	5.0	1.09	36
AT5810×05011	5.8	10	5.0	1.09	41

四、盖板针布

盖板是由针布包覆在盖板铁骨上形成的，由于其针布的紧固方式与锡林、道夫不同，所以必须采用弹性针布。弹性针布由底布和梳针组成，它是将钢丝弯折成"U"形梳针，按一定的工作角和分布规律植于带状底布上。

(一) 盖板针布的结构和规格参数

盖板针布的结构如图 3-31 所示。梳针主要有两种形式，一种是将梳针设计成弯膝状，如图中(a)所示，α 为动角(工作角)，γ 为植针角；另一种是将梳针设计成直脚状，如图中(b)所示。在分梳时，直脚状梳针受到分梳力的作用易向后倾仰，使针尖沿弧状升起，引起两针面间的隔距变化，从而影响紧隔距、强分梳。要解决上述问题，对直脚梳针应增强底布的握持力、提高梳针刚度，以减少后仰角度；或将梳针设计成弯膝状，可利用下膝部分后仰使针尖降低，抵消上膝部分后仰引起的针尖升高，减少梳针受力后的隔距变化。为了提高梳针的抗弯刚度，可根据不同的工艺要求，将梳针设计成不同规格、不同形状的异形截面，如圆形、三角形、扁圆形、矩形、双凸形等。梳针采用优质合金钢制成，以提高针尖的耐磨度。盖板针布的规格参数见表 3-5 所示。

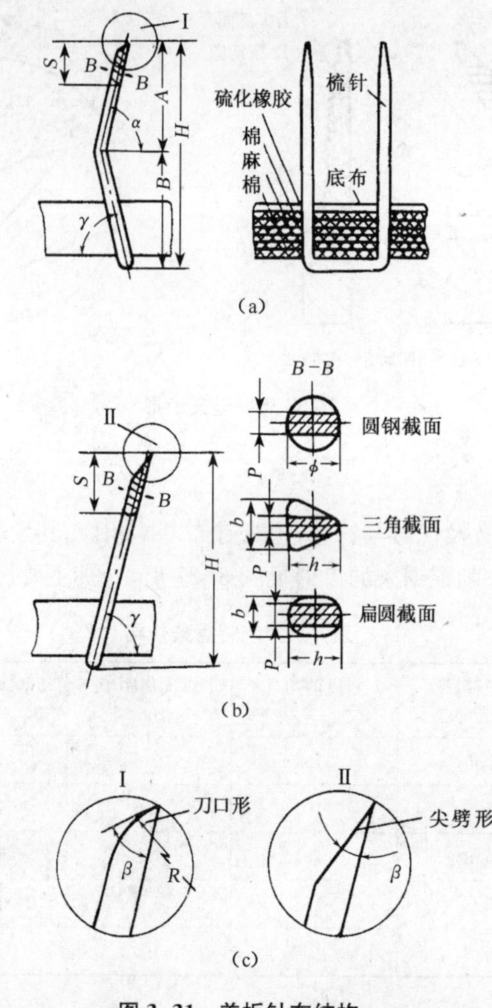

图 3-31　盖板针布结构

(二) 底布与植针方式

盖板针布的底布是植针的基础，底布由硫化橡胶(V)、棉织物(C)和麻织物(L)等多层织物用混炼胶胶合而成，以保证底布具有强度高、弹性好和伸长小的特点。底布多采用七层和八层橡皮面。

盖板针布的梳针是按一定的分布规律植在底布上的，其植针方式主要有条纹、斜纹和缎纹三种形式。目前，盖板针布主要采用斜纹。盖板针布的结构有双列和单列之分。例如 702 型盖板针布，前列有 10 排针，后列也有 10 排针，针布中部留有 7 mm 的空隙。这种双列盖板具有双分梳面的作用特点，在分梳过程中，若前分梳面略有充塞时，还可发挥后分梳面的分梳作用，中间的空隙可积聚短绒和杂质，有利于在盖板花中清除有害疵点。

表 3-5　新型盖板针布规格

型号		钢丝			N [齿/(25.4 mm)^2]	α (°)	H (mm)	B (mm)	硬度 HY	底部组织	适用范围
		材料	截面	号数							
无锡 JRT	32	70	双凸	27/31	320	72	8	4.5	800～850	六层橡皮面	棉粗特、中特,化纤
	40	70	双凸	27/31	400	72	8	4.5	800～850	六层橡皮面	棉中特、细特
无锡 JST	29	70	双凸	27/31	290	72	8	4.5	800～850	六层橡皮面	棉粗特、中特,化纤
	36	70	双凸	27/31	360	72	8	4.5	800～850	六层橡皮面	棉中特、细特,高产
	45	70	双凸	28/32	450	72	8	4.5	800～850	六层橡皮面	棉中特、细特,超高产
无锡 JDT	24	60	扁平	22/34	240	78	7.5		750～800	八层橡皮面	化纤,中长化纤
	33	60	扁平	22/34	330	78	7.5		750～800	八层橡皮面	化纤,中长化纤
远东	SFC11		扁平	26/33	310	72	7			11 层橡皮面	化纤
	SFC16		双凸	27/31	390	72	8			五层橡皮面	棉中特、特细特
	SFC19		双凸	27/31	360	74	8			五层橡皮面	棉中特、特细特
	SFC12		双凸	29/33	360	74	8			五层橡皮面	棉中特、特细特
白银无锡 821			三角	28/32	400	74	8			五层橡皮面	棉中特、细特
709			三角		460	74	9	4.5		五层橡皮面	棉中特
672			扁圆		256	74	8			八层橡皮面	棉中特,化纤
702			扁圆		180	74	8			八层橡皮面	化纤
715			扁圆		320	77	8	5.5		七层橡皮面	棉中特

(三)新型弹性针布的特点

为适应高产优质的需要,研制了多种新型半硬性盖板针布,具有较好的工艺性能,主要特点如下:

① 改进梳针的截面形状。梳针截面由圆形、三角形、扁圆形发展到目前的双凸形、椭圆形、卵形等不同形状的截面,提高了梳针的抗弯刚度,减少了梳针分梳时的弯曲变形,钢针的握持能力也随之提高,梳理能力大大增强。

② 增加梳针横向密度。梳针横向密度对分梳作用的影响较大,通过改进植针方式,使横向密度增加,分梳效果改善。

③ 改进针尖几何形状并提高针尖的锋利度。采用切割成形加工,梳针针尖呈尖劈形,锋利度较好,提高了针齿的穿刺能力和分梳效果。672 型和 702 型盖板针布的尖劈角为 22°,而新型盖板针布的尖劈角可达 16°,针齿的锋利度大为提高。

④ 针高减小。针高由原来的 10 mm 减小到 7.5～8 mm,使梳针的抗弯刚度增加,能承受较大分梳力的作用,同时针间充塞纤维可减少。

⑤ 改进底布结构。新型半硬性弹性针布的底布采用橡皮面或中橡皮,使底布耐油、耐温、弹性高,抄针时嵌塞纤维容易抄清,并增加了底布的层次和厚度,提高了针布的强度、弹性和握持力。如 702 型盖板针布采用厚度为 4 mm 的八层橡皮面。

⑥ 植针排列。盖板针布的传统植针排列有斜纹、缎纹和双列植针,现开发了稀密排列和花型排列。为了使盖板趾端的针尖密度较稀,而踵端的针尖密度较密,采用条纹和缎纹结合型(又称稀密型)的排列,其目的是使锡林与盖板分梳时趾端不易充塞纤维和破籽,可提高

分梳效能。

五、针布的选型与配套

针布的选用需考虑所纺原料、单产、车速等因素，以锡林针布为核心，在选定锡林针布型号后，盖板、道夫、刺辊等就可相应选配。

锡林针布选型以"矮、浅、薄、密、尖、小"为六个基本要求，齿形为直齿形，并尽量选用耐磨材质。

道夫针布以凝聚、转移为主，采用小角度、深齿、齿隙大容量的设计。近年来齿形上有了较大改进，如齿尖采用鹰嘴式、圆弧背，齿侧采用阶梯形、沟槽形，道夫针齿高度由 4.0 mm 重新趋向 4.5～5.0 mm，以加强凝聚、转移功能。

盖板针布在纺不同原料时有较大区别，纺棉时采用弯脚植针式针布。盖板针布的密度也是重要参数，一般为 360～500 针/(25.4 mm)^2。植针工作角一般为 75°，现随着锡林针布工作角的减小也趋向于减小，72°也广为采用。异形钢丝自"△"形改为双凸形、椭圆形的居多，经压磨侧磨将针尖磨成刀口形，对穿刺和梳理有利。

刺辊齿条主要选择工作角，一般为 75°～85°，纺棉时偏小，纺化纤时宜大。对于高产梳棉机，刺辊等已逐渐采用自锁式齿条，避免损伤时影响锡林针布。

国内梳理元件配套示例见表 3-6。

表 3-6　纺纯棉纱金属针布配套示例

产量	名称	纯棉		
		转杯纱	环锭纱	
			普梳纱	精梳纱
<15 kg/h	锡林针布 道夫针布 刺辊齿条	AC2820×01365 AD4030×01890 AT5610×05611	AC2820×01365 AD4030×01890 AT5610×05611	AC2820×01365 AD4025×01890 AT5610×05611
15～25 kg/h	锡林针布 道夫针布 刺辊齿条	AC2525×01360 AC2530×01550 AD4030×01890 AT5610×05611	AC2525×01360 AC2530×01550 AD4030×01890 AT5610×05611	AC2525×01550 AC2530×01550 AD4030×01890 AT5610×05611
25～40 kg/h	锡林针布 道夫针布 刺辊齿条	AC2530×01550 AC2030×01550 AD4032×01890 AD5030×02190 AT5610×05611 AT5010×05032V	AC2530×01550 AC2030×01550 AD4032×01890 AD5030×02190 AT5610×05611 AT5010×05032V	AC2530×01550 AC2030×01550 AD4032×01890 AD4025×01890 AT5610×05611 AT5010×05032V
>45 kg/h	锡林针布 道夫针布 刺辊齿条	AC2030×01550 AC1835×01540 AD5030×02190 AT5010×05032	AC2030×01550 AC2035×01540 AC2040×01540 AD5030×02190 AT5010×0503	

第六节 梳棉综合技术讨论

纺普梳纱时，梳棉以后的工序基本上不再具有开松、分梳和清除杂质、疵点的作用，因此，生条中的棉结杂质将直接影响纱线的结杂和布面疵点，而且影响后道各工序牵伸时纤维的正常运动，还会堵塞集合器、钢丝圈等，增加细纱断头。所以，在实际生产中，提高生条质量具有非常重要的意义。

一、生条质量指标

生条的质量指标可分为运转生产中的经常性检验指标和参考指标两大类。

1. 生条质量指标及控制范围(经常性检验指标)

① 生条重量不匀率，即 5 m 片段的重量不匀率，一般控制在 4%以下。

② 生条条干不匀率指每米片段上条子的粗细不匀情况，检验指标有萨氏条干与乌斯特条干两种，一般萨氏条干控制在 14%～18%范围内，乌斯特条干 CV 值控制在 4%以下。

③ 生条中的棉结杂质含量反映每克生条中所含的棉结杂质粒数，由企业根据产品要求确定，其参考范围见表 3-7。生条含杂率一般控制在 0.15%以下。

表 3-7 生条中棉结杂质的控制范围

棉纱线密度(tex)	棉结数/结杂总数		
	优	良	中
32 以上	25～40/110～160	35～50/150～200	45～60/180～220
20～30	20～38/100～135	38～45/135～150	45～60/150～180
19～29	10～20/75～100	20～30/100～120	30～40/120～150
11 以下	6～12/55～75	12～15/75～90	15～18/90～120

④ 总落棉率一般控制在 3.5%～4.5%(加工棉)，其中刺辊落棉率约 2.5%。

⑤ 生条短绒率是指生条中 16 mm 以下的纤维所占的重量百分率，一般控制在 14%以下。

2. 参考指标

棉网清晰度能够充分反映棉网中纤维的伸直平行程度和分离程度，通过目测能快速反映梳棉机的机械状态和工艺是否合理。

二、提高分梳效能

梳棉机的主要作用是分梳，只有通过针面间的分梳作用，才能使纤维束分解成单纤维，清除纤维间的杂质疵点，使纤维充分混合并获得均匀的生条。一般棉网中的纤维束重量百分率大小可表示纤维分离度的高低，但在实际生产中，不少厂家用棉网清晰度，以直观反映纤维的分离程度。棉网中若有纤维集结和云斑，说明纤维的分离程度低，当棉网完整均匀且清晰时，说明纤维分离充分，可使牵伸过程中纤维正常运动。所以，要提高成纱质量，必须提高梳棉机的分梳效能。

1. 紧隔距、强分梳

在机械状态允许的条件下，两针面间采用紧隔距，有利于提高分梳效能。如刺辊与锡林间的隔距缩小，可提高纤维向锡林的转移能力，减少刺辊返花；锡林与盖板的间距缩小，可增加针齿接触纤维的机会，有利于纤维在两针面间反复转移和分梳；锡林与道夫间的隔距缩小，可提高道夫转移率，降低锡林、盖板针面负荷，改善“锡林一转，一次工作区分梳”的分梳质量。所以，紧隔距可实现强分梳。

2. 高速高产与优质

提高梳棉机主要机件的速度是提高产量、保证棉网质量的重要措施。如刺辊速度提高，可提高刺辊分梳度；锡林速度提高，在产量不变时，平均每根纤维受针齿作用的齿数增加，同时由于纤维离心力急剧增加，有利于纤维由锡林针面向其他针面转移，在盖板工作区有利于纤维的反复转移与分梳。因此，梳棉机高速是提高产量、改善棉网质量的有效措施。

提高梳棉机各主要机件的速度，受机械状态和工艺条件的限制。如刺辊高速会导致纤维损伤增加，影响锡林与刺辊的表面速比和纤维转移。目前，高产梳棉机的刺辊转速一般低于 1 000 r/min。锡林转速的提高主要受机械状态和能耗的影响，最高速度为 360 r/min 左右。

3. 针布的选配

在分梳作用过程中，纤维在针面间握持、分梳和反复转移的能力，在很大程度上取决于针布的齿形与技术规格。在实际生产中，合理选择刺辊、锡林、盖板和道夫针面的针布型号，通过优化组合，可提高梳棉机的分梳质量。

4. “五锋一准”

要保证棉网质量稳定，针布应在较长时期内保持锋利，通常要保持刺辊、锡林、盖板、道夫及附加分梳元件的针布平整、针齿锋利、光洁、耐磨，且各分梳元件之间的隔距必须准确。这就是所谓的“五锋一准”。为此，针布应在一定的周期内给以正确磨砺。然而，磨针会造成针面性能周期性波动，且影响针布使用寿命，所以应积极选用耐磨、不易衰退且保持良好穿刺性能的优质针布。要保持“五锋一准”的良好机械状态，必须健全保全和保养工作制度，并提高保全和保养的工作质量。

三、生条各质量指标的控制方法

1. 控制生条中的棉结杂质

生条中的棉结杂质直接影响普梳纱线的结杂和布面疵点，因此必须控制并减少生条中的结杂粒数。棉纺各工序中，棉结杂质变化的基本情况是：从原棉到生条，含杂重量百分率迅速降低，但杂质的粒数逐渐增多，每粒杂质的重量减轻。在清棉、梳棉工序，由于纤维接受强烈打击和细致分梳，棉结粒数均有所增加，尤其在梳棉工序，未成熟纤维经过刺辊锯齿的打击、摩擦作用并在锡林、盖板工作区反复搓转，易扭结成棉结，另外，部分带纤维杂质、僵棉或清棉中产生的纤维团、束丝也易转化形成棉结。生条经并粗工序加工后，结杂粒数均有所增加。而在细纱工序，由于部分棉结杂质被包卷在纱条内部，所以成纱结杂粒数较生条少20%～40%。

要降低成纱结杂，在梳棉工序要结合原棉性状、棉卷质量和成纱质量要求，合理配置纺纱工艺，控制棉结杂质的主要措施有：

(1) 配置好分梳工艺

配置好分梳工艺与“五锋一准”“紧隔距”相结合，可提高棉网中单纤维的百分率，使纤维与杂质充分分离，提高梳棉机排除棉结杂质的能力。

(2) 早而适时落杂

对清、梳工序的除杂要合理分工，梳棉机各部分的除杂也要合理分工。对一般较大且易分离的杂质，应贯彻早落、少碎的原则；对黏附力较大的杂质，尤其是带长纤维杂质，在它们和纤维未分离时，不宜早落，应在梳棉机上经充分分梳后加以清除比较有利。当原棉成熟度较差、带纤维杂质较多时，应适当增加梳棉机的落棉和除杂负担。

梳棉机的刺辊部分是重点落杂区，应使破籽、僵瓣和带有短纤维的杂质在该区排除，以免杂质被击碎或嵌塞锡林针齿间而影响分梳作用。因此，除少量黏附性杂质外，刺辊部分应早落和多落。合理配置刺辊转速及后车肚工艺，对提高刺辊部分的除杂效率、减少生条结杂有明显效果。锡林和盖板部分宜于排除带不同长度纤维的细小杂质、棉结和短绒等。锡林和盖板针布的规格及两针面间的隔距、前上罩板上口位置、前上罩板与锡林间的隔距以及盖板速度等，均会影响生条中的棉结杂质数量。对于成熟度较差、含有害疵点较多的原棉，尤其应注意发挥盖板工作区排除结杂的作用。

(3) 减少搓转纤维

根据棉结中纤维组成的松紧，分为松棉结和紧棉结，紧棉结大都带有杂质。一粒棉结一般由数十根纤维组成，其中大都是成熟度系数低的薄壁纤维，此类纤维的刚性小、回潮率大，在梳棉机上，由于刺辊的打击、摩擦作用和锡林、盖板间的反复搓转，易扭结形成棉结。另外，当锡林、盖板和道夫针齿较钝或有毛刺时，纤维不能在两针面间反复转移，易浮游在两针面之间，受到其他纤维的搓转，形成较多的棉结。刺辊与锡林间的隔距过大、锯齿不光洁，易造成锡林、刺辊间剥取不良、刺辊返花而使棉结明显增加。锡林针面因轧伤而毛糙、针面有油渍锈斑以及锡林和道夫间的隔距偏大，易使锡林产生绕花而使棉结增加。

(4) 加强温湿度控制

温湿度对棉结杂质也有很大的影响。原棉和棉卷的回潮率较低时，杂质容易下落，棉结和束丝也可减少。梳棉车间应控制较低的相对湿度，一般为55%～60%，纯棉卷的上机回潮率控制在6.5%～7.0%，使纤维在放湿状态下加工，以增加纤维的刚性和弹性，减少纤维与针齿间的摩擦和齿隙间的充塞。但相对湿度过低，一方面易产生静电，棉网易破损或断裂，尤其在纺化纤时，这种现象更明显，另一方面会降低生条的回潮率，对后道工序的牵伸不利。

2. 控制生条不匀率

生条不匀率分为生条重量不匀率和生条条干不匀率两种，前者表示生条长片段间(5 m)的重量差异情况，后者表示生条每米片段的不匀情况。

(1) 生条条干不匀率的控制

生条条干不匀率影响成纱的重量不匀率、条干和强度。影响生条条干不匀率的主要因素有分梳质量、纤维由锡林向道夫转移的均匀程度、机械状态以及棉网云斑、破洞和破边等。

分梳质量差时，残留的纤维束较多或在棉网中呈现一簇簇大小不同的聚集纤维，形成云斑或鱼鳞状的疵病。机械状态不良，如隔距不准以及刺辊、锡林和道夫振动而引起隔距周期性地变化、圈条器部分的齿轮啮合不良等，均会增加条干不匀率。另外，如剥棉罗拉隔距不准、道夫至圈条器间各个部分的牵伸和棉网张力牵伸过大、生条定量过轻等，也会增加条干不匀。

(2) 生条重量不匀率的控制

生条重量不匀率和细纱重量不匀率及重量偏差有一定的关系。对生条重量不匀率，应从内不匀率和外不匀率两个方面加以控制。影响生条重量不匀率的主要因素有棉卷重量不匀、梳棉机各机台的落棉率差异和机械状态等。控制生条重量的内不匀率，应控制棉卷重量不匀率，消除棉卷黏层、破洞和换卷接头不良等。而降低生条重量的外不匀率，则要求纺同线密度纱的各台梳棉机的隔距和落棉率统一，防止牵伸变换齿轮用错，定期平揩车，确保机械状态良好。

3. 控制生条短绒率

生条短绒率与梳棉以后的各工序中牵伸时的浮游纤维数量及成纱结构有关，短绒率直接影响成纱的条干均匀度、细节、粗节和强度。

生条短绒率是指生条中 16 mm 以下纤维所占的重量百分率。刺辊和锡林在分梳过程中要切断和损伤少量纤维，同时在刺辊落棉、梳棉机吸尘和盖板花中排除短绒，但短绒的增加量大于其排除量，故生条短绒率比棉卷短绒率增加 2%～4%。在生产中，对生条短绒率应进行不定期的抽验，控制短绒的增加。短绒百分率应视原棉性状、成纱强度和条干不匀率等情况控制在一定的范围内。一般生条短绒率的控制范围为：中线密度纱 18%左右，低线密度纱 14%左右。降低生条短绒率的方法是减少纤维的损伤和断裂，增加短绒的排除。

原棉成熟度正常、棉卷结构良好、开松均匀、梳棉针齿光洁、隔距准确，可减少纤维损伤和断裂。如给棉板工作面过短、针齿有毛刺、锡林和刺辊的速度过高，均会增加短绒。为排除短绒，刺辊下要有足够长度的落杂区。另外，还要控制后车肚落棉和盖板花，充分发挥吸尘装置的作用。

4. 落棉控制

(1) 控制落棉的指标

① 落棉数量。在梳棉机上，落棉包括刺辊落棉、盖板花和吸尘落棉，其中以刺辊落棉为最多。所以，为了节约用棉，首先应控制刺辊落棉率。纺纯棉时，刺辊落棉率一般为棉卷含杂率的 1.2～2.2 倍。根据一定的原棉性状、棉卷含杂和纺纱质量的要求，合理确定落棉率的范围。如纺中线密度纱、棉卷含杂为 1.5%时，梳棉机的总落棉率一般控制在 3.5%～4.5%，其中刺辊落棉、盖板花和吸尘的落棉率分别为 2.5%、0.8%、0.2%左右。

② 落棉质量。即控制各部分落棉的含杂率以及落杂内容。

③ 落棉差异。即控制纺同线密度纱的各机台间落棉率和除杂效率的差异，以利于控制生条重量不匀率。

在梳棉机上控制落棉，应以刺辊部分为重点，主要控制刺辊落棉和盖板花，以达到除杂和节约用棉的要求。

(2) 刺辊落棉的控制

刺辊部分的除杂效率，一般控制在 50%～60%范围内。落棉率的大小，应根据原棉品级和原棉含杂率的高低以及含杂内容而定。例如，纺低线密度纱的原棉品级高、含杂及带纤维杂质也少，经过开清棉后棉卷含杂率一般较低，刺辊落棉率也应小些；纺中、高线密度纱的原棉质量差异比较大，变化也比较多，刺辊落棉应适当增加。

A186 型梳棉机落棉率的大小，可用改变小漏底弦长来调节。对刺辊落棉的日常控制主要是调整小漏底入口隔距、除尘刀的高低和角度。FA201 型梳棉机刺辊部分落棉率的大小，主要是通过调节第一除尘刀、第二除尘刀、三角小漏底与刺辊的隔距以及除尘刀的厚度、导棉板的长度来实现的。

(3) 盖板花的控制

盖板除杂效率一般控制在 3%～10%。盖板能有效去除带纤维杂质、棉结和短绒，与刺辊落棉相比，盖板花的含杂率较低。因此，不能片面地要求减少盖板花。特别是在加工的原棉品级较低、喂入棉卷中带纤维的细小杂质较多而刺辊不能有效地清除时，盖板的除杂作用更不容忽视。在喂入棉卷中带纤维杂质较少且刺辊有良好的除杂作用时，为了节约用棉，可减少盖板花。因前上罩板上口位置确定后不易变动，一般通过调整盖板速度及前上罩板上口和锡林间的隔距来控制盖板花数量。为了统一各机台落棉而对盖板花做少量调整时，一般是调节前上罩板上口和锡林间的隔距；为了增减除杂作用而对盖板花做较大幅度的调整时，则必须改变盖板速度。

第七节 梳棉工序加工化学纤维的特点

一、加工化纤时影响分梳工艺的主要因素

在梳棉机上加工化纤，特别是加工合成纤维时，如果完全利用纯棉的分梳工艺，则难以顺利生产，而且会使设备和产品产生不良后果。因此，应注意研究与分梳工艺有关的化纤特点以及这些特点在分梳过程中的表现。

(1) 静电

化纤与金属分梳元件摩擦会产生静电，并且易积累静电，所以化纤易吸附在分梳元件上，造成缠绕刺辊、锡林、道夫和充塞盖板针布。在油剂比例不当或性能失效后，这种现象更为严重。

(2) 成条蓬松

由于合成纤维的回弹性好，条子蓬松，同时一般化纤与金属的摩擦系数较大，所以化纤条不易通过喇叭口和圈条斜管，容易堵塞通道。

(3) 吸湿性差

除黏胶纤维外，其他化纤的回潮率均低于棉纤维，吸湿性差，适当加湿有助于缓解静电影响，减少棉网破边和棉条发毛。

(4) 长度较长

化纤的长度较长，尤其是中长纤维，安排梳棉工艺时，与纤维长度有关的工艺参数，如给棉板工作面长度、主要机件的隔距和速比等，均需相应调整。

(5) 含疵内容

化纤不含杂质，一般只含少量的粗硬丝、并丝、胶块和超长纤维，同时化纤的长度整齐度好，短绒含量极少。所以，梳棉工序排除落棉的主要目的是清除纤维疵点，不应造成过多的纤维损失。

因此，在梳棉机上要顺利加工化纤并取得良好的分梳效果，应根据上述特点在机械和工艺上进行适当的改造和调整。

二、分梳元件的选用

选择纺化纤用的分梳元件非常重要。加工黏胶纤维时，金属针布或弹性针布均可采用；加工合成纤维时，必须选用化纤专用型或棉与化纤通用型针布，否则纤维易充塞针齿间和缠绕针面。在选择加工合成纤维用的金属针布时，应以锡林不缠绕纤维、生条结杂少、棉网清晰度好为主要依据。

1. 锡林针布的选用

合成纤维与金属针布的针齿间的摩擦系数较大，纤维进入齿间后不易上浮，所以选用的针布必须具有良好的握持和穿刺能力以及针齿锋利、耐磨、表面光洁等，此外还应有良好的转移能力。因此，纺化纤用的锡林针布，针齿工作角要适当增大，齿高较小，齿密较稀，齿形为弧背负角。这种金属针布可以增强对纤维的释放和转移能力，并能有效地防止纤维缠绕锡林或轧伤针布，有利于纤维向道夫凝聚、转移。

2. 道夫针布的选用

加工化纤时，道夫用金属针布必须与锡林针布配套，一般应适当提高道夫的凝聚能力，以降低锡林针面负荷，减少棉结。所以，道夫针布的针齿工作角更小，其与锡林针齿工作角的差值比纺棉时大，并减小齿密、增大齿高，以增大针齿容量，提高道夫凝聚纤维的能力。

3. 盖板针布的选用

盖板针布一般选用齿密较稀、钢针较粗、针高较低的无弯膝双列盖板针布。如 702 型双列盖板针布，梳针的抗弯能力强，能适应高产量、强分梳的要求，不易充塞纤维，盖板花较少。

4. 刺辊锯条的选用

刺辊锯条宜选用针齿工作角较大、薄型、稀齿的锯条。目前一般选用 75°×4.5 齿/25.4 mm 的规格，分梳效果较好。特别是齿尖厚度为 0.15～0.20 mm 的薄型锯条，对棉层的穿刺和分梳能力较强。加工中长纤维时，为了避免刺辊绕花，采用较大工作角的刺辊锯条，如 95°×3.5 齿/25.4 mm，易被锡林剥取，但分梳效果较差。

三、加工化纤的工艺特点

1. 主要机件的速度和定量

(1) 锡林和刺辊间的线速比

既要确保锡林能从刺辊表面顺利地剥取纤维，又要使纤维伸直取向良好。由于化学纤维的长度长，锡林与刺辊的线速比应比纺纯棉时大些，一般为 1.8～2.4；加工中长纤维时，锡林与刺辊的线速比更大，一般为 2.0～2.6。锡林与刺辊线速比的调整，通常是改变刺辊的速度，若要增大线速比，一般是减慢刺辊的转速。因此，锡林与刺辊线速比不能过大，否则将导致刺辊转速过低，影响刺辊握持分梳的效果。加工黏胶纤维时，由于黏胶纤维的强度比棉低，为了防止损伤纤维、并减少短绒，锡林速度可适当降低。

(2) 盖板速度

盖板速度大小取决于化纤的含疵率，含疵率较低时，为了节约用料，宜用较低的盖板速度，一般为纺纯棉时的一半，即 72～129.1 mm/min。道夫转速可与纯棉纺时相同或略低。

(3) 大压辊和轧辊间的线速比

取决于两者之间的张力牵伸对生条条干的影响。当加工涤纶等合成纤维时,因纤维间的抱合力较小,生条条干随张力牵伸的增大而恶化。为此,在棉网不松坠的前提下,张力牵伸以偏小掌握为宜。

(4) 生条定量

生条定量与成条质量直接有关,生条定量过轻,易使棉网飘浮,造成剥网困难,影响成条;生条定量过重,由于合成纤维的弹性好,条子粗而蓬松,容易堵塞喇叭口和圈条斜管。因此,除了增加大压辊的压力外,一般宜将合成纤维的生条定量控制在 20～25 g/5 m。

2. 隔距和落棉

(1) 隔距

在金属针布梳棉机上加工合成纤维,同样要求加强分梳,保证棉网清晰度。所以,锡林与盖板间的隔距在不缠绕锡林时仍以小为好。为避免锡林绕花现象,还应采取一些工艺措施:锡林、盖板和道夫针布的选型配套合理,并改善其圆整度、锋利度和光洁度;控制纤维的含油率和车间温湿度;选用适宜的油剂配方;缩小锡林与道夫间的隔距,减轻锡林针面负荷等。

① 锡林与盖板间的隔距。实际生产中,考虑到合成纤维的特性,为使纤维不受损伤、减少充塞以及使纤维顺利反复转移,锡林与盖板间的隔距比纺棉时适当放大。

五点隔距的配置一般为 0.38 mm、0.33 mm、0.28 mm、0.28 mm、0.33 mm(15/1 000英寸、13/1 000 英寸、11/1 000 英寸、11/1 000 英寸、13/1 000 英寸);在机械状态良好时,可缩小至 0.30 mm、0.28 mm、0.23 mm、0.23 mm、0.28 mm(12/1000 英寸、11/1 000 英寸、9/1 000英寸、9/1 000 英寸、11/1 000 英寸)。中长纤维一般选用0.40 mm、0.36 mm、0.36 mm、0.36 mm、0.40 mm(16/1 000 英寸、14/1 000 英寸、14/1 000 英寸、14/1 000 英寸、16/1 000英寸)。

② 锡林和前上罩板上口间的隔距。此隔距影响盖板花量。在加工合成纤维时,为了使盖板去除一部分疵点,需要有一定的盖板花量,应适当放大前上罩板上口与锡林间的隔距,一般采用 0.78 mm。

③ 给棉板工作面长度。棉型化纤应选用工作面长度为 32 mm 的给棉板或相应抬高给棉板,以减少纤维损伤;加工中长纤维时,应选用工作面长度为 46 mm 或 60 mm 的给棉板。

(2) 落棉

化纤一般不含杂质,仅含有少量的疵点,而且化纤的整齐度较好、短绒率极少,因此,梳棉机上要采取减少落棉的措施,以节约用棉、降低成本。加工化纤时,A186 型梳棉机的小漏底弦长应比纺棉时长,一般为 200～216 mm。用弦长较短的小漏底加工含疵率较低的化纤时,为了减少落棉,可以适当抬高除尘刀的位置和加大除尘刀的安装角度。

第八节 梳棉机新技术

近 20 多年来,梳棉机的发展一直以高速高产、提高梳理度为核心。20 世纪 80 年代引进的 C4、DK740、MK4、CX300 等梳棉机的产量为 35～45 kg/(台·h),90 年代初的 DK760、C10、MK5、CX400 等梳棉机的产量为 50～64 kg/(台·h)。进入 21 世纪,梳棉机的产量有了突破性的提高，德国特吕茨勒(Trützschler)公司的 TC03、TC05、TC07 型梳棉机的最高产量可达 150 kg/(台·h)，瑞士立达(Rieter)公司的 C60 型的产量也可达 150 kg/(台·h)，国产郑纺机 FA225A/B 型、青纺机 FA232 型均可达 100 kg/(台·h)。这些高产优质梳棉机均用于清梳联生产线。

梳棉机的产量越来越高，为了不降低纤维梳理度和保证纤维单根化，从提高梳理作用的角度已采取一些比较成熟的技术。如新型针布的应用，使梳棉机的分梳功能及生条质量大大提高；刺辊下方加装预分梳板，改进了喂入部分的分梳效能；锡林前后加装固定盖板，减轻了锡林与盖板的梳理负荷；盖板踵趾面差由 0.9 mm 减少到 0.56 mm，盖板反转，提高分梳度；锡林主轴抬高，增加分梳面积；其他包括自调匀整、吸尘清洁系统的技术改进等。以上技术目前在国产梳棉机上已得到广泛地采用。

当前新型梳棉机的发展趋势主要表现在以下几个方面。

一、给棉和刺辊部分

1. 采用顺向给棉机构

立达 C50、C51、C60 和特吕茨勒 DK803、DK903、TC03 都采用顺向给棉方式，国产 FA225 型梳棉机也借鉴了这种给棉方式，即给棉板在上、给棉罗拉在下，如图 3-32 所示。这种给棉方式最大的特点是由刺辊锯齿握持的纤维可从握持钳口顺利抽出，避免了对纤维的损伤而且对纤维长度的适应性好，调整方便。

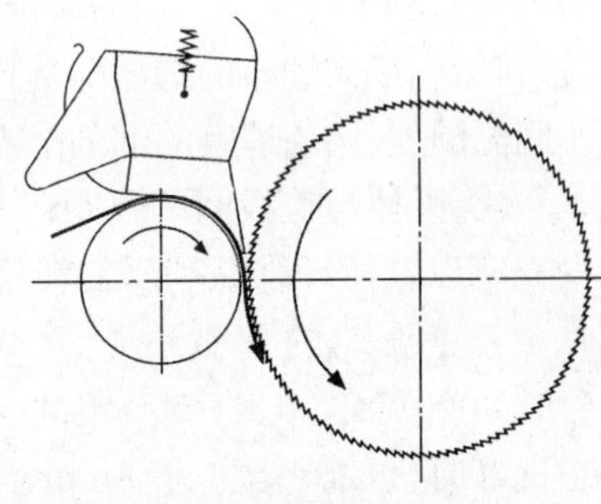

图 3-32　C60 顺向给棉方式

2. 感应喂棉和多刺辊系统

特吕茨勒 DK803、DK903 和 TC03、立达 C60 及国产 FA225 型梳棉机均采用三刺辊系统。如图 3-33 所示，DK903 梳棉机的每个刺辊都配有一块分梳板和一套带吸风管的除尘刀组合件；三个刺辊包覆三种不同的针布，第一刺辊为短梳针型，第二、第三刺辊为锯齿型；各刺辊的齿密、速度逐渐增加，针齿工作角逐渐减少，依次为 90°、80°、70°；三个刺辊的直径较小，均为 172.5 mm，转速高，离心力大，分梳、除杂能力强。

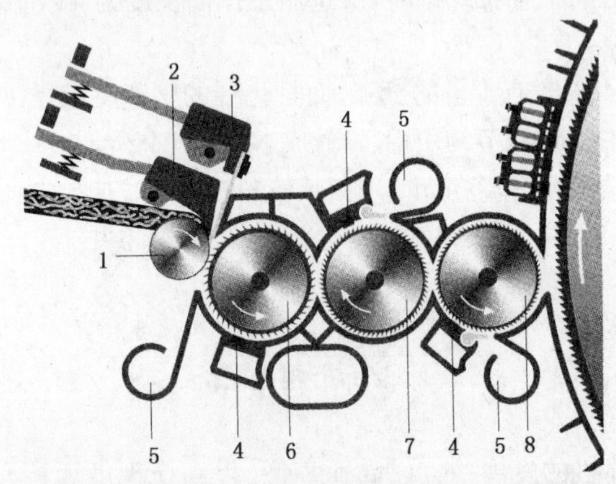

图 3-33　DK903 感应喂棉和三刺辊机构示意图

1—喂棉罗拉　2—给棉板　3—感应板和感应杠杆　4—预分梳板
5—带吸风管的除尘刀　6—第一刺辊　7—第二刺辊　8—第三刺辊

三个刺辊的针齿和速度配置均为剥取配置。三刺辊系统提高了刺辊部分的分梳除杂效率，改善了转移给锡林的纤维的分离度、均匀度和清洁度，减轻了锡林、盖板的梳理负荷，为锡林采用更密的新针布、更高的梳理速度和更紧的隔距创造了条件。由于纤维在三刺辊之间是逐步被开松的，输送到锡林上的是薄棉网，因而在高速高产时保证了一定的梳理质量。目前，国产郑纺机 FA225B 型也借鉴了三刺辊系统。

DK903 和 TC03 的感应喂棉系统中，给棉板配有 10 块弹簧钢板感应片，且分成相邻排列的 10 小块，具有分段握持和分段检测全宽度棉层的功能以及顺向曲面握持和极其精确的短片段自调匀整功能。此棉层厚度传感器还可检测棉层中的金属碎块和粗厚棉层，以防轧坏梳棉机。

3. 多吸口除尘系统

如图 3-34 和图 3-35 所示，在刺辊下加装分梳装置的同时，采用除尘刀和吸风管的组合件，在除尘刀前形成一个落棉吸口，使每一个落杂区中由除尘刀切割的气流层被顺利导入除尘系统。加装多吸口除尘系统，大大提高了刺辊部分的除杂效果，可使 90%的杂质从这里排出。

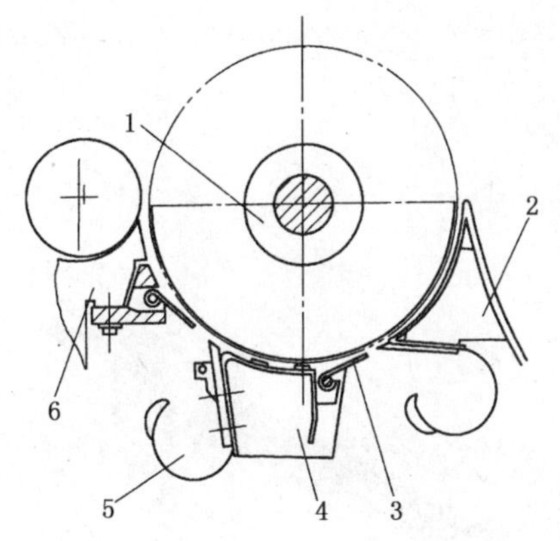

图 3-34 FA224 梳棉机给棉刺辊部分机构

1—刺辊 2—三角小漏底 3—导棉板
4—分梳板 5—带吸风罩的除尘刀 6—给棉板

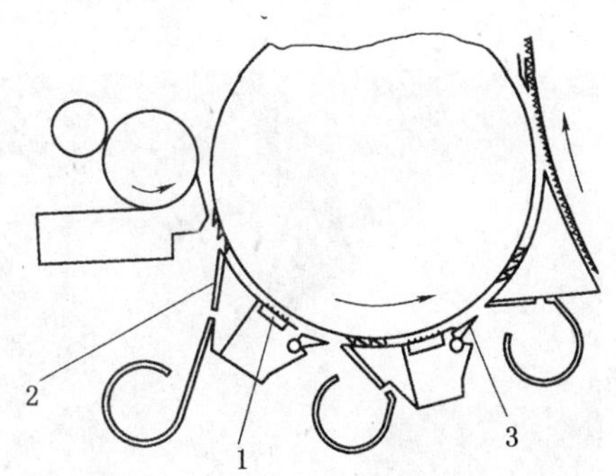

图 3-35 多吸口除尘系统

1—分梳板 2—带吸风罩的除尘刀 3—导棉板

二、锡林和盖板部分

1. 固定盖板配置棉网清洁器

固定盖板配置棉网清洁器（除尘刀和吸风尘管的组合件），进一步加强了梳棉机对细小杂质、短绒、微尘的排除作用，使生条质量大为改观，如图 3-36 和图 3-37 所示。

2. 盖板传动的改进

(1) 英国克罗斯罗尔(Crosrol)MK5D 型梳棉机

克罗斯罗尔公司 MK5D 型梳棉机的盖板系统具有非常独到的设计特点，如图 3-38 所示，其回转盖板不用链条，而采用滚珠轴承装置，能保证每块盖板的针布高度和运行的实际角度各自调整到与其他盖板完全一样的程度，其特点是：①盖板两端不磨灭，锡林与盖板隔距可调小至 0.125 mm；②每块回转盖板的两侧装有球面轴承，轴承在曲轨上运行，取消了传统的盖板链条，没有链条的伸长和磨损问题，无需调节链条张力和更换链条，由于消除了滑动摩擦，轴承盖板的速度可提高至 1 200 mm/min；③盖板针布不需预磨，梳理质量大大加强，针布寿命得以延长。

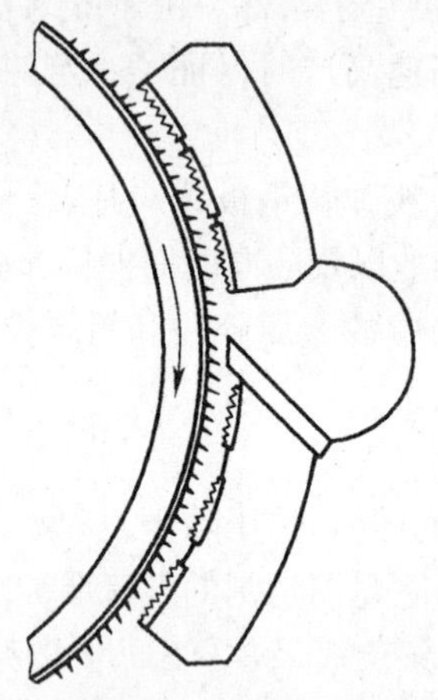

图 3-36 锡林前固定盖板配置棉网清洁器图

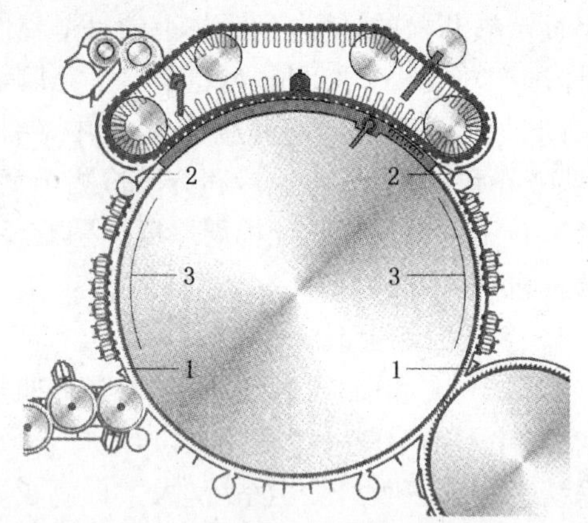

图 3-37 TC03 型锡林一盖板机构示意图

1—锡林罩板 2—带吸风罩的除尘刀 3—固定盖板

图 3-38 MK5D 轴承盖板

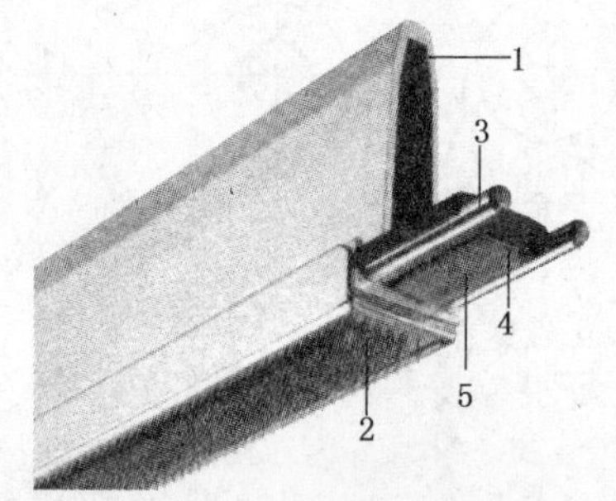

图 3-39 TC03 铝质盖板

1—铝质盖板骨 2—盖板针布 3—防磨损金属销 4—固定夹 5—清洁毡

(2) DK903 和 TC03 梳棉机

如图 3-39 所示，回转盖板的总数为 84 块，工作盖板 30 块，盖板反转，盖板花由单独电机传动的新型清洁装置剥取并吸走；盖板骨的高度加大，由铝材制成，极为轻巧；由两组齿形带连接传动，盖板头上各固装两个硬质金属滑动轴钉，沿着一个特制的合成塑料轨道带滑动；盖板装拆简单，整台机的盖板调换仅需一人；可无级调整盖板速度，不需维修、加油且耐用。

3. 充分利用锡林表面空间，增加梳理面积

(1) C60 梳棉机

瑞士立达于 2003 年推出了 C60 梳棉机，产量为 150 kg/(台·h)，梳棉机的工作宽度从 1 000 mm增加到 1 500 mm，重量相应增加，动力消耗增大，调校动平衡的难度加大。为此，立达公司在 C60 型梳棉机上采取减少锡林直径、提高锡林转速、保持锡林线速度不变的措

施。由于锡林线速度保持传统梳棉机的水平，而采用更小的锡林直径和更高的锡林转速，所以单位时间内的梳理次数增加且梳理区的离心力增加，与传统梳棉机相比，大量的杂质更有效地被去除。锡林直径减小后，由于温度变化引起的锡林变形减小，所以工艺隔距稳定度提高，可以安全地进行紧隔距工艺设置。此外，抬高锡林中心位置，缩短梳棉机大漏底的长度，使道夫及刺辊向下和向里收缩，为保持或增加前后固定盖板数腾出位置，都有效地增加了梳理面积。

(2) TC03 梳棉机

TC03 梳棉机上采用抬高锡林中心位置，将三刺辊系统和道夫向下、向里收缩，有效地增加了锡林的梳理区，达到 70％的梳理表面，如图 3-40 所示。

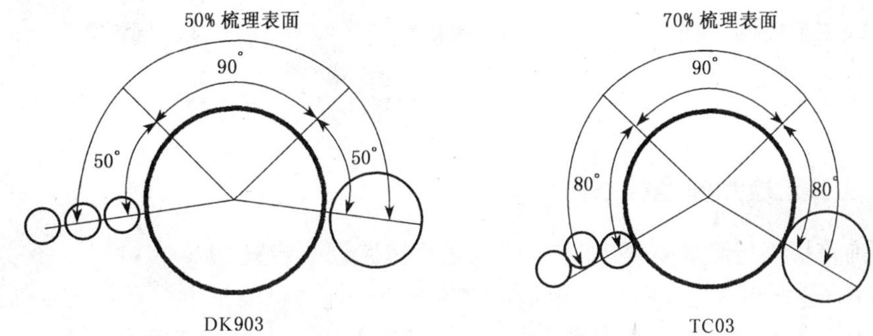

图 3-40 DK903 和 TC03 梳棉机的锡林梳理面积对比

三、棉条质量在线监控系统

1. 梳棉机的自调匀整系统

随着对成纱质量的要求越来越高，对梳棉生条的长、短片段的均匀度提出了较高的要求，因此自调匀整系统采用混合环成为必然趋势。TC03 梳棉机采用一体化感应喂棉板 SensoFeed，用于极其精确的短片段自调匀整，并且在输出喇叭口位置装有传感器以测量条子的粗细，用于条子的长片段自调匀整。长、短片段自调匀整结合在一起，组成了一个比较完善的混合环自调匀整系统。(详见第四章“清梳联与自调匀整”)

2. 棉结数量在线检测装置

在 TC03 梳棉机的剥棉罗拉下方，在刚剥下的棉网下面安装了 Nep Control TC－NCT 棉结数量检测装置(图 3-41)，它利用光学方法检测道夫与轧辊间运行的棉网。在密封的有机玻璃观察窗下，设有一台装在滑架上的小型数码相机，在一小型电机的传动下，沿道夫工作宽度往复移动并对棉网连续高速拍照，与数码相机一起移动的一组发光二极管实现照明，由棉结数量检测装置自带的计算机进行图像识别，对图像(图 3-42)中的棉结、废粒、棉籽壳碎片等杂质的种类做出精确的评估和统计，可实时显示在电脑触摸屏上，并储存于信息系统中，实现对输出棉条的棉结在线检测。因而，不再消耗大量人力在试验室进行离线的随机抽样检查，既节省人力，又使检测结果更全面、客观、准确、及时，从而为有针对性地调整梳棉机的分梳工艺、尽可能地缩小机台间棉结杂质粒数的离散性，提供了有价值的质量数据。

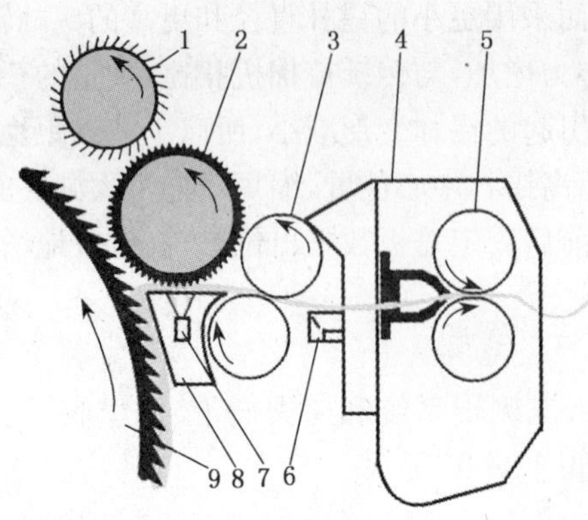

图 3-41　三罗拉剥棉成条机构和棉结数量检测装置

1—清洁罗拉　2—剥棉罗拉　3—压辊　4—棉网成条装置　5—输出罗拉
6—棉网桥　7—检测棉结数量的数码相机　8—棉网导轨　9—道夫

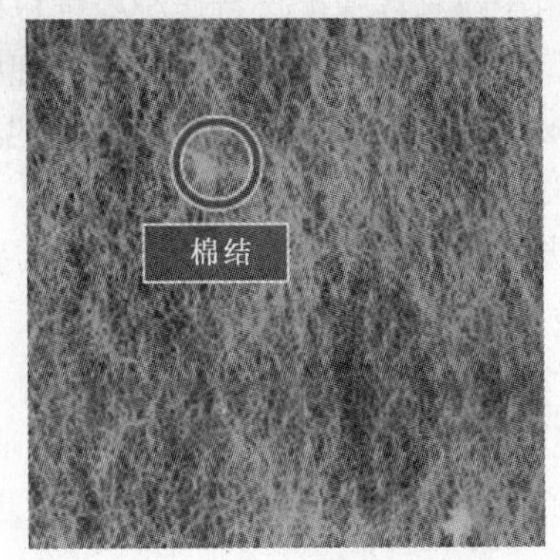

图 3-42　棉结图像

四、在线工艺检测和调校系统

1. 精确盖板隔距测量系统 TC - FCT 和盖板隔距调节装置 PFS

梳棉机的锡林和盖板之间的隔距是影响梳棉机分梳质量的一个重要工艺参数。传统梳棉机上，锡林与盖板的隔距调整是非常繁琐的。TC03 上配有精确盖板隔距测量系统 TC - FCT(图 3-43)，使得盖板隔距的检测和调校变得精确和迅捷。

该盖板隔距在线测量装置采用电子检测手段，在任何运转时间内甚至全速运转时，测距传感器也能自动、快速、精确地检测盖板与锡林间的隔距。同时，精确盖板隔距调节装置 PFS 可迅速、正确地调整或设置盖板与锡林间的隔距。

PFS 调校器位于梳棉机的两侧，分为人工调节和电子自动调节两种，可使盖板工作面和锡林针布之间的隔距增加或减少。当采用人工方式转动调节器时(图 3-44)，刻度盘上显示相应的隔距，而自动调节的隔距则显示在梳棉机的操作面板上。如图 3-44，沿逆时针转动手柄，盖板位置下降，盖板与锡林间的隔距减少；反之，隔距增大。过去那种由经验丰富的师傅利用隔距片全神贯注所做的工作，现在只需按一下按钮或转动一下手柄，即可在几秒内精确地完成工作区内各盖板与锡林的隔距的调整，而且总是比采用隔距片更精确，并免去了人工检测调节的工时和费用。

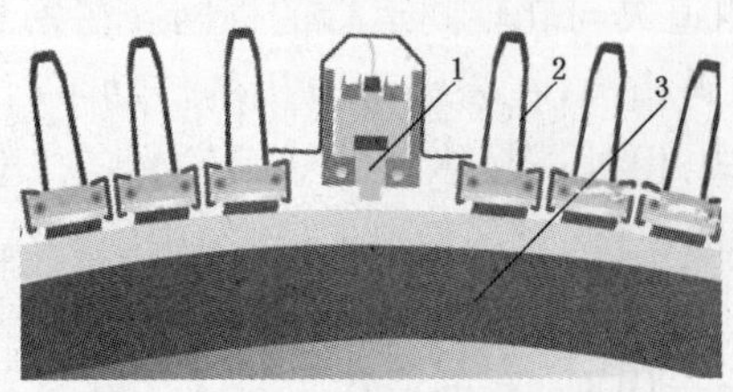

图 3-43　盖板隔距测量系统 TC - FCT

1—测距传感器　2—盖板　3—锡林

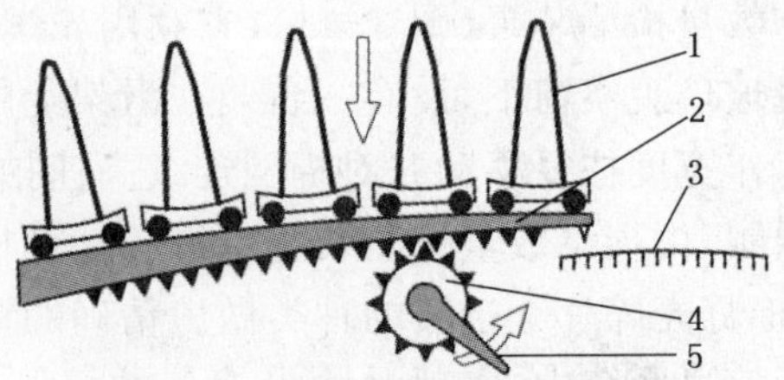

图 3-44　精确盖板隔距调节装置 PFS

1—盖板　2—活动曲轨　3—隔距显示刻度盘
4—隔距调节齿轮　5—调节手柄

2. 落棉感应器 TC-WCT 和精确除尘刀调节系统 PMS

除尘刀与给棉罗拉和第一刺辊隔距点之间的距离，称为第一落杂区的长度。该落杂区的长度越大，排除的杂质越多，但好纤维的损失相应增大。当落杂区长度在某个工作位置时（图 3-45 中的"优化工作点"位置），落棉中杂质和好纤维的比例为最恰当，而当落杂区长度越过这个优化工作点时，落棉量可能急剧增大，好纤维的损失可能随之增加。因此，除尘刀工艺调节要根据落棉中杂质与好纤维的比例，恰到好处地进行调整。TC03 梳棉机在吸风罩窗前安装有落棉感应器 TC-WCT，它是用于评估落棉质量的测色传感器，根据气流和吸风系统中的废棉颗粒状况，在落棉的某个集中点上进行选择性探测，依据反射的测量光束颜色的差异，辨别出落棉中杂质与好纤维的比例，优化软件根据输送的信号可确定除尘刀的最优化调节位置。除尘刀被镶嵌在一个环绕第一刺辊圆周的圆弧导轨上，当调节齿轮转动时，就可使除尘刀沿圆弧导轨移动（图 3-46），进而调节第一落杂区长度。整个调节过程可在机器运转时进行，通过手动或电机驱动调节齿轮，结合计算机的屏幕上显示的杂质与好纤维的比例，只需几秒钟即可找到优化工作点位置，调节方便快捷。

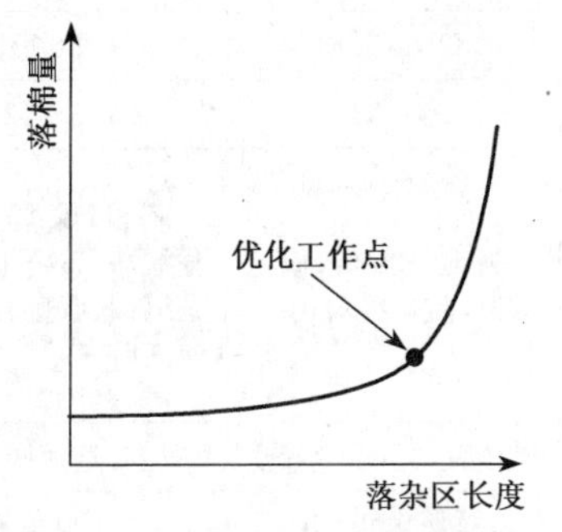

图 3-45　除尘刀优化位置确定曲线

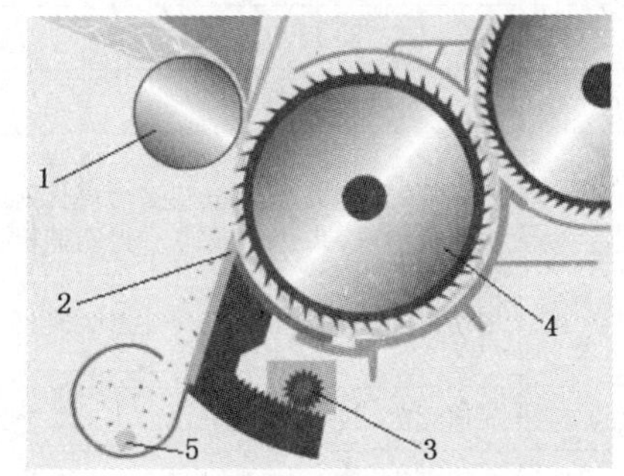

图 3-46　精确除尘刀调节系统 PMS

1—给棉罗拉　2—可调节的除尘刀　3—调节齿轮
4—第一刺辊　5—落棉探测点

五、小结

进入 21 世纪，随着机电一体化技术的快速发展和应用，梳棉机在设计理念上有了很大的创新。新型高产梳棉机上，普遍采用了顺向给棉、多刺辊梳理系统，抬高锡林以降低刺辊、道夫的相对位置，增加梳理面积，使用高性能的新型针布，增加连续吸尘点，加装分梳板和吸风尘刀组合件，增加前后固定盖板数以及棉网清洁器等技术。同时，梳棉机的在线自动监控已不仅仅局限于自调匀整系统，还包括梳棉机棉结在线监控装置、精确盖板隔距测量和设定装置、落棉感应装置、精确除尘刀设定与调节系统、梳棉机的微机控制系统等。这些新技术的应用，使得梳棉机在产量大幅度提高的同时，棉条质量得到了更有效的保障，并且体现了更人性化（更易于维护、保养以及工艺调整）、智能化、清洁环保等标志着时代发展的要素。

国际、国内新型梳棉机的主要规格参见表 3-8。

表 3-8　国际、国内新型梳棉机的主要规格

制造厂商	德国特吕茨勒	英国克罗斯罗尔	青岛宏大纺机	郑州宏大纺机
型 号	TC03	MK5D	FA232	FA225B
产量[kg/(台·h)]	最高 150	最高 120	最高 100	45～100
出条速度(m/min)	400	最高 350	最高 300	180～260
生条定量(g/m)	3.5～10.0	3.5～7.0	4.0～6.5	4.0～6.5
工作幅宽(mm)	1 000	1 016	1 000	1 000
总牵伸倍数	60～250		60～300	70～130
刺辊直径(mm)	三刺辊,172.5	254	250	三刺辊,172.5
刺辊速度(r/min)	—	660～1 500	870～1 210	695～1 325 901～1 717 1 194～2 224
锡林直径(mm)	1 290	1 016	1 289	1 290
锡林速度(r/min)	—	425～700	400～600	288～549.8,六档
道夫直径(mm)	700	508	706	700
道夫速度(r/min)	—	40～120	9～90 变频	最高 75 变频
盖板数(工作/总数)	30/84 反向	36/89	32/86 反向	30/80 反向
盖板速度(mm/min)	80～320	0～1 000 分档	98～370	106～424
附加分梳件	刺辊;除尘刀＋预分梳板＋吸尘口,共三组;双联固定盖板,前后各两组,共四块,加吸风前二后一	锡林前后均有一块控制盖板、控制板、除尘刀和三块固定盖板及吸风口	刺辊分梳板;固定盖板,前六后六	刺辊;除尘刀＋预分梳板＋吸尘口,共三组;双联固定盖板,前三后三
吸尘及吸点	连续吸,共 14 个吸点	连续吸	连续吸,共 13 个吸点	连续吸
风量	3 700 m³/h	4 080 m³/h	4 000 m³/h	3 700 m³/h
风压	－740 Pa	－760 Pa	－860 Pa	－850 Pa
自调匀整装置	混合环	混合环	混合环	混合环
喂 棉	顺向喂给,变频	一般喂给	顺向喂给,变频调速	顺向喂给,变频调速
其 他	① 配有一体化喂棉箱 DIRECTFEED ② 一体化感应喂棉板,握持并精确的进行短片段自调匀整 SENSOFEED ③ 精确盖板设定系统 PFS ④ 精确除尘刀设定系统 PMS ⑤ 精确盖板测量系统 TC-FCT ⑥ 在线棉结检测装置 TC-NCT,落棉感应器 TC-WCT ⑥ 锡林电子刹车 ⑦ 触摸式屏显计算机控制	① 独一无二的组合式机架结构,保证了强板、曲轨与锡林之间的同心度 ② 盖板运行由滚珠轴承承载 ③ 陶瓷涂层硬化高碳钢自锁刺辊针布 ④ 不锈钢光板小漏底 ⑤ 主要传动部件以齿形带或平皮带传动 ⑥ 大圈条行星式圈条器,自动换筒	① 锡林变频 ② 固定盖板棉网清洁器 ③ 刺辊分梳板采用铝型材 ④ 锡林后部设罩板和吸口 ⑤ 自动换筒 ⑥ FA232A 型为双刺辊,第一刺辊为梳针,第二刺辊为锯齿	① 下棉箱,无给棉罗拉 ② 活动式喂棉板和数块弹簧检测板 ③ 道夫底部增设罩板,减少气流干扰 ④ 大容量上棉箱 ⑤ 自动换筒

本章学习重点

学习本章后,应重点掌握五大模块的知识点:

一、梳棉机机构组成与工作原理

1. 给棉刺辊部分、锡林盖板道夫部分、剥棉圈条部分的机构组成、主要作用。

2. 几种典型梳棉机的技术特点。

二、梳棉机工艺设计原理以及主要工艺影响因素

三、梳棉机传动系统和工艺计算

四、针布主要技术规格参数及锡林、道夫、刺辊、盖板针布的技术特点和配套

五、生条质量控制指标与控制方法

复习与思考

一、基本概念

给棉板分梳工艺长度　除尘刀高低　踵趾差　大圈条　小圈条　五锋一准　清梳分工

二、基本原理

1. 试述梳棉工序的任务。

2. 在两针面针齿配置中,什么是分梳配置、剥取配置、提升配置? 棉纺梳棉机的两针面间何处为分梳配置,何处为剥取配置?

3. 试画出梳棉机各主要机件的相对位置、转向和针齿配置。

4. 画出给棉、刺辊部分的机构,并说明它们的主要作用。

5. FA201 型和 A186D 型梳棉机的刺辊下方落杂区是如何划分的?

6. 以 FA201 型或 A186D 型梳棉机为例,分析说明影响刺辊后车肚落棉的主要因素。

7. 简述影响刺辊分梳作用的主要工艺参数以及减少纤维损伤的措施?

8. 说明锡林、盖板分梳作用的特点,并说明主要影响因素。

9. 锡林、盖板工作区是如何产生除杂作用的? 如何控制盖板花量?

10. 锡林、盖板、道夫间的均匀混合作用是如何发生的?

11. 梳棉机对剥棉装置的工艺要求是什么?

12. 怎样提高梳棉机的分梳效能?

13. 如何控制生条的棉结杂质?

14. 如何控制生条短绒率?

15. 如何控制梳棉机落棉率?

基本技能训练与实践

训练项目 1:到实训中心或工厂了解梳棉机的机构,画出梳棉机机构简图,并针对梳棉机针面配置以及分梳、除杂、均匀混合、剥棉与圈条作用进行重点讨论。

训练项目 2:到工厂收集梳棉工序的工艺单,了解不同品种的纱线产品的梳棉工艺配置差别。

训练项目 3:上网收集有关不同型号的梳棉机设备资料,了解不同原料(棉、化纤以及新纤维)的梳棉工艺特点。

第四章　清梳联与自调匀整

内容提要

本章简述了清梳联的意义、典型工艺流程、主要设备的作用特点以及清梳联工艺配置要点、质量控制指标和方法，叙述了自调匀整的意义、组成和分类，比较了自调匀整装置中开环、闭环、混合环各自的优缺点，并对梳棉机上的自调匀整应用进行了分析。

第一节　清梳联概述

一、清梳联的意义

将开清棉联合机输出的棉流直接均匀地输送并分配给多台梳棉机，由此组成的联合机称为清梳联。清梳联将开清棉、梳棉连接成一个完整的系统，取消了清棉成卷过程，因而没有落卷、储卷、运卷和换卷等操作，减轻了工人的劳动强度，提高了劳动生产率。由于取消了成卷过程，彻底改变了“开松→压紧→再开松”的传统工艺，避免了压辊压碎棉层内杂质，消除了退卷黏层及接头不良等弊病，有利于减少生条含杂粒数和改善生条均匀度。清梳联是清梳生产技术的发展方向之一，是纺纱技术水平的一个重要标志，也是实现纺纱过程连续化、自动化、优质高产和低消耗的重要途径。

二、清梳联的发展

20 世纪 60 年代起，国际上开始推广和应用清梳联，已有近 50 年的历史。我国的清梳联研制虽从 1958 年开始，但由于当时对清梳联认识不足，单机水平、控制技术、器材性能等条件均难以满足清梳联的要求，清梳联一直未得到真正的发展。直到 20 世纪 80 年代，全国各地引进国际知名厂商的清梳联生产线，由于工艺技术、质量水平和经济效果明显，引发了我国棉纺设备 FA 系列的开发高潮，国产清梳联的开发研制再次引起重视，并列入国家“八五”重点攻关的纺织工业重中之重项目。“八五”攻关后的几年内，经过各纺机厂与棉纺织厂的努力，清梳联在设计制造、安装调试、工艺优选、器材元件的选用方面，已积累了较多的经验。国产清梳联已逐步走向成熟，能适应纯棉精梳和普梳、粗、中、低线密度纱及化纤混纺和纯纺的要求，并在设备、工艺、质量上有了突破性的进展。国内已有多家纺机制造厂供应全套清梳联设备，主要制造企业有：

(1) 青岛纺机厂

1993年与金坛纺机厂联合开发第一套清梳联，几年后自行研制开发清梳联开清棉机组，广泛吸收国内外开清棉的先进技术，消化吸收了德国黑泽(He-gerth)公司的抓棉机和主除杂机、瑞士立达公司的B1单轴流开棉机和多仓混棉机等，开发研制了FA009型往复抓棉机、FA105A型单轴流开棉机、FA029型多仓混棉机、FA116型主除杂机、FT301B型连续喂棉控制系统、FT024型自调匀整装置(或配SLT-N匀整器)、FA178A配棉箱，并可任选FA201B型、FA231型、FA203A型等高产梳棉机，与之配套组合成清梳联。

(2) 郑州纺机厂

郑州纺机厂是我国开清棉机组最早的生产厂，国内大部分清棉设备来自郑纺机，20世纪90年代从德国特吕茨勒公司引进了整套清梳联制造技术流水线，开发了具有该公司清梳联性能的产品，如FA006系列往复抓棉机、FA103型双轴流开棉机、FA028型六仓混棉机、FA109型三辊筒清棉机、FA151型除微尘机、FA221B型和FA225型高产梳棉机等。

(3) 金坛纺机厂

20世纪90年代早期与青纺机联合开发清梳联，其配套的开清棉机组消化吸收了瑞士立达公司的产品；90年代末与上海交大共同开发了AS-FA008A智能化往复抓棉机，抓棉打手能根据棉包高度、棉花密度自动调节抓取量，自动检测棉包高度，能适应初始抓棉时棉包高低不平及产量要求，具有自动平包功能；消化吸收了立达B1技术所生产的FA102A型单轴流开棉机及FA025A型多仓混棉机、FA111D型精开棉机、FA172C型配棉箱等，可与国内外高产梳棉机配套组成清梳联。

第二节 清梳联的工艺流程及主要设备

清梳联的发展逐渐趋向于短流程、宽幅化，随着单机性能的提高和自动控制技术的不断发展，清梳联纺棉流程按“一抓、一开、一混、一清”，纺化纤流程按“一抓、一混、一清”配备多台高产梳棉机，力求达到精细抓取、有效开松、均匀混合、高效除杂的目的。

一、清梳联的三大基本模式

1. 柔和清除型

以瑞士立达和青岛宏大纺机为代表，其主机配备为：自动往复抓棉机→单轴流开棉机→多仓混棉机→精清棉机→梳棉机。

2. 强烈清除型

以德国特吕茨勒、意大利马佐里(Marzoli)、英国克罗斯罗尔、台湾王田和郑州宏大纺机五家公司为代表，其主机配备为：自动往复抓棉机→双轴流开棉机→多仓混棉机→三刺辊清棉机→梳棉机。

3. 介于上述两者之间

以江苏金坛纺机和台湾明正公司为代表，其主机配备为：往复抓棉机→单轴流开棉机→多仓混棉机→第一清棉机→第二清棉机→梳棉机。

上述三种模式的前部配置基本为“一抓、一开、一混”，只是机台性能不尽相同，主要区别在后部精清棉机的形式。三种模式各有其优点和特长，第一种模式以纺中低线密度的普梳、精梳纱即 9.7～19.4 tex(30^S～60^S)为好；第二种模式较适合用于加工含杂较高的原棉或高线密度纱；而第三种模式的应变能力强，其流程可长可短，如用一道清棉并采用梳针打手则适用于长绒棉品种，同时对规模不大、翻改品种较多的企业较适宜。

二、典型开清棉工艺流程及设备特点

(一) 郑州宏大清梳联

1. 工艺流程

主机配备：FA006 型往复抓棉机→FA103 型双轴流开棉机→FA028 型六仓混棉机(TV425A 型输棉风机)→FA109 型三辊筒清棉机→FA151 型除微尘机→(FA177A 型喂棉箱＋FA221B 型梳棉机)(6～8 台)×2。

完整流程：FA006 型往复抓棉机(附 TF27 型桥式磁铁)→AMP2000 型火星、金属二合一探测器→TF30A 型重物分离器(附 FA051A 凝棉器)→FA103 型双轴流开棉机→FA028 型六仓混棉机(附 TV425A 型输棉风机)→FA109 型三辊筒清棉机→FA151 型除微尘机→(FA177A 型喂棉箱＋FA221B 型梳棉机)(6～8 台)×2(图 4-1)。

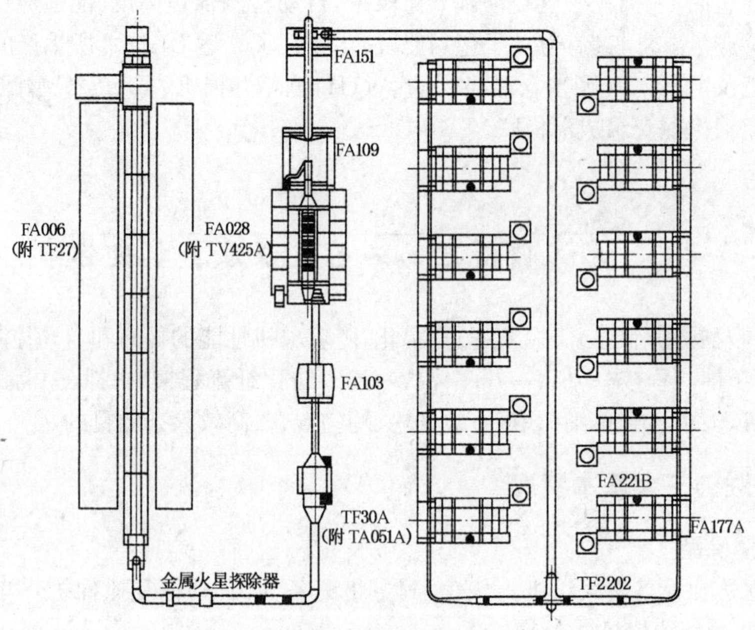

图 4-1　郑州宏大纺棉清梳联流程

2. 设备特点

(1) FA006 型往复抓棉机

其机构见图 2-2，技术特征见表 2-3。该机的主要特点是排包数多(单侧可排 50 包左右)，采用双锯齿打手，抓取棉束小而均匀。FA006B 和 C 型更具有棉包自动找平、分组抓取和小车行走记忆等功能，实现了“精细抓取”的工艺。

(2) FA103 型双轴流开棉机

其机构见图 2-16。该机能够使棉束在两个角钉打手间受自由打击，棉流在沿打手轴向

做旋转运动的同时，籽棉等大杂沿打手切线方向落下，实现了大杂“早落、少碎”的工艺要求。

(3) FA028 型多仓混棉机

其机构见图 4-2。本机的喂棉程序是按仓位的次序逐仓喂入的，阶梯储棉，多仓同时输出，所以仓与仓之间的储棉量会经常保持相对固定的时间差异，有效地提高了多仓混棉机的混棉率，并保持多仓容量最大化。本机可以和 FA109A 型三辊筒清棉机或 FA111 型单辊筒清棉机配套连接，适用于各种原棉、棉型化纤、中长化纤的混合。本机最大的特点是通过一组输棉帘子直接将筵棉喂入清棉机的给棉罗拉，给棉速度由交流变频无级调节，与清棉机的给棉速度同步，保证喂入清棉机的筵棉能够达到极高的均匀度。同时，此种连接方式能节省一台凝棉器或输棉风机，使开清棉流程更为简洁，减少了设备占地面积。

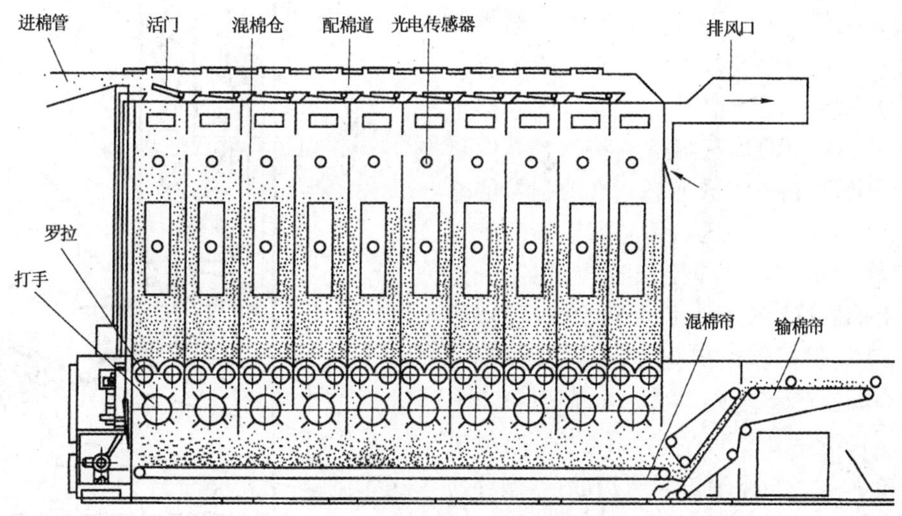

图 4-2　FA028 型多仓混棉机

(4) FA109 型三辊筒清棉机

其机构见图 4-3。本机是加工纯棉的清梳联流程中的主清棉机，它的三个清棉辊筒依次为粗针、粗锯齿和细锯齿，各辊筒处均设有分梳板、除尘刀和连续吸口，并在除尘刀处设有调节板，可根据所纺原料和工艺除杂要求的不同，调节除杂开口的大小，以控制各自的落棉量和落棉含杂量。FA109 型的三个清棉辊筒的速度顺向递增，可有效地防止纤维损伤。给棉罗拉采用变频调速电机传动。本机的清棉辊筒采用交流变频控制，转速可在线无级调节，以适应不同原棉各自的开松要求。该机最主要的特点是具有较高的开松除杂性能，尤其适合去除带纤维籽屑一类的杂质，使尘杂和短绒在开清棉阶段就得到有效的清除，减轻梳棉机的负担，为梳棉机实现高产创造了条件。

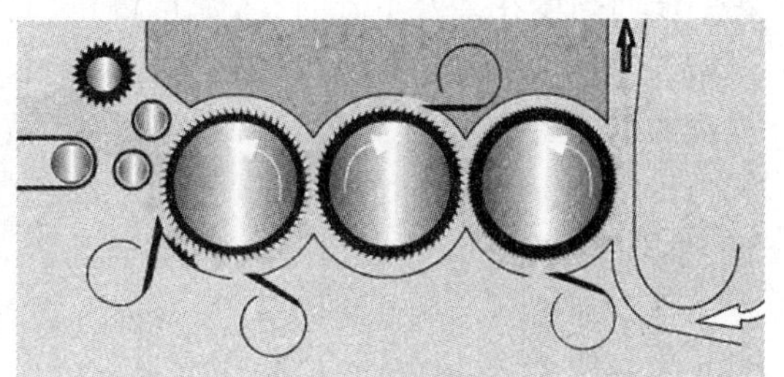

图 4-3　FA109 型三辊筒清棉机

(5) 除金属及除杂装置

在流程中应用了多道除金属及除杂装置，从而预防并减少了事故的发生，系统中设置了自动吸落棉装置，避免了人工出落棉造成的停机现象，保证了系统连续生产。

(6) 连续喂棉系统装置

根据输棉管道压力变化进行无级调速，保证了整个系统的连续供给。在连续喂棉装置中，采用 PID 数字调节器进行模拟控制，使供棉量能稳定、持续地适应梳棉机不同开台数的需要，使管道压力保持在 780 Pa±50 Pa 范围内，确保 FA177A 型喂棉箱密度均匀，为梳棉机的长、短片段自调匀整装置更好地控制生条定量波动创造了条件。

(7) FA177A 型喂棉箱

本机是在德国特吕茨勒公司 FBK 型清梳联喂棉箱的先进技术基础上设计生产的，机构见图 4-4。它采用上、下棉箱结构，上、下棉箱的壁上均有排气网眼，两棉箱之间有一给棉罗拉 6 和一开松打手 7。在棉流进入上棉箱 4 后，气流从棉箱壁上的网眼 3 排出，进入排尘风管 2，当上棉箱的棉花容量达到一定高度堵住排气网眼时，箱内气压增高。在喂棉箱的输棉管入口处，安装了一压力传感器以检测管道静压，并转为电信号与设定值比较，控制末道清棉机给棉罗拉的变频电机无级变速，使喂棉量减少，从而保持箱内棉花容量稳定，并保持上棉箱静压差在±20 Pa 以内。给棉罗拉将上棉箱的原料喂给开松打手，经开松后，原料进入下棉箱 12。风机 5 通过静压扩散箱，循环向下棉箱吹气，下棉箱底部的气流出口 13 通过闭路循环系统可自动调节棉层的均匀度，当棉箱的横向高度在某处下降时，气流会因出口面积增大而自动吹向棉量较少的位置，从而大大提高输出棉层的均匀度。下棉箱容量可通过压力传感器 11 和梳棉机喂棉罗拉速度感应器 16 两方面的检测信号，经微机控制器 8 处理后发出指令来控制上棉箱给棉罗拉的转速，从而使下棉箱容量保持为设定值。棉箱下方的一对送棉罗拉 14 将棉层输出，并喂给梳棉机的喂棉罗拉 15。由于采用了闭环自调匀整控制措施，能保证其输出的棉层有较好的均匀度。

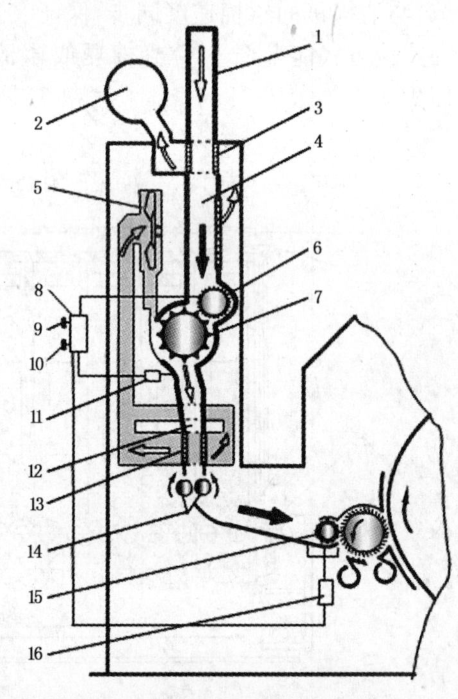

图 4-4　FA177 型喂棉箱结构示意图

1—棉箱送棉管　2—排尘风管　3—上棉箱气流出口　4—上棉箱　5—风机　6—给棉罗拉　7—开松打手　8—微机控制器　9—压力参数调校　10—基本速度调校　11—压力传感器　12—下棉箱　13—下棉箱气流出口　14—送棉罗拉　15—喂棉罗拉　16—喂棉罗拉速度感应器

(二) 青岛宏大清梳联

1. 工艺流程

主机配备：FA009 型自动抓棉机→FA105A 型单轴流开棉机→FA029 型多仓混棉机→FA179 型喂棉箱＋ FA116 型主除杂机→FA178 型喂棉箱＋FA232 型梳棉机(5 台)或 FA231(8 台)。

完整流程(图 4-5)：FA009 型往复抓棉机→FT245F 型输棉风机→AMP2000 型金属、

火星探除器→FT215A 型微尘分离器→FA124 型重物分离器→FT240F 型输棉风机→FA105A 型单轴流开棉机→FT225F 型输棉风机→FA029 型多仓混棉机→FT240F 型输棉风机→FT214 型桥式磁铁→FA179 型棉箱＋FA116 型主除杂机→FA156 型除微尘机→119AⅡ-P 型火星探除器→FT301B 型连续喂棉装置→FA178A 型配棉箱＋FT024 型自调匀整＋FA203A 型梳棉机×(6～8 台)。

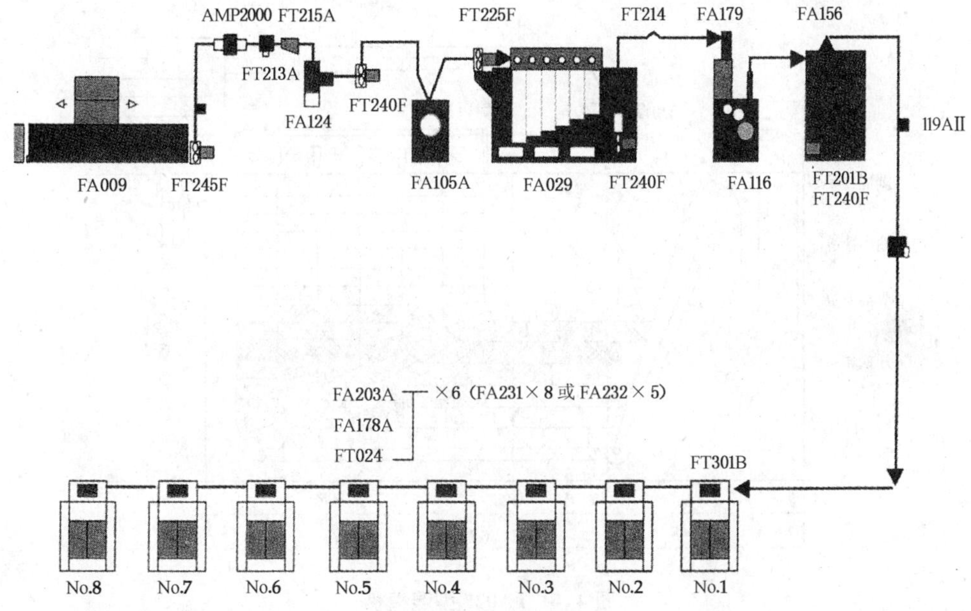

图 4-5　青岛宏大清梳联

2. 设备特点

(1) FA009 型自动抓棉机

抓棉机两侧均可堆放棉包，可处理 1～3 组不同高度和密度的棉包，可根据需要交替抓取三种配棉品种的混棉成分，塔身自动做 180°回转，抓棉臂装有两个抓棉打手和两个安全检测辊，每个抓棉打手装有 17 个刀盘，每个刀盘上设有不同角度的 6 根齿。在工作中，两个打手的 34 个刀盘交错排列，刀片间隔仅为 8.3 mm，在抓棉打手回转时形成轴向均匀分布的 204 条抓取线，抓棉刀尖与肋条的相对位置可以根据工艺要求进行调整。打手速度及运行速度变频可调，抓取深度以 0.1 mm 增减，往复运行速度在 2～20 m/min 内可调，同时抓棉刀尖与肋条位置可内缩 1 mm 以上，抓取的棉束小而均匀，重量在25 mg/束左右。微机控制，自动检测，实现全自动抓棉，真正做到了“多包取用、精细抓棉”。

(2) FA105A 型单轴流开棉机

其机构见图 2-15。原料在 V 形角钉打手的弹打下，沿导流板呈螺旋状回转五周半后输出，属于无握持自由打击。一部分微尘、短绒透过网眼板进入滤尘室，除尘面积大，尘棒隔距可调。只要严格控制进棉口、出棉口和排杂口的风量、风压，调整合适的打手转速和尘棒隔距，就能充分发挥“早落少碎、少伤纤维、高效除杂”的作用。

(3) FA029 型多仓混棉机

其机构见图 4-6。带有 PLC 控制系统，与前后机台连锁，同步工作；强化的三重混合，充分实现了原料的均匀混合；棉仓压力自动检测，自动控制抓包机开停；输送带与角钉帘均采用交流变频电机传动，运行速度无级可调；带有输入、输出变频风机，保证风量、风压的稳定；角钉帘运转受 FA116 型主除杂机棉箱内部压力传感器和喂棉罗拉的控制，水平帘子受控于角钉帘速度；灵敏的光电检测装置，保证了全流程的均匀喂给。

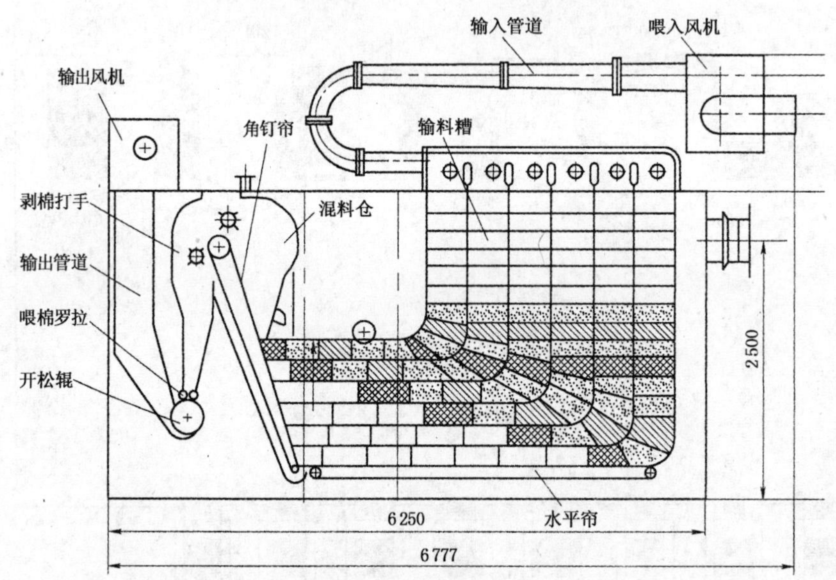

图 4-6　FA029 型混棉机

(4) FA116 型主除杂机

其机构见图 4-7。FA116 系列主除杂机与 FA179 系列喂棉箱组合，采用“以梳代打”的新工艺，实现了非握持分梳、开松和除杂。清棉部分通过锯齿给棉罗拉将棉层喂给转移辊，主要分梳作用发生在转移辊和分梳辊之间，棉束在喂入罗拉、转移辊、大分梳辊、除尘刀、分梳板及其清洁器的共同作用下，达到了较好的分梳、除杂、排短绒微尘的效果，减轻了梳棉机的负担。

(5) 实现连续喂棉

运用连续喂棉控制技术，很好地实现了系统连续喂棉和单机连续喂棉。根据梳棉机组的开台数以及上棉箱管道压力的变化来控制 FA116 型主除杂机的上、下给棉罗拉无级调速，连续喂棉，从而保证系统供棉量均匀、稳定。FA178A 型配棉箱根据梳棉出条速度的快慢和箱内棉量的多少，给棉罗拉无级调速，连续喂棉，从而保持箱内棉量动态平衡，筵棉均匀一致，为进一步匀整和梳理奠定了良好的基础。

(6) 气压控制系统

采用气压控制的连续吸棉系统，增加了重物分离器、金属火星探测器，保证了系统运行安全、稳定、可靠。

(三) 新型清梳联高产梳棉机的特点

新型梳棉机朝着高速高产的方向发展，万锭配 4～8 台梳棉机。国产新型高产梳棉机的

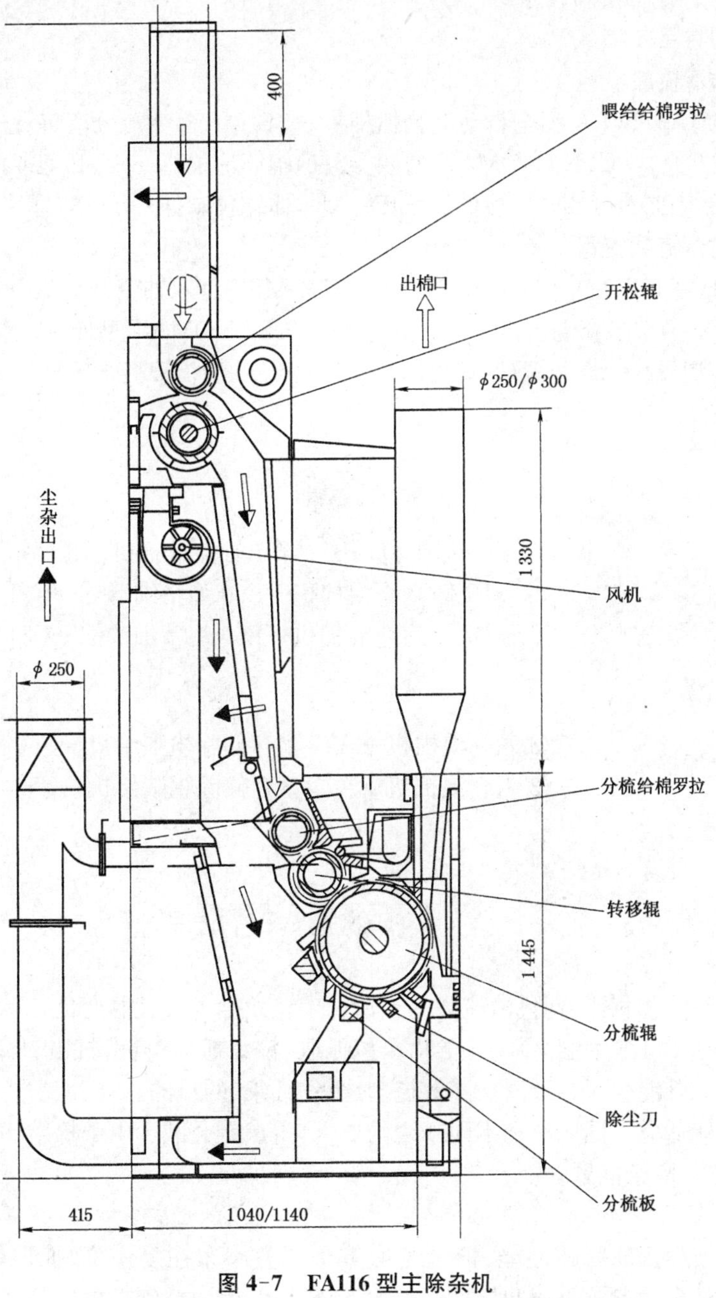

400
喂给给棉罗拉
出棉口
开松辊
ϕ250/ϕ300
尘杂出口
1 330
风机
ϕ 250
分梳给棉罗拉
转移辊
1 445
分梳辊
除尘刀
分梳板
415
1040/1140

图 4-7 **FA116 型主除杂机**

典型代表是郑州宏大纺机厂的 FA221 型、FA225B 型和青岛宏大纺机厂的 FA203A 型、FA232 型梳棉机。这些机型普遍采用顺向给棉。FA225B 型还采用了三刺辊梳理系统，抬高锡林以减小刺辊、道夫的相对位置，增加梳理面积，并使用高性能的新型针布，增加连续吸尘点，加装分梳板和吸风尘刀组合件，盖板反转并减少回转块数，增加前后固定盖板块数以及棉网清洁器等技术。同时，梳棉机的在线自动监控已不仅仅局限于自调匀整系统，还包括机上磨针等技术，实现了在线质量检测、数据显示、工艺在线调整、人机对话等。这些新技术的应用，使得梳棉机在产量大幅度提高的同时，棉条质量得到了更有效的保障。(详细内容见第三章第八节“梳棉机新技术”）

（四）德国特吕茨勒

1. 环锭纺清梳联流程

BLENDOMAT BO-A 型全自动电脑抓棉机→SP-MF 多功能分离装置→MX-1 型多仓混棉机（6 仓或 8 仓）→CLEANOMAT 型四（或三）辊筒清棉机→SP-F 型或 DX 型异纤分离装置（附强力除尘机）→TC03 型梳棉机＋IDF 型一体化预牵伸→TD03 型并条机

2. 转杯纺清梳联流程

BLENDOMAT BO-A 型全自动电脑抓棉机→MFC 型双轴流开棉机→SP-MF 多功能分离装置→MX-1 型多仓混棉机（6 仓或 8 仓）→CLEANOMAT 型四（或三）辊筒清棉机→SP-F 型或 DX 型异纤分离装置（附强力除尘机）→TC03 型梳棉机＋IDF 型一体化预牵伸→TD03 型并条机

（五）瑞士立达

1. 纯棉流程

A11 型往复抓棉机→B11 型单轴流开棉机
→{ B7/3 六仓混棉机→B60 型精细清棉→C51 型梳棉机×6
B7/3 六仓混棉机→B60 型精细清棉→C51 型梳棉机×6 }

2. 化纤流程

A11 型往复抓棉机→{ B7/3 六仓混棉机→A77 型存储除尘喂给机→C50 型梳棉机×6
B7/3 六仓混棉机→A77 型存储除尘喂给机→C50 型梳棉机×6 }

第三节 清梳联工艺配置

与传统成卷工艺相比，现代清梳联的开清棉工艺发生了很大的变化，即短流程、宽机幅，充分发挥各单机的工艺性能，力求达到“多包抓取、精细抓棉、自由打击、早落少碎、高效除杂、多仓混棉、充分混合、匀喂轻打、高效梳理、少伤纤维”的目的。

清梳联要能适应不同原料和不同纱线的要求，重点研究减少生条棉结和短绒、清梳合理分工、适度开松和除杂问题。

1. 精细抓棉

抓棉机主要根据原料的性能、棉包密度等来调整小车往复速度、抓取辊速度（变频调速）、抓取刀片伸出肋条的距离和抓棉臂每次下降动程，完成精细抓棉。

采用划小单元排包，以保证在较短时间内将原棉按成分抓全，合理排包。

2. 清梳除杂合理分工

清梳除杂合理分工，是指该在清棉去除的别留给梳棉，该在梳棉排除的别交给清花。现在，整个清梳联在短流程后仅三个开清点，即开棉、清棉、梳棉等三处，所以，提出的合理分工既包括清梳之间也包括开棉、清棉、梳棉三者之间的分工。

从形态上说，三者的除杂要求是开棉除大杂、硬杂，清棉除中杂，梳棉除细小杂质。目前尚没有界定大、中、小杂的标准。根据生产经验，不论原棉含杂多少，应控制清梳联中筵棉含

杂率在1%～1.1%范围内，不要因追求筵棉含杂过低而损伤纤维，多出短绒。

3. 稳定棉箱内存棉密度和保证筵棉开松均衡

为了保证各棉箱的瞬时密度稳定和筵棉在开清棉流程中开松均衡，要努力提高开清棉各机的运转率，国产清梳联对给棉罗拉、打手、风机均配备了变频传动；必须保证开清棉机组气流输送畅通，优选单机出口负压值，深入细致地研究补风位置及方向与补风量的大小，是提高除杂效率的重要方面；打手出口气流与打手切线方向所形成的气流压力、流量，应使纤维束能全部转移而不返花，以防形成索丝。

4. 合理选定开松、梳理元件的速度

清梳联体现出高速高产，高速意味着纤维受到剧烈的打击，开清部件的速度越高，短绒、棉结增加越多，因此，开清棉工艺既要开松、除杂又要减少棉结、索丝、短绒，降低对纤维的损伤，打击应适度。

① 自动梳棉机的打手转速一般为1 200 r/min左右；

② FA105型单轴流开棉机的角钉打手转速一般为480～600 r/min，双轴流开棉机的打手速度为400～500 r/min，FA116型主除杂机的主分梳辊转速为500～700 r/min，FA109型第三辊转速约1 600～1 800 r/min。辊筒速度应根据原棉品质进行调节，若原棉成熟度差，打击力度不能过大，辊筒速度应下调。

③ 为减少纤维损伤与棉结，刺辊速度不宜过高。目前，清梳联机的单产为50～100 kg/(台·h)，锡林速度为360～400 r/min，刺辊速度为600～800 r/min，锡林与刺辊的线速比约为2.5。当然，刺辊速度的高低，还应考虑配用锯条的齿密大小。具体设计速度应视齿条规格及锡林速度等条件而定。

④ 盖板速度对清除带纤维籽屑、软籽表皮、细小杂质，特别是棉结，有特殊功效。发挥盖板部分的作用，对控制成纱结杂、减少生条短绒有极重要的意义。一般高产梳棉机生产粗、中线密度纱时盖板速度为150～300 mm/min，生产纯棉低线密度纱时为80～250 mm/min。具体设计应根据盖板针布规格型号及喂入棉层结构、带纤维籽屑、棉结、短绒的多少来考虑。

5. 清梳主要隔距配置

① 清梳联具有良好的开松作用，筵棉比较蓬松，因此打手与喂给罗拉之间的隔距、角钉打手与尘棒之间的隔距、分梳辊与分梳板之间的隔距应适当放大，以免产生棉结、束丝及损伤纤维。

② 喂入刺辊的筵棉比棉卷厚，因此要适当放大给棉板与刺辊的隔距，一般为0.31～1.00 mm，使纤维不易损伤。如给棉板分梳工艺长度小于纤维主体长度，应适当抬高给棉板。

③ 发挥固定盖板的作用。固定盖板作为辅助分梳元件，往往不被重视，但对于高产梳棉机，应充分发挥其作用，特别是前固定盖板，将其与锡林的隔距缩小到和工作盖板与锡林的隔距相一致，有利于纤维进一步分梳和转移。

④ 锡林与盖板之间的隔距是主要的工艺参数，一般偏紧掌握时，对纤维单根化与棉结梳解有较好的效果。如使用新型针布纺制中高线密度纱时，其隔距为0.2 mm、0.17 mm、0.17 mm、0.17 mm、0.2 mm。锡林入口第一点隔距与后固定盖板偏大一点掌握，可减少纤维损伤和短绒的增多，一般为0.48～0.55 mm。锡林出口与前固定盖板的隔距点偏紧掌握，一般为0.18～0.25 mm。

⑤ 锡林与道夫之间的隔距不大于0.10 mm，锡林与刺辊之间的隔距不大于0.18 mm。

6. 针布的配套选用与正确使用

高产梳棉机既要产量高又要保持良好的分梳、除杂、转移、均匀混合，还要不损伤或少损伤纤维，减少短绒产生并排除短绒，尽可能使纤维单根化，关键是选好配套针布。

① 刺辊齿条的选用，应针对喂入梳棉机的筵棉结构的变化，即棉束小、筵棉松、厚度厚、方向性差的特点，工作角应采用85°代替75°，适当增加齿密，由4.54齿/25.4 mm增至5.25齿/25.4 mm，甚至6.0齿/25.4 mm。工作角加大可降低齿条对纤维的握持能力，易于分梳后的转移，又使杂质（尤其带纤杂）易于抛出；齿密加大后要适当降低刺辊速度，在保证刺辊梳理度的前提下，可以加大锡林、刺辊的速比，减少刺辊返花、纤维损伤与短绒增加，并减少棉结。

② 锡林应选用矮、浅、尖、薄、密、小（工作角小、齿形小）的新型针布系列，由20系列向18和15系列发展。矮齿、浅齿、密齿在普遍选用，齿数由860齿增加到900齿进而1 080齿。工作角从65°减至60°以至50°，加大纵横向齿距比，由2.3～2.6提高到3.75～4.25，以提高分梳效果。

③ 盖板针布的配套可采用高号合金钢钢丝，选用新型植针排列，采用横密纵稀的植针方式。

④ 为了纤维的转移和引导高速气流，道夫采用小的工作角及增加针布高度，提高道夫的握持能力和增加齿间容量，采用特殊设计的道夫齿尖形状（圆弧形、鹰嘴形），提高道夫的分梳转移能力。

第四节 清梳联生条质量

一、清梳联生条质量控制指标

清梳联的生条质量指标主要是生条重量不匀率、重量偏差、生条结杂含量和短绒率。在生产加工过程中，由于短绒、棉结、杂质三者相互影响，如短绒易形成棉结、棉结中常含有带纤维籽屑和软籽表皮，因此，在工艺配置中应综合考虑。生条质量控制指标及范围见表4-1。

表4-1 生条质量控制指标及范围

项　目	一般控制范围
生条重量不匀率及重量偏差	生条重量不匀率控制在1.5%～2.0%，重量偏差控制在±2.5%，合格率达到100%
生条短绒率	生条短绒率：中线密度纱≤18%，低线密度纱≤14%；短绒增加率：开清棉≤1%，梳棉≤5%
生条棉结数	生条棉结数视原棉品级而定，棉结数不大于疵点数的1/3；落棉率：开清棉≤3%，梳棉后车肚≤2.0%

二、清梳联的质量控制

（一）生条重量不匀率及重量偏差

① 稳定连续均匀喂棉。提高单机运转率，抓棉机的运转率达到90%，棉仓、棉箱、管道压力均匀，保持棉箱内一定的储棉量和棉层密度。

② 充分发挥自调匀整的作用。自调匀整装置要求检测灵敏、响应速度快、匀整效果好。

③ 保持机械状态良好。应防止由于针布不良而导致锡林、道夫绕花及棉网破边等情况而形成轻条。

④ 滤尘系统正常。

⑤ 加强管理。对配棉混棉、运转操作、工艺、空调等加强综合管理，稳定生产。

（二）生条短绒率控制

① 做好工艺配置。根据原料性能和成纱要求，合理配置开松、除杂工艺。选用开清棉打手机械时，要采用自由打击，少用握持打击，多用梳针打手，速度不宜过高，隔距适当，以免损伤纤维。

② 刺辊速度不宜过高。刺辊与给棉板之间的隔距要准，给棉板工作面长度和纤维主体长度相适应，以免损伤纤维。

③ 合理调整梳棉机后部工艺。增强第二落杂区排除短绒的能力，适当增大梳棉机的吸风风量，以增加短绒排除。

④ 加强运转操作。对漏底挂花以及机上吸点口堵塞时，要及时清扫疏通。

（三）生条棉结控制

① 棉流运行畅通，不阻塞、不挂花，以减少棉束和棉结。

② 混用的回花不要太多，原棉回潮率不要过高。

③ 分梳元件要光洁，不得有毛刺。

④ 梳棉机选用新型针布，配套合理，做到“五锋一准”。

⑤ 开清棉和梳棉机上要防止返花、绕花，以免纤维搓揉而产生棉结和束丝。

⑥ 合理配置开清棉打手和梳棉机刺辊、锡林、盖板速度以及有关隔距，提高除杂效率。

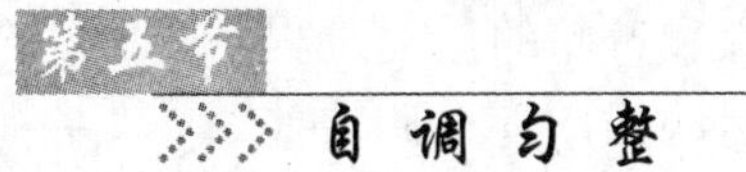

第五节　自调匀整

一、自调匀整的意义

随着纺纱生产向高速、高产、连续化、自动化、短流程、联机化方向快速发展，若想显著提高纱条的品质、改善条干CV值，必须在梳棉机、并条机、精梳机上安装自调匀整装置，以纺出满足客户需求的高品质纱线。特别是梳棉，作为纺纱生产必不可少的工艺环节，其生条质量对后道工序的产品质量起着至关重要的作用。在清梳分开时，可根据正卷率来控制生条的重量偏差及长片段均匀度。采用清梳联后，生条和成纱的重量不匀率的稳定只能依靠稳定的棉层密度和输出厚度来加以保证，但由于开松程度的不均匀性和各台梳棉机喂棉箱中的储棉量差异，使筒与筒、台与台、班与班之间的生条长片段不匀率在配棉成分或开清工艺变化时发生较大波动，从而影响成纱的重量偏差和重量不匀率。所以，要保证清梳联的生条质量，必须在梳棉机上使用自调匀整装置。

无数生产实践表明，梳棉机带自调匀整能显著改善棉条结构，使输出的棉条定量保持稳定，减小棉条的重量偏差，降低棉条线密度变异系数(CV 值)。

二、自调匀整装置的组成

当梳棉机输出的生条定量或厚度发生较大波动时，利用自调匀整装置可自动改变原料的喂入速度或生条的输出速度，通过调节牵伸倍数，可使输出产品的定量或厚度的波动大大降低，使产品获得匀整效果。自调匀整装置一般由三个部分组成，见图 4-8。

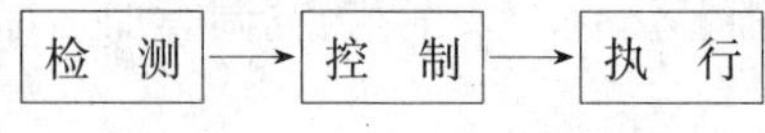

图 4-8 自调匀整装置的组成

1. 检测部分

采用机械或气压等方式检测喂入品或输出品在输入或输出过程中的定量或厚度的波动量。检测部位可选在输出方的大压辊或小压辊处，也可选在喂入方的给棉罗拉处。

2. 控制部分

控制部分由转换机构和调节机构组成，转换机构将检测所得的定量或厚度波动的机械量转换成相应的电信号，调节机构将电信号按比例放大并控制调速部分变速。

3. 执行部分

即变速机构，调节喂入机件或输出机件的速度，使输出半制品的定量等于或接近设计定量。

三、自调匀整控制系统分类

根据检测与控制的位置不同，可将自调匀整装置分为闭环、开环和混合环三种类型。混合环系统是开环与闭环两个系统的结合。

1. 闭环系统

当检测点在机器输出处、控制点在喂入处时，将检测点到控制点的匀整过程和产品的运动过程连起来，成为一个封闭的环状，称为闭环自调匀整系统，如图 4-9 所示。梳棉机上采用闭环自调匀整系统，一般是在输出生条的大、小压辊附近检测，控制给棉罗拉变速，检测方法简便、精度较高。但由于机前检测点与机后变速点之间相隔一段距离，匀整作用在时间上必然“滞后”，存在匀整死区，所以对中、短片段的匀整效果较差。该自调匀整形式主要控制重量偏差和 30 m 及以上的长片段不匀，其中 250～300 m 片段的匀整效果更为明显。

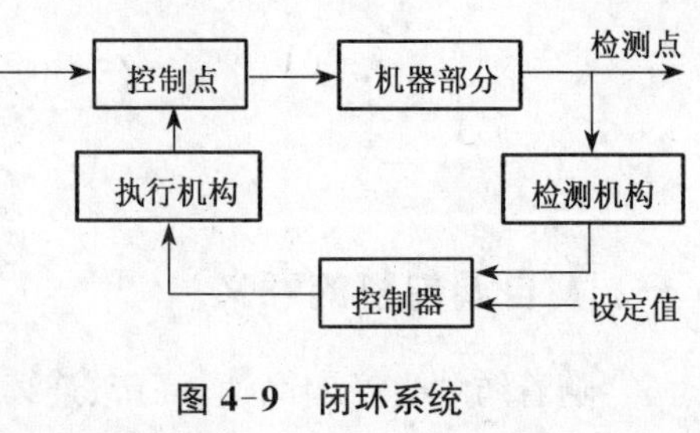

图 4-9 闭环系统

2. 开环系统

开环与闭环相反，检测点在机器输入处的某个部位，而控制点在输出处，匀整过程和产

品运动过程不成为一个封闭环状，如图 4-10 所示。梳棉机上的开环一般有两种，一种是在喂入罗拉之前或给棉罗拉处检测，控制给棉罗拉变速；另一种在牵伸装置的后罗拉处检测，控制前罗拉和圈条器变速，一般在具有预牵伸装置的高产梳棉机上采用。开环系统采用先检测后匀整的方法，针对性强，而且调整及时，可以匀整较短片段的不匀，即对 1～5 m 的中、短片段的匀整效果较好。与闭环式比较，对长片段的匀整效果较差。

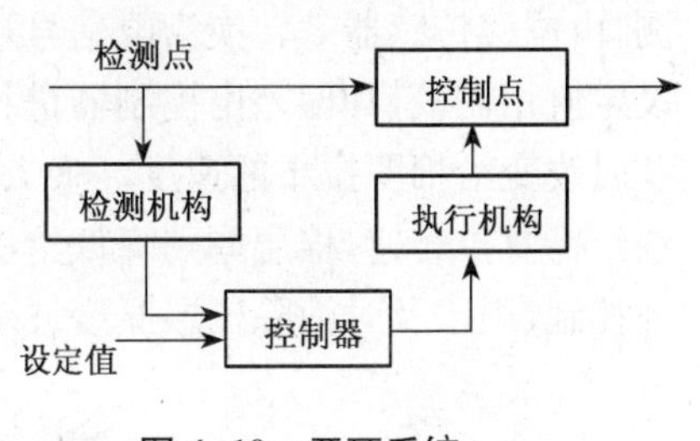

图 4-10　开环系统

3. 混合环系统

混合环系统，顾名思义就是同时采用开环和闭环的控制系统，如图 4-11 所示。它把快速反应的开环系统和中、低速反应的闭环系统有机结合起来，在控制机构上叠加两方面检测到的信号，形成混合环控制系统。混合环的构成，可以在两处检测、一处执行，也可以在一处检测、两处执行。它综合了前两种系统的优点，克服了各自的缺点，取长补短，使输出棉条的短、中、长片段的均匀度都得到改善，综合性能较好。

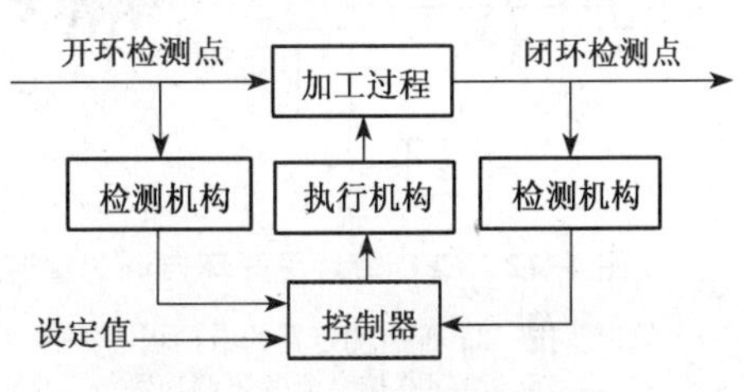

图 4-11　混合环系统

以前，由于电子元气件昂贵，因此混合环使用较少。现在电子元气件的价格已经降低，可靠性也较高，尤其是用计算机进行控制，混合环的成本并不比单纯开环或闭环系统高很多。因此，要提高自调匀整的效果，混合环应是首选。

总之，闭环为滞后调整，开环为及时调整，混合环则更完美。为提高成纱的产品质量，在清棉、梳棉、并条等机械上已广泛采用自调匀整装置，且多采用混合环控制，它是机电一体化技术在纺织设备上的典型应用。

四、自调匀整在梳棉机上的应用

现在新型梳棉机都配有自调匀整控制系统，而且开环、闭环、混合环三种控制系统都有应用，但多以闭环或混合环为主。因梳棉机针齿对纤维的吸放和凝聚作用，使梳棉生条的短片段不匀相对较小，而中、长片段的不匀相对较大。因此，梳棉机上的自调匀整装置的首要目标是消除中、长片段的不匀，而且梳棉机的出条速度较慢，生条的在线检测较容易实现，因此梳棉机早期的自调匀整以闭环为主。但近年来，对成纱质量的要求越来越高以及针对棉条直接成纱的新型纺纱技术的应用，对梳棉生条的长、短片段的均匀度均提出了较高的要求，因此采用混合环成为必然趋势。从近几年推出的新型梳棉机看，如瑞士立达、德国特吕茨勒梳棉机，几乎都采用混合环控制，但其长、短片段的控制比例并不相同，大都以长片段控制为主。下面以特吕茨勒梳棉机为例，分别介绍开环、闭环、混合环自调匀整控制系统的具体应用。

（一）短片段自调匀整装置

图 4-12 所示为 CFD 短片段自调匀整装置。图中棉层厚度的变化经测量杠杆 6 进行检

测，由位移传感器 3 转换为电信号，再通过采样、放大、滤波送入控制器 4 中，该信号与棉层设定值相比较，其偏差由控制器进行运算处理，控制器输出指令控制交流变频调速系统 5，及时改变给棉罗拉 1 的速度。喂入产品的线速度应随棉层厚度成反比例变化，棉层薄则加快给棉罗拉转速，棉层厚则降低给棉罗拉转速，力图保持喂棉量为设定量。这种控制属于开环控制，用于及时消除棉层厚度波动对棉条均匀度的影响。

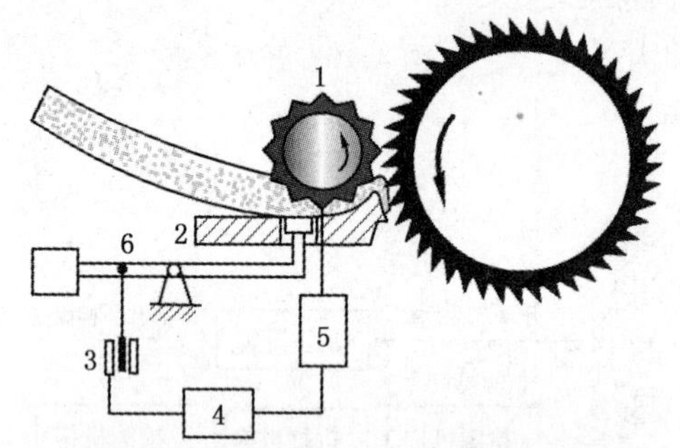

图 4-12　CFD 短片段开环自调匀整装置

1—给棉罗拉　2—配有测定器的给棉板　3—位移传感器　4—控制器　5—给棉罗拉交流变频调速系统　6—测量杠杆

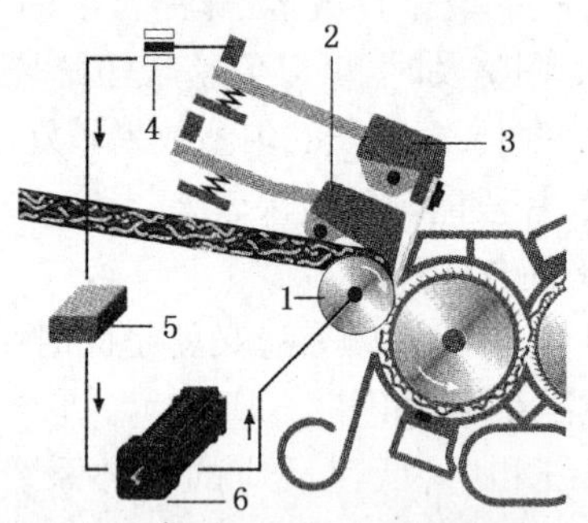

图 4-13　感应喂棉开环自调匀整装置

1—给棉罗拉　2—给棉板　3—感应板　4—位移传感器　5—控制器　6—电机

图 4-13 所示也属于开环超短片段自调匀整装置。在此给棉系统中，给棉罗拉 1 的上方相邻排列的 10 小块弹簧钢板感应板 3 分段检测全宽度的喂入棉层厚度，微机控制系统根据棉层厚度的平均测定值与给定值之间的偏差来改变给棉罗拉的转速，将均匀的棉层喂入刺辊系统。由于它既检测棉层的纵向不匀，也检测棉层的横向不匀，所以对生条 1 m 以内的短片段的匀整效果较理想。

梳棉机上采用开环短片段自调匀整系统，一般能使制品的匀整长度在 1 m 以内。

(二) CCD 长片段自调匀整装置

图 4-14 所示为 CCD 长片段自调匀整装置。喇叭嘴 1(或凹凸罗拉或阶梯罗拉)检测输出棉条的粗细，由位移传感器 2 将其转换为电信号，该信号在控制器 3 中与设定值相比较得偏差信号，控制器对偏差信号进行运算处理后输出指令，控制交流变频调速系统或伺服电机 4 改变给棉罗拉的喂棉速度，以调整给棉量。当棉条偏细时，则加快给棉罗拉转速，当棉条偏粗时，则降低给棉罗拉转速，减少喂入量，最终使输出棉条的均匀度符合设定值。显然，这种控制属于闭环控制。

由于从检测、转换、比较、运算处理、驱动给棉罗拉变速，再经刺棍、锡林—盖板、道夫、剥棉成条装置，整个控制过程太长，一般作用时间为 10 s 左右。若想对 1 m 以内的片段起作用，几乎办不到，一方面要求各个转动部件的转动惯量尽可能小，并采用低惯量电动机，以提高响应速度，减小匀整死区；另一方面要同时采用开环，即构成混合环，才能对长、短片段均起到匀整作用。

(三) 梳棉机混合环自调匀整装置

图 4-15 所示为梳棉机混合环自调匀整示意图。该控制系统既检测输出棉条粗细 1，又在给棉罗拉处检测喂入棉层厚度 3，还检测喂棉箱压力 4。这三种检测信号同时输入微机控制器 9，经微机控制器运算处理后，发出两路控制信号。一路控制信号 5 控制喂棉箱中的给

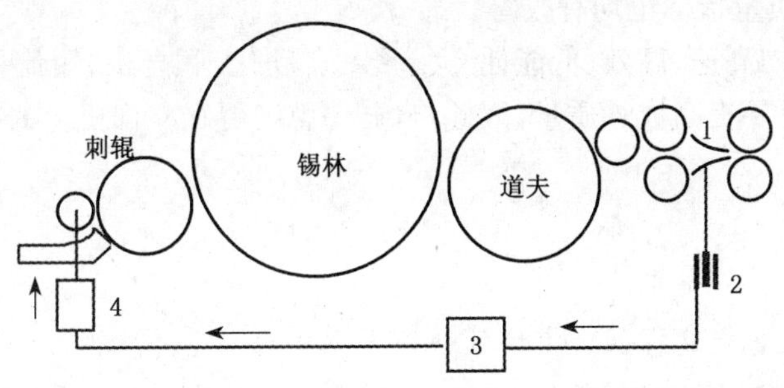

图 4-14　CCD 长片段自调匀整装置

1—测量棉条粗细度的喇叭嘴　2—位移传感器　3—控制器　4—给棉罗拉交流变频调速系统

棉罗拉的转速，以保持下棉箱中的储棉量稳定，使输出的棉层保证有较好的均匀度；另一路控制信号 2 兼顾棉条粗细变化和棉层厚度波动，以控制交流变频调速电机 10 改变给棉罗拉的喂棉速度，从而保证输出棉条的均匀度。显然，该梳棉机同时采用喂棉箱闭环自调匀整 6、短片段开环自调匀整 7、长片段闭环自调匀整 8，三处检测，两处控制执行，属于典型的混合环控制，通过这些控制措施，能保持输出棉条在短、中、长片段内均获得比较理想的均匀效果。

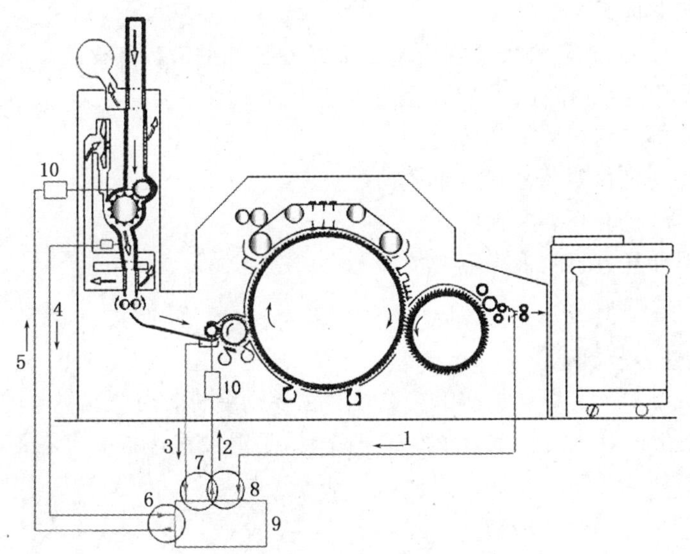

图 4-15　梳棉机混合环自调匀整系统

1—棉条厚度检测信号　2—喂棉罗拉转速指令　3—棉层厚度检测信号
4—下棉箱压力检测信号　5—给棉罗拉转速指令　6—喂棉箱闭环自调匀整
7—短片段开环自调匀整　8—长片段闭环自调匀整　9—微机控制器　10—调速电机

混合环将开环和闭环的优点结合在一起，能修正由于各种因素变化造成的波动，提高匀整效果。它不仅能匀整中、短片段不匀，还能匀整长片段不匀，而且对中、短片段的恶化作用小。因此，混合环已成为新型梳棉机自调匀整的首选模式。

梳棉机采用自调匀整装置以后，生条的重量不匀率得到改善，重量偏差减小。例如生条 5 m 的重量不匀率由 3.5%～4%改善为 1.0%～1.6%，生条条干 CV 值由 4.5%～6%改善为 3%～4%，其他质量指标也均有改善。

随着纺织工艺向高速、高效、低能耗、大卷装、自动化、联合机、短流程方向发展，在提高生产效率的同时，更要提高成纱质量，因此，自调匀整装置在梳棉机上的应用会越来越广泛。

本章学习重点

学习本章后，应重点掌握四大模块的知识点：

一、郑州宏大清梳联、青岛宏大清梳联的典型工艺流程和主要设备特点

二、清梳联工艺配置要点和质量控制指标

三、自调匀整系统的分类以及开环、闭环、混合环的特点

四、梳棉机自调匀整的应用

复习与思考

一、基本概念

清梳联　开环　闭环　混合环

二、基本原理

1. 说明清梳联的意义。
2. 写出郑州宏大、青岛宏大清梳联的主机配备和典型工艺流程。
3. 说明 FA109 型清棉机、FA116 型主除杂机的工艺特点。
4. 说明梳棉机自调匀整的意义。
5. 自调匀整装置由哪几个部分组成?
6. 开环、闭环、混合环各有何特点?
7. 举例说明开环、闭环、混合环在梳棉机上的应用。

基本技能训练与实践

训练项目 1：到工厂了解清梳联工艺流程和主要设备机构特点。

训练项目 2：上网收集清梳联设备和工艺资料，了解目前清梳联存在的问题和质量控制的要点。

第五章 精 梳

内容提要

本章主要叙述精梳准备工序的流程和设备、精梳机工艺过程与运动配合的关系，以FA269型高效精梳机为例说明各主要机构如钳持喂给、锡林顶梳梳理、分离接合、车面输出机构工作原理及传动与工艺计算、精梳工艺设计原理，最后对精梳综合技术进行讨论。

第一节 精梳工序概述

一、精梳工序的任务

由于梳棉生条中含的短纤维、杂质、疵点仍较多，且纤维的伸直平行度和分离度不够，难以满足高档纺织品的纺制要求，所以对质量要求高的纱线，如细洁挺括的涤/棉织物用纱、轻薄凉爽的高档汗衫用纱、柔滑细密的低线密度府绸用纱以及某些工业用和特殊用途的纱线（电工黄蜡布、轮胎帘子线、高速缝纫线、刺绣线及装饰线）等，一般都需经过精梳纺纱系统加工。

在普梳纺纱系统的梳棉、并条工序之间增设精梳工序，即组成精梳纺纱系统。精梳工序由精梳准备机械和精梳机组成，其主要任务是：

① 排除生条中的短绒，提高纤维的长度整齐度，为改善成纱的条干均匀度创造条件；

② 清除纤维间包含的棉结、杂质，以改善成纱外观质量；

③ 使纤维得到进一步的伸直、平行和分离，以提高成纱的内在质量及光泽；

④ 制成条干均匀的精梳棉条，为下道工序的喂入做准备。

经过精梳加工的精梳纱线与同线密度普梳纱线相比，成纱强度提高10%～20%，结杂粒数可减少50%～60%，条干及光泽均显著提高。国家标准中对精梳纱有较高的考核标准。

精梳加工中落棉较多，必然会造成可纺纤维的损失。同时，精梳系统因增加机台和用人而使加工费用增加。因此，对精梳工序的选用应从提高质量、节约用棉、降低成本等方面综合考虑。

二、国产精梳机的发展

我国自行研制精梳机是从建国以后开始起步的。20世纪50年代，首先在上海第二棉纺织厂制造了“红旗-2型”“红旗-3型”精梳机；60年代至70年代后期，上海第一纺织机械厂（现上海太平洋机电集团纺机总厂）制造了A201系列精梳机，并针对其使用效果进行了多次大的机构改进和调整，使A201系列精梳机在性能和结构上进一步完善，速度、产质量进一步提高。目前国内还有纺织厂在使用A201系列精梳机，速度在170钳次/min以下。20世纪80年代以后，在消化吸收国外设备特点的基础上，我国多家纺机厂研制开发了FA系列精梳机，其中最具有代表性的是FA251型、FA252型精梳机，锡林速度为170～200钳次/min；90年代至今，研制开发了FA261、FA266、FA269、FA299、PX2、CJ40、CJ60等型号的高效精梳机，锡林设计速度为300～400钳次/min。

精梳机的改进，是在满足工艺要求的基础上，提高精梳机的机械设计和制造水平，改善润滑条件、提高整机的自动化水平，并对关键部件采用的材质进行较大的改进，从而使精梳机在高速、高产的情况下运行平稳、噪音较低、产质量有所提高。国产精梳机代表机型的技术特征见表5-1。

表5-1　部分国产精梳机的技术特征

机型		A201E	FA261	FA266	FA269	CJ40
眼数		6	8	8	8	8
小卷宽度(mm)		230	300	300	300	300
小卷定量(g/m)		40～55	50～70	50～70	60～80	60～80
并合数		6	8	8	8	8
输出精梳条数		1	1	1	1	1
有效输出长度(mm)		37.34	31.71	31.71	26.48	26.59
给棉长度	前进	5.72，6.68	5.2，5.9，6.7	5.2，5.9	5.2，5.9	—
	后退	—	4.2，4.7，5.2，5.9	4.7，5.2，5.9	4.7，5.2，5.9	4.7，5.0，5.2，5.9
罗拉牵伸	形式	二上二下单区牵伸	三上五下曲线牵伸	三上五下曲线牵伸	三上五下曲线牵伸	三上五下曲线牵伸
	罗拉直径(mm)	31.75×25.4	35×27×27×27×27	35×27×27×27×27	35×27×27×27×27	35×27×27×32×32
	后牵伸	—	1.33	1.14，1.36，1.50	1.14，1.36，1.50	1.15～1.51
	总牵伸	3.85～8.10	8.6～19.6	9～16	9～19.3	8～20
精梳机总牵伸		40～60	80～120	80～120	80～120	80～120
条筒尺寸(mm)		400×1100	600×1200	600×1200	600×1200	500，600×1200
落棉率(%)		10～19	5～25	5～25	5～25	10～25
出条定量(g/5m)		12～23	15～30	15～30	15～30	15～30
锡林速度(钳次/min)		145～175	最高300 实用250以下	最高350 实用300以下	最高400 实用360以下	最高400 实用190～360
产量[kg/(台·h)]		16	60	60	60	60
适纺纤维长度(mm)		25～38	25～50	25～50	25～50	25～50
整机功率(kW)		2.3	8.15	8.25	8.25	7

第二节 精梳前的准备工序

一、准备工序的任务

梳棉机输出的生条中，纤维排列紊乱，伸直度差，大部分纤维呈弯钩状态。如直接用这种棉条在精梳机上加工，排列紊乱的纤维与具有弯钩的长纤维有可能不被钳板钳口有效钳持，梳理时就可能被梳掉而成为落棉；弯钩两端均被钳板钳持的长纤维也可能被梳针扯断，变为短纤维而进入落棉。同时，锡林梳针的梳理阻力大，易损伤梳针，还会产生新的棉结。为了适应精梳机的加工，提高精梳机的产质量和节约用棉，生条在喂入精梳机之前应经过准备工序，预先制成适应精梳机加工且质量优良的小卷。因此，精梳准备工序的任务为：

① 将梳棉生条制成小卷，便于精梳机加工。小卷要求定量正确、容量大、外形好，退解时不粘连、发毛。

② 小卷的纵横向结构要均匀，使棉层能在良好的握持状态下梳理。结构均匀的小卷应不存在破洞、棉条重叠、显著条痕及严重的阴影等。横向均匀可使棉层在精梳时握持可靠，纵向均匀可稳定精梳落棉率和精梳条张力以及改善精梳条的重量不匀率。

③ 提高小卷中纤维的伸直度，以减少精梳时的纤维损伤和梳针折断，减少落棉中长纤维的含量，有利于节约用棉。

二、精梳准备机械

国内外使用的精梳准备机械有预并条机、条卷机、并卷机和条并卷机四种，除预并条机为并条工序通用的并条机外，其他三种皆为精梳准备专用机械。

(一) 条卷机

1. 条卷机的工艺过程

国内使用较多的条卷机有 A191B 型、FA331 型和 FA334 型，其工艺过程基本相同。如图 5-1 所示，棉条 2 从机后导条台两侧的导条架下的 20～24 个棉条筒 1 中引出，经导条辊 5 和压辊 3 引导，绕过导条钉转过 90°后在 V 形导条板 4 上平行排列，由导条罗拉 6 引入牵伸装置，经牵伸形成的棉层由紧压辊 8 压紧后，由棉卷罗拉 10 卷绕在筒管上制成条卷 9。筒管由棉卷罗拉的表面摩擦传动，两侧由夹盘夹紧，并对条卷加压，以增大卷绕密度。满卷后由落卷机构将条卷落下，换上空管继续生产。国产条卷机的技术特征见表 5-2。

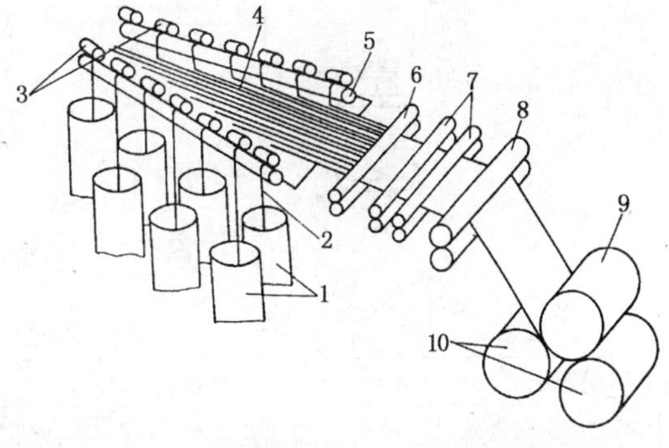

图 5-1 条卷机的工艺过程

1—棉条筒 2—棉条 3—压辊 4—V 形导条板
5—导条辊 6—导条罗拉 7—牵伸罗拉
8—紧压辊 9—条卷 10—棉卷罗拉

表 5-2　条卷机的技术特征

机　型	A191B	FA331	FA334	SXFA336
并合数	16～20	20～24	20～24	18～24
成卷宽度(mm)	230	230，270，300	250，230	250
条卷定量(g/m)	40～50	45～60	50～70	50～75
牵伸形式	三上三下双区牵伸	二上二下单区牵伸	四上六下曲线牵伸	四上六下曲线牵伸
牵伸倍数	1.1～1.4	1.1～1.4	1.3～1.96	1.3～2.0
棉卷罗拉直径(mm)	456	410	410	410
成卷速度(m/min)	30～40	50～70	49～69	50、60、65
产量[kg/(台·h)]	80～120	160～240	最大 250	最大 250
备注	与 A201 系列配套	与不同时期精梳机配套	与 FA344 型并卷机配套	与 FA346 型并卷机配套

2. 条卷机传动和工艺计算

条卷机的传动比较简单，以 FA334 型为例，如图 5-2 所示。电动机通过主轴传动紧压辊，然后分两路，一路向前传动成卷机构和定长计数器，并由计数器控制自动落卷机构，完成自动落卷、换管、开车生头和继续生产；一路向后传动牵伸机构和导条喂入机构。为了适应较广的加工范围，FA334 型条卷机上设有 12 个工艺变换齿轮供选择，参见表 5-3。

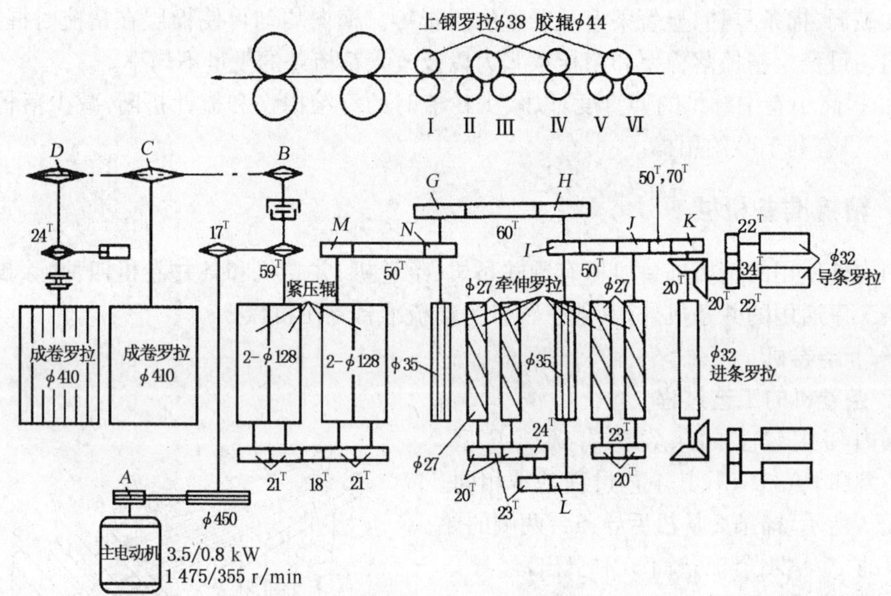

图 5-2　FA334 型条卷机传动图

表 5-3　FA334 型条卷机变换轮

变换轮	代号	变换范围	变换轮	代号	变换范围
主电动机皮带轮	A	140 mm，170 mm，185 mm	主牵伸齿轮	G	40^T，45^T，50^T
下压辊链轮	B	24^T，25^T	主牵伸齿轮	H	54^T～65^T
成卷罗拉后链轮	C	76^T，77^T	预牵伸齿轮	I	45^T，48^T，50^T，51^T
成卷罗拉前链轮	D	77^T，78^T，79^T	第六罗拉齿轮	J	37^T，43^T
后下压辊齿轮	M	54^T～66^T	喂棉张力齿轮	K	43^T，44^T，45^T，51^T，52^T，53^T
导条张力齿轮	N	17^T，18^T，19^T	中区张力齿轮	L	25^T～30^T

FA334 型条卷机的工艺计算如下：

(1) 棉卷罗拉转速 n

$$n(\mathrm{r/min}) = 1\,475 \times \frac{A}{450} \times \frac{17}{59} \times \frac{B}{C} \times \frac{C}{D} \times 0.97 = 0.916 \times \frac{A \times B}{D}$$

式中：0.97 为液力偶合器的效率。

(2) 条卷长度 L

条卷长度由人工设定，定长计数器自动控制，一般小卷设定值为 150～200 m。

(3) 条卷重量 W

$$W(\mathrm{kg}) = L \times g / 1\,000$$

式中：g 为条卷定量(g/m)。

(4) 满卷时间 T

$$T(\mathrm{min}) = \frac{L \times 1\,000}{\pi \times n \times 410} = 0.776 \times \frac{L}{n}$$

(5) 总牵伸倍数 E

$$E = \frac{20 \times K \times H \times N \times 21 \times B \times 410}{20 \times I \times G \times M \times 21 \times D \times 32} = 12.813 \times \frac{K \times H \times N \times B}{I \times G \times M \times D}$$

式中：K、H、N、B、I、G、M、D 分别为各变换齿轮(图 5-2)的齿数，参见表 5-3。

(6) 理论产量 $G_{理}$

$$G_{理}[\mathrm{kg}/(台 \cdot \mathrm{h})] = W \times 60 / T$$

(7) 定额产量 $G_{定}$

$$G_{定}[\mathrm{kg}/(台 \cdot \mathrm{h})] = G_{理} \times \eta$$

式中：η 为时间效率(具有自动落卷条卷机的时间效率一般为 80%～90%)。

FA334 型条卷机的特点是：牵伸装置采用四上六下曲线牵伸，与简单罗拉牵伸相比，对纤维的控制良好，有利于棉层均匀度和纤维伸直度的提高；电动机轴上装有矩形液力偶合器，使电动机启动平稳、冲击缓和，并具有过载保护作用；主轴上装有胀闸式刹车装置，由气动控制，压力可调，以防意外牵伸；牵伸装置和条卷均采用气囊压缩空气加压，压力稳定可靠；采用自动落卷换管、断头自停和故障信号指示。

(二) 并卷机

1. 并卷机的工艺过程

并卷机的工艺过程如图 5-3 所示。六个条卷 1 放在机后的棉卷罗拉 2 上，条卷退解后，分别经导卷板进入各自的牵伸装置，牵伸后的棉网，通过光滑的曲面导板 4 转过 90°后，落在机前平台上，相互叠合，经紧压罗拉 5 压紧输出后进入成卷机构再次制成条卷 6，最后由自动落卷机构落下并换上空筒管继续开车生产。由于棉网并合，故速度不宜过高。部分并卷机的主要技术特征见表 5-4。

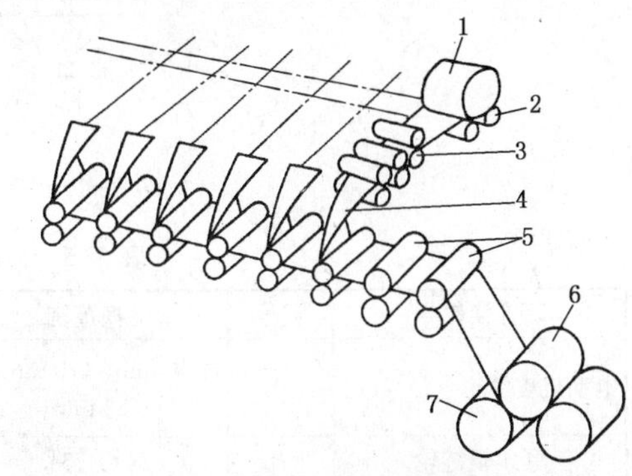

图 5-3　并卷机工艺过程图

1—条卷　2—棉卷罗拉　3—牵伸罗拉　4—曲面导板　5—紧压罗拉　6—条卷　7—棉卷罗拉

表 5-4 部分并卷机的主要技术特征

机器型号	FA344	SXFA346	E5/4
并卷数	6	6	6
成卷直径×宽度(mm)	450×300	450×300	450×270
喂入定量(g/m)	50～75	50～75	50～70
成卷定量(g/m)	50～75	50～75	60～70
牵伸形式	三上四下曲线牵伸	三上四下曲线牵伸	四上四下
牵伸倍数	总 5.4～7.1,后区 1.34～1.025	4～9	总 3.96～6.88
成卷速度(m/min)	50～68	50，60，65	120

2. FA344 型并卷机的传动和工艺计算

该机的传动如图 5-4 所示，电动机通过皮带盘带动前罗拉轴，由前罗拉轴向后传动牵伸装置和喂入机构，向前通过台面牵伸变换齿轮分别传动输棉罗拉和紧压罗拉、成卷罗拉及计数器。FA344 型并卷机的变换齿轮见表 5-5。

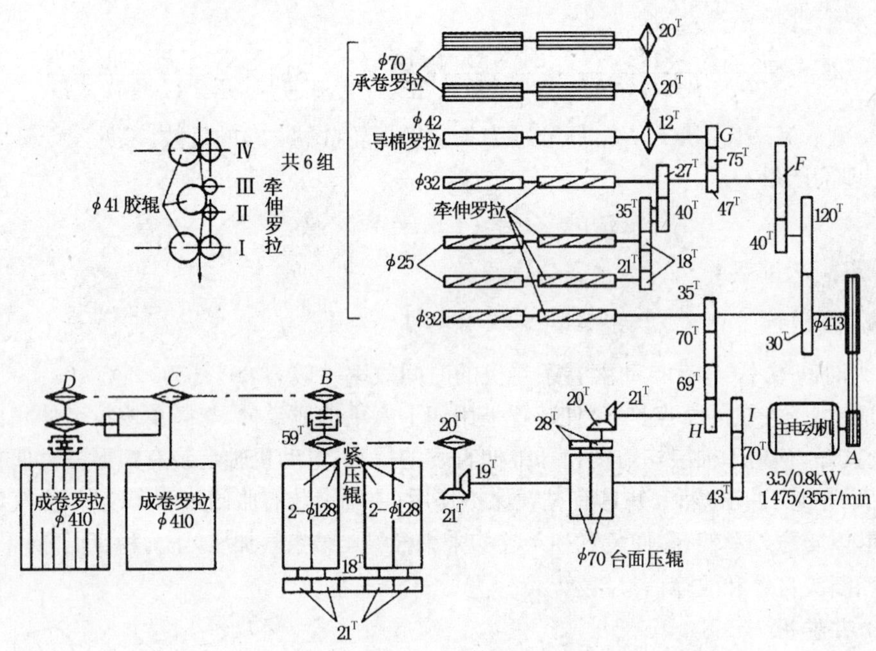

图 5-4 FA344 型并卷机的传动图

表 5-5 FA344 型并卷机变换轮

变换轮	代号	变换范围	变换轮	代号	变换范围
电动机皮带轮直径(mm)	*A*	140 mm，170 mm，185 mm	主牵伸变换齿轮	*F*	58^T～62^T
紧压辊链轮	*B*	24^T，25^T	喂卷张力齿轮	*G*	60^T～64^T
成卷罗拉后链轮	*C*	76^T，77^T	棉网张力齿轮	*H*	79^T～81^T
成卷罗拉前链轮	*D*	77^T，78^T，79^T	台面张力齿轮	*I*	79^T～81^T

FA344 型并卷机的工艺计算如下：

(1) 成卷罗拉转速 n_1

$$n_1(\text{r/min}) = 1\,475 \times 0.97 \times \frac{A \times 35 \times I \times 19 \times 20 \times B}{413 \times H \times 43 \times 21 \times 59 \times D} = 0.865 \times \frac{A \times I \times B}{H \times D}$$

式中：0.97 为液力偶合器的效率；A、B、I、H、D 分别为各变换齿轮(图 5-4)的齿数，参见表 5-5。

(2) 成卷罗拉线速度 V_1

$$V_1(\text{m/min}) = \frac{\pi \times d \times n_1}{1\,000} = \frac{\pi \times 410}{1\,000} \times n_1 = 1.288 \times n_1$$

式中：d 为成卷罗拉直径(410 mm)。

(3) 总牵伸倍数 E

$$E = \frac{20 \times G \times F \times 120 \times 35 \times I \times 19 \times 20 \times B \times 410}{12 \times 47 \times 40 \times 30 \times H \times 43 \times 21 \times 59 \times C \times 70} = 0.005\,185 \times \frac{C \times F \times I \times B}{H \times C}$$

式中：G、F、I、B、H、C 分别为各变换齿轮(图 5-4)的齿数，参见表 5-5。

(4) 成卷长度及台时产量

计算方法同 FA334 型条卷机。

(三) 条并卷联合机

1. 条并卷联合机的工艺过程

条并卷联合机实际上是将条卷机与并卷机组合成一台的机器，其工艺过程如图 5-5 所示。条并卷联合机的喂入部分分为二至三组(FA355 型为三组，FA355C 型、SR80 型、FA356A 型等均为两组)，每组各有 16～20 根棉条喂入，各组棉条做 90°转向后，经牵伸装置拉薄成棉网，再通过曲面导板，然后在台面上叠合、压紧，由成卷机构制成并卷。部分条并卷联合机的主要技术特征见表 5-6。

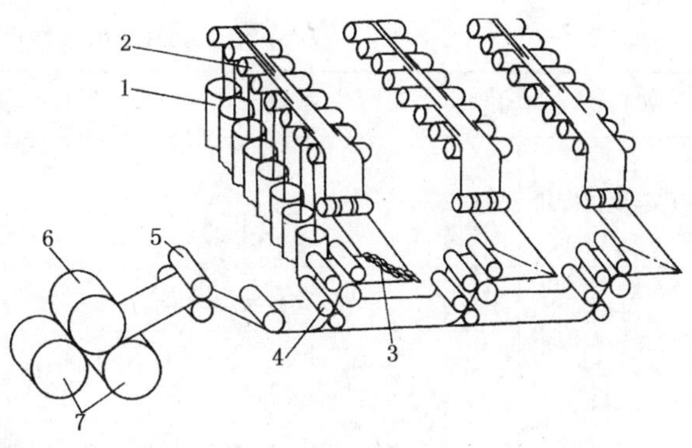

图 5-5 条并卷联合机工艺过程图

1—条筒 2—导条辊 3—导条凸钉 4—牵伸机构 5—紧压辊 6—条卷 7—棉卷罗拉

表 5-6 部分条并卷联合机的主要技术特征

机器型号	FA355C	SR80	FA356A	E32
制造商	上海纺机总厂	上海纺机总厂	经纬合力	瑞士立达
喂入条子根数	20～32	24～32	24～28	24～28
叠合层数	2	2	2	2
成卷宽度(mm)	230，270	270，300	300	300
最大成卷直径(mm)	450	600	550	550

续 表

机器型号	FA355C	SR80	FA356A	E32
喂入条子定量(g/5 m)	12～18	16.5～30	17.5～27.5	16.5～30
输出小卷定量(g/m)	40～70	60～80	50～70	60～80
牵伸形式	二上二下附中间控制辊	二上三下	三上四下	三上三下
罗拉直径(mm)	32×22×35	40×25.5×35	40×25.6×35×35	32×32×32
牵伸倍数	1.2～2.42	1.37～2.33	1.3～2.27	1.43～3.1
紧压辊形式	一上一下	二上一下	四辊曲线布置	四辊曲线布置
成卷罗拉直径(mm)	410	550	700	700
成卷线速度(m/min)	50～100	80～120	80～120	80～120

2. FA356A 型条并卷联合机的传动与工艺计算

FA356A 型条并卷联合机的四个紧压辊呈曲线布置，如图 5-6 所示，采用气动加压，逐辊压紧，棉层在各压辊之间呈 S 状绕行后进入成卷机构，成卷压力随着小卷直径的增加而逐渐增大。由于采取以上措施，小卷黏卷现象大大减少。FA356A 型条并卷联合机的传动图见图 5-7 所示，其变换轮参见表 5-7。

表 5-7　FA356A 型条并卷联合机变换轮

变换轮	代号	变换范围	变换轮	代号	变换范围
前成卷罗拉齿轮	A	$82^T \sim 93^T$	台面张力调节齿轮	F_1	$22^T \sim 25^T$
	B	$91^T \sim 103^T$		F_2	$33^T \sim 37^T$
后成卷罗拉齿轮	C	49^T, 50^T, $52^T \sim 59^T$		G	$29^T \sim 32^T$
	D	82^T, 83^T, $86^T \sim 88^T$, $90^T \sim 93^T$, $95^T \sim 98^T$	牵伸分配齿轮	K	26^T, 27^T, 28^T
牵伸齿轮	I	44^T, 55^T	喂入张力齿轮	L	53^T, 54^T, 55^T
	J	64^T, 66^T, 68^T, 70^T, 72^T, 74^T, 76^T, 78^T	—	—	—

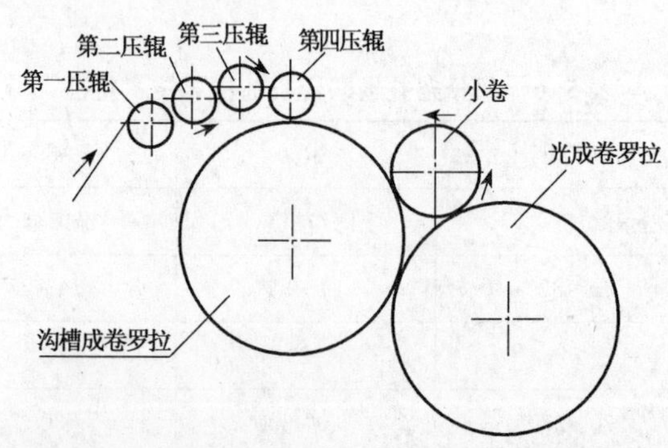

图 5-6　FA356A 型条并卷联合机呈 S 形曲线布置的四个紧压辊

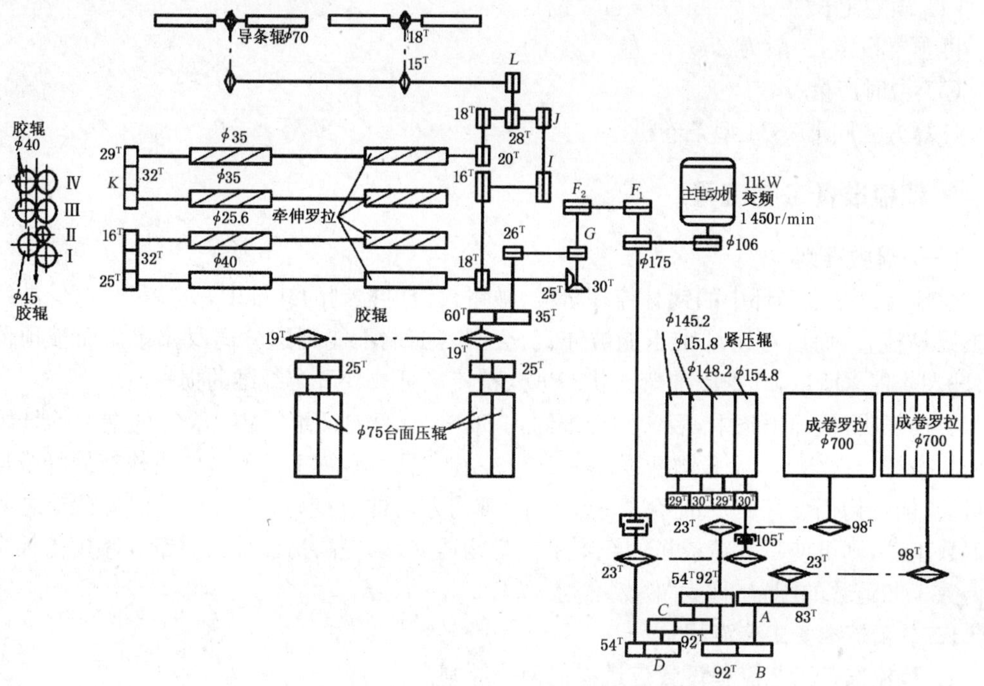

图 5-7 FA356A 型条并卷联合机的传动图

FA356A 型条并卷联合机的有关工艺计算如下：

(1) 速度

① 成卷罗拉转速 n

$$n(\text{r/min}) = 30f \times \frac{106 \times 54 \times C \times 54 \times 92 \times A \times 23}{175 \times D \times 92 \times 92 \times B \times 83 \times 98} = 1.628f \times \frac{C \times A}{D \times B}$$

式中：f 为变频器输出频率(Hz)；A、B、C、D 分别为各变换齿轮(图 5-7)的齿数，参见表 5-7。

② 成卷罗拉线速度 V

$$V(\text{m/min}) = \pi \times 700 \times n / 1\,000 = 2.199\,n$$

(2) 总牵伸倍数 E

$$E = \frac{700 \times 18 \times L \times J \times 16 \times 25 \times F_2 \times 54 \times C \times 54 \times 92 \times A \times 23}{70 \times 15 \times 28 \times I \times 18 \times 30 \times F_1 \times D \times 92 \times 92 \times B \times 83 \times 98} = 0.028\,45 \times \frac{L \times J \times F_2 \times C \times A}{I \times F_1 \times D \times B}$$

式中：A、B、C、D、L、I、J、F_1、F_2 分别为各变换齿轮(图 5-7)的齿数，参见表5-7。

总牵伸倍数 E 一般为 1.298～2.55 倍。

(3) 并合数

喂入条子根数一般为 24～28 根，如黏卷严重，可减少本机的并合数，并相应降低本机的总牵伸倍数；同时，预并条机的并合数为 6 根，其牵伸倍数小于 6。

（4）满卷定长

可预置设定，一般为250 m/卷。

（5）台时产量

计算方法同FA334型条卷机。

三、精梳准备工艺流程

（一）偶数准则

在精梳机一个循环中的锡林梳理阶段，被钳板钳口控制的纤维中，头端呈前弯钩的纤维易被锡林梳直，而后弯钩纤维不能被伸直，会因其前端不能到达分离罗拉钳口而被顶梳阻滞，进入落棉。所以，纤维以前弯钩状态进入精梳机可减少可纺纤维的损失。

实践证明，梳棉生条中，后弯钩纤维约占50%，前弯钩纤维约占18%，两端弯钩纤维和其他状态纤维占22%，无弯钩纤维仅占10%左右。虽然后续工序的牵伸机构有使纤维伸直的机会，但弯钩仍然存在。每经过一道工序，弯钩方向即改变一次，若在梳棉与精梳之间配置偶数工序，则可使喂入精梳机的纤维呈前弯钩居多，以提高精梳棉条质量和减少落棉。这种偶数工艺道数的配置，称为“偶数准则”。

（二）精梳准备工艺流程

1. 精梳准备工艺流程设置应遵循的两个原则

① 准备工序的总牵伸倍数不宜太大，以避免制得的小卷因过于烂熟而造成黏卷，影响成条重量不匀率。

② 准备工序的工艺道数必须遵循偶数准则。

2. 国内常采用的精梳准备工艺流程

国内常用的精梳准备工艺有三种（以第二道设备命名），即条卷工艺、并卷工艺、条并卷工艺。

（1）条卷工艺

这种工艺流程是预并条机→条卷机。牵伸倍数由大到小，所用的机台结构简单、占地面积小，是国产A201系列精梳机配套使用的工艺流程。制成的小卷因牵伸不足（6～12倍），虽黏卷现象较少，但纤维伸直平行度差，小卷横向不匀，钳板对小卷握持不匀，致使精梳落棉率偏高。所以，条卷工艺已逐渐被其他两种工艺流程取代。

（2）并卷工艺

这种工艺流程是条卷机→并卷机。牵伸倍数由小到大，总牵伸为6～12倍，制成的小卷成形良好、层次清晰、纵横向均匀度好，有利于精梳机钳板的可靠握持，落棉均匀，成条条干好，占地面积小，六层小卷并卷后成卷均匀度好。所以，该流程适于双精梳工艺的头道精梳准备工艺，并可用于生产较高档和高档的精梳产品。国内一般用于FA系列的设备中。

（3）条并卷工艺

这种工艺流程是预并条机→条并卷联合机。牵伸倍数由大到小，总牵伸为7～14倍，制成的小卷因并合根数多而成卷均匀度较好，纤维伸直平行度很好，可以减轻精梳机的梳理负担，小卷重量不匀率小，可纺纤维的损失少且产量高，输出线速度可达100 m/min以上，故被普遍认为是当今最先进的精梳准备工序。国内现代精梳和多采用此流程。该流程可用于生产较高档和高档的精梳纱，但因并卷数少，并合均匀度不如并卷工艺，所以不宜用于双

精梳工艺，且设备占地面积较大。

四、小卷退卷时的粘连问题

1. 小卷退卷时粘连的原因

当小卷在精梳机的喂入机构退卷时，如果发生黏卷现象，其原因主要是以下几个方面：

① 精梳准备工艺的总牵伸倍数过大。过大的总牵伸，虽然使小卷中纤维伸直平行度大大提高，却削弱了小卷中纤维的抱合力，退卷时容易产生粘连。

② 成卷压力过大。成卷时加在小卷上的压力过大，易使小卷层次不清，从而导致黏卷。

③ 车间相对湿度过高。湿度过高，纤维之间易粘连。

2. 解决黏卷的方法

根据黏卷的实际情况，采取适当降低总牵伸、小卷适当加压、控制车间温湿度、新型条并卷联合机（如 FA356A 型、E32 型）的四个紧压辊呈 S 形曲线布置等措施，以减少黏卷现象。

第三节 精梳机的工艺过程和运动配合

一、精梳机工艺过程

精梳机虽有多种机型，但工艺过程基本相同，都是周期性地断开棉层，在分别梳理棉层两端后，再依次接合成连续输出的棉网。

FA269 型精梳机的工艺过程如图 5-8 所示。小卷放在一对承卷罗拉 7 上，随承卷罗拉的回转而退解棉层，经导卷板 8 喂入置于钳板上的给棉罗拉 9 与给棉板 6 组成的钳口之间。给棉罗拉周期性地间歇回转，每次将一定长度的棉层（给棉长度）送向上、下钳板 5 组成的钳口中。钳板做周期性的前后摆动，在后摆途中，钳口闭合，上、下钳板有力地钳持棉层，使钳口外棉层呈悬垂须丛状。此时，锡林 4 上的梳针面恰好转至钳口下方，针齿逐渐刺入棉层进行梳理，清除棉层中的部分短绒、结杂和疵点。随着锡林针面转向下方位置，嵌在针齿间的短绒、结杂、疵点等被高速回转的圆毛刷 3 刷下，经风斗 2 吸附在尘笼的表面，剥落后由机外风机吸入尘室。锡林梳理结束后，随着钳板的前摆，须丛逐步靠近分离罗拉 11 的钳口。与此同时，上、下钳板逐渐开启，梳理好的须丛因本身弹性而向前挺直（须丛抬头），分离罗

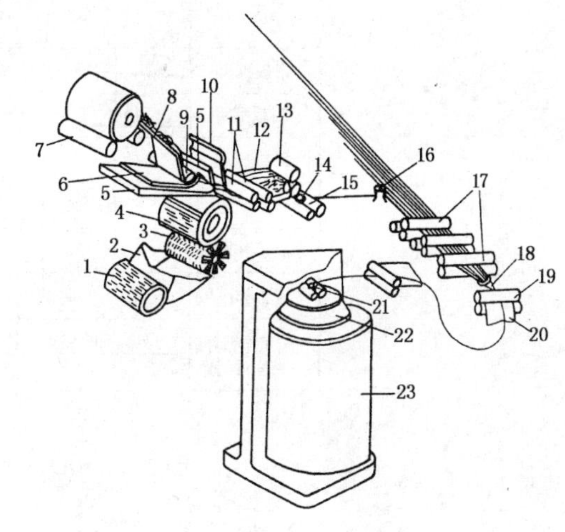

图 5-8 FA269 型精梳机的工艺过程

1—尘笼 2—风斗 3—毛刷 4—锡林 5—上、下钳板 6—给棉板 7—承卷罗拉 8—导卷板 9—给棉罗拉 10—顶梳 11—分离罗拉 12—导棉板 13—输出罗拉 14—喇叭口 15—导向压辊 16—导条钉 17—牵伸装置 18—集束喇叭 19—输送带压辊 20—输送带 21—圈条集束器及检测压辊 22—圈条斜管 23—条筒

拉倒转，将前一周期的棉网倒入机内一定长度后再顺转。钳板钳口外的须丛头端到达分离钳口后，与倒入机内的前一周期的棉网相叠合而由分离罗拉输出。在张力牵伸的作用下，棉层挺直，顶梳10插入棉层，被分离钳口抽出(分离)的纤维尾端从顶梳片针隙间拉拽通过，尾端黏附的部分短纤、结杂和疵点被阻留于顶梳片后的须丛中，待下一周期的锡林梳理时除去。当钳板到达最前位置时，分离钳口不再有新纤维进入，分离接合工作基本结束。之后，钳板开始后退，钳口逐渐闭合，准备进行下一个工作循环。由分离罗拉输出的棉网，经过一个有导棉板12的松弛区后，通过一对输出罗拉13，穿过设置在每眼一侧并垂直向下的喇叭口14聚拢成条，由一对导向压辊15输送到输棉台上。各眼输出的棉条分别绕过导条钉16转过90°，进入与水平线呈60°倾角的三上五下曲线牵伸装置17，经牵伸后，由一根输送带20托持，通过圈条集束器及一对检测压辊21后圈放在条筒23中。

二、精梳机各主要机件的运动配合

由精梳机的工艺过程可知，精梳机周期性的间歇工作是由各机件的相应运动来实现的，这些机件的运动必须密切配合，才能协调有序地工作。锡林轴外端装有一表面有刻度的圆盘，称为分度盘。分度盘被划分为40等份，每等份称为一分度，每一分度为9°。当锡林转一转时，分度盘转一转，钳板前后摆动一次，精梳机完成一个工作循环，称为一个钳次。在一钳次中，分度盘所指示的分度组成各运动机件的配合关系，这种关系可用运动配合图来表示。不同机型、不同的工艺条件，则对应不同的运动配合图。图5-9所示为FA269型精梳机的运动配合图。

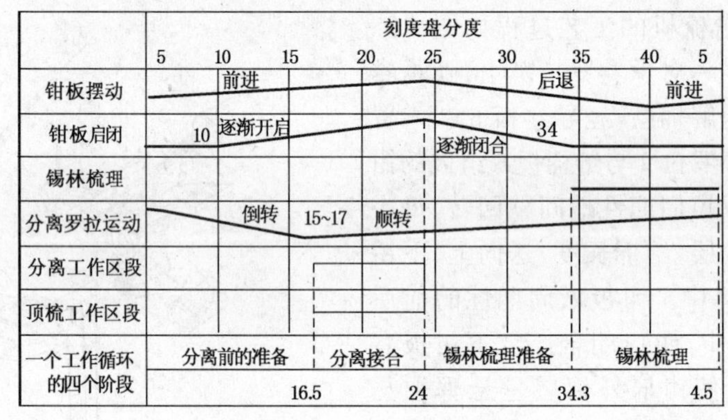

图5-9　FA269型精梳机的运动配合图

三、精梳机工作的四个阶段

精梳机每一钳次可分为相互连续的四个阶段，即锡林梳理阶段、分离前的准备阶段、分离接合与顶梳梳理阶段和锡林梳理准备阶段。不同机型，各个阶段所对应的分度以及所占的分度数不同。FA269型精梳机的一个工作循环的四个阶段，各运动机件的运动示意图见图5-10，各主要机件的运动状态见表5-8，四个阶段所占的分度数依次为10.5分度、12.5分度、7分度和10分度。

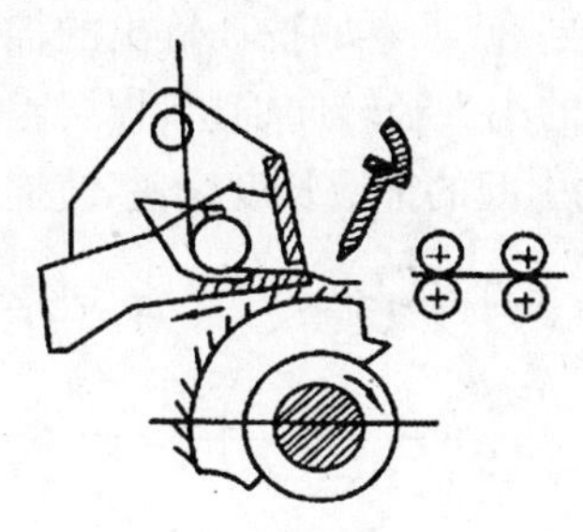

(a) 锡林梳理阶段

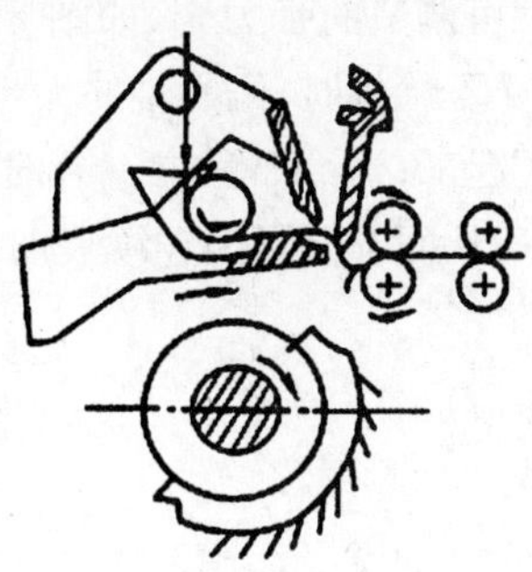

(b) 分离前的准备阶段

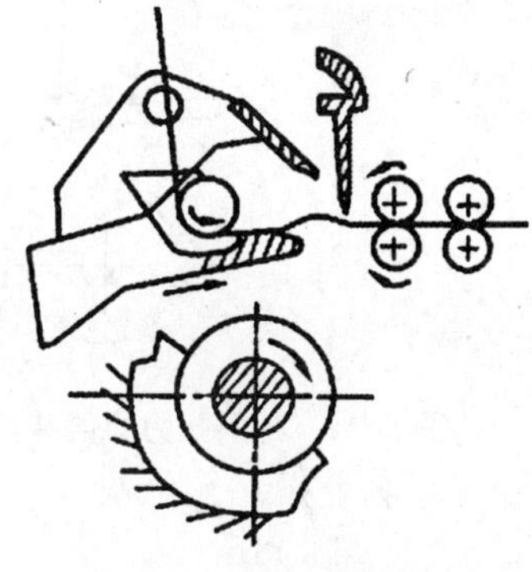

(c) 分离接合与顶梳梳理阶段

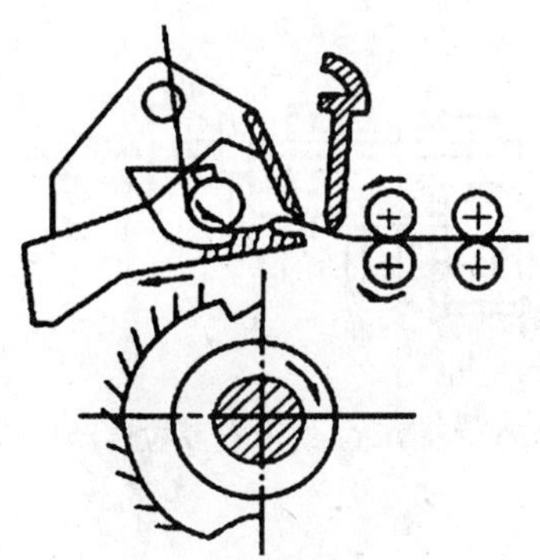

(d) 锡林梳理前的准备阶段

图 5-10　精梳机一个工作循环的四个阶段示意图

第四节　精梳机的机构与工作原理

一、钳持喂给机构

在精梳机的一个工作循环中，钳持喂给部分要发挥的作用包括：①定时喂入一定长度的小卷；②正确、及时地钳持棉层，供锡林梳理；③及时松开钳板钳口，使钳口外须丛回挺伸直；④正确地将须丛向前输送，参与以后的分离、接合工作。

精梳机的钳持喂给机构包括承卷罗拉喂给机构、给棉罗拉喂给机构和钳板机构。

(一) 承卷罗拉喂给机构

承卷罗拉喂给机构有两种形式，一种是间歇回转式，其代表机型为 A201 系列精梳机；另一种是连续回转式，国产 FA 系列新机上普遍使用。

1. 连续回转式喂给机构

FA269 型精梳机的承卷罗拉传动机构如图 5-11 所示。主传动油箱中的副轴通过过桥轮系和喂卷调节齿轮，以链条传动承卷罗拉回转而退解棉层。由于承卷罗拉采用了这种连续回转式传动机构，当给棉罗拉不给棉时，承卷罗拉仍在喂给，加之给棉罗拉随钳板摆动，从而引起棉层张力呈周期性的波动。为了稳定棉层张力，FA269 型精梳机的承卷罗拉与给棉罗拉之间装有一可调节的张力辊，如图 5-12 所示。张力辊 2 是一个做匀速回转运动的偏心辊，当给棉罗拉 4 不给棉时，偏心辊的大半径转向棉层，使承卷罗拉 3 输出的棉层因输送距离增加而被"储存"起来；当给棉罗拉 4 给棉时，偏心辊的小半径转向棉层，棉层因输送距离缩短而被"释放"出来，从而补偿了因连续喂棉和钳板摆动引起的棉层长度变化，使棉层张力稳定。

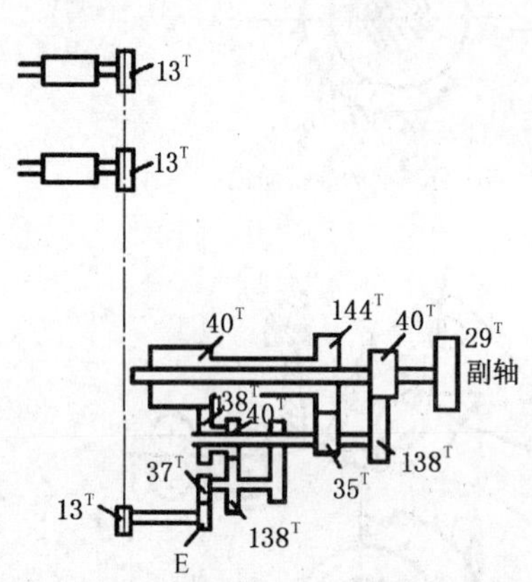

图 5-11 FA269 型精梳机的承卷罗拉传动机构

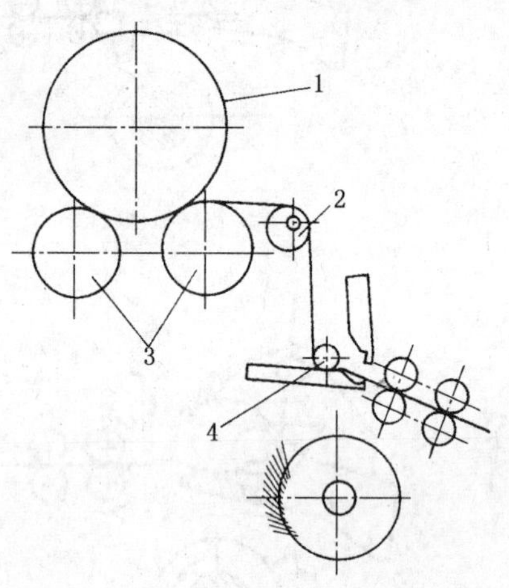

图 5-12 棉层张力补偿装置

1—小卷 2—偏心张力辊 3—承卷罗拉 4—给棉罗拉

在承卷罗拉传动轮系中，设有喂卷调节齿轮，当改变给棉长度时，必须变换喂卷调节齿轮，以满足工艺要求。

2. 间歇回转式喂给机构

A201 系列精梳机的承卷罗拉均采用间歇回转机构传动，如图 5-13 所示。固装在钳板摆轴 9 上的短连杆 8 随钳板摆轴做往复摆动，通过长连杆 7 带动 L 形杠杆 10 随之摆动。当 L 形杠杆逆时针摆动时，L 形杠杆上的棘爪 5 在棘轮上滑过，是空程；当 L 形杠杆按顺时针方向摆动时，棘爪推动棘轮转过 4 或 5 个齿，通过与棘轮固装在一起的承卷罗拉变换齿轮（小卷张力齿轮）和 80^T、40^T、53^T齿轮组传动承卷罗拉回转，使小卷退解一定长度的棉层。移动小块 6 在 L 形杠杆上的位置，可改变 L 形杠杆的摆动角度，从而改变棘轮被撑动的齿数，使喂给长度改变，小块向内移时喂给长度长，向外移时喂给长度短。调节小卷张力齿轮 Z_7，可微调承卷罗拉的喂给长度，以调节承卷罗拉和给棉罗拉间的棉层张力，张力过大易造成意外牵伸。

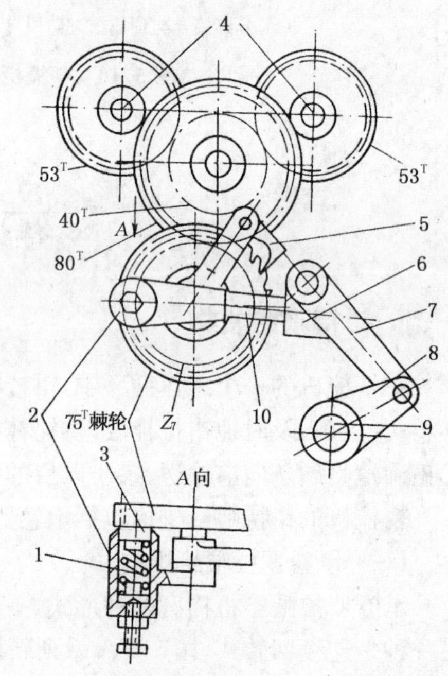

图 5-13 承卷罗拉间歇回转式传动机构

1—弹簧 2—压紧杆 3—掣铁 4—承卷罗拉轴芯 5—棘爪 6—小块 7—长连杆 8—短连杆 9—钳板摆轴 10—L 形杠杆

由于承卷罗拉和置于承卷罗拉上的小卷运动

质量比较大，在其传动系统减速并趋于静止时，承卷罗拉的运动惯性会变成驱使棘轮继续回转的动力，从而造成喂给量过多。为了控制这种惯性干扰现象，在棘轮的固定芯轴外套有一根压紧杆 2，压紧杆上的紧压弹簧 1 使掣铁 3 紧压在棘轮的轮缘上，对棘轮施加足够的摩擦阻力来抵消驱动棘轮继续回转的惯性力矩，以防止棉层松弛造成的“涌卷”弊病。

（二）给棉罗拉喂给机构

给棉罗拉置于下钳板上，有单罗拉和双罗拉两种形式。国产 A201 系列精梳机采用双罗拉给棉机构，FA 系列精梳机采用单罗拉给棉机构。单罗拉给棉机构由给棉罗拉和弧形给棉板组成握持钳口，由钳板两侧的扭簧在给棉罗拉的轴承套上加压。与双罗拉喂给机构相比，单罗拉喂给机构具有机构简单、生头方便、握持牢靠、给棉滑溜少等优点，所以为国内外新型精梳机普遍使用。

1. FA 系列精梳机的给棉罗拉传动

FA 系列精梳机的给棉罗拉的给棉方式可分为前进给棉和后退给棉两种。

（1）前进给棉

前进给棉即给棉罗拉在钳板向前摆动时输送棉层，完成给棉运动。前进给棉传动如图 5-14 所示，当钳板前进时，上钳板逐渐开启，带动装在上钳板上的棘爪，将固装于给棉罗拉轴端的给棉棘轮 Z_2 拉过一齿，使给棉罗拉转过一定角度而产生给棉动作，喂给一定长度的棉层；当钳板后退时，棘爪在棘轮上滑过，给棉罗拉不给棉。

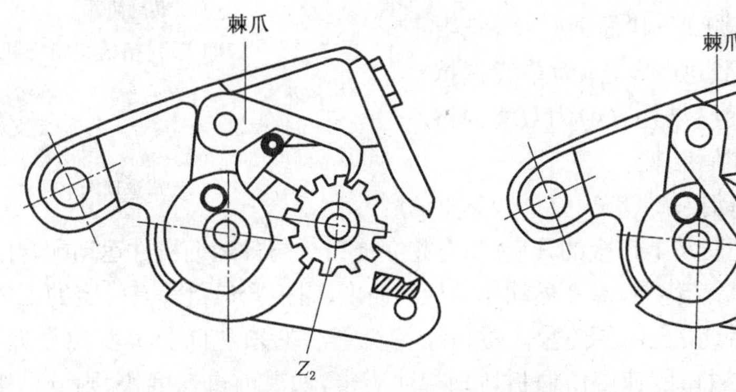

图 5-14　精梳机前进给棉机构　　　**图 5-15　精梳机后退给棉机构**

（2）后退给棉

后退给棉即给棉罗拉在钳板后摆时输送棉层，完成给棉运动。后退给棉传动如图 5-15 所示，当钳板后退时，上钳板逐渐闭合，带动装于上钳板上的棘爪，将固装于给棉罗拉轴端的给棉棘轮 Z_2 撑过一齿，使给棉罗拉转过一定角度而产生给棉动作，喂给一定长度的棉层；当钳板前进时，给棉罗拉随钳板前摆，钳口逐渐打开，棘爪在棘轮上滑过，给棉罗拉不给棉。

2. A201 系列精梳机的给棉机构

A201 系列精梳机只有前进给棉，其传动机构如图 5-16 所示。给棉棘轮 4 固装在上给棉罗拉 2 的轴端，带棘爪 7 的棘轮罩壳 8 活套在上给棉罗拉的颈上，罩壳的延长臂与连杆 5 铰接，连杆另一端铰接在顶梳轴托架上。由于给棉罗拉置于下钳板上，因而给棉罗拉的传动可以看做是以 O_1、O_2 为固定支点的 $O_1—A—B—O_2$ 四连杆机构，见图 5-16(b)。当给棉罗拉随钳板从最后位置下摆至最前位置 B 时，棘轮罩壳将从 $A'B'$ 摆至 AB，相对于给棉罗拉轴芯摆动了一定角度。由于棘爪与罩壳为一体，所以棘爪相对于棘轮亦摆过同一角度，足以使棘轮被推过一齿，给棉罗拉转过 $1/Z$ 转（Z 为给棉棘轮的齿数）。在给棉罗拉随钳板由前向后摆动时，棘爪在棘轮上滑过，给棉罗拉不给棉。

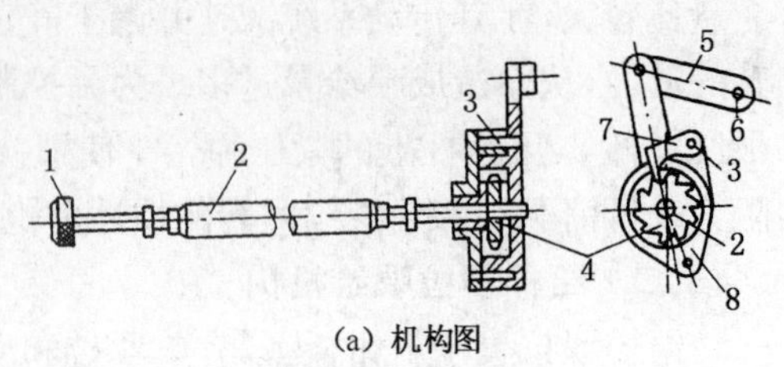

(a) 机构图

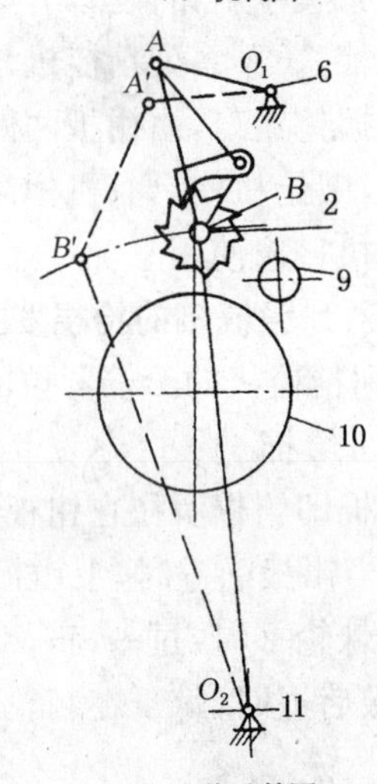

(b) 传动简图

图 5-16　A201 系列精梳机给棉机构

1—滚花盘　2—上给棉罗拉　3—铰接销　4—给棉棘轮　5—连杆　6—固定支点　7—棘爪　8—棘轮罩壳　9—分离罗拉　10—锡林　11—钳板摇架下支点

(三) 钳板机构

精梳机的钳板机构由上、下钳板、钳板摆动机构、钳板摆轴传动机构所组成，其作用是钳持棉层供锡林梳理，并将锡林梳理过的须丛送到分离罗拉钳口进行分离接合。因此，钳板机构的运动参数和精梳机的梳理、分离接合质量及落棉率有着密切的关系。

1. 钳板的结构和运动要求

(1) 钳板的结构

钳板握持须丛能力的强弱直接影响锡林梳理及落棉率。因此，为了增强钳板的握持能力，上、下钳唇分别被设计成凹凸状曲面结构，且上钳唇前端下突，如图 5-17 所示，(a)为单线握持的 A201D 型精梳机的钳唇结构，(b)为双线握持的 FA269 型精梳机的钳唇结构。

(2) 钳板机构的运动要求

钳板部分的钳持、摆动及上钳板的开启、闭合是完成钳板与各运动机件运动配合的基本动作。为了保证精梳机的高产优质，对上述动作的运动速度、钳板开口量等有一定的工艺要求。

① 钳板向前运动后期的速度要慢，使钳板钳持梳理后的须丛向分离罗拉靠近，准备分离接合。须丛进入分离钳口的速度由钳板运动规律决定，如果前进速度快，则分离接合时间短，须丛牵不开，从而影响精梳的接合质量。为了延长接合过程，保证一定的牵伸值和分离后须丛的长度，在钳板前摆运动后期，速度宜慢。

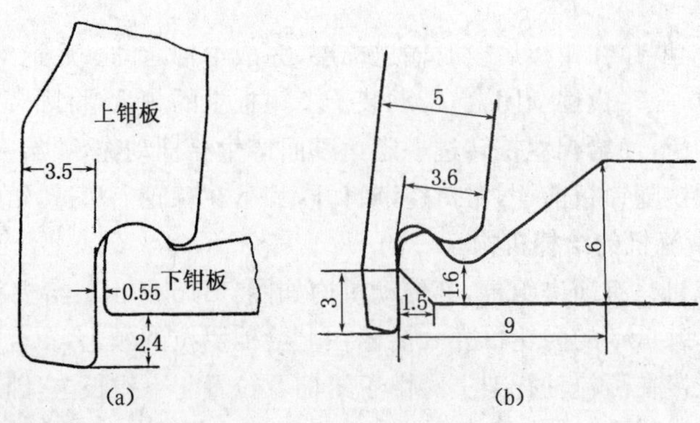

图 5-17　上、下钳唇的结构

② 梳理隔距变化要小。在锡林梳理期间，上钳板的钳唇下缘与锡林针尖的距离称为梳理隔距。梳理隔距变化越小，分梳效果越好。梳理隔距变化的大小，由钳板摇架支点相对于锡林中心的位置所决定。

③ 钳板开口充分，须丛抬头要好。在梳理过程中，须丛在钳板的握持下屈曲向下，当钳板前摆、钳口逐渐开启准备分离接合时，须丛依靠本身的弹性逐步伸直抬头。如果分离接合开始时钳板开口不充分，将使钳唇外的须丛头端不能充分抬起，从而影响正常的分离接合。在生产中的反映是棉网中间先产生破洞，并逐步扩大，直到没有纤维输出，即使没有破洞，也会影响精梳条的内在质量。在加工长绒棉、长给棉、重定量且高速时，须丛长度长，钳板前摆时须丛受到的空气阻力大，不易抬头挺直；同时，高速后钳板开口、须丛抬头的时间少，此类情况会更加严重。

钳板机构的运动规律应根据工艺要求确定。在锡林梳理阶段，钳板后退速度快，则锡林分梳时的梳理速度相应提高，分梳效果好；在分离接合阶段，钳板前进速度慢，有利于延长分离接合时间，增大分离牵伸，提高棉网的接合质量。所以，工艺上要求后退时的钳板运动速度比前进时快。

2. 钳板摆轴的传动机构

钳板的前后运动由钳板摆轴驱动，而钳板摆轴的动作来自车头钳板摆轴的传动机构。

(1) FA269 型精梳机的钳板摆轴传动机构

FA261 型、FA266 型、FA269 型精梳机的钳板摆轴传动机构为曲柄、滑块、滑杆机构，如图 5-18 所示。在锡林轴 1 上固装有一法兰盘 2，在离锡林轴芯 65 mm 处(FA261 型为 77.5 mm，FA266 型为 70 mm)装有滑套 3，钳板摆轴 5 上装有 L 形滑杆 4，滑杆套在滑套内。锡林轴回转一周，通过滑套、滑杆，使钳板摆轴正反向摆动一次。

图 5-18 FA261 型、FA266 型、FA269 型精梳机的钳板摆轴传动机构简图

1—锡林轴 2—法兰盘 3—滑套 4—滑杆 5—钳板摆轴

(2) FA251A 型精梳机的钳板摆轴传动机构

FA251A 型精梳机的钳板摆轴传动机构简图如图 5-19 所示。锡林轴 O_1 的轴端固装有主动曲柄 O_1A，O_2 为从动曲柄 O_2B 的回转中心，$O_1—A—B—O_2$ 构成双曲柄机构。当锡林轴带动曲柄 O_1A 等速回转时，通过连杆 AB 带动从动曲柄 O_2B 以 O_2 为圆心做变速运动，并通过拉杆 BC、摆杆 O_3C，使钳板摆轴 O_3 摆动。

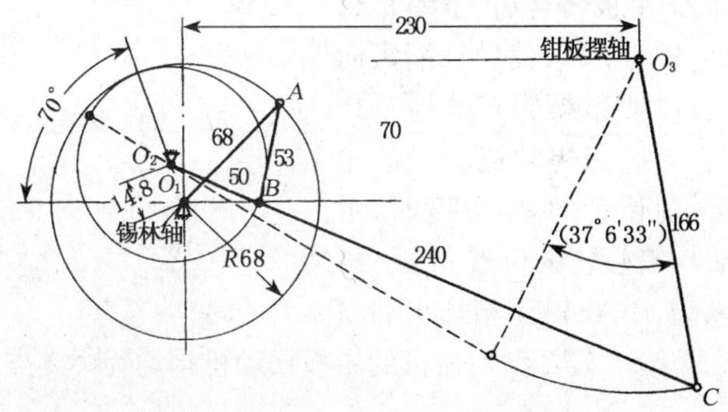

图 5-19 FA251A 型精梳机的钳板摆轴传动机构简图

(3) A201 系列精梳机的钳板摆轴传动机构

A201 系列精梳机的钳板摆轴传动机构如图 5-20 所示。分度指示盘 6 固装在动力分配轴上，其上距动力分配轴中心 65 mm(或 70 mm)处的弧形槽孔内装有一短轴销 3，落棉刻度盘 5 的内孔活套在短轴销上，其内孔与几何中心有 14 mm 的偏心距。滑块 2 活套在落棉刻度盘的轴套 4 上，以螺栓与落棉刻度盘固连，改变螺栓对应落棉刻度盘的刻度，即可调整落棉隔距。滑块滑槽内有一滑杆 1，其一端为偏心摆臂，以夹紧螺栓固定在钳板摆轴 8 上。当动力分配轴转动时，分度指示盘带动短轴销做圆周运动，通过滑块、滑杆，使钳板摆轴做正反向往复摆动。

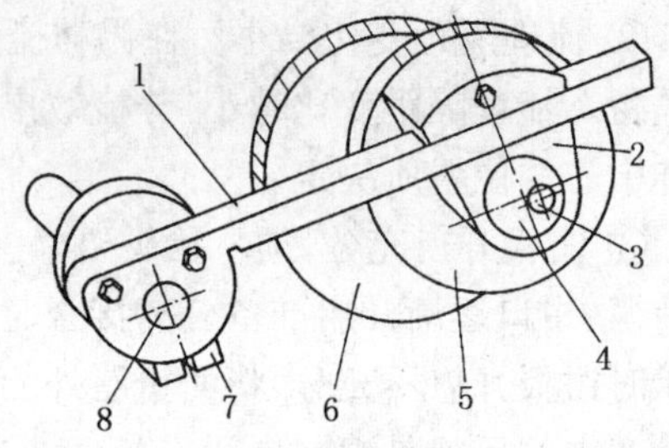

(a) 机构图

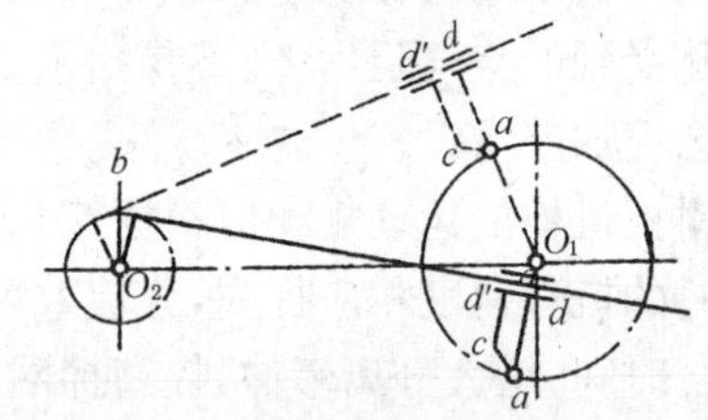

(b) 机构简图

图 5-20　A201 系列精梳机的钳板摆轴传动机构

1—滑杆　2—滑块　3—短轴销　4—轴套　5—落棉刻度盘　6—分度指示盘　7—偏心摆臂　8—钳板摆轴

3. 钳板摆动机构

钳板摆动机构是指以钳板摆轴和钳板摇架支点为固定支点的四连杆传动机构，根据钳板摇架支点相对于锡林轴的位置可分为中支点式摆动机构、下支点式摆动机构和上支点式摆动机构。

(1) 中支点式钳板摆动机构

钳板摇架支点与锡林轴同轴时，称为中支点式钳板摆动机构，其摆动机构简图如图 5-21 所示。上钳板架 7 铰接于下钳板座 4 上，其上固装有上钳板 8。张力轴 12 上装有偏心轮 11，导杆 10 的上端装于偏心轮上的轴套上、下端与上钳板架铰接，导杆上装有钳板钳口加压弹簧 9。当钳板摆轴 6 以逆时针回转时，钳板前摆，同时，由钳板摆轴传动的张力轴也做逆时针方向转动，加上导杆的牵吊，使上钳板逐渐开口；当钳板摆轴做顺时针方向转动时，钳板后退，张力轴也做顺时针回转，在导杆和下钳板座的共同作用下，上钳板逐渐闭合。钳板闭合后，下钳板继续后退，导杆中的加压弹簧受压，使导杆缩短而对钳板钳口施加压力，以便钳板能有效地钳持棉丛，接受锡林梳理。为确保锡林梳理时的钳口压力，在钳板处于最前位置的 24 分度时，由定位工具校准张力轴与偏心轮的位置角 α。国产 FA261 型、FA266 型、FA269 型精梳机和立达 E7/5 型、E7/6 型、E62 型、E72 型精梳机的钳板摆动机构均为中支点式。

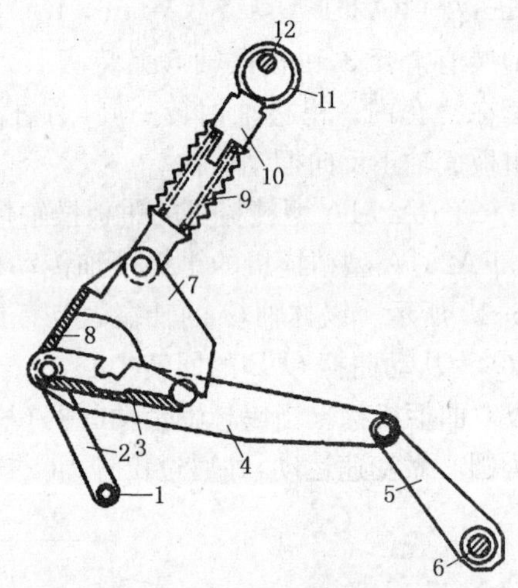

图 5-21　中支点式钳板摆动机构

1—锡林轴(摇架支点)　2—钳板前摆臂　3—下钳板　4—下钳板座　5—钳板后摆臂　6—钳板摆轴　7—上钳板架　8—上钳板　9—加压弹簧　10—导杆　11—偏心轮　12—张力轴

(2) 下支点式钳板摆动机构

钳板摇架支点位于锡林下方，称为下支点式钳板摆动机构，如图 5-22 所示。下钳板 10 固装在钳板摇架 12 的托座上，托座两端用螺栓固装在钳板摇架的长槽内，摇架以下支点 11 做前后摆动，钳板托座与钳板连杆 7 铰接，钳板连杆又与钳板摆臂 2 铰连，钳板摆臂用夹紧螺钉固定在钳板摆轴 1 上，从而构成以钳板摆轴、摇架下支点为固定支点的四连杆机构。当钳板摆轴摆动时，通过摆臂、连杆、摇架使钳板前后摆动。上钳板 9 因上钳板臂 8 的中部与下钳板托座铰接而随钳板一起摆动，其尾端通过横轴、卡头套筒 13 与竖杆 15 上的卡头 14 铰接，竖杆上端装有加压弹簧 4 和上螺帽 5 并穿过十字孔轴套 6，十字孔轴套的横孔由短轴 3 与钳板摆臂铰接。当钳板摆轴顺时针摆动时，推动钳板向前摆动，并带动十字孔轴套向前下方运动，当轴套下端与竖杆下方的下螺帽 16 接触时，竖杆随之下降，使上钳板臂以托座上的短轴销为中间支点逆时针旋转，前端抬起而钳口开启。当钳板摆臂做逆时针摆动时，钳板随之后摆，十字孔轴套做相对上升运动，通过弹簧、上螺帽使竖杆上升，上钳板尾端上升，前端下降，钳口闭合。当摆臂继续做逆时针摆动时，十字孔轴套将竖杆上端的弹簧压缩，通过竖杆、卡头、上钳板臂将弹簧压力传至钳口，实现了钳板的加压。调节竖杆的上螺帽的上下位置，可调节钳口压力的大小；调节下螺帽的位置，可调节上钳板的启闭定时。国产 A201 系列精梳机的钳板摆动机构为下支点式。

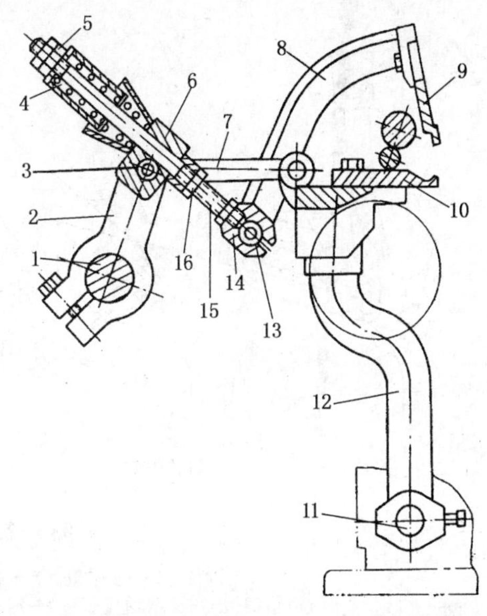

图 5-22 下支点式钳板摆动机构

1—钳板摆轴 2—钳板摆臂 3—短轴 4—弹簧 5—上螺帽 6—十字孔轴套 7—钳板连杆 8—上钳板臂 9—上钳板 10—下钳板 11—支点 12—钳板摇架 13—卡头套筒 14—卡头 15—竖杆 16—下螺帽

(3) 上支点式钳板摆动机构

钳板摇架摆动支点位于锡林上方，称为上支点式摆动机构，国产 FA251A 型精梳机即采用上支点式摆动钳板机构，如图 5-23 所示。钳板摆臂 11 用夹紧螺钉固定在钳板摆轴 12 上，钳板连杆 9 与钳板摆臂铰连，吊杆 4 的下端与钳板连杆铰连，吊杆上端铰连在上支点 5 上，构成以钳板摆轴中心 O_3 和上支点 O_4 为固定支点的四连杆机构 $O_3—D—E—O_4$。下钳板 3 通过钳板托座固定在钳板连杆上，上钳板臂与下钳板铰连。当钳板摆轴摆动时，通过钳板摆臂、钳板连杆使吊杆以上支点为中心摆动，从而实现钳板的前后摆动。

二、梳理机构

精梳机梳理部分包括锡林和顶梳。梳理部分的工作好坏直接影响精梳质量和落棉。

(一) 锡林的结构

锡林是精梳机的主要梳理机件，它担负着梳理须丛前端，使纤维伸直平行并去除其中的短纤维、杂质和疵点的任务。

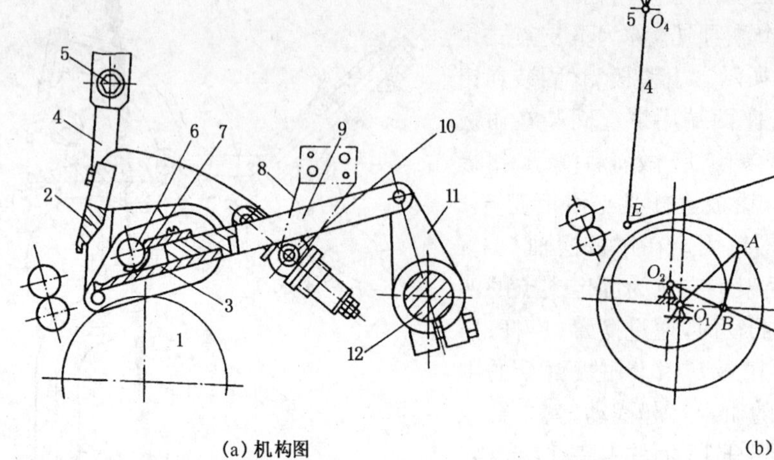

(a) 机构图　　(b) 机构简图

图 5-23　上支点式摆动机构

1—锡林　2—上钳板　3—下钳板　4—吊杆　5—上支点　6—给棉罗拉
7—弧形给棉板　8—总轴托座　9—钳板连杆　10—摆动总轴　11—钳板摆臂　12—钳板摆轴

1. 精梳锡林的分类

(1) 按锡林针齿所占面积分

精梳锡林针齿约占锡林四分之一的圆周弧面，有 90°和 112°两种，弧度越大，梳理面越大，梳理效果越好。现代高效精梳机多使用 112°的梳理面。

(2) 按锡林针齿的形式分

精梳锡林有植针式和整体式两大类。分片植针式锡林各排梳针的规格可根据工艺要求变换，但梳针容易损伤，针隙间易嵌花衣，植针费工费时，已逐渐被淘汰；新型精梳机采用整体式锡林，整体式锡林又有金属锯齿式整体锡林、梳针式整体锡林两类。

2. 金属锯齿锡林

金属锯齿锡林具有使用寿命长、梳理作用强、不嵌花等特点，所以在国内外新型高速精梳机上广泛使用。金属锯齿锡林又有黏合式与嵌入式。

(1) 黏合式锯齿锡林

起初的黏合式锯齿锡林是用黏合剂把密度和规格都相同的金属锯齿黏合在金属弓形板上，弓形板再固定在铁胎上而制成。由于弓形板为一个整块且整个锡林上的针齿密度和规格相同，所以也叫锯齿整体锡林。这种锡林不能对须丛进行逐步深入而细致的梳理，从而影响了对短绒、棉结、杂质的排除。现代精梳机使用的黏合式锯齿锡林是将不同密度、不同规格(即一分割、二分割、三分割、四分割、五分割共五种锡林规格)的锯条分别黏合

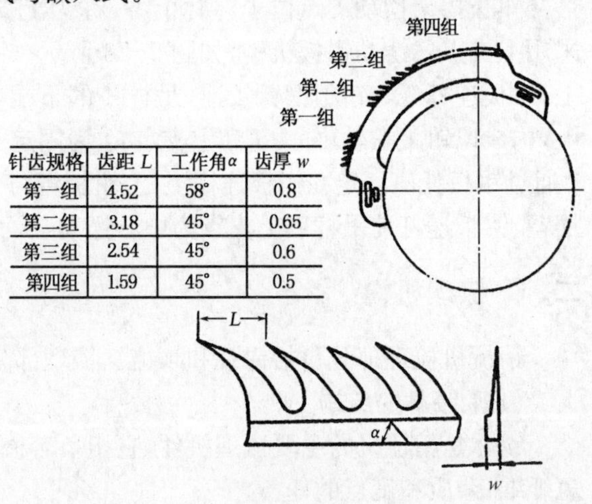

针齿规格	齿距 L	工作角 α	齿厚 w
第一组	4.52	58°	0.8
第二组	3.18	45°	0.65
第三组	2.54	45°	0.6
第四组	1.59	45°	0.5

图 5-24　黏合式锯齿整体锡林

在弓形板上，从而形成了前稀后密、不同参数针齿排列的锡林针面分布。图 5-24 所示为四分割的黏合式整体锡林。黏合式锡林不用针板，铁胎上无需刻槽，结构简单，但不便于根据工艺要求调节齿密及其他参数，若锯齿损坏不易修复，必须整体更换。

（2）嵌入式锯齿锡林

嵌入式锯齿锡林的结构如图 5-25 所示。这种锡林由几组不同规格的齿片用嵌条 8 及螺钉固定在弧形基座 3 上而构成，齿片用不同厚度（0.15 mm、0.20 mm、0.25 mm）的薄钢片冲切而成，齿片间以不同厚度的薄钢隔片相隔，以调节齿间横向密度。齿片与隔片下部带有燕尾槽，隔片顶面与齿片基厚高低一致。齿片与隔片相间排列后穿在一销轴 4 上构成一组齿片，各组齿片分别镶在弧形基座直槽内的嵌条上，以螺栓固定。

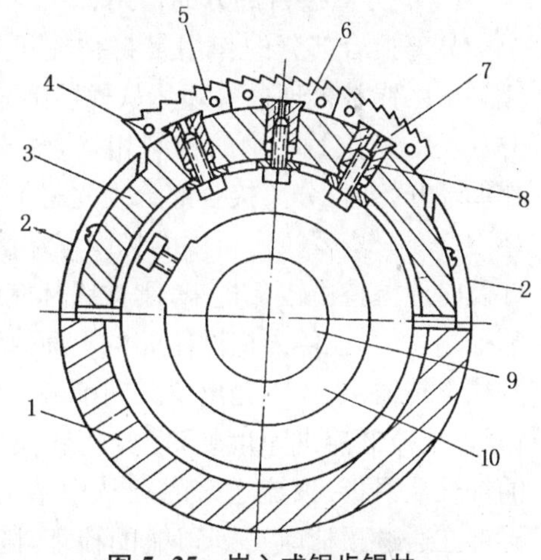

图 5-25 嵌入式锯齿锡林

1—弓形板 2—挡板 3—弧形基座 4—销轴 5，6，7—第一，二，三组齿片 8—嵌条 9—锡林轴 10—法兰

由于嵌入式锡林的各组齿片的齿形、工作角及厚度等参数可根据不同工艺要求进行设计，并与不同厚度的隔片配合构成不同齿密以满足不同的加工要求，针齿损坏后维修方便，仅更换坏齿片即可。因此，这种锡林具有很强的生命力。

与梳针式锡林相比，锯齿锡林适应于高速，但由于锯齿作用较梳针剧烈而使精梳条的短绒率有所增加。

（二）顶梳

1. 顶梳的作用

顶梳的作用是梳理分离纤维丛的后端，包括“死隙”部分以及在钳板钳持点后方的纤维尾端，这都是锡林梳理不到的部位。在分离接合过程中，顶梳插入须丛，被分离罗拉钳口握持的那部分纤维丛，以分离罗拉的表面速度前进，纤维丛的尾端从顶梳针隙间通过时受到顶梳的梳理，夹在纤维丛中的短纤维、杂质和疵点则被顶梳拦截而排入落棉。

2. 顶梳的结构和传动

顶梳由顶梳托脚、梳针针板和梳针组成。不同的机型有不同的顶梳传动方式，顶梳结构也有所差异。国产精梳机有单独传动摆动式顶梳和钳板固定式顶梳两种，国产 A201 系列和 FA251A 型精梳机采用单独传动摆动式顶梳，国产新型精梳机如 FA261、FA266、FA269、PX2、CJ40 等均采用钳板固定式顶梳。下面以钳板固定式顶梳为例，说明顶梳的结构与传动。

（1）钳板固定式顶梳的结构

固定式顶梳的结构如图 5-26 所示，(a)为梳针规格，(b)为梳针针板，(c)为梳针托架。钳板固定式顶梳以特制的固定弹簧卡固定在上钳板的侧部，其梳针托架采用铝合金制成，针板与梳针的夹角为 18°，顶梳采用扁状弯针，植针密度有 26 根/cm、28 根/cm、30 根/cm、32 根/cm，供加工不同纤维时选用。

（2）钳板固定式顶梳的传动

因顶梳固定在上钳板上，所以顶梳随钳板的运动而前进抬起，离开分离丛；或后退下降，插入分离丛梳理其后端。

三、分离接合机构

(一) 分离接合部分的作用

分离接合部分的作用是将精梳机每一工作循环中由锡林梳理过的须丛从棉层中分离出来，并与上一工作循环中的棉网相接合。在每一工作循环开始时，分离接合部分须先将上一工作循环中留在分离罗拉钳口中的棉网尾端倒入机内，并及时地握持由钳板送来、刚被锡林梳理过的须丛前端，叠合在倒入棉网尾端的上面；接着，分离罗拉正转输出，由于分离罗拉向前输送的速度比钳板、顶梳的前进速度快，使分离罗拉钳口握持的纤维从钳板、顶梳送来的须丛中牵引出来，其尾部在通过顶梳时得到顶梳的梳理，随着钳板、顶梳逐渐向分离罗拉钳口前移，这种叠合、牵引、输出持续进行。

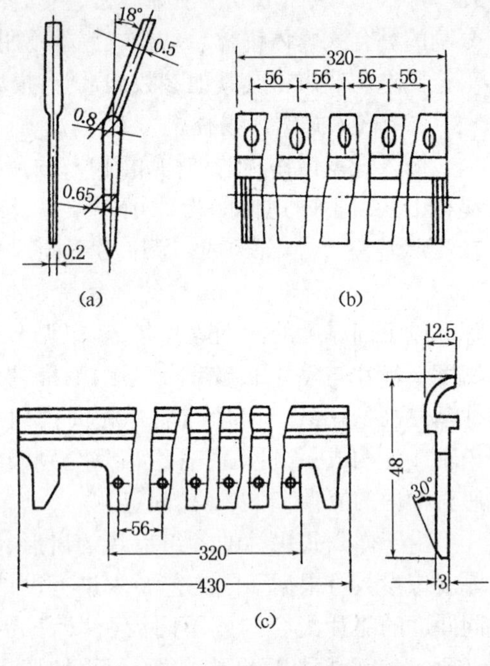

图 5-26 钳板固定式顶梳规格与结构

为了实现前后纤维层的周期性接合、分离和输出，分离罗拉应“倒转→顺转→基本静止”，且顺转量大于倒转量，以保证连续不断地输出棉网，并在锡林梳理阶段保持基本静止。在一个工作循环中，分离罗拉的顺转量与倒转量之差称为有效输出长度。该长度也就是一个工作循环中输出棉网的实际长度。

(二) 分离罗拉传动机构

尽管各机型的分离罗拉传动机构不同，但都是通过曲柄或多连杆机构将锡林轴传来的恒速转变为变速，然后将连杆机构获得的变速与主轴（也称为锡林轴或动力分配轴）传来的恒速同时输入差动轮系进行合成，从而使分离罗拉实现“倒转→顺转→基本静止”运动。

1. 双曲柄连杆—外差动式行星轮系分离罗拉传动机构

FA261 型、FA266 型、FA269 型精梳机采用双曲柄连杆—外差动式行星轮系的分离罗拉传动机构。

(1) 分离罗拉恒速部分

如图 5-27(a)所示。分离罗拉的恒速运动是由锡林轴通过 15^T齿轮和 56^T介轮传动 95^T齿轮，形成差动轮系差动臂的速度，带动三个行星轮 29^T绕双联齿轮 25^T公转，再通过 87^T和 28^T齿轮使分离罗拉正向输出。

(2) 分离罗拉变速部分

如图 5-27(b)所示。锡林轴 7 上固装着用螺栓与定时调节盘连接的 143^T齿轮 9，并活套着一个固定在头、二墙板上的偏心轮座，偏心轮座的中心偏离锡林轴 28 mm。锡林轴通过 143^T齿轮上的定时调节盘，使其上的曲柄销以半径 77 mm（FA261 型是77 mm、FA266 型是 70 mm、FA269 型是 65 mm）绕锡林轴中心匀速回转，再通过 105 mm 的偏心曲柄连杆 5 带动偏心轮 4 上的铰接销以 77mm 为半径绕偏心轮座中心变速回转，从而构成一个双曲

柄机构。偏心轮的外缘活套有长 300 mm 的摆动杆 3，其一端与活套在钳板摆轴 2 上的摇杆 1 铰接，长 190 mm 的摆动杆 3 的一端与 80 mm 短轴连杆 6 铰接，而短轴连杆与固装在行星轮系首轮 33^T 齿轮轴上的摇杆铰接，从而构成一组多连杆机构。通过这组多连杆机构，使 33^T 齿轮做正反向变速转动和相对静止运动。

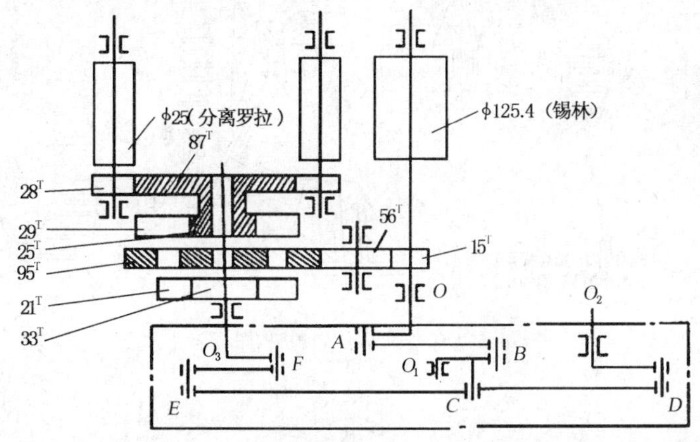

(a) 分离罗拉传动机构

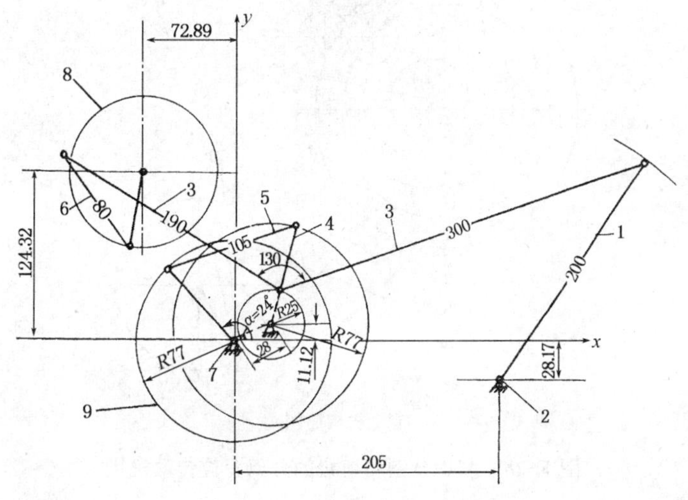

(b) 连杆传动简图

图 5-27 FA261 型、FA266 型、FA269 型精梳机的分离罗拉传动示意图

1—钳板摆轴摇杆 2—钳板摆轴 3—摆动杆 4—锡林偏心轮 5—偏心曲柄连杆(摆动杆) 6—短轴连杆 7—锡林轴 8—33^T 齿轮 9—143^T 齿轮

通过差动轮系将多连杆机构传来的变速与锡林轴传来的恒速进行叠加合成，使分离罗拉产生一个循环的正转—反转—基本静止的运动，完成输出和倒转分离接合的工艺要求。

2. 平面连杆—内行星式差动轮系分离罗拉传动机构

国产 A201D 型精梳机采用平面连杆—内行星式差动轮系分离罗拉传动机构，如图 5-28 所示。

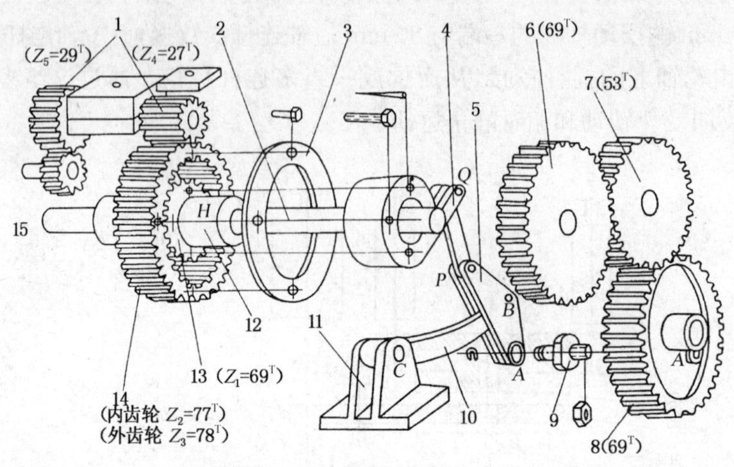

(a) 分离罗拉传动机构图

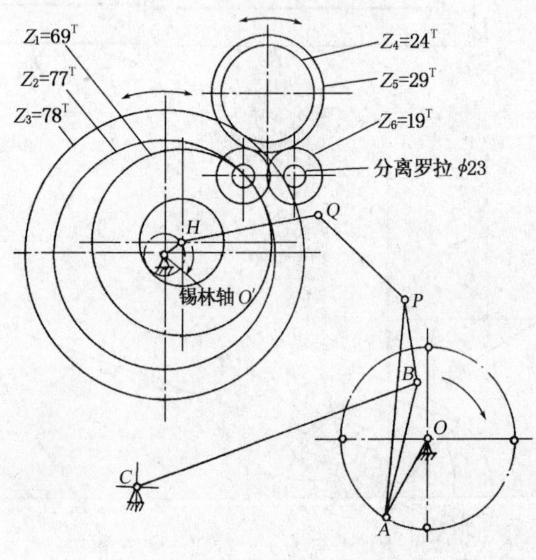

(b) 机构简图

图 5-28 A201D 型精梳机的分离罗拉传动机构

(1) 分离罗拉恒速部分

行星差动齿轮 Z_1 活套在锡林轴中段的偏心凸轮 H 上，锡林轴一转，凸轮 H 带动行星差动齿轮 Z_1 摆动一次，与活套在锡林轴上的分离齿轮啮合传动，再通过分离罗拉传动齿轮和分离罗拉齿轮传动分离罗拉做等速回转运动。

(2) 分离罗拉变速部分

69^T 曲柄传动齿轮活套在锡林轴上，由固装在同一轴上的 94^T 齿轮通过圆弧形槽孔和螺栓传动，经过 53^T 曲柄介轮使 69^T 曲柄齿轮与锡林轴同步运动。曲柄齿轮上的曲柄 OA 与三角连杆 AB、摆杆 BC 构成以 O、C 为支点的四连杆机构，并通过三角连杆的延伸点 P 和连杆 PQ 带动差动臂 QH 摆动，使差动齿轮 Z_1 做倒、顺转，再通过分离齿轮、分离罗拉传动齿轮及 19^T 分离罗拉齿轮使分离罗拉做倒、顺转的变速运动。

行星差动齿轮的公转和自转运动的叠加，使分离罗拉做“倒转→顺转→基本静止”的周期性运动，且顺转量大于倒转量，以满足分离接合的工艺要求。

在内差动式行星轮系传动中，当行星差动齿轮与分离齿轮的内齿轮的齿数差异较小时，易产生内齿轮干涉现象，从而影响机构的正常运行。所以在新型精梳机上，分离罗拉传动机构都采用外差动式行星轮系来完成变速、恒速的合成。A201E 型即采用了外差动式行星轮系。

3. 平面六连杆—外差动式行星轮系分离罗拉传动机构

国产 FA251A 型精梳机的分离罗拉传动机构为六连杆—外差动式行星轮系传动机构，如图 5-29 所示。

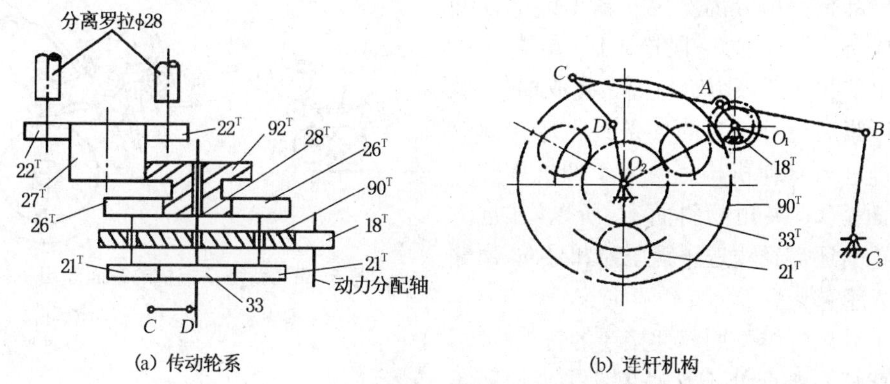

(a) 传动轮系 (b) 连杆机构

图 5-29 FA251A 型精梳机的分离罗拉传动机构

图(a)中，动力分配轴上的 18^T 齿轮传动行星轮系中的传动臂 90^T 齿轮，90^T 齿轮通过 26^T 行星轮传动 28^T 末轮，与 28^T 末轮相连的 92^T 齿轮经 27^T 过桥齿轮传动 22^T 分离罗拉齿轮，使分离罗拉运动。这一传动路线是由动力分配轴通过行星轮系传递给分离罗拉的恒速运动部分。

图(b)中，固装在动力分配轴 O_1 上的偏心轮可简化为曲柄 O_1A，它与 BC 连杆的 AB 段、摆杆 O_3B 构成曲柄连杆机构，由动力分配轴传动。BC 连杆的 AC 段通过连杆 CD 传动摆杆 O_2D 摆动，摆杆又通过行星轮系的中心轴使 33^T 首轮正反向转动，再通过 21^T、26^T、28^T、92^T、27^T、22^T 等齿轮传动分离罗拉做顺转和倒转。这一传动路线是由偏心轮通过连杆机构传递给分离罗拉的变速运动部分。

将上述恒速与变速在外差动式行星轮系中叠加，使分离罗拉周期性地做“倒转→顺转→基本静止”的变速运动，从而满足分离接合的工艺要求。

四、落棉排除及输出机构

(一) 落棉排除机构

落棉排除机构的作用是将精梳锡林上的纤维和杂质等及时剥取，并将其收集起来予以排除，以保持锡林锯齿的清洁。落棉排除的机构随所采用的落棉排除方法的不同而不同，有单独排落棉机构和集体排落棉机构。

为了减轻挡车工的劳动强度，在 FA 系列等新型精梳机上采用了集体排落棉机构，落棉经毛刷刷下，经气流作用由管道输送，集体排除。

（二）输出部分

输出部分包括车面输出机构、牵伸机构及圈条机构，其作用是把分离罗拉输出的棉网汇聚成条，经压紧、并合、牵伸后制成定量正确、结构优良、条干均匀的棉条，并有规律地圈放在棉条筒内，以便后道工序加工。

1. 车面输出机构

从分离罗拉输出棉网开始到车面条子喂入后牵伸罗拉为止，这一部分称为车面输出部分，如图 5-30 所示，它是 FA261 型精梳机的车面输出部分。由分离罗拉 6 输出的棉条并不立即成条，而是经过一段松弛区(导棉板 5)后由输出罗拉 4 喂入喇叭口 3 聚拢成棉条，经压辊 2 压紧后绕过各自的导条钉 1 弯转 90°，八根并排进入牵伸机构。由于牵伸机构位于与水平面呈 60°夹角的斜面上，所以，在进入牵伸装置前还需经输送压辊压缩和导向，由输送帘送入牵伸装置。

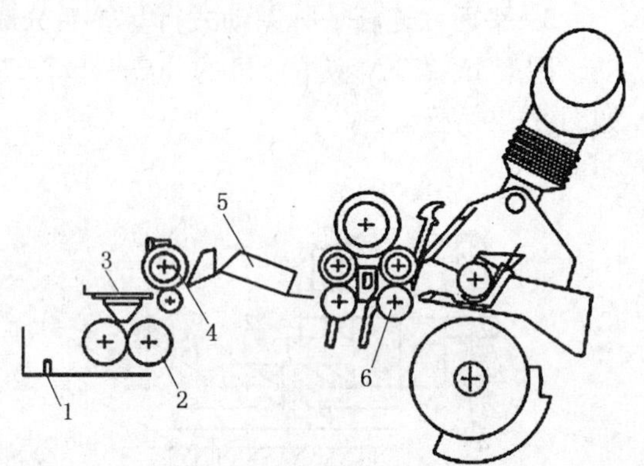

图 5-30　新型精梳机的车面输出机构

1—导条钉　2—压辊　3—喇叭口
4—输出罗拉　5—导棉板　6—分离罗拉

由于分离纤维丛周期性接合的特点，前后两个分离丛在叠合处不可避免地出现厚薄不匀，使输出棉网呈现周期性不匀。因此，将喇叭口向输出棉网的一侧偏置，使分离罗拉钳口线各处到喇叭口的距离不等，从而使分离罗拉同时输出的棉网到达喇叭口的时间不同，于是就产生了棉网纵向的混合与均匀作用。当八根棉条并合后，精梳条的不匀还会进一步改善，加之对导条钉位置进行合理的设置，使并合在一起的棉条接合部分相互错开，也有利于精梳条干的改善。

2. 牵伸机构

精梳机的机型不同，其牵伸机构也不同，所以精梳机牵伸机构的形式很多，这里仅以国产 FA269 型精梳机的牵伸机构为例进行讨论。

FA269 型精梳机的牵伸机构采用三上五下曲线牵伸形式，如图 5-31 所示。罗拉直径从前至后为 35 mm、27 mm、27 mm、27 mm、27 mm，三个皮辊的直径均为 45 mm(最小可磨到 42 mm)。前皮辊与前罗拉组成前钳口，中皮辊和后皮辊分别架在第二～第三罗拉和第四～第五罗拉上组成中、后钳口，从而将牵伸装置分为前、后两个牵伸区。后牵伸区的牵伸倍数有三档，分别为 1. 14、1. 36、1. 50；前牵伸区为主牵伸区，其罗拉隔距可根据纤维长度进行调整，调整范围为 41～60 mm，相应的皮辊中心距范围为 56～71 mm。牵伸传动配有四种变换齿轮，以适应加工不同纤维长度、不同品种的需要，总牵伸倍数可在 9～19. 3 范围内调整。

中钳口和后钳口均采用一上二下握持钳口，使喂入棉层在皮辊及罗拉上形成包围弧，从而增强了钳口的握持力和牵伸区中后部的摩擦力界，因而加强了对牵伸区内纤维运动的控制，使纤维变速点向前钳口集中，有利于减小牵伸造成的条干不匀。为了避免反包围弧对纤维运动的不良影响，第四、五罗拉中心比第三罗拉中心抬高 10. 0 mm，第二、三罗拉中心较

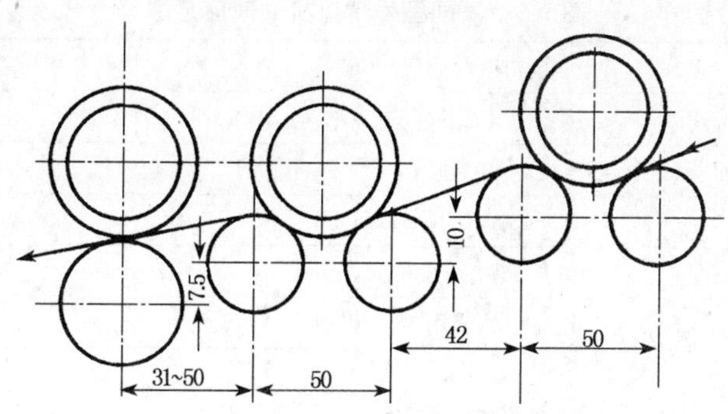

图 5-31 三上五下曲线牵伸

前罗拉中心抬高 7.5 mm。为了保证中(后)钳口的两个罗拉之间的牵伸倍数等于 1,两个罗拉同速回转。

为了防止意外牵伸,台面至牵伸部分的棉条由输送帘输送。牵伸装置的加压与分离罗拉相同,都采用两端气动加压,前皮辊的加压量为 346～415 N/两端,中、后皮辊的加压量为 485～623 N/两端,其加压形式稳定,调节方便。

3. 圈条机构

国产精梳机的圈条装置经过了一个由单筒双圈条到双筒单圈条再到单筒单圈条的发展过程。为了提高精梳条的条干均匀度,新型精梳机增加并合数,采用单筒单圈条机构,即将精梳机车面输出的八根棉条经并合、牵伸后制成一根棉条,圈放在一个棉条筒内。然而,在精梳条定量及精梳机产量不变的情况下,单筒单圈条的圈条速度比双筒单圈条提高一倍,使满筒时间缩短、换筒次数增加、劳动强度增大、机器的振动和噪音加剧,所以必须设计制造精度高、机械运行状态良好的圈条机构,方能满足高产优质的要求。FA269 型精梳机采用单筒单圈条机构,为了减少换筒次数,使用了 ϕ600 mm×1 200 mm 的大容量条筒,以提高生产效率,并设置有自动换筒装置。

第五节 精梳工艺设计原理

精梳工艺设计是否合理将影响成纱质量与纺纱成本,其设计的内容有主要机件的速度(锡林速度、毛刷转速),输入输出定量,给棉工艺(喂给长度、给棉方式),牵伸工艺(实际总牵伸、机械总牵伸、车面罗拉牵伸),隔距(梳理隔距、落棉隔距、牵伸罗拉中心距与隔距、顶梳隔距、毛刷隔距),定时和定位(钳板定时、分离罗拉顺转定时、锡林弓形板定位)。

一、速度

1. 锡林速度

精梳机的生产水平通常用锡林速度表示,它直接影响精梳机的产量和质量,是一个重要的工艺参数。一般规律是:当产品质量要求高时,锡林速度适当慢些;当产品质量要求一般时,锡林速度可快些。不同机型的锡林速度见表 5-1 和表 5-9。

表 5-9　不同型号精梳机的速度范围

机型	锡林速度(钳次/min)	毛刷转速(r/min)
A201 系列	145～165	1 000～1 200
FA251	180～215	1 100～1 300
FA261	180～300(实用 250 以下)	1 000～1 200
FA266	最高 350(实用 300 以下)	905、1 137
FA269	最高 400(实用 360 以下)	905、1 137

2. 毛刷转速

毛刷转速影响锡林针面的清洁工作,与锡林梳理作用的关系很大,需要根据锡林转速、原棉纤维长度以及毛刷直径等因素确定。若锡林转速快、纤维长度长、毛刷直径小,毛刷转速应适当加快。一般要求锡林表面速度和毛刷表面速度之比 $V_C : V_M = 1:6 \sim 1:7$。不同机型的毛刷速度见表 5-9。

二、定量与喂给长度

(一) 小卷定量(属于精梳准备工艺)

小卷定量与精梳机的产量和质量的关系较大,应根据机械性能、产质量要求、喂给长度、纺纱线密度等因素决定。

小卷定量加重,一是可提高精梳机产量;二是分离罗拉输出的棉网厚,棉网接合牢度大,棉网破洞、破边及缠绕现象可得到改善,还有利于上、下钳板对棉网的横向握持;三是棉丛的弹性大,钳板开口时棉丛易抬头,在分离接合过程中有利于新旧棉网的搭接;四是有利于减少精梳小卷的黏卷。但小卷定量过重,会增加锡林的梳理负担及精梳机的牵伸负担。

若纺纱线密度高、产量要求高、质量要求一般、喂给长度短、机械状态好,小卷定量可加重,否则应减轻。小卷定量的选择范围随机型而有所不同,可参见表 5-1。

(二) 精梳条定量

精梳条定量由小卷定量、纺纱线密度、精梳机总牵伸倍数确定。

当小卷定量和给棉长度确定后,精梳条定量对精梳梳理质量的影响不大,故精梳条定量一般偏重掌握,以免总牵伸过大而增加精梳条的条干不匀,一般为 15～25 g/5 m。

(三) 给棉工艺分析与给棉工艺配置

精梳机给棉工艺主要包括给棉方式、给棉长度、喂给系数、小卷张力等,它们与精梳机的梳理质量和落棉率等密切相关。精梳机给棉方式有前进给棉与后退给棉两种。大多数精梳机均有这两种给棉机构。

1. 前进给棉工艺分析

(1) 喂给系数 K

$$K = X/P$$

式中:X 为顶梳插入前已喂给的须丛长度(mm);P 为给棉罗拉每钳次的给棉长度(mm)。

由上式可知,当顶梳插入越早或给棉开始时间越迟时,X 值越小,K 值越小,这表示涌皱在顶梳后面的须丛较多;反之,X 值越大,K 值越大,这表示涌皱在顶梳后面的须丛较少。

根据给棉工艺要求，由于 X 的数值范围在 $0 \leqslant X \leqslant P$，因此 K 的数值范围应为$0 \leqslant K \leqslant 1$。

(2) 前进给棉分析

前进给棉过程如图 5-32 所示。

图中，Ⅰ—Ⅰ为钳板摆动到最后位置时的钳唇钳持线，此时钳板为闭合状态；Ⅱ—Ⅱ为钳板摆动到最前位置时的下钳板钳唇线，此时钳板为开启状态；Ⅲ—Ⅲ为分离罗拉钳口线；B 为钳板摆动到最前位置时钳板钳口与分离罗拉之间的距离，简称为分离隔距（近似落棉隔距）。

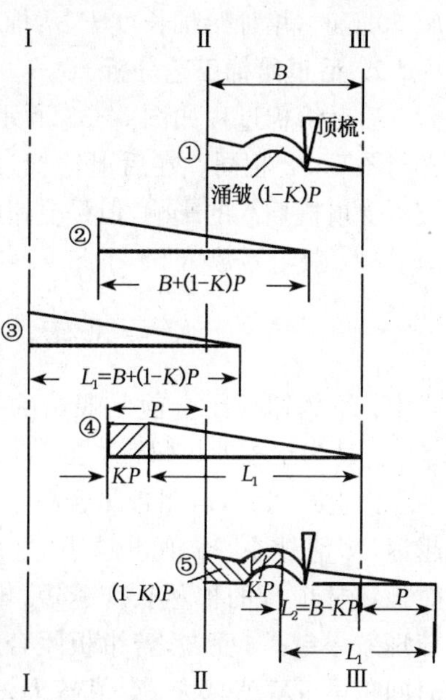

图 5-32 前进给棉过程分析

① 分离结束（钳板摆动到最前位置）时，由于顶梳的阻挡，所以一次给棉长度中，除了顶梳插入前已喂给的须丛长度 X 外，其余部分则在顶梳后面产生涌皱，涌皱部分的棉丛长度为 $P-X=(1-K)P$。

② 钳板向后运动且顶梳退出后，棉丛涌皱的部分挺直，钳板逐渐闭合，钳板钳持线外的棉丛长度增大到 $B+(1-K)P$。

③ 钳板继续后退、完全闭合，锡林对钳持线外的棉丛进行梳理，未被钳口握持的纤维有可能进入落棉，故进入落棉的最大纤维长度为 $L_1=B+(1-K)P$。

④ 钳板由后退转为前摆，钳板逐渐开启，给棉罗拉给棉，棉丛头端到达分离罗拉钳口，开始分离。从给棉开始到顶梳插入之前的这段时间里，给棉罗拉又喂给棉丛长度$X=KP$，此时钳持线外的须丛长度为 $L_1+X=B+(1-K)P+KP=B+P$。又因为每次分离出去的棉丛长度为 P，所以进入棉网的最短纤维长度 $L_2=L_1-P=B+(1-K)P-P=B-KP$。

⑤ 顶梳插入棉丛后，钳板继续前摆，给棉罗拉仍在给棉，直到钳板钳持线到达最前位置线Ⅱ—Ⅱ时，给棉罗拉才停止给棉。则继续给棉量为 $P-X=(1-K)P$，这一部分棉层因受到顶梳的阻碍再次涌皱在顶梳后的棉丛内，回复到过程①。

以后每一个工作循环重复上述过程。

(3) 分界纤维长度 L_3

由于进入落棉的最大纤维长度为 L_1，而进入棉网的最短纤维长度为 L_2，则长度在 L_1 与 L_2之间的纤维既可能进入落棉也可能进入棉网，为计算方便，将 L_1 与 L_2 的中间值定义为分界纤维长度 L_3，则：

$$L_3=\frac{L_1+L_2}{2}=\frac{B+(1-K)P+B-KP}{2}=B+(0.5-K)P$$

在给棉罗拉喂入的棉丛中，凡长度$\leqslant L_3$的纤维进入落棉，长度$>L_3$的纤维进入棉网。因此，前进给棉的理论落棉率受到 B、K、P 的影响。

(4) 影响前进给棉理论落棉率大小的因素

① 当分离隔距 B 增大时，分界纤维长度 L_3 增大，落棉增加。

② 当前进给棉的喂给系数 K 增加时，分界纤维长度 L_3 减小，落棉率减少。

③ 在前进给棉中，若喂给系数 $K>0.5$ 时，增加给棉长度 P，落棉率减少；若喂给系数 $K<0.5$ 时，增加给棉长度 P，落棉率增加。

2. 后退给棉工艺分析

后退给棉过程如图 5-33 所示，图中的符号意义与图 5-32 相同。在后退给棉过程中，棉丛的涌皱不受顶梳插入的影响，但是受钳板闭合的影响。

(1) 喂给系数 K'

$$K' = X'/P$$

式中：X'为钳板闭合前已喂给的须丛长度(mm)；

P 为给棉罗拉每钳次的给棉长度(mm)。

由上式可知，若钳板闭合越早或给棉开始时间越迟，X'值越小，K'值也越小，这表示在钳板后退时被锡林梳理的棉丛长度越短，排除的落棉越少，梳理效果越差；反之，若钳板闭合越迟或给棉开始时间越早，X'值越大，K'值越大，这表示在钳板后退时被锡林梳理的棉丛长度越长，排除的落棉越多，梳理效果越好。

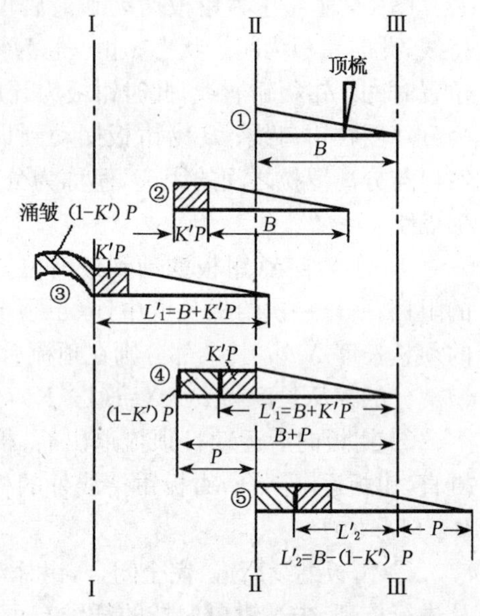

图 5-33　后退给棉过程分析

(2) 后退给棉分析

① 分离结束(钳板摆动到最前位置)时，钳板钳持线外的棉丛长度为 B，顶梳后面无涌皱。

② 钳板向后运动且逐渐闭合，给棉罗拉开始给棉，在钳板闭合前的喂给长度为 $X'=K'P$，此时钳板钳持线外的棉丛长度为 $L_1'=B+K'P$。

③ 钳板继续后退、完全闭合，给棉罗拉继续给棉，喂给棉丛长度为$(1-K')P$，涌皱在钳板钳口后面。

④ 钳板由后退转为前摆，钳板逐渐开启，钳板钳口后面涌皱的棉丛挺直，当棉丛头端到达分离罗拉钳口开始分离时，钳持线外的须丛长度为 $L_1'+(1-K')P=B+K'P+(1-K')P=B+P$。

⑤ 由于每次分离出去的棉丛长度为 P，所以进入棉网的最短纤维长度 $L_2'=L_1'-P=B+K'P-P=B-(1-K')P$。

以后每一个工作循环重复上述过程。

(3) 分界纤维长度 L_3'

同样，分界纤维长度 L_3'由下式求得：

$$L_3'=\frac{L_1'+L_2'}{2}=\frac{B+K'P+B-(1-K')P}{2}=B-(0.5-K')P$$

(4) 影响后退给棉理论落棉率大小的因素

① 当分离隔距 B 增大时，分界纤维长度 L_3'增大，落棉增加。

② 当后退给棉的喂给系数 K'增加时，分界纤维长度 L'_3增加，落棉率增大。

③ 在后退给棉中，若喂给系数 $K'>0.5$ 时，增加给棉长度 P，落棉率增加；若喂给系数 $K'<0.5$ 时，增加给棉长度 P，落棉率减少。

3. 给棉工艺配置

(1) 给棉长度

有短给棉与长给棉之分。短给棉有利于提高梳理质量，但产量受到限制，故有时配合小卷定量加重的方法。长给棉可提高产量，但小卷质量要求高(纤维伸直度要好)，否则将增加锡林梳理负担，落棉增多，所以，只有在纤维长度长、小卷定量轻、准备工艺良好时，可采用长给棉。给棉罗拉喂给长度可参见表 5-1。

(2) 给棉方式

有前进给棉与后退给棉之分。前进给棉，给棉长度较长，重复梳理次数较少，梳理效果较差，适应于纤维长度较长或质量要求一般的精梳产品，落棉率控制在 8%～16%。后退给棉，给棉长度较短，重复梳理次数较多，梳理效果好，适应于质量要求高的精梳产品，落棉率控制在 14%～20%。

(3) 给棉方式与给棉长度的调整方法

给棉方式可通过改变给棉机构来进行调整(参阅图 5-14 和图 5-15)，给棉长度通过调节喂卷调节齿轮和给棉罗拉棘轮即可(参阅下一节)。

三、牵伸工艺

(一) 总牵伸

1. 实际总牵伸

精梳机的实际总牵伸由小卷定量、车面精梳条并合数和精梳条定量决定。

$$实际总牵伸 = \frac{小卷定量(g/m)\times 5}{精梳条定量(g/5\ m)}\times 车面精梳条并合数$$

精梳机的实际总牵伸一般为 40～60 倍(并合数为 3～4 根)、80～120 倍(并合数为 8 根)。

车面精梳条并合数及牵伸形式见表 5-1。

2. 机械总牵伸

机械总牵伸由实际总牵伸和精梳落棉率决定。

$$机械总牵伸 = 实际总牵伸\times(1-精梳落棉率)$$

精梳落棉率：前进给棉时，一般为 8%～16%；后退给棉时，一般为 14%～20%。

调节变换轮齿数，即可改变总牵伸(详细内容参见下一节)。

(二) 部分牵伸

精梳机的主要牵伸区为给棉罗拉与分离罗拉之间的分离牵伸以及车面的罗拉牵伸。

1. 分离牵伸

(1) 分离牵伸的定义

给棉罗拉与分离罗拉之间的牵伸倍数称为分离牵伸，由于给棉罗拉与分离罗拉都是周期性变速运动，所以，分离牵伸的数值用有效输出长度与给棉长度的比值表示，即：

$$分离牵伸 = \frac{有效输出长度}{给棉长度}$$

(2) 分离牵伸的大小

对于一定型号的精梳机，有效输出长度是一定值，所以，当给棉长度确定后，分离牵伸的数值就可以确定。国产精梳机的分离牵伸值参见表 5-10。

表 5-10 国产精梳机的分离牵伸值

精梳机型号	有效输出长度(mm)	给棉长度(mm)	分离牵伸值
A201 系列	46.5(B型)，37.24(D型)	5.72，6.68	5.575～8.129
FA251 系列	33.78	5.2～7.1	4.758～6.496
FA261	31.71	4.2～6.7	4.733～7.550
FA266	31.71	4.7～5.9	5.375～6.747
FA269	26.48	4.7～5.9	4.488～5.634
CJ40	26.59	4.7～5.9	4.507～5.657

(3) 有效输出长度对分离接合质量的影响

由于精梳机呈周期性分离接合的特点，在分离接合和顶梳理阶段，当分离罗拉顺转后，从开始分离到结束分离这段时间内，分离罗拉的顺转位移量与纤维长度之和称为分离丛长度 L。分离须丛接合形态如图 5-34 所示，则分离丛长度 L = 接合长度 G + 有效输出长度 S。

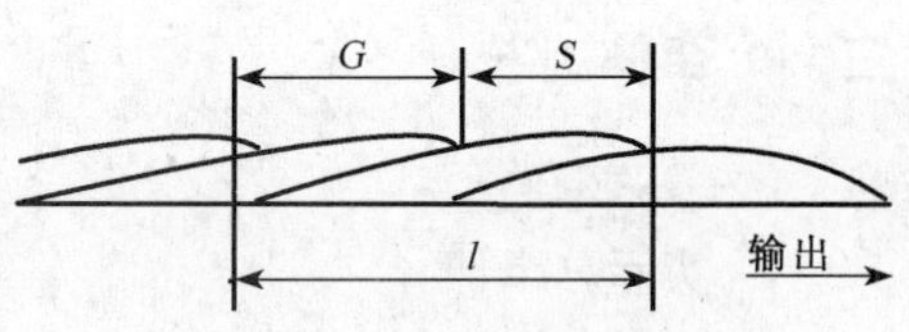

图 5-34 分离须丛接合形态

所以，有效输出长度长，接合长度就短，分离丛间的联系力较差。为了解决这类问题，新型高速精梳机采用缩短有效输出长度的方法，以防止棉网在高速中受牵伸、抖动而破裂的现象。

2. 车面罗拉牵伸

(1) 合理布置摩擦力界

新型精梳机的车面罗拉牵伸普遍采用曲线牵伸，多为三上五下。

(2) 车面罗拉总牵伸与牵伸分配

三上五下曲线牵伸分为前后两个牵伸区。后牵伸区的牵伸倍数有三档，分别为 1.14、1.36、1.50；前牵伸区为主牵伸区，根据不同纤维长度、不同品种的需要，总牵伸倍数可在 9～19.3范围内调整。车面罗拉总牵伸不宜太大，以免影响精梳条条干，常用 16 倍以下。

四、隔距

(一) 梳理部分

1. 锡林梳理隔距

(1) 锡林梳理隔距的定义

指在锡林梳理阶段，锡林针尖与上钳板钳唇下缘之间的距离。它随钳板摆动机构的形式

而不同，不同的钳板摆动机构的梳理隔距变化如图 5-35 所示。

(2) 梳理隔距对棉网质量的影响

梳理隔距小，梳理作用强，但纤维和梳针易损伤；反之，梳理隔距大，梳理作用减弱，棉网质量下降。一般锡林最紧点梳理隔距掌握为 0.4 mm。

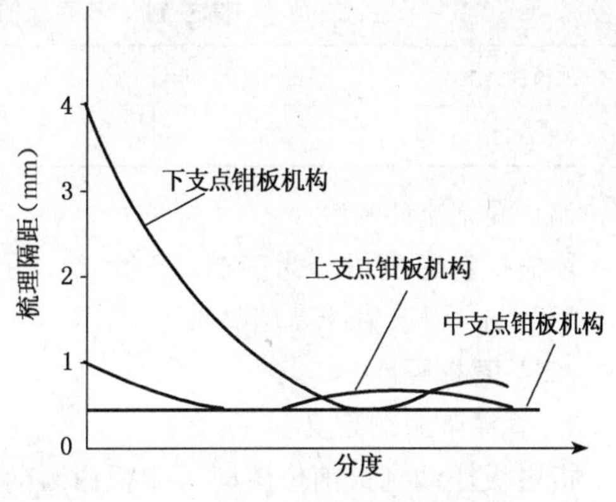

图 5-35 精梳机梳理隔距

(3) 三种钳板摆动机构的梳理隔距

① 下支点式钳板摆动机构（参考图 5-22，A201 系列），因钳板以下支点进行摆动，锡林梳理隔距随钳板的前后摆动而有较大的变化，开始梳理时隔距较大，以后逐渐减小，最紧隔距点在第 11～12 排梳针处，以后又稍放大。

② 中支点式钳板摆动机构（参考图 5-21，FA261 型、FA266 型、FA269 型），因钳板以锡林中心为支点进行摆动，所以锡林梳理隔距基本上不随钳板的前后摆动而变化。

③ 上支点式钳板摆动机构（参考图 5-23，FA251A 型），因钳板以上支点进行摆动，锡林梳理隔距随钳板的前后摆动有一定的变化，比中支点的变化稍大，但比下支点的变化小。

2. 顶梳隔距及顶梳梳针密度

(1) 顶梳针尖与后分离罗拉表面的进出隔距

当顶梳摆动到最前位置时（A201 型为 19 分度，FA261 型、FA266 型、FA269 型为 24 分度），顶梳针尖和后分离罗拉表面间的进出隔距为1.5mm，以防止顶梳在运动过程中与分离罗拉相碰。调节方法是用顶梳进出定规进行调节，如图 5-36 所示。

应注意，如分离距离变化（即落棉隔距与落棉率变化），顶梳必须重新校正，使顶梳定位保持一致。

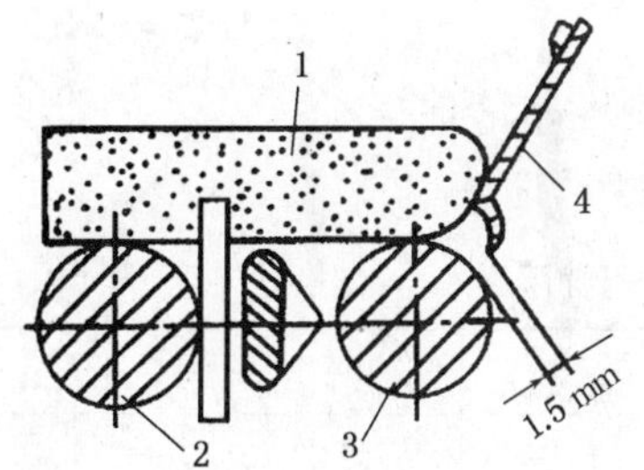

图 5-36 精梳机顶梳进出位置调节

1—进出定位工具 2，3—前后分离罗拉 4—顶梳

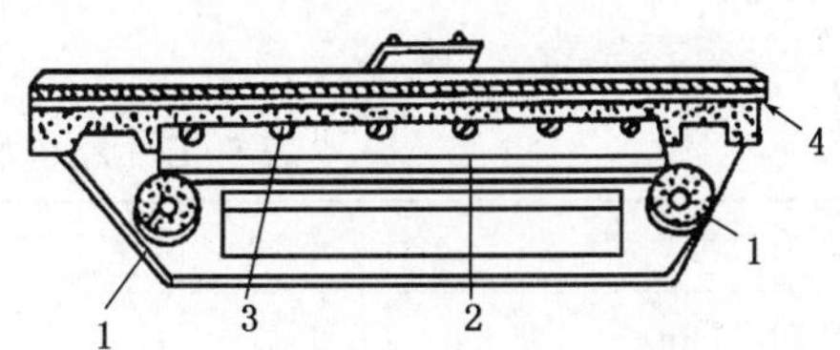

图 5-37 精梳机顶梳高低位置调节

1—偏心旋钮 2—梳针片 3—螺丝 4—托架

(2) 顶梳的深度（顶梳针尖与分离罗拉表面的高低）

如图 5-37 所示，FA261 型、FA266 型、FA269 型精梳机的顶梳高低使用偏心旋钮进行调节，共分为五档，标值分别为－1、－0.5、0、＋0.5、＋1，标值越大，顶梳刺入须丛深度越深，且每增减一档，落棉率将随之增减 1%左右，一般采用－0.5 标值。不同标值对应的顶梳插入深度见表 5-11。

表 5-11　不同标值对应的顶梳插入深度

顶梳插入标值	+1.0	+0.5	0	−0.5	−1
插入深度(mm)	53.5	53	52.5	52	51.5

(3) 顶梳梳针密度

顶梳梳针密度可分为三档，26 针/cm 用于生产一般品种，30 针/cm 用于生产低线密度纱，32 针/cm 用于生产高档品种。

(二) 落棉隔距

1. 落棉隔距的定义

指钳板摆动到最前位置时下钳板钳唇前缘与后分离罗拉表面间的距离，可用隔距块校正测量。

2. 落棉隔距对落棉及棉网质量的影响

增大落棉隔距，精梳落棉率增加，棉网质量提高，成本也高。落棉隔距每增减 1 mm，落棉率随之增减 2%～2.5%。

3. 落棉隔距的调节方法

(1) 调节落棉刻度盘上的刻度值

刻度大，落棉隔距大。这属于整体调节，用于控制整机台的落棉率。

FA261 型、FA266 型、FA269 型精梳机的落棉刻度盘位于顶梳托脚偏心结合件上，如图 5-38 所示。松开顶梳托脚结合件，转动机器，在 24 分度时拧松螺钉 1，调节螺钉 2 和 3，把定位块 4 的缺口调到对准定位标尺 5 上所希望的刻度，然后拧紧螺钉即可。当落棉刻度为“5”时，落棉隔距为 6.34 mm，对应落棉率最低；当落棉刻度为“12”时，落棉隔距为 15 mm，对应落棉率最高。改变一个刻度可调节落棉率 2%左右。落棉隔距需逐眼调节。在实际使用中，一般不允许在刻度“5”和“12”时开车。

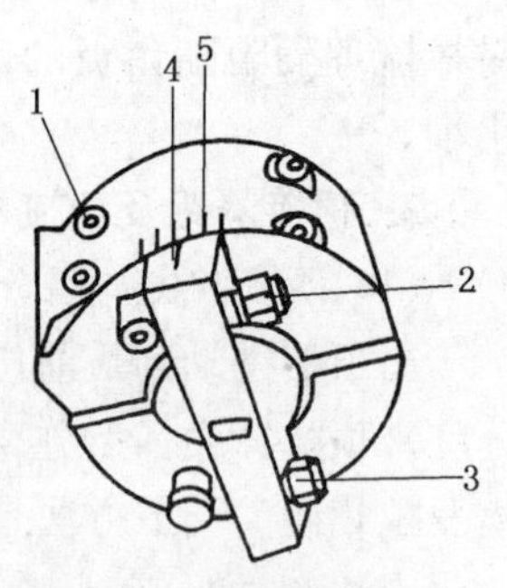

图 5-38　落棉刻度盘调节落棉隔距

1，2，3—螺钉　4—定位块　5—定位标尺

FA261 型、FA266 型、FA269 型精梳机的落棉刻度与落棉隔距的关系参见表 5-12。

表 5-12　精梳机落棉刻度与落棉隔距

落棉刻度	5	6	7	8	9	10	11	12
落棉隔距(mm)	6.34	7.47	8.62	9.78	10.95	12.14	13.34	14.55

(2) 调节钳板摆轴与摆臂的相互位置

如图 5-39 所示，在钳板摆动到最前端 24 分度时，松开钳板运动的所有摆臂上的夹紧螺钉，用 6.34～14.55 mm 落棉隔距块进行调节，调好后再紧好夹紧螺钉。这属于单眼调节，整机各眼需逐一调节，比较繁琐，用于控制每眼落棉率。

(三) 毛刷与锡林隔距

毛刷与锡林的隔距一般为−3～−2 mm。

五、定时和定位

定时是指确定分离罗拉开始顺转的时间(分度值),定位实质上是确定锡林梳针通过分离罗拉与锡林最紧点的时间(分度值)。

(一) 锡林定位

1. 概况

锡林定位也称为弓形板定位,目的是调节锡林与钳板、锡林与分离罗拉运动的配合关系,以满足不同纤维长度及不同品种的纺纱要求。

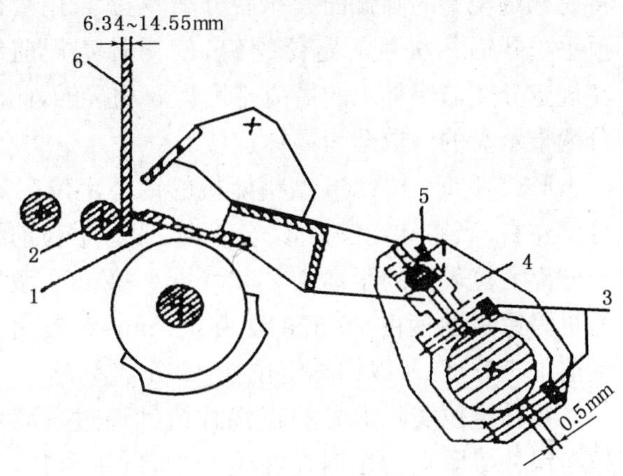

图 5-39 钳板摆臂调节落棉隔距

1—下钳板 2—后分离罗拉 3,5—螺钉 4—重锤盖 6—隔距块

锡林定位的早晚会影响锡林第一排及末排针与钳板钳口相遇时的分度数(即开始梳理与结束梳理的时间),也影响锡林末排针通过锡林与分离罗拉最紧点隔距时的分度数。

2. 锡林定位原则

① 锡林定位早,锡林开始梳理、结束梳理的时间均提早。此时,要求钳板闭合早,以防棉丛被锡林抓走。锡林定位过早,会使梳理隔距增大,影响梳理效果,增加后排梳针的负荷,同时使钳板闭合过早,影响钳板开口总高度,直接影响到纤维须丛的分离接合。

② 锡林定位晚,锡林末排针通过最紧隔距点的时间也晚,有可能将后分离罗拉棉网上的纤维抓走而成为落棉。定位过迟,则其中许多有效纤维被后排梳针拉走而成为落棉。

从以上两方面可得,锡林定位时应首先考虑纤维长度,纤维长度越长,锡林定位(分度)宜适当早些;若定位迟,长纤维更易被末排针抓走而成为落棉。锡林定位分度与适纺纤维长度的关系可参见表 5-13。

表 5-13 锡林定位与适纺纤维长度的关系

机 型	锡林定位(分度)	适纺纤维长度(mm)
FA251	22	31 以上
	23	27~31
	24	27 以下
FA261、FA266	36	31 以上
	37	27~31
	38	27 以下
FA269	35	31 以上
	36	27~31
	37	27 以下

3. 锡林定位方法

锡林梳针弧面与钳板、分离罗拉间的相对关系可由锡林定规来确定,如图 5-40 所示。

将锡林定规 5 的圆弧面紧靠后分离罗拉 4，用套筒扳手松开锡林法兰的定位螺钉，使锡林定规前缘在规定分度与锡林 1 的最前排锯齿 3 相接触，此时分度指示盘的读数即为锡林定位。

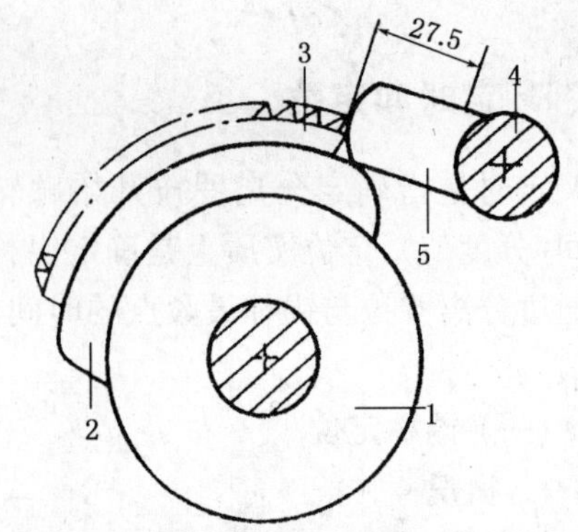

图 5-40 FA261 型、FA266 型、FA269 型精梳机的锡林定位

1—锡林 2—锡林针齿座 3—锯齿 4—后分离罗拉 5—锡林定规

FA261 型、FA266 型精梳机的锡林定位在 37 分度左右，当锡林定位为 37 分度时，锡林锯齿前缘与分离罗拉表面的距离为 27.5 mm。FA269 型精梳机因钳板曲柄由 70 mm 改为 65 mm，钳板闭合提前了 1 分度，所以锡林定位在 36 分度左右。

锡林定位实际上是校正锡林梳针通过分离罗拉与锡林最紧点的定时。在生产中，纤维愈长，分离罗拉的顺转时间也愈早，结果在锡林针齿未完全通过与分离罗拉的最紧点时，留在分离罗拉后方以及倒入的棉网长度均较大，从而使梳针与倒入机内的棉网尾端纤维相接触，如果接触长度足够大，纤维会被“拉走”而进入落棉。因此，锡林定位不能太迟。但也不能随意提早，否则锡林第一排梳针到达钳口下方的时间会提早，使钳板闭合定时也随之提早，由于闭合早则开口迟，使分离接合受到影响。所以，加工纤维长度长、分离罗拉顺转定时早的机台，FA261 型、FA266 型的锡林定位可选 36 分度、37 分度；加工纤维长度短、顺转定时迟的机台，可选 38 分度，但应将落棉率的增加控制在 0.2%～1%范围内；FA269 型的锡林定位可比 FA261 型、FA266 型相应提前 1 分度。

(二) 分离罗拉顺转定时

1. 分离罗拉顺转定时的概念

分离罗拉顺转定时指分离罗拉开始顺转时的分度值，也称搭头刻度。

2. 分离罗拉顺转定时的确定原则

分离罗拉顺转定时影响分离接合工作，即对棉网接合和外观质量有直接的影响，其定时应根据纤维长度、给棉方式和喂给长度确定。分离罗拉顺转定时的确定原则为：

① 应保证在开始分离时分离罗拉的顺转速度大于钳板的喂给速度（钳板前进速度），否则在棉网整个幅度上会出现横条弯钩；如果分离罗拉的顺转速度仅略大于钳板的喂给速度，虽不致造成弯钩，但因分离牵伸太小，新分离丛的前端因没有被充分牵伸开而使分离丛长度较短，且前一循环的棉网尾端较薄，接合时由于这两部分的纤维层厚度差异过大，相互间结合力较弱，在棉网张力的影响下，新分离丛的头端容易翘起，在棉网上呈现“鱼鳞斑”。

② 为了防止产生弯钩和鱼鳞斑，在选择分离罗拉顺转定时时，应考虑纤维长度、给棉长度、给棉方式，若采用纤维长或长给棉或前进给棉时，分离罗拉顺转定时应适当提早。

③ 分离罗拉顺转定时提早后，倒转时间也相应提早。为了避免锡林末排梳针通过分离罗拉与锡林最紧点时抓走倒入分离丛的尾端纤维，锡林定位也应提早，使末排梳针通过时间相应提早。但是，锡林定位提早，刚开始梳理时的梳理隔距变化较大，会影响梳理质量。故在确定分离罗拉顺转定时，如果不产生弯钩和鱼鳞斑，锡林定位不宜过早。

3. 分离罗拉顺转定时的调节方法

FA261 型、FA266 型、FA269 型精梳机车头锡林轴端的 143^{T} 齿轮上装有定时调节盘，

定时调节盘上刻有刻度，刻度值（－2～＋2）越大，分离罗拉顺转定时越迟，棉网接合长度越短。

不同长度的纤维对应的分离罗拉顺转定时见表 5-14。

表 5-14 适纺纤维与分离刻度

纤维长度(mm)	分离刻度	
	FA261 系列	FA266 型、FA269 型、SXFA289 型
小于 25	＋2～＋1	－0.75～－1
25～29	＋1～0	0～＋0.25
29～31	0～－0.75	＋0.25～＋0.5
31 以上	－0.75～－1	＋0.75～＋1

第六节 精梳机的传动和工艺计算

一、FA269 型精梳机的传动

FA269 型精梳机的传动图如图 5-41 所示，其传动系统如下：

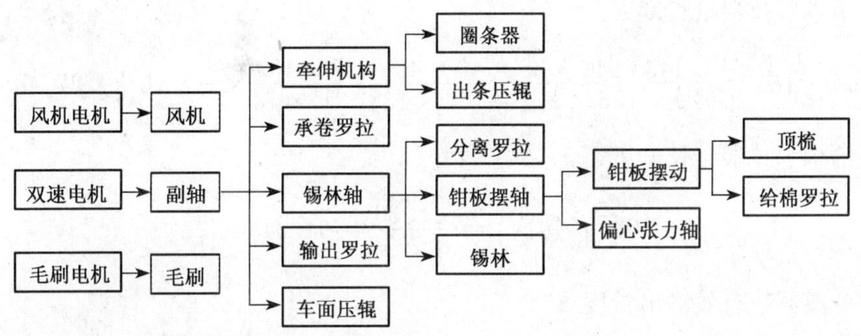

二、变换轮

FA269 型精梳机的变换轮见表 5-15。

表 5-15 FA269 型精梳机变换轮

变换项目	变换轮	代号	变换范围
锡林转速	主电动机皮带轮	*A*	144 mm，154 mm，168 mm，180 mm
	副轴皮带轮	*B*	126 mm，144 mm，154 mm，168 mm
毛刷转速	毛刷电动机皮带轮	*C*	109 mm，137 mm
	毛刷轴皮带轮	*D*	109 mm

续 表

变换项目	变换轮	代号	变换范围		
喂给量	喂卷调节齿轮	E	43^{T}，44^{T}	49^{T}，50^{T}	54^{T}，55^{T}
	给棉罗拉棘轮	F	16^{T}	18^{T}	20^{T}
罗拉牵伸	变换带轮	G	30^{T}，33^{T}，38^{T}，40^{T}，45^{T}		
	变换带轮	H	28^{T}，30^{T}，33^{T}，38^{T}，40^{T}		
	后牵伸变换带轮	J	32^{T}，38^{T}，42^{T}		
	变换带轮	K	32 mm(前进给棉)，38 mm(后退给棉)		

三、工艺计算

1. 速度

(1) 锡林转速 n_1

$$n_1(\text{r/min}) = 1\,440 \times \frac{A \times 29}{B \times 143} = 292.028 \times \frac{A}{B}$$

(2) 毛刷转速 n_2

$$n_2(\text{r/min}) = 905 \times \frac{C}{D} = 905 \times \frac{C}{109} = 8.303C$$

2. 每钳次的喂给长度和输出长度

(1) 承卷罗拉喂给长度 L

$$L(\text{mm/ 钳次}) = \frac{143 \times 40 \times 35 \times 40 \times 40 \times 37 \times 13}{29 \times 138 \times 144 \times 138 \times 138 \times E \times 13} \times \pi \times 70 = 237.485 \times \frac{1}{E}$$

(2) 给棉罗拉喂给长度 P

$$P(\text{mm/ 钳次}) = \frac{\pi \times 30}{F} = 94.248 \times \frac{1}{F}$$

(3) 分离罗拉有效输出长度 S

$$S(\text{mm/ 钳次}) = -\frac{15}{95} \times \left(1 - \frac{32 \times 29}{22 \times 25}\right) \times \frac{87}{28} \times \pi \times 25 = 26.48$$

3. 牵伸倍数

(1) 给棉罗拉～承卷罗拉之间的张力牵伸倍数 e_1

$$e_1 = \frac{P}{L} = \frac{94.248 \times E}{237.485 \times F} = \frac{94.248 \times E}{237.485 \times F} = 0.397 \times \frac{E}{F}$$

(2) 分离罗拉～给棉罗拉之间的分离牵伸倍数 e_2

$$e_2 = \frac{S}{P} = \frac{26.48 \times F}{94.247\,7} = 0.281F$$

(3) 车面输出罗拉～分离罗拉之间的牵伸倍数 e_3

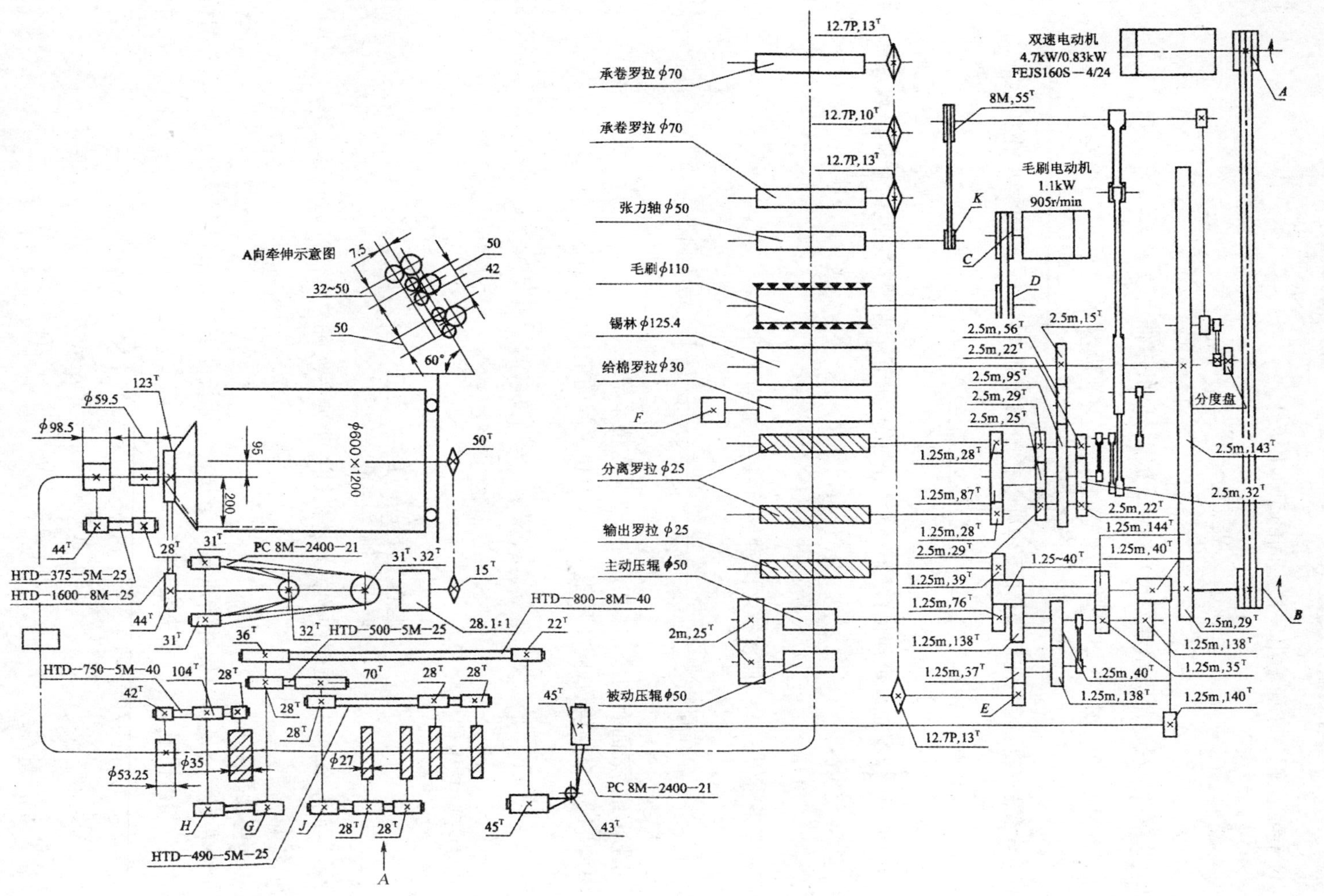

图 5-41 FA269 型精梳机的传动图

$$e_3 = \frac{\text{每钳次输出罗拉输出长度}}{\text{有效输出长度}} = \frac{143 \times 40 \times 35 \times 40 \times \pi \times 25}{29 \times 138 \times 144 \times 39 \times 26.48} = 1.056$$

(4) 台面压辊～车面输出罗拉之间的牵伸倍数 e_4

$$e_4 = \frac{39 \times \pi \times 50}{76 \times \pi \times 25} = 1.026$$

(5) 后牵伸罗拉(第五牵伸罗拉)～台面压辊之间的牵伸倍数 e_5

$$e_5 = \frac{\pi \times 27 \times 28 \times 28 \times 22 \times 45 \times 40 \times 138 \times 144 \times 76}{\pi \times 50 \times 28 \times 70 \times 36 \times 45 \times 140 \times 40 \times 35 \times 40} = 1.017$$

(6) 牵伸罗拉后区牵伸倍数(第三牵伸罗拉～第四牵伸罗拉之间的牵伸倍数)e_6

$$e_6 = \frac{\pi \times 27 \times J \times 28}{\pi \times 27 \times 28 \times 28} = \frac{J}{28}$$

(7) 前后牵伸罗拉总牵伸倍数(第一牵伸罗拉～第五牵伸罗拉之间的牵伸倍数)e_7

$$e_7 = \frac{\pi \times 35 \times 104 \times G \times 70 \times 28}{\pi \times 27 \times 28 \times H \times 28 \times 28} = 12.037\frac{G}{H}$$

(8) 圈条压辊～前牵伸罗拉之间牵伸倍数(前张力牵伸)e_8

$$e_8 = \frac{\pi \times 59.5 \times 44 \times 53.25 \times 28}{\pi \times 35 \times 28 \times 98.5 \times 42} \times 1.1 = 1.059$$

因圈条压辊表面有沟槽，上式中的 1.1 是沟槽系数。

(9) 机械总牵伸倍数(圈条压辊～承卷罗拉之间的牵伸倍数)$E_{总}$

$$E_{总} = e_1 e_2 e_3 e_4 e_5 e_7 e_8 = 1.567 \times \frac{E \times G}{H}$$

(10) 实际总牵伸倍数 $E_{实}$

$$E_{实} = \frac{\text{喂入小卷定量(g/m)} \times 5}{\text{输出精梳条定量(g/5 m)}} \times \text{并合根数}$$

另外，实际牵伸与机械牵伸的关系是机械总牵伸＝实际总牵伸×(1－落棉率)

4. 产量

(1) 理论产量 $G_{理}$

由小卷定量 g(g/m)、锡林转速 n_1(r/min)、给棉长度 P(mm)、每台眼数 a(FA269 型精梳机 a=8)和落棉率 q 等因素决定。

$$G_{理}[\text{kg/(台·h)}] = g \times P \times n_1 \times 60 \times a \times (1-q) \times 10^{-6} = 0.00048 \times g \times P \times n_1 \times (1-q)$$

(2) 定额产量 $G_{定}$

$$G_{定}[\text{kg/(台·h)}] = G_{理} \times \text{时间效率}$$

现代精梳机的时间效率一般为 90%左右。

第七节 精梳综合技术讨论

一、精梳条质量控制

精梳条质量控制指标主要有落棉率、精梳条重量不匀率、条干不匀率、棉结杂质、短绒率、落棉含短绒率等。

(一) 控制精梳落棉率

1. 控制精梳落棉率的目的

精梳落棉率的多少与整个产品的产量和质量的关系十分密切。一方面，精梳的主要任务之一是排除生条中的短绒，以提高纤维的整齐度，提高成纱的条干与强度，降低成纱强度不匀 CV 值；另一方面，在提高成纱质量的前提下，尽量降低成本。因此，必须合理制定和调整精梳落棉率，以满足上述两方面的要求。

2. 精梳落棉率控制的范围

精梳落棉率的一般规律是当成纱质量要求越高、所纺纱线线密度越细、所用纤维越长、给棉长度长、后退给棉时，精梳落棉率相应增加，具体的控制范围参考值如表 5-16 所示。

表 5-16 成纱质量及不同纺纱线密度所用的不同精梳落棉率参考值

项 目	成纱品种	落棉率(%)	项 目	线密度范围	落棉率(%)
半精梳、全精梳及特种精梳纱的落棉率	半精梳纱	12～15	纺纱线密度(tex)	30～14	14～16
	全精梳纱	14～20		14～10	15～18
	特种精梳纱	21～24		10～6	17～20
	—	—		6～4	19～23

注：所谓半精梳纱，目前国家没有统一的规定，现在有三种说法。第一种说法，将精梳落棉率较少的称为半精梳；第二种说法，喂入头道并条机的条子中，一部分是精梳条，另一部分是普梳条，生产的纱称为半精梳纱；第三种说法，通过提高清梳效能，调整清梳工艺，增加清梳落棉率，生产出的普梳纱，其成纱质量与精梳纱接近或相当，这种普梳纱称为半精梳纱。较多专家、学者比较认同第二与第三种说法。

3. 精梳落棉率的调节控制方法

调节精梳落棉率的多少，主要通过以下途径：

① 调节落棉隔距。落棉隔距越大，落棉率越多。落棉隔距增减 1 mm，落棉率相应增减 2%～2.5%。在调节落棉隔距、变动落棉刻度时，必须重新检查和调整顶梳隔距，以免顶梳与分离皮辊等部件相碰。调节落棉隔距是调整精梳落棉率的主要方法。

② 调节给棉长度。给棉罗拉棘轮改变一齿，落棉率可改变 0.5%～1%。

③ 改变给棉方式。给棉方式改变后，落棉率可改变 4%～6%。如前进给棉改为后退给棉，落棉率将增加 4%～6%。对于质量要求一般的产品，可采用前进给棉，落棉率为8%～17%；对于质量要求高的产品，采用后退给棉，落棉率为 15%～25%。

④ 改变锡林针齿密度。锡林针齿密度增加，落棉率增加 1.5%～2%。

⑤ 调节顶梳插入深度。顶梳插入深度改变一档，落棉率可改变 2%。

(二) 减小精梳条重量不匀率

1. 控制精梳条重量不匀率的目的

精梳条重量不匀率是指精梳条 5 m 片段之间的重量不匀率，它影响成纱重量不匀率及成纱重量偏差。

2. 精梳条重量不匀率的控制范围

精梳条重量不匀率习惯上以平均差系数表示，其控制范围随纺纱线密度的不同而不同。纺纱线密度在 9.5 tex 以上，精梳条重量不匀率控制在 1.1%～1.4%；纺 6～7 tex 精梳纱，精梳条重量不匀率控制在 1.3%～1.6%。

3. 控制精梳条重量不匀率的方法

① 定期测试精梳机的落棉率，控制台差小于±1%、眼差小于±2%，发现落棉率差异过大，要及时调节。

② 同品种、同机型各机台的工艺统一。

③ 加强保全保养，确保机械状态良好，保证工艺上车，并加强设备管理。

④ 严格执行运转操作规程，防止换卷及包卷时的接头不良。

⑤ 控制好车间温湿度，防止黏卷、棉网破边或破洞。

⑥ 做好定期清洁工作，如定期或不定期地校正毛刷与锡林隔距、检查毛刷状态、适当延长毛刷清洁时间、缩短清刷的间隔时间。

(三) 降低精梳条条干不匀率

1. 控制精梳条条干不匀率的目的

控制精梳条条干不匀率的目的是便于及时发现和改进生产中的缺陷，为减少成纱纱疵、提高成纱质量打下基础。

2. 精梳条条干不匀率的控制范围(表 5-17)

表 5-17 精梳条条干不匀率参考值

精梳条条干 USTER 2001 年公报 CV(%)		精梳条萨氏条干(%)	
5%水平	2.74～2.95	9.5 tex 以上	18～25
50%水平	3.04～3.38	6～7 tex	20～28
95%水平	3.60～3.80	—	—

3. 精梳条条干不匀率的控制方法

① 减少牵伸波对条干的影响。合理布置罗拉牵伸机构的摩擦力界(如曲线牵伸、合理加压与隔距等)，控制罗拉牵伸的总牵伸倍数。目前，新型精梳机的罗拉牵伸已由 20 倍降至 16 倍，一般情况下，高档特精梳纱用 14～15 倍，中高档低线密度精梳纱用 11～13 倍，一般精梳纱在 11 倍以下。有资料表明，提高精梳条定量，降低罗拉总牵伸后，其条干 CV 值明显下降。

② 减少机械波对条干的影响。加强对皮辊、罗拉、加压机构、牵伸传动等元件的保全保养工作。

③ 改善半制品结构。一方面，提高纤维的伸直平行度、分离度，如采用偶数准则；另一方面，尽可能减少棉结杂质，以减少结杂对牵伸区纤维运动的干扰。

④ 控制罗拉总牵伸。适当增加输出精梳条的定量，减小罗拉总牵伸，以减小对条干的

影响。目前,新型精梳机的罗拉总牵伸一般控制在16倍以下。

⑤ 减少“鱼鳞斑”。根据纺纱品种、纤维长度,正确选择分离罗拉的顺转定时,以减少棉网分离接合处的接合波(俗称“鱼鳞斑”)。

(四)减少精梳条棉结杂质

1. 减少精梳条棉结杂质的目的

减少精梳条中的棉结杂质,既可以减小结杂对纤维运动的干扰,提高条干均匀度,又可以减少成纱结杂数量,提高成纱质量。一般通过精梳加工后,可以清除生条中17%左右的棉结、50%左右的杂质,使成纱外观光洁、杂疵少。

2. 精梳条棉结杂质的控制范围

精梳条棉结杂质的控制范围随原料质量、成纱线密度、成纱质量的不同而不同,一般,棉结数量<20粒/g、杂质数量<30粒/g。与生条相比,精梳条中的结杂数量要求降低60%~70%。

3. 降低精梳条棉结杂质的方法

① 合理选择原料。成纱质量要求高,应选用成熟度适中、强度高、长度长、含结杂少的原料。

② 严格控制生条中的短绒率及结杂。减少纤维损伤,增加短绒与结杂的排除。

③ 加强精梳工序的温湿度控制。合理的温湿度(尤其是湿度)是提高精梳机排除结杂能力的前提条件,所以精梳车间的相对湿度不宜过高,一般控制在55%~60%为宜。

④ 合理选择金属锯齿整体锡林的规格。金属锯齿整体锡林表面的针齿规格有一分割、二分割、三分割、四分割、五分割、六分割共六种。每一分割的针齿规格相同,所以分割数越多,针齿规格越多。一分割适用于纺一般档次的精梳纱,二、三分割适于纺中档精梳产品,四、五、六分割适于纺高档精梳纱。

⑤ 定期检查毛刷的工作状态。合理调整毛刷清刷锡林的时间、毛刷插入锡林的深度。

⑥ 采用合理的给棉工艺。采用后退给棉、短给棉,可提高梳理效果,减少结杂。

(五)控制精梳条短绒率

1. 控制精梳条短绒率的目的

短绒率越大,成纱条干CV值越大,纱疵越多,成纱强度越低,强度CV值越大。所以,要控制精梳条的短绒率。

2. 精梳条短绒率的控制范围

精梳条短绒率的控制范围随原料质量、成纱质量要求的不同而不同,一般为7%~9%。

3. 控制精梳条短绒率的措施

① 合理控制落棉率。根据不同原料、不同成纱品种,合理控制落棉率。

② 做好清洁工作。保持气流除杂吸尘通道清洁、毛刷表面清洁、插入锡林深度不变。

③ 加强保全保养。经常检查锡林及顶梳的针齿状态,发现问题及时处理。

④ 合理的梳理工艺。根据不同的原料、不同的成纱品种,选择正确的梳理隔距、落棉隔距、锡林定位。

二、现代精梳新技术

近年来,精梳的应用范围逐渐扩大与发展,有精梳转杯纺纱、精梳涡流纺纱、中高线密度精梳纱与半精梳纱、不同纤维混纺精梳纱、双精梳纱等。

(一) 精梳转杯纺纱

1. 精梳转杯纺的主要特点

采用精梳转杯纺，可以降低棉条中的含杂率，减少转杯纺的断头率，提高设备生产效率，成纱强度比普梳转杯纱提高，改善条干均匀度，减少纱疵，提高织物力学性能，减少织物疵点。

2. 精梳转杯纱的工艺要点

由于前纺采用了精梳工序，所以与普梳转杯纺纱相比，生产相同的品种，精梳转杯纺纱所用原料的等级可低些、长度可短些。因此，可以用较低级的原料开发精梳转杯纱，在保证质量、节约成本的前提下，精梳落棉率可以稍偏低掌握，一般对成纱质量的影响不大。

(二) 涤/棉混纺精梳纱

涤/棉混纺纱的传统工艺采用条子混合的"一预三混并"流程，涤纶预并条与棉精梳条在并条机上混合(参阅第六章第六节)。

1. 涤/棉混纺精梳纱新工艺流程

(涤与棉)开清棉→梳棉→精梳准备→精梳→并条→粗纱→细纱→后加工

此工艺将涤纶与棉纤维在开清棉工序进行混合，制成涤、棉混合的生条，经精梳准备工序制成小卷，再喂入精梳机加工。

2. 新工艺流程的特点

① 涤纶与棉两种纤维提前混合在一起，经过的混合工序增加了，两种纤维的混合更加均匀。

② 与棉纤维混合后，可改善涤纶成卷成条的性能。

③ 减少了精梳后的并条道数，若并条机带有自调匀整，可只用一道精梳后的并条。

3. 采用新流程的精梳工艺要点

小卷定量以 55 g/m 为宜，速度 180 钳次/min，落棉率控制在 10%～15%，由于纤维平均长度增加，要相应调整定时与定位等。

(三) 双精梳工艺

1. 双精梳工艺流程

开清棉→梳棉→条卷→并卷→第一次精梳→条卷→第二次精梳→并条→粗纱→细纱→后加工

2. 双精梳的适用品种

双精梳适用于对棉结要求很少的色纺纱、2 tex 的超细精梳纱等。

本章学习重点

学习本章后，应重点掌握四大模块的知识点：

一、精梳工序的任务、精梳准备工艺流程、所用设备工艺流程、传动与工艺计算

1. 精梳工序的任务、精梳准备工艺的偶数准则、常用的三种准备工艺流程及特点。
2. 条卷机、并卷机、条并卷联合机的工艺流程。
3. 常用设备的传动与工艺计算。

二、精梳机的机构组成与工作原理

1. 精梳机一个工作循环的四个阶段及运动配合。

2. 精梳机的工艺流程及主要技术特征。

3. 主要机构的工作原理,如钳板喂给、梳理、分离接合、车面输出及落棉排除机构。

4. 精梳机传动与工艺计算。

三、精梳工艺设计原理

主要机件的速度(锡林速度、毛刷转速),输入输出定量,给棉工艺(喂给长度、给棉方式),牵伸工艺(实际总牵伸、机械总牵伸、车面罗拉牵伸),隔距(梳理隔距、落棉隔距、牵伸罗拉中心距与隔距、顶梳隔距、毛刷隔距),定时和定位(分离罗拉顺转定时、锡林弓形板定位)。

四、精梳综合技术讨论

1. 精梳质量控制指标(如精梳落棉率、精梳条重量不匀率、条干不匀率、棉结杂质、短绒率、落棉含短绒率)、范围及控制方法。

2. 现代精梳新技术简介。

复习与思考

一、基本概念

偶数准则　前进给棉　后退给棉　给棉长度　梳理隔距　落棉隔距　顶梳进出　有效输出长度　分离丛长度　分离牵伸　分离罗拉顺转定时。

二、基本原理

1. 精梳工序的任务是什么?经过精梳后的成纱质量有什么改善?

2. 精梳前准备工序的任务是什么?它有哪些机械?有几种组合方式?各组合方式的特点是什么?为什么要遵守偶数准则?

3. 精梳机一个工作循环可分为哪几个阶段?试说明精梳机各主要机件在各阶段中的运动状态(以FA269型精梳机为例)。

4. 分度盘的作用是什么?一个工作循环的四个阶段在运动配合图中是如何划分的?

5. 钳板摆轴有几种传动方式?对钳板机构运动的工艺要求是什么?

6. 给棉罗拉是怎样传动的?有几种给棉方式?怎样选择给棉方式?

7. 中支点式摆动钳板较上支点式、下支点式摆动钳板有什么优点?

8. FA269型精梳机钳板的前后摆动和上钳板的开启闭合是怎样实现的?

9. 什么是落棉隔距?它是如何调节的?

10. 锡林有几种类型?各有什么特点?锡林梳针应如何配置?

11. 什么是钳板闭合定时?它是如何调节的?

12. 锡林定位的实质是什么?锡林定位的迟早会产生什么后果?为什么?一般如何选择?

13. 分离罗拉顺转定时如何调节?它对棉网的接合质量和落棉质量有何影响?为什么?

14. 试述精梳条质量控制的指标、范围及措施。

基本技能训练与实践

训练项目1:到工厂收集常用品种的精梳条样品,在实验室内进行工艺性能检测,写出综合分析报告。

训练项目2:上网收集或到校外实训基地了解有关精梳机,进行相关技术性能的对比分析。

训练项目3:某棉纺厂在FA269型精梳机上生产纯棉精梳条,设计干定量为18 g/5 m,试确定相应的精梳工艺。

第六章 并 条

内容提要

本章主要介绍并合与罗拉牵伸的基本原理，并以国产 FA306 型、FA326A 型为例说明并条机的流程和主要机构及传动与工艺计算，介绍了常见并条机的牵伸形式与工艺配置原则，最后对并条综合技术进行讨论。

第一节 并条工序概述

一、并条工序的任务

梳棉机制成的生条是连续的条状半制品，具有纱条的初步形态，但其长片段不匀率很大，而且大部分纤维呈弯钩或卷曲状态，同时还有部分小棉束存在。如果采用这种生条直接纺成细纱，其品质将达不到国家标准的要求。所以，生条需经过并条工序加工成熟条，以提高棉条质量。因此，并条工序的主要任务是：

(1) 并合

将 6～8 根生条并合喂入并条机，制成一根棉条，使生条的长片段不匀率得到改善。熟条的重量不匀率应降到 1%以下，以保证细纱的重量不匀率符合国家标准。

(2) 牵伸

① 为了不使并合后制成的棉条变粗，需经牵伸使之变细。牵伸可使纤维平行伸直，并使小棉束分离为单纤维，改善棉条的结构，为纺出条干均匀的细纱创造条件。

② 及时调整并条的牵伸倍数可以有效地控制熟条定量，以保证纺出细纱的重量偏差和重量不匀率符合国家标准。

(3) 混合

通过各道并条机的反复并合与牵伸，可使各种不同性能的纤维得到充分混合、分布均匀，以保证细纱染色均匀，防止产生“色差”。在染色性能差异较大的纤维混纺时(如化纤与棉混纺)尤为重要。

(4) 成条

将并条机制成的条子有规则地圈放在棉条筒内，以便于搬运存放，供下道工序使用。

二、国产并条机的发展

20世纪50年代中期至60年代初期生产使用的第一代“1”字号并条设备，如1242型、1243型等，因型号陈旧、加工质量较差、效率低，虽经多次改造，水平仍很低，目前已淘汰；20世纪60年代中期至70年代生产第二代“A”系列并条机，以A272系列为代表，如A272C、A272D、A272F等型号，设计速度最高为250 m/min；20世纪80—90年代直至跨入21世纪以后，在消化吸收国外先进技术的基础上，我国研制生产了一批具有高速度、高效率、高质高产、机电一体化高的第三代并条机，目前已投入使用的有FA302、FA304、FA305、FA306、FA308、FA311、FA315、FA317、FA319、FA320、FA322、FA326、FA327等型号的双眼并条机，设计速度最高达500～700 m/min，并且研制开发了JWF1301、FA381、FA382、FA398、CB100(Z)等型号的单眼并条机，其设计速度最高达900～1 000 m/min。无论是高速双眼并条机还是高速单眼并条机，都可以配备自调匀整装置，从而大大提高了熟条质量。

部分国产并条机的主要技术特征见表6-1。

表6-1　部分国产并条机的主要技术特征

型号		A272F	FA306	FA311，FA320A	FA326A
眼数		2	2	2	2
眼距(mm)		650	570	570	570
适纺纤维长度(mm)		22～76	22～76	22～76	22～76
并合数(根)		6～8	6～8	6～8	6～8
出条速度(m/min)		120～250	148～600	150～400	最高600
总牵伸倍数		5.6～9.58	4～13.5	5～15	5.4～9.9
牵伸形式		三上三下压力棒，有集束区	三上三下压力棒加导向辊，无集束区	四上四下压力棒加导向辊，无集束区	三上三下压力棒加导向辊，无集束区
罗拉直径(mm)	压辊	50	60	51	60
	集束罗拉	40	—	—	—
	前罗拉	35	45	35	45
	二罗拉	35(压力棒ϕ12)	35(压力棒ϕ12)	35(压力棒ϕ12)	35(压力棒ϕ12)
	三罗拉	—	—	35	—
	后罗拉	35	35	35	35
皮辊直径(mm)		35×30×35×35	36×36×33×36	34×34×27×34×34	36×36×33×36
罗拉加压(N/单侧)		118×314×58.5×343×314	118×294×58.5×314×294	294×294×98×394×394	118×353×58.5×392×353
罗拉加压方式		弹簧摇架加压	弹簧摇架加压	弹簧摇架加压	弹簧摇架加压
条子喂入方式		平台横向喂入	高架顺向喂入	高架顺向喂入	高架顺向喂入
自调匀整		无	可配	可配	USG开环控制短片段主区匀整
开关车控制		双速电机，电容刹车	双速电机，电容刹车	双速电机，电磁制动	变频调速，变频器刹车

续 表

型 号		A272F	FA306	FA311, FA320A	FA326A
喂入条筒(mm)	直径	350, 400, 500, 600	400, 500, 600	350, 400, 500, 600	400, 500, 600
	高度	900, 1 100	900, 1 100	915, 1 100	900, 1 100
输出条筒(mm)	直径	350, 400	300, 350, 400, 500	230, 300, 350, 400, 500	400, 350, 300
	高度	900	900, 1 100	915, 1 100	1 100
全机功率(kW)		2.95	4.5	6.45	12.07

三、并条机的工艺过程

图 6-1 所示为并条机的工艺过程。并条机的机后是导条架,其下每侧各放6~8个喂入棉条筒 1,每侧棉条为一组。棉条经导条罗拉 2 积极喂入,并借助于分条器将棉条平行排列于导条罗拉上,并列排好的两组棉条有秩序地经过导条块和给棉罗拉 3,进入牵伸装置 4。经过牵伸的须条沿前罗拉表面,并由导向罗拉 5 引导,进入紧靠在前罗拉表面的弧形导管 6,经弧形导管和喇叭口聚拢成条后,由紧压罗拉 7 压紧成光滑紧密的棉条,再由圈条盘 8 将棉条有规律地圈放在输出棉条筒 9 中。在牵伸装置的周围有自动清洁装置,以防止牵伸过程中短纤维和细小杂质黏附在胶辊与罗拉表面。

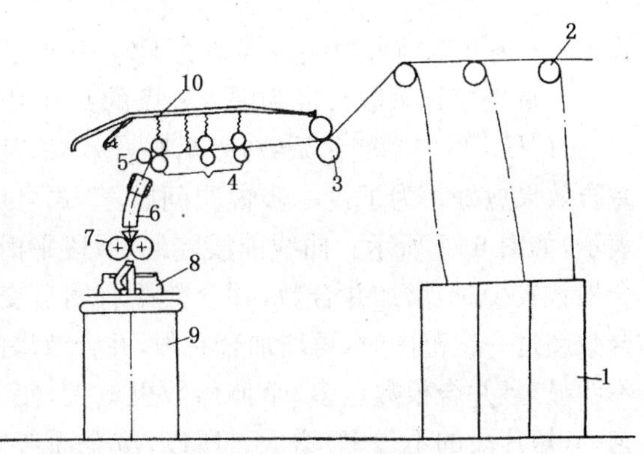

图 6-1 并条机工艺过程示意图

1—喂入棉条筒 2—导条罗拉 3—给棉罗拉 4—牵伸装置 5—导向罗拉 6—弧形导管 7—紧压罗拉 8—圈条盘 9—输出棉条筒 10—弹簧加压摇架

6~8 根棉条并合喂入,经牵伸制成一根熟条或半熟条,这个完整的工艺过程即为一眼。目前并条机多为双眼并条机。一个单独传动的设备单位称为一台,一般一台有两眼。生产工艺过程中需要重复通过同类设备的次数,称为道数。棉纺生产一般多用两道或三道并条。并条机按其生产经过顺序,依次称为头道、二道、三道并条机,最后一道并条机(亦称末道并条机)制成的棉条称为熟条,其余各道制成的棉条称为半熟条。

第二节 并合与罗拉牵伸的基本原理

一、并合原理

(一) 并合的均匀作用

将多个同一种半制品或不同品种的半制品(如混纺时)平行地喂入牵伸装置,经牵伸后合并为一体的过程,称为并合过程。并合使半制品的重量均匀度及原料混合均匀度均得到改善。在并条机上将几根条子并合时，一根条子上粗的地方常会与另一根条子上细的地方或粗细正常的地方相会合，所以并合后条子的均匀度得到改善。仅在很少的情况下，相邻条子上粗的地方与粗的地方相会合，细的地方与细的地方相会合，此时并合后条子的均匀度不会改善，但是也不会恶化。条子的并合数越多，各根条子相互之间粗的地方与细的地方相会合的机会也越多，所有条子粗（或细）的地方与粗（或细）的地方相会合的机会就越少。所以，并合的条子根数越多，改善产品均匀度的效果越好。

条子并合后重量均匀度得到改善的概念，可以用数理统计方法加以证明，关系式如下：

$$\frac{H}{H_0}=\frac{1}{\sqrt{n}}$$

式中：H_0为并合前各根喂入棉条的不匀率（重量变异系数）；H 为并合后输出棉条的不匀率（重量变异系数）；n 为喂入棉条的并合根数。

H/H_0（不匀率变化系数）表示并合效果，其值愈小，并合效果愈好。为了进一步说明问题，上式可用图像来表示，如图 6-2 所示。曲线前段陡峭，后段平滑，说明并合根数较少时，增加并合数，并合效果有明显变化，当并合数超过一定范围时，再增加合并数，并合效果的变化就不明显，且并合根数愈多，牵伸倍数也愈大，使条干不均匀率（短片段的不匀率）增大。所以，应全面考虑并合与牵伸的综合效果。当前，并条机上普遍采用的并合根数是 6～8 根。

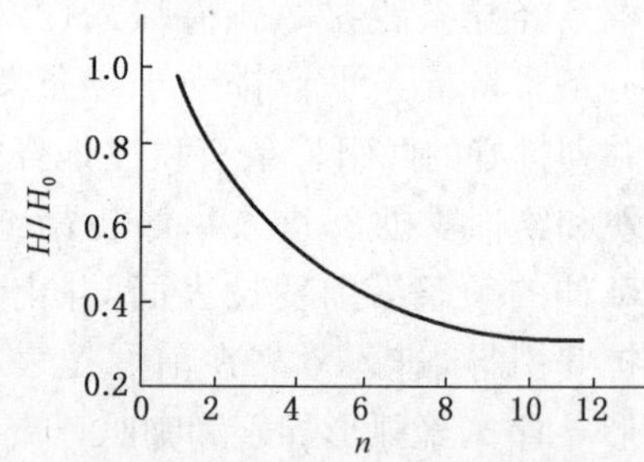

图 6-2　并合效果与并合根数的关系

（二）提高并合效应降低熟条重量不匀率的措施

1. 轻重条搭配

生产同一品种的各台梳棉机（或头道并条机），其生条（或半熟条）有轻有重，在喂入下一道并条机时，以眼为单位采用轻条、重条及轻重适中的条子搭配（或采用“巡回换筒”的方式）喂入，以降低输出条子的重量不匀率，减少眼与眼之间的重量偏差。

2. 减少意外牵伸

采用高架式或平台式积极喂入装置，在运转操作时应注意浅筒满筒、远近条筒、里外排条筒的合理搭配。

3. 断头自停可靠

断头自停装置的作用必须灵敏可靠，以保证条子喂入根数的正确。

4. 挡车工操作规范

挡车工必须自觉、严格地按照操作规程，进行巡回检查，发现漏条、喂入条子交叉重叠、错支等异常情况，及时处理。

5. 使用自调匀整

若末道并条使用自调匀整，可以大大降低熟条的重量不匀率及重量偏差，提高熟条质量，稳定成纱质量。

二、罗拉牵伸的基本原理

牵伸的种类很多，有罗拉牵伸、皮圈牵伸、针排针圈牵伸、气流牵伸等。罗拉牵伸广泛应用于各种牵伸机构，皮圈牵伸主要用于粗纱机和细纱机，针排针圈牵伸主要用于毛纺针梳机、粗纱机和细纱机，气流牵伸主要用于转杯纺纱机。在此仅讨论罗拉牵伸的基本原理。

(一) 罗拉牵伸概述

1. 罗拉牵伸的概念

在纺纱过程中，将须条抽长拉细的过程，称为牵伸。通过牵伸可使须条单位长度的重量减小，并使纤维伸直平行，在一定条件下也可使纤维束分离为单纤维。

2. 实现牵伸的条件

并条机的牵伸机构由罗拉和皮辊组成，相邻两对罗拉组成一个牵伸区。每个牵伸区实现牵伸所必须具备的条件是：

① 前一对罗拉的线速度大于后一对罗拉的线速度；

② 每对罗拉形成一个握持须条的钳口，必须有一定的握持力，以控制纤维运动；

③ 两个罗拉钳口间有一定的握持距(两个钳口间须条运动的轨迹长度)，握持距应大于纤维的品质长度，以利于牵伸顺利进行，并可避免损伤纤维。

3. 机械牵伸与实际牵伸

须条被抽长拉细的倍数，称为牵伸倍数，图 6-3 所示为牵伸作用示意图。若各对罗拉间不产生滑溜，则牵伸倍数 E 可用下式表示：

$$E = v_1/v_2$$

式中：v_1 为输出罗拉的表面线速度；v_2 为喂入罗拉的表面线速度。

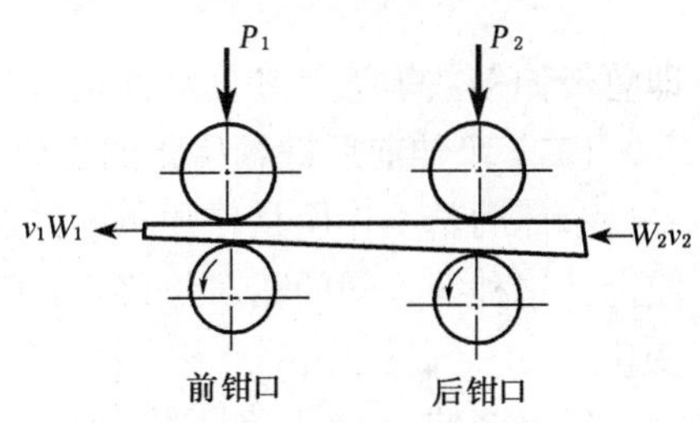

图 6-3　牵伸作用示意图

假定牵伸过程中没有纤维散失，则单位时间内从牵伸区中输出的重量与喂入的重量相等，于是：

$$v_1W_1 = v_2W_2$$

$$E = v_1/v_2 = W_2/W_1$$

式中：W_1 和 W_2 分别为输出产品、喂入产品的单位长度的重量。

实际上，牵伸过程中有飞花、落棉等纤维损失，皮辊也有滑溜现象，前者使牵伸倍数增大，后者使牵伸倍数减小，在罗拉牵伸中，后者的影响一般大于前者。因此，不考虑落棉与皮辊滑溜的影响，用输出、输入罗拉的线速度之比求得的牵伸倍数，称为机械牵伸倍数或计算牵伸倍数；考虑上述因素求得的牵伸倍数，则称为实际牵伸倍数。实际牵伸倍数是用牵伸前、后须条的实际定量或线密度(特数) 之比求得的：

$$E' = W_2/W_1 = N_{t2}/N_{t1}$$

式中：E' 为实际牵伸倍数；W_1 为输出产品的定量；W_2 为喂入产品的定量；N_{t1} 为输出产品的线密度(特数)；N_{t2} 为喂入产品的线密度(特数)。

实际牵伸倍数与机械牵伸倍数之比称为牵伸效率 η，即：

$$\eta = (E'/E) \times 100\%$$

生产上，根据喂入、输出产品的定量或线密度（特数），可以计算出实际牵伸倍数，但是在确定牵伸变换齿轮（俗称轻重牙）时，要用机械牵伸倍数计算。因此，工艺计算时，先由实际牵伸倍数 E' 和牵伸效率 η 算出机械牵伸倍数，再确定牵伸变换齿轮。牵伸效率 η 是根据生产实践得来的经验数据，其大小随机械设备状态、温湿度、纤维性质（长度、线密度、弹性、表面摩擦性能等）及工艺条件而定。

为了计算方便，生产上推算机械牵伸倍数时，常采用以下公式：

$$E = E' \times 1/\eta$$

式中：$1/\eta$ 称为牵伸配合率，是牵伸效率的倒数。

4. 总牵伸倍数与部分牵伸倍数

一个牵伸装置常由几对牵伸罗拉组成，从最后一对喂入罗拉至最前一对输出罗拉间的牵伸倍数称为总牵伸倍数，其相邻两对牵伸罗拉间的牵伸倍数称为部分牵伸倍数。

设由四对牵伸罗拉组成的三个牵伸区，罗拉线速度自后向前逐渐加快，即 $v_1 > v_2 > v_3 > v_4$。各部分牵伸倍数分别为 $E_1 = v_1/v_2$、$E_2 = v_2/v_3$、$E_3 = v_3/v_4$，总牵伸倍数 $E = v_1/v_4$。

将三个部分牵伸倍数连乘，则：

$$E_1 \times E_2 \times E_3 = (v_1/v_2) \times (v_2/v_3) \times (v_3/v_4) = v_1/v_4 = E$$

即总牵伸倍数等于各部分牵伸倍数的乘积。

（二）牵伸前后纤维移距的变化

牵伸的基本作用是使须条中的纤维与纤维之间产生相对位移，使纤维分布在更长的片段上。这种纤维间的相对位移，可用牵伸前后纤维头端距离的变化来表示，称为纤维移距的变化。

经过牵伸后，产品条干均匀度（短片段不匀）有所变化，反映在并、粗、细各个工序。例如，梳棉生条条干不匀率一般在 15%（萨氏条干）左右，通过两道并条，熟条的重量不匀率（长片段不匀）有很大的改善，但其条干不匀为 20%左右，说明并条机上罗拉牵伸对条干均匀度起着不良影响，在粗纱机和细纱机上也不例外。为了改善条干均匀度，有必要对牵伸过程中纤维的运动规律以及牵伸前后纤维移距的变化进行研究。

1. 牵伸后纤维的正常移距

图 6-4 所示是两对罗拉组成的牵伸区，假设须条中的两根纤维 A 和 B 伸直平行，且长度相等。牵伸前它们的头端距离为 a_0。这两根纤维先以后罗拉速度 v_2 运动，假设它们的头端依次到达前钳口，才由后罗拉速度 v_2 转变为前罗拉速度 v_1，即以前罗拉钳口线为它们的变速点。于是，当纤维 A 的头端到达变速点时，开始以前罗拉速度 v_1 运动，而纤维 B 仍以后罗拉速度 v_2 运动。经过时间 t 后，纤维 B 的前端才到达变速点，

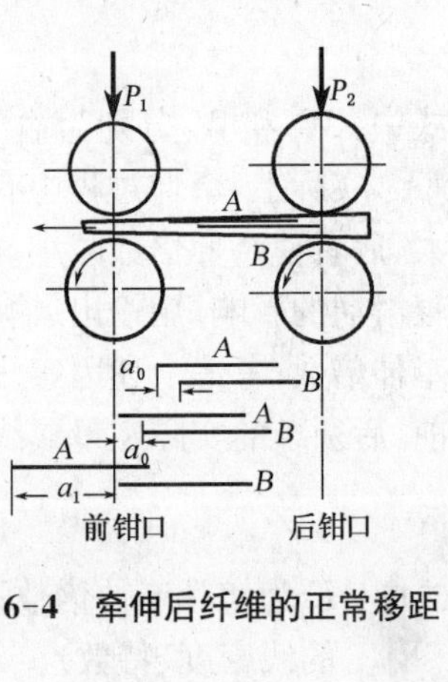

图 6-4　牵伸后纤维的正常移距

并转为以速度 v_1 运动，此时两纤维间的移距已增大为 a_1，此后两根纤维都以 v_1 的速度运动，两者的移距 a_1 保持不变，因为 $a_1=v_1t$，$a_0=v_2t$，则 $a_1=v_1\times a_0/v_2=E\times a_0$。

即经过 E 倍牵伸后两根纤维的头端距离增大 E 倍。由此可见，牵伸过程实质上是使各根纤维在棉条中的相对位置产生了变化，各根纤维分布到较长的长度上。如果各根纤维都在同一点变速，且牵伸前棉条的条干是均匀的，则牵伸后的条干也应该是均匀的。所以，$a_1=Ea_0$ 称为牵伸后纤维的正常移距。

2. 移距偏差

事实上，经牵伸后输出棉条的条干，比喂入棉条的条干有所恶化。如图 6-5 所示，设纤维 A 在 X_1-X_1 界面上变速，纤维 B 在 X_2-X_2 界面上变速，x 为两界面间的距离。纤维 A 在 X_1-X_1 界面上变速后，纤维 B 尚需以速度 v_2 向前移动 (a_0+x) 的距离才变速，而此时需要的时间 $t=(a_0+x)/v_2$，在同一时间内，纤维 A 的头端向前移动的距离是 (a_1+x)，即：

$$a_1+x=v_1\times(a_0+x)/v_2=E\times(a_0+x)$$

$$a_1=E(a_0+x)-x=Ea_0+(E-1)x$$

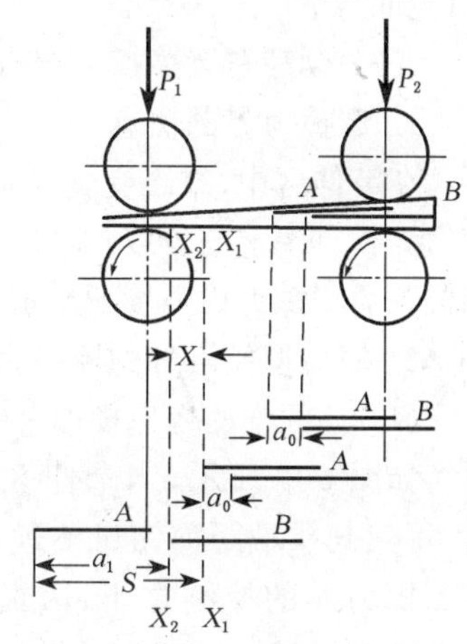

图 6-5　纤维头端在不同界面变速的移距

由上式可知，前面的纤维变速较早，后面的纤维变速较晚，牵伸后纤维的移距比正常移距大，其移距偏差 $(E-1)x$ 为正值。

如果纤维 A 在 X_2-X_2 界面上变速，而纤维 B 在 X_1-X_1 界面上变速，且 $a_0>x$，当纤维 A 在 X_2-X_2 界面上变速后，纤维 B 尚需以速度 v_2 向前移动 (a_0-x) 的距离才变速，而此时需要的时间 $t=(a_0-x)/v_2$，在同一时间内，纤维 A 的头端向前移动的距离是 (a_1-x)，则：

$$a_1-x=v_1\times(a_0-x)/v_2=E\times(a_0-x)$$

$$a_1=E(a_0-x)-x=Ea_0-(E-1)x$$

上式说明前面的纤维变速较晚，后面的纤维提早变速，牵伸后纤维的移距比正常移距小，其移距偏差 $(E-1)x$ 为负值。

综上所述，牵伸过程中，由于纤维不在同一界面上变速，从而产生了移距偏差，其值为 $\pm(E-1)x$。

正是由于移距偏差的存在，形成了附加不匀。在牵伸区内，若棉条的某一截面上有较多的纤维变速较早，则产生粗节，在粗节后面紧跟着的就是细节；反之，若有较多的纤维变速较晚，则产生细节，在细节后面紧跟着的就是粗节。从移距偏差 $(E-1)x$ 可知，当纤维变速位置越分散（即 x 值越大）、牵伸倍数 E 越大时，则移距偏差值越大，条干越不均匀。因此，在牵伸过程中，使纤维变速位置尽可能向前钳口集中，即 $x\to 0$，是改善条干均匀度、提高牵伸能力的重要条件。

3. 纤维变速点（变速界面）的分布

实验表明，简单罗拉牵伸区内纤维变速点分布如图 6-6 所示，图中纵坐标表示纤维数量。图中曲线表明：

① 在牵伸过程中，纤维头端的变速界面 x_i（变速点至前钳口距离）有大有小，而各个变速界面上变速纤维的数量又不相等，因而形成一种分布，即为纤维变速点分布（见曲线 1）；

② 长纤维的变速点分布比较集中，其变速点靠近前钳口（见曲线 2），而短纤维的变速点分布比较分散，其变速点离前钳口较远（见曲线 3）。

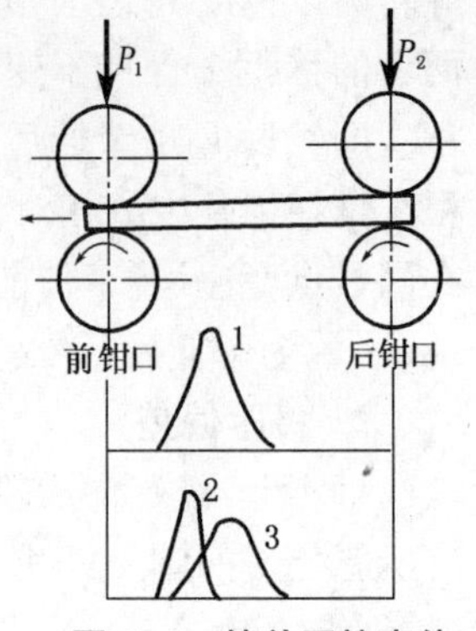

图 6-6 简单罗拉牵伸区内纤维变速点的分布

（三）合理布置摩擦力界，改善条干均匀度

1. 摩擦力界的概念

在牵伸区中，纤维受到摩擦力作用的空间称为摩擦力界。摩擦力界具有一定的长度、宽度及强度。牵伸区中，纤维之间各个不同位置的摩擦力界强度所形成的分布，称为摩擦力界分布。

2. 简单罗拉牵伸的摩擦力界

（1）长纤维的变速规律

如图 6-7 所示，当牵伸区中某根长纤维的尾端脱离后钳口时，虽然其头端距前钳口不远，但由于纤维尾部仍处于较强的后部摩擦力界的控制之下，因此这根长纤维仍然保持慢速运动。随着纤维继续向前运动，该纤维受到前钳口摩擦力界的影响，当纤维的头端接近前钳口线时，才由慢速转变为快速。因此，长纤维头端的变速位置比较靠近前钳口，而且比较集中，移距偏差较小。

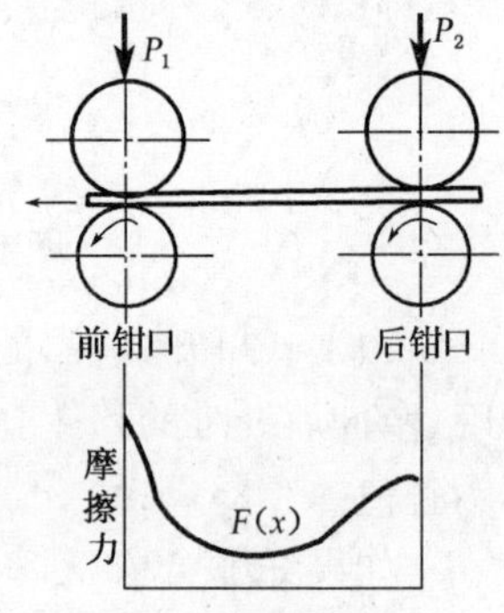

图 6-7 简单罗拉牵伸区摩擦力界分布

（2）短纤维的变速规律

短纤维由于其长度短，在牵伸区内的行程较长，当短纤维的尾端脱离后钳口时，其头端距前钳口还较远，纤维尾部已脱离后部摩擦力界的控制。因简单罗拉牵伸区中部摩擦力界的强度较弱，该短纤维头端虽然距前钳口还有一段较长的距离，但已受到前钳口附近的摩擦力界的控制，使短纤维提前变速（慢速→快速）。所以，短纤维头端的变速位置距前钳口较远，而且比较分散，移距偏差较大。

3. 改善条干均匀度的措施

从上述分析可知，由于移距偏差不可避免地存在，要改善条干均匀度（短片段均匀度），一般有以下措施：

① 选择合理的牵伸形式。目前，使用较多的牵伸形式有三上四下曲线牵伸、压力棒曲线牵伸、多皮辊曲线牵伸等，其目的就是用增强主牵伸区后部摩擦力界的方法来控制纤维的运动，使纤维在脱离后钳口、到达前钳口之前的较长的时间内仍然保持慢速运动，不会提前变速，以减小移距偏差。

② 选择合理的工艺参数。在设备选定后，牵伸形式同时选定，在生产中，必须根据实际情况，选择合理的工艺参数，如罗拉隔距、皮辊加压、牵伸倍数、速度等。

③ 其他因素。加强机械设备管理、运转操作管理等。

（四）罗拉牵伸理论中的几个概念

1. 牵伸区中的纤维类型

（1）按牵伸区中纤维运动的瞬时速度分

① 快速纤维：牵伸区中以前罗拉线速度向前运动的纤维，称为快速纤维。

② 慢速纤维：牵伸区中以后罗拉线速度向前运动的纤维，称为慢速纤维。

③ 牵伸区中的纤维总量＝快速纤维数量＋慢速纤维数量。

（2）按纤维在牵伸区中的瞬时位置分

① 前纤维：牵伸区中被前罗拉钳口握持的纤维，称为前纤维。前纤维为快速纤维。

② 后纤维：牵伸区中被后罗拉钳口握持的纤维，称为后纤维。后纤维为慢速纤维。

③ 浮游纤维：牵伸区中既不被前罗拉钳口握持又不被后罗拉钳口握持的纤维，称为浮游纤维。在短纤维纺纱系统中，牵伸区中的每一根纤维都有一个浮游过程（即每根纤维都必须经过后纤维→浮游纤维→前纤维这三个阶段）。前纤维、后纤维分别由前、后钳口强有力地控制，速度稳定，而浮游纤维的速度不稳定。一般在后钳口附近，由于其周围的慢速纤维较多，所以，浮游纤维多为慢速纤维；在前钳口附近，由于其周围的快速纤维较多，所以，浮游纤维多为快速纤维。

④ 牵伸区中的纤维总量＝前纤维＋浮游纤维＋后纤维。

2. 牵伸力与握持力

（1）牵伸力与握持力的概念

① 牵伸力。牵伸过程中，快速纤维从周围的慢速纤维中抽出时，必将受到慢速纤维的摩擦阻力。所有快速纤维受到的摩擦阻力总和，称为牵伸力。牵伸力的大小与牵伸区内须条的摩擦力界分布、快慢速纤维的分布、纤维长度分布、罗拉握持距、牵伸倍数、皮辊加压等因素有关。

② 握持力。所谓罗拉握持力是指罗拉钳口对须条的摩擦力。握持力的大小取决于钳口对须条的压力及上下罗拉与须条间的摩擦系数。

（2）握持力与牵伸力的关系

为了使牵伸能够顺利进行，罗拉钳口对须条必须有足够的握持力，以克服须条牵伸时的牵伸力，即握持力大于牵伸力——这是罗拉牵伸正常进行的必要条件。

实际生产中，皮辊打滑造成牵伸效率下降、输出须条不匀、出“硬头”等现象，其实质就是握持力小于牵伸力而引起的。要么是握持力过小，要么是牵伸力过大。

（3）影响握持力的因素

握持力的大小与皮辊加压量、皮辊磨损中凹、皮辊回转的灵活性、罗拉沟槽棱角磨光、皮辊硬度等因素有关。皮辊加压量大，握持力大；皮辊磨损中凹，握持力下降；皮辊芯子缺油而回转不灵活，握持力减弱；罗拉沟槽棱角磨光，使罗拉对须条的摩擦系数减小，造成握持力下降；硬度小的软皮辊，对须条的握持力大。

上述各因素中，皮辊加压量及其稳定性对握持力的影响最大。采用弹簧摇架加压，简单方便，但使用日久弹簧易变形，使握持力下降。所以必须定期维护弹簧摇架。如采用气动加压，压力稳定，但需配压缩气站和管线布置，并防止漏气。

（4）影响牵伸力的因素

影响牵伸力的因素很多，主要有牵伸倍数、摩擦力界、纤维性能与状态、相对湿度等。

① 牵伸倍数。如图 6-8 所示，喂入条子定量不变时，随着牵伸倍数从 1 逐渐增大到 E_K，牵伸区中的须条呈张紧状态，因而牵伸力迅速增加；当牵伸倍数为 E_K时，牵伸力达到最大，同时，须条由张紧状态过渡到纤维间产生相对滑动；当牵伸倍数大于 E_K后，前钳口下的纤维数量减少，牵伸力下降。E_K称为临界牵伸倍数。实验表明，条子的临界牵伸倍数为 1.2～1.3 倍。

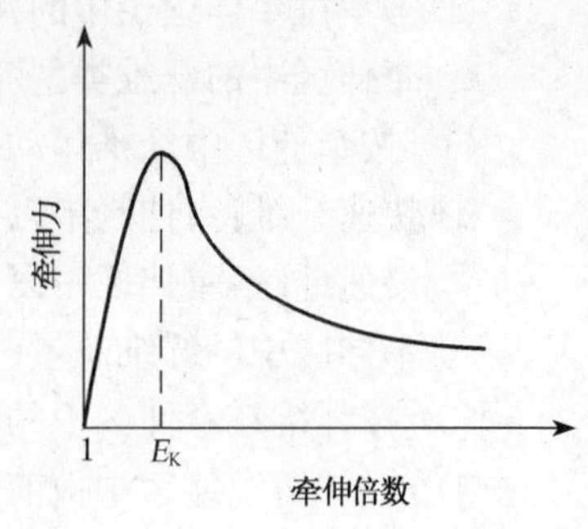

图 6-8　牵伸力与牵伸倍数的关系

输出条子定量不变时，增大牵伸倍数意味着喂入条子的定量增大，后钳口下的纤维数量增多，后部摩擦力界向前部有所扩展，因而快速纤维抽出时受到的阻力增加，牵伸力增大。

② 摩擦力界。

(a) 罗拉钳口隔距与牵伸力的关系：在隔距较大的前提下，稍微减小隔距对牵伸力没有太大影响，因为快速纤维的尾端还未受到后钳口摩擦力界的控制；当隔距逐渐减小，一旦快速纤维的尾端受到后钳口摩擦力界的作用，则牵伸力开始逐渐增加；当隔距减小到一定程度以后，快速纤维的尾端还未脱离后钳口时，有部分较长的快速纤维头端已经进入前钳口，从而造成牵伸力剧增。此时，可能出现两种情况，要么长纤维被拉断成为短绒，要么前皮辊在须条上打滑而出“硬头”。

(b) 皮辊加压量与牵伸力的关系：后皮辊压力增大，后部摩擦力界的强度与范围向前扩展，造成牵伸力增加；前皮辊压力增大，增加了前钳口的握持力，而对牵伸力的大小无太大影响。

(c) 附加摩擦力界与牵伸力的关系：在牵伸区后部附加控制元件以增加后部摩擦力界的强度与幅度，以致于快速纤维受到后部摩擦力界的控制增强，造成牵伸力增大。如在牵伸区内附加压力棒、集合器等，都会使牵伸力增大。

(d) 喂入须条的厚度及喂入方式与牵伸力的关系：如果喂入须条的厚度增大，则后部摩擦力界的强度增加而范围向前扩展，使牵伸力增大。实验表明，如果两根条子并列喂入或重叠喂入，牵伸力是单根喂入时的 2～3 倍。

③ 纤维性能与状态。纤维的长度长、细度细，则同样定量的纱条截面中纤维根数多，且纤维在较长的长度上受到摩擦阻力，所以牵伸力大；同时，细而长的纤维与周围接触的纤维根数更多，一般抱合力较大，也增大了牵伸力。须条中纤维的弯钩多、伸直平行度差、纤维间相互交叉纠缠严重，牵伸力大。

(五) 牵伸对须条中纤维的伸直平行度的影响

通过牵伸可以提高须条中纤维的伸直平行度，消除或部分消除须条中纤维的弯钩，改善须条内的纤维结构状态，以利于提高成纱品质。实践证明，影响纤维伸直平行度的主要因素有牵伸倍数、牵伸分配、牵伸形式、工艺道数等。

1. 牵伸倍数

对于前弯钩纤维，当牵伸倍数较小时，纤维前弯钩的伸直效果随牵伸倍数的增大而增加；当牵伸倍数较大时，对纤维的前弯钩伸直效果下降，甚至对前弯钩纤维无伸直能力。对于后弯钩纤维，牵伸倍数越大，纤维的后弯钩伸直效果越好。

2. 牵伸分配

因为梳棉机输出的生条中，纤维大部分呈后弯钩形态，以后条子每经过一道工序，呈弯钩的纤维都倒向一次。所以，喂入头道并条机的生条中，前弯钩纤维居多，喂入二道并条机的半熟条中，后弯钩纤维较多。

目前，大多数工厂采用头道牵伸较小、二道牵伸倍数较大的工艺配置，目的就是为了头道能够消除纤维的前弯钩，二道有利于后弯钩纤维的伸直，从而提高熟条中纤维的伸直平行度。

3. 牵伸形式

不同的牵伸形式，摩擦力界分布不同，对纤维弯钩的伸直作用也不同。曲线牵伸的主牵伸区的后部摩擦力界较强，对浮游纤维运动的控制能力强，且主牵伸区的牵伸倍数较大，更有利于后弯钩纤维的伸直。而简单罗拉牵伸中，由于要保证条干均匀度，故牵伸倍数不能太大，所以对后弯钩纤维的伸直效果不如曲线牵伸。

4. 工艺道数

在普梳棉纺系统的罗拉牵伸中，细纱机的牵伸倍数最大，有利于消除后弯钩纤维。为了使喂入细纱机的粗纱中后弯钩纤维居多，在梳棉与细纱工序之间的工艺道数为奇数，如头道并条、二道并条、粗纱，目的就是充分发挥细纱机消除后弯钩的优点，这就是“奇数法则”。

第三节 并条机的主要机构及作用

一、喂入机构

并条机喂入机构的形式通常有平台式和高架式两种。

1. 高架式

并条机采用高架积极式顺向喂入机构，如图 6-9 所示。喂入部分主要由导条罗拉、导条支杆、分条叉和一对给棉罗拉组成。导条架上还装有四组光电自停检测头，当棉条拉断时自动停车，以保证纺出棉条重量稳定。棉条经导条罗拉积极回转喂入，在导条罗拉和给棉罗拉之间有较小的张力牵伸，使棉条在进入牵伸机构前保持伸直状态。

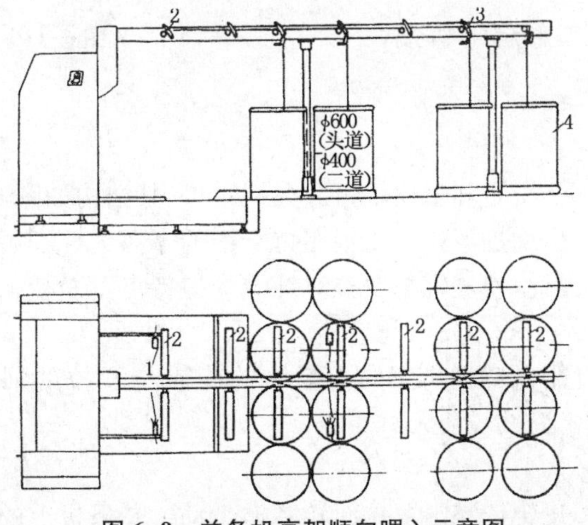

图 6-9 并条机高架顺向喂入示意图

1—光电管 2—导条罗拉 3—分条叉 4—棉条筒

高架喂入的特点是：巡回路线短，机台操作方便；条筒直接放在导条架下，占地面积小；棉条直线上升至导条罗拉，避免了相邻两根条子所引起的条子起毛或条子打折现象。但高架式喂入的架体振动较大，不适应进一步高速，同时当停车时间较长时，车后条子易下垂，造成意外伸长。

2. 平台式

A272系列并条机采用平台式喂入机构，由导条台、导条罗拉、导条压辊、导条柱及一对给棉罗拉组成。平台式喂入又可分为两种，一种是棉条转90°喂入，另一种是棉条在平台上顺向喂入。其中第二种喂入方式减少了摩擦，效果优于第一种。

平台式喂入整洁美观、光线明亮、清洁方便、机台振动小，但棉条曲线上升、转弯大，同时最远处条筒离给棉罗拉的距离较远、摩擦大，易引起条子发毛或打折。

二、牵伸机构

FA306型、FA326A型并条机的牵伸机构主要由罗拉、皮辊、压力棒、加压装置及集束器等组成，其牵伸形式是三上三下压力棒加导向皮辊的曲线牵伸。如图6-10所示，棉网先经后区预牵伸，然后进入前.0区主牵伸区进行牵伸。在牵伸机构的前区有一下压式横截面呈扇形的压力棒，牵伸时弧形曲面与被牵伸纤维接触，增强牵伸区对纤维的控制，从而提高了牵伸质量。

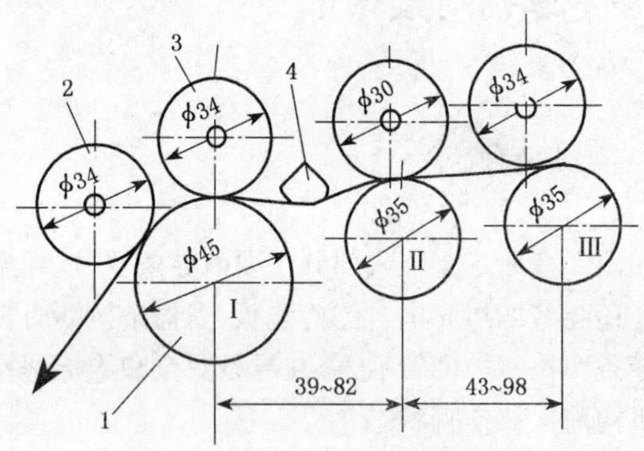

图6-10 FA306型并条机牵伸机构

1—前罗拉 2—导向皮辊 3—前皮辊 4—压力棒

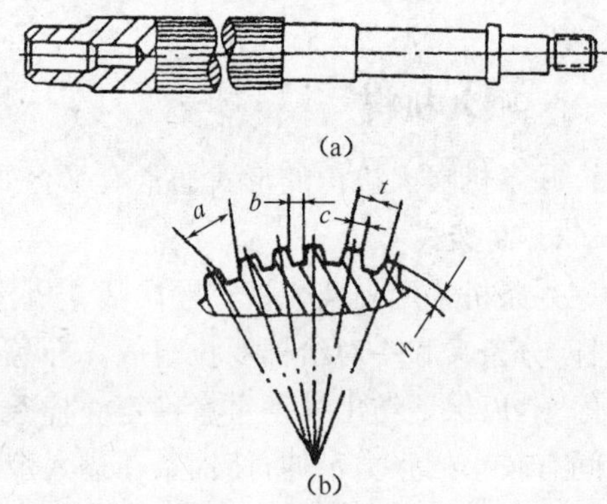

图6-11 并条机罗拉

1. 罗拉

罗拉是牵伸的主要元件，它和上皮辊组成握持钳口，其结构如图6-11所示。罗拉表面均设有不等距螺旋沟槽，以增加罗拉与皮辊握持纤维的摩擦力，顺利完成牵伸，同时更有利于高速。沟槽的不等距设计，使皮辊与罗拉对纤维的握持点不断变化，减少皮辊中凹现象，延长了皮辊使用寿命。

下罗拉由几节罗拉用螺纹连接而成，螺纹的旋向与罗拉的回转方向相反，有自紧作用。

2. 皮辊

皮辊也称为上罗拉，皮辊依靠下罗拉回转摩擦带动。并条机上的皮辊为单节活芯式皮辊。皮辊用轴承钢作为芯轴，两端装有滚柱轴承，回转平稳灵活，芯轴外面包覆丁腈橡胶套

管。皮辊既有硬度又有弹性，因此，皮辊与罗拉组成的钳口，既有一定的握持能力，以保证有效地完成牵伸，又有一定的弹性，可以使纤维顺利通过。

3. 加压机构

罗拉加压主要是为了保证罗拉钳口对纤维有足够的握持力，从而更好地控制纤维运动，确保正常牵伸，提高成条质量，因此罗拉加压是牵伸必不可少的条件。加压量的大小主要与牵伸倍数、罗拉速度及原料种类等因素有关。并条机的高速化使得加压量普遍增加，加压机构也从原来的杠杆加压发展到弹簧摇架加压和气动加压等。

(1) 弹簧摇架加压

弹簧摇架加压结构轻巧，加压量大，且较准确，吸振作用好，加压和卸压方便，但如果弹簧材质不良或弹簧疲劳变形会影响加压的稳定性。

FA306 型并条机的弹簧摇架加压机构如图 6-12 所示。加压时，将摇架 4 下压，使加压钩 3 勾住前加压轴 1，再按下加压手柄 2，弹簧压力便通过各加压轴施加于皮辊及压力棒的端轴上。卸压时向前抬起加压手柄，使加压钩脱离前加压轴，整个摇架在蝶形簧平衡力的作用下向上抬起，可停留在操作所需的任意位置。松开导向套螺母 8，弹簧 10 的位置可以前后移动，使之与皮辊前后位置相适应。摇架用厚钢板冲压成槽形，以顶端平面为定位基准，有五组弹簧装在摇架体内，用导向套螺母和导向套 6 压紧弹簧。纤维缠皮辊时，加压轴 7 上升，自停螺钉 5 使自停臂 9 抬起，触动微动开关，使机台制动；待故障排除后，自停臂下降，微动开关下压，即可正常开车。

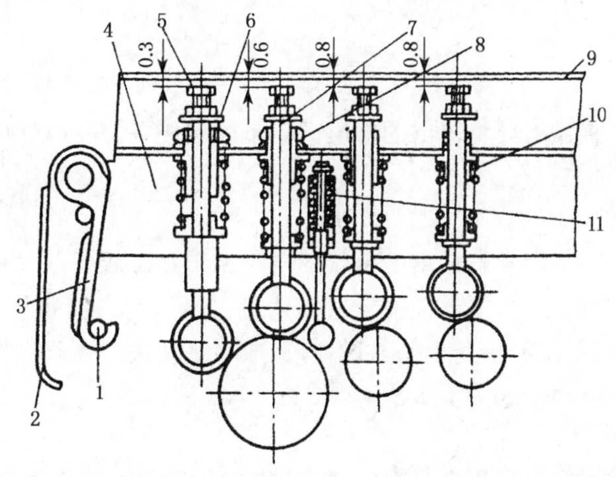

图 6-12　FA306 型并条机弹簧摇架加压机构

1—前加压轴　2—加压手柄　3—加压钩　4—摇架　5—自停螺钉　6—导向套　7—加压轴　8—导向套螺母　9—自停臂　10—弹簧　11—压力棒加压轴

(2) 气动加压

随着并条机速度的提高，皮辊的加压量不断增大。在高速并条机上，气动加压的稳定性明显优于弹簧摇架加压。但气动加压需要增设气源、气缸和气囊，还需要良好的密封性，否则不能发挥气动加压的优势。

4. 压力棒

FA306 型并条机的牵伸机构中装有直径为 12 mm 的扇形压力棒。压力棒用铬钢制成，经过抛光、电镀及热处理，表面非常光滑。压力棒的作用是利用其弧面与牵伸须条接触，加强对牵伸区纤维运动的控制，有利于提高条子质量。

5. 集束机构

高速并条机上，前罗拉输出须条的速度很快，纤维易散失，棉网易破裂。为此，在输出罗拉的前方设有一集束机构，把前罗拉输出的棉网很快集束成条。FA306 型并条机采用导向皮辊和集束器，如图 6-13 所示。前罗拉 1 的上方加装导向皮辊 2，目的是为了改变输出条子的方向，使高速须条冲出的方向由与喇叭口轴线相差 90°减少到 45°以内，有利于须条高速顺利地通过喇叭口，减少机前涌头及堵条现象。导向皮辊靠前下方，使输出须条至喇叭口的距离小，结构紧凑，有利于顺利出条。

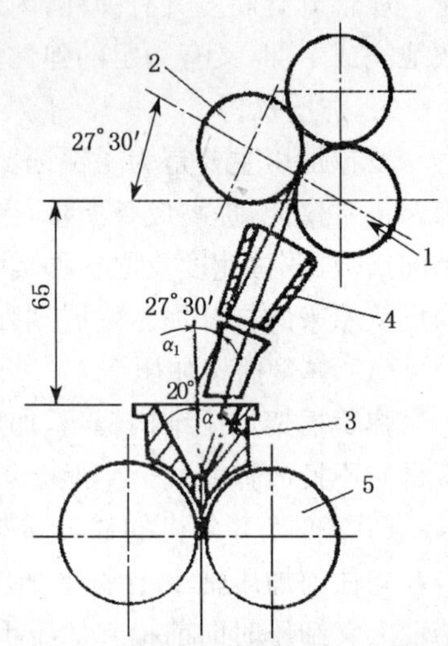

图 6-13 FA306 型并条机集束机构

1—前罗拉 2—导向皮辊 3—喇叭口 4—集束器 5—后压辊

6. 真空吸尘及上下清洁装置

随着并条机出条速度的提高，牵伸过程中产生的短纤维及尘屑明显增加，在导条板、牵伸装置和圈条器等棉条通道上积聚成飞花。当飞花积聚越多，就很容易夹入棉网和棉条中形成绒板花等纱疵，造成纺纱断头，甚至影响布面质量。因此，高速并条机上均装有真空自动清洁装置，目的是及时吸走牵伸过程中逸出的飞花及尘屑。

三、成条机构

成条机构主要是将弧形导管输出的棉层进一步凝聚成条，并有规律地圈放在棉条筒内，便于下一工序的加工。

1. 喇叭口

喇叭口的作用是将弧形导管输出的束状棉层进一步集束成条，使棉条表面光滑，增加棉条紧密度。喇叭口的直径应与输出棉条定量相适应，口径过大，棉条易通过，但对棉条压缩不足，条子易发毛；口径过小，棉条不易通过，易造成堵塞断头。并条机常用喇叭口的直径为 2.4 mm、2.6 mm、2.8 mm、3.2 mm、3.6 mm。

2. 紧压罗拉

紧压罗拉(也称压辊)的作用是将喇叭口凝聚的棉条压缩，使棉条细而光洁、结构紧密，以增加条筒的容量，同时也增加了棉条的强力。

3. 圈条器

圈条器包括圈条盘和圈条底盘。棉条从紧压罗拉输出后经圈条盘引导进入棉条筒中，同时棉条筒随圈条底盘做缓慢的回转，将棉条有规律地圈放在棉条筒中。

随着并条机出条速度的提高，圈条速度也在提高，条子与圈条斜管的摩擦阻力增大，易造成堵管或断头，蓬松性好、摩擦系数大的化纤堵管现象尤为严重。因此，高速并条机上的圈条盘多采用曲线斜管，符合条子的空间轨迹，更适应于高速，且条子成形良好。

四、自动换筒机构

并条机的出条速度提高后，满筒时间短，换筒次数增多，工人劳动强度增加。因此，高速并条机均采用自动换筒装置。

FA306 型并条机的自动换筒传动如图 6-14 所示。满筒时，主电动机制动刹车，换筒电动机 4 启动，经一对三角带轮和减速轮系 5 通过链条轴 3 传动左右两根链条 1，链条带动装在导轨上的前后推板 2。棉条筒置于两块前后推板之间，随前后推板向前运动，将满筒推出，同时输入空筒，主电动机开始运转，而换筒电动机停止，完成一次换筒。自动换筒还配有定向停车装置，并设有缺预备筒不进行自动换筒和换筒的自停装置。

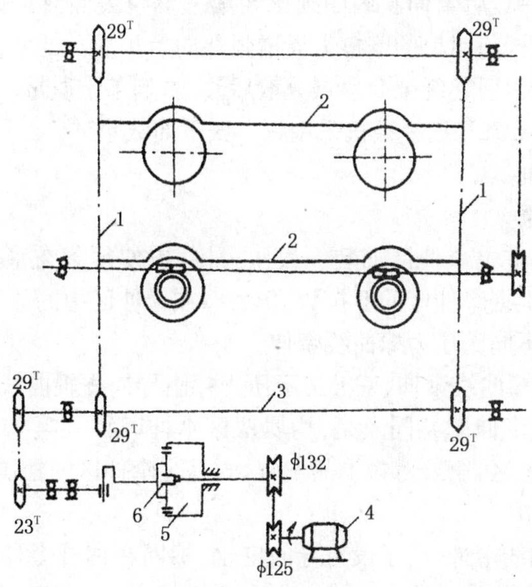

图 6-14 FA306 型并条机自动换筒传动示意图

1—链条 2—前后推板 3—链条轴 4—换筒电动机 5—减速轮系 6—万向连轴节

第四节 并条机的牵伸形式及并条工艺设计

一、并条机的牵伸形式

并条机的牵伸形式经历了从渐增牵伸（有三个牵伸区，各区的牵伸倍数由后向前逐渐增大，即 $e_1>e_2>e_3$）和双区牵伸（即渐增牵伸的中区牵伸倍数 e_2 等于 1 或接近于 1）到曲线牵伸的发展过程，其牵伸形式、牵伸区内摩擦力界布置越来越合理，并有利于对纤维的控制，尤其是新型压力棒曲线牵伸，使牵伸过程中纤维的变速点分布集中，条干均匀，品质提高。

（一）三上四下曲线牵伸

三上四下曲线牵伸是在四罗拉双区牵伸的基础上发展而来的。如图 6-15 所示，它用一个大皮辊骑跨在第二、第三罗拉上，大皮辊与第二、第三罗拉所组成的两个钳口之间，即为中牵伸区。由于这两个钳口的距离小，加以须条紧贴于皮辊表面的弧 CD 上，使摩擦力加强，且第二罗拉为消极传动，与第三罗拉的表面速度相同，进一步发挥了第二、第三罗拉共同握持须条、减少皮辊打滑的优势。在前牵伸区内，第二罗拉的位置适当抬高，高于前罗拉表面 1.5～3 mm，使须条在第二罗拉上形成曲线包围弧 BC，起到扩展后钳口摩擦力界的作用，因而能有效地控制纤维运动，并有利于纤维的伸直与平行，小棉束在牵伸过程中也易于分解，有利于棉纱的强力和条干。采用这种牵伸形式，熟条条干不匀率可稳定在 20%左右。三上四下曲线牵伸的前牵伸区内的须条在前皮辊表面有一小段包围弧，后牵伸区内的须条在第三罗拉表面有一段包围弧 DE，称为“反包围弧”，能使两个牵伸区前钳口的摩擦力界增强并向后扩展。此摩擦力界增强有利于握持纤维，但此摩擦力界扩展，引起纤维变速点分散后移，影响条干质量。

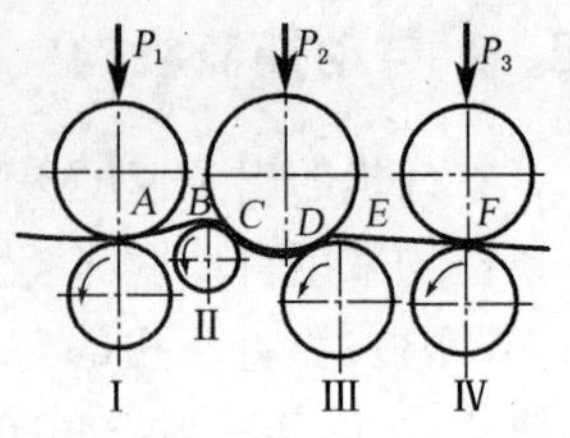

图 6-15　三上四下曲线牵伸

国产 A272C 型和 A272B 型并条机采用三上四下曲线牵伸。

(二) 新型曲线牵伸

1. 压力棒曲线牵伸

压力棒曲线牵伸是在主牵伸区加装一根压力棒，迫使须条在牵伸区中形成曲线通道。在压力棒曲线牵伸中，根据牵伸区的罗拉数、压力棒在牵伸区中的放置方式及压力棒的截面形状等不同，可组合成不同的压力棒曲线牵伸。

(1) 三上三下压力棒曲线牵伸、三上三下压力棒附导向皮辊曲线牵伸

这两种压力棒曲线牵伸的共同点是：均属双区牵伸，第一、第二罗拉间为主牵伸区，第二、第三罗拉间为后牵伸区，第二罗拉上的皮辊，既是主牵伸区的控制皮辊，又是后牵伸区的牵伸皮辊，中皮辊易打滑。

三上三下压力棒曲线牵伸，由于没有导向皮辊，棉网在离开牵伸区进入集束区时，易受气流干扰，影响输出速度的提高。A272F 型并条机采用三上三下压力棒曲线牵伸。

三上三下压力棒附导向皮辊曲线牵伸如图 6-10 所示，输出的棉网在导向皮辊的作用下，转过一个角度后顺利地进入集束器，克服了三上三下压力棒曲线牵伸中棉网易散失的缺点。FA306 型、FA326 型并条机采用三上三下压力棒附导向皮辊曲线牵伸。

(2) 四上四下附导向辊压力棒曲线牵伸

图 6-16 所示为四上四下附导向皮辊压力棒曲线牵伸，属于双区牵伸，但不同于三上三下式的双区牵伸。它有一个突出的特点，就是在两个牵伸区之间有一个中区，其牵伸倍数设计为 1.018 倍。这样的设置改善了前区的后皮辊和后区的前皮辊的工作条件，使前区的后皮辊主要起握持作用，后区的前皮辊主要起牵伸作用，有利于棉网结构和棉条均匀度的改善，缺点是结构复杂。

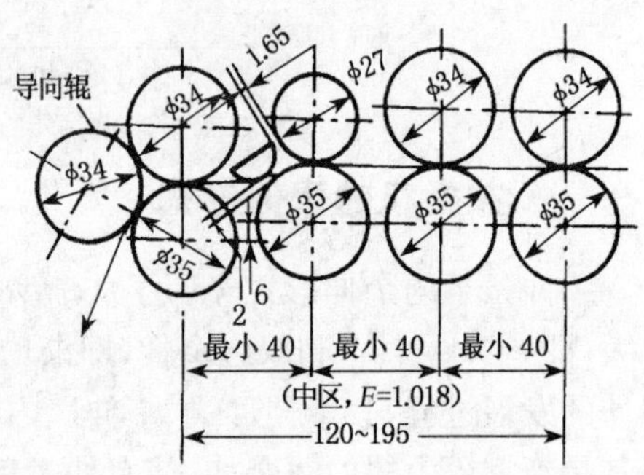

图 6-16　FA311 型并条机的牵伸形式

FA311 型、FA320 型、FA322 型并条机采用四上四下附导向辊压力棒曲线牵伸。

(3) 上托式和下压式压力棒

上托式和下压式是主牵伸区中压力棒与棉网的相对位置而言的。当棉网在上而压力棒在下时称为上托式,反之则为下压式。

上托式压力棒(如 FA305 型并条机)处于棉网下部,解决了压力棒积短绒而形成纱疵的问题,结构简单、操作方便,但当棉网高速运动向上的冲力较大时,压力棒对棉网的控制作用小于下压式压力棒。上托式压力棒对纤维长度差异大的原料的适应性较差,为防止条干恶化,罗拉握持距以偏小掌握为好。

下压式压力棒的应用较为广泛,主要有固定插入式和悬挂式两种。FA306 型并条机上的压力棒采用插入式,压力棒的插口有前后两个位置。当所纺纤维的长度较短时,可将前插口拆下,压力棒放入后插口,以获得较小的罗拉握持距,增强对短纤维的控制。纺化纤时,特别是纺中长化纤,压力棒应放入前插口。

固定下压式压力棒的高低位置可通过调节环来调整。调节环的直径共有五种,压力棒的高低位置也有五档,调节环直径越小,压力棒位置越低,压力棒对须条的包围弧越大,对纤维的控制力越强;反之,调节环直径越大,压力棒位置越高,对纤维的控制力越弱。插入式压力棒的主要优点是位置稳定不松动,对须条的控制也较稳定,从而使棉条质量较稳定。

悬挂式压力棒的两端用一个套架套在中皮辊的轴承套上,使压力棒和中皮辊连成一个整体,压力棒可随中皮辊前后移动,同时可绕皮辊上下摆动。利用悬挂式压力棒的这两个特点,在调整握持距长度时,不需要移动罗拉位置,只要移动前皮辊和压力棒的相对位置即可。悬挂式压力棒的应用较少,其优点是可将积花散开,不易形成大的纱疵,但这种压力棒故障多,经不起长期使用的考验。

(4) 压力棒截面几何形状

如图 6-17 所示。

① 圆形。优点是弯曲变形便于检查,制造方便,不易积尘屑与飞花;缺点是占用空间大,不能靠近罗拉钳口处的三角区,难以使纤维变速点更加接近前钳口。

② 超半圆形、正半圆形和亚半圆形。优点是工艺性能比圆形好;缺点是弯曲变形时不易检查、校正,易积尘屑和飞花,制造不便。

③ 正扇形。优点是工艺性能比前两种好,不易积飞花和尘屑;缺点是弯曲变形时难以检查、校正,制造不便。

④ 偏扇形。优点是工艺性能优于前几种;缺点是弯曲变形后难以检查、校正,抗弯刚度差,易积尘屑和飞花,制造困难。

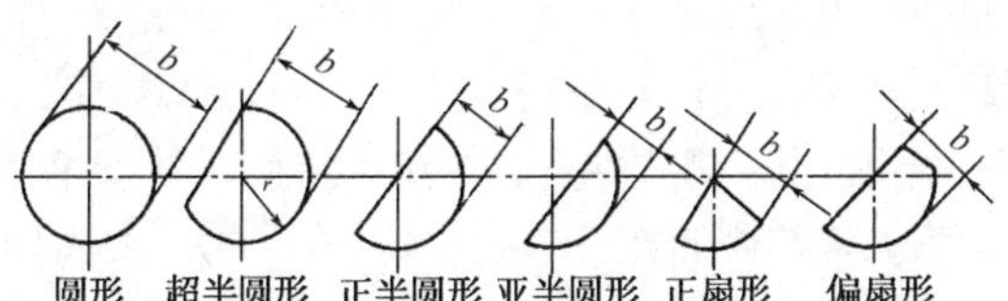

图 6-17 压力棒截面形状

目前,以扇形压力棒的应用最为广泛,其在牵伸区内占的空间小,有利于加大圆弧面的曲率半径。采用扇形压力棒的牵伸机构既能有效地改善主牵伸区后部摩擦力界的分布,增强对浮游纤维的控制能力，又能缩短主牵伸区的罗拉握持距和浮游区长度，从而提高加工长纤维的适应性。

2. 多皮辊曲线牵伸

皮辊数量多于罗拉数的曲线牵伸装置叫多皮辊曲线牵伸，既能适应高速又能保证产品质量。图 6-18 所示为德国青泽 720 型并条机上的五上三下曲线牵伸装置，它具有以下特点：

① 结构简单，能满足并条机高速化的要求。五上三下牵伸装置只用三个大直径罗拉，工艺调整方便，简化了机构的传动系统。另外，它没有集束区，前皮辊为导向皮辊，可使高速输出的分散棉网顺利地进入喇叭口集束，防止气流对棉网的干扰，解决了棉网破裂及堵喇叭口的问题，为并条机高速创造了条件。

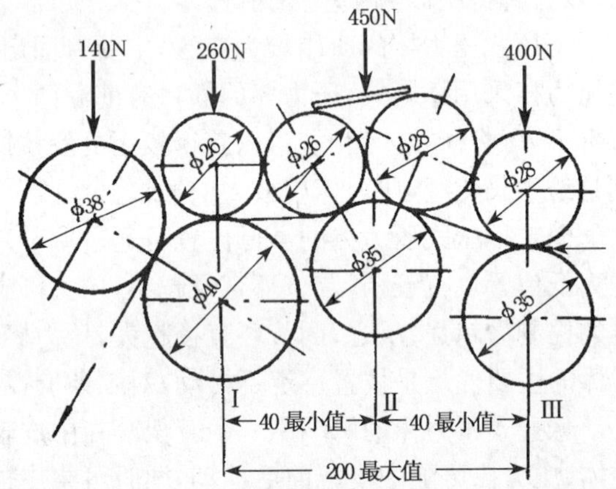

图 6-18　德国青泽 720 型并条机的五上三下曲线牵伸

② 罗拉的几何配置合理。前、后牵伸区都是曲线牵伸，利用后一对罗拉对须条的曲线包围弧来改善后部的摩擦力界，有利于须条的牵伸及条子的质量。同时将第二罗拉的位置抬高、第三罗拉的位置降低，三个罗拉呈扇形配置，使须条在前、后两个牵伸区都能直接进入前钳口，将罗拉反包围弧的长度减少到最小限度，对于提高出条速度及牵伸质量都有利。

③ 对不同长度和品种纤维的加工适应性强。由于采用了多列皮辊，并缩小了中间两个皮辊的直径，使罗拉钳口间的距离缩小，减少了皮辊打滑，易实现“紧隔距、重加压”的工艺原则要求，适于短纤维的加工。另外，利用扩大第一至第三罗拉间的中心距，使前、后两个牵伸区的握持距增大，可适应较长纤维的加工。

二、并条工艺设计

并条工序是提高纤维的伸直平行度与纱条的条干均匀度的关键工序。为了获得质量较好的棉条，必须确定合理的并条机道数，选择优良的牵伸形式及牵伸工艺参数。牵伸工艺参数包括喂入和输出棉条定量、并合数、总牵伸倍数、牵伸分配、罗拉握持距、皮辊加压、压力棒调节、集合器口径等。

(一) 并条机的道数

为提高纤维的伸直平行度，并粗工序应遵循奇数法则。因为梳棉机输出的生条中纤维大部分呈后弯钩状态，条子从条筒中每引出一次，就产生一次弯钩倒向，所以喂入头道并条机的条子中前弯钩纤维占大多数，喂入二道并条机的条子中后弯钩纤维占大多数，再经过一道粗纱机，使喂入细纱机的粗纱中后弯钩纤维占多数，细纱工序的牵伸倍数大，对消除后弯钩有利。因此，在梳棉与细纱工序之间的设备道数应为奇数，如图 6-19 所示。

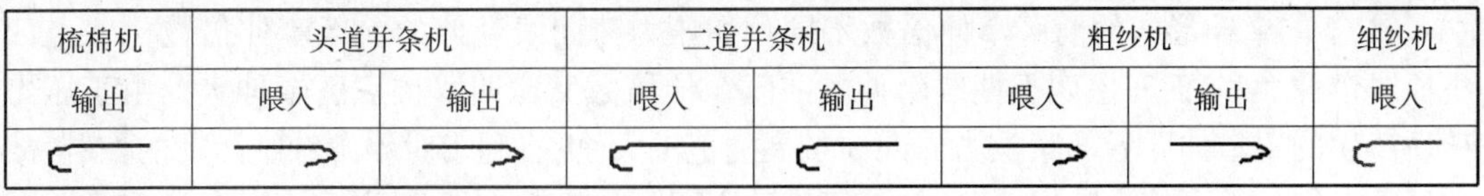

梳棉机	头道并条机		二道并条机		粗纱机		细纱机
输出	喂入	输出	喂入	输出	喂入	输出	喂入

图 6-19 工序道数与纤维的弯钩方向

在普梳纺纱系统中，粗纱采用一道，并条采用两道。当采用不同原料的条子混纺时，为提高纤维混合效果，一般采用三道混并。对于精梳混纺纱来说，虽然混合效果很好，但由于多根条子反复并合、重复牵伸，使条子附加不匀增大，条子发毛过烂，易于粘连。对于精梳纯棉纱来说，由于精梳梳理前准备工序、精梳工序及两道并条的并合、牵伸作用，会使条子发毛，易于粘连，造成断条或意外牵伸。所以，随着并条机的发展，纯棉精梳后采用带自调匀整装置的一道并条，代替原来的两道并条，已有许多厂家开始应用。

(二) 出条速度

随着并条机的喂入形式、牵伸形式、传动方式及零件的改进和机器自动化程度的提高，并条机的出条速度提高很快。并条机的出条速度与所加工纤维的种类相关。由于化纤易起静电，若纺化纤时出条速度过高，易引起绕罗拉、绕皮辊等现象，所以纺化纤时出条速度比纺棉时低 10%～20%。FA 系列并条机的实际工艺速度可达到 370 m/min 以上。对于同类并条机来说，为了保证前、后道并条的产量供应，头、二的道出条速度应略大于三道。出条速度可参见表 6-1。

(三) 熟条定量

熟条定量主要根据所纺细纱的线密度、纺纱品种及设备情况而定，见表 6-2。一般纺低线密度纱，定量低；纺高线密度纱，定量高。

表 6-2 并条机输出条子的定量和线密度一般范围

细纱细度(tex/英支)	并条机输出线密度(tex)	并条机输出定量(g/5 m)
9.7～11/60～53	2 500～3 300	12.5～16.5
12～20/49～29	3 000～3 700	15～18.5
21～31/28～19	3 400～4 300	17～21.5
32～97/18～6	4 200～5 200	21～26

(四) 牵伸倍数及牵伸分配

1. 总牵伸倍数

并条工序的总牵伸倍数一般应稍大于或接近并合根数。

2. 牵伸分配

并条工序的牵伸分配是指在总牵伸倍数确定时，配置头道、二道并条机的总牵伸倍数和各牵伸区的牵伸倍数。

(1) 各区的牵伸分配

主要与牵伸形式及喂入纱条的结构有关，一般规律是：

① 无论何种牵伸形式，采用 6 根或 8 根并合，前区的牵伸倍数都大于后区牵伸倍数。各种牵伸形式的前区摩擦力界布置都比较合理，而后区是简单罗拉牵伸，所以前牵伸区比后牵伸区能承担较大的牵伸倍数。

② 不同牵伸形式的前区牵伸倍数不同。如压力棒曲线牵伸的前区牵伸倍数比三上四下曲线牵伸大些，而三上四下曲线牵伸的前区牵伸倍数又比四罗拉双区牵伸大。由于压力棒所产生的主牵伸区后部摩擦力界向前扩展的范围大，更有利于对浮游纤维运动的控制，故前区的牵伸倍数可偏大掌握；四罗拉双区牵伸因无附加摩擦力界，故前区牵伸倍数宜低些。

③ 头、二道并条机前、后牵伸区的牵伸分配也不相同。喂入头道并条机的条子中前弯钩纤维占多数，采用 6 根并合时，头道的后区牵伸应为1.7～2.0 倍，前区牵伸倍数应为 3 倍左右。因生条中的纤维皱缩，纤维平均长度比正常纤维长，高倍牵伸会加大移距偏差，造成条干不匀，粗节、细节增多，故前区牵伸不宜太大。头并应采用少并合、少牵伸的方法，即 6 根并合、6 倍牵伸(或 6 根并合、5 倍牵伸)；或多并合、少牵伸的方法，即 8 根并合、7 倍牵伸。喂入二道并条机的条子中后弯钩纤维居多，采用前区大牵伸、后区小牵伸倍数、适当放大后区隔距的工艺方法。若 8 根喂入时，后牵伸为 1.06～1.14 倍，前区牵伸在 7.5 倍以上。因此，二道并条以采用多并合、多牵伸为好，一般用 8 根并合，牵伸倍数略大于并合根数。

(2) 头、末道并条机的牵伸分配

当采用两道并条时，有两种牵伸分配类型，即所谓的倒牵伸与顺牵伸。

① 倒牵伸。指头道牵伸倍数稍大于并合根数，末道牵伸倍数稍小于并合根数。这种牵伸分配是利用较小的末道牵伸，提高熟条的条干均匀度，但由于喂入头道并条机的生条中纤维前弯钩较多，较大的头道牵伸不利于前弯钩纤维的伸直，较小的末道牵伸又不利于后弯钩纤维的伸直。

② 顺牵伸。指头道牵伸倍数稍小于并合根数，末道牵伸倍数稍大于并合根数。这种牵伸分配有利于弯钩纤维的伸直，提高成纱质量。

生产实践表明，顺牵伸的工艺更为合理。目前，大多数工厂采用顺牵伸工艺。

(五) 压力棒工艺配置

FA306 型并条机的下压式压力棒示意图如图 6-20 所示。

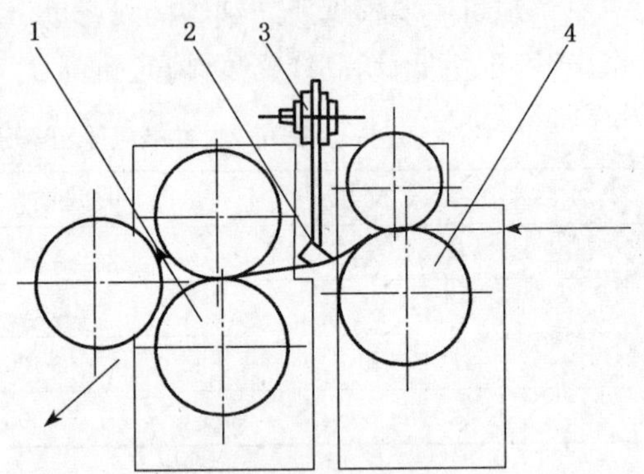

图 6-20　FA306 型并条机的下压式压力示意图

1—前罗拉　2—压力棒　3—压力棒调节环　4—第二罗拉

根据所纺纤维的长度、品种、品质和定量的不同，变换不同直径的调节环，使压力棒在牵伸区中处于不同的高低位置，从而获得对棉层的不同控制。调节环的直径越小，控制力越强。FA306 型并条机上，不同直径调节环的使用可参考表 6-3。

表 6-3　不同直径调节环的使用参考值

调节环颜色	红	黄	蓝	绿	白
直径(mm)	12	13	14	15	16
适纺品种	棉	棉	棉或化纤与棉混纺	化纤	化纤或化纤混纺的头并

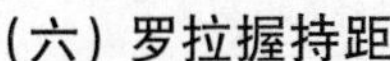

(六) 罗拉握持距

牵伸装置中，相邻罗拉间的距离有中心距、隔距和握持距三种表示方法。罗拉中心距表示相邻两罗拉中心线之间的距离；罗拉隔距是相邻两罗拉表面间的距离，此距离在保全保养时采用；罗拉握持距表示前、后两钳口间须条运动的轨迹长度，是纺纱的主要工艺参数。握持距的影响因素很多，主要根据纤维品质长度而定。在曲线牵伸中，罗拉握持距不等于中心距。一般用经验公式进行计算，即：

$$罗拉握持距(S)=纤维品质长度(L_p)+经验值(a)$$

上式中，纺棉时 L_p 是指纤维的品质长度，纺化纤时 Lp 是指名义长度。实际生产中，不同牵伸形式下各区握持距推荐的经验值 a 的范围见表 6-4。

表 6-4 不同牵伸形式下各区握持距推荐的经验值 a 的范围

牵伸形式	三上三下附导向皮辊，压力棒	四上四下附导向皮辊，压力棒	三上四下
前区握持距 S_1(mm)	$L_p+(5\sim10)$	$L_p+(4\sim8)$	$L_p+(3\sim5)$
中区握持距 S_2(mm)	—	$L_p+(3\sim5)$	—
后区握持距 S_3(mm)	$L_p+(10\sim12)$	$L_p+(9\sim14)$	$L_p+(10\sim15)$

(七) 罗拉加压

罗拉加压的目的是使罗拉钳口能有效地握持须条并能顺利地输送须条，即握持力＞牵伸力。加压量的大小可参考表 6-1。

第五节 并条机的传动和工艺计算

一、传动系统与传动图

现代棉纺并条机的型号很多，现以 FA306 型无自调匀整并条机、FA326 型有自调匀整并条机这两种典型机型为例加以说明。

(一) FA306 型并条机的传动系统与传动图

图 6-21 所示为 FA306 型并条机的传动图，其传动系统如右侧所示。

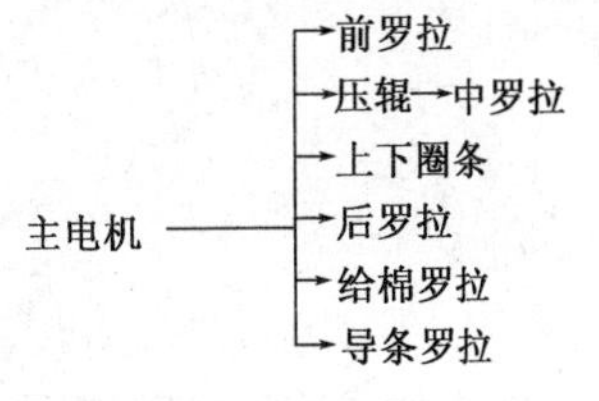

FA306 型并条机的传动系统有以下特点：

① 采用全封闭油浴车头齿轮箱，箱内各轴间中心距固定，无摇臂，箱内各部件组装好后全部密封，彻底解决齿轮箱漏油问题，油浴齿轮箱可不加油，同时可降低高速运转产生的噪音。

② 采用齿形带传动，消除了一般皮带传动存在的打滑和伸长现象，具有同步啮合的特点，传动平稳且较准确，可以降低传动噪音。

③ 牵伸罗拉不作为传动轴使用，罗拉只负担纱条的牵伸，不承担传动作用，可防止牵伸时罗拉的扭曲变形。

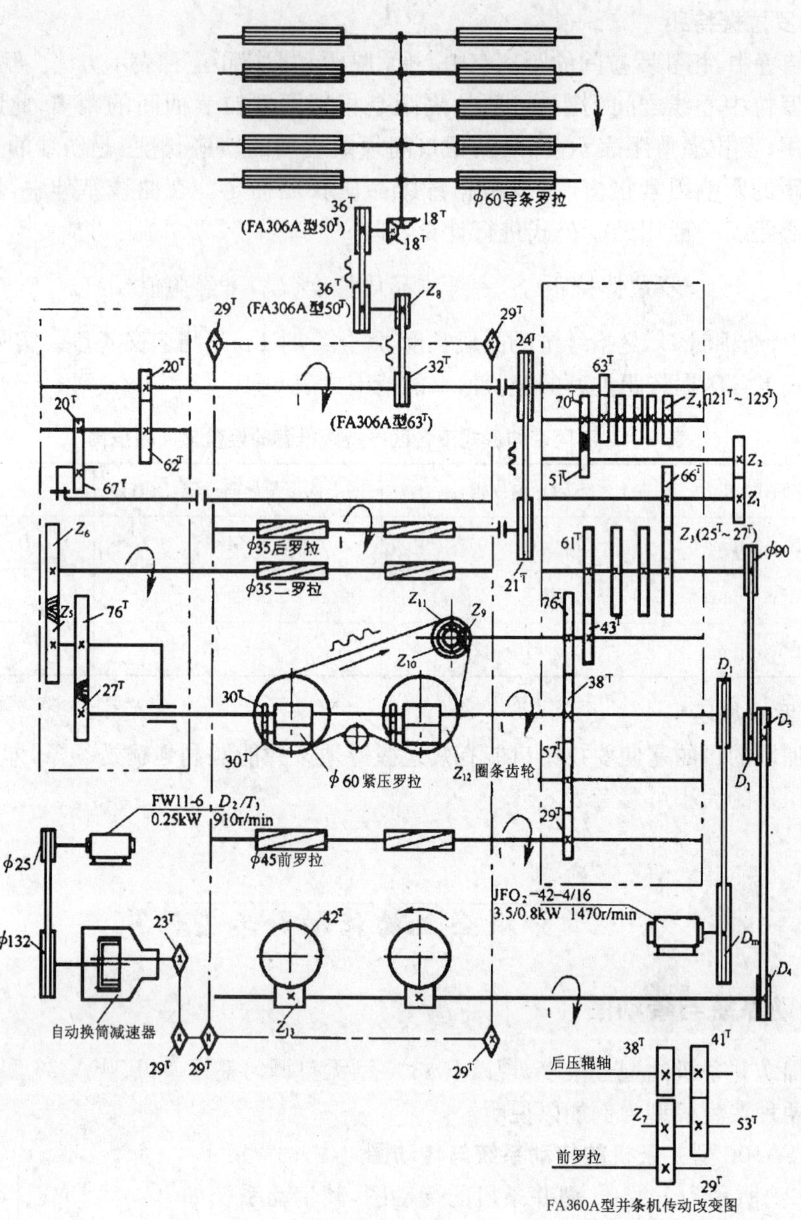

图 6-21　FA306 型并条机的传动图

④ 传动级数减小，传动路线较短。齿轮传动中，各传动齿轮的啮合点都有一定的侧向齿隙量，相邻两个罗拉间传动齿轮的啮合点越多，即传动级数多，则累计齿隙越大，导致两罗拉启动和制动时间差异越大，造成须条产生意外牵伸，使条子质量下降。FA306 型并条机上，主牵伸区的两列罗拉均为二级传动，同步性好，生产稳定。

⑤ 上、下圈条传动分配在两根轴上，解决了由一根轴同时传动上、下圈条时扭距过大而造成的断轴、滚键等问题，维修方便。

(二) FA326A 型带 USG 自调匀整并条机的传动图

FA326A 型并条机是集当今各项新技术于一体的新型并条机，是目前国内大面积使用

的较为先进的双眼并条机之一，其最高速度为 600 m/min。该机的主要特点有：

① 主机变频调速，启动平稳，升速时间可以调整，以达到最佳启动状态。

② 主机采用可编程控制器(PLC)控制，实现了整机运行自动化。

③ 采用开环控制的自调匀整系统，配置瑞士原装 USG(Uster)开环控制短片段匀整控制系统，采用凹凸罗拉检测。匀整驱动采用伺服电机与差动齿轮箱驱动中罗拉以后的各回转罗拉，从而实现短片段的自调匀整，以改善棉条的重量不匀率和条干 CV 值。

④ 采用在线检测系统，可在机自动检测并显示棉条的质量，对运转过程中的棉条进行全面监控，超标则自动停机，并显示停机原因，便于调整。

⑤ 可以配置气动的积极断条装置，使断条动作更可靠，有利于提高生产效率。

⑥ 牵伸系统采用三上三下加导向皮辊压力棒牵伸形式，由同步齿形带传动，提高了传动的可靠性，牵伸效果稳定，出条不匀降低。导条采用平带传动，传动平稳，意外牵伸减少。

⑦ 清洁系统采用单独电机传动，有利于消除对牵伸传动的影响。

⑧ 吸尘系统置于主机之外，使左、右两眼的风量保持一致，且风量大小可以调节，除尘效果更佳。

⑨ 具备先进的故障记忆显示功能，有利于迅速排除故障，提高生产效率。

FA326A 型带 USG 自调匀整并条机的传动图见图 6-22。USG 自调匀整的工作原理在下节中说明。

二、工艺计算

(一) FA306 型无自调匀整并条机的工艺计算

1. 输出速度计算

(1) 压辊输出线速度 V

$$V(\text{m/min}) = n \times \pi d \times 10^{-3} \times FD_{\text{m}}/D_1$$

式中：n 为电动机转速(1 470 r/min)；D_1 为压辊轴皮带轮直径(mm)，有 100 mm、120 mm、140 mm、150 mm、160 mm、180 mm、200 mm、210 mm 几种；D_{m} 为电动机皮带轮直径(mm)，有 140 mm、150 mm、160 mm、180 mm、200 mm、210 mm、220 mm 几种；d 为紧压罗拉直径(60 mm)。

(2) 压辊输出转速 $n_{压}$

$$n_{压}(\text{r/min}) = n \times F/E$$

2. 牵伸计算

(1) 总牵伸倍数 E

指压辊罗拉与导条罗拉间的牵伸倍数。

$$E = \frac{18 \times 36 \times Z_8 \times 63 \times 70 \times Z_2 \times 66 \times 61 \times 76 \times 60}{18 \times 36 \times 32 \times Z_4 \times 51 \times Z_1 \times Z_3 \times 43 \times 38 \times 60} = 506 \times \frac{Z_8 \times Z_2}{Z_4 \times Z_1 \times Z_3}$$

式中：Z_4 为牵伸微调齿轮(冠牙)的齿数，有 121、122、123、124、125 数种；Z_3 为牵伸变换齿轮(轻重牙)的齿数，有 25、26、27 三种；Z_2/Z_1 为牵伸阶段变换对牙的齿数，有 62/36、60/38、58/40、56/42、54/44、52/46、50/48、48/50、46/52、44/54、42/56、

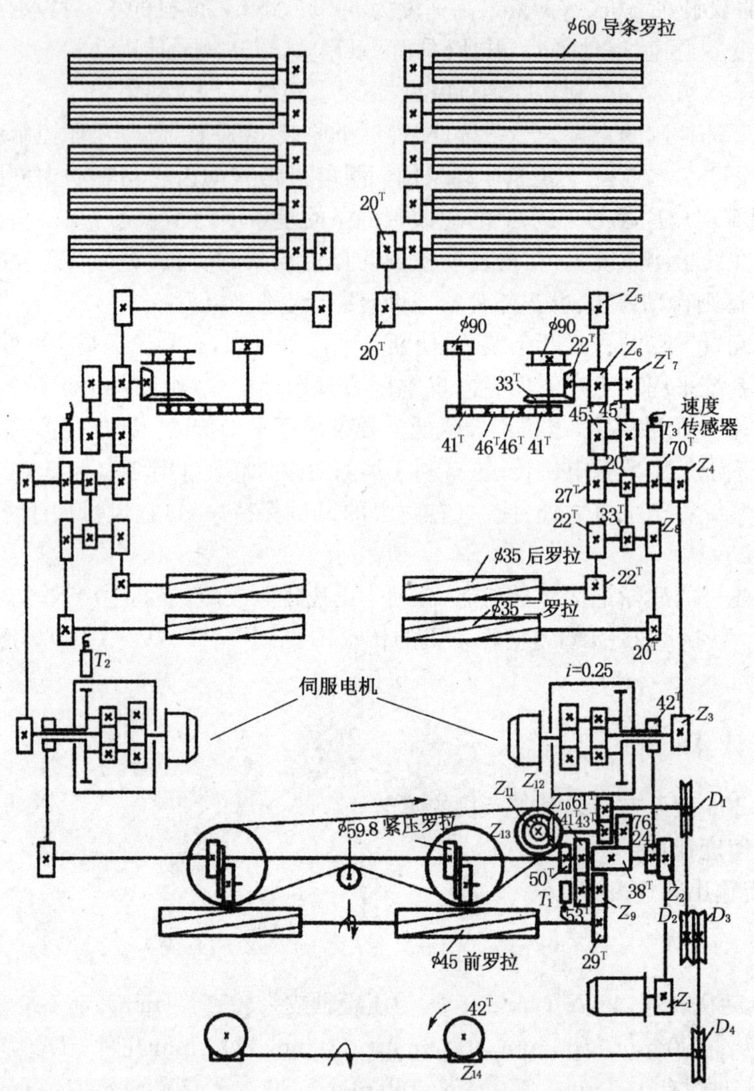

图 6-22 FA326A 型带 USG 自调匀整并条机的传动图

40/58、38/60、36/62 数种；Z_8 为后张力齿轮的齿数，有 49、50、51 三种。

(2) 牵伸区牵伸倍数 E'

指前罗拉与后罗拉间的牵伸倍数。

$$E' = \frac{45 \times 21 \times 63 \times 70 \times Z_2 \times 66 \times 61 \times 76}{35 \times 24 \times Z_4 \times 51 \times Z_1 \times Z_3 \times 43 \times 29} = 23\,869 \times \frac{Z_2}{Z_4 \times Z_1 \times Z_3}$$

(3) 主牵伸倍数(前区牵伸倍数)e_1

指前罗拉与第二罗拉之间的牵伸倍数。

$$e_1 = \frac{45 \times Z_6 \times 76 \times 38}{35 \times Z_5 \times 27 \times 39} = 4.742\,2 \times \frac{Z_6}{Z_5}$$

式中：Z_6 和 Z_5 为前区牵伸变换齿轮的齿数，其中 Z_6 有 74、63、53 三种，Z_5 有 47、51、65、

71 四种。

(4) 后牵伸 e_2

指第二罗拉与第三罗拉之间的牵伸倍数。

$$e_2 = \frac{E'}{e_1} = 5\,033.4 \times \frac{Z_2 \times Z_5}{Z_4 \times Z_1 \times Z_3 \times Z_6}$$

(5) 前张力牵伸倍数 e_3

指压辊与前罗拉之间的牵伸倍数。

对于 FA306 型并条机,

$$e_3 = \frac{29 \times 60}{38 \times 45} = 1.017\,5(\text{是一个固定不变的值})$$

对于 FA306A 型并条机,

$$e_3 = \frac{29 \times 53 \times 60}{Z_7 \times 41 \times 45} = \frac{49.983\,7}{Z_7}$$

式中:Z_7为 FA306A 型并条机的前张力齿轮的齿数,有 47、48、49、50 四种。

3. 产量计算

(1) 理论产量 $G_{理}$

$$G_{理}[(\text{kg}/(\text{台}\cdot\text{h})] = 2 \times 60 \times V \times g \times 10^{-3} \times 1/5 = 0.024 \times V \times g$$

式中:g 为棉条定量(g/5 m)。

(2) 定额产量 $G_{定}$

$$G_{定}[\text{kg}/(\text{台}\cdot\text{h})] = G_{理} \times \text{时间效率}$$

并条机的时间效率一般为 80%~90%。

(二) FA326A 型有自调匀整并条机的工艺计算

1. 输出速度计算

(1) 变频电动机转速 n

$$n(\text{r/min}) = 58 \times f$$

式中:f 为输入变频电动机的频率(Hz),其范围为 25~65 Hz。

(2) 压辊输出线速度 V

$$V(\text{m/min}) = n \times \pi d \times 10^{-3} \times Z_1/Z_2$$

式中:n 为变频电动机的转速(1 470 r/min);Z_1为电动机轴端带轮的齿数,有 24 和 30 两种;Z_2为压辊轴端带轮的齿数,有 34 和 44 两种;d 为压辊直径(59.8 mm)。

(3) 压辊输出转速 $n_{压}$

$$n_{压}(\text{r/min}) = n \times Z_1/Z_2$$

2. 牵伸计算

(1) 总牵伸倍数 E

指压辊罗拉与导条罗拉间的牵伸倍数。

$$E=\frac{20\times Z_5\times Z_7\times Z_4\times 42\times 59.8}{20\times Z_6\times 27\times Z_3\times (1-0.25)\times 24\times 60}=0.08613\times\frac{Z_5\times Z_7\times Z_4}{Z_6\times Z_3}$$

式中：Z_4为牵伸变换齿轮(冠牙)的齿数，有 63～73 及 80～90 数种；Z_3为牵伸变换齿轮(轻重牙)的齿数，有 60～73 数种；Z_5为导条张力变换齿轮的齿数，有 74、75 和 76 三种；Z_6为导条张力变换齿轮的齿数，有 72 和 74 两种；Z_7为检测张力变换齿轮的齿数，有 76、77 和 78 三种。

(2) 牵伸区牵伸倍数 E'

指前罗拉与后罗拉间的牵伸倍数。

$$E'=\frac{33\times Z_4\times 42\times 41\times Z_9\times 45}{20\times Z_3\times (1-0.25)\times 24\times 53\times 29\times 35}=0.132\times\frac{Z_4\times Z_9}{Z_3}$$

式中：Z_9为前张力变换齿轮的齿数，有 47～50 四种；

(3) 后牵伸 e_2

指第二罗拉与第三罗拉之间的牵伸倍数。

$$e_2=\frac{E'}{e_1}=5033.4\times\frac{Z_2\times Z_5}{Z_4\times Z_1\times Z_3\times Z_6}$$

(4) 前张力牵伸倍数 e_3

指压辊与前罗拉之间的牵伸倍数。

$$e_3=\frac{29\times 53\times 59.8}{Z_9\times 41\times 45}=\frac{49.817}{Z_9}$$

式中：Z_9为前张力变换齿轮的齿数，有 47～50 四种。

3. 产量计算

理论产量与定额产量的计算同 FA306 型。

第六节 并条综合技术讨论

一、并条质量与控制

(一) 条干均匀度的控制

条干均匀度是表示棉条粗细均匀程度的指标。棉条的条干均匀度不仅对粗纱条干均匀度、细纱条干均匀度、细纱断头等有直接影响，而且影响布面质量，因此它是并条质量控制的重要项目之一。

条干不匀率指纱条粗细不匀的程度，不匀率越小，纱条越均匀。习惯上用萨氏条干均匀度(简称萨氏条干)或条干不匀率 CV 值来定量地表示条子的不匀程度，熟条萨氏条干一般控制在 18%以下，熟条条干不匀率 CV 值一般控制在 4%以下。纱条的条干不匀分为规律性条干不匀和非规律性条干不匀。

1. 规律性条干不匀产生的原因及消除方法

(1) 规律性条干不匀产生的原因

规律性条干不匀是由于牵伸部分的某个回转部件有缺陷而形成的周期性粗节、细节。如罗拉、皮辊的偏心、齿轮磨损或缺齿等,这些缺损回转件每转一周就产生一个粗节和一个细节。这种不匀就是规律性条干不匀,也称为机械波。

在双眼并条机上,如果两眼纺出的条子的条干不匀的规律性相同,则故障应从传动部分上找,可能是罗拉头齿轮键松动、偏心、缺齿或罗拉头轴颈磨损、轴承损坏等原因造成的。如果仅一眼有规律性不匀,则可能是该眼的罗拉弯曲、偏心或沟槽表面局部有损伤、凹陷以及皮辊偏心、弯曲、表面局部损伤、凹陷或皮辊轴承磨损、损坏等原因造成的。

(2) 规律性条干不匀的消除方法

当发现有规律性条干不匀的条子时,可用上述方法找出原因并及时排除故障。平时应加强机器的维护管理,按正常周期保全、保养,对不正常的机件及时修复或调换,以预防规律性条干不匀的条子出现。

2. 非规律性条干不匀产生的原因及改善途径

(1) 非规律性条干不匀产生的原因

非规律性条干不匀主要是由于牵伸部分对浮游纤维运动的控制不当,造成浮游纤维运动不正常而引起的,称为牵伸波,产生的原因很多,现将其中一些主要原因叙述如下:

① 工艺设计不合理。如罗拉隔距过大或过小、皮辊压力偏轻、后区牵伸过大或过小,都可能造成条干不匀。

② 罗拉隔距走动。这是由于罗拉滑座螺丝松动或因罗拉缠花严重而造成的。罗拉隔距走动,改变了对纤维的握持状态,引起纤维变速点的变化,因而出现非规律性条干不匀。

③ 皮辊直径变化。实际生产中,由于皮辊使用日久或管理不善,其直径往往与规定的标准有较大差异。皮辊直径增大或减小,使摩擦力界变宽或变窄,都会引起纤维变速点的改变而造成条干不匀。

④ 皮辊加压状态失常。如两端压力不一致、弹簧使用日久而失效或加压触头没有压在皮辊套筒的中心,都会引起压力不足,因而不能很好地控制纤维的运动,致使纤维变速无规律,造成条干不匀。

⑤ 罗拉或皮辊缠花。若车间温湿度高、罗拉和皮辊表面有油污、皮辊表面毛糙,都容易造成罗拉或皮辊缠花而产生条干不匀的棉条。

⑥ 此外,喂入棉条重叠、棉条跑出后皮辊两端、棉条通道挂花、皮辊中凹、皮辊回转不灵、上下清洁器作用不良及吸棉风道堵塞或漏风引起飞花附入棉条,也都会产生非规律性条干不匀。

(2) 改善非规律性条干不匀的途径

① 加强工艺管理。工艺设计合理化,每次改变工艺设计,都应先在少量机台上试验,当棉条均匀度正常时,再全面推广。

② 加强保全保养工作。定期检查罗拉隔距,保证其准确性;加强皮辊的管理,严格规定各档皮辊的标准直径及允许的公差范围;定期检查皮辊的压力,使加压量达到工艺设计的要求。

③ 加强运转操作管理。

(二) 熟条定量控制

1. 目的和要求

熟条是并条工序的最终产品,定量控制就是将纺出熟条的平均干燥重量(g/5 m)与设计的标准干燥重量(简称定量)间的差异控制在一定的范围内。同一品种的全部机台纺出棉条的平均干燥重量与设计定量间的差异,称为同一品种全机台的平均重量差异;一台并条机纺出棉条的平均干燥重量与设计定量间的差异,称为单机台的平均重量差异。前者影响细纱的重量偏差,后者影响棉条和细纱的重量不匀率,因此需要对这两种重量差异加以控制。标准干重的差异范围,一般单机台平均干重不超过 ±1%,全机台平均干重不超出±0.5%。生产实践证明,严格控制单机台的平均重量差异,既可降低棉条的重量不匀率又可降低全机台的平均重量差异。如果单机台的平均重量差异控制在 ±1%以内,则全机台的平均重量差异一般在 ±0.5%左右,这样就可使细纱的重量偏差和重量不匀率稳定在国家标准规定的范围内。因此,对于熟条干重,主要是单机台控制。

2. 纺出重量的调整

(1) 取样试验

生产中,每班对每个品种的熟条一般测试 2~3 次,每次在全部眼中各取一个试样,测试棉条的回潮率及各机台的平均纺出湿重(g/5 m),然后根据测得的回潮率折算出各机台的平均纺出干重。

(2) 调整牵伸倍数

如个别机台的纺出干重与标准干重间的差异超出允许范围,应该调整该机台的牵伸倍数。调整牵伸倍数可调换牵伸变换齿轮(轻重牙)或牵伸微调变换齿轮(冠牙)。

轻重牙在机器传动中处于主动位置,齿数越多,总牵伸倍数越小,纺出重量越大,其齿数与纺出重量成正比。对大多数机型如 A272 系列、FA302 型、FA311 型并条机来说,冠牙在传动中处于被动位置,齿数越多,牵伸倍数越大,纺出重量越小,其齿数与纺出重量成反比。而在 FA306 型并条机上,冠牙与轻重牙齿数均与纺出重量成正比。

FA306 型并条机的轻重牙有 25^{T}、26^{T}、27^{T}三种齿轮,冠牙有 121^{T}、122^{T}、123^{T}、124^{T}、125^{T}五种齿轮。轻重牙齿数少,每增减一齿,纺出重量变化较大,约为 ±4%;冠牙齿数多,每增减一齿,纺出重量变化较小,约为±0.8%。

当个别机台纺出干重超出范围时,可根据实际纺出干重以及机上轻重牙和冠牙的齿数,计算出轻重牙和冠牙每增减一齿时棉条纺出干重的变化量,再根据纺出干重与标准干重间的差异大小,确定如何调整齿轮。

对于 FA306 型并条机,如差异较小,略超出±1%,可调整冠牙,差异为正,冠牙减一齿,差异为负,冠牙增一齿;如差异较大,略超出±4%,可调换轻重牙。

对于 A272 系列、FA302 和 FA311 等型号的并条机,如差异较小,略超出±1%,可调整冠牙,若差异为正,冠牙增加一齿,差异为负,冠牙减少一齿;如差异较大,略超出±2%,可调换轻重牙。

无论何种型号的并条机,当单独调整冠牙或轻重牙不能满足要求时,都需要两组牙同时调整,使纺出干重差异调整到最小为止。

(3) 实例

在 FA306 型并条机上生产的熟条,设计干重为 20 g/5 m,而纺出平均干重为

21.1 g/5 m，机上轻重牙为 26^T，冠牙为 123^T。此时是否需要调整轻重牙或冠牙？

解 第一步，验算实际重量偏差(其控制范围为±1%)，纺出的实际重量偏差=(实际干重－设计干重)/设计干重×100%=(21.1－20)/20×100%=5.5%>1%，已超出允许范围，需要调整变换齿轮。

第二步，若将 26^T 轻重牙减少一齿，纺出干重的变化量=－21.1/26=－0.81(g/5 m)，纺出的实际重量偏差=(21.1－0.81－20)/20×100%=1.45%>1%，仍不能满足要求；若再将轻重牙减少一齿，则变化量太大。

第三步，若在 26^T 轻重牙减一齿的同时，将 123^T 冠牙减一齿，纺出干重的变化量=－21.1/123=－0.17(g/5 m)，则纺出的实际重量偏差=(21.1－0.81－0.17－20)/20×100%=0.6%<1%。

可见，调整后的纺出干重在允许范围内，符合要求。调整后的轻重牙为 25^T，冠牙为 122^T。

注 1：A272 系列、FA302 型、FA311 型、FA320 型等无自调匀整并条机的调整方法也是如此，只不过需要注意的是这些机型的冠牙齿数与纺出条子重量成反比。

注 2：FA306 型并条机上实际配备的轻重牙有 25^T、26^T、27^T 共三种齿轮，冠牙有 121^T、122^T、123^T、124^T、125^T 共五种齿轮。如果需要同时调整轻重牙和冠牙，而机上所配齿轮已经是极限齿数(齿数最大或最小)，此时，应首先调整牵伸阶段变换对牙的齿数(见本章第五节“FA306 型并条机的工艺计算”中的 Z_2/Z_1)，再调整轻重牙和冠牙，使熟条定量符合控制范围。

注 3：如果末道并条机采用了自调匀整，则不需要用调换齿轮的方法来控制熟条定量，而是使用自调匀整进行自动调节，达到提高熟条均匀度、控制熟条重量偏差的目的。

3. 控制熟条重量偏差的意义

对每个品种的每批纱(一昼夜的生产量作为一批)，都要控制其熟条重量偏差，这不仅因为重量偏差是棉纱质量指标的一项内容，而且涉及每件纱的用棉量。重量偏差为正值时，表明生产的棉纱比标准要求的粗，并且用棉量增多，使棉纱的成本增加；反之，重量偏差为负时，每件纱的用棉量虽可减少，但棉纱比标准要求的细，对用户不负责任。国家标准规定了每批棉纱线的重量偏差范围是±2.5%。因此，纺出熟条干重的掌握，要根据当时纺出细纱的重量偏差的情况而定，当纺出细纱的重量偏差为正值时，棉条的干重应偏轻掌握；反之，则应偏重掌握。实际上，现在许多用纱的客户尤其是国内客户都希望细纱是负偏差，其目的是用同样重量的纱织出更长的布。

(三) 并条工序的其他质量要求

1. 重量不匀率

熟条 5 m 片段之间的重量不匀率应控制在 1%以下，控制方法如下：

① 轻重搭配。类似毛纺的配条配重，即不同梳棉机生产的同一品种生条应该喂入同一台头道并条机，同一台梳棉机生产的生条应该喂入不同的头道并条机；头道并条机的两个眼生产的同一品种半熟条，应该采用“巡回换筒”的方式，交叉喂入末道并条机的两个眼。

② 积极式喂入。采用高架式或平台式积极喂入装置，同时在运转操作时注意里外条筒、远近条筒、满浅条筒的合理搭配，尽量减少喂入过程中的意外伸长。

③ 断头自停。断头自停装置的作用要灵敏可靠，保证喂入根数准确，防止漏条。

④ 自调匀整。若使用自调匀整装置，可以大大减小重量不匀率及重量偏差。

2. 纤维伸直平行度

通过罗拉牵伸可以提高纤维的伸直平行度。在实际生产过程中，一般不检测条子中纤维的伸直平行度，所以纤维的伸直平行度没有统一标准。不过，实际生产时，用牵伸理论进行指导，采用“奇数法则”及合理的牵伸工艺，目的就是为了提高条子中纤维的伸直平行度。

3. 混合均匀度

对于混纺产品，如果采用条子混合，为了提高纤维的混合均匀度，一般采用三道混并条。对于精梳混纺产品，三道混并可以提高混合效果，但反复并合与牵伸，条子易发毛过烂。

二、并条工序疵点的产生原因与控制

并条工序疵点主要有熟条重量不符合标准、条干不匀、粗细条、条子发毛、油污条等，其成因及解决方法见表 6-5。

表 6-5　并条工序疵点成因及解决方法

疵点名称	疵点成因	解决方法
熟条重量不合标准	生条重量不准 牵伸变换齿轮用错 自停失灵，使喂入机构缺条	控制生条重量不匀，轻重搭配 变换齿轮严格按工艺上车 加强巡回，发现故障及时处理
条干不匀	罗拉滑槽座松动，使隔距变化 皮辊加压太轻或失效，两端压力差异太大 牵伸元件、牵伸传动齿轮运转不正常 上下清洁器作用不良	加强喂入、牵伸及加压元件的检修保养 严格工艺上车及上机检查 加强对清洁装置等辅助机构的保养
粗细条	条子包卷不良 条子喂入状态不良或缺条喂入 牵伸变换齿轮用错 加压失灵	加强运转操作管理和提高挡车工操作水平 加强工艺上车检查，严格齿轮管理 加强设备部件检修
条子发毛	条子通道不光洁、挂花 喇叭头口径太大，有毛刺、挂花	对所有条子的通道进行检查维修，使通道光洁无毛刺
油污条	条子通道有油污，工作地不清洁，有油污 齿轮箱漏油、渗油，导致条子通道有油污 润滑加油不当、保全保养时不慎沾污条子	加强保全保养管理 加强巡回及清洁工作，发现问题及时解决

三、并条工序加工化纤的技术特点

(一) 并条的工艺道数

1. 化纤纯纺

采用两道并条。

2. 化纤混纺

化纤混纺时，不同种类的化纤之间的混合一般有条子混合、棉包混合、散纤维小量称重混合等三种方法。每种方法各有其特点。

① 条子混合(亦称条混)。优点是混纺比例容易掌握和控制,但如采用两道并条,则不同种类的纤维不易充分地混合均匀。因此,采用条混时,为了提高纤维间的混合均匀度,一般用三道混并条。

② 棉包混合。优点是不同种类的纤维从开清棉开始就开始混合,所以能够充分地混合均匀,因此并条可用两道。但棉包混合时,各种纤维包的重量、体积、松紧不一,故混纺比例很难准确地控制。

③ 小量称重混合。优点是不同种类的纤维从开清棉开始就开始混合,所以能够充分地混合均匀,且混纺比例容易准确地掌握和控制,因此并条可用两道。但小量称重混合使用的人工和时间较多。

3. 精梳涤/棉混纺纱

纺精梳涤/棉混纺纱时,普遍采用一预三混并的工艺,整个纺纱工艺流程如下:

棉:清→梳→预并→条并卷联合→精梳
涤:　　　　　　　　清→梳→预并
}→混并一、二、三道→粗纱→细纱→后加工

一预是指涤纶生条的预并,其优点包括:一是降低涤纶生条的重量不匀率,控制生条定量,使混纺比准确;二是提高涤纶生条中的纤维伸直平行度,使之与精梳棉条相适应。如果梳棉机带有自调匀整,也可以省去涤纶的预并条,既能保证混纺比,又可以降低成本。有的工厂在设备紧张的情况下,即使梳棉机没有自调匀整,也把涤纶的预并条省去,就是为了降低成本,但此时的混纺比不易保证准确。

三道混并的目的是提高涤纶与棉纤维之间的混合均匀度。

(二)工艺特点

由于化学纤维的整齐度好、长度长、卷曲多,其中合成纤维的回潮率较低、与金属的摩擦系数较大、弹性好、强度高、蓬松性好等,因此牵伸过程中的牵伸力较大,工艺上需采用"重加压、大隔距、通道光洁、防缠防堵"等措施。

1. 罗拉握持距及罗拉隔距

纺化纤时,确定罗拉握持距的主要依据是以混用比例较大的纤维长度为基础(化纤与棉混纺时,主要考虑化纤长度),适当考虑混合纤维的加权平均长度。由于化纤的长度较长,所以,罗拉握持距比纺棉时要大一些,并且要结合牵伸倍数、罗拉加压、喂入与输出定量等因素进行综合考虑。纺化纤时并条机罗拉握持距的参考值见表6-3。

2. 皮辊加压

由于化纤条子的牵伸力较大,如果加压不足,会使条干不匀率增大,产生突发性纱疵,所以纺化纤时,皮辊加压一般比纺纯棉时增加20%～30%。

3. 牵伸分配

为了提高纤维的伸直平行度和成纱品质,现代并条工序采用的工艺原则是:头道并条应少并合、少牵伸或多并合、少牵伸,总牵伸倍数接近或小于并合数,且头并的后牵伸较大(1.7～2.0倍);二道并条应多并合、多牵伸,总牵伸倍数大于并合数,且二并的后牵伸较小(化纤纯纺取1.5倍左右;涤、棉混纺时,混二并的后牵伸取1.3倍左右,混三并的后牵伸取1.07～1.3倍)。

4. 前张力牵伸

前张力牵伸与纤维的回弹性有关。一般合成纤维的回弹性较大，前张力牵伸不能太大，否则出条易产生回缩现象，此时，前张力牵伸一般取 1 倍或略小于 1 倍。

5. 出条速度

纺化纤时，出条速度过高，易产生静电，发生缠绕罗拉和皮辊，因此，出条速度应比纺棉时低一些。

四、并条新技术发展概况

从 20 世纪末至 21 世纪，并条机技术有了较大的发展，高速度、自调匀整、智能化、质量控制、高效清洁等，为提高纺纱产品质量及降低成本提供了更强大的基础保证。

国内生产并条机的纺机厂主要有沈阳宏大、湖北天门、陕西宝成等，我国引进并条机的纺机制造商主要有德国特吕茨勒、瑞士立达。部分国产并条机的主要技术特征见表 6-1，部分引进并条机的主要技术特征见表 6-6。

表 6-6 部分引进并条机的主要技术特征

制造商	瑞士立达	德国特吕茨勒	意大利马佐里(Vouk)
机型	RSB-D30C、D35C	HSR1000	UNIMAXR
自调匀整	短片段开环 RSB 型	短片段开环 SERVO DRAFT 型	短片段开环 USG 型
眼数	1	1	1
设计速度(m/min)	500	1 000	1 050
牵伸形式	三上三下压力棒导向皮辊	三上三下压力棒导向皮辊	三上四下压力棒
总牵伸倍数	4.5～11.6	4～11	4.0～11.6
罗拉直径(mm)	40×30×30	40×35×35	32×22×22×28
皮辊直径(mm)	38×38×38×38	34×34×34×34	34×45×45
罗拉加压方式	气动加压	气动加压	弹簧加压或液压加压
总功率(kW)	7.06	10.5～11.7	13

(一) 国产并条机的技术进步

国内各并条机制造厂在机械加工制造、在线检测、自动控制、传动、密封及环保技术等方面都有较大的技术进步。

1. 机械制造技术进一步提高

国内并条机主要生产企业(如沈阳宏大、宝成纺机、天门纺机、石家庄飞机制造公司纺机厂)首先对牵伸罗拉改进材质，提高其韧性与刚度，增强其抗扭振、抗弯曲的能力，提高其表面的硬度、光洁度，提高对其偏心度的要求，适当加大轴径，配用较大的滚针轴承；其次是对皮辊提高其芯轴材质的性能，和罗拉一样配用较大的滚针轴承；三是对皮辊的加压，除宝成纺机用弹簧加压外，一般均备有气动与弹簧加压，供用户选择。以上技术的提高为并条机的高速化打下了坚实的基础，除石家庄飞机制造公司纺机厂的 FA312-Ⅲ型的纺出速度为 500 m/min外，其余各厂机型均在 600～800 m/min 之间，而 FA329 型高达 1 000 m/min，迈入世界先进水平行列。

2. 机电一体化程度进一步提高

① 自调匀整、在线监测显示及 PLC 控制的应用更趋成熟和完善。各厂生产的高速并条机均配有自调匀整装置,分三种型号,一是中航总公司洛阳 613 所的 BYD 型自调匀整装置,其适纺速度为 600～800 m/min;二是台湾东夏的 THD-901AL 型自调匀整装置,其适纺速度为 650 m/min;三是瑞士乌斯特公司的 USG 型自调匀整装置,适纺速度可达 1 000 m/min。由计算机控制的自调匀整系统,通过其操作面板,可用于设定棉条质量界限(重量偏差、1 m 条干 CV、3 m 条干 CV、5 m 条干 CV),并且超限自停,设定满筒棉条长度及自动换筒,记录并显示各班及当班实时产量、效率、运转时间,连续实时显示细度偏差、条干 CV,并在工艺流程图上即时显示故障部位,为及时维修提供方便,对电气系统中关键元器件的工作状况有自检功能。

各厂均已引进使用 PLC 控制,并条机配置的 PLC 控制更趋成熟和完善。如天门纺机厂的 FA319 型和石家庄飞机制造公司纺机厂的 FA312-Ⅲ型并条机,由于对其逻辑线路的合理布置,使得结构简洁、完整。

② 伺服电机与变频电机的应用。自调匀整系统的执行机构几乎都是伺服电机传动系统。高速并条机的功耗并不大,匀整系统的功耗更小,却要求对条子短片段重量的变化进行准确的检测,并自动做出快速而精确的响应,不仅要求性能稳定,还要求少维修甚至不维修。可以说,高精度伺服电机与变频电机的使用是并条机传动技术上的一大进步。

3. 单眼并条机的开发

单眼并条机的优点是:

① 生产效率高。单眼并条机喂入的条子是双眼并条机的一半,所以其断头率也是双眼并条机的一半,停车时间减少,生产效率提高。

② 便于工艺管理。双眼并条机喂入各自独立牵伸区中的条子的条干及单位重量是有一定差异的,而且两个独立的牵伸区由同一传动系统传动,只能采用相同的牵伸工艺,因此两个眼纺出的条子重量肯定有差异。单眼并条机能按眼进行精确控制,使工艺管理更为方便。

③ 操作方便。一套牵伸系统便于看管,可以减少挡车工的移动距离。

4. 其他方面

如同步齿形带的应用更广泛、清洁滤尘系统的改进、降低噪声、自动换筒等。

(二) USG 自调匀整和质量在线监测

自调匀整的基本原理可参考第四章第五节的相关内容。自调匀整装置在并条机上是利用对喂入条子(或输出条子)的粗细不间断地检测,自动调节牵伸机构的牵伸倍数,修正中长片段、短片段的不匀,使输出棉条的均匀程度提高,棉条线密度达到设定的范围。

并条机自调匀整装置,按其控制原理可分为开环控制系统、闭环控制系统和混合环控制系统,按匀整效果可分为短片段和中长片段自调匀整装置。国产 BYZ 型自调匀整属于闭环控制系统的中长片段自调匀整装置,乌斯特公司的 USG 型或 USC 型自调匀整属于开环控制系统的短片段自调匀整装置。由于短片段自调匀整装置是先检测、后匀整,针对性强,适应的输出速度较快,所以在并条机上的应用广泛,国产 FA326A 型及 FA322 型等并条机即配备 USG 开环控制的短片段自调匀整装置。混合环由于结构复杂,使用较少。部分自调匀整装置的技术特征见表 6-7。

表 6-7　部分自调匀整装置的技术特征

型号	BYZ	BYD	USG	RSB
制造商	洛阳 613 所	洛阳 613 所	瑞士乌斯特	瑞士立达
匀整形式	中长片段，闭环，部分条子匀整	短片段，开环，主牵伸区整体匀整		
检测方式	棉条全部经凹凸罗拉检测，信号由位移传感器传送			
质量监测	—	输出条子经喇叭口形质量监测器监测	输出条子经 FP 监测组件监测	输出条子经 RQM 立达条子质量监测器监测
执行机构	直流变速电机传动后部匀整区	伺服电机适时变速，经差速箱合成后传出		
控制部分	后部增装一对罗拉组成匀整区	第二罗拉起，后部变速，改变主牵伸区的牵伸		
代表机型	FA306	FA319	FA322，FA326A	RSB-D30，D35
眼数	2	2	2	1
设计速度(m/min)	600	700	600	1 000
备注	—	—	FA322 型为后牵伸区整体匀整	—

以下简要介绍 USG 型自调匀整装置。

1. USG 型自调匀整装置工作原理

如图 6-23 所示。主电机 1 传动第一罗拉 4 和输出压辊 9，并传动 DGB 差速齿轮箱的恒速输入。第一罗拉和输出压辊恒速旋转，条子的输出速度为恒定值。第二罗拉 5 及其后的各罗拉由 DGB 差速齿轮箱输出传动，为变速旋转。凹凸罗拉 7 检测喂入棉条，将喂入条的粗细变化转换成位移量的变化，由位移传感器 11 将位移量的变化转换成电信号，作为实际测量值，输入匀整及监测控制单元 2。在控制单元内，计算机将放大后的测量值与标准值进行比较，把比较所得的结果（修正值）暂时存放起来。同时，计算机根据 T3 测速传感器 14 测得的喂入棉条运动速度和凹凸罗拉与主体牵伸区之间的路程，计算出延迟时间。延时后，当被检测的棉条片段到达牵伸变速点时，控制单元根据修正值对 SM 伺服电机准值变速输入差速箱，使差速箱的输出速度改变，进而改变第二罗拉及其后的各罗拉的转速，从而改变主

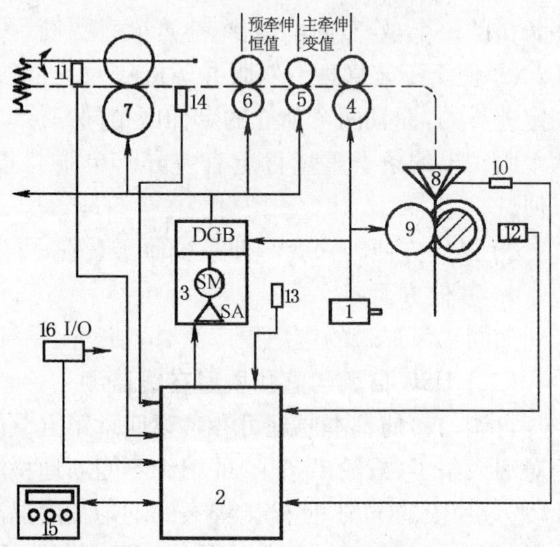

图 6-23　USG 型自调匀整与在线监测装置原理图

1—主电机　2—匀整及监测控制单元
3—控制驱动（SA 伺服放大器，SM 伺服电机，DGB 差速齿轮箱）
4—第一罗拉　5—第二罗拉　6—第三罗拉　7—凹凸罗拉
8—FP 监测传感器　9—输出压辊　10—FP-MT 前置放大器
11—DS 位移传感器　12—T1 测速传感器　13—T2 测速传感器
14—T3 测速传感器　15—微型终端　16—输入输出模块

牵伸倍数，使输出条子均匀一致。微型终端 15 提供人机对话界面，操作人员可在界面上输入或修改参数，对设备进行调整或读取各种信息。

USG 型的匀整范围为±25%，匀整精度可达±1%。

由于开环控制系统具有先检测后匀整的结构特点，没有闭环控制系统不可避免的匀整死区，使短片段自调匀整装置能够修正很短片段的不匀，输出条子的重量偏差和不匀率得到有效控制，为纺制高档纱线提供了保证。精梳后采用一道带短片段自调匀整的并条机，既能获得质量好的熟条，又能避免二道并条给精梳条带来过熟过烂的不利因素。

2. 凹凸罗拉检测单元(T/G 罗拉)

图 6-24 所示为 FA322 型并条机凹凸罗拉检测单元，每眼一套。

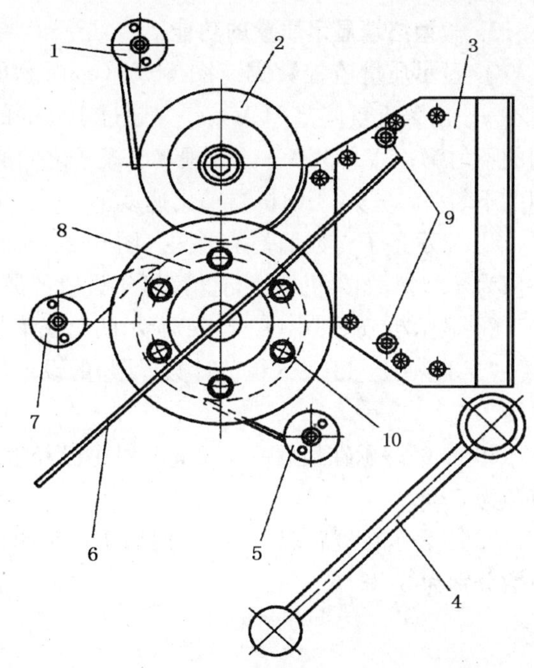

图 6-24　FA322 型并条机凹凸罗拉检测单元

1—T 清洁装置　2—T 罗拉　3—集棉器　4—加压手柄　5—G 清洁装置　6—清洁扇叶　7—分条舌部件　8—G 罗拉　9，10—螺钉

根据喂入条子的定量及纤维品种不同，T/G 罗拉需要更换不同的槽宽盘片和相应的辅件，同时调整 T 罗拉的加压，T 罗拉的加压量随罗拉速度的增加而适当加大。T/G 罗拉工艺调整可参考表 6-8。为了确保位移传感器能够在其线性范围内工作，T/G 罗拉工艺调整的结果应该使被测条子尽量压缩至材料截面为止，纤维间尽可能无空隙，厚度在 4 mm 左右。

表 6-8　T/G 罗拉工艺调整参考表　　单位：mm

序列	凸罗拉	凹罗拉	G 分条舌	G 清洁舌	集棉器	纤维类别	参考定量(g/m)	参考加压(N)
A	4	4.2	3.7	4	3.4	棉，黏及混纺	12～20	80
B	5	5.2	4.7	5	4.2	棉，黏，涤/棉	18～26	80～100
C	6.2	6.4	5.9	6.2	5.4	棉，黏，涤，涤/棉，棉/黏	24～32	100～120
						腈纶，毛型化纤	18～25	
D	7.6	7.8	7.3	7.6	6.8	棉，涤，涤/棉，棉/黏，棉/腈	30～38	100～120
						腈纶，毛型化纤	24～32	
E	9.3	9.5	9.0	9.3	8.5	腈纶，涤/腈，毛型化纤	36～45	120～140
F	11.3	11.5	11.0	11.3	10.5	毛型化纤，高膨体纤维，丙纶	42～50	140

3. 微型终端显示质量的功能

① 显示质量监控数据。图 6-25(a)所示的第一菜单能够显示的质量监控数据有：A%——出条重量偏差；CV%——超过 100 m 的不匀率；CV%1 m——100 根 1 m 条子之间的不匀率；CV%3 m——33 根 3 m 条子之间的不匀率；CV%10 m——10 根 10 m 条子之间的不匀率；V——当前机器输出速度。

② 显示条子支数偏差条形图。图 6-25(b)所示的第二菜单显示的是最后 6 s 的值(图中值为−2%)，如果机器运行速度低于设置的最小速度，则条形图显示上一次的值。

③ 显示粗节图。图 6-25(c)所示的第三菜单显示 TP%1 粗节的界限范围。

“>30%”是 TP%1(粗节计数界限)的设定值。图中表示大于标准 30%设为 TP%1 的界限。

“0∶56”表示在最后一个 2 h 时段中已经生产的时间。图中表示在 56 min 内产生的粗节数为 5 个。

“2 h”表示在最后四个整 2 h 时段中产生的粗节数。图中表示四个 2 h 时段中产生的粗节数分别为 3、0、6、9 个。

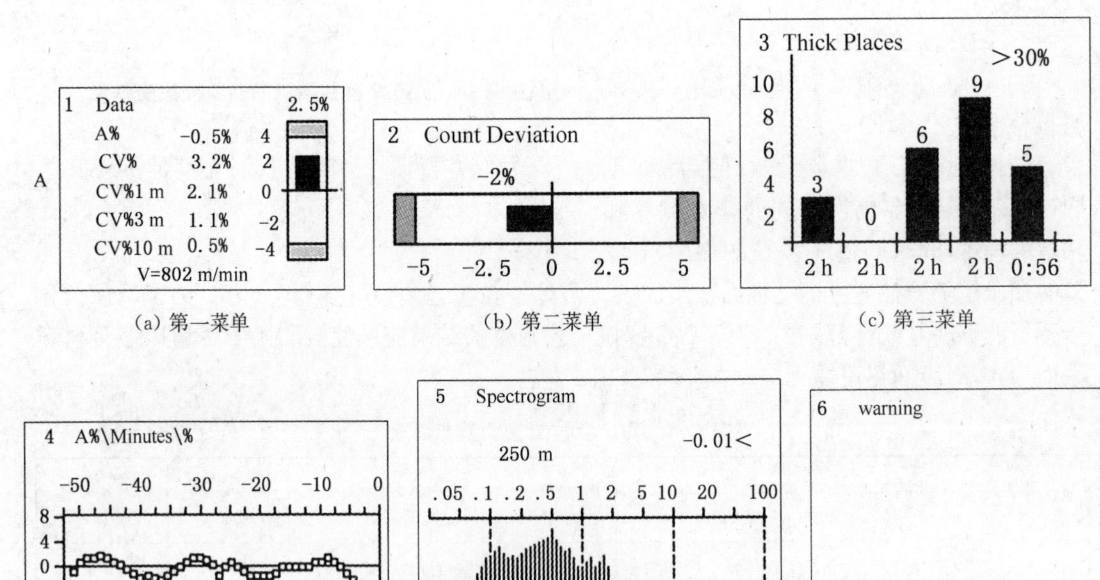

(a) 第一菜单　(b) 第二菜单　(c) 第三菜单

(d) 第四菜单　(e) 第五菜单　(f) 第六菜单

图 6-25　USG 微型终端显示的质量数据与图表(第一～第六菜单内容)
图(1)(2)中浅色阴影部分为 A%界限以外的区域

④ 显示每分钟重量偏差图。如图 6-25(d)所示的第四菜单，图中横坐标“−40”表示距现在 40 min 之前的重量偏差，如果再过 10 min，刚才的值就移到“−50”的位置上；纵坐标表示重量偏差值(%)。

⑤ 显示波谱图。如图 6-25(e)所示的第五菜单。USG 系统根据所选条子的长度来处理波谱图，这些长度有 125 m、250 m、500 m、1 000 m、2 000 m 等。图中所示为 250 m 的长度，“−0.01”表示波谱图是在 1 min 前记录的。

⑥ 显示报警与停机原因。如图 6-25(f)所示的第六菜单。如果纺出条子出现质量(如A%、A%S、CV%、TP%1、TP%2)超过所设限度的范围,就会出现报警或停机,此时,要进行相应的调节(详细内容见下文)。

4. USG 微型终端的主要参数及调节

在 USG 微型终端上,调节的主要参数有:A%——出条重量偏差,A%S——出现特大重量偏差时快速停机的设限范围,CV%——条子超过 100 m 长度之间的不匀率,TP%1——粗节计数界限范围,TP%2——粗节停机设限,Vmin——最低监测速度,Dead length——死区长度等。

(1) A%的停机界限

① 初始值的设置。A%设置越小,出条重量偏差越小。设置时根据 CV%1 m 值(可从显示的质量监控数据查得)进行调节,初始值在第七菜单"7 Limits"中输入。USTER 公司推荐值见表 6-9 所示。

表 6-9　A%和 A%S 设置范围(USTER 公司推荐值)

CV%1 m	0.5 及以下	0.5～1.0	1.0～2.5	2.5～4.5	4.5～7.0	7.0 及以上
A%	±2%	±3%	±4%	±5%	±6%	±7%
A%S	±5%	±7%	±9%	±12%	±15%	±20%

② A%报警调节。如果重量偏差过大,使得 A%超限停机,调节步骤如下:

第一步,在第十菜单下"Autoleveling\Correction(%)"输入该眼的重量偏差修正值,回车确认→第二步,在第八菜单下"Monitoring\General"调节为"OFF"并回车确认→第三步,打开第九菜单"Adjust monitor\Auto. Calibration"调节为"Y"并回车确认→第四步,开车等待,正常情况,下输出 300 m 之后会显示"Adjust finished",表明调节完成→第五步,在第八菜单下将"Monitoring\General"调节为"ON"即可。

如果在上述开车等待过程中发生意外停车,会显示"Calibration has been canceled",则从上述的第三步开始重复调节,直到显示"Adjust finished"为止。

注:重量偏差修正值=(实际重量-标准重量)÷标准重量×100%,用于重量偏差<0.8%时;重量偏差>0.8%时,则重量偏差修正值=(实际重量-标准重量)÷标准重量×80%。

(2) A%S 快速停机界限

① 初始值的设置。A%S 用于出现了很大偏差(如断条、打结等故障)的情况下更快速地停机。A%S 初始值在第七菜单"7 Limits"中输入,设置范围见表 6-9 所示。

② A%S 报警调节。如果出现了很大的重量偏差,使得 A%S 超限停机,调节步骤如下:

在第八菜单下"Monitoring\General"调节为"OFF"→在第十菜单下"Autoleveling ON/OFF"调节为"OFF"→开车,称重试验,如不符合标准,改变牵伸变换齿轮,直到重量达到标准为止→打开第十菜单下"Auto. Calibration"调节为"Y","Autoleveling ON/OFF"调节为"ON",打开第九菜单"Adjust monitor\Auto. Calibration"调节为"Y",进行重新修正→在第八菜单下"Monitoring\General"调节为"ON",A%S 设为重新修正量。

(3) CV%的停机界限

① 初始值的设置。CV%的初始值在第七菜单“7 Limits”中输入，初始值的确定方法如下：

CV%的停机界限初始值＝1.2×CV%平均值(此式用于不带匀整的梳棉机及并条机)

CV%的停机界限初始值＝1.1×CV%平均值(此式用于带有匀整的梳棉机及并条机)

式中：CV%平均值可从第一菜单中得到，要求必须有3根100 m条子的CV%，求平均值。

② CV%报警调节。当出条条干不匀率较大，造成CV%超限停机，调节步骤如下：

挡车工首先检查条子通道各处状态是否正常、T/G罗拉及喇叭口是否正常工作，确信无问题后→在第八菜单下“Monitoring\General”调节为“OFF”→在第十菜单下调节“Dead length mm”的值，调节范围1 mm。

Dead length为死区长度，指检测点与匀整点之间的距离。它决定匀整点对喂入波动量调节的延迟时间，即何时进行匀整。匀整点是一个不确定的位置，受纤维长度、品种等因素的影响。死区长度可近似用下式计算：

$$L = L_1 - [0.5 \times L_2 \times (1 + C^2) + S]$$

式中：L为死区长度；L_1为检测点与前罗拉握持点之间的距离；L_2为纤维平均长度；C为纤维长度离散系数；S为纤维变速点与前罗拉握持点之间的距离。

从上式可知，当检测点与前罗拉握持点之间的距离越小、纤维长度越长、纤维长度的离散度越大、纤维变速点离前钳口越大时，死区长度越短。

在实际生产时，为了简化上式的繁琐计算，有的工厂在纺棉时直接将FA322型并条机的死区长度初始值设定为943 mm；用FA326A型纺棉型化纤时，其死区长度初始值设定为1 262 mm。

(4) 粗节计数(TP%1)和停机界限(TP%2)

① 初始值的设置。初始值在第七菜单“7 Limits”中输入，一般粗节计数(TP%1)范围为25%～30%，粗节停机界限(TP%2)范围为30%～35%，而且要求TP%1<TP%2。

② TP%2报警调节。如果出现了很大的粗节，使得TP%2超限停机，调节步骤如下：挡车工拿掉第六菜单显示的有粗节的棉条即可开车，一般为1 m或2 m。

(5) Vmin最低监测速度

由于重量偏差和不匀率，机器开机及制动时速度都不是正常的工作速度，所显示的值均有很大的误差，所以需设定最低监测速度Vmin，当实际速度>Vmin时，条子质量监控才能进行。一般Vmin设置为正常速度的80%。

5. USG质量在线监测功能

(1) 输出端质量在线监测装置

该装置是与USG自调匀整相配的一个重要装置，它改变了原有的人工定时随机采样、对质量阶段性测试的方法，代之以对输出条子进行连续在线监测。如图6-23所示，在阶梯形紧压罗拉之前的FP监测传感器8，随时监测输出条子的粗细，并将监测的数据经FP-MT前置放大器10放大后送入匀整及监测控制单元2，经计算机处理，将条子的质量情况以数据或图形的形式显示在微型终端15上，显示内容有条子的重量偏差、条干CV值、粗节直方图、波谱图等。当条子的质量数据超过设定的报警限值和停车限值时，并条机就会报警或停

车，并将报警或停车的原因显示在微型终端上，有效地防止不合格条子流入下道工序。该装置还在输出紧压罗拉处装有 T1 测速传感器 12，条子的输出速度也可在微型终端上显示。

开环控制系统自调匀整装置具有先检测、后匀整的特点，它对并条机本身产生的不匀和外来干扰都无法控制。为了保证自调匀整装置的正常工作，对装有开环控制系统自调匀整装置的并条机，配置质量在线监测装置是十分必要的。

(2) FP 监测传感器组件

FP 指的是纤维压力测量(FP 是英文 Fiber Pressure 的缩写)。FP 监测传感器组件是一个类似喇叭口的导条器，以号数表示，导条器喇叭口号数＝喇叭口截面积的 10 倍，所以号数越大，喇叭口越大。在实际生产时，根据出条定量与纤维品种选择相应的导条器。FA326A 型并条机上，导条器的常用号数有 43、49、54、61、67、75、83、93、103。

本章学习重点

学习本章后，应重点掌握四大模块的知识点：

一、并合与罗拉牵伸基本原理

1. 并合原理。
2. 罗拉牵伸基本原理。

二、并条机的机构组成与工作原理

1. 并条机的主要技术特征、工艺流程。
2. 并条机的主要机构组成。
3. 并条机传动与工艺计算。

三、并条机牵伸形式及并条工艺设计原理

1. 并条机的牵伸形式：三上四下、压力棒牵伸、多皮辊牵伸。
2. 并条工艺设计原理：并合数、定量、速度、牵伸工艺等。

四、并条综合技术

1. 条干均匀度控制、熟条定量控制及其他质量指标与控制。
2. 并条疵点的产生与控制方法。
3. 并条工序加工化纤的特点。
4. 并条新技术概况。

复习与思考

一、基本概念

牵伸　机械牵伸　实际牵伸　牵伸效率　移距偏差　摩擦力界　快速纤维　慢速纤维　前纤维　后纤维　浮游纤维　牵伸力　握持力　奇数法则　顺牵伸　倒牵伸　牵伸波　机械波　重量偏差

二、基本原理

1. 试述并条工序的任务。
2. 简述并条机的主要机构及作用。

3. 说明并合可降低棉条不匀率的原因以及均匀效果和并合根数的关系。

4. 列出总牵伸倍数与部分牵伸倍数的关系式。

5. 试用移距偏差的概念说明牵伸过程中产生条干不匀的原因。

6. 压力棒的截面形状应满足哪些要求？压力棒的截面形状有几种？

7. 说明并条机一般采用两道的原因。

8. 在FA306型并条机上，头道棉条干定量为20 g/5 m，末道棉条干定量为19.7 g/5 m，设牵伸配合率为1.01，试确定末道并条机的牵伸分配及牵伸变换齿轮的齿数。

9. 在FA306型并条机上，末道棉条设计干定量为19.7 g/5 m，纺出干定量为20 g/5 m，机上轻重牙齿数为26^{T}，试判断：

(1) 机上冠牙为123^{T}时应怎样调整？

(2) 机上冠牙为121^{T}时应怎样调整？

10. 哪些情况下熟条干重应偏重掌握？哪些情况下熟条干重应偏轻掌握？

11. 规律性条干不匀是怎样产生的？怎样判断产生这类不匀的机件部位？

12. 产生非规律性条干不匀的原因有哪些？平时应做好哪些工作才能减少这类不匀？

13. 简述USG自调匀整的工作原理，对重量偏差在0.7%、0.9%、1.2%时出现A%报警停车进行调节。

基本技能训练与实践

训练项目1：到工厂收集常用品种的熟条样品，在实验室内进行工艺性能如重量不匀、条干不匀、熟条定量等的检测，根据检测结果，进行分析并写出分析报告。

训练项目2：上网收集或到校外实训基地了解有关并条机，进行相关技术性能的对比分析。

训练项目3：在FA306并条机上生产纯棉普梳纱，其熟条干定量为20 g/5 m，试确定并条工序的工艺参数；若纺精梳纱，精梳后并条使用FA326A型并条机（带USG自调匀整），熟条干定量为19 g/5 m，试确定并条工艺及自调匀整参数。

第七章　粗　　纱

内容提要

本章介绍了粗纱机的工艺流程，详细说明了不同类型粗纱机的主要机构如喂入、牵伸、加捻、卷绕成形、辅助机构的组成与工作原理、粗纱工艺设计原理，以 TJFA458 型及 FA492 型粗纱机为例，说明了粗纱机的传动与工艺计算，最后对粗纱综合技术进行讨论。

第一节　粗纱工序概述

一、粗纱工序的任务

由并条机输出的熟条直接纺成细纱，约需要 150 倍以上的牵伸，而目前环锭细纱机的牵伸能力最大为 50 倍，所以在并条工序与细纱工序之间需要粗纱工序，以承担纺纱中的一部分牵伸负担。因此，粗纱工序是纺制细纱的准备工序，其任务为：

(1) 牵伸

将熟条抽长拉细 5～10 倍，并使纤维进一步伸直平行。

(2) 加捻

熟条经粗纱机牵伸后，须条截面内的纤维根数减少，伸直平行度高，故强力较低，需加上一定的捻度来提高粗纱强力，以避免卷绕和退绕时的意外伸长，并为细纱牵伸做准备。

(3) 卷绕成形

将加捻后的粗纱卷绕在筒管上，制成一定形状和大小的卷装，以便储存、搬运和适应细纱机上的喂入。

二、粗纱机的发展

20 世纪 50 至 60 年代基本使用机构陈旧、牵伸能力低的简单罗拉牵伸粗纱机，所需工艺道数多、卷装形式小、自动化程度低、机台占地面积大、纺纱质量差。20 世纪 70 年代，随着新型纺纱的出现，人们把目标集中在提高细纱机的牵伸能力、取消粗纱工序、以熟条直接纺成细纱及缩短工艺流程上，所以粗纱机的发展曾停滞不前。各种实践证明，目前传统的环锭纺纱仍不能完全取消粗纱工序，故粗纱工序在 20 世纪 70 年代以后有了新的发展，特别是

80 年代以后，新技术、新工艺的引进，使粗纱机不仅在牵伸机构、卷装形式上有所改进，而且在适纺性能、高产优质和自动化程度方面都有新的突破。如：淘汰了传统的竖锭式加捻卷绕形式而改为悬锭式，这也是现代粗纱机十分显著的特征；设计锭速一般在 1 500 r/min 左右，有的最高可达 1 800 r/min；牵伸形式采用四罗拉双短皮圈牵伸；取消了锥轮变速机构，采用工业控制计算机、可编程序控制器及变频等技术的多电机传动系统，使整机的传动大大简化；采用触摸显示屏，可直接输入必要的参数，提高了设备运转率，简化了工艺参数的设定过程；采用高精度 CCD 张力传感器，实现张力自动微调；完善了清洁系统；提高了落纱的自动化程度。

目前，我国仍在使用的国产粗纱机主要有国产第二代的 A456 系列、A454 系列竖锭式粗纱机和国产第三代的 FA 系列及其他系列的悬锭式（也称吊锭式）粗纱机，如 FA401、FA421、FA423、FA425、FA458、FA481、FA491、FA492、FA493/FA494、HY493 等型号。国产粗纱机各机型的主要技术特征见表 7-1。

表 7-1　国产粗纱机的主要技术特征

机　型		A456D	FA421A	TJFA458A	FA492	HY493
适纺纤维长度(mm)		22～65	22～65	22～65	22～51	22～65
牵伸形式		三罗拉双短皮圈	四罗拉双短皮圈	三或四罗拉双短皮圈	四罗拉双短皮圈	
牵伸倍数		5～12	4.7～12.7	4.2～12	4.2～12	3～20
加压形式		弹簧摇架	弹簧摇架	弹簧摇架	弹簧摇架	气动加压
加压量(N/双锭)	前罗拉	180，220，260	90，120，150	200，250，300	90，120，150	—
	二罗拉	120	150，200，250	100，150，200	150，200，250	—
	三罗拉	140	100，150，200	100，150，200	100，150，200	—
	四罗拉		100，150，200		100，150，200	—
罗拉直径(mm)		28，25，28	均为 28.5	28，(28)，25，28	28，28，25，28	均为 28.5
每台锭数		108，120	96，108，120	96，108，120	108，120，132	108，120/112，124
锭翼形式		竖锭式	悬锭式	悬锭式	悬锭式	悬锭式
锭子转速(r/min)		500～900	600～1 200	最大 1 200	800～1 500	1 600
卷装直径×高(mm)		135×320	152×400	152×400	128×400	152×400
电机总功率(kW)		6.5	14.5	14.6	28.7	21.78
制造厂家		天津宏大	河北太行	天津宏大	天津宏大	无锡宏源

注：表中 TJFA458A 型的罗拉加压量是三罗拉双短皮圈牵伸形式下的值，其四罗拉双短皮圈牵伸形式下的罗拉加压量同 FA421A 型。

三、粗纱机的工艺过程

根据粗纱机的机构和作用，全机可分为喂入、牵伸、加捻、卷绕、成形五个部分。此外，为了保证产品的产量和质量，粗纱机上还设置了一些辅助机构。图 7-1 为粗纱机的工艺过程。熟条 2 从条筒 1 中引出，由导条辊 3 积极输送进入牵伸装置 4，经牵伸装置牵伸成规定的线密度后由前罗拉输出，经锭翼 6 加捻成粗纱并引至筒管。锭翼 6 随锭子 7 一起回转，锭子一

转，锭翼给纱条加上一个捻回。筒管由升降龙筋 9 传动，由于锭翼与筒管回转的转速差，使粗纱通过压掌 8 卷绕在筒管上。升降龙筋（下龙筋）带着筒管做上下运动，从而实现了粗纱在筒管上的轴向卷绕。控制龙筋的升降速度和升降动程，便可制成两端为截头圆锥形的粗纱管纱。

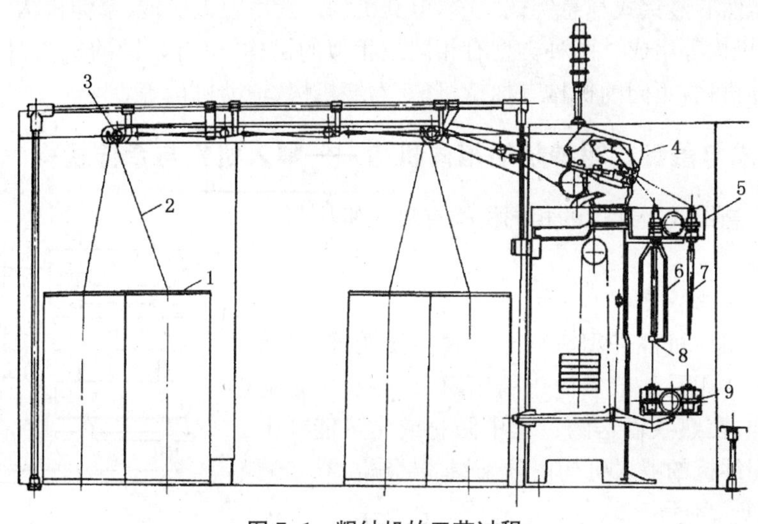

图 7-1 粗纱机的工艺过程

1—条筒 2—熟条 3—导条辊 4—牵伸装置 5—固定龙筋 6—锭翼 7—锭子 8—压掌 9—升降龙筋

四、粗纱机的种类

目前，我国各地的棉纺厂因生产规模、技术、管理水平参差不齐，使用的设备型号有很大差异。国产粗纱机根据锭子锭翼的托持与传动形式不同，分为竖锭式与悬锭式两大类型。

（一）竖锭式粗纱机

竖锭式粗纱机有的也称为托锭式粗纱机，其锭子锭翼由固定的下龙筋传动，上、下龙筋共同托持锭子，以稳定锭子的回转。我国国产第一、二代 A 系列粗纱机都属于此类。竖锭式粗纱机的速度不易进一步提高，粗纱的纱疵相对较多，不适于优质、高产、高速的要求，现逐渐被悬锭式粗纱机所取代。

（二）悬锭式粗纱机

悬锭式粗纱机有的也称为吊锭式粗纱机，其锭翼由固定的上龙筋传动，上龙筋托持锭子回转。我国国产第三代 FA 系列粗纱机及其他系列的粗纱机基本属于此类。悬锭式粗纱机有其明显的优点，如：前罗拉至加捻器之间的粗纱在上龙筋罩壳上方，不受锭翼旋转气流的影响，而加捻器至锭翼压掌之间的粗纱处于全封闭的锭翼空心臂内，同样不受锭翼气流的影响，从而有利于减少粗纱纱疵，改善条干；悬锭式锭翼的安装刚性好，适应高产、高速及大卷装的要求，有利于自动落纱，降低劳动强度。由于悬锭式粗纱机无论在技术水平或成纱质量上都比传统的竖锭粗纱机有很大的提高，是现代粗纱机的共同特征。

悬锭式粗纱机按牵伸形式不同，有三罗拉与四罗拉双短皮圈牵伸之分；按变速机构不同，有锥轮（铁炮）变速与无锥轮（铁炮）变速之分。

第二节 粗纱机的机构

粗纱机虽然有竖锭式与悬锭式之分，但其机构一般由喂入机构、牵伸机构、加捻机构、卷绕机构、辅助机构等组成。两种类型有相同或相似的机构，也有不同的机构，相似机构有喂入机构与牵伸机构，不同的机构有加捻机构、卷绕机构、辅助机构等。

一、竖锭式与悬锭式粗纱机的相同机构——喂入机构与牵伸机构

竖锭式与悬锭式粗纱机的相同机构有喂入机构与牵伸机构。

(一) 喂入机构

各种新型粗纱机都采用三列导条辊高架喂入方式，其喂入机构的作用是从棉条筒中引出熟条，并有规则地送入牵伸机构，在熟条输送的过程中防止或尽可能减少意外牵伸。粗纱机的喂入机构由分条器、导条辊、导条喇叭组成，如图 7-2 所示。

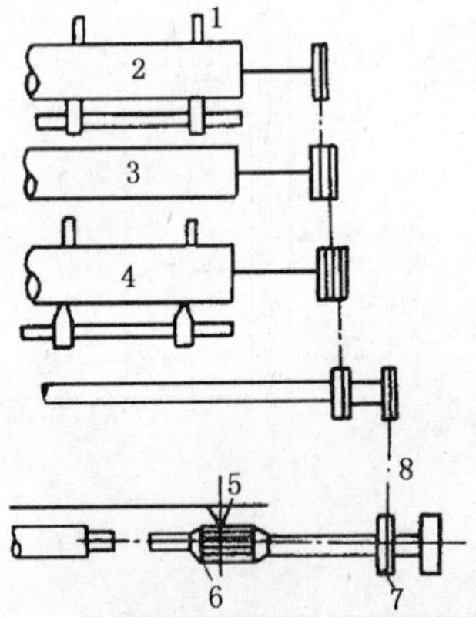

图 7-2　粗纱机喂入机构传动简图

1—分条器　2—后导条辊　3—中导条辊　4—前导条棍　5—导条喇叭　6—后罗拉　7—链轮　8—链条

1. 分条器

分条器一般由铝或胶木制成，其作用是隔离棉条，防止相互纠缠。

2. 导条辊

导条辊分前、中、后三列，由后罗拉通过链条积极传动。导条辊的表面速度略低于后罗拉的表面速度，使棉条在输送中不松垂。可以通过调换前导条辊头端的链轮来调节张力牵伸，以减少意外牵伸。

3. 导条喇叭(后区集合器)

导条喇叭的作用是正确引导棉条进入牵伸装置，使棉条经过整理和压缩后以扁平形截面且横向压力分布均匀地喂入后钳口。喇叭口的开口大小用宽×高表示，应按喂入熟条定量的高低适当选用，当熟条定量在 17 g/5 m 以上时选用(10～15)mm×4 mm 的扁平圆形口，当熟条定量在 17 g/5 m 以下时选用(7～10)mm×5 mm 的扁平圆形口。导条喇叭用胶木或尼龙等材料制成。

在一些老式粗纱机上，固装导纱喇叭的扁状铁杆可做横向往复运动，以改变须条喂入的相对位置，延长皮辊寿命，但纱条横动会引起同档皮辊压力差异以及因纱条非直线喂入而造成的条干不良，故新型粗纱机上不再使用横动装置。

(二) 牵伸机构

1. 粗纱机的牵伸形式

目前，国内新机普遍使用三罗拉双短皮圈或四罗拉双短皮圈牵伸形式。在国外机型中，除以上两种双短皮圈牵伸形式外，还有三罗拉长短皮圈牵伸装置。

(1) 三罗拉双短皮圈

如图 7-3 所示，三罗拉双短皮圈牵伸装置的前、中、后三列罗拉组成了两个牵伸区，前区

为皮圈牵伸区，承担大部分的牵伸负担，所以也称主牵伸区；后区为简单罗拉牵伸区，亦称为预牵伸区，其主要作用是为前区牵伸做准备。

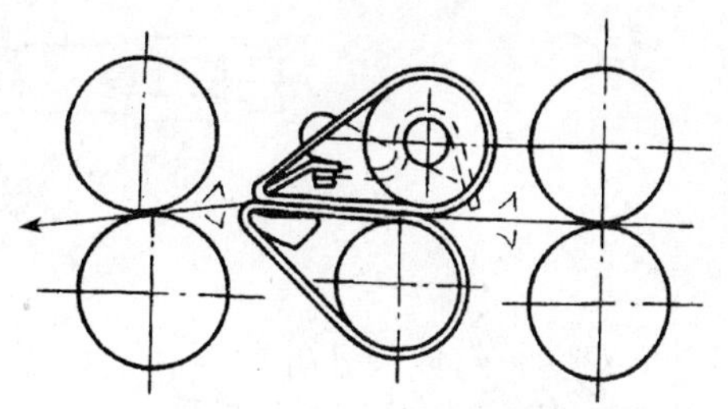

图 7-3 三罗拉双短皮圈牵伸示意图

在皮圈牵伸区中，上、下皮圈间的摩擦力界使须条随上、下皮圈运动，并形成一个柔和而又具有一定压力的皮圈钳口，既能有效地控制纤维运动，又能使前罗拉钳口握持的纤维顺利抽出。当须条厚度变化时，弹簧上销可自由摆动，以发挥钳口压力的自调作用，使皮圈钳口对纤维的控制力稳定。曲面下销中部上托，可减少皮圈回转时的中凹现象，使皮圈中部的摩擦力界增强而稳定。总之，在双短皮圈牵伸区中，中后部的摩擦力界较为理想，可使纤维变速点离前钳口较近且集中，有利于改善条干。

三罗拉双短皮圈牵伸装置机构简单，总牵伸倍数在 5～12 倍之间，适于熟条和粗纱定量均较低、总牵伸倍数不太大的工艺。国产 A454、A456 系列的粗纱机都采用三罗拉双短皮圈牵伸，部分国产悬锭式如 FA401、TJFA458A、FA467、FA481、FA491 等型号的粗纱机均配有三罗拉或四罗拉双短皮圈牵伸机构，供用户购置新机时选择。

(2) 四罗拉双短皮圈牵伸

图 7-4 所示为四罗拉双短皮圈牵伸示意图，整理区的牵伸倍数为 1.05。将主牵伸区的集合器移到整理区，使牵伸与集束分开，实行牵伸区不集束、集束区不牵伸。这样就可缩小主牵伸区的浮游区长度，为提高粗纱条干质量创造了条件。这种牵伸形式也称为 D 型牵伸。

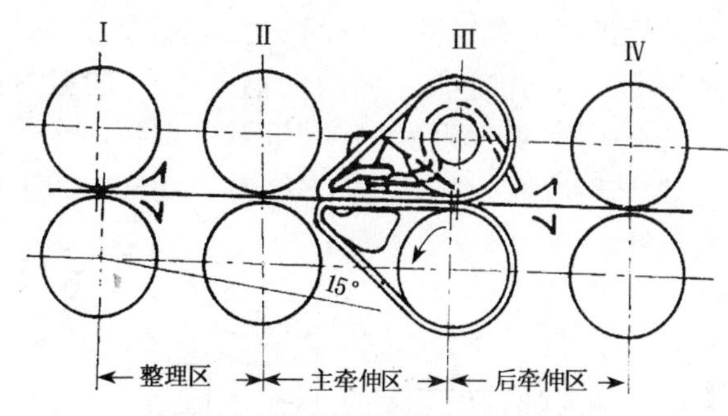

图 7-4 四罗拉双短皮圈牵伸示意图

对于合成纤维而言，因其回弹性比较大，若采用四罗拉双短皮圈牵伸，在经过主牵伸区较大的牵伸输出后，纤维仍能承受整理区的张力作用，以大大减少纤维的回缩现象。所以，在纺制高定量、低捻度、纤维较长且蓬松的合成纤维或粗纱牵伸倍数较高时，四罗拉双短皮圈优于三罗拉双短皮圈牵伸。由于 D 型牵伸的各牵伸区布置合理，生产稳定，产品质量好，品种适应性广，现在新型粗纱机都配有四罗拉双短皮圈牵伸装置，供用户选择。

2. 罗拉与胶辊

(1) 罗拉

罗拉是牵伸机构的主要元件之一，它由多节组成，每节 4～6 锭。每节罗拉的一端有导孔和螺孔，另一端有导柱 1 和螺杆 2，各节罗拉由螺杆、螺孔连接，以满足机台所需的锭数，如图 7-5 所示。导柱和导孔可保持各节罗拉同心。罗拉由罗拉座支承，相邻两个罗拉座间的距离叫做节距。罗拉连接部分螺纹旋紧的旋向，须与罗拉的回转方向一致，使罗拉运转时越转越紧，以防止罗拉回转时连接处松退，使节距伸长而损坏机件。前、后罗拉表面刻有倾斜或平行的沟槽，同档罗拉分别采用左、右旋向沟槽，使其与皮辊表面组成的钳口线在任一瞬间至少有一点接触，形成对纤维连续而均匀的握持钳口，并防止皮辊快速回转时的跳动。

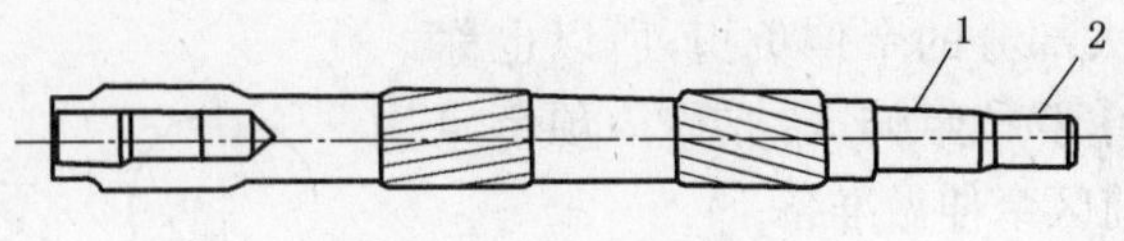

图 7-5 粗纱机罗拉

1—导柱 2—螺杆

双皮圈牵伸装置的中罗拉表面呈菱形滚花,如图 7-6 所示。滚花用于加强中罗拉与下皮圈的摩擦,并减少皮圈损伤。为适应高速,罗拉一般采用滚针轴承。粗纱机的前、后罗拉均为钢质斜沟槽罗拉,一般直径为28 mm,中罗拉为钢质滚花罗拉,直径为 25 mm,三列罗拉的表面在同一水平面上。

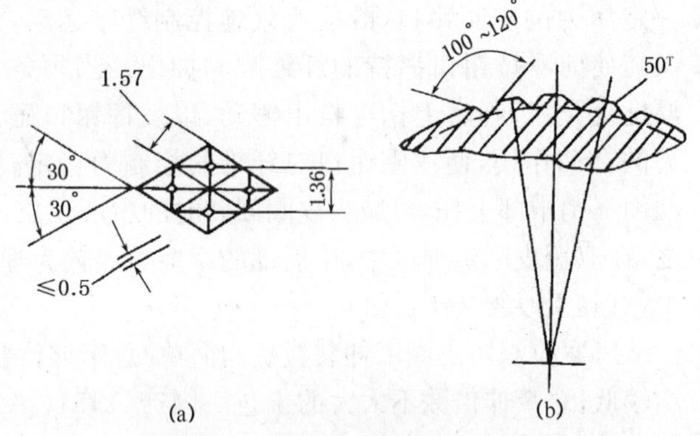

图 7-6 菱形滚花罗拉(中罗拉)

(2) 皮辊

皮辊为双锭活芯式,由皮辊芯子、铁壳胶套组成,如图 7-7 所示。新型粗纱机皆采用皮辊芯子,中间支承,两锭受压。皮辊表面要求光滑、耐磨并具有适当的弹性和硬度。不同机型有不同的皮辊直径,一般粗纱机包覆丁腈胶套后的前、后皮辊直径均为 31 mm。皮辊置于罗拉之上,故也称上罗拉,牵伸装置的中上罗拉因与上皮圈摩擦传动,故为一双锭活芯的钢质小铁辊,直径为 25 mm。为了保证运转灵活并适应高速,上罗拉均采用滚针轴承。

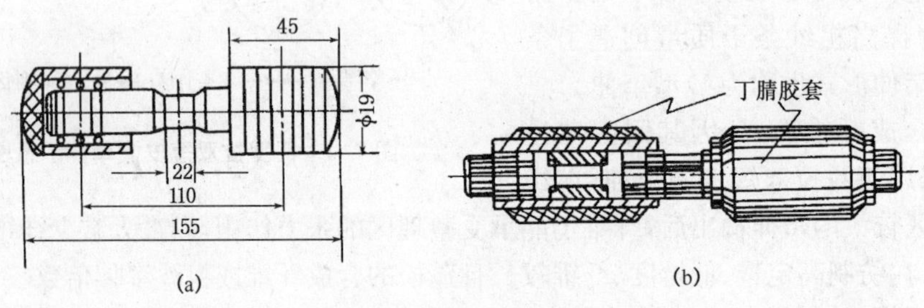

图 7-7 粗纱机皮辊结构

3. 皮圈与上、下销

(1) 皮圈

皮圈由丁腈橡胶制成,厚薄均匀、弹性好、伸长小。下皮圈套在中下罗拉上,随中下罗拉回转;上皮圈套在作为中上罗拉的活芯小铁辊上,靠下皮圈的摩擦传动。

(2) 上、下销

皮圈销的作用是固定皮圈位置并形成弹性钳口。皮圈销分上、下皮圈销。每两个上皮圈穿有一个弹簧摆动上销,上销的后端挂在小铁辊芯子的中部,可绕小铁辊芯子灵活摆动,支承上皮圈处于一定的工作位置。上销的片簧上端抵在加压摇臂体上,对上销施加一定的初始压力。每一罗拉节距(即四个下皮圈内)穿一根曲面下销,固装在罗拉座上,以支持下皮

圈并将其引向前钳口，使皮圈稳定回转。下销的截面为阶梯形曲面，如图 7-8 所示，其最高点上托 1.5 mm，使上、下皮圈工作面形成缓和的曲线通道，以防止皮圈的中凹现象。平面部分不与皮圈接触，使该处形成拱形弹性层与上皮圈配合，以减少销子与皮圈的摩擦。下销前缘突出，并结合上销前端的前冲来减小牵伸区中的浮游区长度。

上、下销的前端形成皮圈钳口，上销前端左右两侧装有塑料隔距块，使上、下销前端保持上、下销间原始隔距的统一、准确。隔距块应根据纺纱品种、皮圈厚度和弹性、上销弹簧压力以及纤维长度等工艺参数选择。

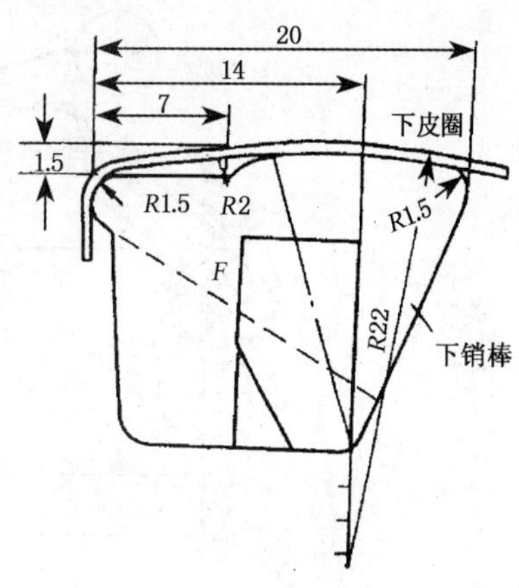

图 7-8 曲面阶梯下销

上皮圈架的长度和下销宽度决定了牵伸区中皮圈对纤维的控制长度，因此应根据纤维长度而定。一般纺棉及棉型化纤时，上皮圈架长度为34 mm，下销宽度为 20 mm；纺中长化纤时，上皮圈架长度为 42 mm，下销宽度为 28 mm。采用不同的皮圈架长度，则使用不同规格的上、下皮圈。

4. 集合器

牵伸区内设置集合器，相当于增设一个附加摩擦力界，并具有增加纱条密度、收拢牵伸后的须条边纤维、减少毛羽和飞花的作用。

三罗拉双短皮圈牵伸装置中，三列罗拉后均设有集合器，其大小形状与所处的牵伸区、输出定量、喂入定量相适应。

四罗拉双皮圈牵伸装置中，主牵伸区不设集合器，其他三列罗拉后均设集合器，其集合器规格与三罗拉双短皮圈牵伸同。

5. 加压机构

目前，粗纱机牵伸装置的加压机构有弹簧摇架加压和气动加压两种。

(1) 弹簧摇架加压

国产新机大都采用弹簧摇架加压。弹簧摇架加压装置(图 7-9)由摇架体、手柄、加压杆和锁紧机构等构成。根据加压元件和锁紧机构的形式不同，摇架的型号也不一样。这种加压装置依靠弹簧的压缩弹力来实现对皮辊的加压，所以机面负荷小，所加压力不受罗拉座倾角和隔距的影响，所加压力可通过改变弹簧刚度(更换弹簧)或改变对弹簧的压缩量进行调节。

弹簧摇架的加压、释压操作方便，但弹簧使用日久易出现压力衰退现象，所以对弹簧的材质及加工精度的要求较高，同时锭与锭之间易出现的压力差异也是日常维修中值得注意的一个问题。

(2) 气动加压

气动加压(图 7-10)在使用、维修、压力稳定等方面皆是较理想的加压方式，但需要一套辅助设备如压缩气站及管路。国产粗纱机如 HY493 型、JWF1418 型以及一些引进设备都使用气动加压。

6. 清洁装置

清洁装置的作用是清除罗拉、皮辊、皮圈表面的短绒和杂质，防止纤维缠绕机件，并保证产品不出或少出疵点。现在国产新型粗纱机所用的清洁装置有上下清洁都采用积极间歇回

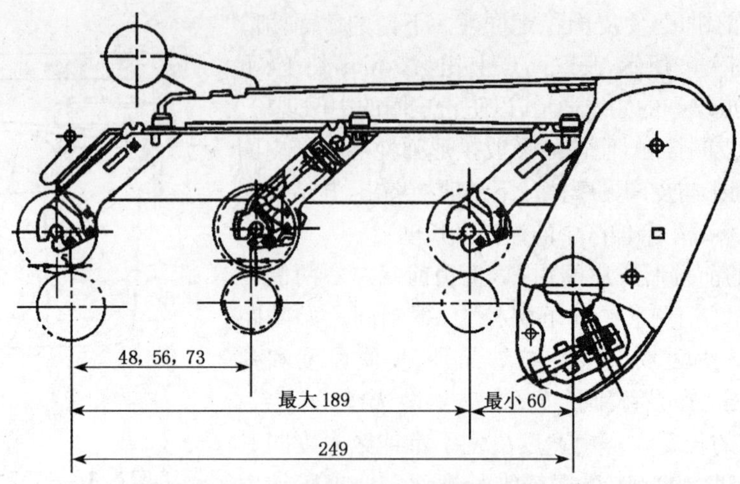

图 7-9　弹簧摇架结构示意图

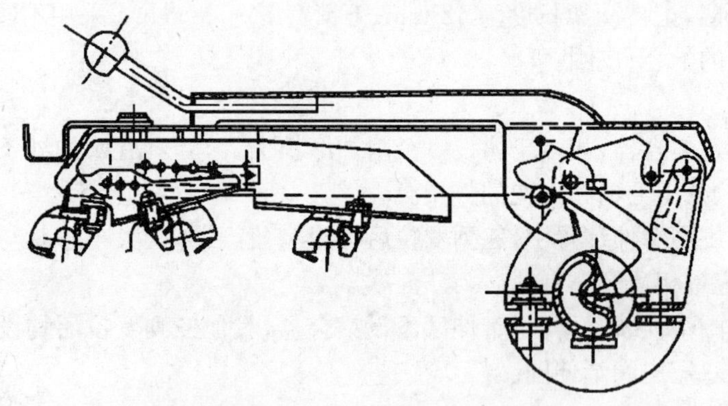

图 7-10　气动加压摇架结构示意图

转式绒带附梳刀刮板装置、上下积极回转绒带加巡回吹吸风清洁装置等。

二、加捻机构

竖锭式粗纱机与悬锭式粗纱机的加捻机构有较多不同之处。

(一) 加捻基本知识

1. 加捻的条件

纱条的一端被握持,另一端绕自身轴线回转,回转一周,纱条上便得到一个捻回。这就是加捻的基本条件。

2. 粗纱加捻的目的

由于粗纱机牵伸后的粗纱定量较低,须条截面内的纤维根数少,伸直平行度高,故强力较低,所以需加上一定的捻度来提高粗纱强力,以避免卷绕和退绕时的意外伸长,但粗纱的捻度不能太大,否则细纱机牵伸不开。

3. 粗纱机的加捻过程

在粗纱机上,纱条自前罗拉输出并被前钳口握持,穿过锭翼顶孔,从侧孔引出,通过空心臂、压掌,再绕在筒管上。当锭翼回转时,侧孔以下的纱条只绕筒管做公转,不绕本身轴线自转，不起加捻作用，而顶孔至侧孔的一段纱条则随着锭翼的回转绕本身轴线自转，锭翼回转一周便加上一个捻回，完成加捻作用。这段纱条加捻时产生的扭矩向上传递，使捻回分布在锭翼至前罗拉间的一段纱条上。前罗拉连续输出，锭翼不停地回转，因而纺出具有一定捻度和强力的粗纱。

4. 加捻程度的度量

（1）捻度

纱条单位长度上的捻回数称为捻度，捻回数愈多则捻度愈大。纺出粗纱的计算捻度 T 是由前罗拉表面速度 V 和锭子转速 n 计算得出的，即：$T=n/V$。

生产中改变粗纱捻度是通过改变捻度变换齿轮来调整前罗拉的输出速度而实现的，因此捻度的变化影响产量，捻度大则产量低。所以，在调整捻度时，应考虑这一因素。

随单位长度的不同，可以有以下几种捻度：

① 特克斯制捻度（T_t）：纱条 10 cm 长度上的捻回数；

② 公制捻度（T_m）：纱条 1 m 长度上的捻回数；

③ 英制捻度（T_e）：纱条 1 英寸长度上的捻回数。

现在，多使用特克斯制捻度（T_t）和公制捻度（T_m），英制捻度（T_e）很少使用。

捻度只能衡量相同粗细的纱条的加捻程度，即粗细相同的纱条，捻度越大，加捻程度越大。

（2）捻回角

粗纱加捻前，纤维的排列基本上平行于纱条的轴线。加捻后，在加捻力矩的作用下，纱条横断面间产生角位移，使原来平行于纱轴的纤维倾斜成螺旋线，纱的表面纤维对纱轴的倾角 β 称为捻回角，如图 7-11 所示。在一定的加捻力矩下，捻回角越大，纤维所受的张力越大，产生的向心压力越大，纱条的加捻程度也越大，纺出纱条的结构越紧密，因此捻回角的大小反映了纱条的加捻程度。

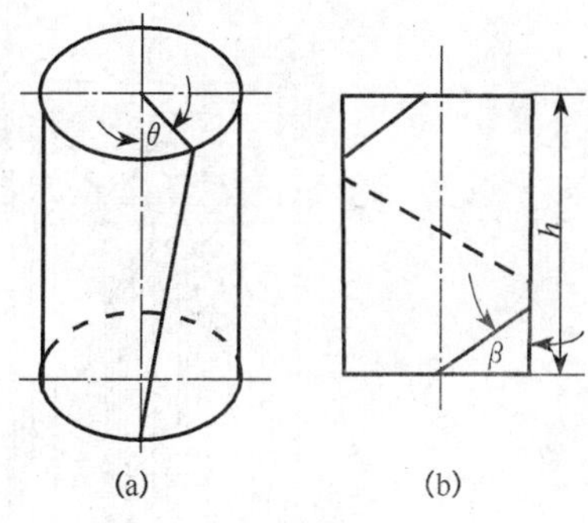

图 7-11　捻回角

粗细不同的纱线，捻回角 β 越大，则扭矩越大，对纱线的加捻程度越大。不同粗细的纱线，虽具有相同的捻度，但加捻程度并不相同。所以，捻回角 β 能衡量相同粗细或不同粗细的纱条的加捻程度。

（3）捻系数

虽然捻回角能够反映纱条的加捻程度，但捻回角在测量和运算上很不方便，不能在实际生产中应用。这样就引入了一个表示加捻程度的参数，即捻系数 α。同捻度一样，捻系数也有三种：特克斯制捻系数（α_t）、公制捻系数（α_m）、英制捻系数（α_e）。现在，常用特克斯制捻系数（α_t）与公制捻系数（α_m）。捻系数 α_t 与捻回角 β 的关系是：

$$\alpha_t = C \times \tan\beta$$

当纱线的密度为一常量时，C 为常数，则 α_t 只随 $\tan\beta$ 的增减而增减，因此采用 α_t 表示纱条的加捻程度和采用捻回角 β 具有同等意义。当 α_t 确定后，可以用下式计算不同粗细纱线的捻度 T_t：

$$T_t = \frac{\alpha_t}{\sqrt{N_t}}$$

式中：N_t为纱线线密度(tex)。

5. 捻向

纱线捻回的方向由螺旋线的方向决定，有Z捻和S捻之分。如图7-12所示，从握持点向下看，纱线绕自身轴线顺时针旋转，纱条表面的纤维与字母“Z”的中部同一方向倾斜，即为Z捻，俗称反手捻；纱线绕自身轴线逆时针旋转，纱条表面的纤维与字母“S”的中部同一方向倾斜，即为S捻，俗称顺手捻。

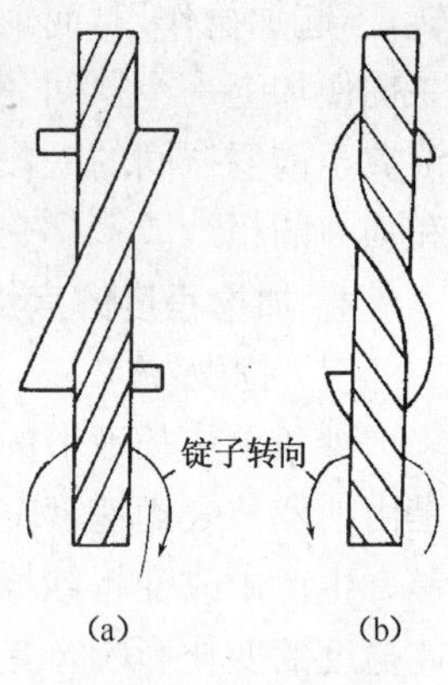

图7-12　纱条的捻向

(二) 三种加捻机构

粗纱机的加捻机构主要包括锭子、锭翼和假捻器等元件。由前罗拉输出的须条经锭翼回转而加捻，锭翼每转一转，纱条上加上一个捻回。粗纱机的加捻机构以锭翼的设置形式不同而分为三类，即悬锭式(吊锭)、竖锭式(竖锭)和封闭式。

1. 悬锭式(吊锭)

国产FA系列粗纱机均采用悬锭式加捻机构，如图7-13所示。锭翼2与锭子4合为一组合件，以轴承固装于上方的固定龙筋6上，形成悬吊锭翼。锭翼结构的上部为上轴，下部

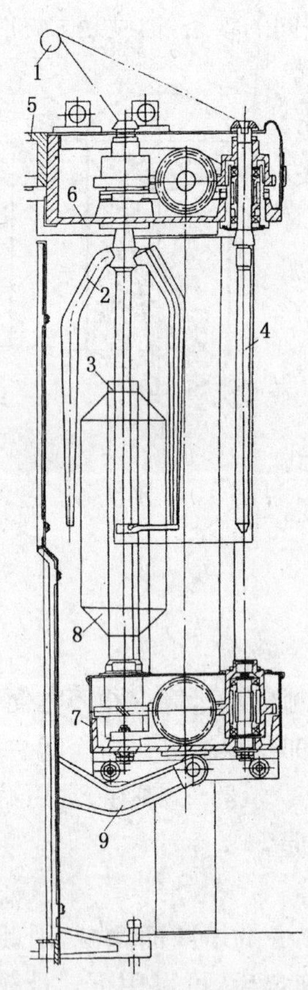

图7-13　悬锭式粗纱机加捻部分的截面图

1—前罗拉　2—锭翼　3—筒管　4—锭子　5—机面
6—固定龙筋　7—升降龙筋　8—粗纱　9—摆臂

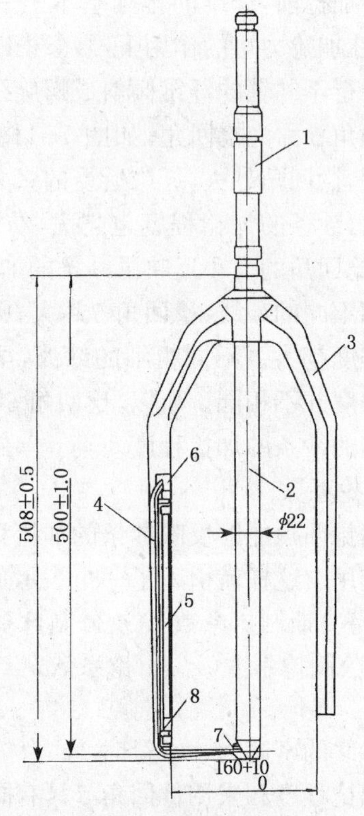

图7-14　吊锭的锭翼结构

1—上轴　2—下轴　3—实心臂　4—压掌杆
5—空心臂　6—上圆环　7—压掌　8—下圆环

为锭杆。锭翼由顶端螺旋齿轮或齿形带直接传动，锭杆从上部插入筒管3，内以稳定筒管的上部。锭翼2又称为锭壳，由空心臂、实心臂和压掌组成。空心臂是引导粗纱的通道，实心臂起平衡作用。空心臂的侧面套有压掌杆、压掌及上、下圆环，上、下圆环套在空心臂上，可在一定范围内绕空心臂转动。粗纱8自锭翼上端的顶孔穿入，从侧孔引出，在顶管外绕1/4或3/4周后，再穿入空心臂。自空心臂引出的粗纱在压掌上绕2～3圈后，经压掌上的导纱孔卷绕在筒管上。图7-14为吊锭的锭翼结构。

吊锭机构为粗纱机实现落纱自动化和生产连续化创造了条件，但应该注意，由于筒管的上、下支承为不同构件，所以对锭子中心与筒管下支杆中心的同心度要求较高。

2. 竖锭式(竖锭)

传统粗纱机的加捻机构为竖锭式，如图7-15所示。国产A456系列、A454系列粗纱机都为这种类型。其锭子1为一圆柱形长杆，直径为19～22 mm，长度为700～1 000 mm，随机型而定。锭子的下部支承是装在固定龙筋7(下龙筋)内的锭脚油杯6，锭子插入升降龙筋8(上龙筋)内，中部靠锭管3上部的一段内壁支承。锭子顶端有凹槽，使锭翼销9嵌入其中。为了使锭翼易于插上和拔下，凹槽部分的外圆有锥度，与锭翼套管10的内壁相吻合。

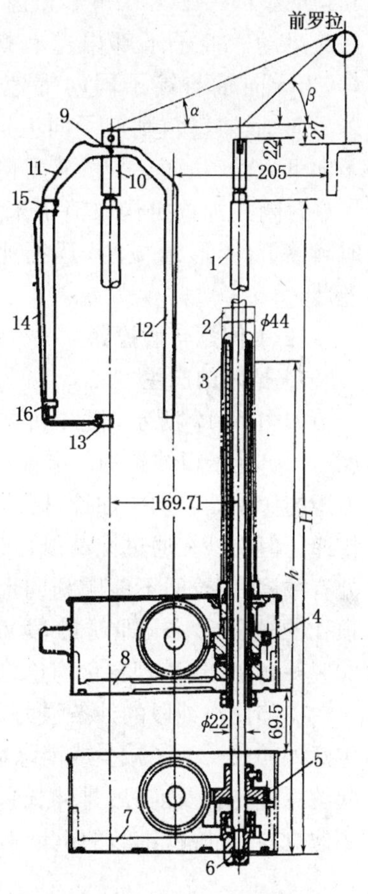

图7-15 粗纱机竖锭式加捻部分断面图

1—锭子 2—筒管 3—锭管 4—筒管齿轮 5—锭脚齿轮 6—锭脚油杯 7—固定龙筋 8—升降龙筋 9—锭翼销 10—锭翼套管 11—空心臂 12—实心臂 13—压掌 14—压掌杆 15—上圆环 16—下圆环

竖锭式加捻机构在结构上存在一些难以克服的弊端，如：

① 上部支承高度 h 远小于锭翼重心高度 H(一般 h/H 为0.7左右)，所以必然造成锭子高速回转时的不稳定；

② 上、下支承皆为滑动轴承，高速时易磨损，加之与锭翼接触处的磨损，使维修工作量大、动力消耗增加，从而限制了粗纱机速度的进一步提高；

③ 落纱时需将锭翼拔出，费时又费工，并易损坏锭翼，难以实现自动落纱。

由于竖锭式加捻机构自身的缺陷，限制了粗纱机技术性能的提高，所以目前国内外新型粗纱机已广泛使用吊锭机构。

3. 封闭式

一些国外新型粗纱机也采用封闭式加捻机构，其结构如图7-16所示。这种加捻机构的锭翼10双臂封闭，其顶部和底部均有轴承支承，由上部锭翼罩壳7内的螺旋齿轮6和传动轴9传动。压掌11位于空心臂的中部。导向轴1和锭套筒14分别由螺旋齿轮2和5传动。锭套筒外套纱管13，内侧通过双键与锭子相连，并带动锭子同向回转。锭子为空心，其顶部紧固一塑料六角形正齿轮以支承筒管，使其随锭子一起运动。锭子下部内壁有螺纹，与导向轴的螺纹相吻合，当导向轴与锭子同向等速转动时，锭子无升降运动。若导向轴转速快，则锭子向上运动；若导向轴转速慢，则锭子向下运动，从而达到纱管升降卷绕的目的。

封闭式加捻机构取消了笨重的龙筋升降机构，且高速时锭翼的变形量极小，运行平稳，故特别适应于高速大卷装。

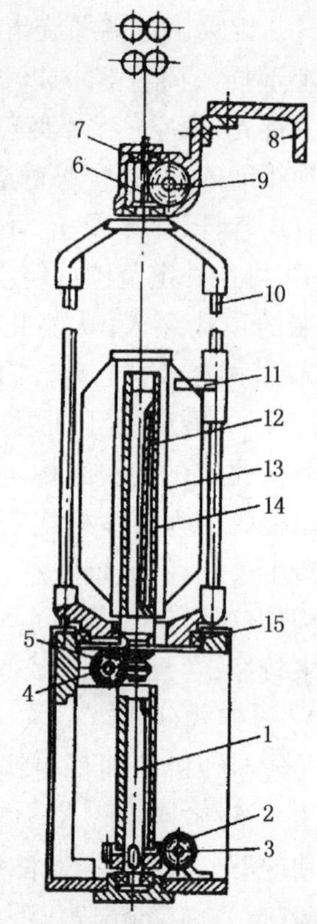

图 7-16 封闭式加捻机构部分断面图

1—导向轴 2，5，6—螺旋齿轮 3，4，9—传动轴 7—锭翼罩壳 8—圆柱形导轨 10—锭翼 11—压掌 12—键槽 13—纱管 14—锭套筒 15—轴承座

（三）假捻与假捻器

1. 捻陷的产生

如图 7-17 所示，粗纱机的加捻作用发生在锭翼侧孔（C_1，C_2）处。粗纱条的一端被前罗拉握持，另一端受到加捻力矩的作用而给须条加捻，捻回沿粗纱的轴向向前罗拉方向传递。但粗纱在通过锭翼顶孔时，纱条与锭翼顶孔 B_1 和 B_2 处有摩擦，使捻回不能顺利向上传递，从而使前罗拉至锭翼顶孔的这段纱条（即纺纱段）的捻度比正常捻度减少约 20%～40%，这种现象称为捻陷。

捻陷使纺纱段的纱条强力减小，在卷绕张力作用下易产生意外伸长。为了减少或消除粗纱前、后排纱条因捻陷而引起的意外伸长及前、后排伸长差异，在粗纱机的锭翼顶部采用假捻器，以降低细纱的重量不匀率。

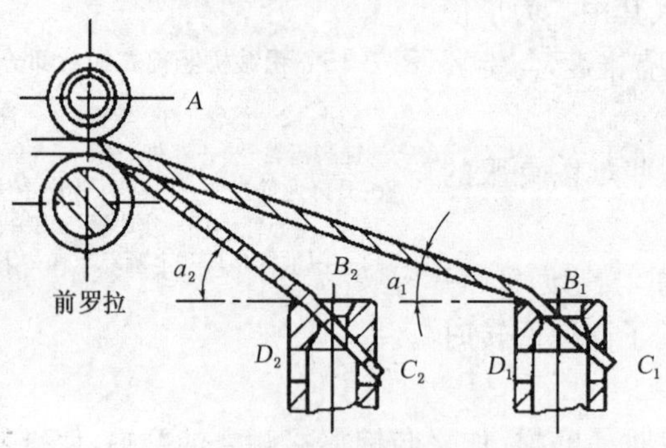

图 7-17 捻陷的产生

2. 假捻理论

图 7-18 所示为假捻原理图。静止纱条的 A、C 两端被握持，在纱条的中间 B 点用加捻器进行加捻，则加捻器两侧的纱条 AB、BC 上获得数量相等、方向相反的捻回。若去除 B 点的加捻器，在 AC 两端轴向张力的作用下，方向相反、数量相等的捻回相互抵消，纱条上的捻回随之消失。这种暂时存在的捻回称为假捻。

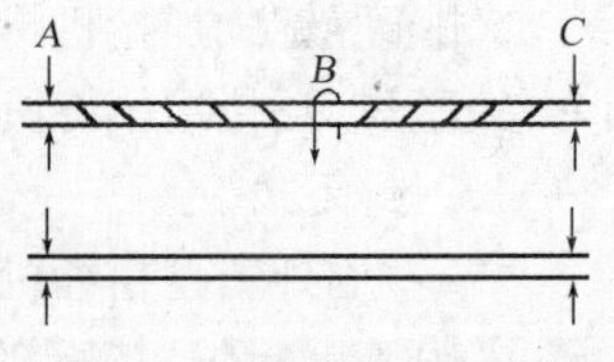

图 7-18 假捻原理图

生产中运用的假捻，是在运动的纱条上选择一点 B 放置加捻器，其产生的假捻效应如图 7-19 所示。纱条沿 AC 方向运动，B 为加捻点，AB 是输入段，BC 是输出段。设须条的线速度为 V，加捻点 B 的回转速度为 n，则输入段 AB 的捻度 $T_t=n/V$。

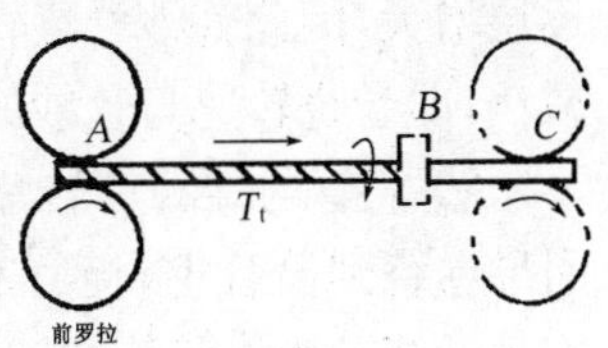

图 7-19　假捻效应图

输出段 BC 单位时间得到的捻回由两部分组成，一部分由加捻点 B 产生，捻回数为 n，捻向与 AB 段相反；另一部分是输入段传递而来的捻回数 $n'(n'=T_t\times V)$。则输出段 BC 单位时间得到的总捻回数 $=n'-n=T_t\times V-n=0$。所以，输出段的纱条上没有捻回。

上述在运动的纱条上进行加捻，使得输入段有捻而输出段无捻的现象，称为假捻效应。输入段的捻回称为假捻，产生假捻的机构称为假捻器。

3. 粗纱假捻器

现在国内外粗纱机广泛使用锭帽式假捻器，如图 7-20 所示。锭帽式假捻器采用塑料、尼龙、橡胶、聚氨酯等弹性材料制成，插放在锭翼套管的顶端。表面刻有凸起的条纹或有三角形及球状微粒，以增加假捻器表面的摩擦系数。在纺化纤及纺制特低线密度纱时，采用较大外径的假捻器，可加大假捻器与纱条的直径比，提高假捻效果。假捻器使用日久，条纹磨灭后可以调换。

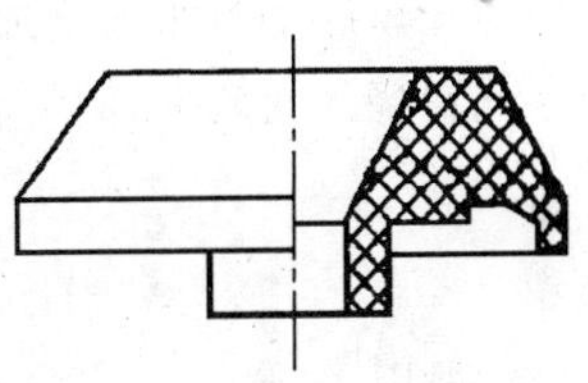

图 7-20　锭帽式假捻器

三、卷绕机构

竖锭式与悬锭式粗纱机的卷绕机构也有不同。

(一) 粗纱卷绕原理

1. 管纱的形状

粗纱经过加捻后，需要卷绕在筒管上，以便运往细纱工序进一步加工。绕成的管纱形状，中间呈圆柱体，两端呈截头圆锥体，如图 7-21 所示。粗纱首先沿着筒管轴向逐圈卷绕在筒管上，第一层绕完后，改变轴向卷绕的方向，卷绕第二层，依次逐层卷绕，直到满纱。这样的逐圈逐层卷绕便于在细纱机上退绕。卷绕过程中，粗纱沿着筒管轴向的卷绕高度逐层缩短，使两端绕成截头圆锥的形状，以免两端脱圈。

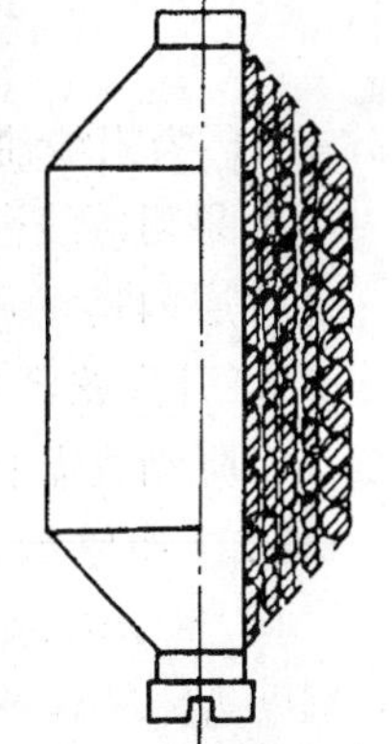

图 7-21　粗纱管纱

2. 粗纱卷绕的条件

为了将管纱绕成上述形状，粗纱卷绕时必须符合以下四个条件：

① 粗纱卷绕时，任一时间内管纱的卷绕长度必须和前罗拉输出的长度相等，即：

$$n_w = V_F/(\pi D_x)$$

式中：n_w 为管纱的卷绕转速(r/min)；V_F 为单位时间前罗拉输出纱条的长度(mm/min)；D_x 为管纱的卷绕直径(mm)。

由上式可知，由于前罗拉的输出速度是常量，且管纱的卷绕直径逐层增大，因此管纱卷绕转速 n_w 在同一层内是相同的，而随着卷绕直径 D_x 的增大，n_w 逐层减小，即卷绕转速与管纱的卷绕直径成反比。

② 筒管与锭翼有转速差。粗纱通过锭翼压掌的引导卷绕到筒管上，筒管和锭翼必须有转速差，才能实现卷绕。由于筒管和锭翼同向回转，因此两者的转速应有差异。筒管回转速度大于锭翼回转速度的称为管导，锭翼回转速度大于筒管回转速度的称为翼导。管导与翼导时的压掌导纱方向、筒管绕纱方向各不相同，如图 7-22 所示。

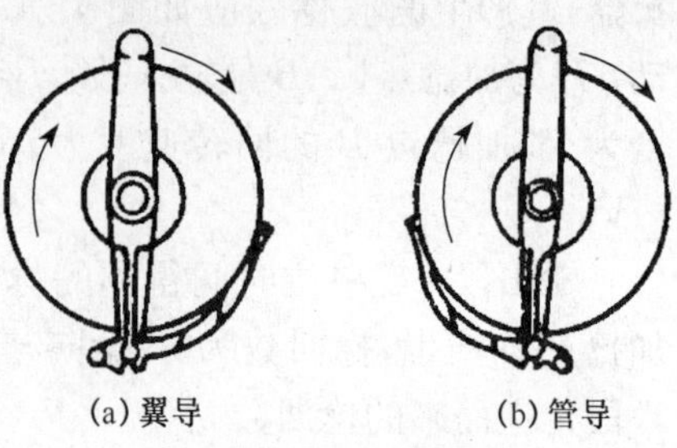

图 7-22 管导和翼导

由于加捻作用，锭翼转速恒定不变，因此采用翼导时，筒管转速随着卷绕直径的增加而增大，致使管纱回转不稳定，动力消耗不平衡，而且断头后，管纱上的纱头在回转气流的作用下易飘头而影响邻纱。此外，采用翼导还会因传动惯性使开车启动时张力增加而导致断头。由于翼导存在这些缺点，所以棉纺粗纱机都采用管导式卷绕。卷绕中，筒管转速与锭翼转速之差为卷绕转速 n_w，即：

$$n_w = n_b - n_s, n_b = n_s + n_w$$

所以，

$$n_b = n_s + \frac{V_F}{\pi D_x}$$

式中：N_b 为筒管的回转速度(r/min)；N_s 为锭翼的回转速度(r/min)，即锭子转速。

由上式可知，筒管的回转速度 n_b 由恒速和变速两部分组成，筒管的恒速与锭速相等，筒管的变速为卷绕速度 n_w(与管纱的卷绕直径 D_x 成反比)。所以，在卷绕同一层粗纱时，筒管的回转速度 n_b 是相同的，而随着卷绕直径 D_x 的增大，筒管的回转速度 n_b 逐层减小。

③ 筒管的升降速度与管纱的卷绕直径成反比。粗纱轴向卷绕是由升降龙筋带动筒管做升降运动而实现的，每绕一圈粗纱，升降龙筋需上下升降移动一个圈距。升降龙筋的升降速度为 V_r(mm/min)，则：

$$V_r = C n_w = C \frac{V_F}{\pi D_x}$$

式中：C 为粗纱轴向卷绕圈距(mm)。

如果粗纱线密度不变，轴向卷绕圈距则为常量。由上式可知，升降龙筋的升降速度在同一卷绕层内是相同的，并逐层降低，即筒管的升降速度 V_r 与管纱的卷绕直径 D_x 成反比。

④ 升降龙筋的升降动程逐层缩短。为了使管纱绕成两端呈截头圆锥体的形状，升降龙筋的升降动程需要逐层缩短，使管纱各卷绕层的高度逐层缩短。

(二) 有铁炮粗纱机的卷绕传动系统

国产 A454 系列、A456 系列竖锭式粗纱机以及国产 FA401 型、FA421 型、FA423 型、FA458 型、FA415 型等悬锭式粗纱机的卷绕传动系统都采用铁炮变速机构。

为了便于理解有铁炮粗纱机卷绕过程中各机构间的内在联系，现以 FA421A 型为例，对悬锭式粗纱机的卷绕传动系统进行扼要说明。图 7-23 所示为 FA421A 型悬锭式粗纱机卷绕部分的传动简图。主轴由电动机传动，它一方面传动锭子，另一方面经捻度齿轮传动主

动铁炮和牵伸罗拉，并将自身的恒速传入差动装置。铁炮由皮带传动，被动铁炮将自身变速经卷绕齿轮一方面传入差动装置，另一方面传至升降齿轮。差动装置将主轴传来的恒速与被动铁炮传来的变速合成后，经摆动装置传至筒管。升降齿轮经换向齿轮、升降轴传动升降龙筋（下龙筋），当升降龙筋（下龙筋）运动到升降动程的最高（或最低）位置时，触发成形装置，使成形装置在同一瞬间完成三个动作：

① 移动铁炮皮带，逐层减小被动铁炮的速度，以减小筒管及升降龙筋的速度；

② 控制换向齿轮，改变升降龙筋的运动方向；

③ 逐层缩短升降龙筋动程，使粗纱在筒管上卷绕成两端截头圆锥形。

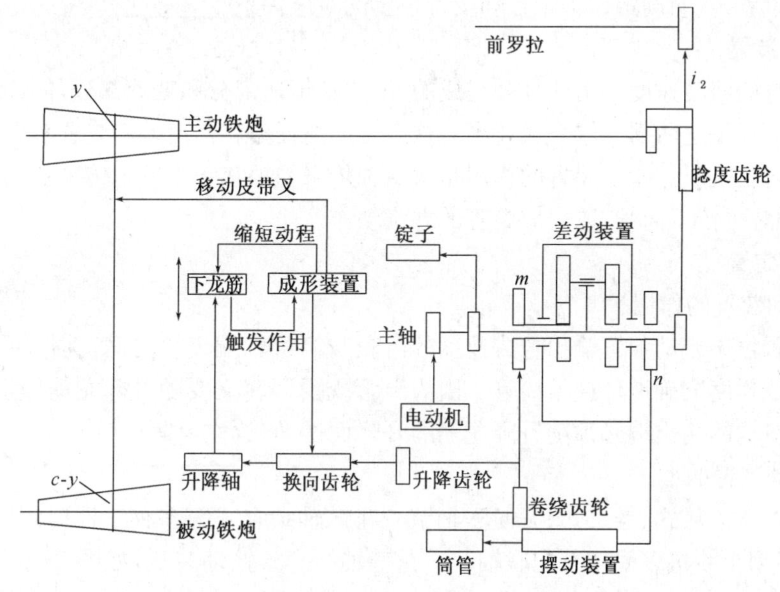

图 7-23 FA421A 型粗纱机卷绕部分的传动简图

A454 系列、A456 系列竖锭式粗纱机卷绕部分的不同之处是上龙筋作为升降龙筋，而下龙筋固定不动。

1. 铁炮变速机构

铁炮变速机构是卷绕机构的一个主要部分，它的作用是改变筒管转速及升降龙筋的升降速度。国产粗纱机大都采用双曲线铁炮变速装置，如图 7-24 所示。双曲线变速铁炮为一对直径变化的中空截头圆锥体，主、被动铁炮平行排列。主动铁炮由主轴传动，速度恒定。主动铁炮通过皮带传动被动铁炮，移动皮带的位置，则被动铁炮变速。在空管卷绕时，铁炮皮带处于起始位置 O，即主动铁炮的大端传动被动铁炮的小端，此时被动铁炮的转速最大。每卷绕一层粗纱后，成形装置控制铁炮皮带移动一小段距离 S，主动铁炮直径减小，被动铁炮直径增大，其转速减慢。皮带随粗纱卷绕直径逐层移动，被动铁炮转速逐层减小，直到满纱，此时被动铁炮的转速最小。由于筒管的卷绕转速、升降龙筋的升降速度都和管纱的卷绕直径成反比，所以，

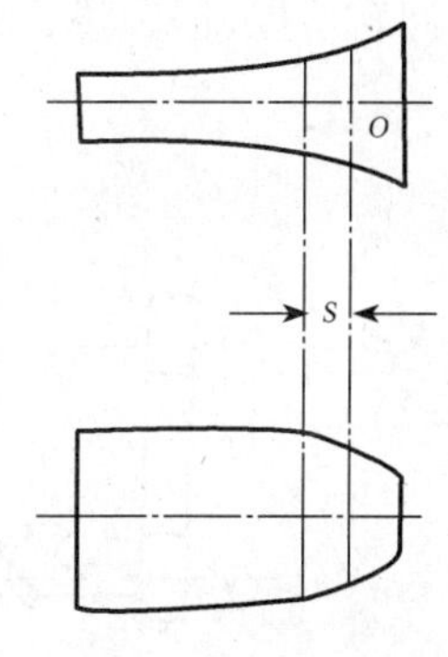

图 7-24 双曲线形铁炮

被动铁炮的转速也必须按此规律变化，才能保证正常卷绕。

双曲线铁炮是采用皮带的等量移动、不等量变速来满足工艺要求的。若将铁炮沿轴线剖开，其剖面的外形为一条双曲线。被动铁炮转速的变化是否符合规律，取决于主、被动铁炮的外形曲线是否正确。所以，铁炮外形曲线的设计必须满足以下三点：

① 主动铁炮与被动铁炮的半径之和为常数，以保证一落纱中传动皮带松紧基本一致；

② 被动铁炮的回转速度与管纱的卷绕直径 D_x 成反比；

③ 铁炮皮带的位移量 S 与管纱卷绕直径的增量成正比，以便将不同的卷绕直径转换为皮带的对应位置，从而确定铁炮半径和皮带位置的对应关系。

2. 差动装置

虽然筒管的回转速度是由两部分组成的，即包括恒速部分和变速部分，但最终通过机械传递到筒管上的是这两部分的合成速度。这个合成的任务就是由差动装置来完成的。差动装置由行星轮系组成。差动装置的作用是将主轴传来的恒速和下铁炮传来的变速合成在一起，通过摆动装置传至筒管，以完成筒管的卷绕动作。

3. 摆动装置

(1) 摆动装置的作用

摆动装置位于差动装置输出合成速度的齿轮与筒管轴端齿轮之间，其作用是将差动装置输出的合成速度准确地传递给筒管。因为筒管既要回转又要随升降龙筋做上下移动，所以这套传动机构的输出端必须随升降龙筋的升降而摆动，故称为摆动装置。

(2) 摆动装置的形式

摆动装置有齿轮式、链条式、万向联轴节—花键轴结合式等多种。根据使用效果，近年来，国内外新型粗纱机多采用万向联轴节—花键轴结合式摆动装置，如图 7-25 所示。右侧齿轮 n 位于主轴上，n 及与之相啮合的轮系位置是固定的；左侧的轮系和筒管轴等随升降龙筋一起升降运动。花键轴 1 在花键套筒 2 内可以自由伸缩，以补偿龙筋升降时产生的传动距离变化。万向联轴节的结构如图 7-26 所示，拨叉 1 和 3 分别固装在主动轴和被动轴上，两轴间的夹角应小于 45°，拨叉及十字头 2 可以自调转向，以适应升降龙筋升降时产生的传动方向的变化。在这种摆动装置中，万向联轴节的主动轴回转一周时，被动轴也回转一周，但因拨叉所处位置不同而使两轴的瞬时角速度并不时时相等。

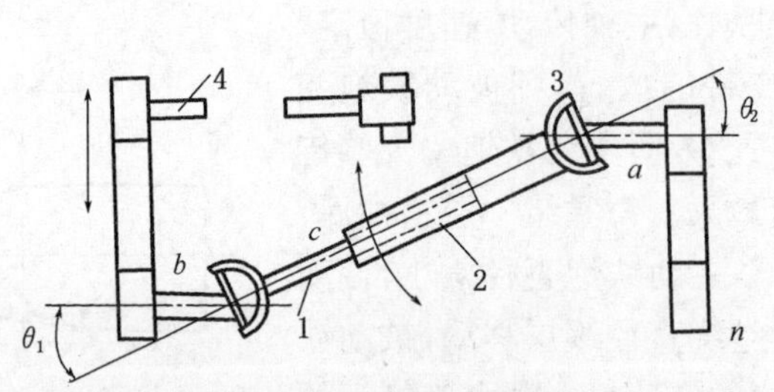

图 7-25　万向联轴节摆动装置

1—花键轴　2—花键套筒　3—万向十字头　4—筒管轴

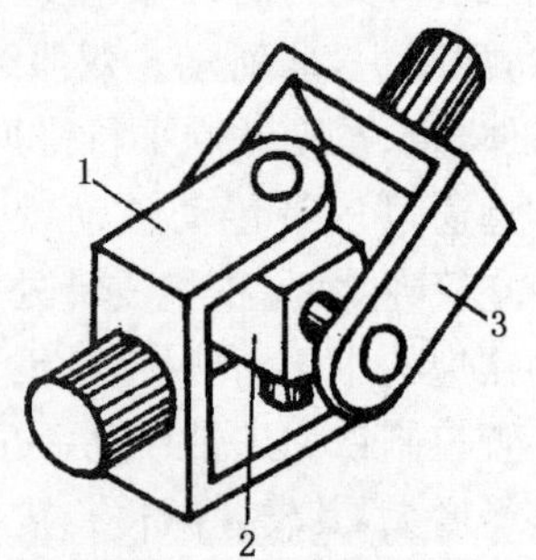

图 7-26　万向联轴节

1—拨叉　2—十字头　3—拨叉

4. 升降装置

升降装置的作用是使升降龙筋做有规律的运动。如前所述，粗纱卷绕时，每绕一圈粗纱，升降龙筋需移动一个圈距，因为筒管的卷绕速度与纱管的卷绕直径成反比，所以升降龙筋的升降速度也需依此规律变化，故升降龙筋的升降、筒管卷绕的传动可由同一对铁炮承担。为了逐层卷绕粗纱，每绕完一层后，升降龙筋需换向一次；为了使纱管两端呈截头圆锥体形状，每绕完一层粗纱后，升降龙筋的动程应缩短一些。升降龙筋的换向及动程的缩短都由成形装置控制。

国产粗纱机升降龙筋的升降装置大体上分为链条式和齿条式两种。

(1) 链条式升降装置

图 7-27 所示为链条滑轮式升降机构。由被动铁炮传来的变速通过轮系传至换向齿轮轴，换向锥齿轮 4 由一对端面有锯齿的伞形齿轮组成，这对伞齿轮活套在换向齿轮轴上，并以花键形式连接。离合器(图中没有画出)受双向电磁铁的控制。当成形装置动作并发出电信号时，随传动轴转动的锯齿离合器与一个换向锥齿轮脱开而与另一个锥齿轮的端面锯齿相啮合，从而改变竖轴 3 的回转方向，使升降平衡轴 2 正反向交替运动。升降平衡轴上固装有升降链轮，通过链条与摆臂 5(升降杆)的中部相连，摆臂以 b 为支点，另一端托持升降龙筋 6。当升降轴往复回转时，升降龙筋在摆臂的放大作用下完成升降运动。为了减轻负荷、降低功率消耗，在升降平衡轴上与摆臂对应的方向挂有平衡重锤 7。当升降龙筋上升时，平衡重锤下降，借重锤的重量托扶升降龙筋，帮助其上升。但因升降龙筋靠本身自重而下降，所以平衡重锤的总重量不能太大，保证升降龙筋的重力矩略大于平衡重力矩。否则，一旦链条伸长或升降槽内积花，就可能造成升降龙筋下降呆滞或打顿现象。升降龙筋的垂直升降是靠各机架上的导向滑槽来保证的，链条式升降装置的升降平衡轴可设在升降龙筋上升的最高位置的上方，升降轮和重锤链轮均装在升降平衡轴上，可使升降龙筋的最低位置很低(对于固定龙筋处于上方的吊锭机构来说，可更低)，从而为增加卷装高度创造了有利的条件。

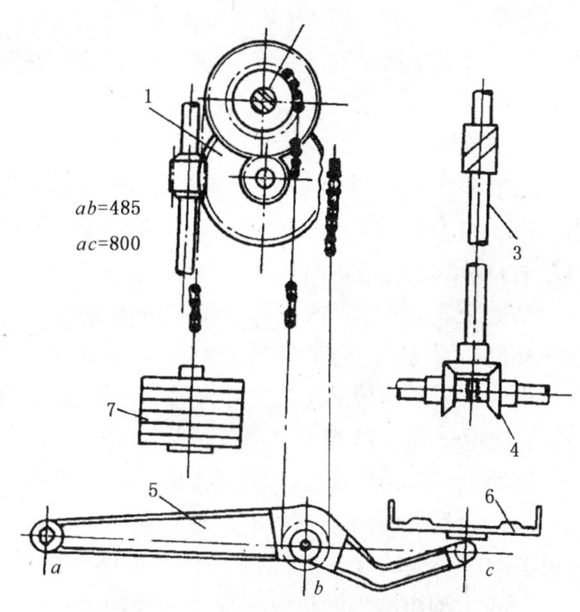

图 7-27 链条滑轮式升降装置

1—蜗轮 2—升降平衡轴 3—竖轴 4—换向锥齿轮
5—摆臂 6—升降龙筋 7—平衡重锤

A454 系列、A456 系列及大多数悬锭式有铁炮粗纱机也采用链条式升降装置，不同之处是 A 系列的换向锥齿轮的左右运动是由成形装置通过拨叉来完成的。

(2) 齿条式升降装置

图 7-28 所示为 FA421 型粗纱机的齿条式升降装置。被动铁炮传来的变速通过轮系及换向齿轮传至升降轴 7，通过固装在升降轴上的升降齿轮 8 传动固装在升降龙筋上的升降齿条 1，从而实现升降龙筋 2 的升降运动。每当换向时，由两个换向齿轮交替地与主动伞齿

轮啮合，以改变升降轴的回转方向和升降龙筋的运动方向。齿条式升降装置的升降轴只能设在升降龙筋降至最低位置时的下方，以方便升降杠杆的运动。当升降龙筋处于最低位置时，为了保证升降齿条的下降，升降轴离地面的高度应大于龙筋的升降高度。这样，既不能使升降龙筋在最低位置时非常接近下方的固定龙筋，又不能使升降龙筋在最高位置时齿条触及上面部件，所以限制了卷装高度。另外，为了减轻升降轴的负担，这种升降装置需另设平衡轴。

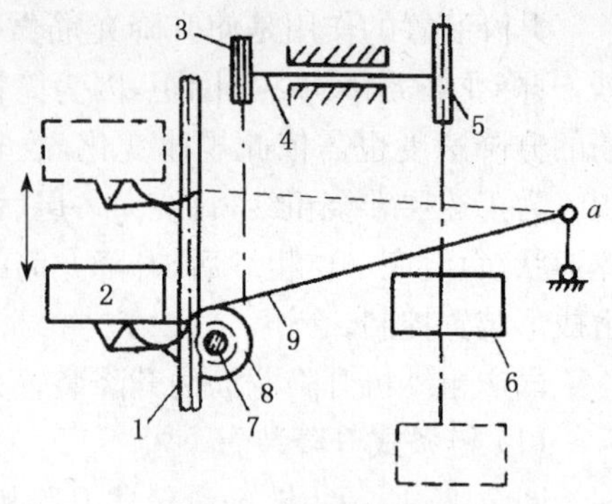

图 7-28　齿条式升降装置

1—升降齿条　2—升降龙筋　3—升降链轮　4—平衡轴　5—平衡链轮　6—平衡重锤　7—升降轴　8—升降齿轮　9—升降杠杆

FA421 型、FA423 型等粗纱机采用齿条式升降装置。

5. 成形装置

成形装置是一种机械式或机电式自动控制机构。为了符合粗纱卷绕的要求，每当管纱卷绕一层粗纱后，成形装置应立即在同一瞬时完成三个动作：一是将铁炮皮带向主动铁炮小端移动一小段距离，使筒管的卷绕速度和升降龙筋的升降速度减小；二是拨动换向齿轮，使升降龙筋的运动方向改变；三是缩短升降龙筋的升降动程，使管纱两端形成截头圆锥体。

粗纱机成形装置的上述三个动作是由升降龙筋的触发作用引起的。国产粗纱机的成形装置有机电式和压簧式。

(1) 机电式成形装置(国产 FA401 型、FA458 型、FA415 型等粗纱机采用)

FA401 型粗纱机采用机电式成形装置，其中升降龙筋的动程缩短、铁炮皮带的移动是由机械动作完成的，而改变龙筋升降方向则由机械动作和电气共同完成。

FA401 型粗纱机的机电式成形装置如图 7-29 所示，图中所示位置为升降龙筋正处于下降过程。成形滑座 1 随龙筋下降，通过圆齿杆 2 带动上摇架 3 绕 O 轴向右摆动，通过右边的调节螺钉 4 将下方的燕尾掣子 5 下压，从而解脱掣子对下摇架的控制。同时，横杆 7 在链条铁钩 8 的作用下，左端被逐渐拉起，而右端在横杆下弹簧 9 的配合下逐渐被拉下。右侧铁钩施压于下摇架 6 上，使其具有绕 O 轴顺时针摆动的趋势，一旦上摇架调节螺钉下压，使燕尾掣子解脱对下摇架的控制时，下摇架立即顺时针摆动，而左掣子因连接弹簧的作用而下压，对摇架起控制作用。在下摇架摆动的这一瞬间，成形装置完成下述三个动作：

① 升降龙筋换向。在下摇架绕 O 轴顺时针摆动时，与其一体的短轴 O_1 带动换向感应片 16 一起左摆而接近龙筋换向传感器，从而使双向磁铁动作，经连杆使锯齿离合器与一伞齿轮锯齿脱开而与另一伞齿轮锯齿啮合，使升降龙筋的运动方向改变，如图 7-30 所示。

② 铁炮皮带位移。重锤 Q 始终有使皮带叉 10 向主动铁炮小直径端移动的趋势，但由于圆盘式张力调节轮 11 通过一组齿轮(57^T、66^T、30^T、Z_5、38^T、Z_4、62^T、36^T)与成形棘轮 17(25^T)相连，成形棘轮因受两侧伞形掣子 12 的控制而阻止圆盘式张力调节轮转动。当短轴 O_1 带动撞块 13 使左侧伞形掣子脱开棘轮的同时，右侧的伞形掣子又被弹簧拉向成形棘轮 17。在此过程中，成形棘轮因瞬时脱离控制而顺时针转过半个齿，通过上述轮系使圆盘式张力调节轮转动一个角度，从而使皮带叉带动皮带向主动铁炮的小直径端移动一小段距离，这样就改变了管纱的卷绕速度和升降龙筋的升降速度。

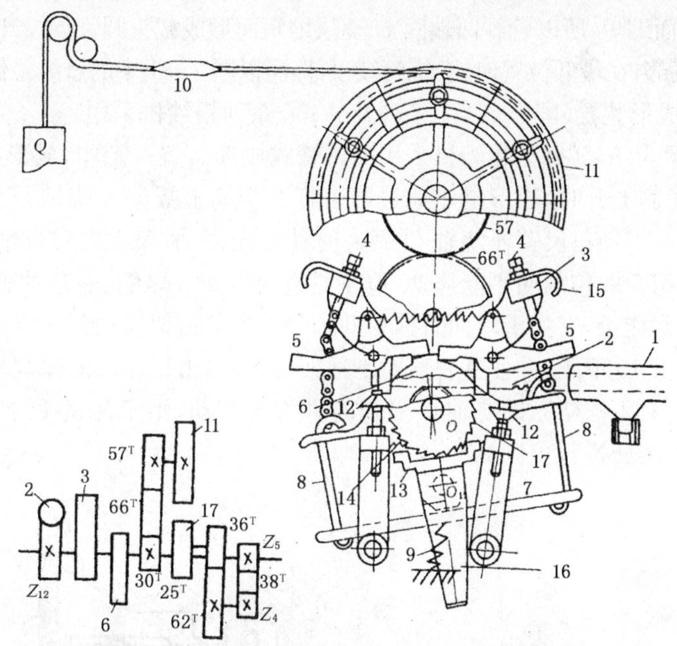

图 7-29 FA401 型粗纱机的机电式成形装置

1—成形滑座 2—圆齿杆 3—上摇架 4—调节螺钉 5—燕尾掣子 6—下摇架 7—横杆 8—链条 9—横杆 10—皮带叉 11—圆盘式张力调节轮 12—伞形掣子 13—撞块 14—弹簧 15—弯板 16—换向感应片 17—成形棘轮

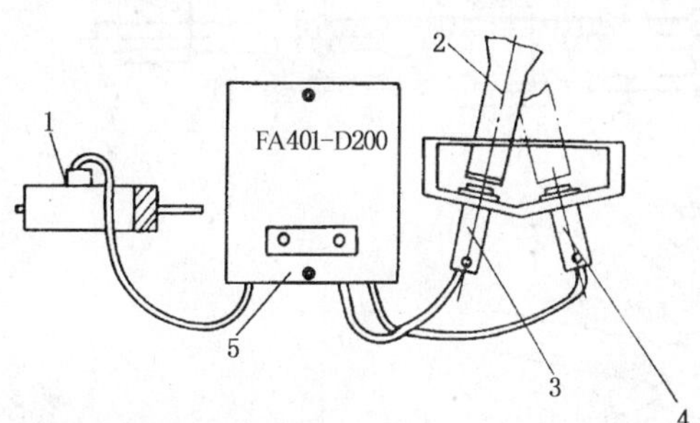

图 7-30 机电换向控制机构

1—双向磁铁 2—换向感应片 3—龙筋向上运动传感器 LSJK 4—龙筋向下运动传感器 LXJK 5—换向控制箱

③ 升降动程缩短。当成形棘轮转过半个齿时，通过轮系使升降渐减齿轮 Z_{12} 绕 O 轴转过一个角度，并使与之啮合的圆齿杆向左移动一段距离，从而缩短了圆齿杆的摆动半径和升降龙筋的升降动程。由图 7-31 可知，升降龙筋的动程为：

$$H = 2R = \sin(\alpha/2)$$

式中：H 为升降龙筋的升降动程；α 为圆齿杆的摆动角度；R 为圆齿杆的摆动半径。

升降龙筋每次升降后，动程 H 会因圆齿杆的

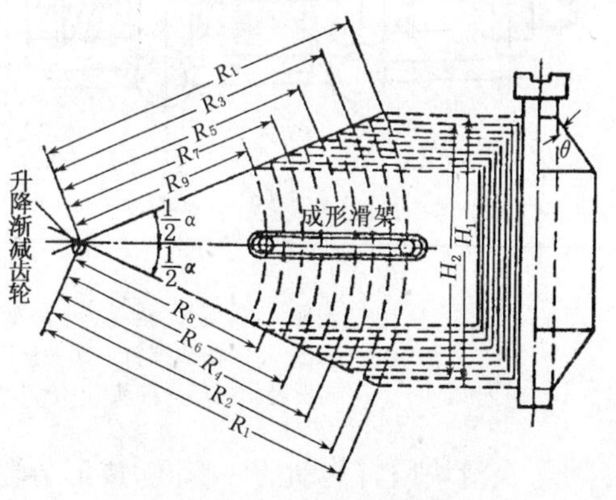

图 7-31 粗纱管纱成形

摆动半径 R 减小而缩短，所以管纱两端因 H 逐层缩短而形成截头圆锥体。升降龙筋在最高位置时，卷绕管纱底部，在最低位置时，卷绕管纱顶部，所以图 7-31 中的管纱是倒置的。

(2) 压簧式成形装置(国产 A454 系列及 A456 系列粗纱机采用)

图 7-32 所示为 A456D 型粗纱机采用的压簧式成形装置。图中，成形滑座随同升降龙筋一起升降，当龙筋上升时，成形滑座通过圆齿杆 2 带动上摇架 3 绕轴 O 做逆时针方向摆动。同时成形滑座带动角尺臂 4 绕轴 O' 做逆时针方向摆动，角尺臂带动滑杆 5 向右移动。因滑块 6 受下摇架 7 的控制而不能移动，迫使左边的弹簧 8 压缩、右边的弹簧伸长，结果左边的弹簧不断积蓄能量，有将滑块向右推移的趋势。当上摇架摆动到一定角度时，左侧调节螺钉 9 将燕尾掣子 10 下压，并使其脱离对下摇架的控制，由于左边的弹簧释放能量，滑块立即向右边移动，同时下摇架立即绕轴 O 做逆时针方向摆动，由于弹簧 11 的作用，右侧燕尾掣子下落，并对下摇架进行控制。

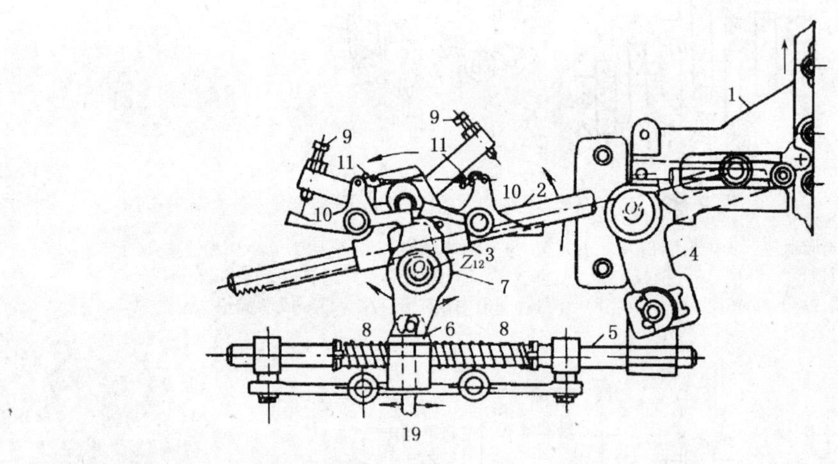

(a)

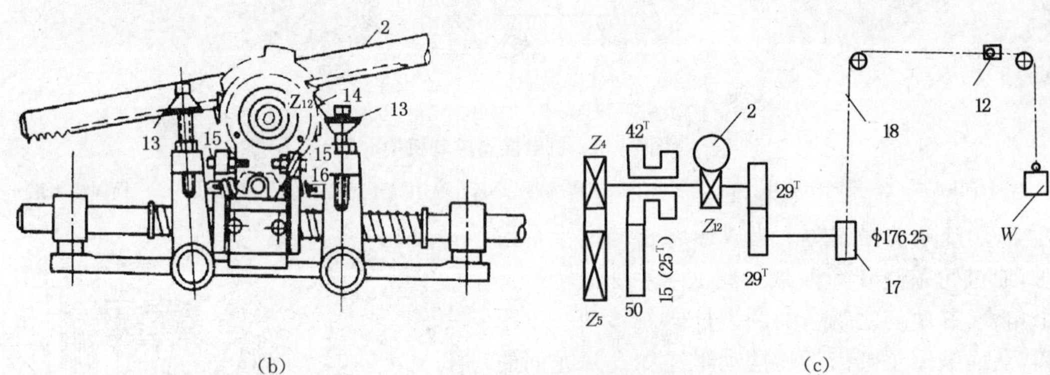

(b) (c)

图 7-32 压簧式成形装置

1—成形滑座 2—圆齿杆 3—上摇架 4—角尺臂 5—滑杆 6 成形—滑块 7—下摇架 8—弹簧 9—调节螺钉 10—燕尾掣子 11—弹簧 12—皮带叉 13—成形掣子 14—成形棘轮 15—撞头 16—拉簧 17—钢丝绳轮 18—钢丝绳 19—拨叉杠杆

在滑块向右移动的一瞬间，成形装置迅速完成下述三个动作：

① 铁炮皮带移位。如图 7-32(c)所示，钢丝绳 18 的一端系有重锤，另一端系在绳轮 17

上，中间系有皮带叉，重锤给皮带叉一个向主动铁炮小端移动的拉力。如图 7-32(b)所示，因成形掣子 13 的控制，成形棘轮 14 不能回转，因而皮带叉不能移动。当滑块向右移动时，带动撞头 15 向右撞击右侧成形掣子 13，使掣子脱离成形棘轮，棘轮因失去控制，立即绕轴 O 做顺时针方向回转。由于拉簧 16 的作用，左侧成形掣子被拉向成形棘轮 14，致使棘轮每次只能回转半齿。由于重锤的作用，通过 42^T、50^T、Z_4、Z_5 和 29^T 等齿轮，促使钢丝绳轮 17 回转一定角度，于是钢丝绳 18 带动皮带叉向右移动一小段距离，完成铁炮皮带的位移运动。

② 升降龙筋换向。当滑块左右移动时，带动拨叉杠杆 19 将两个换向齿轮交替地与成形竖轴伞形齿轮啮合，完成升降龙筋的换向运动。

③ 升降动程缩短。当成形棘轮转半个齿时，与圆齿杆啮合的升降渐减齿轮 Z_{12} 回转一定角度，使圆齿杆缩短一小段距离，从而缩短了圆齿杆的摆动半径，致使龙筋的升降动程减小。

(三) 无铁炮粗纱机的卷绕传动系统

无铁炮粗纱机是现代粗纱机的共同特征，取消铁炮使得卷绕传动乃至粗纱机整个机构大为简化，各种变速均由机电一体化取而代之。国产无铁炮粗纱机按机电一体化程度的不同，可分为有差动装置和无差动装置两种。

1. 有差动装置的无铁炮粗纱机卷绕传动系统

国产有差动装置的无铁炮粗纱机主要有 FA481、FA425、FA426 等机型，取消了传统粗纱机的成形装置及部分辅助机构(如铁炮皮带复位机构、张力微调机构等)，由工业控制计算机与可编程序控制器(PLC)控制电动机的变速，实现了粗纱机同步卷绕成形的工艺要求，保留了差动装置、摆动装置，简化了粗纱机的机构。其传动系统简图如图 7-33 所示。

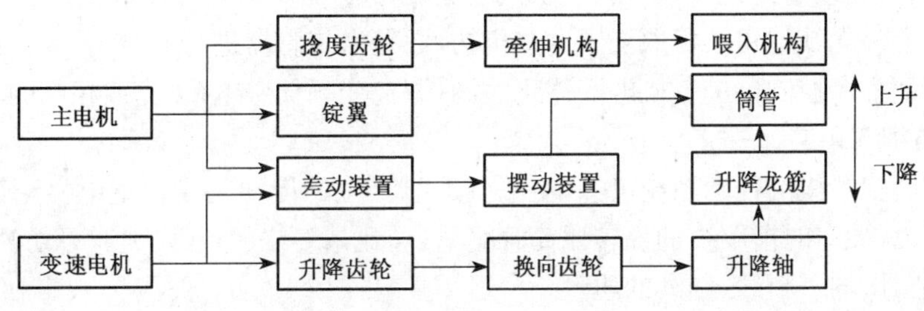

图 7-33 有差动装置的无铁炮粗纱机传动系统

2. 无差动装置的无铁炮粗纱机卷绕传动系统

国产无差动装置的无铁炮粗纱机主要有 FA491、FA492、FA493/FA494、HY492、HY493 等机型，除了取消传统粗纱机的铁炮变速机构、成形装置及部分辅助机构(如铁炮皮带复位机构、张力微调机构等)外，还取消了差动装置、摆动装置，由工业控制计算机与可编程序控制器(PLC)通过变频器、伺服控制器控制四个电动机(锭翼电机 M_1、牵伸电机 M_2、升降电机 M_3 及筒管电机 M_4 分别传动锭翼、牵伸罗拉、升降轴及筒管)，从而完成牵伸、加捻、卷绕、成形等功能，使整台粗纱机的机构大大简化。以 FA492 型粗纱机为例，其机电传动控制系统如图 7-34 所示，其中筒管电机 M_4 随升降龙筋同步升降，取消了摆动装置。

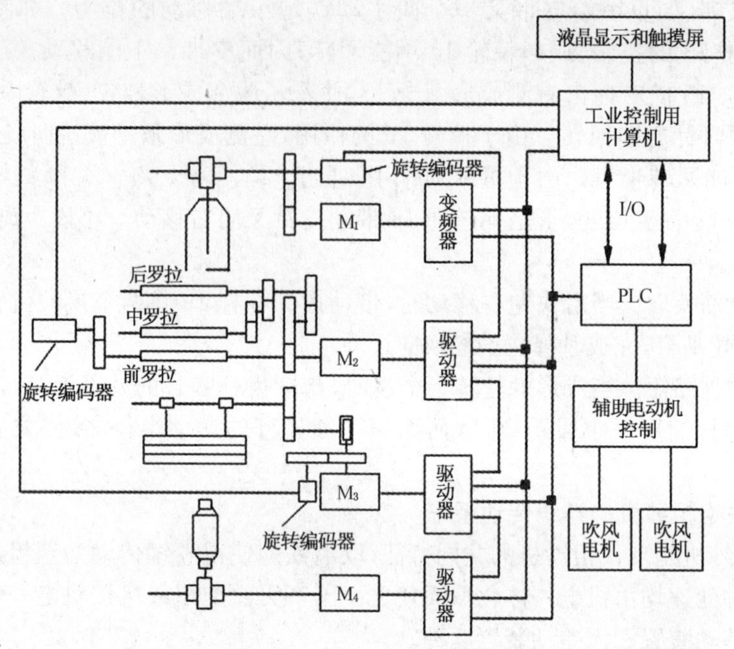

图 7-34 无差动装置的无铁炮粗纱机机电传动控制系统图

四、辅助机构

为了使粗纱机能够正常生产和运转并保证质量，采用了一些辅助机构，如防细节装置、张力补偿装置、满纱自停机构、防塌肩装置、铁炮皮带复位机构等。这些机构一般用在有铁炮的粗纱机上。无铁炮粗纱机取消了这些机构，而是由传感器进行检测，并通过工业控制用计算机与可编程序控制器进行机电一体化控制，调节变频伺服电机，完成相应的功能。

(一) 防细节装置

从有铁炮粗纱机的传动系统可知，主电机至前罗拉的传动路线比主电机至筒管的传动路线短。所以，关车时前罗拉的停转比筒管略早，导致未卷绕的粗纱(尤其是纺纱段)产生伸长，造成细节，影响了粗纱、细纱的质量。

为了防止粗纱在关车时产生细节，在有铁炮粗纱机下铁炮的输出端至差动装置的传动路线中设置了一个电磁离合器。粗纱机正常运转时，电磁离合器处于吸合状态，铁炮变速正常传给差动装置。粗纱机关车时，在切断主电机电源到机器完全停止的这段时间内，电磁离合器脱开片刻时间，铁炮的变速不能输入差动装置，此时，筒管与锭翼同步回转而不产生卷绕，使前罗拉钳口至锭翼顶孔间的纺纱段粗纱呈松弛状态，避免了粗纱细节的产生。

(二) 防塌肩装置

防塌肩装置也称为防冒装置。有铁炮粗纱机在使用光电断头自停后，如果断头发生在换向之前，断头自停机构一旦发生停车信号，而粗纱机仍处于惯性运转过程，此时恰好又遇到升降龙筋换向的时刻，就易出现冒花现象。为了使粗纱机在换向之前的一小段时间内，即使产生断头也不发生停车，在有铁炮粗纱机电路中设置了“换向前不自停”的工艺保护措施，

在成形装置两侧分别装有两个防冒行程开关，分别与升降龙筋向上、向下继电器串联，可有效地防止粗纱塌肩冒花的发生。

（三）铁炮皮带复位机构

有铁炮粗纱机每生产一落纱后，铁炮皮带已移至主动铁炮的小端位置。为了生产下一落纱，必须将皮带回复到主动铁炮大端的始纺位置。铁炮皮带复位机构随粗纱机的型号不同而有差异，但作用过程是一样的，即：

抬起下铁炮→将铁炮皮带移至主动铁炮大端的始纺位置→放下下铁炮

（四）满纱自停

无论是有铁炮粗纱机还是无铁炮粗纱机，满纱停车时均要求做到"三定"，即定长、定位、定向。"三定"是通过机电一体化系统完成的。

1. 定长

指满纱时必须达到一定的粗纱长度，以便于在细纱机上实行宝塔分段操作法。

2. 定位

指升降龙筋在落纱时锭翼压掌所处的位置一定。一般要求压掌处于筒管高度的1/3～1/2时停车落纱，以便于在细纱机上换粗纱时挡车工进行"捋筒管"操作。

3. 定向

指落纱时升降龙筋的运动方向一定。一般要求升降龙筋处于下降运动时落纱，这样下一落纱就从空筒管的1/3～1/2处向筒管上部开始卷绕。该粗纱喂入细纱机后，在粗纱跑空前，一方面便于"捋筒管"，另一方面也便于挡车工及时发现空粗纱管。

（五）粗纱张力补偿装置

1. 粗纱张力的基本概念

张力是指作用于纱条轴向的拉力，其表现形式为纱条的紧张程度。在粗纱卷绕过程中，为了使粗纱顺利地卷绕在筒管上，筒管的卷绕速度必须略大于前罗拉的输出速度，这样纱条必然紧张而产生张力。纱条在前进过程中又必须克服锭翼顶孔、侧孔、空心臂、压掌处的摩擦阻力，所以从前罗拉至筒管间，各段纱条的张力不同，以压掌至筒管处的卷绕张力为最大，空心臂处的张力次之，前罗拉至锭翼顶管处的纺纱张力为最小。

粗纱在卷绕过程中，由于内外层卷绕直径的增量不同、一落纱中铁炮皮带的松紧不一、车间温湿度的变化、生产原料性能的变化等因素，都将造成一落纱中卷绕张力的变化，从而增大了粗纱重量不匀率，也影响细纱的重量不匀率。为此，粗纱机上采用张力补偿装置，以减小一落纱中卷绕张力的变化，目的是提高粗纱的质量。

2. 有铁炮粗纱机张力补偿装置

有铁炮粗纱机张力补偿装置的工作原理是利用张力补偿装置，使铁炮皮带的每次移动量都有微弱的差异，以减小张力波动，从而达到一落纱过程中粗纱张力基本保持稳定。

有铁炮粗纱机张力补偿装置的种类很多，有圆盘式、补偿轨式、靠模板式、偏心齿轮式等。根据张力补偿的原理，前三种属于分段调节式，而偏心齿轮式属于连续调节式。下面分别介绍圆盘式和偏心齿轮式张力补偿装置的工作原理。

(1) 圆盘式张力补偿装置

国产FA401型、TJFA458型等粗纱机使用该种张力补偿装置；如图7-35。所示，圆盘上装有六个均匀分布的滑块，滑块可沿圆盘径向调节并固定在圆盘上。六个滑块共同组成一个绞轮，且牵引铁炮皮带移动的钢丝绳也绕在绞轮上。升降龙筋每换向一次，圆盘随之旋转一个角度（每次旋转的角度相等），释放出一小段钢丝绳，铁炮皮带移动一小段距离。

如果粗纱一落纱中的张力稳定，则绞轮设置为等半径，铁炮皮带的每次移动量相等，该装置不起张力补偿作用。如果铁炮皮带处于某一位置时，粗纱张力不稳定，伸长率差异较大，则调节与之对应的一个或几个滑块，微调铁炮皮带在此时的每次移动量，以保证粗纱张力稳定。调节方法如下：

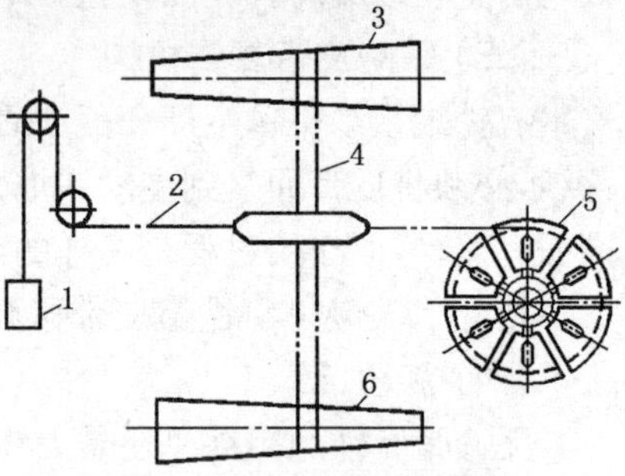

图 7-35　圆盘式张力补偿装置

1—重锤　2—钢丝绳　3—上铁炮
4—下铁炮　5—滑块　6—下铁炮

当粗纱张力过大，即粗纱伸长率过大时，调节滑块使绞轮半径增大，因每次换向后圆盘旋转的角度相等，所以绞轮释放出来的钢丝绳长度增加，从而降低下铁炮速度，即降低筒管速度，最终减小粗纱张力；若粗纱张力过小，则调节方向相反。

（2）偏心齿轮式张力补偿装置

国产 A454 型、FA421 型、FA423 型等粗纱机使用该种张力补偿装置。图 7-36 所示为 FA421 型粗纱机所用的圆盘式张力补偿装置示意图。该机构在成形齿轮 1 与 5 之间配置了一对上、下偏心齿轮 4 和 3，这对偏心齿轮绕各自的轴芯回转，上偏心齿轮 4 上有一销钉，伸入下偏心齿轮 3 的滑槽中，使两偏心齿轮间的中心距可以调节，从而形成可变的偏心距。下偏心齿轮 3 由成形棘轮 2 通过轮系传动，在升降龙筋每次换向时，成形棘轮转过的角度是一定的，故下偏心齿轮 3 每次转过的角度也是一定的。上偏心齿轮 4 则通过下偏心齿轮 3 的销钉带动回转，因上下、偏心齿轮之间存在一个偏心距和一个初始相位差，所以，当升降龙筋每次换向时，上偏心齿轮 3 转过的角度是一个变量，并通过齿轮 5、6、7、8 等使长齿杆 9 及牵引铁炮皮带的钢丝绳获得一个变化的位移量，从而达到张力补偿的目的。若偏心距为 0，则没有张力补偿作用。

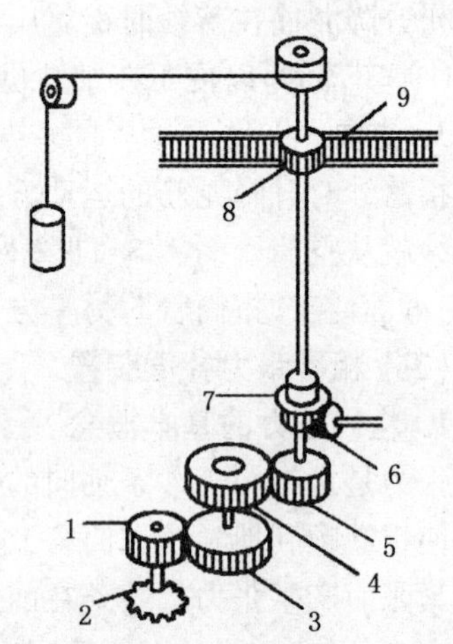

图 7-36　偏心齿轮式张力补偿装置

1，5—成形齿轮　2—成形棘轮　3，4—偏心轮
6，7，8—齿轮　9—长齿杆

偏心齿轮式张力补偿装置的作用效果如何，其关键所在，一是准确调节上、下偏心齿轮的初始相位差，二是准确调节上、下偏心齿轮的偏心距。当这两个参数调节得当时，可起到较好的张力补偿作用，有效地减小粗纱伸长率的差异，但调节不当，反而会增大粗纱伸长率的差异。

3. 无铁炮粗纱机的张力补偿

国产 FA481、FA491、FA492、FA493/FA494、HY491、HY493 等型号的无铁炮粗纱机取消了复杂的机械式张力补偿机构，取而代之的是用传感器自动检测粗纱张力，并反馈给工业控制计算机和 PLC，对各伺服电机的速度进行调整和控制，使纺纱张力达到最佳状态。

第三节 粗纱的工艺配置

一、牵伸工艺配置

粗纱机的牵伸工艺参数主要包括总牵伸倍数及其分配、粗纱定量、罗拉握持距、罗拉加压、原始隔距、集合器口径等。

1. 总牵伸倍数

在双皮圈牵伸中，若粗纱定量过重，则中上罗拉易打滑，使上、下皮圈间的速度差异较大，从而产生皮圈间须条分裂或分层现象。所以，双皮圈牵伸不宜纺定量过重的粗纱，一般粗纱定量宜为2.5～6 g/10 m。在细纱机的牵伸能力较高时，粗纱机可配置较低的牵伸倍数，以利于成纱质量，粗纱机的牵伸多为4～12倍，一般选用10倍以下。

2. 牵伸分配

由于前(主)牵伸区有双皮圈及弹性钳口，对纤维运动的控制良好，所以总牵伸倍数主要由前(主)牵伸区承担，而后区牵伸倍数不宜过大，一般为1.12～1.48倍，通常情况下以偏小为宜。四罗拉双短皮圈牵伸的整理区牵伸倍数为1.05倍。

3. 罗拉握持距

不同牵伸形式的握持距见表7-2。表中皮圈架长度是指皮圈在工作状态下皮圈夹持须条的长度，即上销前缘至中上罗拉(小铁辊)中心线之间的距离。它是由纤维品种决定的，一般纺棉及棉型化纤时，皮圈架长度为34 mm，下销宽度为20 mm；纺中长化纤时，皮圈架长度为42 mm，下销宽度为28 mm。浮游区长度是指皮圈钳口至前钳口的距离，一般浮游区长度控制在15～17 mm，在D型牵伸中，由于主牵伸区的集合器移到了整理区，则浮游区长度可小些。

表7-2 不同牵伸形式的握持距

牵伸形式	整理区	主牵伸区	后牵伸区
三罗拉双皮圈(mm)	—	皮圈架＋浮游区	L_p＋(12～16)
四罗拉双皮圈(mm)	略大于L_p	皮圈架＋浮游区	大于L_p＋20

注：L_p是纤维的品质长度。

4. 罗拉加压

见表7-1所示，一般罗拉速度快、罗拉隔距小、粗纱定量重时，采用重加压，反之则轻。

5. 皮圈原始钳口及集合器口径

皮圈原始钳口及集合器口径的大小均应与定量相适应，定量重，则采用较大的尺寸。

二、粗纱捻系数的选用

粗纱捻系数的选用主要依据原料品质和粗纱定量，同时考虑细纱用途、车间温湿度、细纱后区工艺、粗纱断头率等因素。

若纤维长度长、长度整齐度高，在不影响正常生产的前提下，尽量采用较小的粗纱捻系数。如化学纤维的长度长，纤维间的联系力大，须条强力比棉高，所以纺棉型化纤的粗纱捻系数约为纺纯棉时的60%～70%，纺中长化纤的粗纱捻系数约为纺纯棉时的50%～60%。

若所纺的粗纱定量较大，粗纱捻系数可小一些。若纺精梳纱，其粗纱捻系数比同线密度普梳纱的粗纱捻系数小些。若纺针织纱，其粗纱捻系数应大于同线密度机织纱，目的是为了加强细纱机后牵伸区的摩擦力界作用，以减少针织纱的细节，提高针织纱的条干均匀度。

粗纱捻系数可根据实际情况调整，纺纯棉的粗纱捻系数可参考表7-3。

表7-3　纯棉粗纱捻系数

粗纱定量(g/10 m)		2～3.25	3.25～4.0	4.0～7.7	7.7～10
粗纱捻系数	普梳纯棉纱	105～120	105～115	95～105	90～92
	精梳纯棉纱	90～100	85～95	80～90	75～85

注：悬锭式粗纱机的纱路长、锭速高，捻系数应增加5%～10%。

三、卷绕成形工艺

见本章第四节的相关内容。

第四节　粗纱机的传动和工艺计算

一、有铁炮粗纱机的传动与工艺计算

(一) 传动系统

有铁炮粗纱机的机型很多，但其传动系统(图7-23)中各变换齿轮的配置却基本相同。现以TJFA458A型粗纱机为例，其传动图如图7-37所示。从传动图中可以看出，粗纱机的恒速机件，如牵伸罗拉、导条罗拉、锭子及筒管的恒速部分，都由主轴直接传动；粗纱机的变速机件，如升降龙筋及筒管的变速部分，都经变速机构的被动铁炮传动。差动装置将主轴的恒速和被动铁炮传来的变速合成后传递给筒管。

粗纱机的锭子恒速运转，改变捻度是通过改变前罗拉输出速度来实现的，但前罗拉速度的改变必须与筒管的卷绕线速度一致，因此粗纱机的牵伸罗拉与主、被动铁炮都由捻度齿轮传动。改变捻度时只需更换捻度齿轮，则前罗拉输出速度、筒管卷绕速度和升降龙筋的升降速度可同时改变，使卷绕规律不受破坏。

(二) 变换齿轮的作用

1. 捻度变换齿轮

捻度变换齿轮用于调节粗纱捻度的大小，也称为捻度牙，工厂俗称中心牙，其位置处于车头齿轮箱的中上部，靠主轴的一端(见传动图中的Z_1、Z_2、Z_3，其中Z_3是中心牙)。

2. 牵伸变换齿轮

牵伸变换齿轮用于调节粗纱机的总牵伸倍数及纺出的粗纱定量，工厂俗称为轻重牙，而后区牵伸倍数及牵伸分配是通过后区牵伸变换齿轮来调节的。牵伸变换齿轮的位置处于牵伸齿轮箱内(见传动图中的Z_6、Z_7、Z_8，其中Z_7是轻重牙，Z_8是后区牵伸齿轮)。

3. 升降变换齿轮

升降变换齿轮用于调节粗纱在筒管上的轴向卷绕密度或卷绕圈距，工厂俗称为高低牙，

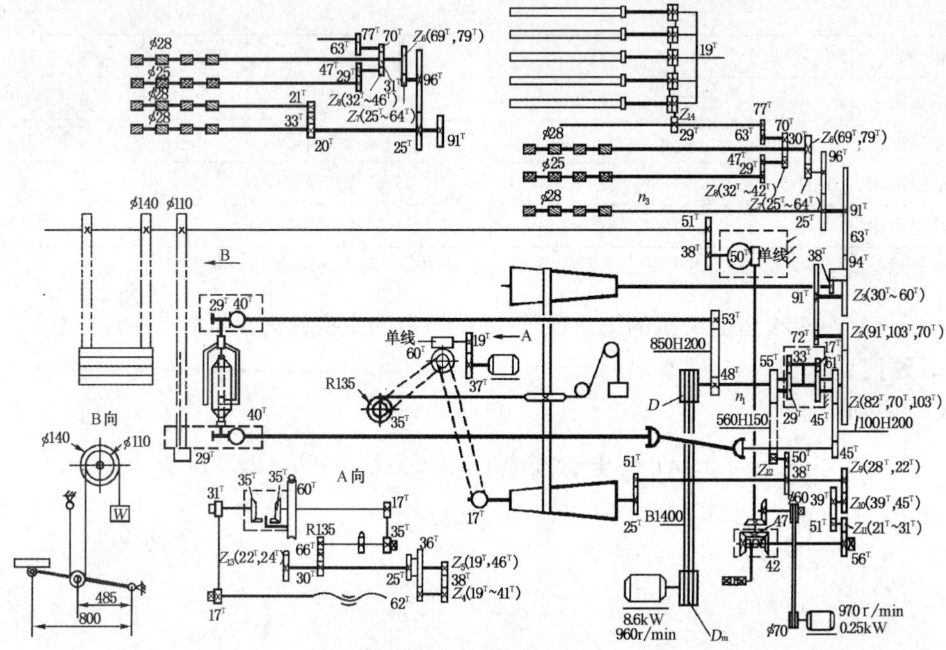

图 7-37 TJFA458A 型粗纱机传动图

其位置处于车头齿轮箱的下部，在下铁炮输出轴与换向伞形齿轮轴之间（见传动图中的 Z_9、Z_{10}、Z_{11}，其中 Z_{11} 是高低牙）。

4. 卷绕变换齿轮

卷绕变换齿轮用于调节筒管的初始卷绕速度。其位置处于下铁炮输出轴与差动装置之间（见传动图中的 Z_{12}）。

5. 成形变换齿轮

成形变换齿轮用于调节铁炮皮带每次移动量的大小，即影响粗纱张力及粗纱在筒管上的径向卷绕密度。如果铁炮皮带每次移动量过小，则在大纱或中纱阶段的粗纱张力大，粗纱在筒管上的径向卷绕密度也大；反之，结果相反。所以，成形变换齿轮在工厂中俗称为张力牙，其位置处于成形装置上（见传动图中的 Z_4、Z_5）。

6. 升降渐减齿轮

升降渐减齿轮用于调节粗纱两端的成形锥角，故又称为角度牙，其位置处于成形装置的横齿杆下方（见传动图中的 Z_{13}）。

TJFA458A 型粗纱机皮带盘与变换齿轮的规格见表 7-4。

表 7-4 TJFA458A 型粗纱机皮带盘与变换齿轮

名 称	代 号	规 格	名 称	代 号	规 格
电机皮带盘	D_m	120 mm，145 mm，169 mm，194 mm	总牵伸齿轮	Z_7	$25^T \sim 64^T$
主轴皮带盘	D	190 mm，200 mm，210 mm，230 mm	后牵伸齿轮	Z_8	$32^T \sim 42^T$
捻度阶段齿轮	Z_1/Z_2	$70^T/103^T$，$82^T/91^T$，$103^T/70^T$	升降阶段齿轮	Z_9/Z_{10}	$22^T/45^T$，$28^T/39^T$

续 表

名称	代号	规格	名称	代号	规格
捻度齿轮	Z_3	$30^T \sim 60^T$	升降齿轮	Z_{11}	$21^T \sim 30^T$
成形变换齿轮	Z_4	$19^T \sim 41^T$	卷绕齿轮	Z_{12}	$36^T \sim 38^T$
成形变换齿轮	Z_5	$19^T \sim 46^T$	升降渐减齿轮	Z_{13}	22^T，24^T
牵伸阶段齿轮	Z_6	69^T，79^T	喂条张力齿轮	Z_{14}	$19^T \sim 22^T$

注：在调换捻度变换齿轮 Z_1/Z_2 及升降变换齿轮 Z_9/Z_{10} 时，必须成对调节，以保证中心距不变。

（三）TJFA458A 型粗纱机的工艺计算（式中所有的变换轮含义见表 7-4）

1. 速度计算

（1）主轴转速 n_0

$$n_0(\text{r/min}) = \text{电动机转速} \times D_m/D = 960 \times D_m/D$$

（2）锭子转速 n_s

$$n_s(\text{r/min}) = \frac{48 \times 40}{53 \times 29} \times n_0 = 1.249\,2 \times n_0$$

（3）前罗拉转速 n_f

$$n_f(\text{r/min}) = \frac{Z_1}{Z_2} \times \frac{72}{91} \times \frac{Z_3}{91} \times n_0 = 0.008\,695 \times \frac{Z_1 \times Z_3}{Z_2} \times n_0$$

2. 牵伸倍数

（1）总牵伸倍数 E

TJFA458A 型粗纱机，无论是三罗拉双短皮圈牵伸，还是四罗拉双短皮圈牵伸，它们的总牵伸倍数 E 是相同的：

$$E = \frac{Z_6}{Z_7} \times \frac{96}{25} \times \frac{d_{\text{前}}}{d_{\text{后}}} = 3.84 \times Z_6/Z_7$$

式中：$d_{\text{后}}$ 为后罗拉直径（28 mm）；$d_{\text{前}}$ 为前罗拉直径（28 mm）；Z_6 为牵伸阶段齿轮的齿数，有 69 和 79 两种（Z_6 只是起微调作用）；Z_7 为总牵伸齿轮（轻重牙）的齿数，其范围为 25～64（Z_7 在改变总牵伸倍数时起主要调节作用）。

从上式可知，总牵伸倍数 E 与总牵伸齿轮（轻重牙）的齿数 Z_7 成反比。在熟条定量不变的情况下，翻改粗纱线密度时，可按下式计算 Z_7：

$$Z_7/Z_7' = E'/E = g/g'$$

式中：Z_7 为原有总牵伸齿轮（轻重牙）的齿数；Z_7' 为拟改总牵伸齿轮（轻重牙）的齿数；E 为原有总牵伸倍数；E' 为拟改总牵伸倍数；g 为原有粗纱定量；g' 为拟改粗纱定量。

（2）后牵伸倍数 e

Z_8 可改变粗纱机的后区牵伸倍数及牵伸分配。

① 三罗拉双短皮圈牵伸

$$e = \frac{30}{Z_8} \times \frac{47}{29} \times \frac{d_{\text{中}}}{d_{\text{后}}} = 47.231\,5/Z_8$$

式中：Z_8为后区牵伸变换齿轮的齿数，其范围为 32～42；$d_{中}$为中罗拉直径与皮圈厚度之和，等于(25＋1.1×2)mm。

② 四罗拉双短皮圈牵伸

$$e=\frac{31}{Z_8}\times\frac{47}{29}\times\frac{d_{中}}{d_{后}}=48.8059/Z_8$$

(3) 牵伸齿轮的确定实例

例 熟条定量为 20g/5 m，拟纺粗纱定量为 5.8g/10 m，设牵伸配合率为 1.03，后区牵伸倍数 1.35，求 Z_7和 Z_8(以 TJFA458A 型三罗拉双短皮圈牵伸为例)。

解 ① 求 Z_7，实际牵伸倍数＝$\frac{20\times 10}{5\times 5.8}=6.897$(倍)

机械牵伸倍数＝6.897×1.03＝7.104(倍)

若 $Z_6=69^{T}$，则 $Z_7=3.84\times\frac{69}{7.104}=37.30$，取 Z_7为 37^{T}

② 求 Z_8，$Z_8=47.2315/e=47.2315/1.35=34.98$，取 Z_8为 35^{T}

3. 捻度

(1) 捻度的计算

粗纱机的计算捻度为单位时间内锭子的回转数与前罗拉输出长度之比，即前罗拉一转时锭子的转数与前罗拉周长之比，习惯上以每 10 cm 内的捻回数表示。设粗纱捻度为 T_t，则：

T_t(捻 /10 cm) ＝ 前罗拉一转时的锭子转数 / 前罗拉周长 ＝

$$\frac{48\times 40\times 91\times 91\times Z_2}{53\times 29\times 72\times Z_1\times Z_3\times \pi\times d_{前}}\times 100=163.331\times\frac{Z_2}{Z_1\times Z_3}$$

式中：Z_2/Z_1为捻度阶段变换成对齿轮的齿数，有 103/70、91/82、70/103 三种；Z_3为捻度变换齿轮的齿数，其范围为 30～60；$d_{前}$为前罗拉直径(28 mm)。

“163.331×Z_2/Z_1”称为捻度常数，改变捻度时，捻度变换齿轮(中心牙)的齿数 Z_3起主要调节作用，捻度阶段变换成对齿轮的齿数 Z_2/Z_1只是起微调作用。纺纯棉时，Z_2/Z_1＝103/70 或 91/82；纺化纤及混纺时，Z_2/Z_1＝70/103。

如果捻度的单位是“捻/m”，将上式扩大 10 倍即可。

(2) 捻度变换齿轮的齿数 Z_3的确定

首先，应根据捻系数的选择原则选取捻系数，并计算出捻度。再从上式可知，当捻度常数确定后，捻度与捻度变换齿轮的齿数成反比，由此就可确定捻度变换齿轮。

(3) 翻改品种时的捻度变换齿轮的确定

捻度变换齿轮(中心牙)的齿数 Z_3与捻度 T_t成反比。当翻改品种而捻系数不变时，可按下式计算捻度变换齿轮(中心牙)的齿数：

$$\frac{Z'_3}{Z_3}=\frac{T_t}{T'_t}=\frac{\sqrt{N'_t}}{\sqrt{N_t}}$$

式中：Z_3为原来捻度变换齿轮的齿数；Z'_3为拟改捻度变换齿轮的齿数；T_t为原来捻度；T'_t

为拟改捻度；N_t为原纺粗纱线密度；N'_t为拟改粗纱线密度。

(4) 实例

若纺纯棉普梳纱，粗纱的线密度为 580 tex，试确定 TJFA458A 型粗纱机的捻度变换齿轮。

解 第一步，求捻度，由表 7-3 选择粗纱特克斯制捻系数为 97，则：

$$T_t = \frac{\alpha_t}{\sqrt{N_t}} = \frac{97}{\sqrt{580}} = 4.028(\text{捻}/10\ \text{cm})$$

第二步，选取 $Z_2/Z_1=91/82$，捻度常数为 181.26，则：

$$Z_3 = \frac{181.26}{4.028} = 45^{\text{T}}$$

4. 筒管轴向卷绕密度与升降变换齿轮

(1) 筒管轴向卷绕密度 P 的计算

筒管轴向卷绕密度 P 是指粗纱沿筒管轴向卷绕时单位长度内的圈数，一般以"圈/cm"表示。习惯上，用升降轴转一周时的筒管卷绕圈数 n_w与升降龙筋升降高度 h(cm)之比进行计算。根据传动图可知：

$$n_w = \frac{40\times61\times17\times29\times Z_{12}\times38\times Z_{10}\times51\times56\times47\times50\times51}{29\times45\times45\times33\times55\times50\times Z_9\times39\times Z_{11}\times42\times1\times38}$$

$$h = \frac{\pi\times110\times800}{2\times485\times10}(\text{cm})$$

所以，筒管轴向卷绕密度 $P = \frac{n_w}{h} = 1.655\times\frac{Z_{12}\times Z_{10}}{Z_9\times Z_{11}}$ (圈/cm)

若取卷绕齿轮 $Z_{12}=37^{\text{T}}$，则：

$$P = 61.2337\times\frac{Z_{10}}{Z_9\times Z_{11}}\ (\text{圈/cm})$$

(2) 筒管轴向卷绕密度 P 的经验公式

根据生产实践，筒管轴向卷绕密度的经验公式为：

$$P = \frac{C}{\sqrt{N_t}}$$

上式中，N_t是粗纱线密度；C 是常数，一般取 85～90，当粗纱定量越大、纤维弹性越好、粗纱密度越小时，C 值应偏小掌握。

(3) 确定升降变换齿轮的实例

若纺纯棉普梳纱，粗纱的线密度为 580 tex，试确定 TJFA458A 的升降变换齿轮 Z_{11}。

解 第一步，根据经验公式，计算筒管轴向卷绕密度 P，取 $C=87$，则：

$$P = \frac{87}{\sqrt{580}} = 3.61\ (\text{圈/cm})$$

第二步，选择升降阶段变换齿轮 $Z_{10}/Z_9=39/28$，则：

$$Z_{11}=61.2337\times\frac{Z_{10}}{Z_9\times P}=61.2337\times\frac{39}{28\times3.61}=23.621\text{，取 }Z_{11}=24^{\mathrm{T}}$$

第三步，试纺，若卷绕第一层粗纱后，隐约可见筒管表面，卷绕第二层时粗纱表面平整无重叠现象，说明粗纱卷绕正常，升降齿轮选择合理。

5. 筒管径向卷绕密度与成形齿轮

(1) 计算

筒管径向卷绕密度 Q 是指粗纱径向单位长度内的卷绕层数，一般以"层/cm"表示。Q 值可用粗纱实际卷绕层数 X(＝铁炮皮带移动总量 a/铁炮皮带每次移动量 b)与粗纱实际卷绕厚度 Y(＝满管半径 R－筒管半径 r)的比值来计算。

已知：TJFA458A 型粗纱机的铁炮皮带移动总量 a 取 70 cm，根据传动图可知，

$$b=\frac{1\times1\times36\times Z_4\times30}{2\times25\times62\times Z_5\times57}\times\pi\times(270+2.5)=5.2324\times\frac{Z_4}{Z_5}(\mathrm{mm})$$

$$X=\frac{a}{b}=\frac{70\times10\times Z_5}{5.2324\times Z_4}=133.78\times\frac{Z_5}{Z_4}$$

$$Y=\text{满管半径 }R-\text{筒管半径 }r=\frac{152-45}{2}=53.5(\mathrm{mm})$$

则：

$$Q=\frac{X}{Y}=25.006\times\frac{Z_5}{Z_4}(\text{层}/\mathrm{cm})$$

$$\text{粗纱每层平均厚度}=1/Q=0.4\times\frac{Z_4}{Z_5}(\mathrm{mm}/\text{层})$$

(2) 筒管径向卷绕密度 Q 的经验公式

根据生产实践，筒管径向卷绕密度的经验公式为：

$$Q=(5\sim6)\times P$$

(3) 确定成形变换齿轮的实例

若纺纯棉普梳纱，粗纱的线密度为 580 tex，试确定 TJFA458A 的成形变换齿轮 Z_5/Z_4。

解 第一步，根据经验公式，计算筒管径向卷绕密度 Q

$$Q=6P=6\times3.61=21.66(\text{层}/\mathrm{cm})$$

第二步，选择成形齿轮 $Z_4=30^{\mathrm{T}}$，则另一成形齿轮

$$Z_5=\frac{Q\times Z_4}{25.006}=\frac{21.66\times30}{25.006}=25.986\text{，取 }Z_5=26^{\mathrm{T}}$$

第三步，试纺，若粗纱在一落纱中大纱时的粗纱张力正常，说明粗纱成形齿轮选择合理；若大纱时的粗纱张力不正常，就要进行调整，具体调节方法见下节。

6. 产量计算

(1) 理论产量 $G_{\text{理}}$

$$G_{理}[\text{kg}/(锭 \cdot \text{h})] = \pi \times d_{前} \times n_{前} \times N_t \times 60 \times 10^{-9}$$

或

$$G_{理}[\text{kg}/(锭 \cdot \text{h})] = \pi \times d_{前} \times n_{前} \times N_t \times 60 \times a \times 10^{-9}$$

式中：$d_{前}$为前罗拉直径(mm)；$n_{前}$为前罗拉转速(r/min)；a 为每台锭数(表7-1)；N_t为粗纱线密度(tex)。

(2) 定额产量 $G_{定}$

$$G_{定}[\text{kg}/(锭 \cdot \text{h})] = G_{理} \times 时间效率$$

粗纱机的时间效率一般为 80%～90%。

二、无铁炮粗纱机的传动与工艺计算

(一) 有差动装置的无铁炮粗纱机

有差动装置的无铁炮粗纱机有许多机型，如 FA425、FA426、FA481 等，其传动系统见图 7-33。这类粗纱机的工艺计算与 TJFA458A 相似，因为没有成形装置，所以没有成形齿轮的计算，其成形功能是通过变速电机 M_2、CCD 传感器、控制单元 UC 等机电一体化系统来完成的。

(二) 无差动装置的无铁炮粗纱机(以 FA492 型粗纱机为例)

国产无差动装置的无铁炮粗纱机主要有 FA491、FA492、FA493/FA494、HY491、HY492、HY493 等型号，现以 FA492 型粗纱机为例，其传动系统见图 7-34，传动图见图 7-38，其工艺计算更为简单，只有牵伸部分的变换齿轮计算，其余都通过触摸屏进行调整。

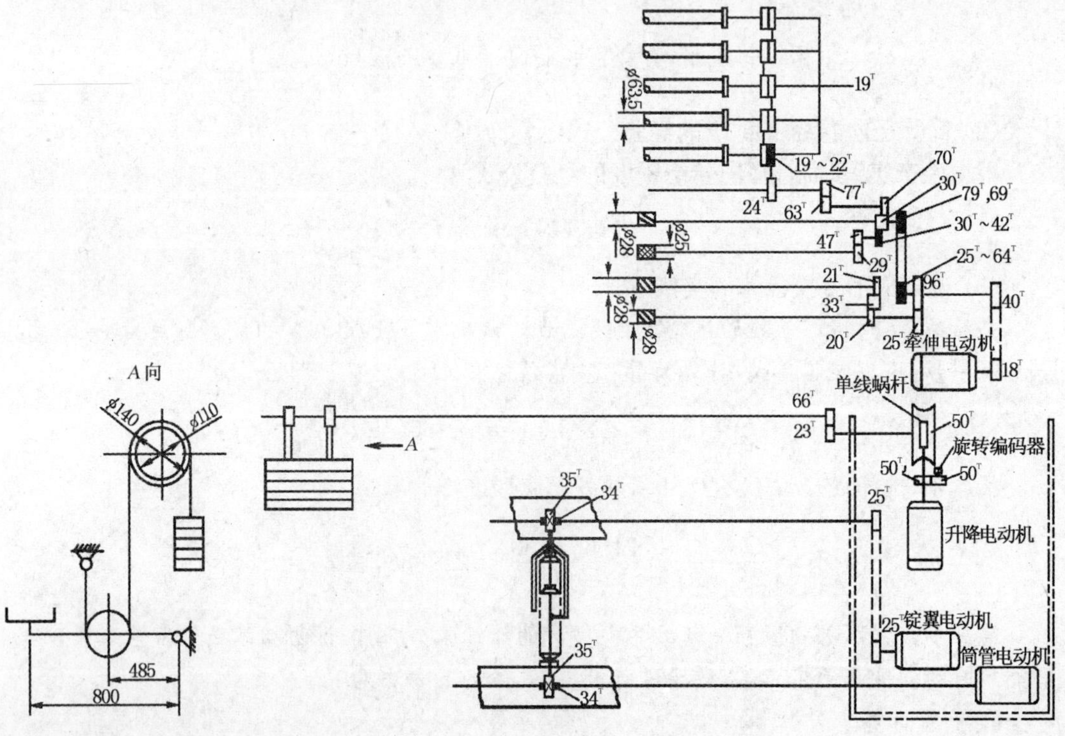

图 7-38　FA492 型粗纱机传动图

1. 牵伸倍数

(1) 总牵伸倍数

$$E = \frac{96 \times Z_6 \times \pi \times d_{前}}{25 \times Z_7 \times \pi \times d_{后}} = 3.84 \times \frac{Z_6}{Z_7}$$

式中：Z_6为总牵伸阶段变换齿轮的齿数，有 69 和 79 两种；Z_7为总牵伸变换齿轮的齿数，有 25～64 数种；$d_{前}$为前罗拉直径(28 mm)；$d_{后}$为后罗拉直径(28 mm)。

(2) 后区牵伸倍数

$$E_{后} = \frac{31 \times 47 \times \pi \times d_{中}}{Z_8 \times 29 \times \pi \times d_{后}} = \frac{48.8059}{Z_8}$$

式中：Z_8为后牵伸变换齿轮的齿数，有 32～46 数种；$d_{中}$为中罗拉直径($d_{中}=25+2\times1.1=27.2$ mm)；$d_{后}$为后罗拉直径(28 mm)。

2. 其余参数调整

锭翼速度、捻度、卷绕成形、粗纱张力等工艺参数均通过触摸屏进行调整。

3. 触摸屏的功能简介

FA492 型粗纱机的触摸屏基本操作界面简图如图 7-39 所示，整个显示界面在布局上分为六个区域。

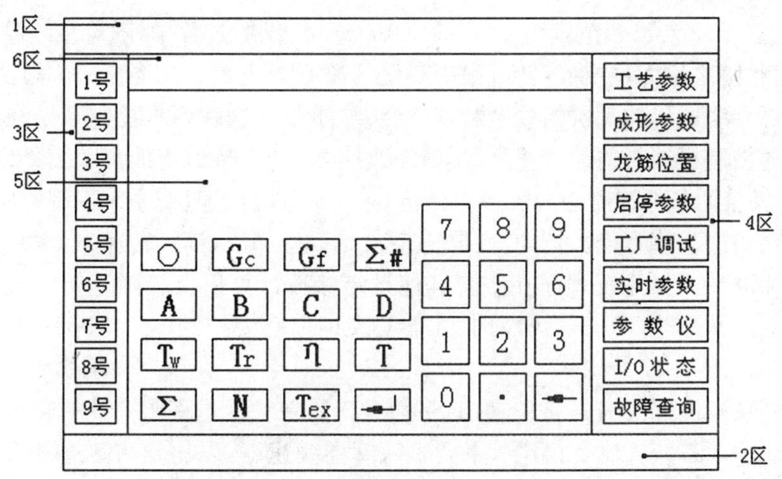

图 7-39 FA492 型粗纱机触摸屏基本操作界面简图

(1) 触摸屏基本操作界面六个区域的作用

1 区：信息提示区，用于设定输入和符号说明。在参数设定时，提示设定参数的值域范围，对于用字母或符号表示的参数，提示该参数表示的内容或表示的意义。

2 区：信息说明区，用于设定输入错误及故障等信息说明。在参数设定时，当输入的数值超出该参数的设定值域范围时，提示数据输入错误信息；当出现故障时(如断纱、断条、光电保护、变频器故障等)，显示故障类型。

3 区：特殊功能区，包括设定密码、工艺存取、参数保存、修改密码、伸长率测试、时钟等功能。

4 区：基本功能区，包括九组基本功能，被选中基本功能的内容在主操作显示区内显示。

5 区：主操作显示区，显示基本功能的内容，完成基本功能下的各个子功能的内容在主操作显示区内显示。

6 区：主操作显示区的标题。

其中 1 区、2 区、6 区为非操作区，仅显示相应的信息；3 区、4 区、5 区为可操作区，用手轻触显示图标，就可以进行显示内容的更换、参数设定等操作。

(2) 特殊功能区简介

特殊功能区(3 区)中，1 号位置，是否允许修改参数及点动操作的密码开关；2 号位置，存储系统正在运行的工艺参数；3 号位置，修改系统时间；4 号位置，参数存储；5 号位置，将系统保存的工艺参数取出；6 号位置，对选中的参数提示其含义或数值；7 号位置，修改密码；8 号位置，粗纱伸长率测试操作；9 号位置，交换参数说明和出厂调试的密码开关。

(3) 基本功能区简介

基本功能区(即 4 区)有九组基本功能，在此仅对工艺参数、成形参数、龙筋位置、启停参数等四组功能进行简介：

① 工艺参数设定。在该界面内共有七个可修改参数，即锭翼转速、满纱转速、牵伸系数、粗纱捻度、筒管系数、特征系数、降速修正。

锭翼转速(*N*dy)：设置范围为 100～1 500 r/min。在系统控制中以该速度为主，实现纺纱速度和纺纱工艺控制。

满纱转速(*N*csp)：设置范围为 100～1 500 r/min。纺纱过程中，随着粗纱卷绕层数的增加，筒管的直径随之增大，卷绕旋转过程中产生的离心力也增大。当离心力过大时，会将粗纱筒管上已经卷绕成形的表层粗纱甩断，影响纺纱质量。这就要求控制系统在卷绕直径达到一定范围时控制粗纱机的纺纱速度，实施降速纺纱，以保持恒定的离心力纺纱，提高粗纱质量。*N*csp 就是为了保持离心力恒定，纺纱降速到满纱时的速度，系统控制程序用 *N*csp 计算实施降速纺纱的卷绕直径。例如：锭翼转速为 1 500 r/min，满纱转速为 1 000 r/min，满纱卷绕直径为 150 mm，则系统程序在结合其他设定参数计算出实施降速纺纱时的卷绕直径为 83.3 mm(注：只有当 *N*csp＜*N*dy 时，才能实现恒离心力控制；若 *N*csp＝*N*dy，则不能实施恒离心力控制)。

牵伸系数(ρ)：设置范围为 0.9～1.1。ρ 的含义是在纺纱过程中前罗拉输出的粗纱至锭翼之间的伸长率。系统控制程序用 ρ 来调整筒管卷绕速度，以达到纺纱过程中实时调节纺纱张力的目的。

粗纱捻度(T)：设置范围为 20～100 捻/m。

筒管系数(σ)：工艺要求设置为 0.7。当系统控制程序在计算卷绕直径时，第一层纱的直径就出现误差，σ 就是用来修正第一层纱管的卷绕直径的。

特征系数：设置范围为 0.3～0.8。特征系数具有在线调节功能，达到纺纱过程中实时调节纺纱张力的目的。

降速修正：设置范围为 0～0.01。当 *N*csp＜*N*dy 时，实现恒离心力控制，此时降速修正系数对每层厚度的修正。

② 成形参数设定。在该界面内共有六个可修改参数，即成形长度、成形外径、成形角度、卷绕密度、筒管直径、每层厚度。

成形长度：设置范围为 200～400 mm。龙筋的最大升降高度也是粗纱卷装的长度，一般取 400 mm。

成形外径:设置范围为 145～152 mm。粗纱的最大直径一般取 152 mm。

成形角度:设置范围为 25°～50°。角度大,卷装容量大,但易塌肩,一般成形角度取 40°～45°。

卷绕密度:设置范围为 1～10 层/cm。决定筒管轴向卷绕密度。

筒管直径:设置范围为 42～48 mm。具有在线调节功能,达到纺纱过程中实时调节纺纱张力的目的。

每层厚度:设置范围为 0.2～1.0 mm。具有在线调节功能,达到纺纱过程中实时调节纺纱张力的目的。

③ 龙筋位置设定。在该界面内共有六个可修改参数,即插管位置、生头位置、停车位置、上升校正、下降校正、换向禁停。

插管位置:设置范围为 10～100 mm。落纱后,龙筋上升到便于插管的位置。

生头位置:设置范围为 10～120 mm。满纱后,龙筋上升使筒管上的皮圈与压掌水平,便于生头开车。

停车位置:设置范围为 50～350 mm。纺纱过程中满纱定长、定位停车位置,控制程序以该值为基准,在定长满纱前控制龙筋的换向。

上升校正:设置范围为 0～80 mm。龙筋上升过程中位置传感器的校正值。

下降校正:设置范围为 0～80 mm。龙筋下降过程中位置传感器的校正值。

换向禁停:设置范围为 10～100 mm。为防止停车冒纱现象,当龙筋运行到该区域时,即使断纱、断条,也不能停车。

④ 启停参数设定。在该界面内共有六个可修改参数,即升速时间、降速时间、启动调节、停车调节、点动调节、生头速度。

升速时间:设置范围为 2～20 s。粗纱机升速到设定锭翼转速所用的时间。

降速时间:设置范围为 2～20 s。粗纱机停车所用的时间。

启动调节:设置范围为 80%～120%。在多数情况下,该值大于 100%。该参数影响罗拉电机的升速速度,其作用是通过微调罗拉电机的升速速度来调整罗拉电机的升速过程,从而控制粗纱机升速过程中的张力,达到粗纱机慢速启动的目的。若启动时张力过大,则在 100%～120%范围内增大启动调节的数值;反之则相反。

停车调节:设置范围为 80%～120%。在多数情况下,该值大于 100%。该参数影响罗拉电机的降速速度,其作用是通过微调罗拉电机的降速速度来调整罗拉电机的降速过程,从而控制粗纱机降速过程中的张力,达到粗纱机防细节的目的。若停车时张力过大,则在 80%～100%范围内增大停车调节的数值;反之则相反。

点动调节:设置范围为 80%～120%。在多数情况下,该值大于 100%。该参数影响罗拉电机的速度,其作用是通过微调罗拉电机的速度,从而控制粗纱机在点动运行过程中的张力。若点动时张力过大,则在 80%～100%范围内增大点车调节的数值;反之则相反。

生头速度:设置范围为 800～1 500 r/min。该参数是指纺第一层粗纱时的锭翼转速。如果生头速度小于设定锭翼转速,则锭翼转速在初始卷绕时每层增加一个值,直到第五层时达到设定锭翼转速。

第五节 粗纱综合技术讨论

一、粗纱伸长率与张力调整

（一）粗纱伸长率

1. 粗纱伸长率的基本概念

当纱条所受的张力较大时，纱条会因内部纤维间的相对位移而产生伸长，其伸长程度可用伸长率 ε 表示：

$$\varepsilon=\frac{L_1-L_2}{L_2}\times 100\%$$

式中：L_1为筒管卷绕的实测长度；L_2为前罗拉输出的计算长度。

由于纺纱段（前罗拉至锭翼顶孔之间的纱条）是纱条的形成区，捻度小且不稳定，虽然纺纱段的张力最小，但最容易伸长。因此，习惯上把该段纱条的张力称为粗纱张力。粗纱张力的微小变化都会影响到伸长的大小，从而影响粗纱的重量不匀和条干不匀，所以纺纱时要求粗纱张力保持适当大小，既不破坏输出须条的均匀度，又要保证足够的卷绕密度。

2. 粗纱张力与伸长率的关系

粗纱张力可以通过目测观察纺纱段来确定，纱条张紧则张力大，纱条松弛则张力小。目测观察仅可定性分析而不能定量分析，故生产中可以用伸长率来间接地反映粗纱张力的大小。影响粗纱张力变化和伸长率变化关系的因素有原料、纺纱品种、锭翼结构与材料、是否采用假捻器及假捻器的结构与材料、机器断面尺寸、卷绕尺寸、工艺速度、车间温湿度等。在采用一定假捻方式和车间温湿度正常的情况下，可以用粗纱伸长率作为检测粗纱张力的间接方法。此时，伸长率应控制在1.5%～2.5%范围内，最大不宜超过3%，伸长率差异应控制在1.5%以内。

（二）有铁炮粗纱机粗纱张力的调整（以TJFA458A型粗纱机为例）

1. 一般情况下的调整

在一般情况下，当目测纺纱段张力过小或过大或测试伸长率超过规定范围时，必须进行粗纱张力调整。

（1）小纱张力的调整

铁炮皮带的起始位置影响小纱张力。

① 当小纱张力过大（伸长率过大）时，将铁炮皮带的起始位置向主动铁炮的小端移动，筒管卷绕速度减慢，粗纱的小纱张力可以减小。

② 当小纱张力过小（伸长率过小）时，将铁炮皮带的起始位置向主动铁炮的大端移动，筒管卷绕速度增加，粗纱的小纱张力可以增大。若此时移动铁炮皮带的起始位置仍达不到要求，可调节卷绕齿轮 Z_{12}，Z_{12}的齿数增加，粗纱张力增大；Z_{12}的齿数减少，粗纱张力减小。

（2）大纱张力的调整

成形装置上的成形齿轮（张力齿轮）齿数 Z_4/Z_5的比值影响大纱张力。

① 当大纱张力过大(伸长率过大)时,减少成形齿轮 Z_5 的齿数(或增大 Z_4 的齿数),铁炮皮带每次移动量增大,粗纱的大纱张力可以减小。

② 当大纱张力过小(伸长率过小)时,增加成形齿轮 Z_5 的齿数(或减少 Z_4 的齿数),铁炮皮带每次移动量减小,粗纱的大纱张力可以增大。

(3) 中纱张力

当小纱、大纱张力调整适当后,一般中纱张力也合适。只有铁炮曲线修正不合理,致使铁炮中部皮带滑溜率大或粗纱直径逐层增量不等时,中纱张力才可能超出规定范围,此时可采用张力补偿装置来改善中纱张力。

对于 TJFA458A 型粗纱机的圆盘式张力补偿装置,当粗纱张力过大,即粗纱伸长率过大时,调节滑块使绞轮半径增大,因每次换向后圆盘旋转的角度相等,所以绞轮释放出来的钢丝绳长度增加,从而降低下铁炮速度,即降低筒管速度,最终减小粗纱张力;若粗纱张力过小,则调节方向相反。详细内容参见本章第二节的"粗纱机辅助机构"。

2. 改善粗纱伸长率过大的其他措施

(1) 由锭速提高引起的粗纱伸长率过大

这是因为前罗拉至锭翼顶端一段的粗纱抖动剧烈造成的。此时可适当增加粗纱捻系数,增大粗纱强力,使粗纱伸长率减小。

(2) 温度偏高、湿度偏大引起的粗纱伸长率过大

这是因为锭翼顶端及压掌处的摩擦阻力增大,引起卷绕张力及锭翼空心臂内纱条张力增大所造成的。此时,可以减少锭翼顶端、压掌处的粗纱卷绕圈数,以减小这两段纱条上的张力。如仍达不到要求,也可以适当增加粗纱的捻度,增大粗纱强力,以减小粗纱的伸长率。不过,采取适当增加粗纱捻度的措施时,要求细纱机的牵伸装置必须有足够的压力,以防牵伸不开、出硬头。

3. 减少粗纱伸长率差异的措施

(1) 台与台之间的伸长率差异

这是因为车间温湿度不均匀、机台间工艺混乱造成的。因此,各机台的变换齿轮的齿数应该统一,铁炮皮带的松紧程度应力求一致,以减少台与台之间的粗纱伸长率差异。

(2) 前后排之间的伸长率差异

这是因为前排锭翼顶端至前罗拉的距离大于后排,前排粗纱的抖动及捻陷现象比较严重,造成前排粗纱的伸长率比后排大。此时,可采取以下措施:

①前排粗纱在锭翼的顶孔绕 3/4 圈或在压掌上绕 3 圈,后排粗纱在锭翼的顶孔绕 1/4 圈或在压掌上绕 2 圈,这样可使得前排粗纱的卷绕张力增加,纺纱张力减小,而后排粗纱的卷绕张力减小,纺纱张力增加。

②后排条筒的棉条意外牵伸大,供应后排锭子;前排条筒的棉条意外牵伸小,供应前排锭子。

③调整前后排假捻器规格,前排假捻器的槽齿数应该比后排假捻器多,以减小前排粗纱的伸长率。

(3) 锭与锭之间的伸长率差异

这种差异主要是锭子、锭翼、筒管的不正常而引起的。此时,应加强对锭子、锭翼的检修与保养工作。

(三)无铁炮粗纱机的张力调整

(1)带有CCD系统的粗纱机

由CCD传感器检测粗纱张力变化的信号,再通过工业控制计算机与PLC控制变频伺服电机进行自动调节,以控制粗纱张力。

(2)无CCD系统的粗纱机(或CCD关闭时)

可以分阶段设置粗纱卷绕张力,以调整筒管电机的卷绕速度,达到控制粗纱张力的目的。

二、粗纱疵点成因及解决方法

粗纱疵点主要有粗纱重量不符合标准、条干不匀、松烂纱、脱肩、冒头冒脚、整台粗纱卷绕过松或过紧等,其成因及解决方法见表7-5。

表7-5 粗纱疵点成因及解决方法

疵点名称	疵点成因	解决方法
粗纱重量不符合标准	喂入熟条重量不正确 牵伸变换齿轮齿数调错	控制熟条重量,加强管理 加强变换齿轮的管理检查
条干不匀	罗拉加压失效、隔距不当、弯曲偏心 皮辊中凹、表面损坏、回转不灵 牵伸传动部件不正常、部分牵伸配置不当 粗纱捻度不当 车间相对湿度偏小	工艺设计合理 加强牵伸部件检修 防止意外牵伸 控制车间温湿度
松烂纱	原料抱合力差 卷绕张力过小 粗纱捻度过小	正确选配原料 增加卷绕密度和卷绕张力 适当加大捻系数
脱肩	成形角度齿轮配置不当 换向机构失灵,成形机构部件配合不良 粗纱张力控制不当	正确调整成形角度齿轮(有铁炮粗纱机) 正确设置成形角度(无铁炮粗纱机) 加强换向、成形机构检修 稳定粗纱张力
冒头冒脚	锭翼或压掌高低不一 升降龙筋动程太长或偏高、偏低 锭翼、锭杆、筒管齿轮跳动	统一卷绕部件高度 保证锭翼、锭杆、筒管齿轮运转平稳 正确设计、调整升降龙筋动程

三、粗纱新技术发展概况

(一)新世纪国产粗纱机的技术进步

跨入21世纪以来,国产粗纱机的技术进步主要表现在四个方面。

1. 机电一体化水平大大提高

电气控制不再以PLC为主,而是以单片机或工业控制计算机(IPC)控制为主;不再以模拟控制的变频电机为主,而是以精度、响应度很高的数字控制伺服电机为主。

2. 质量水平稳定提高

传统粗纱机采用复杂的摆动、差动、换向、成形以及加捻、牵伸机构,转动惯量大,齿轮传动级数多,累计齿隙误差大,加上铁炮皮带的斜向运行与打滑,传动精度低。现代化的电脑粗纱机则采用多电机同步运行,IPC、PLC控制,精度、响应度大大提高。实践证明,电脑粗纱机生产的粗纱,其条干CV值在USTER 2001公报5%~25%水平内。

3. 速度水平整体提高

为提高锭翼速度，各纺机厂及锭翼专件厂做了大量的工作。专件厂将锭翼刚度加强，严格控制高速下的锭翼张量，同时改善锭翼臂的表面光洁度。各纺机厂则在提高机架、车面刚度及加工精度的同时，严格控制锭翼、锭杆、筒管的同心度与垂直度，更加强了对锭翼、筒管齿轮的润滑（或滴注或定时、定量、定位集中润滑），还改进了锭翼、筒管的驱动系统。有的国产粗纱机（如 FA491、FA492、FA493/FA494 等型号）的锭翼轴由锭翼电机通过一级同步齿形带传动，筒管轴则由筒管电机直接传动，省去了摆动装置，筒管电机随升降龙筋同步升降。有的粗纱机还采用圆弧形齿形带，提高了传动精度。目前，国产粗纱机锭翼的最高机械速度可达 1 800 r/min，最高纺纱速度可达 1 500 r/min，接近世界一流粗纱机的水平。

4. 全自动集体落纱从无到有

国产粗纱机的全自动集体落纱装置已由天津宏大公司研制成功，实现了零的突破，如 JWF1418 型粗纱机。

这四个方面的进步标志着国产粗纱机的技术水平在机电一体化和机械制造加工精度方面实现了跨越式发展。

（二）电脑粗纱机

由计算机控制的多电机同步运行的粗纱机称为电脑粗纱机。根据同步运行电机数量的多少，国产粗纱机现有二轴同步、三轴同步、四轴同步、七轴同步等多种形式。

1. 四轴同步控制运行

四轴同步控制运行的电脑粗纱机，实际上就是本章第二节所述的无差动装置的无铁炮粗纱机之类。属于这种类型的粗纱机型号有天津宏大的 FA491、FA492、JWF1418，无锡宏源的 HY492，石家庄河北太行的 FA467、FA468，青岛环球的 FA493/FA494，安徽华威的 FA415、FA416，马佐里（东台）的 FT1 型。这些粗纱机的共同特点如下：

① 取消了传统的铁炮、成形装置、摆动装置、差动装置、换向机构等复杂机构；

② 四台电机分别单独传动锭翼、罗拉、筒管、升降龙筋，其传动电机为变频电机或伺服电机，所谓的四轴同步也是基于此；

③ 电气控制系统为工业控制计算机 IPC（或单片机）、PLC 数字化控制系统，控制精度和响应度高；

④ IPC（或单片机）、PLC 通过数学模型进行纺纱质量控制，适应性高；

⑤ 旋转编码器反馈各电机的实时速度，IPC（或单片机）、PLC 对各电机进行控制，使之同步运行，并控制各电机在开、关车时仍能同步运行。

由于电脑粗纱机具有以上特点，所以开关车时各传动电机的同步运行本身已具有防细节功能，不需要再设置防细节装置，粗纱机频繁点动也不影响纺纱质量，电气控制系统能方便地设定防冒塌肩措施，粗纱机能进行优质（恒张力）、高效（恒离心力）纺纱，能定长落纱、定位、定向自停，方便细纱挡车工操作。

2. 七轴同步控制运行

无锡宏源 HY493 型粗纱机属于此类型，其特点是用七台电机分别单独传动锭翼、筒管、升降龙筋、导条辊、牵伸罗拉（前、中、后罗拉由三台电机分别传动），在四轴同步传动的基础上去除了牵伸变换齿轮，牵伸倍数由电机无级调节。

3. 恒张力纺纱

由棉纺粗纱机的筒管卷绕成形原理可知：

$$n_b = n_s + \frac{V_F}{\pi D_x} = n_s + \frac{V_F}{\pi(D_0 + 2tx)}$$

式中：n_b为筒管的回转速度(r/min)；n_s为锭翼的回转速度(r/min)；V_F为单位时间内前罗拉输出纱条的长度(mm/min)；D_x为管纱的卷绕直径(mm)；D_0为空筒管直径(mm)；t为粗纱厚度(mm)；x为粗纱的卷绕层数(mm)。

若单位时间内,筒管的卷绕长度恒等于前罗拉输出长度,称为恒张力纺纱。各纺织机械制造厂根据这个基本原理,自主开发了各自的数学模型,由张力传感器检测、IPC控制、PLC执行、最后通过电机变速,即可达到比铁炮变速传动更加准确、稳定的纺纱条件,实现恒张力纺纱。

在电脑粗纱机上,筒管卷绕电机和龙筋升降电机的旋转编码器将电机的实时速度反馈,IPC以中断方式记录其信号脉冲数(记数精确),经与数学模型比较后发出命令,PLC通过伺服或变频驱动,受控的变速电机按要求实时调整运行速度,由小纱至大纱完成恒张力纺纱,反映在纺纱质量上,就是大小纱的伸长率较小,且差异不大,数值较稳定。

4. 恒离心力纺纱

恒离心力纺纱的目的是挖掘高速粗纱机的潜力,提高生产率。因传统粗纱机的速度较低,不涉及这个问题,所以无论筒管卷绕直径的大小,始终以一种锭翼速度纺纱。但高速后情况就不同了,必须使筒管卷绕的最外层粗纱的断裂强力大于高速回转时的离心力。

在电脑粗纱机上,传动锭翼、前罗拉以及筒管卷绕的电机均采用上述检测通讯方式受IPC、PLC的控制,按各纺织机械厂自定的数学模型进行纺纱,以获得较高的生产效率,所以电脑粗纱机小纱时常以最高纺纱速度运转,到大纱时降速运转,使整个一落纱过程中外层粗纱的离心力基本一致,达到恒离心力纺纱的目的,保证了粗纱的质量。

有研究表明,恒离心力纺纱的提法,一是不够严谨、不够准确;二是按恒离心力的要求进行调控还不太合理,比较合理的办法是"限离心力"调速;三是调低锭速并不是减小离心张力的唯一办法,甚至提出尝试翼导的方法来解决。所有这些都有待于进一步深入研究和探讨,并加以实践证明。

5. 粗纱定长落纱与全自动集体落纱

(1) 粗纱定长落纱

粗纱定长落纱的目的,一是方便细纱挡车工的宝塔分段,二是可减少筒管上的粗纱尾纱及捋筒管。电脑粗纱机可采用较精确的检测通讯记录粗纱的卷绕层数,规定粗纱两端的成形角度,计算机可按设定的纺纱长度发出落纱指令。一般电脑粗纱机在接近设定的落纱长度前已开始控制,使实际的纺纱长度非常接近设定长度,尽量提高控制精度。

(2) 全自动集体落纱

全自动集体落纱可以减少劳动强度,提高劳动生产率,减少用工,提高经济效益。

(三) CCD在线检测粗纱张力

所谓CCD,就是电荷耦合器件(英文Charge Couple Device的缩写)。CCD具有光电转换、信息处理、数据存储、逻辑运算等功能,主要用于图像传感器、信息处理和存储等。

1. CCD图像传感器在线检测粗纱纺纱段张力的原理

(1) 粗纱纺纱段张力

CCD图像传感器在线跟踪检测粗纱纺纱段张力，精度为0.1 mm，根据纺纱段的抖动状况进行闭环反馈控制，其检测原理见图7-40。图中，A是前罗拉输出点，B是假捻器切入点，AB为粗纱的悬跨段，L是跨度，C是粗纱跨度的中点，h是中点垂度($h=CD$)，T_B为粗纱在B点的纺纱张力。根据有关资料可知：

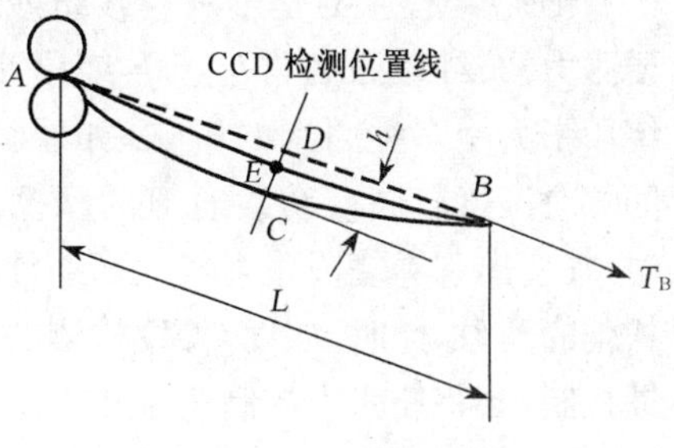

图7-40　CCD在线检测粗纱张力原理图

$$T_B = \frac{g \times \rho \times L^2}{8h} \times 10^{-4}$$

式中：g为重力加速度(9.8 m/s^2)；ρ为粗纱定量(g/m)；L为粗纱悬跨弦长(mm)；h为中点垂度(mm)；T_B为粗纱在B点的纺纱张力，也称悬跨张力。

上式是检测原理的关系式，也是CCD检测装置工作的基础和依据。在粗纱机机型确定后，L即为定值。因此，对于具体的纺纱过程来说，粗纱定量g是一定值，那么，T_B与h成反比，即$T_B=\frac{m}{h}$，m称为特征常数，具有唯一确定的数值。只要CCD检测装置能以足够的精度测出垂度h的值，输入特征常数m，就能很容易地根据上式测算出悬跨张力，也就能够调控悬跨张力T_B。

(2) 粗纱机纺纱段形态基准位置的设定

粗纱纺纱段的形态有三种可能的情况，如图7-40所示。

第一种情况：纺纱段挺直，并伴有剧烈抖动，表明此时的纺纱段张力过大，容易造成粗纱伸长率过大。如图中的ADB位置，此时纺纱段张力大，整个粗纱的伸长率也大。

第二种情况：纺纱段严重松弛，张力小且不稳定，加捻三角区过长且不稳定，甚至出现“麻花状”，表明此时的纺纱段张力过小。这是因为锭翼假捻器顶孔、侧孔、空心臂及压掌等部件与卷绕段粗纱的摩擦力过大，捻陷现象严重，卷绕段产生的捻回不易向纺纱段传递，使加捻三角区过长，纤维间的抱合力过小，从而导致粗纱伸长率过大且不稳定。如图中的ACB位置，此时纺纱段张力小，但整个粗纱的伸长率过大。

第三种情况：纺纱段紧而不直、没有振荡，略有下坠，却能使加捻三角区获得稳定的捻度，表明此时的纺纱段张力比较稳定。如图中的AEB位置，整个粗纱的伸长率比较稳定，波动小。

因此，粗纱机纺纱段形态基准位置的设定一般在AEB附近，即CCD传感器检测的基准位置在E点附近。至于E点具体在什么位置比较合理，必须通过试纺决定。

2. 粗纱纺纱张力自动检测调节系统

粗纱纺纱张力自动检测调节系统原理如图7-41所示。

3. CCD在线检测与控制粗纱张力时存在的缺陷

CCD在线检测与控制粗纱张力的基本依据是控制粗纱纺纱段的形态，实时控制粗纱伸长率的大小与稳定性，从而达到提高粗纱质量的最终目的。但真正影响粗纱伸长率大小的是卷绕段张力，卷绕段张力的大小却在CCD检测之外，所以CCD在线检测与控制粗纱张力时还存在以下缺陷：

① 卷绕段张力是影响粗纱纺纱质量的主要张力，纺纱段张力常小于卷绕段张力，而卷绕段张力受多种因素的影响，如原料变化、车间相对湿度较高或纺纱通道的摩擦系数增大时，常会出现卷绕段张力较大而纺纱段张力较松弛的现象，此时，如以 CCD 检测的信号来反馈控制，必将使张力控制产生较大的误差。

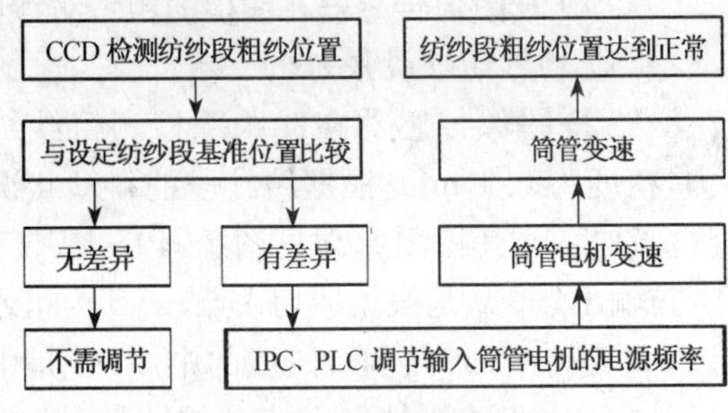

图 7-41 粗纱纺纱张力自动检测调节系统

② 卷绕段张力如果增大，纺纱段张力也随之增大，使得纺纱段成为无抖动、无垂度的直线，此时，CCD 失去在线跟踪检测和反馈的功能。

③ 悬跨张力只是卷绕张力的很小部分，而卷绕张力的大部分在 CCD 装置的检测范围之外，所以 CCD 不能对卷绕张力实施正确的测控，这是 CCD 检测装置最根本的原理性缺陷。

④ 如果喂入熟条的长片段不匀率较大，也将导致检测失误，所以，在提高棉卷正卷率、降低熟条重量不匀率及重量偏差的基础上，才能充分发挥 CCD 的在线检测作用。

⑤ CCD 的成本较高，120 锭的粗纱机上只安装 2～3 个 CCD 图像传感器，仅能实时检测 2～3 锭的纺纱段张力波动并反馈，其代表性不强。

综上所述，利用 CCD 在线检测装置控制粗纱张力，在使用时应注意以上几个方面的影响，因为卷绕段张力的大小是决定粗纱伸长率和粗纱筒管卷绕密度的决定因素，卷绕张力的在线检测与控制是卷绕过程控制的关键核心。只有开发出以卷绕张力为基准的测控技术，才有可能实现粗纱卷绕过程的精确控制，实现真正意义上的恒张力纺纱，最终达到提高粗纱质量的目的。

（四）电脑粗纱机的经济效益

1. 粗纱质量提高

传统粗纱机的传动机构复杂、多级齿轮啮合及铁炮皮带斜行打滑，造成累计误差大、控制精度低、响应度低等缺陷，故粗纱张力及伸长率的控制必须通过加装防细节装置、张力微调机构等进行弥补，且控制精度差。电脑粗纱机利用微机自控的闭环系统，借助多个合理的数学模型，能长期稳定地控制粗纱机进行恒张力纺纱，因此能够保证良好的粗纱质量。

2. 高产

与传统粗纱机相比，电脑粗纱机的高产主要体现在以下方面：

① 速度高。电脑粗纱机的纺纱锭翼速度，小纱时可达 1 400～1 500 r/min，大纱时约为 1 000 r/min，平均约 1 200 r/min，而传统粗纱机约 800～900 r/min、平均约 850 r/min，前者比后者高出约 40%。

② 效率高。电脑粗纱机可在合理的工艺状态下控制纺纱，粗纱断头少，即使有断头，也无飘头，相邻粗纱不会带断，不会出现双股粗纱。

③ 故障率低。电脑粗纱机用无触点式控制技术代替复杂的直接刚性摩擦接触，且微机控制系统具有自检功能，保证了运行的稳定性，因此故障率低，提高了运转效率和生产率。

3. 低消耗

① 定长落纱。便于细纱进行宝塔分段，减少剩余粗纱的浪费。

② 防冒防塌肩效果好。响应度、精度比机械控制高，无触点的电子控制不存在机件长期磨损以至于控制失灵，故粗纱冒头、冒脚、塌肩的事故少，原料消耗也少。

③ 断头少。粗纱回花少。

④ 机械磨损小。电脑粗纱机上，绝大多数齿轮被取消，传动上也多用齿形带或圆弧齿形带代替，齿轮所剩无几，机械式直接刚性接触的传动件少，磨损消耗随之减少，故障亦减少，生产车间的维修保养费用降低。

⑤ 变换齿轮少。四轴同步控制的电脑粗纱机取消了传统粗纱机上的捻度、升降、卷绕、成形等变换齿轮，七轴同步控制的电脑粗纱机在此基础上又取消了牵伸变换齿轮，变换齿轮少，不仅方便了车间生产管理，还减少了机器备件的数量与库存，降低了生产成本。

⑥ 占地与用工少。高产量、高效率可减少万锭配台数，易维护看管，可减少挡车与保全保养的员工数，同时减少占地面积。

本章学习重点

学习本章后，应重点掌握三大模块的知识点：

一、粗纱机的机构组成与工作原理模块

1. 粗纱机的工艺流程及主要技术特征。
2. 粗纱机主要机构的工作原理，如牵伸、加捻、卷绕成形、辅助机构等。
3. 粗纱机传动与自动控制的一般工作原理。

二、粗纱工艺设计原理

1. 粗纱牵伸工艺设计的内容与要点。
2. 粗纱捻系数选择的原则。

三、粗纱综合技术

1. 粗纱伸长率及其他质量指标与控制。
2. 粗纱疵点的产生与控制方法。
3. 粗纱新技术概况，如多电机传动的电脑粗纱机、CCD 的在线检测原理等。

复习与思考

一、基本概念

捻度　捻陷　假捻效应　粗纱伸长率　管导　翼导

二、基本原理

1. 试述粗纱工序的任务。
2. 试述粗纱机的主要机构与作用。
3. 三罗拉弹簧摆动销双短皮圈牵伸。装置由哪些机件组成？每个机件的作用是什么？
4. 双皮圈牵伸装置的下销呈阶梯形、中铁辊后移、前皮辊前移，各有什么用途？
5. 四罗拉双短皮圈牵伸和三罗拉双短皮圈牵伸有哪些异同？
6. 怎样进行前、后牵伸区的牵伸分配？什么情况下后区可采用较大的牵伸倍数？为什么？

7. 粗纱机的加捻卷绕机构有几种形式？各有什么特点？

8. 粗纱机的加捻作用是怎样实现的？捻度的变化对产量有什么影响？为什么？

9. 为什么说捻系数的大小能反映纱条的加捻程度？

10. 选用粗纱捻系数时应考虑哪些因素？怎样掌握？

11. 为了实现粗纱的卷绕成形，必须满足哪些条件？

12. 差动装置的作用是什么？摆动装置的作用是什么？

13. 成形装置的作用是什么？三种成形装置的主要区别在哪里？

14. 在 TJFA458A 型粗纱机上纺制干定量为 5.7 g/10 m 的纯棉粗纱，喂入熟条干定量为 20 g/5 m，若牵伸配合率为 1.02，试确定牵伸变换齿轮（Z_6、Z_7、Z_8）、捻度变换齿轮（Z_1、Z_2、Z_3）、成形变换齿轮（Z_4、Z_5）、升降变换齿轮（Z_9、Z_{10}、Z_{11}）。

15. 粗纱伸长率与粗纱张力有什么关系？粗纱伸长率能否充分反映粗纱张力？

16. 粗纱张力过大、过小对生产有哪些影响？

17. 在 TJFA458A 型粗纱机上生产的粗纱，若一落纱内大、中、小纱间的粗纱伸长率过大，应怎样调整？

18. 四轴同步粗纱机与七轴同步粗纱机的特点是什么？

19. 简述粗纱纺纱张力自动检测调节系统的原理。

基本技能训练与实践

训练项目 1：到工厂收集常用品种的粗纱样品，在实验室内进行工艺性能检测，写出综合分析报告。

训练项目 2：上网收集或到校外实训基地了解有关粗纱机，对各种类型的粗纱机进行技术分析。

训练项目 3：某棉纺厂在 TJFA458A 型、FA492 型粗纱机上生产纯棉 510 tex 粗纱，试确定相应的粗纱工艺。

第八章　细　纱

内容提要

本章简单介绍了细纱工序的主要任务和基本概况，详细地分析了国产典型细纱机的机构和各机构的作用及其工作原理，着重分析细纱机工艺及其对成纱质量的影响，还分析了细纱机的传动系统及主要工艺的计算，并讨论了提高细纱质量的技术措施，最后介绍细纱新技术和新设备。

第一节　细纱工序概述

一、细纱工序的任务

细纱工序是成纱的最后一道工序，其作用是将粗纱纺制成具有一定线密度和物理机械性能、符合质量标准的细纱，并卷绕成一定卷装，供制线、织造使用。细纱工序的主要任务是：

① 牵伸。将喂入的粗纱进一步均匀地抽长拉细到成纱所要求的线密度。

② 加捻。将牵伸后的须条加上适当的捻度，使细纱具有一定的强度、弹性、光泽和手感等物理机械性能。

③ 卷绕成形。将纺成的细纱按一定的成形要求卷绕在筒管上，便于运输、储存和后道工序的加工。

棉纺厂的生产规模大小是以细纱机总锭数表示的，细纱产量是决定棉纺厂各工序机器数量的依据，细纱工序的产质量水平以及原料、机物料和用电量等耗用指标、劳动生产率、设备完好率等反映了棉纺厂生产技术和管理水平的好坏。因此，细纱工序在棉纺厂中占有非常重要的地位。

二、细纱机的发展

1949 年以后，细纱机的发展很迅速，主要围绕增大牵伸倍数、优质、高速、大卷绕、自动化、扩大适纺纤维范围、通用性、系列化等方面进行。1954 年，我国开始自行制造了双短胶圈普通牵伸（14～20 倍）细纱机和单胶圈普通牵伸（12～18 倍）细纱机，满足了国内新建厂的需要。1956 年，我国研制了大牵伸细纱机，主要途径是增大后区或前区牵伸倍数，使细纱机的牵伸能力增大到 30～40 倍，如 1293 型细纱机。1972 年，研制成功 A512 型大牵伸细纱机。随着化纤原料的发展及通用性、系列化的需要，1974 年又研制成功 A513 型细纱机。A512 型和 A513 型细纱机的牵伸倍数较高且适应性广，结构稳固，机构新颖，自动化程度高。1980 年以来，在 A513 系列细纱机的基础上进行改进并设计了 FA501、FA502、……、FA509 等 FA 系列细纱机，在机器结构、传动、精度、通用性、适纺范围、自动化等方面有了进一步的提高。1990 年以后，细纱机在高锭速、大牵伸、变频调速、多电机、同步齿形带传动、电脑控制等方面取得了突破，如目前国内有代表性的 FA1508、EJM128K、EJM128KJL、TDM129、TDM139、TDM159 等新机型，整机锭数也得到了提高。目前，国产细纱机的最大锭数达 1 008 锭，可连自动络筒机、钢领板可适位停机复位开机、集体落纱、可编程控制运转过程、张力恒定、变频调速、节能、自动润滑等，细纱机的最大牵伸达 50～70 倍，最高锭速达 22 000～25 000 r/min。同时，研究开发了紧密纺纱、赛络纺纱、紧密赛络纺结合的纺纱技术，使传统环锭细纱技术实现了真正的飞跃。国产细纱机的主要型号和技术特征如表 8-1 所示。

表 8-1　国产细纱机的主要型号和技术特征

机型		FA506	FA507	EMJ128K	F1520SK	DTM139
适纺纤维长度(mm)		65 mm 以下的棉、化纤及混纺	65 mm 以下的棉、化纤及混纺	60 mm 以下的棉、化纤及混纺	60 mm 以下的棉、化纤及混纺	60 mm 以下的棉、化纤及混纺
锭距(mm)		70	70，75	70	70，75	70
每台锭数(锭)		384～516	384～516	384～516	384～1 008	396～1 008
牵伸形式		三罗拉长短胶圈				
牵伸倍数		10～50	10～50	10～50	10～60	10～70
罗拉直径(mm)		25	25，27	25，27	27	27
每节罗拉锭数		6	6	6	6	6
罗拉加压方式		弹簧摇架加压，气压摇架加压				
最大罗拉中心距(mm)	前～后	143	150	150	150	143
	前～中	43	43	43	43	43
钢领直径(mm)		35，38，42，45	35，38，42，45	35，38，42，45	35，38，42，45，57	35，38，42，45
升降动程(mm)		155，180，205	155，180，205	155，180，205	155，180，205	170，180，190，200
锭子型号		JWD32 系列光杆	D32 系列光杆	D32 系列光杆	JWD7111 铝套管	ZD4110EA 铝套管
锭速(r/min)		12 000～18 000	10 000～17 000	11 000～18 000	12 000～25 000	12 000～25 000
满纱最小气圈高度(mm)		85	75	75	95	95
锭带张力盘		单，双张力盘	单，双张力盘	单，双张力盘	单，双张力盘	单，双张力盘
捻向		Z，Z 或 S	Z，Z 或 S	Z，Z 或 S	Z，Z 或 S	Z，Z 或 S
粗纱卷装尺寸(mm)直径×长度		152×406	最大 152×406	最大 152×406	312×406	152×406
粗纱架		单层六列吊锭				
自动机构		PLC 控制，中途关机适位制动，中途落纱钢领板自动下降适位制动，满管钢领板自动下降适位制动，开机低速生头，开机前钢领板自动复位，落纱前自动接通落纱电源，工艺参数显示				比其他机型的自动机构多集体落纱自动翻导纱板和自动拔管落纱后自动开机

续 表

机型	FA506	FA507	EMJ128K	F1520SK	DTM139
新技术	可配变频调速,可配竹节纱装置,可配包芯纱装置			变频调速,集体落纱,锭子、罗拉、钢领板电动机分开传动,管纱成形智能化	变频调速,集体落纱,锭子、罗拉、钢领板电动机分开传动,管纱成形智能化,可配包芯纱装置
主要制造厂	中国纺机集团经纬股份有限公司榆次分公司	太平洋机电集团上海二纺机股份有限公司	太平洋机电集团上海二纺机股份有限公司	中国纺机集团经纬股份有限公司榆次分公司	马佐里(东台)纺机有限公司

三、细纱机的工艺过程

国产细纱机为双面多锭结构,一般每台 400 多锭,每锭为一个生产单元。现以 FA506 型细纱机为例说明细纱机的工艺过程,如图 8-1 所示。粗纱从吊锭 1 上的粗纱管 2 退绕下

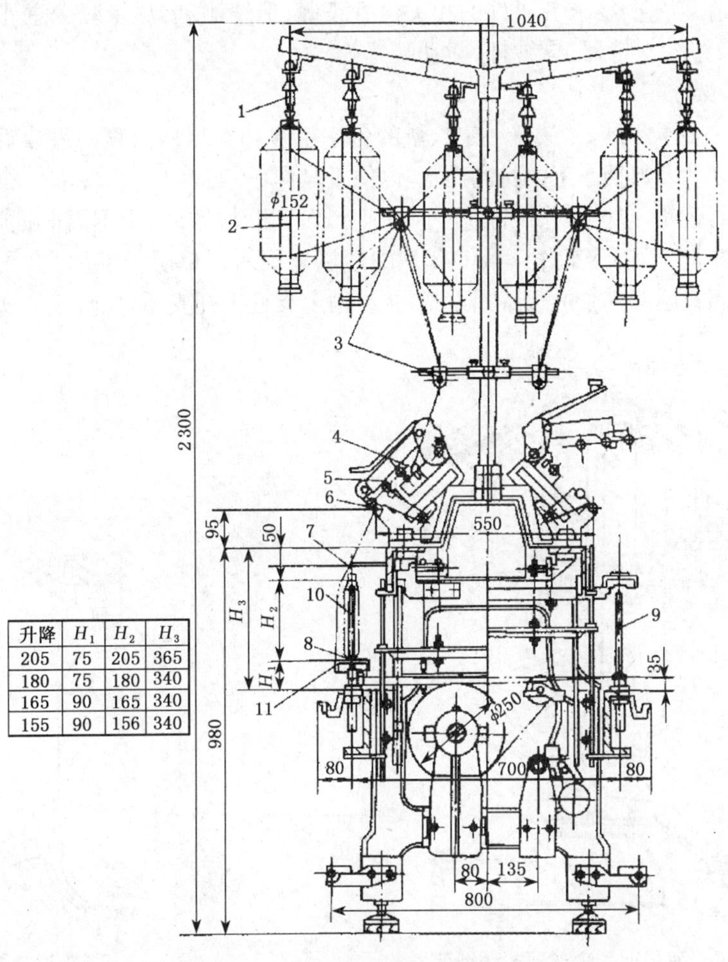

升降	H_1	H_2	H_3
205	75	205	365
180	75	180	340
165	90	165	340
155	90	156	340

图 8-1 FA506 型细纱机工艺过程

1—吊锭 2—粗纱管 3—导纱杆 4—横动导纱喇叭口 5—牵伸装置 6—前罗拉 7—导纱钩 8—钢丝圈 9—锭子 10—筒管 11—钢领板

来，经过导纱杆 3 及缓慢往复运动的横动导纱喇叭口 4，喂入牵伸装置 5 进行牵伸。牵伸后的须条由前罗拉 6 输出，经导纱钩 7 穿过钢丝圈 8，加捻后绕到紧套在锭子 9 上的筒管 10 上。锭子高速回转，通过张紧的纱条拖动钢丝圈沿钢领跑道高速回转，钢丝圈每转一转，给钢丝圈至前罗拉钳口间的纱条加上一个捻回。由于钢领对钢丝圈的摩擦阻力的作用，使钢丝圈的回转速度落后于纱管的回转速度，因而使前罗拉连续输出的纱条能够卷绕到筒管上。单位时间内钢丝圈与纱管的转速之差就是管纱的卷绕圈数。依靠成形机构的控制，使钢领板 11 按一定规律升降，保证卷绕成符合一定要求形状的管纱。

第二节 细纱机的机构

环锭细纱机主要由喂入机构、牵伸机构、加捻卷绕机构、成形机构及自动控制机构等组成。

一、喂入机构

喂入机构在工艺上要求各机件的相关位置正确、退绕顺利，尽量减少意外牵伸。喂入部分包括粗纱架、粗纱支持器、导纱杆、横动装置等。

(一) 粗纱架

粗纱架用来支承粗纱，并放置一定数量的备用粗纱和空粗纱筒管。粗纱架的高度应根据粗纱筒管的长度和多数挡车工的身高而定，以便于操作，一般为 1.8 m 左右。相邻满纱管间应留有足够的空间距离，以便操作，一般不小于 15 mm。粗纱从纱管上退解时回转要灵活，粗纱架应不易积飞花，便于清洁工作。FA506 型细纱机采用六列单层吊锭形式，见图 8-2。A513 系列细纱机采用双层四列伞形顶式粗纱架，粗纱由上支柱下托支承，如图 8-3 所示。

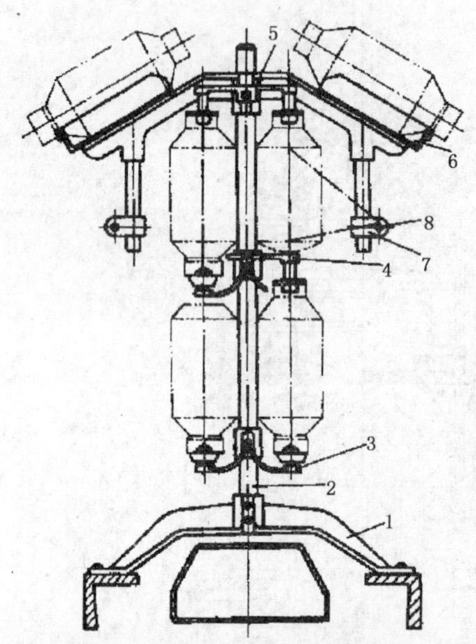

图 8-2　双层四列伞形顶式粗纱架

1—纱架柱座　2—纱架柱　3，4—粗纱托锭托架杆　5—车顶板托架　6—车顶板　7—导纱杆托架　8—导纱杆

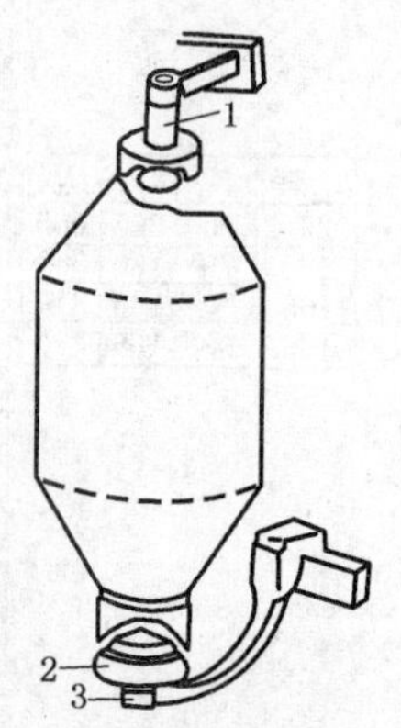

图 8-3　托锭支持器

1—支柱　2—塑料托　3—支持杆

（二）粗纱支持器

粗纱支持器应保证粗纱回转灵活，以防止粗纱退解时产生意外牵伸。目前使用的粗纱支持器有托锭和吊锭两种形式。

1. 托锭支持器

托锭支持器结构如图8-3所示。粗纱上端套在支柱1的外面，下端置于塑料托2上，塑料托2的内腔支承于支持杆3的头端。退绕时粗纱管可以灵活回转，意外牵伸小，换粗纱方便，但只适用于固定尺寸的粗纱管，当粗纱管尺寸改变时，需调节托锭架才能插放，且托锭下支架易缠绕粗纱头。

2. 吊锭支持器

吊锭支持器如图8-4所示。其特点是转动灵活，粗纱退绕张力均匀，意外伸长小，粗纱的装上和取下方便，适用于不同尺寸的粗纱管。但零件多，维修较麻烦，纺化纤时易脱圈。

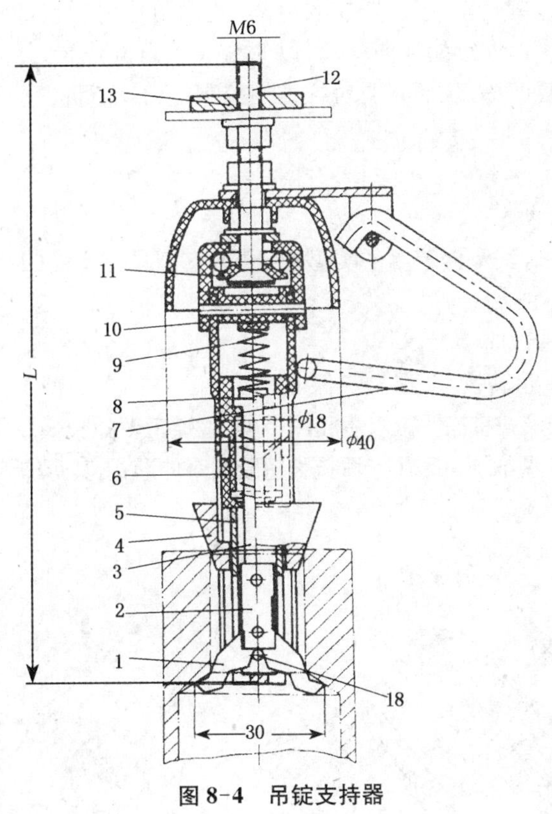

图8-4　吊锭支持器

1—支片　2—支片座　3—推杆　4—支撑圈　5—吊锭壳体　6—两齿撑牙圈
7—压掌　8—转位齿圈　9—弹簧　10—钢球碗　11—锥杯　12—螺钉　13—特种螺母

（三）导纱杆

导纱杆为表面镀铬的圆钢，直径为12 mm，用来引导粗纱喂入导纱喇叭口，使粗纱退绕均衡，以减小张力，防止意外牵伸。当粗纱从筒管上退绕时，需要克服筒管（粗纱）支持器以及导纱杆对纱条的摩擦力，从而使导纱杆至牵伸装置间的纱条上产生一定的张力 Q，如图8-5所示。

设导纱杆后面纱条上的张力为 P，则：

$$Q = P \times e^{\mu\theta}$$

式中：μ 为粗纱与导纱杆的摩擦系数；θ 为粗纱在导纱杆上的包围角（弧度）。

由上式可知，粗纱张力 Q 的大小取决于 P 和 θ 的大小。退绕下部粗纱时，θ 较大；退绕上部粗纱时，θ 较小。因此，退绕粗纱管的下部纱圈时，粗纱张力 Q 比退绕上部时纱圈大。所以，要求将导纱杆的位置调整到使粗纱张力 Q 在退绕纱管的下部和顶部纱圈时尽量接近。实际生产中，导纱杆的安装位置设在距粗纱卷装下端 1/3 处为宜。

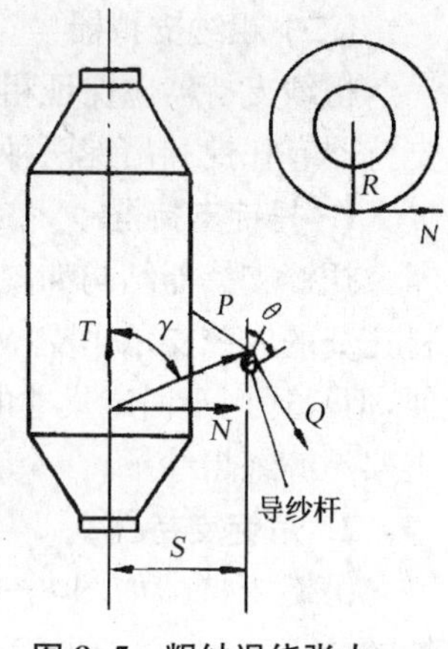

图 8-5 粗纱退绕张力

(四) 横动装置

横动装置装在罗拉座上，处于后罗拉的后部，其作用是引导粗纱喂入牵伸装置，并使粗纱在一定范围内做缓慢而连续的横向移动，以改变喂入点的位置，使胶辊表面磨损均匀，防止因磨损集中形成胶辊凹槽，从而减弱对纤维的控制能力，而且能延长胶辊的使用寿命。

二、牵伸机构

(一) 牵伸装置的种类

不同型号的细纱机，其牵伸装置的类型也不同，它们具有不同的结构、特点和牵伸能力，但都应满足下列要求：

① 有较高的牵伸能力；

② 结构简单，便于运转操作、保全与保养。

常见细纱机的牵伸形式有三罗拉双短胶圈牵伸、普通三罗拉长短胶圈牵伸及三罗拉长短胶圈 V 形牵伸等。FA506 型细纱机采用三罗拉长短胶圈牵伸形式，其牵伸装置结构如图 8-6 所示。

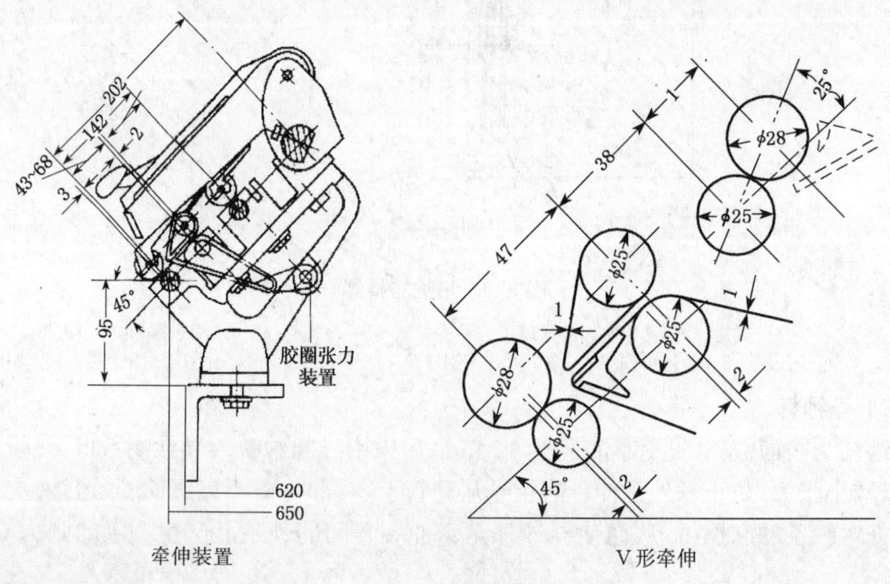

图 8-6 FA506 型细纱机牵伸装置

（二）牵伸装置的主要元件

1. 牵伸罗拉与罗拉轴承

牵伸罗拉是牵伸机构的重要部件，它和上罗拉组成罗拉钳口，握持纱条进行牵伸。对牵伸罗拉的要求是：

① 罗拉直径与所纺纤维长度、罗拉加压量、罗拉轴承形式相适应；

② 具有正确的沟槽齿形和符合规定的表面光洁度，以保证既能充分握持纤维又不损伤纤维；

③ 具有足够的扭转刚度和弯曲刚度，以保证正常工作；

④ 具有较高的制造精度，保证零件的互换性，并尽量减少甚至消除机械因素对牵伸不匀的影响；

⑤ 用20号钢渗碳淬火或45号钢高频淬火，要求表面硬度为HRC78～82，而中心层保持良好的韧性，达到既耐磨又能校正弯曲。

为此，对罗拉表面形状和接头有特殊的要求。

（1）沟槽罗拉

前、后两列罗拉一般为梯形等分斜沟槽罗拉，其断面如图8-7(a)所示。同档罗拉分别采用左右旋向沟槽，目的是使其与胶辊表面组成的钳口在任一瞬时至少有一点接触，形成对纤维连续均匀的握持钳口，并可防止胶辊快速回转时的跳动。沟槽底宽 b、沟槽角 a、沟槽深 h 都是相同的，当这三个参数一定时，齿顶宽 c 随节距 t 的变化而变化。齿顶是罗拉与胶辊的接触部位，其宽度最小允许值与胶辊材料、性能及胶辊负荷有关，太窄容易损伤胶辊和纤维，太宽则使握持力下降。

（2）滚花罗拉

中罗拉是传动胶圈的牵伸罗拉，一般采用菱形滚花罗拉，以保证罗拉对胶圈的确切传动。滚花罗拉的断面为等分夹角的轮齿形状，圆柱表面为均匀分布的菱形凸块，避免胶圈打滑，但菱形凸块(齿顶)不宜过尖，以免损伤胶圈。菱形滚花的形状如图8-7(b)所示。

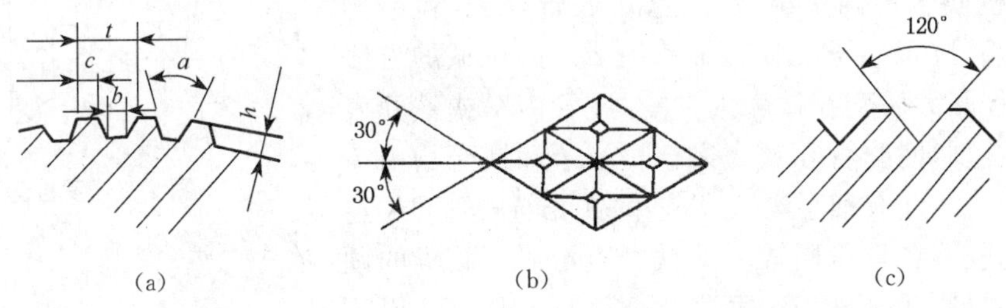

图8-7　罗拉断面齿形

（3）罗拉轴承

罗拉轴承有滑动轴承和滚动轴承两种。但滑动轴承在新机上已不采用。滚动轴承又分滚珠轴承和滚针轴承两种，能适应重加压的要求，有利于功率传递和减少罗拉扭振。滚针轴承的径向直径比滚珠轴承小，较适应罗拉直径与罗拉中心距的要求，为目前细纱机普遍采用。FA506型细纱机采用滚针轴承。

（4）高精度无机械波罗拉

与普通罗拉相比，高精度无机械波罗拉具有以下特点：

① 抗弯强度比常规罗拉提高 9.1%；

② 罗拉表面光滑，无毛刺，不挂花；

③ 两节罗拉镶接静态测试跳动≤0.05 mm，上机安装无需垫片；

④ 罗拉上机前无需预校调，可直接上机连接拧紧，不经校调，每锭打跳动 95%均在 0.02 mm范围内，最大不超过 0.05 mm；

⑤ 罗拉无机械波率达到 98%以上；

⑥ 机械波拉网检测，95%以上达到无机械波幅(平波幅)，最大不超过 5 mm；

⑦ 长期使用不走动，运转平稳，一致性好。

2. 罗拉座

罗拉座的作用是放置罗拉及摇架，两个罗拉座间的距离称为节距，每节内的锭子数为 6～8锭。FA506 型细纱机为每节 6 锭。罗拉座由两部分组成，即固定部分和活动部分，如图 8-8 所示。前罗拉搁置在固定部分 1 上，活动部分分别由两个或三个滑座组成。中罗拉搁置在滑座 2 内，后罗拉和横动导杆搁置在滑座 3 内。松动螺钉 4 和 5 可改变中、后罗拉座的位置，从而改变前、中罗拉和中、后罗拉的中心距。罗拉座与车面 7 相接触处的螺钉 6 可以用来调节罗拉座的前后、左右位置。罗拉座与水平面成一定的倾斜角度 α(简称罗拉座倾角)，其目的是减小须条在前罗拉上的包围弧，有利于捻回向上传递。同时，罗拉座倾角 α 的大小将影响挡车工操作是否方便，α 角一般为 45°。

罗拉座高度是指在前罗拉离地面高度已确定的情况下，前罗拉中心距车面 7 的高度尺寸，见图 8-8 中的 H。这一尺寸关系到清洁、保全、保养操作的方便与否，不宜过小，但也不能过大，以保证机面与龙筋间有适当空间。考虑上述两方面的要求，FA506 型细纱机的 H 为 95 mm。

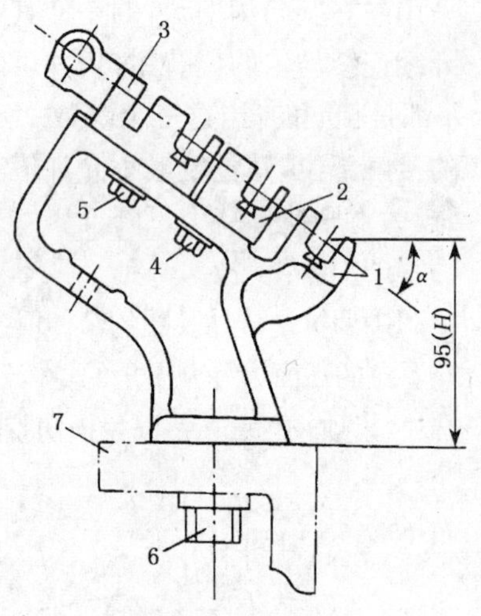

图 8-8 罗拉座

1—固定部分 2，3—滑座
4，5，6—螺钉 7—车面

3. 胶辊

细纱机胶辊每两锭组成一套，由胶辊铁壳、包覆物(丁腈胶管)、胶辊芯子及胶辊轴承组成。用机械的方法将胶管内径胀大后套在铁壳上，并在胶管内壁或铁壳表面涂上黏结剂，使胶管和铁壳黏牢。芯子和铁壳均由铸铁制成，铁壳表面有细小沟纹，以增强铁壳与胶管间的连接力，避免胶管在重压回转时从铁壳上滑脱。胶辊的硬度对纺纱质量的影响颇大，通常将硬度为邵氏 A72 以下的称为低硬度胶辊，A73～82 的称为中硬度胶辊，A82 以上的称为高硬度胶辊。

(1) 胶辊的工艺要求

① 丁腈包覆物要有适当的硬度，富有弹性，耐磨、耐油且耐老化。

② 胶辊的圆整度要好，丁腈橡胶分子结构要均匀，套差要小(常采用 0～2 mm)，防止变形偏心。同一副胶辊上左右两个胶辊的直径要一致，差异控制在 0.5 mm 以内，磨损、变形、偏心跳动等不允许超过公差范围，以减少机械因素对牵伸不匀的影响。

③ 胶辊表面要光洁、清爽，具有一定的吸放湿和抗静电性能，以减少牵伸过程中绕花现象。为此，胶辊要定期进行表面处理，如涂料或酸洗等。

④ 胶辊要定期保养磨砺。新胶辊的直径大、弹性好，适用于纺低线密度纱。胶辊逐次磨砺后，直径减小、弹性降低，可用于纺中、高线密度纱。胶辊使用一段时间后，因表面油污而发毛，容易黏附纤维，要结合揩车清洗并加油，以保持表面良好的工艺性能。

(2) 低硬度胶辊和双层胶辊

纺纱质量的不断提高对牵伸元件提出了更高的要求，低硬度胶辊和双层胶辊应运而生。

① 低硬度胶辊。俗称软弹性胶辊，一般硬度为邵氏 A65±(3～5)，表面处理用专用涂料涂层，具有硬度低、弹性高、变形小、纺纱性能好等特点，成纱条干 CV 值可降低 0.5%～1.5%，而且不需要重加压，有利于减少机械振动、磨损、电耗。

② 双层胶辊。双层胶辊继承了软胶辊的优点，消除了胶管和小铁辊运转中产生相对位移的弊病。细纱机所用双层胶辊目前有两种。一是金属衬双层胶辊，是在金属管(铝或铜)表面涂胶黏剂并复套丁腈橡胶管加压而成，或将胶料直接硫化在铝衬套上，然后利用金属的延展性与轴承芯壳紧紧配合套装成轴承胶辊。二是内硬外软双层胶辊，其内层由硬度为邵氏 A90 左右的硬胶管制成，厚度一般为 1～2 mm，起保护作用，而且因硬度较高、弹性小、变形小，选用小套差时可以直接套入铁壳，不用胶黏剂，牢固紧合，不致于使胶辊脱壳；外层用软弹性橡胶，具体硬度由使用厂决定；内外层中间用纱线作加强层；三者结合为一体，成为内硬外软双层胶辊。

4. 上罗拉轴承(胶辊轴承和胶圈罗拉轴承)

FA506 型细纱机采用 SL 系列胶辊轴承。SL 为胶辊轴承代号，基本结构为带有保持架的双列滚珠无外壳结构，采用叠片式双层密封，如图 8-9 所示。由于密封性能好，对纱线的污染少、相对摩擦小、回转灵活、转动平稳、加油周期长(一般半年至一年加油一次)、承载能力大，故适宜于高速度、重负荷。

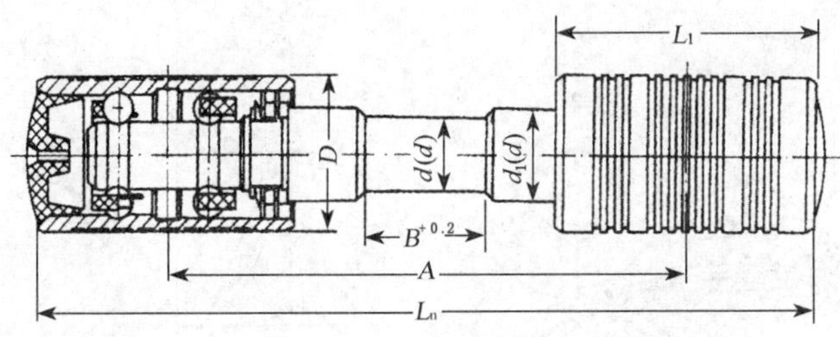

图 8-9　SL 系列胶辊轴承

5. 胶圈及控制元件

胶圈及其控制元件的作用主要是产生附加摩擦力界，加强对浮游纤维运动的控制，提高成纱质量以及细纱机的牵伸倍数。胶圈控制元件主要指胶圈支持器(上、下销)、钳口隔距块及胶圈张力装置等。下胶圈套在带滚花的中罗拉上，借助于下销支持及张力装置张紧；上胶圈套在中上罗拉(即小铁辊)上，借助弹簧摆动上销支持。一般上胶圈薄而下胶圈厚，上、下销构成扁形胶圈钳口，易于伸向前罗拉钳口附近，使自由区缩小。

(1) 胶圈

胶圈是控制纤维运动的主要部件之一，要求丁腈材料结构均匀、表面光洁、柔软、弹性好，无脱胶、露线、水纹和明显粗纹现象。胶圈内外光洁、圆整，切割面要平整，无外伤、龟裂，耐磨、耐油且耐老化，并具有一定的抗拉强度、导电性能及吸放湿性能，伸长要小，硬度一般为邵氏 A62～65。胶圈的内径、长度、宽度、厚度都要严格控制在规定的公差范围内。丁腈橡胶胶圈由三层结构黏合而成。

① 外层，是橡胶伸长层，纺纱时直接与纤维接触，因此要求表面柔软、光洁，不得有气孔和硬粒，而且要具有一定的弹性和摩擦系数，以便有效地控制纤维运动。

② 内层，是橡胶压缩层，直接与罗拉、销子接触，因此配料与外层不同，要求光滑并富有弹性，同时要耐热、耐磨、不黏销子。

③ 中层，是用线绕成螺旋形筋面而形成的补强层，以提高胶圈的抗张强度、减小伸长，并保持胶圈固定的内径，因此要求线的强度高、伸长小且粗细均匀。

胶圈使用日久，纺纱性能会衰退，一般一年更换一次。

(2) 胶圈控制元件

胶圈销的作用是固定胶圈位置，将上、下胶圈引至前钳口处，使两者组成的钳口有效地控制浮游纤维的运动。FA506 型细纱机采用三罗拉长短胶圈牵伸形式，弹性钳口由弹簧摆动上销和固定曲面下销组成。

① 曲面阶梯下销。下销的断面为曲面阶梯形，如图 8-10 所示，其作用是支持下胶圈，并引导下胶圈稳定回转，同时支持上销使之处于工艺要求的位置。下销的最高点上托 1.5 mm，使上、下胶圈的工作面形成缓和的曲线通道，平面部分宽 8 mm，不与胶圈接触，使该处形成拱形弹性层并与上销配合，较好地发挥胶圈本身的弹性作用。下销的前缘突出，尽可能伸向前钳口，使自由区（浮游区）距离缩短。下销由普通钢材制成，表面镀铬，以减小胶圈与销子的阻力。下销为六锭一根的统销，固定在罗拉座上。

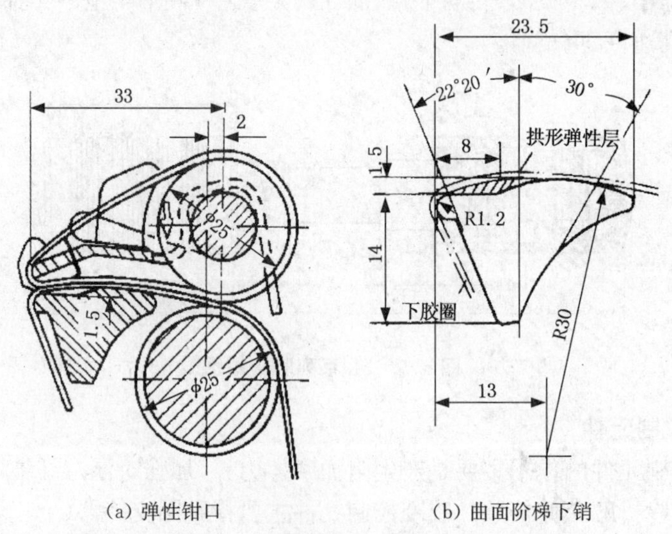

(a) 弹性钳口　　(b) 曲面阶梯下销

图 8-10　弹性钳口曲面阶梯下销

② 弹簧摆动上销。上销为双联叶片状，如图 8-11(a)所示，其作用是支持上胶圈处于一定的工作位置。上销尾端的钩形部分卡于中上罗拉即小铁辊的轴芯上，可绕小铁辊轴芯在一定范围内上下摆动，当通过的纱条粗细不匀时，其钳口可自行上下调节。上销在片簧的作用下，给钳口处胶圈曲面上施以一定的起始压力。图 8-11(b)所示为带后区压力棒的弹簧上销，后区压力棒可以加强对后牵伸区纤维的控制，从而提高后区牵伸能力。

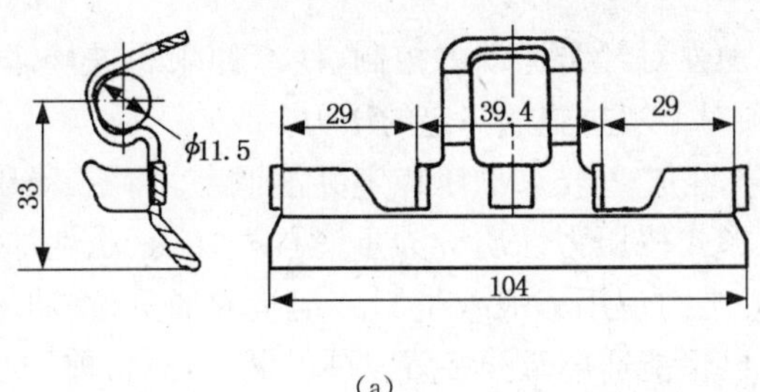

(a)

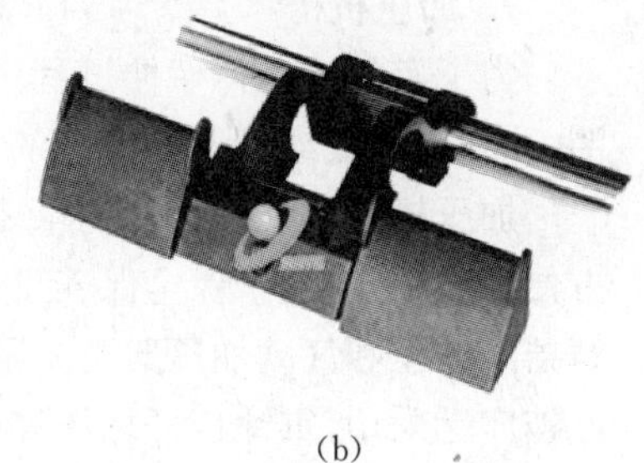
(b)

图 8-11　弹簧摆动上销

③ 隔距块。隔距块装在上销板中央，其作用是使上、下销之间的原始钳口隔距保持一致和准确。上、下销原始钳口隔距由隔距块的厚度而定，生产中根据纺纱线密度来选用和调换隔距块。

④ 胶圈张力装置。下胶圈为长胶圈，为了使长胶圈处于良好的工作状态，在罗拉座的后下部装有张力装置，参见图 8-6(a)。张力装置采用弹簧将下胶圈适当拉紧，使下胶圈能紧贴下销曲面回转。

6. 集合器

(1) 集合器的作用

集合器的作用是收缩须条宽度，减小前钳口处的加捻三角区的宽度，使须条在紧密状态下加捻，成纱结构紧密、表面光滑、毛羽减少、强度提高，同时，集合器能阻止须条边纤维散失，减少飞花、缠绕现象和细纱断头，并节约用棉。

(2) 集合器形式

集合器形式有多种，按外形、截面的不同可分为木鱼形、梭子形、框形等，按挂装方式不同可分为吊挂式和搁置式，按开口形式不同可分为上开口和下开口，此外还有单锭独用及双锭联用之分。如图 8-12 所示，图(a)为梭子形集合器，多为单锭两边吊挂；图(b)为框形双锭联用，挂在摇架前爪和钢皮钩上。目前采用的集合器多为下开口式，其口径应根据不同的纺纱线密度选用。

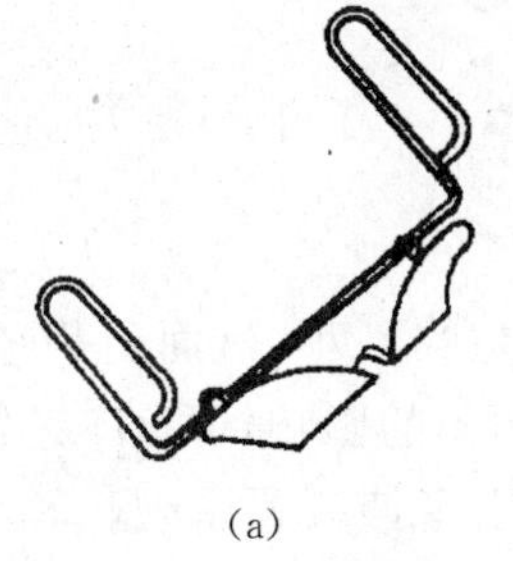
(a)

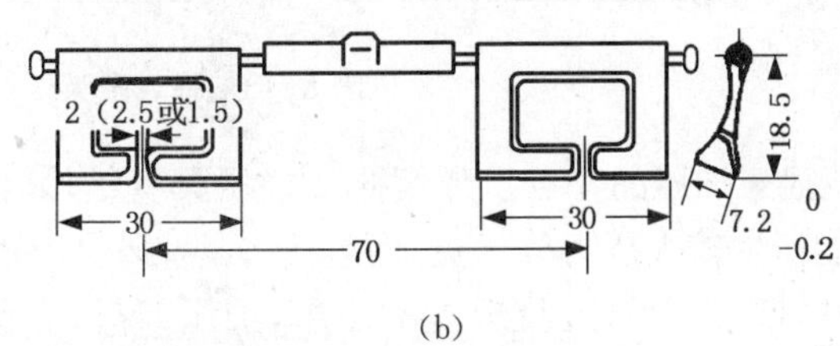

(b)

图 8-12　细纱机前区集合器

(3) 使用集合器的注意事项

使用集合器要加强管理工作。集合器选用适当可充分发挥其作用，但使用不当会增加纱疵和断头。集合器毛糙、绒花堆积带入须条，易形成绒布竹节；集合器通道中嵌入棉结、杂质或须条，在集合器上面或下面通过时横动不灵活、跳动等，都会产生竹节。

7. 加压机构

为了有效地握持牵伸过程中的须条，加强对纤维运动的控制，使牵伸顺利进行，防止滑溜，达到提高成纱条干均匀度的目的，必须对上罗拉施加一定的压力。

加压机构是牵伸装置的重要组成部分，工艺上要求加压稳定并能调节，加压、释压操作方便，此外还应便于保全保养工作。加压形式按压力性质分为重锤杠杆加压、磁性加压、弹簧摇架加压和气动加压四类。随着化学纤维的使用和喂入半制品定量的加重，重加压工艺已被广泛采用，重锤杠杆加压和磁性加压已不能适应牵伸装置发展的需要，故目前细纱机都采用弹簧摇架加压或气动加压。

(1) 弹簧摇架加压

① 弹簧摇架加压结构。如图 8-13 所示，三组螺旋压缩弹簧装在摇臂匣内，分别置于三根加压杆的中部，加压杆头部有钳爪，握持胶辊（上罗拉）的中部。加压时，按下手柄，锁紧机构使螺旋弹簧压缩变形，产生必要的压力，并通过相应的加压杆将压力传递到前、中、后罗拉上；卸压时，只要把手柄向上方抬起，即可使锁紧机构松开，摇臂连同三档胶辊一起掀起，便于清扫牵伸装置的通道、调换胶辊、揩车等操作。中、后加压杆位置可调，以适应工艺需要。

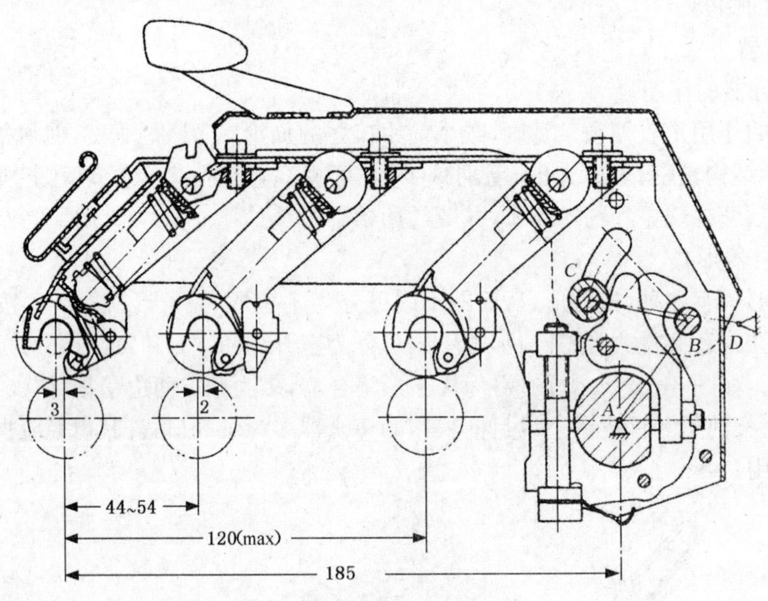

图 8-13　弹簧摇架

② 弹簧摇架加压的特点。弹簧摇架加压具有结构轻巧、紧凑、惯性小、机面负荷轻、吸振作用好、能产生较大压力等优点，而且压力的大小不受罗拉座倾角的影响，可按工艺需要在一定范围内调节。另外，胶辊支承简单，加压、释压方便，有利于牵伸装置系列化和通用化。所以，在新型牵伸装置中得到广泛应用。但生产中对摇架结构及制造质量的要求较高，工艺上要求胶辊对罗拉的平行度好、锁紧机构牢固可靠、加压稳定性好。这种加压装置在目前使用中的主要缺点是使用日久压力有衰退现象，压力稳定性与胶辊对罗拉的平行度尚不够理想，故必须加强日常测定、检修、保养工作。

(2) 气动摇架加压

气动摇架加压是以净化压缩空气作为压力源，对罗拉进行加压。

① 气动摇架的结构。图 8-14 所示为 FS160P3 型气动摇架的结构，图 8-15 所示为气动摇架加压及其受力分析。

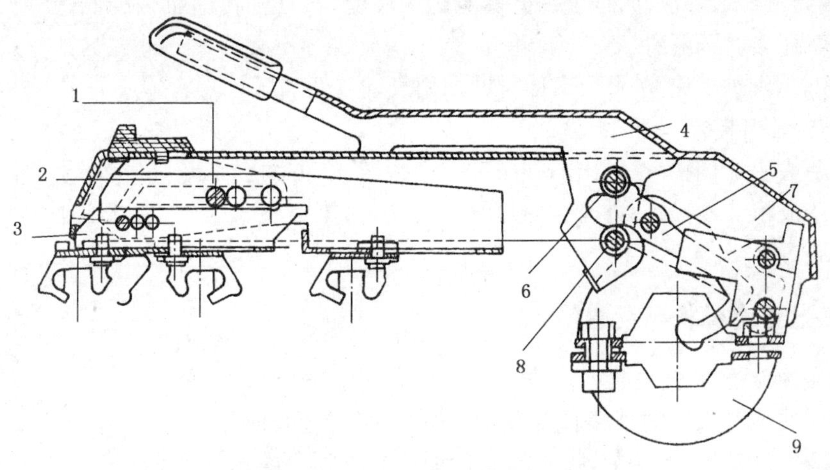

图 8-14　FS160P3 型气动摇架结构

1—转向轴　2—后分配杆　3—前分配杆　4—闭合杆
5—手柄　6—螺栓　7—导向臂　8—螺杆固定栓　9—两半支撑

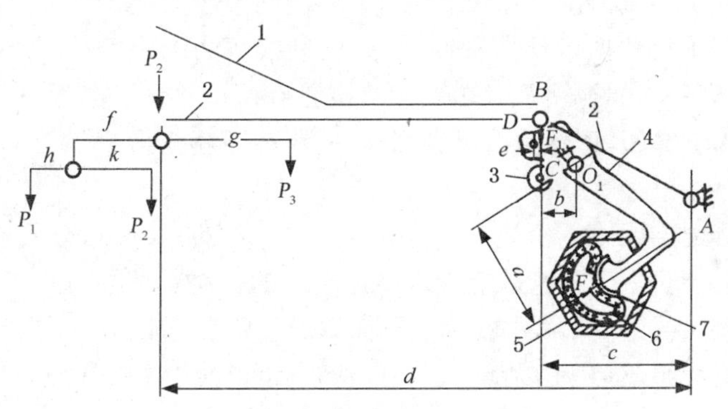

图 8-15　气动摇架加压受力分析

1—手柄　2—摇架体　3—手柄转子　4—传递锁紧杠杆　5—气囊支承　6—气囊　7—压力板

压缩空气输入六角形空心摇架支杆的软管气囊内，使气囊膨胀并将压力传递到贴附气囊的压力板上，通过杠杆放大再传递到手柄转子上，使手柄受力下压。摇架体因与手柄以销轴 B 铰连而受力，摇架体所受压力经分配杆 f、g 和前分配杆 h、k，实现对三列罗拉的加压。摇架体与摇架支杆的铰接点 A、摇架体与手柄的铰接点 B、固定在手柄上的手柄转子中心 C、传递锁紧杠杆与手柄转子相接触部分的曲率中心 D，构成 AB、BC、CD 和 DA 组成的四连杆加压锁紧机构。D、C 两垂直线间的距离 e 为锁紧机构的偏心距，其锁紧原理与弹簧摇架相同，如抬起手柄，C 从 BD 延长线的右端移到左端，摇架掀起而释压。

② 气动摇架加压的特点。气动摇架加压保持了弹簧摇架加压的优点，克服了弹簧加压使用日久弹簧疲劳衰退的缺点，压力稳定、充分，能适应重加压工艺；调压方便并由压力表显示，可在机器运转状态下进行调节，压力大小可无级调节；关车时可以半释压，使胶辊上只产生微压力，防止胶辊上产生压痕，又阻止了细纱捻回进入牵伸区及开关车时胶辊与罗拉钳口

中的纱条位移，大大降低了再开车时的断头率，有助于提高成纱质量；采用机下分段组装，维修管理方便。但气动加压需要一套气源发生设备及相应的伺服机构，对供气系统的密封要求高，气囊质量要求弹性好、强度高并具有耐久性能，对杠杆传递机构的制造和安装精度的要求比弹簧摇架加压更高。

FA506 型细纱机采用 V 形牵伸时即采用气动摇架加压。

8. 断头吸棉装置

细纱断头后，由前罗拉输出的须条在空中飘游，一方面会带断邻近纱条，或附着在邻近纱条上而造成粗节纱；另一方面会使短纤维飞扬，污染空气。为此，细纱机上都设有气流式断头吸棉装置。

三、加捻卷绕机构与元件

（一）细纱的加捻过程

要使牵伸装置输出的须条成为具有一定强度、弹性、伸长、光泽、手感等物理机械性能的细纱，必须通过加捻改变须条内的纤维结构来实现。

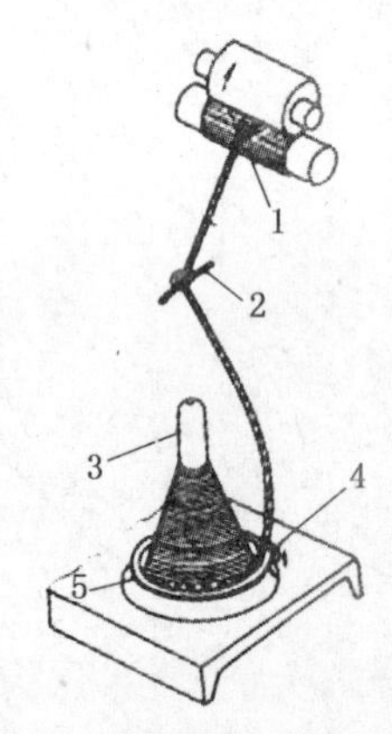

图 8-16　细纱加捻过程

1—前罗拉　2—导纱钩
3—管纱　4—钢丝圈
5—钢领

细纱加捻过程如图 8-16 所示，前罗拉 1 输出的纱条经导纱钩 2 引导至筒管正上方，穿过钢领 5 上的钢丝圈 4，绕到紧套于锭子上的筒管 3 上。锭子靠摩擦带动筒管回转，并借纱线张力的牵动使钢丝圈沿钢领回转。此时，须条一端被前罗拉握持，另一端通过钢丝圈的回转而加上捻回，钢丝圈沿钢领回转一周，纱条就获得一个捻回。

（二）细纱加捻卷绕元件

加捻卷绕元件能否适应高速是细纱机高速生产的关键。细纱机的加捻卷绕机构由导纱钩、隔纱板、锭子、筒管、钢领、钢丝圈以及钢领板升降装置等组成，其中以锭子、筒管、钢领、钢丝圈为主要高速元件。

1. 锭子

实践证明，要进一步提高细纱单产，应进一步提高锭子的速度。因此，对高速锭子的要求是回转平稳、振动小，结构简单，便于检修保养，动力消耗小、噪音低，承载能力大，坚韧而富有弹性，使用寿命长。

锭子由锭杆、锭盘、锭胆、锭脚和锭钩组成。目前细纱机的实用锭速为 12 000～18 000 r/min，视纺纱品种、线密度及卷装大小而异。

(1) 锭杆

锭杆作为高速回转轴，必须十分平直、坚韧而富有弹性，偏心、弯曲必须控制在允许范围内。锭杆由轴承钢热轧成细长杆坯料后，经热处理、磨削而成。锭杆上端的锥度用于插放筒管，所以这一部分的直径和锥度大小应与筒管天眼合理配合，达到既有足够的摩擦力以带动纱管又便于拔纱管的要求。锭杆中部的锥度用来压配锭盘，其锥度大小要能保证压配牢固。锭杆下部的锥度应使润滑油在锭子回转时适量上升以润滑上轴承，锭杆的轴承档因与滚柱轴承相配合，故为圆柱体。锭杆底部呈 60°角的锥形，其尖端（锭尖）有一很小的圆球面，使其承受轴向载荷时减少磨损。上、下两轴承处要有较高的硬度（HRC62 以上）。

(2) 锭盘

锭盘紧套于锭杆的中部，是锭子的传动件，用铸铁制成，呈钟鼓形。锭子的上轴承被罩于锭盘之中，以防止飞花、尘杂侵入轴承，并使锭带的张力作用线与上轴承相接近，以减小上轴承所受的力矩。锭盘直径小些，可减少锭盘重心偏心对锭子振动的影响，也可达到降低锭带线速度的要求，同时还有利于减小滚盘直径或降低其转速，以减少功率消耗和机器振动。锭盘钟鼓形部分的锥度宜小，以利于减少跳筒管现象，但过小时回丝不易取下。

(3) 锭胆

锭胆是锭杆的支承。随着锭速的提高，锭胆的结构不断改进，由平面轴承的旧式锭子逐步发展到滚柱轴承刚性支承的普通锭子，而当前广泛采用的是弹性支承高速锭子。FA506型细纱机的锭胆采用弹性支承形式，有以下两种。

① 分离式锭胆。如图 8-17(a)所示，上支承 2 由上轴承连同轴承座压配在锭脚 3 中，锭底 7 装配在中心套管 5 内。这种结构形式可以减少上轴承座受外力干扰而产生浮动，减少了由于锭胆与锭脚间隙而造成的振动。同时，还可以防止轴承座与锭脚间相对滑动和摩擦产生的粒屑进入油中而造成磨损。下支承由中心套管 5、弹性圈 4、圈簧 6、隔离圈 8 组成，安装在锭脚中。弹性圈(又称尼龙定中心圈)的内圈与中心套管紧密配合，外圈与锭脚保持较小间隙，其作用是确定锭子中心，并且是下支承的横向、纵向支承。圈簧由厚度为 0.2～0.3 mm的弹簧钢皮卷成，共 6～7 圈，要求间隙均匀。当锭杆 1 下端振动、下支承偏离原来位置时，圈簧能自调中心，保证锭尖与锭底的正常接触。采用吸振圈簧可利用各层圈簧间形成的多层油膜黏性阻尼，吸收锭杆的振动能量，起到吸振作用，因而能适应高速回转；另外，由于相对摩擦面少，防止了因磨损而加剧振动的恶性循环，延长了使用寿命。

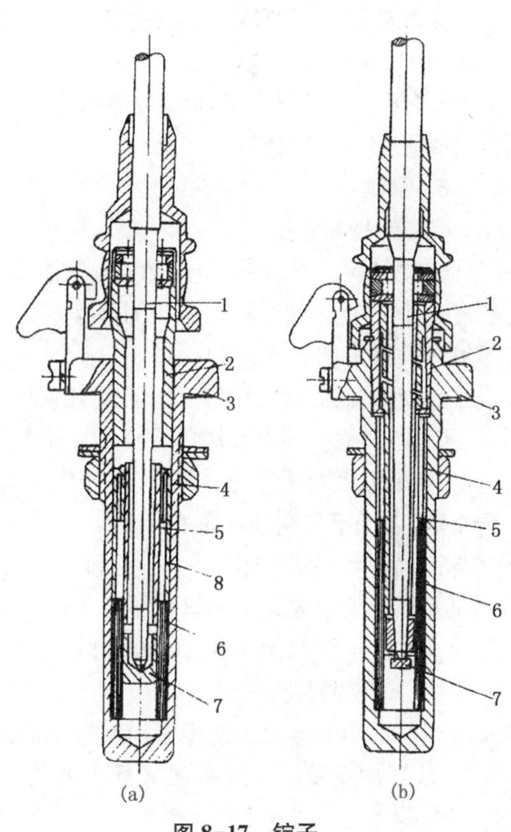

图 8-17　锭子

1—锭杆　2—上支承　3—锭脚　4—弹性圈
5—中心套管　6—圈簧　7—锭底　8—隔离圈

② 连接式锭胆。如图 8-17(b)所示，上支承 2(滚柱轴承)与下支承(锭底 7)由铣有螺旋槽的钢质弹性管连接为一体组装在锭脚 3 内，构成弹性下支承。弹性管下部套有吸振圈簧 6，利用多层油膜的黏滞性阻尼吸收振动能量，使锭子运转平稳。

(4) 锭脚

锭脚是整个锭子的支座并兼作储油装置，依靠螺母将其旋紧于龙筋上。锭子与钢领的同轴度是可调的，而且该结构形式简单、加工方便。

(5) 锭钩

锭钩由一铁钩与铁板组成，其作用是防止高速运转时锭子上跳，并可防止拔管时将锭杆拔出锭脚。

2. 筒管

细纱机用的筒管有经纱管和纬纱管之分，如图 8-18 所示。经纱管的长度是根据钢领板升降全程和纺纱线密度决定的，一般比钢领板升降全程长 12%左右，直径一般为钢领直径的 40%～50%。

筒管的内部尺寸必须与锭子相适应。筒管上部的天眼与锭杆上的锥度为接触配合，底部与锭盘钟鼓形部分为间隙配合(0.05～0.25 mm)。随着细纱机速度的提高，对筒管质量的要求日趋严格，各锭插上筒管后的高度要求一致，而且在高速时不跳管。

筒管的材料有塑料、木质及纸质三种，目前多采用塑料筒管。塑料筒管结构均匀，规格比较准确一致，重心稳定，耐磨性好，高速时可减少跳管、断头，而且可节约优质木材，制造方便；其缺点是重量比较重，耗电较多，接头拔管时烫手，价格较贵。

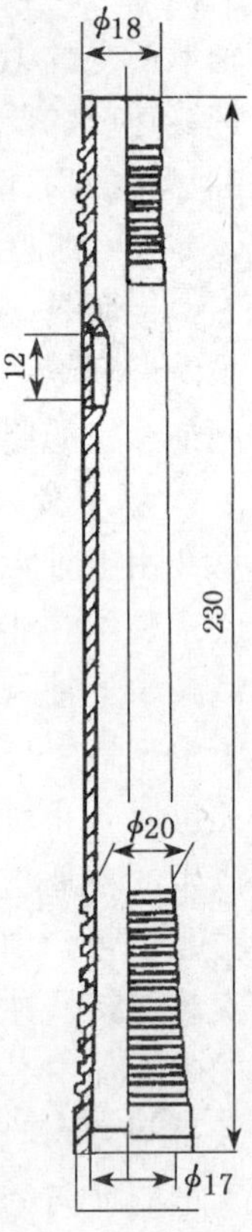

图 8-18　筒管

3. 钢领

(1) 钢领概述

钢领是钢丝圈的回转轨道，钢丝圈高速回转时的线速度最高达 45 m/s。钢领和钢丝圈的配套常成为高速与大卷装的主要问题。为此，生产中对钢领的要求如下：

① 钢领截面(尤其是内跑道)的几何形状要适合钢丝圈的高速回转；

② 跑道表面要有较高的硬度和耐磨性，以延长使用寿命；

③ 跑道表面要进行适当处理，使钢领与钢丝圈间具有均匀而稳定的摩擦系数，以利于控制纱线张力和稳定气圈形态。

钢丝圈在钢领内跑道上高速回转时必然产生相互摩擦，故将钢领内跑道表面硬度处理成高于钢丝圈硬度。钢领材料为 20 号钢，内跑道表面渗碳处理，渗碳层厚度为 0.6 mm，淬火硬度在 HRA81 以上。

(2) 钢领的种类

当前棉纺细纱机上使用的钢领有平面钢领和锥面钢领两种。

① 平面钢领。平面钢领可分为普通钢领和高速钢领，大量生产的有三种型号，如图 8-19所示。

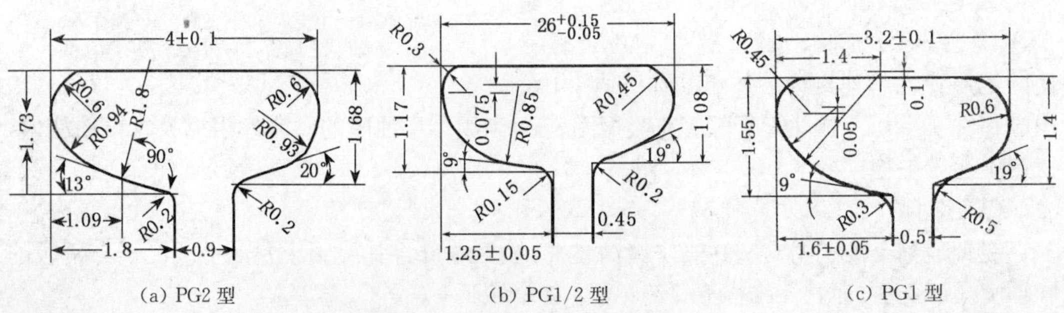

图 8-19　各种型号钢领的截面形状

普通钢领:PG2 型(边宽 4.0 mm),适纺高线密度纱。

高速钢领:PG1 型(边宽 3.2 mm),适纺中线密度纱;

PG1/2 型(边宽 2.6 mm),适纺低线密度纱。

高速钢领的特点:窄边;内跑道由多圆弧相接而成,圆弧下边配一段直线;内侧角为 9°,可减少钢丝圈楔住的机会;颈壁厚度减薄,内跑道加深,PG1/2 型为 0.45 mm,PG1 型 0.5 mm,可防止钢丝圈内外楔住,引起纱线张力突变而造成断头。

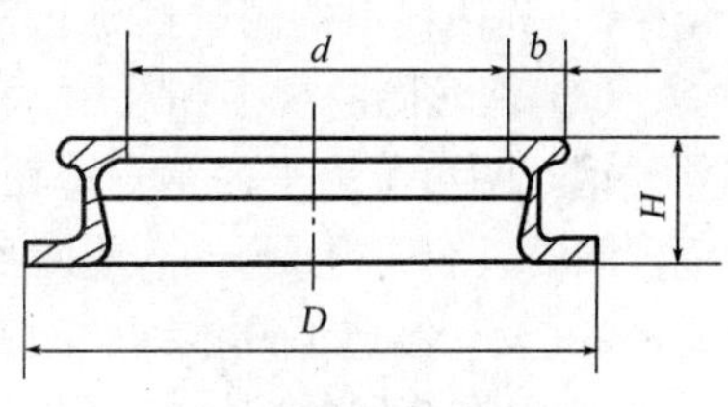

图 8-20 平面钢领的主要参数

d—钢领内径 *b*—钢领边宽
D—钢领底外径 *H*—钢领高度

平面钢领的主要参数如图 8-20 所示,其代号表示方法是:PG×-××××。如 PG1—4251 表示平面钢领,边宽 3.2 mm,内径 42 mm,底外径 51 mm。

② 锥面钢领。锥面钢领的采用是环锭细纱机实现高速、大卷装的有效措施,其主要特征是钢丝圈与钢领为“下沉式”配合,如图 8-21 所示。钢领的内跑道几何形状为近似双曲线的直线部分,与水平面一般呈 55°倾角;钢丝圈的几何形状为非对称形,内脚长,与钢领跑道近似直线接触,接触面积大、压强小,有利于散热和减少磨损;钢丝圈运行平稳,有利于降低细纱断头。锥面钢领有 HZ7 和 ZM6 两个系列。图 8-22 所示为锥面钢领的主要参数。

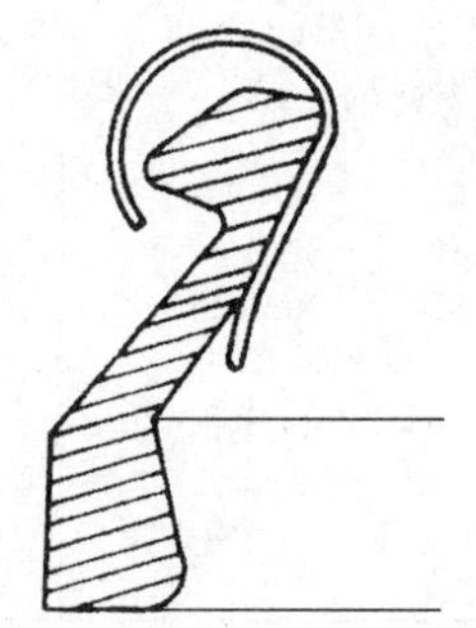
图 8-21 锥面钢领与钢丝圈配合

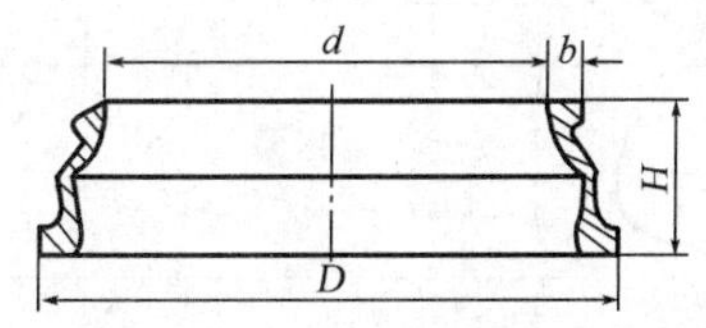

图 8-22 锥面钢领主要参数

d—钢领内径 *b*—钢领边宽 *H*—钢领高度 *D*—钢领底外径

锥面钢领为实现高速、大卷装提供了条件。但用锥面钢领纺中线密度纱时,表面高速性能易衰退,钢领、钢丝圈的使用寿命缩短。

4. 钢丝圈

(1) 钢丝圈的作用

钢丝圈用来与钢领、锭子配合完成细纱的加捻、卷绕。生产上通过调整钢丝圈型号(几何形状)、号数(重量)来控制纺纱张力,稳定气圈形态,达到卷绕成形良好、降低细纱断头的目的,这就对钢丝圈提出了很高的要求。

(2) 钢丝圈的工艺要求

钢丝圈的几何形状与钢领跑道截面的几何形状要正确配合,在钢领内跑道接触处要有足够大的接触面积,以减小压强、减少磨损,并提高散热性能。

钢丝圈的重心要低,使其回转稳定。线材截面形状利于散热与降低磨损。钢丝圈的尺寸、开口大小必须与钢领边宽、尺寸配合，避免两脚碰撞钢领颈壁，同时要保证有较宽畅的纱线通道。

材料硬度要适中(略低于钢领)，并富于弹性而不变形。一般采用 70 号优质碳素钢轧制成形，淬火后硬度为 HRC52～58，并进行适当的表面处理，用镍或钴镀层，稳定其与钢领的摩擦，并利用镀料的耐磨性延长钢丝圈的使用寿命和缩短走熟期。

(3) 钢丝圈的规格和选用

钢丝圈可分为平面钢领用钢丝圈和锥面钢领用钢丝圈两种。钢丝圈的型号(圈形)是按钢丝圈的几何形状划分的，同时反映钢丝圈线材截面形状的不同。为适应各种原料的纺纱线密度，设计制造了许多钢丝圈的型号以供选用。

① 现在使用的新标准。平面钢领用钢丝圈的圈形按其形状特点分为 C 型、FL 型(椭圆形)、FE 型(平背椭圆形)和 R 型(矩形)四种，见表 8-2。

表 8-2　钢丝圈的型号、截面形状、号数系列和配用平面钢领边宽

钢丝圈类型		钢丝圈截面		钢丝圈号数系列	配用钢领边宽(mm)
代号	形状	形状	代号		
C		矩形 圆形 圆背扁脚	f r rf	4.00　4.50　5.00　5.60　6.30 7.10　8.00　9.00　10.0　11.2 12.5　(13.2)　14.0　(15.0)　16.0 (17.0)　18.0　(19.0)　20.0　(21.2) 22.4　(23.6)　25.0　(26.5)　28.0 (30.0)　31.5　(33.5)　35.5　(38.0) 40.0　(42.0)　45.0　(48.0)　50.0 (53.0)　56.0　(60.0)　(63.0) (67.0)　71.0　(75.0)　80.0 (85.0)　90.0　(95.0)　100　112 125　140　160　180　200　224 250　280　315　355　400　450 500　560　630　710　800	3.2 (PG1) 4.0 (PG2)
EL		矩形 弓形	f g		2.6 (PG1/2) 3.2 (PG1) 4.0 (PG2)
FE		瓦楞形 矩形开天窗	w ft		
R		瓦楞形开天窗 瓦楞形扁脚	wt wf		

注：括号中的数值尽量不采用。

钢丝圈的号数是表示 1 000 个同型号的钢丝圈公称重量的克数值。见表 8-2。由于纺纱线密度范围较广，同一型号的钢丝圈有多种号数。因此，在日常生产中，纱线张力的控制主要依靠选用合适的钢丝圈型号和号数来实现。选配钢丝圈是一项十分重要的工作，首先必须掌握所用钢领的性能、形状和新旧状态，然后根据所纺细纱线密度、工艺条件来选择钢丝圈的型号和号数。一般可采取小量锭子试纺，再扩大到整台使用，观察大小气圈形态及拎头轻重情况，并测定断头率，然后决定钢丝圈的型号和号数。

② 以往使用的标准。平面钢领用的型号按其形状特点分为 G 型系列(G、O、GO 型钢丝圈)、O 型系列(DX、WSS、W261、CO、OSS 型钢丝圈)和 GS 型系列(GS、6701、6802、6903、FO、FU、OS、BR、BU 型钢丝圈)三种系列，G 型系列为普通钢丝圈(线速度≤32 m/s)，O 型、GS 型系列为高速钢丝圈(线速度>32 m/s)。

钢丝圈的号数是以每 100 个钢丝圈的重量克数为标准的，不同的重量标准对应不同的号数，其号数从轻到重依次为：30/0，29/0，…，3/0，2/0，1/0，1，2，3，…，28，29，30。最轻的是 30/0，最重的是 30。

目前，很多工厂仍然采用习惯的旧标准。

锥面钢领用钢丝圈的线材截面为薄弓形，常用的钢丝圈圈形及其尺寸如图 8-23 所示。由于钢丝圈与钢领的接触面大，大量的摩擦热可通过钢领传向钢领板，又因内脚长，其热容量和散热能力较平面钢领用钢丝圈有所提高，所以内脚温度低，减少了热磨损与飞圈断头。其线速度一般比平面钢领用钢丝圈提高 5%～10%，高达 45 m/s。由于温升慢、散热快，有利于纺熔点低的化纤纱及化纤与棉混纺纱。又因其接触面积大，单位面积上的压强小，有利于延长纺低线密度纱时钢丝圈的使用寿命。

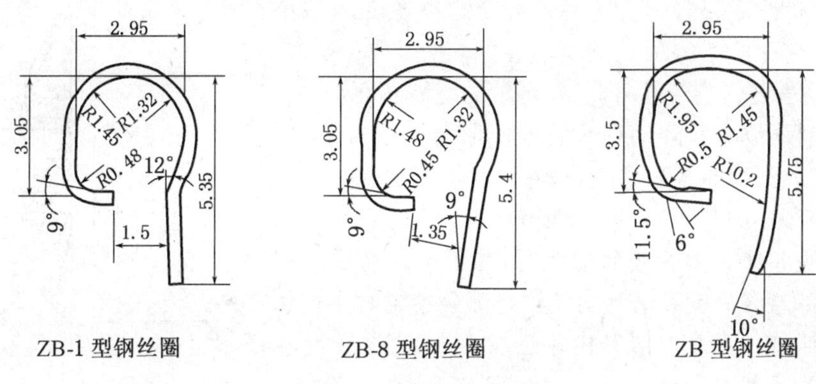

图 8-23 锥面钢领用钢丝圈

(4) 钢丝圈的走熟期

走熟期是指钢丝圈上车后与钢领磨损配合时间的长短。钢丝圈上车时，运行不稳定、磨损快、烧毁飞圈多，待钢丝圈运行一段时间后，钢丝圈与钢领接触部位磨成弧段接触，接触配合良好，运行较平稳，纺纱张力也较稳定，完成走熟期。一般，抗楔性能好的钢丝圈，走熟期较短。钢丝圈的走熟期还与钢领、钢丝圈表面处理有关。

5. 钢丝圈清洁器

细纱通过钢丝圈时可能会使飞花黏在钢丝圈上。另外，飞扬在空中或堆积在钢领上的短纤维也可能附在钢丝圈上。这样会增加钢丝圈的重量，阻碍钢丝圈的回转，甚至造成细纱断头。所以，细纱机在钢领板上装有钢丝圈清洁器，其作用一是清除钢丝圈上所附的飞花，二是固定钢领。

6. 导纱钩

导纱钩的作用是将前罗拉钳口输出的须条引向锭子的正上方，以便加捻成纱。

7. 隔纱板

在纺纱过程中，由于锭子高速回转，在导纱钩和钢丝圈之间形成一个气圈。为了防止相邻的两个气圈相互干扰和碰撞，在中间用隔纱板隔开。隔纱板由质轻且坚实的薄铝板或尼龙片等制成。隔纱板表面要求光滑，落纱时可将隔纱板向后倾斜，便于落纱。

四、成形机构

(一) 细纱卷装的形式与要求

环锭细纱机的加捻、卷绕及成形是同时进行的，由于钢丝圈的回转速度比锭速低，才能使加捻后的细纱卷绕在筒管上。

1. 细纱管纱的卷绕成形要求

细纱管纱应该卷绕紧密、层次清楚、不相互纠缠、在后续工序中以高速轴向退绕时不脱圈、便于搬运和储存等。管纱的卷装尺寸或容量在不影响高速的前提下应尽量大，以减少细纱工序的落纱次数和络纱退绕时的换管次数，从而提高设备利用率和劳动生产率，提高产品质量。

2. 卷绕形式与成形要求

细纱管纱都采用圆锥形交叉卷绕形式，如图 8-24 所示。截头圆锥形的最大直径 d_{max} 比钢领直径约小 3 mm，最小直径 d_{min} 等于空管直径 d_0。

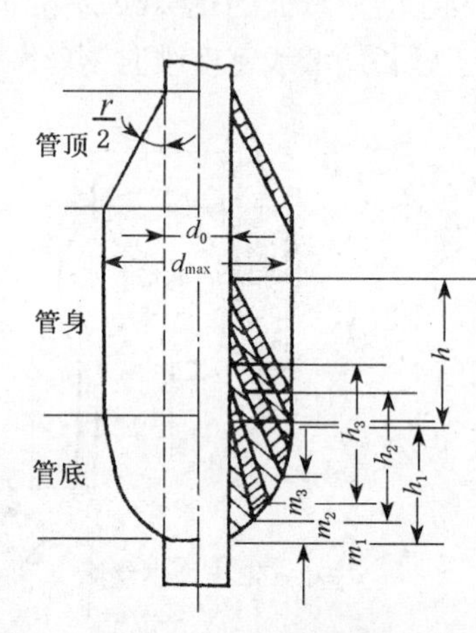

图 8-24　细纱圆锥形交叉卷绕

① 卷绕管身。卷绕管身时，每层纱的绕纱高度 h 一般为 46 mm（即钢领板的升降动程），管纱成形角 $\gamma/2$ 为 12.5°～14°，为了完成管纱的全程卷绕，每卷绕一个密层和一个稀层后要有一个很小的升距 m，称为级升。

② 管底卷绕。纱管底部卷绕时，为了增加管纱的容纱量，每层纱的绕纱高度和级升均较管身部分卷绕时小。从空管卷绕开始，绕纱高度和级升由小逐层增大，直至管底卷绕完成，才转为常数 h 和 m，即 $h_1<h_2<h_3<\cdots<h_n=h$；$m_1<m_2<m_3<\cdots<m_n=m$。

③ 卷绕层与束缚层。为了层次分清、不相互重叠纠缠及高速轴向退绕时不脱圈，一般向上卷绕时绕得密些，称为卷绕层；向下卷绕时绕得稀些，称为束缚层（此时成形凸轮正装）。这样，在两层紧密卷绕的纱层间有一层稀疏的纱层隔开，既能防止脱圈，又增加了管纱容量。

3. 钢领板的运动要求

由上述讨论可知，要完成细纱管纱的圆锥形卷绕，钢领板的运动应满足以下要求：

① 短动程升降，一般上升慢、下降快；

② 每次升降后，应有级升；

③ 完成管底成形，即绕纱高度和级升距由小逐层增大。

4. 实现细纱卷绕的条件

由于钢丝圈在钢领跑道上受到摩擦阻力和空气阻力的作用，钢丝圈速度滞后于锭子速度，两者速度之差产生卷绕。同时，钢丝圈随钢领的运动而升降，使细纱沿着筒管的长度方向进行圆锥形卷绕，形成一定的卷装形式。

(1) 卷绕速度方程

为了实现细纱的正常卷绕，在同一时间内前罗拉实际输出的须条长度必须等于细纱管上的卷绕长度，即：

$$V_f = \pi d_x n_w$$

又因卷绕速度等于锭子速度与钢丝圈速度之差，即：

$$n_w = n_s - n_t$$

所以

$$n_t = n_s - \frac{V_f}{\pi d_x}$$

式中：V_f为前罗拉线速度（r/min）；d_x为卷绕直径（mm）；n_w为卷绕转速（r/min）；n_t为钢丝圈转速（r/min）；n_s为锭子转速（r/min）。

由于一落纱中 n_s不变，因此，细纱卷绕时 n_w和 n_t均随卷绕直径 d_x而变化，当 d_x增大时，n_w减小，而 n_t增大。无论如何 d_x增减，钢丝圈转速 n_t能相应变化，自行调节，使前罗拉输出长度与卷绕线速度平衡。故不需像粗纱机上用复杂的变速卷绕机构。

（2）钢领板升降速度方程

因细纱成形采用短动程交叉卷绕，同一层纱各处的卷绕直径不同，为保持圆锥度不变，应使同一层纱的厚度不变，即纱层的卷绕节距不变。所以，要求钢领板升降速度随卷绕直径的变化而相应变化，即钢领板升降速度应与卷绕圈数和节距相适应；

$$V_r = h\frac{V_f}{\pi d_x}$$

式中：h 为卷绕节距（mm/圈）；V_r为钢领板升降速度（mm/min）；V_f为前罗拉输出速度（mm/min）；d_x为卷绕直径（mm）。

上式说明在大直径时钢领板升降速度应低，小直径时钢领板升降速度应高，即钢领板升降速度近似地与卷绕直径成反比，这样才能保证同层纱的卷绕节距相等。钢领板的这种在一次短动程升降中的速度变化是通过成形凸轮的外形曲线来控制的。

（二）细纱机成形机构

FA506 型细纱机的升降卷绕机构如图 8-25 所示。根据细纱卷绕成形的要求，细纱机的成形必须具有以下机构。

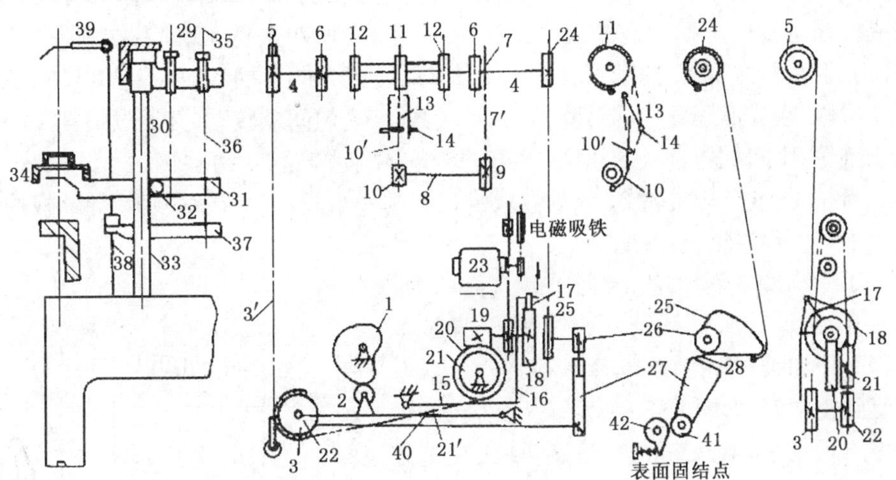

图 8-25 FA506 型细纱机升降卷绕机构

1—成形凸轮 2—成形摆臂 3—摆臂左轮 3′—链条 4—上分配轴 5—链轮 6—钢领板牵吊轮 7—链轮 7′—链条 8—下分配轴 9，10—链轮 10′—链条 11—链轮 12—导纱板牵吊轮 13—位叉 14—横销 15—小摆臂 16—推杆 17—撑爪 18—级升轮（撑头牙） 19—蜗杆 20—蜗轮 21—卷绕链轮 21′—链条 22—链轮 23—小电动机 24—链轮 25—平衡凸轮 26—平衡小链轮 27—扇形链轮 28—链条 29—钢领板牵吊滑轮 30—钢领板牵吊带 31—钢领板横臂 32—尼龙转子 33—立柱 34—钢领板 35—导纱板牵吊滑轮 36—导纱板牵吊带 37—导纱板横臂 38—导纱钩升降杆 39—导纱板 40—升降杆 41，42—扭杆

1. 钢领板和导纱板短动程升降机构

(1) 钢领板短动程升降机构

图 8-25 中，成形凸轮 1 在车头轮系的传动下匀速回转，推动成形摆臂 2 上、下摆动，通过摆臂左轮 3 上的链条 3′拖动固装于上分配轴 4 上的链轮 5，使上分配轴 4 做正、反往复转动，因而使固装在上分配轴 4 上的左、右钢领板牵吊轮 6，经牵吊杆、钢领板牵吊滑轮 29、钢领板牵吊带 30，牵吊钢领板横臂 31。立柱 33 上的尼龙转子 32 沿立柱 33 上、下滚动，使机台两侧的钢领板 34 以立柱 33 为升降导轨做短动程升降运动。当成形凸轮与转子的接触从小半径转向大半径时，钢领板上升；由大半径转向小半径时，钢领板借自重下降(此时凸轮只起控制钢领板下降速度的作用)。成形凸轮升弧与降弧所对应的圆心角之比就是钢领板上升与下降的时间比。为了提高卷绕成形机构的自动化程度，钢领板由小电动机 23 单独传动，替代了开车时人工摇手柄的操作。

(2) 导纱板短动程升降机构

当成形凸轮 1 推动成形摆臂 2 使上分配轴 4 做正、反向往复回转时，因固装于上分配轴 4 右侧的链轮 7 通过链条 7′拖动固装在下分配轴 8 上的链轮 9，使下分配轴 8 也做正、反向往复转动。固装在下分配轴 8 上的链轮 10 通过链条 10′拖动活套在上分配轴 4 上的链轮 11，链轮 11 及左右两侧的导纱板牵吊轮 12 是一个整体，所以下分配轴 8 的正、反向往复转动传递到轮 12，再由轮 12 经牵吊杆、导纱板牵吊滑轮 35 和导纱板牵吊带 36 牵吊导纱板横臂 37，分别牵吊机台两侧的导纱钩升降杆 38，使导纱板 39 做短动程的升降运动。

2. 钢领板和导纱板的逐层级升机构

钢领板 34 和导纱板 39 的级升运动是由级升轮 18(也称为成形锯齿轮或撑头牙)控制的。在成形摆臂 2 向上摆动时带动小摆臂 15 向上摆动，小摆臂 15 的右端顶着推杆 16 上升，推杆 16 上端的撑爪 17 撑动级升轮 18；当成形摆臂 2 向下摆动时，撑爪 17 在级升轮 18 上滑过。所以，在成形摆臂 2 的升降摆动中，级升轮 18 做间歇转动，并通过蜗杆 19、蜗轮 20 传动卷绕链轮 21 间歇转过一个角度，再通过链条 21′使链轮 22 间歇转动。链轮 22 与摆臂左端轮 3 为一体。这样，链轮 21 间歇卷取链条 3′的一小段，于是在钢领板、导纱板的短动程升降运动中产生逐层级升运动。

为了压缩小纱气圈高度、降低小纱气圈张力，导纱板采用变程升降，即从管纱始纺开始，导纱板的短动程升降和级升逐渐增大，管纱成形达 1/3 左右时恢复到正常值，如图 8-26 所示。为此，在链轮 10 和链轮 11 间装有位叉机构。位叉 13 叉在链条 10′的一个横销 14 上，在小纱始纺时，迫使链条 10′屈成折线，此时链轮 10 的正、反向往复转动造成位叉 13 的来回摆动，而链轮 11 和导纱板牵吊轮 12 仅做少量的往复转动，因此导纱板的升降动程小。级升运动使曲折的链条 10′逐步被拉直，在管纱成形约 1/3 时，链条 10′上的横销 14 与位叉 13 脱离，此后位叉 13 不再起作用。然后，链轮 10 带动链轮 11、导纱板牵吊轮 12，牵吊导纱板做正常的升降运

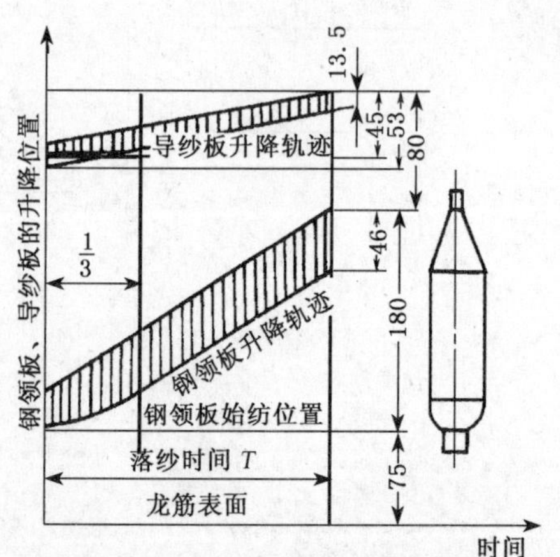

图 8-26　FA506 型细纱机钢领板和导纱钩升降轨迹

动和级升运动。

3. 管底成形机构

FA506型细纱机的管底成形机构采用凸钉式，见图8-25。在链轮5上装有管底成形凸钉，在凸钉处，链轮5的半径较大。卷绕管底时，与凸钉接触的链条3′随成形摆臂2上下运动同样距离，由于凸钉使链轮5的转动半径较大，从而使链轮5转动的角度减小。所以，上分配轴4、钢领板牵吊轮6做较小的往复转动，结果使钢领板的升降动程比卷绕管身时短。同样，在管底成形时，链条3′逐层缩短同样一小段长度，由于链轮5的转动半径较大，所以钢领板逐层级升比管身卷绕时小。当链条3′逐层缩短时，链轮5同时转动，等到凸钉与链条3′脱离接触，钢领板的短动程升降和级升达到正常值，即完成了管底成形。

4. 升降系统的平衡机构

目前细纱机均采用弹性扭杆，以平衡钢领板和导纱板等部件的升降重量，从而抵消大部分升降负荷，减轻成形凸轮所受的作用力。

FA506型细纱机的升降平衡机构采用双弹性扭杆平衡，见图8-25。在上分配轴4的右端固装一链轮24，通过链条拖动平衡凸轮25，与平衡凸轮25同轴的有平衡小链轮26，并通过链条28与扇形链轮27相连。扇形链轮27固装在扭杆41的一端，而扭杆41的另一端通过链条与另一扭杆42的一端相连，扭杆42的另一端不转（但可用调节螺钉进行调节）。由于扭杆的扭转而产生扭转力，使链轮24与平衡凸轮25之间的链条具有一定的拉力，对钢领板、导纱板等部件的部分重量起到平衡作用，从而减轻成形凸轮1上所承受的作用力。在钢领板和导纱板的升降过程中，扭杆的扭角是不断变化的，由于平衡凸轮25半径的改变，使链轮24与平衡凸轮25之间的链条上的平衡力基本保持恒定。

当钢领板、导纱板等部件上升时，扭杆的扭转角逐渐减小，也就是扭杆所积蓄的弹性位能逐渐释放出来，帮助钢领板、导纱板上升，即扭杆的扭转变形能转变为钢领板、导纱板的位能，减轻了车头垂直链条的拉力，从而减轻了成形凸轮1对转子的压力。

当钢领板、导纱板等部件下降时，扭杆的扭角增加，钢领板、导纱板的位能转变为扭杆的扭转变形能，同样减轻了车头垂直链条的拉力，从而减轻转子对成形凸轮1的压力。

为了保证钢领板顺利地下降，平衡力必须略小于钢领板等整套升降系统的总重量和升降滑轮的芯轴的摩擦力之差。否则，下降时的链条过分松弛，造成钢领板产生明显的打顿现象而影响成形。

五、自动控制机构

为了提高成纱质量，降低操作工的劳动强度，提高生产效率，目前，细纱机上都有一些自动控制系统。FA506型细纱机的自动控制系统工作过程如下：

① 一落纱生产。开机启动→钢领板复位至始纺位置→主电机启动，开始低速运行，以便于生头操作→生头结束到达延时时间后，自动转换高速→对于带变频控制器的主电机，高速期间可以通过控制面板（或触摸屏）分段设置锭速，以适应不同阶段的纺纱张力，降低细纱断头率→满管发出信号，钢领板自动下降至落纱位置，绕取保险纱→主电机适位制动。

② 中途关机。主电机适位制动，但钢领板不会下降到落纱位置。

③ 中途落纱。钢领板自动下降至落纱位置，绕取保险纱→主电机适位制动。

第三节 细纱机的工艺配置

一、牵伸工艺

(一) 总牵伸倍数

纺纱时，细纱机总牵伸倍数取决于所纺细纱的线密度和喂入粗纱的线密度，当然还受纤维性质、粗纱质量和细纱机本身的影响。表 8-3 为纺纱条件对细纱总牵伸倍数的影响。常见牵伸装置的总牵伸倍数范围见表 8-4。

表 8-3 纺纱条件对细纱总牵伸倍数的影响

总牵伸	纤维及其性质					粗纱质量			细纱工艺与机械			
	原料	长度	长度均匀度	短绒	线密度	纤维伸直度、分离度	条干均匀度	捻系数	线密度	罗拉加压	前区控制能力	机械状态
可偏高	棉、化纤	较长	较好	较少	较细	较好	较好	较高	较细	较重	较强	良好
可偏低		较短	较差	较多	较粗	较差	较差	较低	较粗	较轻	较弱	较差

表 8-4 常见牵伸装置的总牵伸倍数范围

线密度(tex)	9 以下	9～19	20～30	32 以上
双短胶圈牵伸	30～50	20～40	15～30	10～20
长短胶圈牵伸	30～60	22～45	15～35	12～25

(二) 前区牵伸工艺

细纱机前区牵伸采用“重加压、强控制”的工艺配置。国内细纱机牵伸装置的前区都采用双胶圈牵伸。双胶圈牵伸的上、下胶圈工作面对须条直接接触，增强了牵伸区内须条的中部摩擦力界强度和扩展幅度，能阻止纤维提前变速。如图 8-27 所示，在胶圈销处，组成一个柔和而有一定压力的胶圈钳口，既能控制短纤维运动，又能使前罗拉钳口握持的纤维顺利抽出。因而，反映在纤维变速点的分布上，和单胶圈和简单罗拉牵伸相比较，双胶圈牵伸区中的纤维变速点平均位置离前罗拉钳口最近、离散度最小、峰值最高。

图 8-28 为三种牵伸形式的纤维变速点分布。由此可见，双胶圈牵伸在控制纤维运动及纺出细纱条干方面均优于单胶圈牵伸和简单罗拉牵伸，从而使其具有较大的牵伸能力。细纱机的前区牵伸工艺主要有以下内容。

1. 浮游区长度

浮游区(又称自由区)长度是指胶圈钳口至前罗拉钳口间的距离。为计算方便，常以上销或下销前缘与前罗拉中心线间的距离表示。

缩短浮游区长度，可以使胶圈钳口的摩擦力界向前钳口扩展，加强对浮游纤维的控制。但是，在浮游区长度缩小的同时，牵伸力必然增大，此时，必须增加前钳口的压力，以解决牵伸力的增大与握持力不足的矛盾。

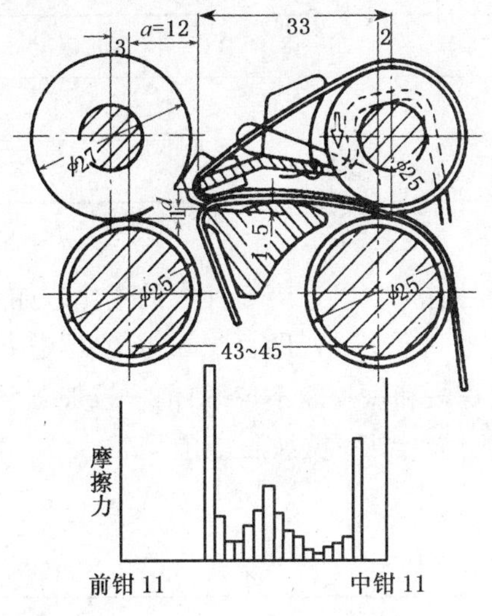

图 8-27 弹簧摆动销及其摩擦力界分布

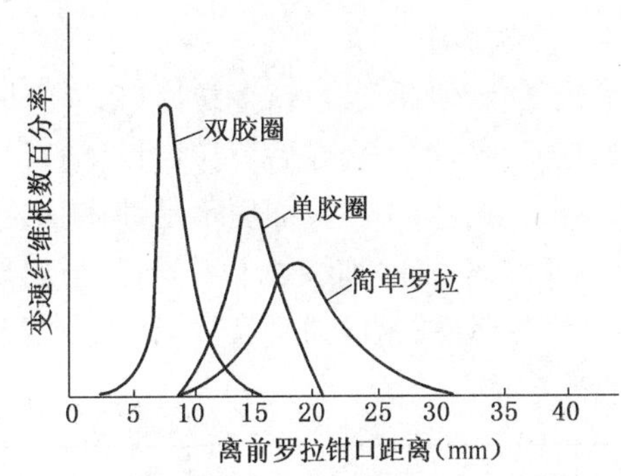

图 8-28 三种牵伸形式的变速点分布

一般,浮游区长度为 12～15 mm。纤维长度长,整齐度好,浮游区长度可长一些;反之,浮游区长度应短一些。前牵伸区罗拉中心距与浮游区长度见表 8-5。

表 8-5 前牵伸区罗拉中心距与浮游区长度

牵伸形式	纤维及长度(mm)	上销长度(mm)	前罗拉中心距(mm)	浮游区长度(mm)
双短胶圈	棉纤维,31 以下	25	36～39	11～14
	棉纤维,33 以上	29	40～43	11～14
长短胶圈	棉及化纤混纺,35	33(34)	42～45	12～14
	棉及化纤混纺,51	42	52～56	12～16
	中长化纤混纺,65	56	62～74	14～18
	中长化纤混纺,76	70	82～90	14～20

2. 下销上托的程度

在机器运转时,由于上、下胶圈的工作边(与纤维条接触)处于松弛状态,非工作边处于张紧状态,以致于产生上、下胶圈的中凹现象,削弱了胶圈中部的摩擦力界的强度。为此,采用上销下压或下销上托的方法来解决这个问题。

现在,细纱机均采用下销上托式,见图 8-9、图 8-10 和图 8-16。下销上托的位置在胶圈工作边的中部,上托的程度以销子上托位置高出前端的距离来表示,一般为 1.5 mm。

3. 胶圈钳口隔距

胶圈钳口隔距指上、下两胶圈销之间的距离。生产中实际控制胶圈钳口的是弹簧摆动上销的弹簧片及隔距块。弹片簧材料为优质锰钢,避免销子反复上下摆动而产生塑性变形。通过选择隔距块的规格,确定原始钳口的大小。在条件许可下,采用较小的胶圈钳口隔距,有利于提高成纱质量。隔距块的规格及选用见表 8-6。

表 8-6　隔距块的选择

纺纱线密度(tex)	19 以下	20～32	36～58	58 以上
隔距块厚度(mm)	2.5	3.0	3.5	4.0
颜色	黑	红	天蓝	橘黄

4. 罗拉加压

为了使牵伸顺利进行，罗拉钳口必须具有足够的握持力，以适应牵伸力的变化。如果后罗拉加压不足，纱条会在后罗拉钳口下打滑，使细纱长片断不匀（即百米重量 CV）增大，甚至产生重量偏差；中罗拉加压不足，影响细纱的中长片段和短片段不匀率；前罗拉加压不足，会造成牵伸效率低，细纱条干不匀，甚至出现"硬头"。前、中罗拉加压范围见表 8-7。当罗拉隔距小、纺纱线密度大时，罗拉加压应增大。

表 8-7　前、中罗拉加压范围

原料	牵伸形式	前罗拉加压(N/双锭)	中罗拉加压(N/双锭)
棉	双短胶圈	100～150	60～80
	长短胶圈	100～150	80～100
棉型化纤	长短胶圈	140～180	100～140
中长化纤	长短胶圈	140～220	100～180

（三）后区牵伸工艺

后区牵伸的主要作用是为前区牵伸做准备，使喂入前区的纱条具有良好结构和一定的紧密度，使之与前区摩擦力界相配合而形成稳定的前区摩擦力界分布，以充分发挥胶圈控制纤维的作用，从而保证成纱质量。后区牵伸工艺配置包括后区牵伸倍数、罗拉握持距、后罗拉加压和粗纱捻系数。细纱机的后区是简单罗拉牵伸，利用适当的粗纱捻回，可以产生一定的附加摩擦力界，有利于控制纤维运动；但是，粗纱捻系数过大易造成牵伸力过大，须条牵伸不开，而且产生负面影响。粗纱捻系数的具体应用，还需要结合粗纱定量、纤维长度、细纱后区牵伸倍数、车间温湿度等因素确定。

后区牵伸分别采用机织纱和针织纱"二大二小"（较大的粗纱捻系数、较大的细纱后区隔距，较小的细纱后区牵伸、较小的细纱前区隔距）工艺配置。表 8-8 为后区工艺参数。

表 8-8　后区工艺参数

项　目	纯　棉		化纤纯纺及混纺	
	机织纱工艺	针织纱工艺	棉型化纤	中长化纤
后区牵伸倍数	1.20～1.40	1.04～1.30	1.14～1.50	1.20～1.60
后区罗拉中心距(mm)	44～56	48～60	50～65	60～86
后罗拉加压(N/双锭)	8～14	10～14	14～18	14～20
粗纱捻系数(α_t)	90～105	105～120	56～86	48～68

二、加捻与卷绕工艺

(一) 加捻对细纱性能的影响

1. 细纱捻度与强力的关系

将细纱拉伸到断裂时，发现断裂截面上并不是所有纤维都断裂，而是有一部分纤维滑脱，而且断裂的那部分纤维也不是同时断裂。因此，细纱强力由两部分组成，即：

$$P = F + Q$$

式中：P 为细纱强力；F 为细纱拉伸到断裂时其中能滑脱的纤维的滑脱阻力；Q 为细纱拉伸到断裂时其中不能滑脱的纤维的断裂强力。

这种断裂性能和单纱强力与细纱捻度有着密切的关系，其规律如图 8-29 所示。

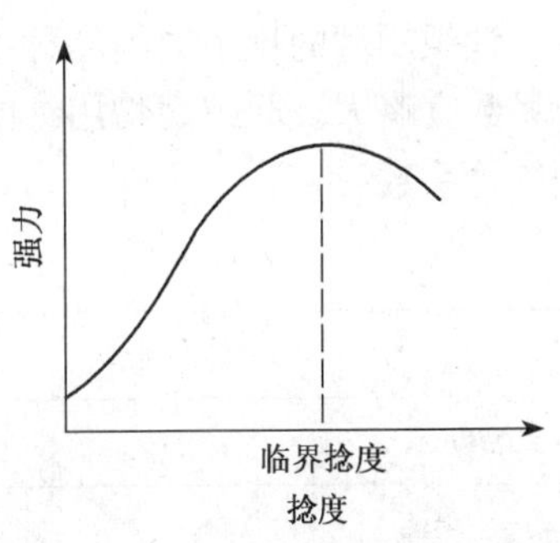

图 8-29 细纱的捻度与强力的关系

随着捻度的增加，细纱强力逐渐增加，但达到一定捻度后，强力反而下降。这说明捻度对细纱强力的影响是一分为二的。有利的方面是捻度增加，纤维间摩擦阻力增加，使纱条在断裂过程中强力的成分 F 增加，同时也充分利用纤维强力的成分 Q，结果使细纱强力 P 增加；不利的方面是捻度增加，纤维与纱条轴线的倾角加大，纤维强力在纱条间能承受的有效分力降低，而且捻度过大会增加纱条内外层纤维的应力分布不匀，加剧纤维断裂的不同时性，降低了纤维强力的成分 Q，从而使细纱强力 P 降低。当强力增加的因素超过强力下降的因素时，细纱强力随捻度的增加而增大；两者相等时，细纱强力最大，这时的捻度称为临界捻度，与临界捻度相对应的捻系数称为临界捻系数；当捻度超过临界捻度时，则强力下降的因素占主要地位，随着捻度的增加，细纱强力下降。

工艺上一般采用的捻度小于临界捻度，并常考虑如何用较少的捻度来达到符合细纱品质要求的强力，在保证强力的前提下提高设备生产率。

2. 细纱捻度与弹性、伸长的关系

在一定拉伸负荷下，细纱受到拉伸而伸长，其伸长的长度称为总伸长。当负荷去除后，被拉伸的细纱很快回缩，但不能回复到原来的长度，这个可缩的长度称为弹性伸长。细纱弹性是指弹性伸长与总伸长比值的百分率。

细纱的弹性好，可以承受较多次的反复拉伸，增加产品的坚牢度。在捻度不大的情况下，细纱的弹性随着捻度的增加而增大，但到一定捻度后弹性开始下降。一般采用的细纱捻度接近于细纱弹性最大的捻度范围。

3. 细纱捻度与光泽、手感的关系

捻度增加，捻回角增大，光向细纱侧面反射，光泽差，故细纱捻度小，光泽好。捻度大时，纤维间压力大，纱的紧密度增加，手感较坚硬；反之，捻度小时，手感柔软。但捻度过小，纱易发毛，手感松烂，光泽也不一定好。

(二) 细纱捻系数、捻向的选择

细纱捻系数、捻向的选择取决于最后产品对细纱品质的要求。

1. 细纱捻系数的选择

细纱因用途不同，捻系数有所不同。机织物用的经纱，由于要经过络筒、整经、浆纱等工序，在布机上还承受钢筘的摩擦和反复拉伸变形，所以要有较高的强力和弹性，捻系数须大一些；而纬纱经过的工序较少，且引纬张力较小，为避免纬缩疵点，纬纱可具有较小的捻系数。相同线密度的经纱捻系数一般比纬纱大10%～15%。从织物的外观和手感方面考虑，如果经纱浮于表面，对布面外观和手感的影响较多时，捻系数不宜太大。如高密度的府绸类织物，经纱捻度适当小些，纬纱捻度适当增大，使纬纱刚度大些，则经纱易于凸起而形成颗粒状，可改善织物的外观风格和手感；麻纱类织物，经纱的捻系数应较大，可使织物有滑爽的感觉。针织用纱的捻系数因品种不同而不同，棉毛布用纱的捻系数低；汗衫布要求有凉爽感，捻系数宜略大。起绒织物用纱的捻系数较小，捻线用单纱的捻系数也较小。表8-9为常用细纱捻系数。

表8-9　常用细纱捻系数

普梳棉纱			精梳棉纱		
线密度(tex)	经纱	纬纱	线密度(tex)	经纱	纬纱
8～10	340～430	310～380	4～4.5	340～430	310～360
11～13	340～430	310～380	5～5.5	340～430	310～360
14～15	330～420	300～370	6～6.5	330～400	300～350
16～20	330～420	300～370	7～7.5	330～400	300～350
21～30	330～420	300～370	8～10	330～400	300～350
32～34	320～410	290～360	11～13	330～400	300～350
36～60	320～410	290～360	14～15	330～400	300～350
64～80	320～410	290～360	16～20	320～390	290～340
88～192	320～410	290～360	21～30	320～390	290～340
—	—	—	32～36	320～390	290～340

2. 细纱捻向的选择

单纱的捻向视成品及后加工的需要而定。为方便挡车工操作，一般采用Z捻。当织物的经、纬纱的捻向不同时，织物的组织容易突出。在化纤混纺织物中，为了使织物具有毛型感，经纱常用不同捻向来获得隐格、隐条等特殊风格。

由此可见，细纱的捻系数和捻向是根据纱线的用途和最后成品的要求而选择的。为了保证各种线密度的细纱应有的品质和满足后道工序的生产需要，细纱捻系数已列入国家标准中，其变动范围较小。在确保成纱品质的前提下，尽可能采用较小的捻系数，以提高细纱机的生产率。所以在生产中，当原棉条件较好，如纤维长度长、线密度低、品级高时，捻系数可较小；工艺设计合理、机械状态、技术管理水平好时，也采用较小的捻系数；精梳纱的原料好，捻系数也较小；低线密度纱的捻系数比高线密度纱大。

（三）钢领与钢丝圈的选配

1. 平面钢领与钢丝圈的选配（表 8-10）

表 8-10 平面钢领与钢丝圈的选配

钢领		钢丝圈		适纺线密度范围及品种
型号	边宽(mm)	型号	线速度(m/s)	
PG1/2	2.6	CO	36	18～32 tex 棉纱
		OSS	36	5.8～19.4 tex 棉纱
		RSS，BR	38	9.7～19.4 tex 棉纱，涤/棉纱
		W261，WSS，7196，7506	38	9.7～19.4 tex 棉纱，涤/棉纱
		2.6ELF	40	15 tex 以下棉纱，涤/棉纱
PG1	3.2	6802	37	19.4～48.6 tex 棉纱
		6802U	38	13～32.4 tex 涤/棉纱，混纺纱
		B6802	38	13～29 tex 混纺纱
		6903，7201，9803	38	中、低线密度棉纱，7.3～14.6 tex 棉纱
		FO	36	18.2～41.6 tex 棉纱
		BFO	37	13～29 tex 棉纱，混纺纱
		FU，W321	38	
		BU	38	13～29 tex 棉纱
		BK	32	腈纶纱
		3.2ELGC	42	13～29 tex 棉纱，涤/棉纱，腈纶纱
PG2	4.0	G，O，GO，W401	32	32 tex 以上棉纱
NY-4521		52	40～44	13～29 tex 棉纱，涤/棉纱

2. 锥面钢领与钢丝圈的选配（表 8-11）

表 8-11 锥面钢领与钢丝圈的选配

钢领		钢丝圈		适纺线密度范围及品种
型号	边宽(mm)	型号	线速度(m/s)	
MZ-6	2.6	ZB	38～40	中线密度棉纱
		ZB-1	40～44	13～14.6 tex 涤/棉纱
		ZB-8		14～18 tex 棉纱
		924		13～19.6 tex 涤/棉纱
ZM-20	2.6	ZBZ	40～44	28～39 tex 棉纱

3. 钢丝圈号数的选用

(1) 棉纱用钢丝圈号数的选用(表 8-12)

表 8-12　棉纱用钢丝圈号数选用范围

钢领型号	线密度(tex)	钢丝圈号数	钢领型号	线密度(tex)	钢丝圈号数
PC1/2	7.5	16/0～18/0	PG1	21	6/0～9/0
	10	12/0～15/0		24	4/0～7/0
	14	9/0～12/0		25	3/0～6/0
	15	8/0～11/0		28	2/0～5/0
	16	6/0～10/0		29	1/0～4/0
	18	5/0～7/0	PG2	32	2～2/0
	19	4/0～6/0		36	2～4
PG1	16	10/0～14/0		48	4～8
	18	8/0～11/0		58	6～10
	19	7/0～10/0		96	16～20

(2) 钢丝圈轻重掌握要点(表 8-13)

表 8-13　钢丝圈轻重掌握要点

纺纱条件变化因素	钢领走熟	钢领衰退	钢领直径减小	升降动程增大	单纱强力增高
钢丝圈重量	加重	加重	加重	加重	可偏重

第四节　细纱机的传动和工艺计算

一、传动系统

FA506 型细纱机的传动如图 8-30 所示,其传动系统如下:

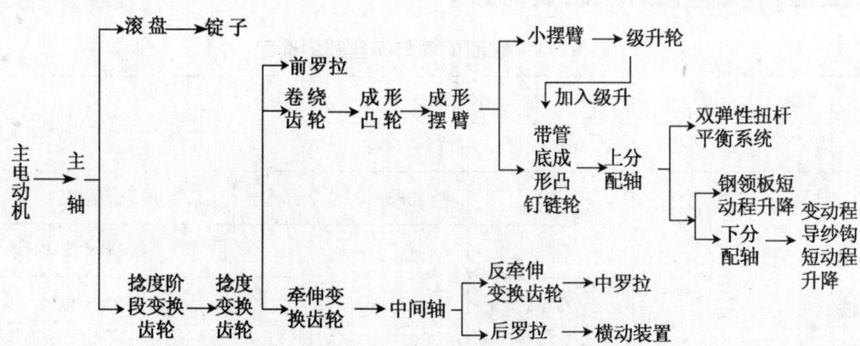

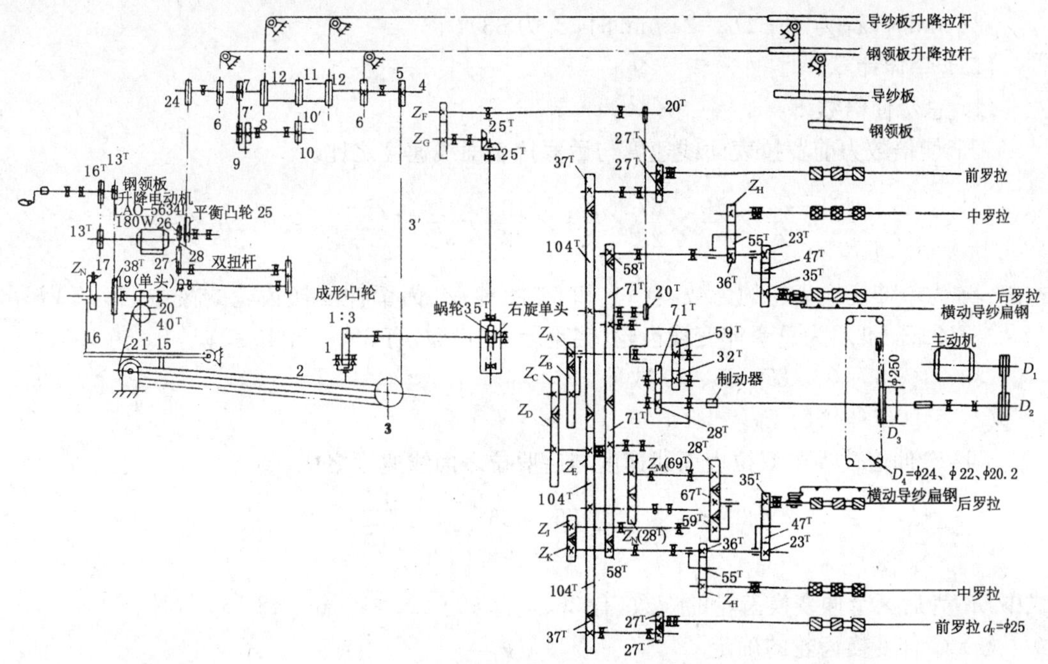

图 8-30 FA506 型细纱机的传动图

二、工艺计算

（一）速度计算

（1）主轴转速 n_m

$$n_m(\text{r/min}) = n \times \frac{D_1}{D_2}$$

式中：n 为主电动机的转速（r/min）；D_1 为主电动机皮带轮节径（mm），有 170 mm、180 mm、190 mm、200 mm、210 mm；D_2 为主轴皮带轮节径（mm），有 180 mm、190 mm、200 mm、210 mm、220 mm、230 mm、240 mm。

（2）锭子转速 n_s

$$n_s(\text{r/min}) = n_m \times \frac{(D_3+\delta)}{(D_4+\delta)} = 1\,460 \times \frac{D_1}{D_2} \times \frac{(250+0.8)}{(22+0.8)} = 16\,060 \times \frac{D_1}{D_2}$$

式中：D_3 为滚盘直径（mm）；D_4 为锭盘直径（mm）；δ 为锭带厚度（mm）。

（3）前罗拉转速 n_f

$$n_f(\text{r/min}) = n_m = 1\,460 \times \frac{D_1}{D_2} \times \frac{28}{71} \times \frac{32}{59} \times \frac{Z_A}{Z_B} \times \frac{Z_C}{Z_D} \times \frac{Z_E}{37} \times \frac{27}{27}$$

$$= 8.44 \times \frac{D_1}{D_2} \times \frac{Z_A}{Z_B} \times \frac{Z_C}{Z_D} \times Z_E$$

式中：Z_A/Z_B 为捻度变换成对齿轮的齿数，有 38/82、45/75、52/68、60/60、68/52、75/45、82/38，其中 $Z_A+Z_B=120$；Z_C/Z_D 为捻度变换齿轮（中心牙）的齿数，Z_C 有 87、85、80，Z_D 有 77、80、85；Z_E 为捻度微调变换齿轮的齿数（$D_4=20.2$ mm 时，Z_E 为 39；$D_4=$

22 mm时,Z_E为 36；$D_4=24$ mm 时,Z_E为 33)。

(二) 牵伸计算

(1) 总牵伸倍数 E

总牵伸倍数为前罗拉表面线速度与后罗拉表面线速度之比。

$$E=\frac{35}{47}\times\frac{47}{23}\times\frac{Z_K}{Z_J}\times\frac{59}{67}\times\frac{67}{28}\times\frac{Z_M}{N_N}\times\frac{104}{37}\times\frac{27}{27}\times\frac{25\pi}{25\pi}=9.0129\times\frac{Z_K}{Z_J}\times\frac{Z_M}{Z_N}$$

式中:Z_M为牵伸变换齿轮的齿数,有 69 和 51 两种;Z_N为牵伸变换齿轮的齿数,有 28 和 46 两种;Z_K和 Z_J为总牵伸变换齿轮(轻重牙)的齿数,有 39、43、48、53、59、66、73、81、83、84、85、86、87、88、89 数种。

(2) 后区牵伸倍数 E_B

后区牵伸倍数为中罗拉表面线速度与后罗拉表面线速度之比。

$$E_B=n_m=\frac{35}{23}\times\frac{36}{Z_H}=\frac{54.7826}{Z_H}$$

式中:Z_H为后区牵伸变换齿轮的齿数,有 36、38、40、42、44、46、48、50 数种。

(3) 牵伸变换齿轮的确定

① 用喂入粗纱线密度(特数) 与所纺细纱线密度(特数) 之比,计算实际牵伸倍数 $E_{实}$;

② 选取配合率(细纱机为 1.04～1.06),再用机械牵伸倍数 $E_{机}=E_{实}\times$配合率,算出机械牵伸倍数 $E_{机}$;

③ 选定 Z_M和 Z_N,可求出 Z_K/Z_J的比值,然后选配 Z_K和 Z_J;

④ 根据成纱的品质要求和总牵伸倍数的大小选择后区牵伸倍数 E_B,可算出 Z_H;

⑤ 实际生产时,若定量不能达到要求,应调整 Z_K和 Z_J。

(三) 捻度计算

(1) 计算捻度 T_t

计算捻度为前罗拉一转时锭子的回转数与前罗拉周长之比。

$$T_t(\text{捻}/10\ \text{cm})=\frac{71}{28}\times\frac{59}{32}\times\frac{Z_B}{Z_A}\times\frac{Z_D}{Z_C}\times\frac{37}{Z_E}\times\frac{100}{\pi\times d_{前}}\times\frac{(D_3+\delta)}{(D_4+\delta)}=67.3325\times\frac{Z_B}{Z_A}\times\frac{Z_D}{Z_C}$$

式中:$d_{前}$为前罗拉直径(mm)。

上式是在 $D_4=22$ mm、$Z_E=36$ 时的结果。

(2) 捻度变换齿轮的确定

① 根据细纱品质要求和原棉性质选取捻系数 α_t,计算出所需的捻度;

② 选择 Z_C和 Z_D,求 Z_A/Z_B,再配 Z_A、Z_B;

③ 试纺后测得的捻度与要求的实际捻度差异>3%时,应调整 Z_A、Z_B、Z_C、Z_D。

(四) 产量计算

细纱的产量以每一千锭一小时生产的细纱量(kg)表示。

(1) 理论产量 $G_{理}$

$$G_{理}[(\text{kg}/(\text{千锭}\cdot\text{h})]=\pi\times d_{前}\times n_f\times 60\times N_t\times 10^{-6}\times(1-\text{捻缩率})$$

式中:N_t为细纱线密度(tex)。

(2) 定额产量 $G_{定}$

$$G_{定}[(kg/(千锭 \cdot h)] = G_{理} \times 时间效率$$

细纱工序的时间效率一般为 95%～97%。

第五节 细纱综合技术讨论

一、降低细纱条干不匀率的措施

细纱条干不匀率指细纱短片段的粗细差异程度，其测试方法，一是将细纱按规定绕在黑板上，与标准样照对比，观测 10 块黑板所得的结果，即代表细纱的条干质量；二是用乌斯特条干均匀度仪器，测出条干不匀率，简称条干 CV 值。细纱条干不匀是由许多因素造成的，因此，改善细纱条干不匀率的措施主要是：

① 合理选择牵伸工艺参数。如总牵伸与部分牵伸的分配、罗拉隔距、罗拉加压、隔距块等参数选择必须合理。

② 加强机械维修保养工作。在工艺参数选择合理的前提下，机械状态的好坏是影响成纱条干的主要因素。生产中必须加强对机械的维护保养，定期检查，保证各部件的位置准确，对易损部件需定期更换。

③ 合理选择原料。如纤维的长度及长度的整齐度等必须符合要求。

④ 合理布置摩擦力界。在牵伸形式一定的条件下，可适当调节牵伸罗拉隔距，采用"紧隔距、重加压"的工艺。

⑤ 提高半制品的质量。在前纺生产中，提高各半制品中的纤维伸直平行度、减少加工过程中的纤维损伤。

⑥ 采用针织纱"二大二小"工艺，提高成纱条干均匀度，减少粗细节。

二、减小捻度不匀率的措施

1. 强捻纱产生的原因及消除方法

强捻纱即纱线的实际捻度大于规定的设计捻度，共形成原因主要有：锭带滑到锭盘的上边；接头时引纱过长，接头动作慢；捻度变换齿轮用错。

针对上述原因，加强检查，严格执行操作规程，一经发现，立即纠正。

2. 弱捻纱产生的原因及消除方法

弱捻纱即纱线的实际捻度小于规定的设计捻度，共形成原因主要有：锭带滑出锭盘，挂在锭带盘支架上；锭带滑在锭盘边缘上；锭带过长或过松，张力不足；锭胆缺油或损坏；锭盘上或锭胆内飞花污物阻塞；锭带盘重锤压力不足或不一致；细纱筒管没有插好，浮在锭子上转动或跳筒管，造成与钢领摩擦；捻度变换齿轮用错。

针对上述原因，加强专业检修，新锭带上车时应给予张力伸长，使全机锭带张力一致，锭胆定期加油，加强筒管检修。

三、减少细纱成形不良的措施

1. 冒头、冒脚纱的产生及消除方法

造成冒头、冒脚纱的主要原因有:落纱时间掌握不好,钢领板高低不平,钢领板位置过低,筒管天眼大小不一致而造成筒管高低不一,小纱时跳筒管,钢领起浮。

根据冒头、冒脚情况,严格掌握落纱时间,校正钢领板的起始位置及水平,清除锭杆上的回丝,加强对筒管的维修及管理等。

2. 葫芦纱、笔杆纱的产生及消除方法

葫芦纱产生的原因主要是:倒摇钢领板,成形齿轮撑爪失灵,成形凸轮磨灭过多,钢领板升降柱套筒飞花阻塞,钢领板升降顿挫,空锭一段时间后再接头等。笔杆纱主要是由某一锭子断头特别多而形成的。

消除方法:根据成因,加强机械保养维修,挡车工严格执行操作规程,注意机台清洁工作。

3. 磨钢领纱的产生及消除方法

磨钢领纱产生的主要原因是:管纱成形过大或成形齿轮选用不当,歪锭子或跳筒管,成形齿轮撑爪动作失灵,倒摇钢领板以及个别纱锭钢丝圈太轻等。

消除方法:严格控制管纱成形,使之与钢领大小相适应,一般管纱直径应小于钢领直径3 mm;消除产生跳筒管的因素;严格执行操作法,加强巡回检修。

四、细纱工序加工化纤的特点

(一) 工艺特点

1. 牵伸部分工艺

由于化学纤维的特点,牵伸过程中的牵伸力较大,牵伸效率较低。因此,加工化纤时,牵伸部分应采用较大的罗拉隔距、较重的罗拉加压、适当减小附加摩擦力界等牵伸工艺。

(1) 罗拉隔距

罗拉隔距是根据所纺化纤长度确定的。由于化纤的长度整齐度好,纤维的实际长度偏长,因此,罗拉隔距应偏大掌握。一般,纺 38 mm 的涤纶短纤维时,前、中罗拉的中心距为41～43 mm,中、后罗拉中心距为 51～53 mm;纺中长化纤时,新机的前、中罗拉中心距为68～82 mm,中、后罗拉中心距为 65～88 mm。

(2) 胶辊加压

化纤纯纺和混纺时,由于纤维长度较长,在牵伸过程中纤维与纤维的接触长度长,且合成纤维的摩擦系数较大,致使牵伸力较大。因此,胶辊加压需要加大,才能保证足够的握持力。胶辊加压应比纺纯棉时重约 20%～30%。

(3) 滑溜牵伸

在老机上纺中长化纤时,细纱机的牵伸装置需进行适当改造,一般是在中上罗拉上开一定宽度和深度的滑溜槽,将原来的双区牵伸改造成单区滑溜牵伸,如图 8-31 所示。

滑溜牵伸的中罗拉胶圈对纤维不起积极控制作用,纤维依靠后罗拉和前罗拉的握持,胶圈只能对纤维起约束集聚作用。滑溜槽的宽度和深度与粗纱定量和纤维长度有关,宽度偏大一些不易产生“硬头”或“橡皮纱”,一般槽宽约 15 mm、槽深约 1.5 mm。下胶圈销改为平销，以减少胶圈断裂。胶圈钳口也要偏大掌握，一般比纺棉大一倍左右。胶辊加压适当偏重。

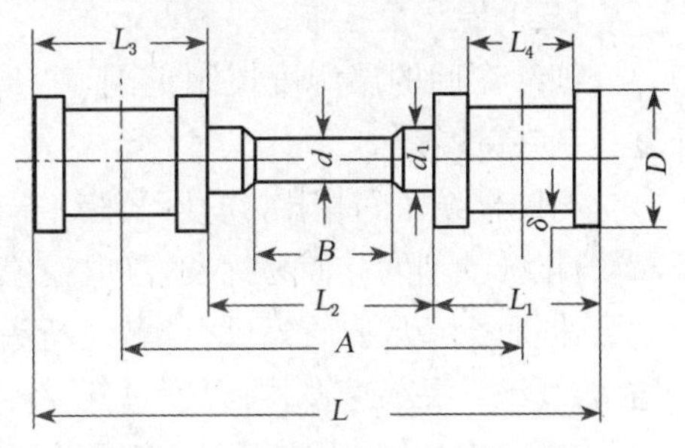

图 8-31 滑溜牵伸中上罗拉外形

(4) 罗拉、胶辊直径

由于罗拉加压增加，罗拉承受的扭矩增大，同时为了防止须条缠绕罗拉，罗拉和胶辊直径均应增大。

(5) 后区工艺

根据化纤的特点，后区工艺以采取握持力强、附加摩擦力界小为好。因此，采用加大中、后罗拉隔距、增大后罗拉压力、减小粗纱捻系数的工艺配

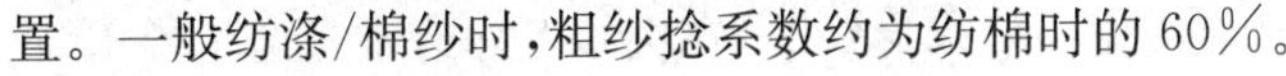
置。一般纺涤/棉纱时，粗纱捻系数约为纺棉时的 60%。

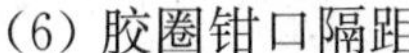
(6) 胶圈钳口隔距

纺化纤时，胶圈钳口隔距比纺纯棉时略大。

2. 加捻卷绕部分工艺

(1) 细纱捻系数的选择

细纱捻系数的选择取决于产品的用途，另外还要考虑纤维本身的特性。如涤/棉混纺织物要求具有滑、爽、挺的特点，因此细纱捻系数(360～390)一般比棉纱高；维、棉混纺时，细纱捻系数一般比纯棉低 5%～10%；中长化纤的细纱捻系数一般为 260～310。

(2) 钢丝圈的选用

钢丝圈的重量应偏重选用，纺中长纤维时应更重。与纯棉纱相比，当纺相同粗细的细纱时，应遵循以下规律：

① 涤纶纯纺纱，钢丝圈应重 4～8 号；涤/棉混纺纱，钢丝圈应重 2～3 号；涤/黏混纺纱，钢丝圈应重 3～4 号。

② 维纶纯纺纱和维/棉混纺纱，钢丝圈应重 1 号左右。

③ 腈纶纯纺，纱钢丝圈应重 2 号左右。

④ 锦纶纯纺和锦/棉混纺纱，钢丝圈应重。

⑤ 氯纶纯纺、混纺时，钢领容易生锈，一般在其表面涂一层清漆，钢丝圈应减轻 2 号。

⑥ 丙纶纯纺纱宜采用大通道钢丝圈。

⑦ 黏胶纯纺纱，钢丝圈应重 1～3 号；黏/棉混纺纱，钢丝圈应重 1～2 号；黏/腈混纺纱，钢丝圈参照相同粗细的黏胶纯纺纱选用；黏胶与醋酯纤维混纺纱，钢丝圈应比相同粗细的黏胶纯纺纱重 2～3 号；锦/黏混纺纱，钢丝圈应比相同粗细的黏胶纯纺纱重 1～2 号；涤/黏/醋酯纤维混纺纱，钢丝圈应比相同粗细的黏胶纯纺纱重 2～3 号。

⑧ 中长化纤纱，钢丝圈应比相同粗细的棉型化纤纱重 2～3 号，比纯棉纱重 6～8 号。

(二) 胶辊、胶圈的使用

合成纤维的摩擦系数大，在纺纱过程中，牵伸部分加重压，胶辊、胶圈容易磨损。因此，纺合成纤维时，胶辊的硬度比纺纯棉时高，一般在 A80 度以上，表面要细腻，耐磨性要好。另外，合成纤维的回潮率低，导电性能差，易产生静电，同时纤维中含有油剂，在纺纱过程中容易绕胶辊、胶圈，必须对胶辊、胶圈进行适当的处理，以解决上述问题。

目前，胶辊主要采用涂料处理，而胶圈主要用轻酸清洗。

(三) 温湿度控制

细纱车间的温湿度控制范围，化纤混纺与棉纺车间基本一致，温度为22～32℃，相对湿度控制在55%～65%。

与纯棉纺车间相比，纺化纤细纱车间的温湿度控制要严格。夏季温度不能过高，如高于32℃，化纤油剂发黏而易挥发，静电现象严重；冬季温度不能过低，如低于18℃，纤维发硬不易抱合，同时会造成胶辊发硬打滑，使断头增多。相对湿度一定要稳定，湿度过高，纤维表面水分增多，纤维发黏易缠罗拉；湿度过低，纤维表面水分易蒸发，容易产生静电现象而缠胶辊。

(四) 橡皮纱、小辫子纱、煤灰纱的防止措施

由于化纤制造过程中产生的一些疵点(如粗硬丝、超长纤维、倍长纤维等)，加上化纤本身的一些特性(如回弹性强、易产生静电、摩擦系数大等)以及纤维在加工过程中加入了油剂等原因，使化纤在纺纱过程中容易产生纱疵。涤、棉混纺时，在细纱工序经常会产生橡皮纱、小辫子纱、煤灰纱等疵点，对后工序的生产不利，甚至造成布面疵点。

1. 橡皮纱

当化纤中含有超长、倍长纤维时，在牵伸过程中，这种超长、倍长纤维的前端已经到达前罗拉钳口，而其尾部还处于较强的中部摩擦力界的控制下，如果此时该纤维所受到的控制力超过前罗拉给予的引导力，则以中罗拉速度通过前罗拉钳口形成纱条的瞬时轴芯，而以前罗拉速度输出的其他纤维则围绕此轴芯加捻成纱。超长、倍长纤维输出前罗拉后，由于弹性而回缩，即形成橡皮纱。如果纺纱张力足以破坏此瞬时轴芯，则不会形成橡皮纱。

为了防止橡皮纱的产生，一方面要改进化纤本身的质量(减少超长、倍长纤维的含量)；另一方面，在纺纱过程中，采取适当增大前胶辊加压量、调整前、中胶辊压力比、消除胶辊中凹、采用较大直径的前胶辊和加重钢丝圈等有效措施。

2. 小辫子纱

涤纶纤维的回弹性强，在细纱捻度较大的情况下，停车时，由于机器的转动惯性，罗拉、锭子不能立即停止回转，而是以慢速转动一段时间。此时，气圈张力逐渐减小，气圈形态逐渐缩小，纱线由于捻缩扭结而形成小辫子纱。

为了消除小辫子纱，应改进细纱机的开关车方法，开车要一次开出，不打慢车；关车时应掌握在钢领板下降时关车；关车后逐锭检查，将纱条拉直盘紧；主轴采用刹车装置，以便及时刹停。

3. 煤灰纱

由于空气过滤不良，化纤表面的油剂易被灰尘沾污而形成煤灰纱，在气压低多雾天气时更易沾污，从而影响印染加工。防止煤灰纱的方法是对洗涤室的空气过滤要给予足够重视，保证车间空气干净。

五、环锭纺纱新技术

(一) 紧密纺纱技术

紧密纺被称为“21世纪的环锭纺纱新技术”，是近年来环锭纺纱技术的一个研发热点。1988年，Ernst Fehrer博士就开始紧密纺纱技术的研制。他对普通环锭细纱机进行适当改进，提出了消除加捻三角区、保证边缘纤维束向纱干集聚、生产高质量紧密性环锭纱的纺纱新方法。1999年6月，在巴黎举行的第13届国际纺织机械展览会上，紧密纺纱细纱机首次

登台亮相。目前比较有代表性的紧密纺系统有瑞士立达公司的 COM4 紧密纺系统、德国绪森公司的 Elite 紧密纺系统、德国青泽公司的 Compact 紧密纺系统、日本丰田公司的 Rx240－EST紧密纺系统、意大利马佐里的 Olfil 紧密纺系统等。国内对紧密纺的研究也不甘落后，已经取得一定成就，较有代表性的紧密纺系统有浙江日发公司的 RFCS510 型紧密纺细纱机、上海二纺机公司的 EJM971 型紧密纺细纱机等。

1. 紧密纺技术的概念

紧密纺技术是指纤维须条在经过环锭纺纱机的主牵伸区后进入加捻区时，利用气流或机械等作用，使输出须条中比较松散的纤维向纱干中心集聚，减小甚至消除加捻三角区，从而使纤维进一步平行、毛羽减少、纱条紧密的环锭纺纱新技术。简单来说，紧密纺技术就是一种利用气流或机械等作用对环锭细纱机牵伸后输出的纤维须条致密化的纺纱技术。

2. 紧密纺的机理与作用

(1) 紧密纺的机理

紧密纺装置与环锭纺装置的对比如图 8-32 所示。除了所增加的紧密纺系统或装置外，紧密纺细纱机和传统环锭纺细纱机的本质相同。紧密纺细纱机仍以传统的三罗拉长短胶圈牵伸装置为基础，保留了中罗拉的胶圈和后牵伸区的结构，只是在前罗拉输出后加了一套纤维集聚装置。通过这套集聚装置，能有效地使经过两次牵伸的纤维束在进入加捻区之前紧密集聚，缩小前钳口处的纤维束宽度或大幅度降低牵伸须条的宽度与纱条直径之间的比值，降低加捻三角区的高度，使加捻三角区面积减小到最小，甚至消除，从而大幅度地减少纱线毛羽，增加成纱强力，提高纺纱效率，改善纱线品质，如图 8-33 所示。

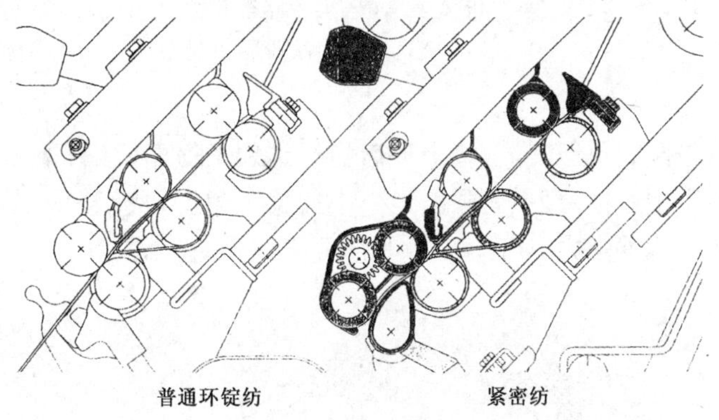

图 8-32　紧密纺装置与环锭纺装置对比

紧密纺要求遵循两个原则：一是集聚纤维和收缩加捻三角区的作用必须在前罗拉输出牵伸后的纤维须条时及时而有效地出现，或集聚纤维和收缩加捻三角区的作用必须到达前罗拉的钳口线，并且不会对牵伸后的须条产生任何副作用；二是集聚纤维和收缩加捻三角区的作用必须与纺纱加捻卷绕良好衔接，并且不会对其产生任何负面影响。

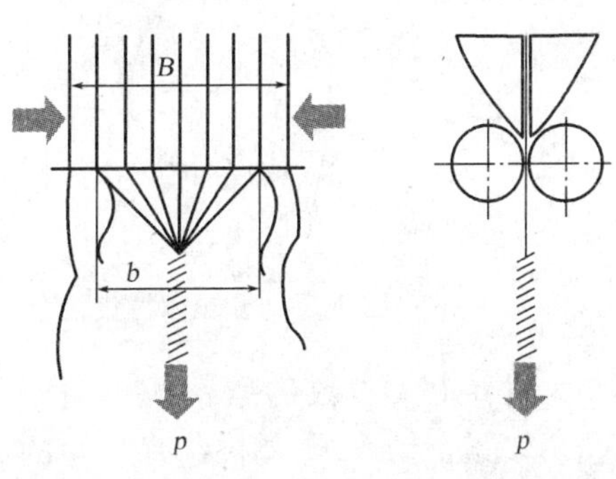

图 8-33　紧密纺原理

(2) 紧密纺的作用

在紧密纺中，紧密纺系统或装置的基本作用主要表现在以下几个方面：

① 紧密集聚纤维的作用。根据紧密纺基本原则，在纤维集聚区内，紧密纺系统或装置应使离开前钳口的所有纤维全部得到有效控制，使须条的边缘纤维向纱干紧密收拢集聚，纤维排列进一步平行，以不利于产生毛羽，而易于加捻卷绕顺利进行。

② 收缩须条宽度的作用。纤维须条的宽度是指从前罗拉钳口输出须条的宽度，即加捻三角区内须条的横向宽度，也是加捻三角区的底边宽度。紧密纺技术具有收缩该宽度或长度的作用，意味着大幅度减小加捻三角区的面积，有利于纤维须条产生集聚作用。一方面，须条的横向宽度变小，使加捻三角区的边缘纤维较少，利于克服毛羽，减少飞花；另一方面，须条的横向宽度减小，使加捻三角区的边缘纤维和中间纤维的张力差异大幅度减少，成纱内的纤维受力进一步均匀，提高了纤维强力的利用率，使纱线强力增加。

③ 减小包围弧的作用。紧密纺纱线在前罗拉表面的包围角几近为零，包围弧基本消失，从而使加捻三角区接近为零，意味着增加了该处的纱线强力，减少了纺纱断头，提高了产品质量，并增加了产量。

3. 紧密纺系统的种类

紧密纺技术的关键在于合理利用气流或机械作用来实现对牵伸后的纤维须条先进行紧密集聚再进入加捻卷绕系统完成纺纱。紧密纺系统是按照集聚纤维的方法进行分类的。

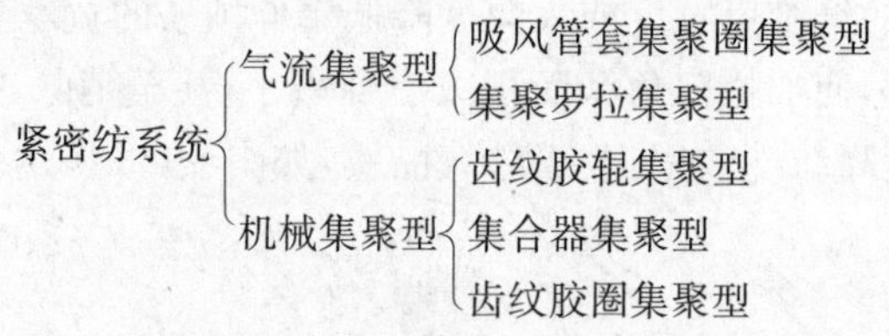

(1) 气流集聚系统

气流集聚系统是利用负压气流，将牵伸后的纤维须条横向收缩、聚拢和紧密，使须条边缘纤维有效地向纱干中心集聚，最大限度地减小加捻三角区，从而大幅度地减少纱线毛羽，提高纤维利用系数和成纱强力，如图 8-34 和图 8-35 所示。

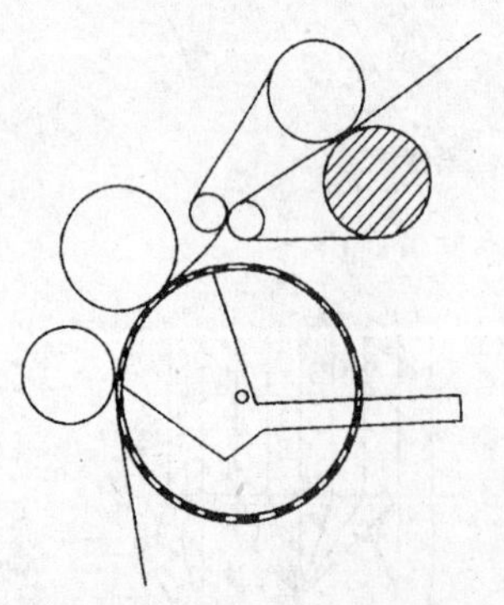

图 8-34　集聚罗拉集聚型

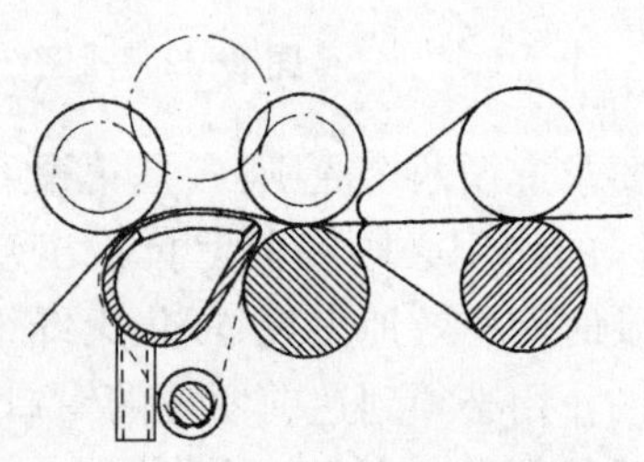

图 8-35　吸风管套集聚圈集聚型

世界上大多数的紧密纺设备采用气流集聚型紧密纺系统，包括瑞士立达公司的 COM4 紧密纺系统、德国绪森公司的 Elite 紧密纺系统、德国青泽公司的 Compact 紧密纺系统、日本丰田公司的 Rx240 - EST 紧密纺系统、意大利马佐里的 Olfil 紧密纺系统等。

(2) 机械集聚系统

机械集聚型紧密纺系统利用集聚元件的几何形状、材料的性质和结构特征，将牵伸后的纤维收缩、集合和紧密，使须条边缘纤维有效地向纱干中心集中，最大限度地减小加捻三角区，减少毛羽和改善成纱质量，如图 8-36、图 8-37 和图 8-38 所示。

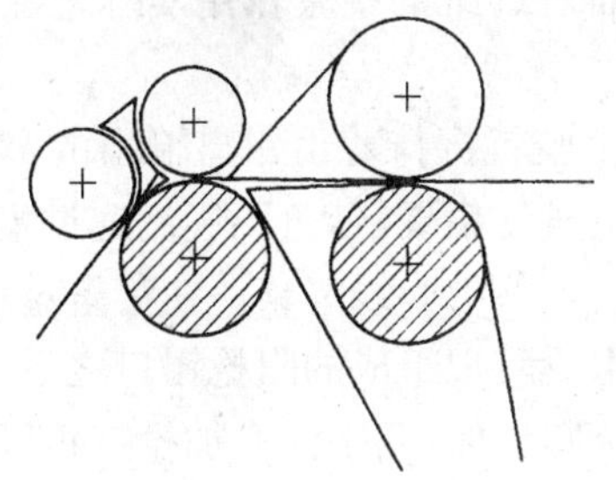

图 8-36　集合器集聚型

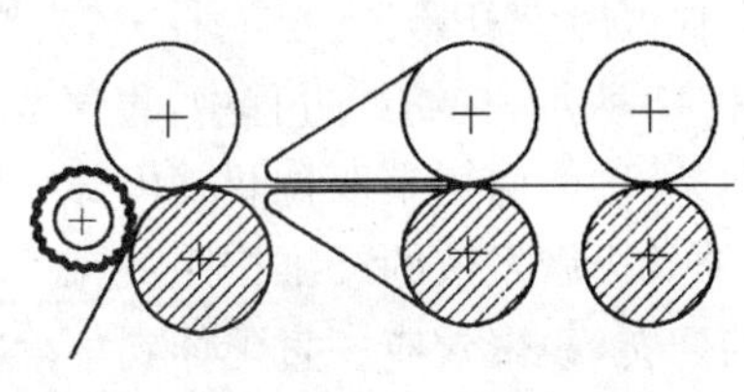

8-37　齿纹胶辊集聚型

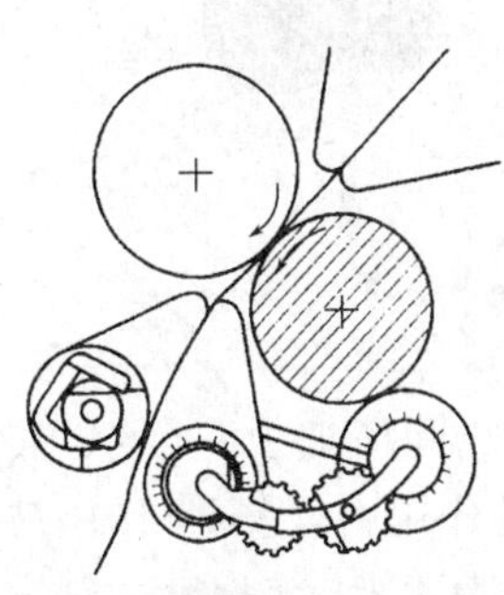

图 8-38　齿纹胶圈集聚型

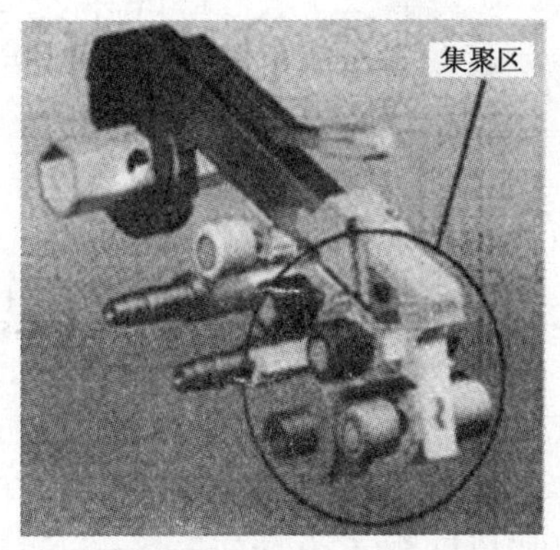

图 8-39　K44 型细纱机紧密纺装置的实物图

4. 典型紧密纺系统

(1) 瑞士立达公司的 K44 紧密纺系统

图 8-39 为立达公司 K44 型细纱机紧密纺装置的实物图，图 8-40 为其气流集聚型紧密纺装置的结构示意图。从图中可以看出，K44 型紧密纺装置有如下特点：

① 新设计了一套负压吸风集聚装置。负压吸风集聚装置安装在牵伸区与加捻区之间，包括集聚罗拉、安装在集聚罗拉上面的输出胶辊、组装在集聚罗拉内的吸风插件和与之相连的负压系统。

② 改变了传统前罗拉部位的结构形式。将细纱机原牵伸机构的实心前罗拉改为钢质管状网眼辊筒(即集聚罗拉)。集聚罗拉的直径比一般前罗拉大很多，内有吸风插件或组件，外接负压气流系统。集聚罗拉上装有两个胶辊，第一个胶辊(新增加的输出胶辊)与集聚罗拉组成纱条加捻的握持钳口或阻捻钳口，第二胶辊(原前胶辊或牵伸

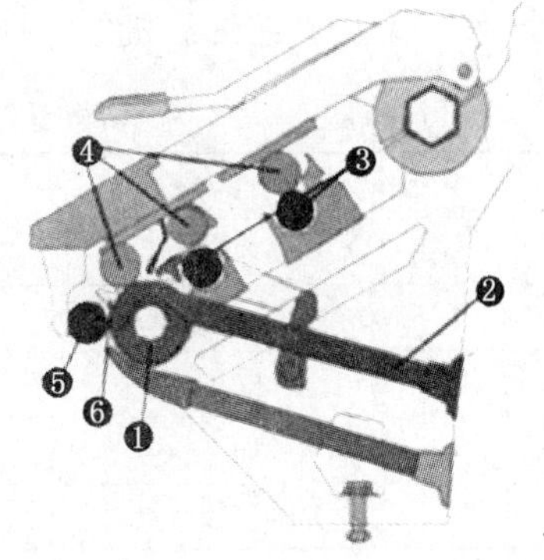

图 8-40　立达 K44 型紧密纺装置结构示意图

1—集聚罗拉(代替前罗拉)　2—抽气系统　3—牵伸罗拉　4—牵伸胶辊　5—输出胶辊　6—气流控制元件

胶辊)与集聚罗拉组成牵伸区的牵伸钳口,即把原环锭纺的前钳口分成两个钳口,一个是牵伸钳口,另一个是阻捻钳口。

③ 增加了一个气流集聚区。牵伸钳口和阻捻钳口构成了一个新的纤维须条气流集聚区。这个气流集聚区与牵伸区紧密衔接。纤维须条一离开牵伸钳口,立即进入气流集聚区,由于所设计的集聚罗拉兼有牵伸和集聚的作用,因而对纤维的集聚作用实际上在须条还没有离开主牵伸区时就开始了。

如图 8-41 所示,在纺纱过程中,集聚罗拉与输出胶辊握持着由钳口输出的牵伸而未加捻的纤维须条,进入由集聚罗拉及其内部吸风插件组成的集聚区,负压气流透过集聚罗拉上的小孔,将须条边缘发散的纤维按照吸风口的形状向须条中心线集聚。在集聚过程中,随着集聚罗拉的回转,集聚效应一直延伸到集聚罗拉与阻捻胶辊组成的阻捻钳口之下,从阻捻钳口输出的须条即是一根紧密的线形体,加捻时是一个圆柱体,几乎没有加捻三角区。

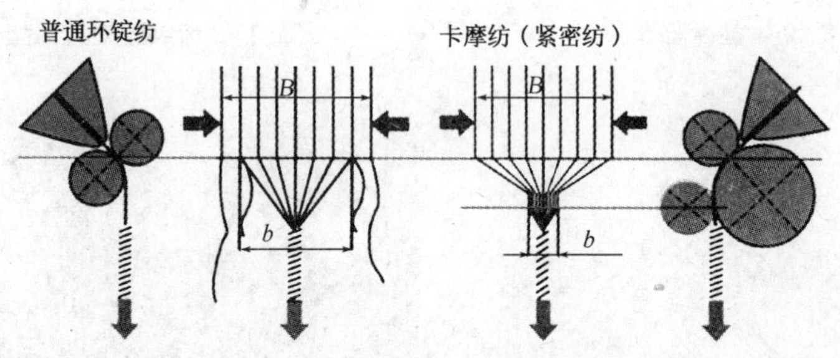

图 8-41 K44 型的加捻原理

这种紧密纺系统的工作原理是在牵伸区和纱线形成区之间增加了一个中间区域,当经过主牵伸区牵伸的须条离开牵伸钳口时,纤维借助于气流的作用力,受真空作用被吸附在集聚罗拉的斜槽吸风口部位,并向前送到输出钳口处。因受负压作用,集聚区的纤维结构得到有效集聚,须条宽度逐渐变窄,加捻三角区缩小,纤维被融合到纱的主体中,所以成纱毛羽大幅度减少,纱条紧密、坚固而光滑。

K44 型紧密纺细纱机的主要工艺参数见表 8-14。

表 8-14 K44 型紧密纺细纱机的主要工艺参数

项　目	工艺参数
适纺原料	100%精梳纯棉≥27 mm,化纤,混纺≤51 mm
适纺纱线线密度(tex)	59～3.7(160～10 英支),20～7.3(80～20 英支)
捻度(捻/m)	200～3 000
捻向	Z 捻或 S 捻
牵伸倍数	8～120 倍(机械牵伸)
锭数(锭)	最小 288,最大 1 200
锭距(mm)	70, 75
钢领直径(mm)	36, 38, 40, 42, 45
纱管长度(mm)	180～230
最大锭速(r/min)	25 000

续　表

项　目	工艺参数
最大装机功率(kW):主电动机 吸风电动机	55 12.6
压缩空气消耗量(最小 0.7 MP_a)(m^3/h)	约 12.6
吸风耗气量(m^3/h)	9 500，50～200 P_a

(2) 德国绪森公司的 Elite 紧密纺系统

德国绪森公司的 Elite 紧密纺系统与立达公司的集聚罗拉型紧密纺系统在结构与元器件上存在本质差异，是在其传统环锭纺 Fiomax 细纱机上加装 Elite 紧密纺装置改制而成，其结构如图 8-42 和图 8-43 所示。

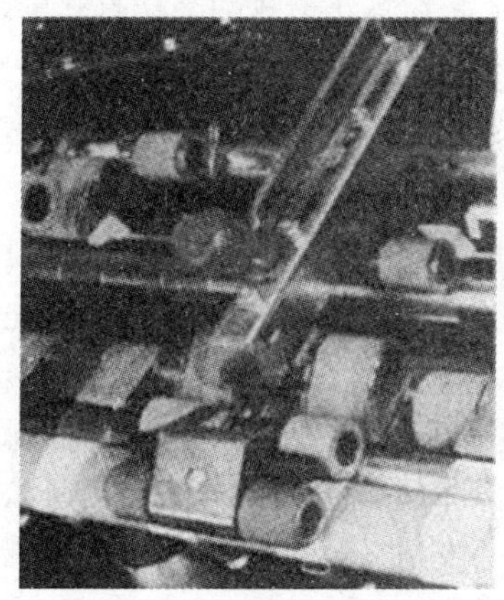

图 8-42　Elite 紧密纺装置实物图

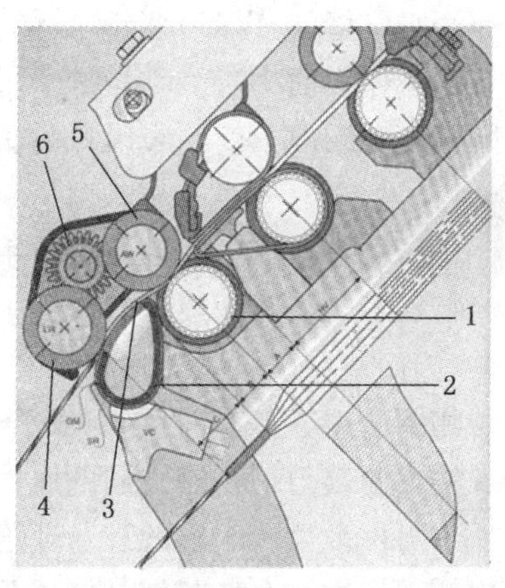

图 8-43　Elite 紧密纺装置结构示意图

1—前罗拉　2—负压吸风管　3—集聚圈
4—输出胶辊　5—前胶辊　6—过桥齿轮

其工作过程是：纤维须条离开前罗拉钳口时，受到集聚区内吸风管空气负压的作用，纤维须条被吸附到微孔织物圈上对应有吸风口的部位处，使纤维紧紧地处于压缩集聚状态，并随同微孔织物圈向前运动——纤维须条的牵连运动，以输出紧密纱条；由于吸风口长度方向与微孔织物圈的运动方向呈一定的倾斜角，在吸风气流力的作用下，须条同时沿着垂直于吸风口方向且紧贴于微孔织物圈表面进行滚动，向纱干集中——纤维须条的相对运动，使边缘纤维和浮游纤维的末端牢固地嵌入纤维束中。在牵连运动和相对运动的共同作用下，纤维须条最终沿着吸风口的倾斜方向向前运动到输出钳口，在此运动过程中，消除了加捻三角区，纤维须条逐渐收缩、集聚成为紧密纱，如图 8-44 所示。

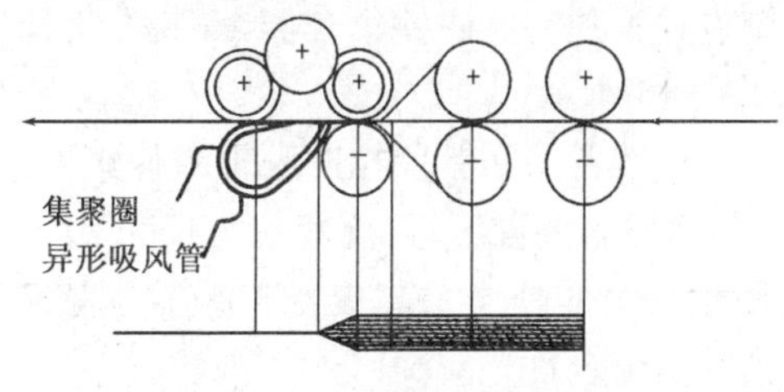

图 8-44　Elite 紧密纺的工作原理示意图

Elite 紧密纺系统有如下特点：

① 紧密纺装置的加装。Elite 紧密纺系统属于吸风管套集聚圈集聚型紧密纺，其最大

特点是保持原牵伸装置的部件和工艺尺寸不变，在其前罗拉出口出加装一套 Elite 紧密纺装置。这样非常有利于老机改造。

② 吸风套管集聚圈。其主要结构是：一个异形截面的负压吸风管，外套柔性材料制成的集聚圈；一个输出胶辊及其传动机构。牵伸胶辊和输出胶辊各配装一个传动齿轮，通过相互啮合的中间过桥齿轮同向传动。牵伸胶辊与输出胶辊两者组合在一起成为一个紧凑型的套件，能方便地从摇架上拆装。输出胶辊的直径稍大于牵伸胶辊，可使牵伸钳口与输出钳口之间产生一定的张力牵伸，有利于处于两者之间被集聚的纤维须条始终处于适当的张紧状态。纤维须条受到纵向张力牵伸的作用，可使弯曲的纤维被拉直，提高了纤维的伸直平行度，确保纤维在集聚区内受到负压吸风的作用而有效集聚。

③ 异形吸风管设计。其负压吸风管为非圆形，也称为异形截面吸风管或异形吸风管。一根异形吸风管对应多个定位，并与负压源相连。在吸风管上部工作面对应每个定位的位置上开有一个吸气缝(吸风口)，吸风口的长度与纤维须条和微孔织物圈的接触长度相匹配。负压吸风管的工作表面为流线型设计。为了适应不同原料或纺制不同线密度的纱线，可采用开有不同长度和倾斜角度的吸风口的负压吸风管(通常配有六个不同吸风口倾角的吸风管)。

④ 专用集聚圈设计。Elite 紧密纺系统的集聚圈为微孔织物圈，采用极为耐磨的合成纤维长丝经特殊工艺织造而成。集聚圈上的织物组织孔隙很细小，约为 3 000 孔/cm^2，类似于滤网结构，因而适用于纺制包括超细纤维在内的各类纤维。

微孔织物圈套在异形截面负压吸风管上，与输出胶辊组成加捻握持钳口，并由输出胶辊摩擦传动。输出胶辊与织物圈之间的摩擦系数比微孔织物与钢制异形吸风管间的摩擦系数高 10 倍以上，可保证微孔织物的运行速度准确稳定。输出胶辊由橡胶包覆，对其微孔织物圈的加压由摇架作用在牵伸胶辊的加压延伸而来。

⑤ 适用性广。Elite 紧密纺系统的集聚装置是与现有细纱机配套加装的，原有牵伸机构没有变化，因此符合目前的生产标准，对可加工的纤维没有任何限制。

目前，Elite 紧密纺细纱机主要有 Fiomax E1 型棉型紧密纺细纱机、Fiomax E2 型毛型紧密纺细纱机，2003 年又推出了利用紧密纺技术生产紧密纺股线(Elitwist)的纺纱技术，进一步提高了纤维的应用价值，生产的紧密纺股线毛羽和纱疵少，条干更好，强力也显著提高。

(3) 瑞士罗托卡夫特公司的紧密纺系统

瑞士罗托卡夫特公司(罗氏公司)于 2003 年推出了 Rocos 型机械集聚紧密纺系统，该系统设计了独特的磁铁集合器，安装在集聚区内，采用几何—机械方法集聚纤维，如图 8-45 和图 8-46 所示。

该装置采用三罗拉四胶辊牵伸集聚结构，在传统前罗拉 1 上，用牵伸胶辊 2 和输出胶辊 3 代替原来的前胶辊，前罗拉直径为 27 mm，牵伸胶辊和输出胶辊之间装有 SUPRA 磁铁集聚器 4，牵伸胶辊 2、集聚器 4、胶辊支架 7、支撑梁 5、导纱器 6 及加压弹簧片 8 等装配成一套紧密纺组合件。

Rocos 型紧密纺系统采用几何—机械原理，通过磁铁陶瓷集聚器实现须条的集聚。集聚器的须条通道专门设计呈渐缩形状，利用几何形状的变化使得通过的纤维须条沿横向集聚紧密。所纺纱的紧密程度由集聚器凹槽出口的尺寸决定，根据纱线品种和线密度分三档，更换凹槽尺寸不同的集聚器。

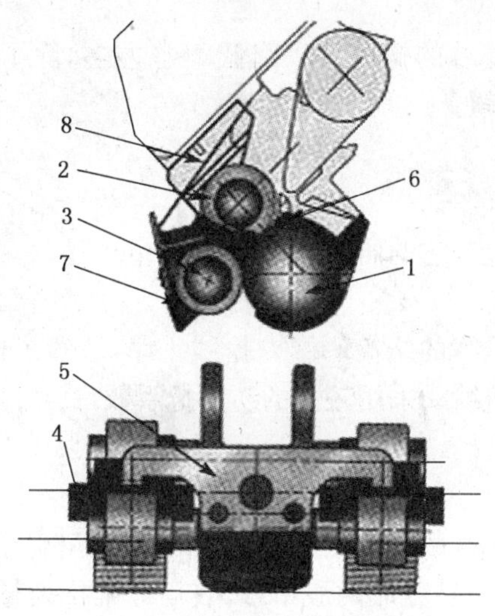

图 8-45　Rocos 型紧密纺装置结构示意图

图 8-46　Rocos 组合件实物图

Rocos 型紧密纺系统的工作原理如图 8-47 所示。利用集聚器的几何形状和固态物体的约束力，将牵伸后的纤维横向收缩、集聚和紧密，使边缘纤维快速有效地向须条中心集聚，以达到最大限度地减小加捻三角区的目的。该系统运行时不需要吸风气流作用，而是在牵伸装置后通过永久磁铁将集聚器吸附在集聚区内的前罗拉表面上，集聚器下部中间有一个沿纱条运行方向贯通的凹槽，凹槽宽度由宽变窄，形成截面收缩的纤维通道，纤维须条和前罗拉同步移动，纤维须条顺利通过集聚器并得到紧密集聚，实现了减小加捻三角区的目的。

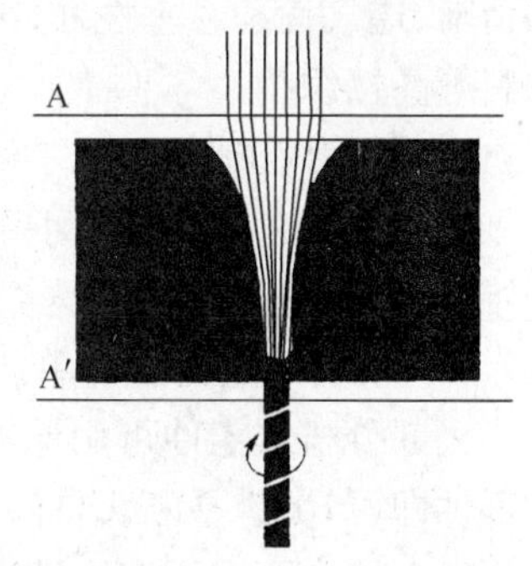

图 8-47　集聚器集聚纤维原理图

5. 紧密纺纱线的特性

(1) 毛羽少

紧密纺技术最大的特点是消除了加捻三角区，使被加捻的须条中纤维尾端的受控性能大大提高，从而大大减少了 3 mm 以上的对后道工序有危害的长毛羽，大幅度降低了毛羽指数。按照 Zellweger Uster 纱线毛羽测试的结果，3 mm 及以上的毛羽指数降低了 10%～30%。

(2) 单纱强力高

由于减少了加捻过程中的纤维转移幅度，使紧密纱中纤维的伸直度提高，提高了纤维承受力的同步性，从而显著地提高了单纱强力和耐磨性，棉纱的最大强力可以提高 5%～15%，化纤纱可提高 10%左右，同时单纱伸长率和弹性也得到了较大提高。

(3) 条干好

纤维须条从前罗拉输出后即受到集聚气流或相应机构的控制，并且须条在集聚时轴向受到一定张力，因此须条中纤维伸直度提高，纱的条干均匀度更好，紧捻纱纱疵情况明显好于传统环锭纱。

(4) 捻度小

若以环锭纱同样的成纱强力为依据，紧密纱的捻度可以降低20%左右，除了可以提高产量、增加效益外，纱线的手感可以变得很柔软。

(二) 赛络纺纱

1. 赛络纺的特点

赛络纺工艺是一种短流程的股线生产工艺，它的商品名称为“Sirospun”。

(1) 经济效益显著

与常规的股线生产相比，赛络纺省去了单纱的络筒、并纱、捻线工序，节约了机器设备，相应减少了占地面积和能量消耗，而且赛络纺纱线采用较高的纺纱捻系数，其纺纱速度可略高，因此，赛络纺每锭产量可比单纱提高一倍。

(2) 纱线质量好

赛络纺的同向同步加捻使其纱线结构特殊，截面形状呈圆形(普通纱线呈扁形)，外观近似单纱，没有股线中明显的单纱捻度纹路，且很易分成两股单纱，表面纤维排列整齐、顺直，纱线结构紧密、毛羽少、较光洁、抗磨性好、起球少、手感柔软光滑。纱线条干CV值和强力与环锭纺相近或略低，断头率低，蒸纱后缩率低。赛络纺纱制成的织物手感柔软、有光泽、纹路清晰、透气性和悬垂性好、染色性能优、热传导率高，适于制作衬衣、男女春夏时装和西服面料等高档织物。

(3) 适用范围广

赛络纺工艺虽然起源于毛纺系统，但也适用于中长纺纱系统、棉纺纺纱系统等不同类型纤维的生产。

(4) 设备改造比较简单

大部分机器零件可用原有的环锭细纱机机件，只需安装附加部件即可，关键是断头自停装置的效果，要求其切断有效率达98%以上。在不需要赛络纺时，将附加部件拆除，就能很容易地恢复原状。

(5) 赛络纺的不足之处

① 赛络纱的细节较多，易出现长细节，必须对原料和工艺参数进行优选，必须保证单纱打断器的质量，充分发挥后道络筒机上电子清纱器的清纱作用。

② 赛络纱单纱与股线的捻向相同，造成股线打结多，回丝也较多。

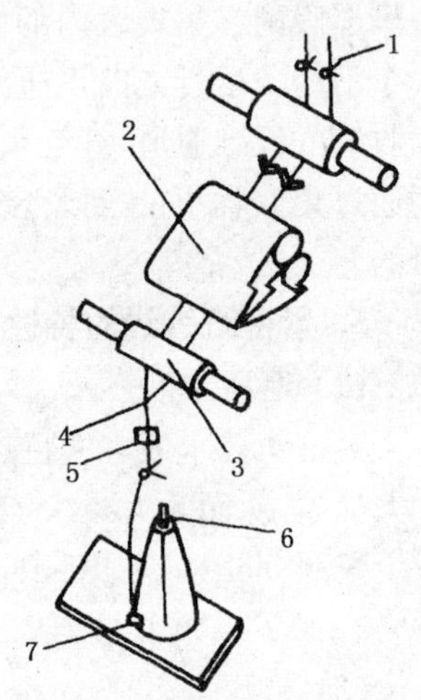

图8-48 赛络纺纱原理图

1—粗纱导纱器 2—皮圈牵伸 3—前罗拉 4—汇聚点 5—单纱断头打断器 6—锭子 7—钢丝圈

2. 赛络纺的纺纱原理与纺纱设备

(1) 纺纱原理

如图8-48所示，两根平行的粗纱进入牵伸区后，经前罗拉输出，形成一个三角区，并汇集到一点，合并加捻后卷绕到纱管上。锭子和钢丝圈的回转给纱线加捻，捻度自下而上地传递，直至前罗拉握持处。汇集点上方的两根单纱的捻向和下方股线的捻向相同，但捻度为上少下多。

（2）细纱机上的赛络纺装置

① 改装粗纱架，增加双倍的粗纱容量，粗纱间距 150 mm±5 mm，粗纱成形 130 mm±10 mm。要注意避免同一个纱管位置上的两根粗纱以相同相位喂入。

② 原后、中、前导纱器分别调换为双槽导纱器，三者纵向对中心。

③ 导纱横动装置不横动。

3. 赛络纺工艺参数的选择

（1）粗纱间距 D

粗纱间距 D 大，单纱条的长度增加，单纱条上的捻度也增大。实践证明，毛纺系统的粗纱间距 D 为 14 mm 左右，中长化纤的 D 以 10～12 mm 为宜，棉纺系统的 D 为 4～8 mm（一般为 6 mm）。

（2）捻系数

赛络纱的捻系数大小将影响其强力，捻系数适当加大对提高赛络纱的强力有利。一般来说，捻系数主要根据纱线品种和用途加以选择，注意保持在普通纱线范围内。当捻系数较小（小于 55）时，D 增大将导致滑移纤维增多，纱线强力不匀率大；当捻系数较大（大于 55）时，汇聚点上侧的单纱条上的捻度足以防止纤维在纱条中的滑移，D 适当增大，可使强力不匀率下降，强力增高。

对于一定长度的纤维来说，粗纱间距值必须与捻系数配合选择。

（3）纺纱张力

纺纱张力主要受钢丝圈重量的影响，当钢丝圈加重时，汇聚点上侧的单纱张力随纺纱张力的增加而增加，赛络纱毛羽减少，但汇聚点上侧的单纱强力低于相同线密度的单纱，因此配用的钢丝圈应略轻于同样线密度的普通纱所用的钢丝圈。

（4）锭速

由于赛络纺纱机上装有断头自停装置，过高的锭速会引起机构的振动，使纱线跳出此装置，有时会增加断头，所以锭速应略低于普通细纱机。

4. 成纱质量控制

（1）成纱强力

① 提高成纱强力的措施。

（a）选择较大的成纱捻系数。

（b）采用较细长的纤维。

（c）减小粗纱定量。赛络纱不像环锭纱那样通过加捻和纤维转移来获得强力，而是通过单纱间的相互缠绕获得强力。纤维间的抱合力受到赛络纱紧密度的影响，而赛络纱的紧密度又受到前罗拉钳口输出的单纱紧密度的影响。当喂入较细的粗纱时，需要的牵伸倍数较小，从而使粗纱在牵伸过程中的扩散程度较小。因此，可以产生较窄的纤维须条，使纤维在前罗拉钳口和钢丝圈之间更易被捻入纱条。

（d）采用较低的后区牵伸。纱线强力的不匀率通常随着牵伸倍数的减小而降低，普通纱线和赛络纱都是如此。在牵伸过程中，粗纱有扩散的趋势，因而采用较低的牵伸倍数时须条较紧密，汇聚点之上的单纱条在相互缠绕的过程中由于张力的作用，较紧密的须条可能承受较小的局部拉伸而降低强力不匀率。

② 赛络纱的强力特性。

赛络纱的强力明显优于普通双根粗纱无间距喂入的同线密度同类双纺纱，而与真股线

的强力相仿,原因如下:

(a) 对于赛络纱,纱线的相互缠绕使表面纤维有效地束缚在纱体上,表面纤维对纱线强力也有贡献,因此,赛络纱强力受纤维转移的影响很小,强力高于同线密度的普通纱。

(b) 由于赛络纱的单纱上有捻度,单纱在汇聚点捻合之前,纤维就发生了从内层到外层、从外层到内层的转移,因此捻合后的赛络纱与普通单纱相比,纤维在内外层上的转移只是普通单纱的一半,纤维与纱线轴之间的倾斜角较小,在纱线受到拉伸时,纤维强力利用率相对较高。

(c) 相对于普通股线来说,赛络纱少经过2～3道工序,加工过程中的磨损较少,所以强力损失也少。

(2) 成纱毛羽

影响赛络纱表面毛羽的因素有粗纱间距、成纱捻度、锭速等。

① 粗纱间距。除了在低捻度和高锭速时,增加纱条间距都会降低纱线毛羽。

② 成纱捻度。与普通纱线相比,赛络纱的毛羽在一个特定的捻度范围内随着捻系数的增加而增加。在此范围内,随着捻系数的增大,纱线毛羽增多,这一特定的捻系数范围随着纤维的类型和锭速的不同而不同;在此范围之外,股线捻度增加,毛羽减少。

③ 锭速。锭速是通过影响卷绕过程的离心力、钢丝圈对纱线的剪切作用、纺纱张力这三个因素来影响成纱毛羽的。

(a) 离心力。离心力这与锭速的平方成正比,会把纤维甩出纱线表面,离心力增大,纱线毛羽增多。

(b) 钢丝圈的剪切作用。锭速较高时,钢丝圈能磨起纱线表面纤维或切断伸出纤维的尾端,这与钢丝圈的形状、截面有关。钢丝圈的剪切作用强时,纱线毛羽增多。

(c) 纺纱张力。纺纱张力与锭速的平方成正比,纺纱张力增大,纱线毛羽增多。

一般来说,对于棉纱,当锭速低于10 200 r/min时,毛羽随着锭速的增加而增加。

赛络纱的毛羽明显低于普通单纱,而略高于股线,而且经过络筒工序后,赛络纱毛羽的增长值也低于单纱,其原因正如前面对表面纤维圈结的讨论所述,赛络纱的单纱条上含有少量捻度,表面纤维受到一定程度的圈结,因此,毛羽相对较少。

5. 赛络紧密纺

将紧密纺的负压管上每个锭位开两个负压槽,同时采用双根粗纱喂入,即为赛络紧密纺。

(三) 环锭纺棉/氨包芯纱

1. 氨纶纤维概况

(1) 优点

高伸长、高弹性,同时具有密度小、重量低、回缩力小而回弹性强的特性,穿着时感到舒适,而没有橡皮筋线那种压迫感,拉伸变形后能恢复原状。

(2) 缺点

吸湿性差,公定回潮率仅1.3%,强度也较其他纺织纤维差,所以一般很少单独使用。

(3) 用途

以氨纶为芯丝,外包棉纤维的氨纶弹力包芯纱所织成的织物,在国内外十分流行,因为织物具有舒适自如、合身适体、透气吸湿、弹性回复率高等服用性能。氨纶弹力纱织物除了用于运动衣之外，还可用作衬衣、外衣和裙子面料。

2. 棉/氨包芯纱纺制原理

(1) 棉/氨包芯纱纺制过程

棉粗纱正常地从细纱机的牵伸装置通过，而氨纶丝经过退绕机构以后经过一定的预牵伸，再从细纱机前罗拉钳口喂入，这样，氨纶丝与棉须条在前罗拉钳口汇合后一起输出，加捻卷绕在细纱筒管上。

(2) 影响棉/氨包芯纱弹性的主要因素

棉/氨包芯纱织物的弹性由纱线的延伸性和弹性回复率确定，而纱线的弹性回复率(一般要求 10%～60%)主要由以下因素决定：

① 棉/氨包芯纱所采用的氨纶丝线密度，芯丝线密度越大，成纱弹力越高；

② 对芯丝的(预)牵伸，牵伸倍数越大，成纱弹性越高；

③ 氨纶在成纱中的百分率，比例越大，成纱弹力越高。

3. 氨纶丝线密度的选用

氨纶丝常用规格有 4.4 tex(40D)、7.7 tex(70D)、15.4 tex(140D)、30.8 tex (280D)，选择时应注意以下要点：

① 根据纺纱线密度选择氨纶丝线密度，低线密度纱选用 4.4 tex(40D)，中线密度纱选用 7.7 tex(70D)，高线密度纱选用 15.4 tex(140D)。

② 根据织物的弹力要求选择，弹力要求大时，可选用线密度高的；反之，选用线密度低的。

③ 根据织物用途选择，机织物的弹性伸长为 10%～20%，运动衣掌握在 20%～40%；滑雪衣、内胸衣在 40%以上。

④ 根据氨纶丝的含量选择，机织物中的氨纶含量一般为 2%～5%，其他织物中可在 10%以上。

4. 氨纶丝的预牵伸倍数

(1) 氨纶丝的弹性回缩力(弹力)与氨纶伸长率的关系

伸长率越大，回缩力越大，牵伸倍数越大。

(2) 氨纶丝的预牵伸倍数计算公式

$$\text{氨纶丝的预牵伸倍数} = \frac{\text{细纱机前罗拉线速度}}{\text{氨纶丝输出罗拉线速度}} = 1 + \text{氨纶伸长率} \leqslant 1 + \text{氨纶断裂伸长率}$$

氨纶的断裂伸长率一般在 400%以上，所以在生产过程中，为了保证氨纶丝不断，氨纶丝的预牵伸应小于 5 倍。

(3) 氨纶丝的预牵伸倍数选择

氨纶丝的预牵伸倍数一般选择 2～5 倍。使用 4.4 tex(40D)、7.7 tex(70D)、15.4 tex (140D)氨纶丝纺包芯纱时，预牵伸可选 3～4.5 倍。根据经验，预牵伸选用 3.8 倍，可以保证织物的弹力伸长率为 25%～35%。

(4) 根据织物用途选择氨纶丝的预牵伸倍数

如针织弹力内衣和弹力袜使用 16～18tex(32^S～36^S)氨纶包芯纱时，7.7tex(70D)氨纶丝预牵伸选 3.5～4 倍；经向弹力灯芯绒和弹力牛仔布使用中、高线密度棉氨包芯纱，可选大一些，氨纶丝预牵伸选 3.8～4.5 倍，这样可以保证弹力裤穿着时臀部、膝盖部位有较好的回弹力。

（5）根据氨纶线密度选择氨纶丝的预牵伸倍数

15.4 tex(140D)氨纶丝可选择预牵伸4～5 倍，7.7 tex(70D)氨纶丝选择预牵伸 3.5～4.5 倍，4.4 tex(40D)氨纶丝选择预牵伸3～4 倍。

5. 包芯纱线密度与芯丝含量的计算

（1）包芯纱线密度

设 C_S 为棉/氨包芯纱的线密度（tex），C 为外部包覆棉纤维的纺出线密度（tex），S 为氨纶丝的线密度（tex），E 为预牵伸倍数，则：

$$C_S = C + \frac{S}{E} \quad 或 \quad C = C_S - \frac{S}{E}$$

（2）包芯纱中氨纶丝含量

$$氨纶丝理论含量\ M_1 = \frac{\frac{S}{E}}{C_S} \times 100\% = \frac{S}{E \times C_S} \times 100\%$$

但是，氨纶的实际含量 M_2 略高于理论计算值，原因是氨纶丝离开前罗拉时会发生回缩，即实际得到的预牵伸倍数大于理论值。也就是说，经过预牵伸后的氨纶丝的线密度小于包芯纱中的氨纶丝的线密度，这样就使得纱中的实际含量略大于理论含量。美国杜邦公司对此采用配合系数 K（杜邦公司采用 $K=1.16$），即：

$$氨纶丝实际含量\ M_2 = \frac{S}{E \times C_S} \times K \times 100\%$$

因此，氨纶弹力包芯纱的线密度计算式应改为：

$$C_S = C + \frac{S}{E} \times K$$

式中：$\frac{S}{E} \times K$ 称为氨纶丝的有效线密度（若以旦尼尔为单位，则称有效纤度）。

6. 捻系数的选择

氨纶丝的伸长大，为了防止外包纤维松散脱落，棉/氨包芯纱的捻系数应稍大。一般情况下，每英寸的捻度应比同线密度普通纱增加 1～2 个捻回（相当于特克斯制捻度增加 4～8 个捻回）。

7. 棉/氨包芯纱的规格

根据 2002 年 7 月 1 日实施的《棉氨包芯本色纱》纺织行业标准，氨纶的公定回潮率为 1.3%，品种代号按原料、混纺比、纺纱工艺、纱线线密度、氨纶长丝规格（加圆括号）以及用途表示。

例如针织用精梳氨纶包芯本色纱线密度为 13 tex，氨纶长丝的规格为 44.4 dtex(40 D)，棉与氨纶的混纺比例为 C/S 93/7，其品种代号为“C/S 93/7 J 13(44.4 dtex(40 D))K，”

其中,C 表示棉,S 表示氨纶。

也有工厂使用习惯表示法,上例习惯表示为"C 13 tex+S 40 D"或"C 45^{S}+S 40 D。"

8. 氨纶包芯纱常见纱疵及产生原因

① 无外包覆纤维。在纺制低线密度氨纶包芯纱或氨纶长丝较粗时,易产生该类纱疵。

② 无芯纱。一是钢丝圈与钢领配置不当,使氨纶长丝断裂所致;二是操作(氨纶断头未能及时发现)、工艺不当(预牵伸过大)所造成。

③ 包覆效果不佳(包偏)。氨纶长丝与棉粗纱须条的相对位置配置不当或氨纶长丝没有通过集合器失去控制而造成。

(四) 赛络菲尔纺

1. 赛络菲尔纺纱过程

一根粗纱须条经过细纱机牵伸装置,一根长丝与粗纱须条保持一定距离平行喂入细纱机前钳口,从前罗拉钳口输出后汇合并加捻成纱。

2. 赛络菲尔纺纱装置

在细纱机粗纱架的下方,安装两个平行罗拉,放置卷装成形的长丝,粗纱条正常地从细纱机的牵伸装置通过,而长丝通过摇架上的一个导丝轮引入前罗拉。这样,化纤长丝与粗纱须条在前罗拉钳口处汇合后一起输出,经过加捻卷绕在细纱筒管上。在赛络菲尔纺纱中,化纤长丝可以是涤纶、尼龙长丝等。这种纱也称为包覆纱。

赛络菲尔纺与氨纶包芯纱装置基本相似,差别在于赛络菲尔纺中长丝只受到很小的张力牵伸,而包芯纱中的氨纶丝受到 3~5 倍的预牵伸。

3. 赛络菲尔纱的特点

(1) 赛络菲尔纱的结构

短纤维须条与长丝的抗弯刚度和抗扭刚度不同,造成两者在成纱结构中的位置分布有差异,长丝呈螺旋状包覆在短纤维须条外。

(2) 赛络菲尔纱的性能

成纱断裂强度、断裂伸长率优于同规格股线,条干均匀度优于同规格单纱,毛羽明显减少。

(五) 竹节纱

1. 竹节纱的定义

通过改变细纱的引纱速度或者喂入速度,使纺出的纱沿轴向出现竹节似的节粗节细现象,这种纱叫竹节纱。

2. 竹节纱的生产设备

竹节纱的竹节产生方式有前罗拉降速法与中后罗拉加速法两种方法。这两种方法各有优点。目前,市场上销售的主要是中后罗拉加速法产生竹节的竹节纱装置,它的特点是生产效率高,能满足大部分竹节纱的质量要求。前罗拉降速法产生竹节的竹节纱装置的特点是竹节非常准确,可以生产 3 cm 以下的竹节,但生产效率低下,目前市场上销售的很少。

3. 竹节纱的特点

竹节纱有四个主要参数,即基纱线密度、竹节粗度(也称为竹节倍率)、竹节长度和竹节间距(也称为基纱长度)。由于竹节纱的特殊结构,其布面风格与上述参数密切相关。各参数各种各样的组合决定了布面的特殊风格,其方法主要有:

① 由于竹节纱的竹节部分较粗，纺纱时竹节部分的捻度也较少，纤维较松散，使竹节纱染色时粗段与细段对染料的吸收不一致，再结合竹节长短不同，会形成雨点或雨丝的风格。

② 原料不同所形成的风格有很大差异，通过不同原料的组合可形成各种风格独特的面料。如用普通棉、涤纶原料纺制的竹节纱的竹节比较明显，而采用异形纤维如阳离子涤纶、强光涤纶、黏胶等形成较细竹节，然后与普通纱加捻成线，可制成高档面料。

③ 在转杯纺纱机上生产的竹节纱，在很多面料中得到了应用。如转杯纺的 C 48.6～58.3 tex(12^S～10^S)竹节纱，其竹节可比普遍纱高 1.3～1.8 倍，配合竹节间距与长度的变化，可织制出具有麻风格的高档面料。

④ 利用竹节纱竹节部分的长短不同、粗细不同、节距不同、原料不同进行组合，生产适合机织与针织使用的竹节纱，可开发出丰富多彩、风格各异的面料。

4. 竹节纱的分析

竹节纱参数见图 8-49，主要包括基纱线密度、竹节粗度、竹节长度及竹节间距。

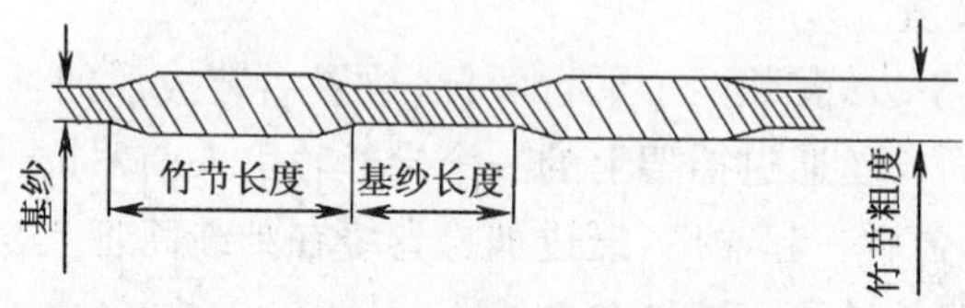

图 8-49　竹节纱主要参数示意图

竹节纱的线密度目前没有国家标准，实际生产中以客户认可为标准。竹节纱的线密度有两种表示方法。

① 以基纱线密度为准，考虑竹节部分的线密度，以基纱线密度加竹节的线密度方法表示，如：C18.5 tex＋36 tex 竹节纱。

② 实测纱线百米重量，以纱线百米标准重量的 10 倍来表示竹节纱的线密度，如：C18.5 tex 竹节纱。

现在大多数企业以平均线密度表示竹节纱，并标注竹节参数或者附竹节纱实物样或者竹节纱的织物。

竹节纱的竹节分析方法主要有黑板条干法、切断称重法和电子条干仪法。

① 黑板条干法。就是把竹节纱摇成黑板，在黑板上，竹节纱的竹节非常明显，其长度、粗度、分布一目了然，然后进行测量分析，记录竹节纱的规格参数(节长、节距)。

② 切断称重法。就是把竹节部分和节距部分(基纱)从纱线上剪下来，进行称重、测长，确定竹节纱粗细比(竹节线密度与基纱线密度之比值)。

③ 电子条干仪法。就是用电子条干仪对竹节纱进行分析，并制成电子黑板，可以获得比较详细的数据信息。目前，具有竹节纱分析能力的电子条干仪主要为 USTER4 和 5 条干仪，其他条干仪很难进行这方面的分析。

(4) 分析竹节纱布样

给一块机织或针织竹节纱布样，要求进行分析后打样试制。

具体分析步骤如下：

① 拆不少于 30 根不短于 30 cm 的竹节纱，测量竹节间距、竹节长度，检查间距与长度

的差异，观察节粗，确定竹节纱的竹节长度、竹节间距。

② 测量粗细比(粗度)，通常采用切断称重法，即切取单位长度的基纱与竹节，然后分别在扭力天平上称其重量，用单位长度的竹节重量除以单位长度的基纱重量，便得到粗细比。单位长度一般选 10 mm，可使用 Y171 型纤维切断器。在纤维切断器的下夹板上，用漆画一条垂直于夹板边缘的线，操作时，由一人将竹节中段紧贴于下夹板的漆线上，另一人将上夹板夹拢并向下按过切刀，试样就被切下。因夹板的宽度为 10 mm，所以试样的长度也是 10 mm。此方法既方便又准确，通常做五组试验求其均值，以确定竹节纱粗细比。

③ 计算基纱的线密度

$$\text{基纱线密度(tex)} = \frac{\text{平均线密度(tex)}}{\text{基纱比例} + \text{粗细比} \times \text{竹节比例}}$$

例 纺制平均线密度为 C36.9 tex 的竹节纱，已知基纱长度(节距)和竹节长度(节长)的分布规律(表 8-15)，竹节粗细比(倍率)为 3 倍，试计算基纱的线密度。

表 8-15 竹节纱的分布规律

基纱长度(节距)(mm)	160	320	600	450
竹节长度(节长)(mm)	75	75	75	85

解 基纱长度(节距)总和=160+320+600+450=1 530(mm)

竹节长度(节长)总和=75+75+75+85=310(mm)

总长度=1 530+310=1 840(mm)

(一个循环)基纱长度(节距)占总长度的百分比=1 530/1 840=83.2%

(一个循环)竹节长芳(节长)占总长度的百分比=310/1 840=16.8%

则

$$\text{基纱线密度} = \frac{36.9}{83.2\% + 3 \times 16.8\%} = 27.6 \text{ tex}$$

④ 取竹节纱布样再进行拆纱，制成黑板，留样，待打样后进行对比。

⑤ 根据测量的结果，制定试纺工艺设计单，准备上机进行试纺。

⑥ 在细纱机上进行工艺调整，试纺竹节纱。

⑦ 取试纺竹节纱取样，进行测试，与样品进行对比，是否符合设计要求，符合样品质量，则进行生产；不符合要求，重新进行工艺调试，重新试纺，然后进行测试、对比，如此循环往复，直至符合样品才能进行生产。

注：如果客户所提供样品无法拆出 30 根或者长度无法达到 30 cm，可根据情况进行调整；如果样品较大，尽量多拆一些样品，保证样品代表的准确性。

(六) 低扭矩纺纱

针织物扭曲歪斜与变形是常见的一个问题，它不仅影响织物及服装的美观，而且降低了针织面料的利用率。针织物的扭曲歪斜与变形是由纱线的残余扭矩和生产过程等因素引起的，并受纱线参数、编织参数及后整理工艺等的影响。其中，纱线的残余扭矩是在纺纱过程中产生的。在纺纱加捻时，纤维被拉伸和扭转，纱线中因此储存了与之相应的扭应力，其中一部分在纺纱过程及其后的加工过程中被释放，但是仍然有相当的应力被保留下来，形成纱线的残余扭矩。

在低扭矩纺纱方法之前，改善针织物扭曲歪斜与变形主要有三大措施，一是改良纱线，如使用双纱、非传统纱、蒸纱处理等；二是改进编织，如使用与纱线捻向相适应的针筒转向、减少圆机喂纱路数、提高针织物紧密系数、使用适当的送纱张力和牵拉张力等；三是改进后整理工艺等。虽然这些方法可以减小扭曲角度，但存在织物性能不理想或生产成本高等问题。

为了从根本上改善针织物的扭曲变形，从减少纱线的残余扭矩入手，研制出了一种新型低残余扭矩环锭纺纱方法——低扭矩纺纱。其原理是：在前罗拉和导纱钩之间安装一个特别设计的纱线改良装置——假捻器，通过改变成纱三角区中纤维的排列形态，使纱线中的纤维重新排列、优化，在保证纱线强力、伸长、均匀度和毛羽等性能的前提下，大大减小纱线内的残余扭矩，以纠正针织织物的扭曲变形。

低扭矩纺纱技术是由香港理工大学陶肖明博士经过十余年的研究而开发的，其技术关键是假捻器及其相关组件的设计、安装、传动及转速控制和工艺调整。目前，低扭矩纺纱已进入工业化生产，生产的低捻环锭纱、包芯纱已制成针织内衣、毛巾等，取得了较好的经济较益。

（七）嵌入式纺纱

嵌入式纺纱又称“如意纺”，是武汉纺织大学和如意集团首创的一种复合纺纱技术，其实质是两个赛络菲尔纺，再进行赛络纺，如图 8-50 所示，采用两根粗纱作芯纱、两根长丝作包覆丝。

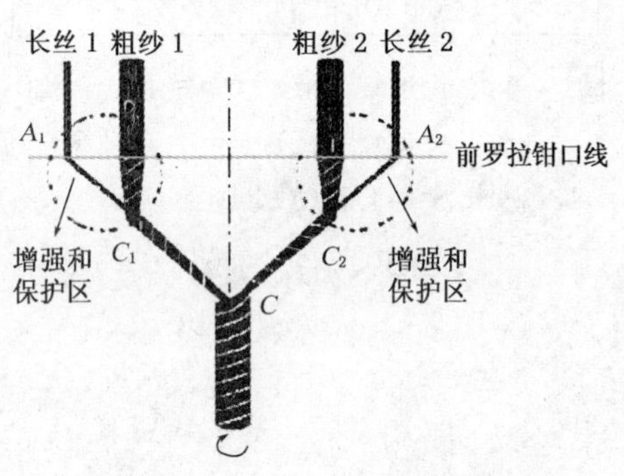

图 8-50　嵌入式纺纱原理图

如果长丝用可溶性维纶作载体，可以用较少截面根数的短纤纺成极低线密度的纱（据报道，可达 1.17 tex，即 500^S），或者将可纺性较差的纤维（如木棉）纺成一定线密度的纱。

如果用一般长丝作包覆丝，喂入的长丝 1、长丝 2、粗纱 1、粗纱 2 这四组成分均为不同纤维，则可以纺成各种长丝与短纤的复合纱，并具有嵌入式纺纱特殊的结构和效果。

嵌入式纺纱作为环锭纺纱的新方法，在极低线密度纱的实用性、喂入机构设计、每锭四组成分的喂入长丝或粗纱的断头处理、挡车操作、生产管理等方面还需进一步研究。

（八）多功能全数控细纱机

细纱机的前、中、后三个罗拉分别由三台伺服电机单独驱动，变速控制三个罗拉，主电机变频调速。这种多功能全数控细纱机具有以下优点：

① 工艺调节十分方便。细纱机的总牵伸倍数、后区牵伸倍数、捻度、锭速、前罗拉速度等工艺参数均通过触摸屏调节，工艺调节十分方便。而传统工艺参数的调整是通过改变牵伸变换齿轮、捻度变换齿轮、皮带盘进行调节的，操作麻烦。

② 多功能复合纺纱技术集成。将赛络纺、紧密纺、赛络紧密纺、包芯纱、竹节纱等集成装置组成一体，再结合锭速的变化，可纺制变捻纱等各种花式纱；如果采用有色粗纱，还可纺制 AB 纱、段彩纱等花色纱。

本章学习重点

学习本章后，应重点掌握三大模块的知识点：

一、细纱机的机构组成与工作原理

1. 细纱机的主要技术特征、工艺流程。
2. 细纱机主要机构的工作原理，如牵伸、加捻、卷绕成形、辅助机构等。
3. 细纱机传动与自动控制的一般工作原理。

二、细纱工艺设计原理

三、细纱综合技术

1. 细纱质量控制技术。
2. 细纱机加工化纤的技术。
3. 环锭纺纱新技术，如紧密纺纱、赛络纺纱、棉/氨包芯纱、赛络菲尔纺、竹节纱等。

复习与思考

一、基本概念

细纱单产　细纱断头率　浮游区长度（自由区长度）　钳口隔距（原始隔距）　钢丝圈号数　卷绕层　束缚层　钢丝圈走熟期　钢领衰退　临界捻系数

二、基本原理

1. 细纱工序的任务是什么？
2. 试述双胶圈牵伸装置的摩擦力界布置原则。
3. 试述国产细纱机牵伸装置的形式及特点。
4. 试述细纱捻度与纱线物理机械性能的关系。
5. 细纱是如何加捻的？细纱是如何卷绕的？
6. 如何选择细纱捻系数？
7. 试述钢领的种类及特点。
8. 何谓钢丝圈走熟期？
9. 如何选择钢丝圈？
10. 试述细纱捻度不匀产生的原因及消除的方法。
11. 试述各种变换齿轮的作用。
12. 细纱翻改线密度较大时，在工艺上应做哪些调整？
13. 细纱机加工化纤时，工艺上要注意哪些问题？
14. 细纱质量指标包括哪些方面？

基本技能训练与实践

训练项目1：到工厂收集典型的细纱波谱图，对波谱图进行分析，分析原因。

训练项目2：上网收集或到校外实训基地了解有关细纱机，对各种类型的细纱机进行技术分析。

训练项目3：细纱工艺计算，速度计算、牵伸计算、捻度计算、产量计算。

第九章 后 加 工

内容提要

本章简单介绍了棉纺后加工的任务和工艺流程、络筒机的主要机构和工艺、并纱机的主要机构与工艺、捻线机的主要机构与工艺及摇纱与成包的规格等内容。

第一节 后加工工序概述

棉纺厂生产采用原棉及各种化纤作为原料，其成品为多种规格的单纱及股线。这些成品有的是供本厂织部用的自用纱线，有的是供其他织布厂、巾被厂、线带厂等使用的售纱线。细纱（管纱）的容量小（一般只有几十克），纱上还存在各种疵点，因此，须进行进一步加工制成合适的卷装，并提高产品质量，便于售纱运输、储存以及为使用厂的相关工序做准备。细纱工序以后的这些加工统称为后加工，一般包括络筒、并纱、捻线、摇纱、成包等工序，成品为筒子纱线或绞纱线。

一、后加工各工序的基本任务

1. 络筒

络筒是将细纱工序送来的管纱在络筒机上退绕并连接起来，经过清纱张力装置，清除纱线表面附着的杂质、棉结、粗节、细节等疵点，使纱在一定的张力下卷绕成符合规定要求的筒子，便于运输和后道工序的高速退绕。

2. 并纱

并纱是将两根及以上（最多五根）的单纱在并纱机上加以合并，经过清纱张力装置，清除纱上的结杂和疵点，制成张力均匀的并纱筒子，以提高捻线机的效率和股线质量。

3. 捻线

捻线是将并纱筒子上的合股纱在捻线机上加上适当的捻度，制成符合不同用途要求的股线，并卷绕成一定形状的卷装，供络筒机络成线筒。捻线可提高纱线条干均匀度和强力，增加耐磨性。

4. 摇纱与成包

摇纱是在摇纱机上将纱线摇成一定重量或一定长度的绞纱线，以便于漂练或染色。成包是将绞纱线经过墩绞打成小包，然后打成中包或大包，包装体积必须符合规定，以便长途运输和储藏。

5. 其他

根据需要，有的产品要经过着水、蒸纱等定形处理，以稳定纱线捻回；有的产品要经过烧毛、上蜡等处理，使纱线表面光滑；有的产品要在花式捻线机上加工成环、圈、结、点等花式线。

二、后加工的工艺流程

根据不同的品种、用途和要求，后加工工艺流程常分为三种。

1. 单纱的加工工艺流程

细纱(管纱)→络筒→ 筒子纱→成包

细纱(管纱)→络筒→摇纱 —绞纱→ 绞纱成包

2. 股线的加工工艺流程

细纱(管纱)→络筒→并纱→捻线(倍捻)→(络筒)→ 筒子线→成包

细纱(管纱)→络筒→并纱→捻线(倍捻)→(络筒)→摇线 → 绞线成包

3. 缆线的加工工艺流程

所谓“缆线”是经过两次并捻的多股线，第一次捻线工序称为初捻，第二次捻线工序称为复捻。某些工业用线如轮胎帘子布用线、多股缝纫线等需要进行复捻，这些产品是在专业工厂内生产的。

一、概述

络筒(又称络纱)是纺纱生产中将管纱的卷装形式重新卷绕成符合下道工序加工要求(或客户要求)的筒子。

(一) 络筒工序的任务

① 增加卷装容量。将细纱工序生产的管纱加工成容量较大的筒子。

② 清除纱线疵点。清除纱线上的粗节、细节、棉结等疵点和杂质。

③ 制成成形良好的筒子。制成的筒子无重叠，成形良好。

(二) 络筒机的种类

完成以上络筒工序任务的是络筒机，其种类有两类，即普通络筒机和自动络筒机。

1. 普通络筒机

按喂入卷装的不同可分为管纱喂入型、绞纱喂入型及筒子纱喂入型。管纱喂入型用于大多数场合，绞纱喂入型仅用于色织准备工序，筒子纱喂入型用于倒筒。

目前，我国纺织企业所使用的普通络筒机均为国产设备，速度较慢(管纱喂入型一般为550～750 m/min、绞纱喂入型140～160 m/min、筒子纱喂入型600～1 200 m/min)、产量低、自动化程度较低、用工较多、络筒质量一般。

2. 自动络筒机

自动络筒机是以机电一体化操作代替了人工操作，实现了换管操作、断头接头自动化。现代自动络筒机已具有张力自动控制、防叠、电子清纱、防毛羽、除异性纤维等功能，通过触摸显示屏，实现了人机对话、工艺参数调整、实时显示每一锭的质量状态等。

目前，我国纺织企业所使用的自动络筒机既有国产设备也有引进设备。

(三) 络筒机的主要技术特征

1. 普通络筒机的主要技术特征(表9-1)

表9-1 部分普通络筒机的主要技术特征

机型	GA014PD	GA015	GA036	GS669
制造厂	天津宏大	天津宏大	天津宏大	上海新四
机器形式	双面槽筒式	双面槽筒式	单面直线式	单面单锭式
喂入形式	绞纱线	管纱线	筒子纱线	管纱线
卷绕线速度(m/min)	140，160	400～740	600～1 200	300～1 000
标准锭数(锭/台)	100	80	36	60
卷绕系统	防叠卷绕	防叠卷绕	精密卷绕	防叠卷绕
导纱机构	槽筒式	槽筒式	旋转拨片式	槽筒式
防叠方式	无触点间隙开关	无触点间隙开关	无重叠	电子间隙防叠
断纱自停机构	机械式	机械式	光电式	电子式，气动式
张力装置	消极式圆盘	消极式圆盘	积极式圆盘	积极传动式
清纱装置	机械式	电子式	机械式	电子式
接头方式	人工	空气捻接器	空气捻接器	人工
功率(kW)	2.18	4.77	14.4	5

2. 自动络筒机的主要技术特征(表9-2)

表9-2 部分自动络筒机的主要技术特征

机型	Espero－M/L	Autoconer 338	Orionm/L	No. 21C
制造厂	青岛宏大	德国赐莱福	意大利萨维奥	日本村田
喂入形式	纱库型，单锭式	纱库型，单锭式	纱库型，单锭式	纱库型，托盘式，细络联式
卷绕线速度(m/min)	400～1 800(变频)	300～2 000	400～2 200	最高2 000
标准锭数(锭/台)	60	60	64(8锭/节)	60
防叠方式	机械式	电子式	电子式	“Pac21”卷绕系统
张力装置	圆盘式双张力盘，气动加压	—	—	栅式张力器
电子清纱器	全程控制	全程控制	全程控制	全程控制
接头方式	空气捻接，机械搓捻	空气捻接	空气捻接，机械搓捻	空气捻接
监控装置	设置工艺参数，数据统计，故障检测	传感器纱线监控，张力自动调控，负压控制吸风系统	传感器纱线监控，张力自动调控，工艺参数监控及统计检测	Bal-Con跟踪式气圈控制器，张力自动调整，Perla毛羽减少装置，VOS可视化查询系统

(四) 自动络筒机的工艺过程

日本村田 No. 21C 自动络筒机的单锭示意图如图 9-1 所示，图(a)为纱库型，图(b)为托盘型及细络联型。

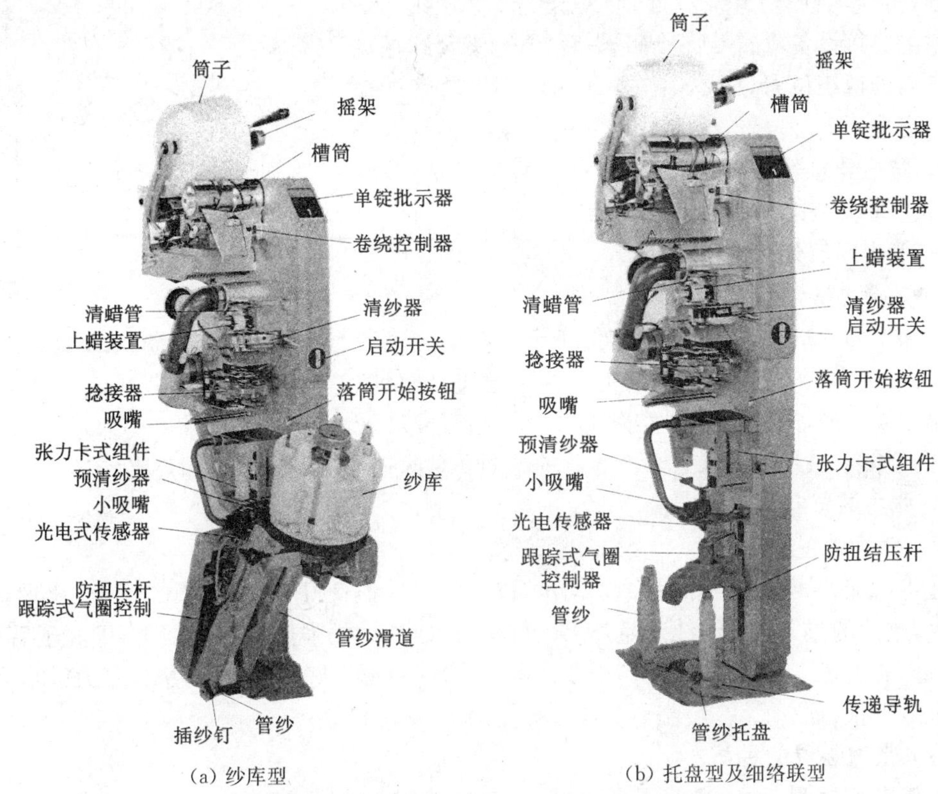

(a) 纱库型　　(b) 托盘型及细络联型

图 9-1　日本村田 No. 21C 自动络筒机单锭示意图

二、村田 No. 21C 自动络筒机的机构组成及作用

村田 No. 21C 自动络筒机的机构由退绕、中间、卷绕三个部分组成。

(一) 退绕部分

1. Bal-Con 跟踪式气圈控制器

图 9-2 所示为村田 No. 21C 自动络筒机的 Bal-Con 跟踪式气圈控制器，用于减少退绕气圈引起的张力波动。所谓跟踪式，即当管纱退绕高度逐渐下降时，可动 Bal-Con 能跟随下降，以稳定退绕张力。Bal-Con 跟踪式气圈控制器的工作过程如下：

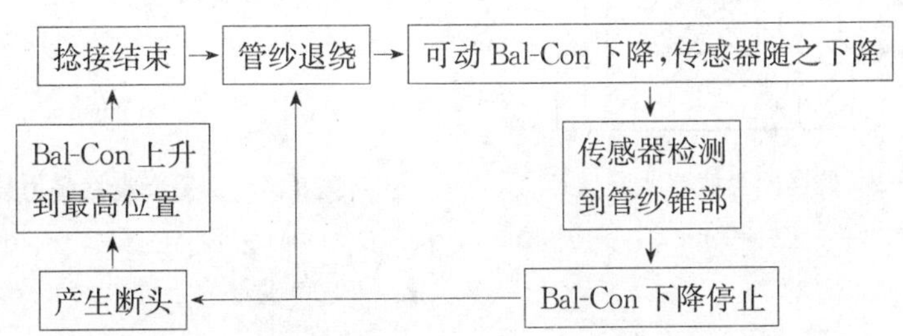

2. 圆形纱库及管纱托盘

圆形纱库应用于人工操作，放置预备管纱，一旦退绕管纱上的纱线退绕完毕，圆形纱库自动转动一个角度，将一个预备管纱输送至退绕位置，继续退绕。管纱托盘是细络联的连接设备，当管纱退绕完毕后，空管沿管纱托盘的轨道离开退绕位置，而下一个满管细纱则沿着管纱托盘的轨道进入退绕位置，继续退绕。

3. 防扭导丝器

防止管纱在退绕过程中产生扭结。

（二）中间部分

1. 预清纱器

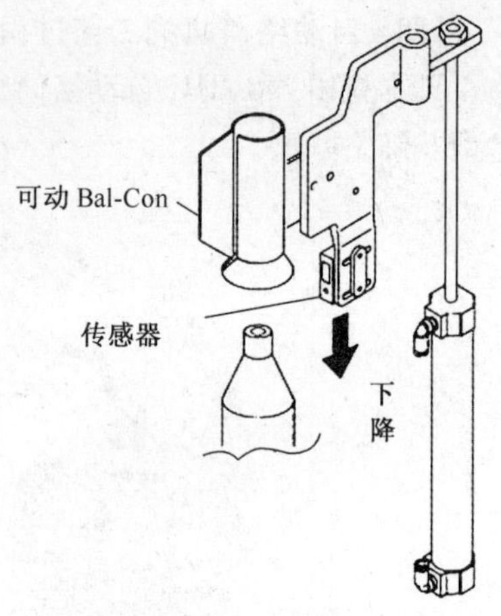

图 9-2　可动 Bal-Con 跟踪式气圈控制器

实际上为一机械式清纱器，它位于卡式组件张力装置的下方。纱线在由两薄板组成的缝隙中通过，此缝隙远大于纱线直径，故预清纱器实际上并不承担清除纱疵的作用，但能有效地阻止从管纱上脱落的纱圈和黏附在纱线上的飞花等杂质。

2. 张力装置

(1) 张力装置的作用

适当增加纱线张力，提高张力均匀度，以卷绕成成形良好、密度适当的筒子。但张力不宜过大，过大的张力会使纱线产生过多的伸长，造成纱线的强度及弹性损失，不利于后道工序(织造)的加工。所以，在满足筒子卷绕密度正常、成形良好等前提下，络纱张力以小为宜，并要求减少张力波动。一般张力为原纱强力的 15%以下。

(2) 张力装置的种类

主要有普通圆盘式、弹簧圆盘式、电磁圆盘式、电磁栅式等。

① 普通圆盘式张力装置。如图 9-3 所示，上、下圆盘 1 通过缓冲毡块 2 上的张力垫圈 3 的重量来获得压力，纱线在两个圆盘之间通过时受摩擦阻力的作用而附加张力，张力大小可以通过增减垫圈重量进行调整。一般用在国产普通络筒机上。

② 弹簧圆盘式张力装置。如图 9-4 所示，圆盘由微型电机单独传动，纱线在圆盘与压

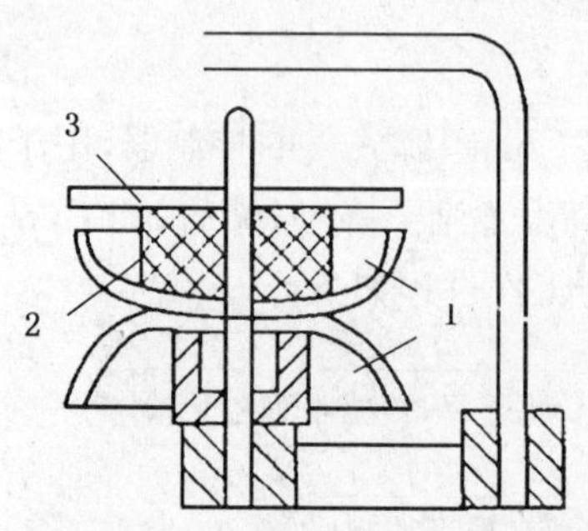

图 9-3　普通圆盘式张力装置

1—上、下圆盘　2—缓冲毡块　3—张力垫圈

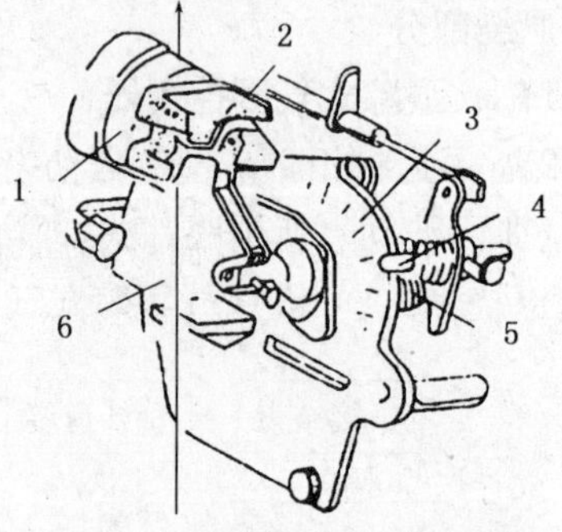

图 9-4　弹簧圆盘式张力装置

1—圆盘　2—压纱板　3—面板
4—指针　5—弹簧　6—纱线

纱板间通过，压纱板受圈簧扭力压向圆盘，拨动指针可调节压力大小。

③ 电磁圆盘式张力装置。张力盘由单独电机驱动积极回转，纱线从两个张力盘之间通过，张力盘的转动方向与纱线运行方向相反，以减少灰尘集聚和张力盘的磨损，压板压力受电磁力大小的控制。对纱线张力进行调节，而电磁力的大小又可通过电脑根据张力传感器检测信号集中调节。

④ 电磁栅式张力装置。图 9-5 所示为村田 No. 21C 型自动络筒机的电磁栅式张力装置，纱线从交错配置的栅式组件形成的纱路中通过，张力大小通过电磁阀对栅式组件的通道大小进行调节，而电磁阀的电压大小又可通过电脑根据张力传感器检测信号集中调节，从而达到自动调节和控制张力的作用。

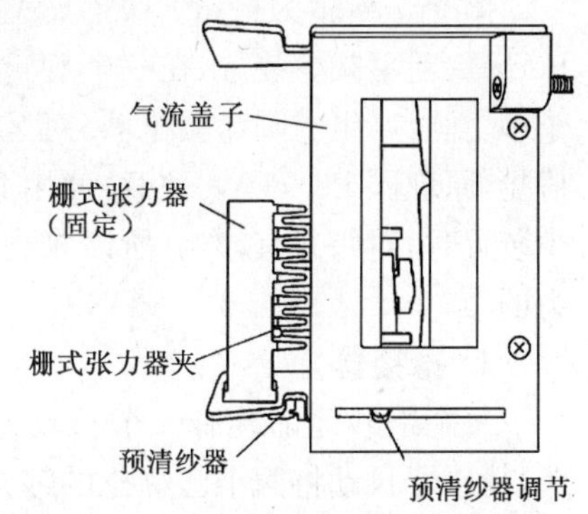

图 9-5　村田 No. 21C 型自动络筒机电磁栅式张力装置

3. 村田 No. 21C 型自动络筒机毛羽减少装置

村田 No. 21C 型自动络筒机有 Perla-A 或 Perla-D 毛羽减少装置，供纺织企业选择使用。

(1) Perla-A 毛羽减少装置

如图 9-6 所示，图(a)是村田 No. 21C 型自动络筒机的卡式组件张力装置(含 Perla-A 毛羽减少装置)，左下部是电磁栅式张力器，左上部是 Perla-A 毛羽减少装置。Perla-A 是一种利用空气使纱的毛羽减少的装置，其减少毛羽的原理是：在纱线退绕的路径上设置喷嘴，通过喷嘴喷出的空气产生旋转气流，使纱线形成气圈，并以喷嘴为中心，下部解捻、上部追加捻度，此时喷嘴起假捻器的作用，通过下部解捻及气流的共同作用除去纱线内部的夹杂物及短纤维，再经过上部追加捻度使纱线外层长纤维捻入纱体内，最终达到减少毛羽及杂疵的效果。使用 Perla-A 毛羽减少装置时要注意，生产 Z 捻纱应该用 PZ 喷嘴，S 捻纱用 PS 喷嘴，如图(b)所示。

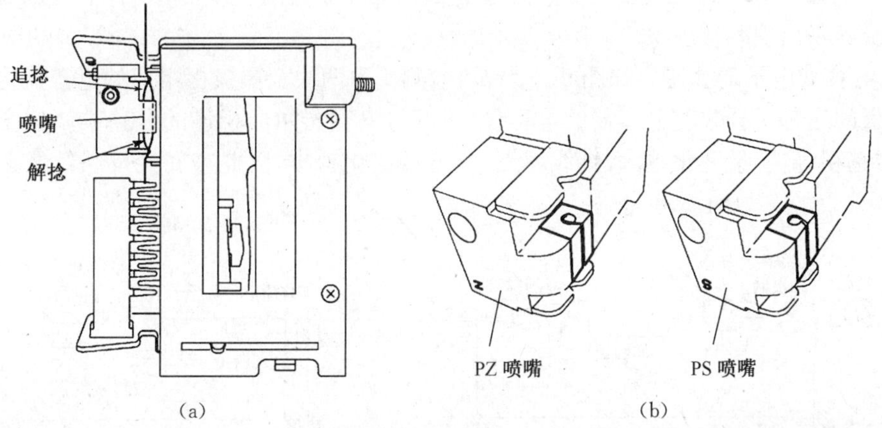

图 9-6　村田 No. 21C 型自动络筒机的卡式组件张力装置(含 Perla-A 毛羽减少装置)

(2) Perla-D 毛羽减少装置

图 9-7 所示为村田 No. 21C 型自动络筒机的 Perla-D 毛羽减少装置，在三个旋转轴上分别安装了多个圆盘，组成圆盘假捻器，对运动的纱线进行假捻，原理同 Perla-A。注意，使用 Perla-D 毛羽减少装置时，对张力有影响，所以张力设置为单纱强力的 10%。

图 9-7 村田 No. 21C 型自动络筒机的 Perla-D 毛羽减少装置

4. 捻接器

每个络纱锭都装有一个自动捻接器，一旦断头，捻接器自动将两个已解捻的纱头捻接起来，捻接部分的外观与原纱几乎一样。

5. 上下吸嘴

断头后用于吸附上下纱头，以协助捻接器捻接。

6. 电子清纱器

用于检测并清除纱疵。它对纱疵的粗度和长度两个方面进行检测，既能清除短粗节，又能清除长粗节、长细节、双纱等疵点，并可根据质量要求设置切除范围。

(1) 工作原理

电子清纱器按工作原理分，有光电式和电容式。

① 光电式电子清纱器。光电式电子清纱器是对纱疵形状的几何量(直径和长度)，通过光电系统转换成相应的电脉冲信号进行检测，与人视觉检测纱疵比较相似。整个装置由光源、光敏接收器、信号处理电路、执行机构组成。光电式电子清纱器的工作原理如图 9-8 所示，光电检测系统检测到的纱线线密度变化信号，由运算放大器和数字电路组成的可控增益放大器进行处理，主放大器输出的信号同时送到短粗节、长粗节、长细节三路鉴别电路中进行鉴别，当超过设定值时，将触发切刀电路切断纱线，清除纱疵，而且通过数字电路组成的控制电路储存纱线的平均线密度信号。

光电式电子清纱器的优点是检测信号不受纤维种类及温湿度的影响，不足之处是对于扁平纱疵容易出现漏切现象。

② 电容式电子清纱器。如图 9-9 所示，检测头由两块金属极板组成的电容器构成。纱线在极板间通过时会改变电容器的电容量，使得与电容器两极相连的线路中产生变化的电流，纱线越粗，电容量变化越大，纱线越细，电容量变化越小，以此来间接反映纱线条干均匀

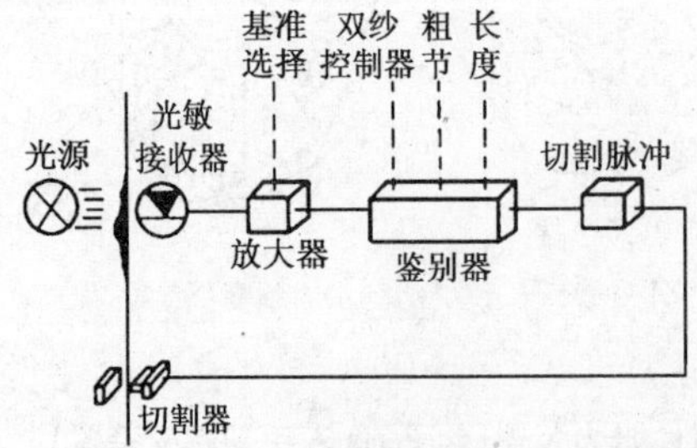

图 9-8 光电式电子清纱器的工作原理图

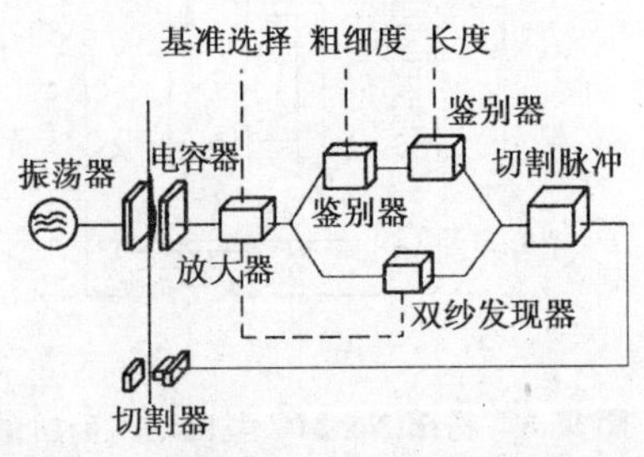

图 9-9 电容式电子清纱器的工作原理图

度的变化。除了检测头是电容式传感器,其他部分与光电式电子清纱器类似,纱疵通过检测头时,如信号电压超过鉴别器中的设定值,则切刀切断纱线,清除纱疵。

电容式电子清纱器的优点是检测信号不受纱线截面形状的影响,不足之处是受纤维种类及温湿度的影响较大。

(2) 电子清纱器的工艺性能

① 纱疵样照。为了正确使用电子清纱器,电子清纱器制造厂须提供相配套的纱疵样照和相应的清纱特征及其应用软件。如果制造厂未能提供可靠的纱疵样照,一般采用瑞士泽尔韦格——乌斯特纱疵分级样照。该公司生产的克拉斯玛脱(Classimat)Ⅱ型(简称CMT-Ⅱ)纱疵样照,根据纱疵长度和纱疵横截面增量,把各类纱疵分成23级,如图9-10所示。

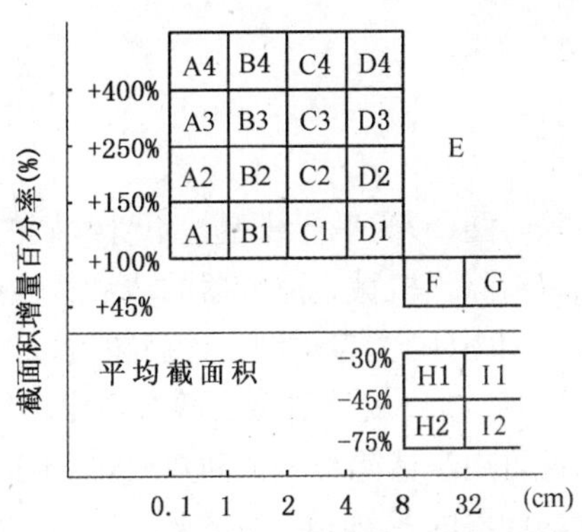

图 9-10 CMT-Ⅱ型纱疵分级图

短粗节:纱疵截面增量在+100%以上、长度在8cm以下,称为短粗节。短粗节分为16级(A1、A2、A3、A4、B1、B2、B3、B4、C1、C2、C3、C4、D1、D2、D3、D4)。其中,纱疵截面增量在+100%以上、长度在1 cm以下,称为棉结;纱疵截面增量在+100%以上、长度为1~8 cm,称为短粗节。

长粗节:纱疵截面增量在+45%以上、长度在8 cm以上,称为长粗节。长粗节分为三级(E、F、G)。其中纱疵截面增量在+100%以上、长度在8 cm以上的E级纱疵称为双纱。

长细节:纱疵截面增量在-30%~-75%、长度在8 cm以上,称为长细节。长细节分为四级(H1、H2、I1、I2)。

国际上一般将A3、B3、C2、D2称为中纱疵,将A4、B4、C3、D3称为大纱疵。棉纺中一般将A3、B3、C3、D2称为有害纱疵。

② 清纱特性线。清纱特性线是在纱疵样照上用直线或某种曲线表示出的清纱特性。清纱特性指某种清纱器(机械式或电子式)所固有的清除纱疵的规律性。清除特性线决定了该清纱器对纱疵的鉴别特性。

为了合理地确定电子清纱器的清纱范围,使用厂应拥有所用清纱器的特性线,包括短粗节、长粗节、长细节清纱特性线。有了纱疵样照及清纱器的清纱特性线,就可根据产品的生产需要,合理选择清纱范围,以期达到既能有效控制纱疵又能增加经济效益的目的。

图9-11所示为不同种类清纱器的八种清纱特性线。

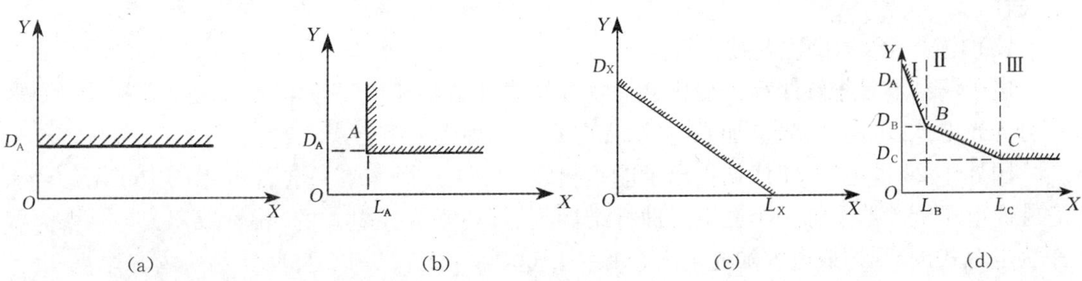

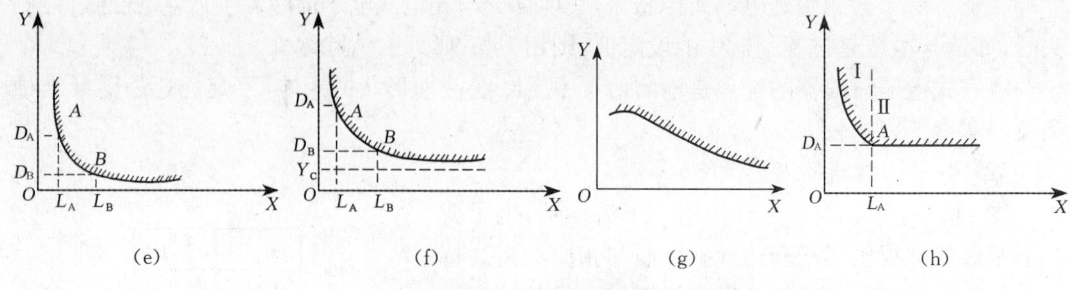

图 9-11　清纱特性线

图(a)为平行线型。不管纱疵的长短，只要粗度达到并超过设定门限 D_A 值时，就一律予以清除。机械式清纱器的清纱特性线就是典型的平行线型。

图(b)为直角型。纱疵粗度(D 或 S)和长度(L)同时达到并超过设定门限 D_A(或 S_A)和 L_A 时，纱疵就被清除。两个设定门限中，有一项达不到的纱疵，都予以保留。直角型清纱特性可用于清除长粗节和双纱，但不适用于清除短粗节。如瑞士佩耶尔 PI-12 型光电式电子清纱器的 G 通道。

图(c)为斜线型。在设定门限 D_X 与 L_X 两点连线上方的粗节，都予以清除。但纱疵长度超过 L_X 的粗节，不论粗度大小，都一律清除。如瑞士洛菲 FR-60 型光电式电子清纱器，在清除棉结时，就是采用这种斜线型清纱特性线。

图(d)为折线型。用三根直线把清除纱疵范围划分为Ⅰ、Ⅱ、Ⅲ区，每区的直线有不同的斜率。折线型清纱特性可用于短粗节、长粗节和长细节通道。如瑞士洛菲 FR-600 型光电式电子清纱器中的 LD 型，就是采用这种折线型清纱特性线。

图(e)(f)为双曲线型。凡达到及超过设定门限 $D_A \times L_A$(或 $D_B \times L_B$)这一设定常数的纱疵，都予以清除。图(f)中的曲线比图(e)中的曲线上移了距离 Y_C。如 PI-12 型的短粗节通道及国产 QSR-Ⅰ和 QSR-Ⅱ型就是这种双曲线型清纱特性线。

图(g)为指数型。清纱特性线为一根指数曲线，即以指数曲线来划分有害纱疵和无害纱疵。指数型曲线特性与纱疵的频率分布接近，所以能较好地满足清纱工艺要求。如瑞士乌斯特公司 UAM-C 系列和 UAM-D 系列中，短粗节 S、长粗节 L 和长细节 T 这三个通道就是指数型的清纱特性曲线。

图(h)为组合型。组合型由曲线与直线相组合或由曲线与曲线相组合。图中Ⅰ区为双曲线型清纱规律，Ⅱ区为直线型清纱规律，曲线和直线的交点正好是粗度和长度的门限设定值。如日本 KC-50 型电容式电子清纱器中的短粗节通道就是这种曲线和直线相组合的清纱特性。

(3) 电子清纱器的主要技术特征

电子清纱器是把纱线粗细变化这一物理量线性地转换成对应电量的装置，按检测原理可分为光电式、电容式、光电加光电(双光电)、电容加光电组合式。

国外于 20 世纪 90 年代初推出了能检出纱线中夹入外来有色异性纤维的电子清纱器。它在原电子清纱器上加一个光电异性纤维探测器，原来为光电式的，就构成双光电探头；原来为电容式的，则构成电容加光电组合探头。这样，一个探头专门检测纱疵，另一个探头专门检测外来有色异性纤维。

国内外几种电子清纱器的主要技术特征见表 9-3。

表 9-3 国内外几种电子清纱器的主要技术特征

型号			QSD-6	QS-20	精锐 21	Trichord Clearer	Uster Quantum-2
检测方式			光电式	电容式	电容式	双光电电容加光电组合	电容加光电组合
适用线密度(tex)			6～80	5～100	8～58，20～100	4～100(棉型)	4～100
清疵范围	棉结	N(%)	—	—	—	+50～+890	+100～+500
	短粗	S(%)	+80～+260	+70～+300	+50～+300	+5～+99	+50～+300
		长度(cm)	1～9	1.1～16	1～10	1～200	1～10
	长粗	L(%)	+15～+55	+20～+100	+10～+200	+5～+99	+10～+200
		长度(cm)	10～80	8～200	8～200	5～200	10～200
	长细	T(%)	−15～−55	−20～−80	−10～−85	−5～−90/ −5～−99	−10～−80
		长度(cm)	10～80	8～200	8～200	1～200/5～200	10～200
纱速范围(m/min)			450～900	300～1 000	200～2 200	300～2 000	300～2 000
信号处理方式			相对测量	信号归一	智能化	智能化	智能化
清除有色异纤功能			—	—	—	有	有
制造单位			上海上鹿电子	无锡海鹰集团	长岭纺电	日本 Keisokki	瑞士 Uster

注：表中 S、L、T 均表示纱疵的粗度，即纱疵粗细与标准纱线粗细比值的百分率。

(4) 电子清纱器的主要功能

① 清纱功能。清除棉节(N)、短粗节(S)、长粗节(L)、长细节(T)等各种纱疵，有的还可清除异性纤维和不合格捻接头。

② 定长功能。完成对筒子纱长度的设定和定长处理。

③ 统计功能。有产量、结头数、满筒数、生产效率、纱疵统计等，各种统计数据可按全机、节、单锭方式进行统计。

④ 自检功能。具有在线自检能力，自检内容主要有灵敏度、信号数据、切刀能力、纱疵处理器的运算操作等。

7. 上蜡装置

纱线上蜡可以提高纱线的光洁度，在一定程度上改善纱线的耐摩擦性能，尤其是针织用纱，经过上蜡后，纱线表面光滑，可以大大减少断针和编织疵点，提高机械效率和产品质量。

(三) 卷绕成形部分

1. 槽筒

槽筒用来对筒子表面进行摩擦传动从而实现对纱线的卷取，并利用其上的沟槽曲线完成导纱运动。槽筒上的沟槽有对称、不对称以及不同圈数。每个卷绕头上都装有一台驱动槽筒的伺服电机。槽筒直接装在电动机的转子轴上，保证了槽筒完全处于锭位控制系统的控制之下，从而使传送至卷装的驱动力矩更加可靠。

2. 自动落筒装置

筒子一旦达到所设置的卷绕定重定长后，自动落筒装置能够实现自动落筒、空管放置、空管自动喂入、将落下的筒子纱放在锭位后面的托盘或输送带上等操作。

三、络筒工艺设计原理

络筒工艺的设计内容主要有络筒速度、络筒张力、清纱工艺、定重定长、结头规格等。

(一) 络筒速度

络筒速度取决于络筒机产量与时间效率、纱线品种和性能、纱线喂入形式、络筒机机型等因素。

1. 络筒机产量与时间效率

(1) 理论产量

$$G_{理}[\text{kg}/(锭\cdot\text{h})]=60\times V\times N_t\times 10^{-6}$$

(2) 定额产量

$$G_{定}[\text{kg}/(锭\cdot\text{h})]=G_{理}\times 时间效率$$

式中：V 为络筒速度(m/min)；N_t 为纱线线密度(tex)。

由上式可知，在其他条件不变的前提下，络筒速度越高(或时间效率越高)，定额产量越大，这意味着在同样生产总量的情况下所用的络筒机机台数量少，或采用相同数量的络筒机生产时所用生产时间少。

但是，时间效率的高低还受到络筒速度等因素的影响，一般络筒速度越高，断头率越大，时间效率越低。所以，生产中一般选择最佳的经济速度，使定额产量达到最大。

2. 纱线品种和性能

① 纱线线密度。若纱线线密度高，则络筒速度可高些。

② 纱线强力。若纱线强力越高，强力不匀率越小，则络筒速度可以高些。

③ 纱线品种。生产纯棉纱，速度可高些；生产化纤纱，速度应低些，以防止静电导致毛羽过多。

3. 纱线喂入形式

细纱管纱喂入时，速度可以高些；筒子纱喂入时，速度应低些；绞纱喂入时，速度最低。

4. 络筒机机型

普通络筒机的速度为500～700 m/min，自动络筒机的速度为800～1 800 m/min，参见表9-1和表9-2。

(二) 络筒张力

络筒张力一般根据卷绕密度进行调节，同时应保持筒子成形良好，通常为单纱强力的8%～12%。络筒机上依靠调整张力装置的有关参数来改变络筒张力，这与具体的张力装置形式有关，普通络筒机的圆盘式张力装置设置见表9-4。同品种各锭的张力必须一致，以保证各筒子的卷绕密度和纱线弹性的一致性。村田 No. 21C 自动络筒机的张力设置见下文。

表 9-4　普通络筒机的圆盘式张力装置设置参考表

线密度(tex)	12 以下	14～16	18～22	24～32	36～60
张力圈重量(g)	7～10	12～18	15～25	20～30	25～40

(三) 定重定长

筒子卷装容量有两种计量方法,即定重或定长。筒子公定重量 G_K(kg)与定长 L(km)、纱线线密度 N_t(tex)之间的关系如下:

$$G_K = L \times N_t$$

棉纺厂生产的筒子容量由客户提出筒子重量的要求,一般筒子一袋包为 25 kg 左右,每袋包筒子数为 12～15 个,所以每个筒子的净重量为 2.08～1.67 kg。

织布厂的筒子容量一般是先定长(即整经长度),再根据上式折算成筒子重量,并对纺纱厂提出相应的筒子重量要求。

(四) 清纱器与清纱工艺

1. 机械清纱器

机械式清纱器的工艺参数就是清纱隔距,以纱线直径为基准,并结合筒子纱质量要求综合考虑。一般清纱隔距与纱线直径的关系见表 9-5。

表 9-5　清纱隔距与纱线直径的关系参考表

纱线品种	低线密度棉纱	中线密度棉纱	高线密度棉纱	股线
清纱隔距(mm)	$(1.6 \sim 2.0) \times d_0$	$(1.8 \sim 2.2) \times d_0$	$(2.0 \sim 2.4) \times d_0$	$(2.5 \sim 3.0) \times d_1$

注:d_0 为棉纱直径,$d_0 = 0.037\sqrt{N_t}$,N_t 是单纱线密度;d_1 为棉线直径,$d_1 = 0.047\sqrt{N_t}$,N_t 是股线线密度。

2. 电子清纱器参数设定

(1) 电子清纱器参数设定的内容

以 Uster Quantum-2 型电子清纱器为例,可以设定的主要清纱工艺参数见表 9-6。

表 9-6　Uster Quantum-2 型电子清纱器的主要清纱工艺参数设置内容

清纱参数	内容说明	设置参数	参数实例
N(棉结)通道	检测长度<1 cm 的棉结	幅度(%)	300%
S(短粗)通道	检测长度 1～8 cm 的短粗节	幅度×长度(%×cm)	120%×2
L(长粗)通道	检测长度>8 cm 的长粗节	幅度×长度(%×cm)	40%×35
T(长细)通道	检测长度>8 cm 的长细节	幅度×长度(%×cm)	45%×35
C 通道	槽筒启动过程中检测支数偏差	上限 Cp,下限 Cm, 长度 C(+%,-%,m)	40%,-20%,2 m
CC 通道	槽筒正常运转过程 中检测支数偏差	上限 CCp,下限 CCm, 长度 C(+%,-%,m)	25%,-20%,1 m
PC 通道	检测链状纱疵	幅度(%),纱疵长度(cm), 间距(cm),纱疵个数	40%,1 cm,8 cm,8 个
J(捻接)通道	检测过粗过细的捻接头	上限 Jp,下限 Jm, 长度 J(+%,-%,cm)	105%,-50%,2 cm
U(双纱)通道	捻接过程中检测多根纱	幅度(%)	60%
NSL 竹节纱	保留竹节纱的竹节	幅度(%),竹节长度下限(cm),上限(cm)	500%,10 cm,14 cm
FD 通道	检测浅色纱中的深色异纤	幅度×长度(%×cm)	12%×1.1
FL 通道	检测深色纱中的浅色异纤	幅度×长度(%×cm)	12%×1.1
CY 通道	捻接过程中检测损失的芯纱	幅度(-%)	-20%

注:① FD 通道与 FL 通道,使用时只能打开其中一个,另一个必须关闭;

② CY 通道,仅在使用电容传感器时有效,且纱线类型必须为包芯纱。

(2) 电子清纱器参数设定的依据

根据客户要求和后道织造工序的质量要求，按纱疵分级图(图 9-10)对电子清纱器进行参数设定。

以短粗节为例，机织用棉纱短粗节有害纱疵可定在纱疵样照的 A4、B4、C4、C3、D4、D3、D2 七级，针织用棉纱短粗节有害纱疵可定在纱疵样照的 A4、A3、B4、B3、C4、C3、D4、D3、D2 九级，因为短粗节对针织的影响较大。无论是七级还是九级，有害纱疵的设定在样照上都是一根折线，电子清纱器的清纱特性曲线不可能与折线完全一致，但应该尽可能靠拢。

不同的棉纺织厂、不同的纱线品种、不同的质量要求，电子清纱工艺参数设定值存在一定的差异。一般遵循的规律，一是纺纱线密度减小，设定的相对百分率(即幅度)及长度范围适当增大；二是质量要求高的品种，设定的相对百分率及长度范围适当减少。

四、村田 No. 21C 自动络筒机的整机设置功能

村田 No. 21C 自动络筒机的所有工艺参数均通过两个窗口进行设置，一是 VOS 可视化查询系统，二是 Uster 电子清纱器的设置。

(一) VOS 可视化查询系统

VOS(Visual On-demand System)是可视化查询系统，可以通过显示界面和对话形式进行操作，界面上显示的内容主要有批号设定界面、运行状况界面、品质界面、报警界面等。村田 No. 21C 自动络筒机的 VOS 系统可以将全机 60 个锭位分为若干组(最多八组)，每组的锭数可以不同，而且每组可以单独设定参数，所以全机可以同时生产八个纱线品种。

图 9-12 所示为 VOS 操作面板，主要有以下功能设置：

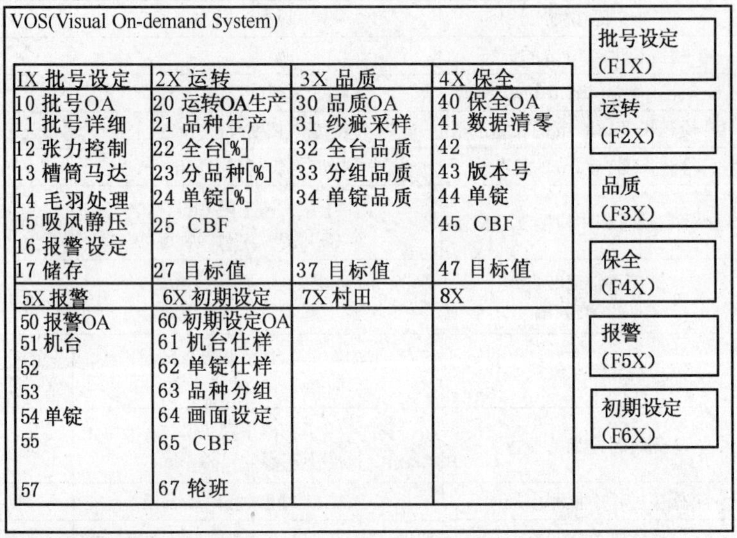

VOS(Visual On-demand System)

IX 批号设定	2X 运转	3X 品质	4X 保全
10 批号OA 11 批号详细 12 张力控制 13 槽筒马达 14 毛羽处理 15 吸风静压 16 报警设定 17 储存	20 运转OA生产 21 品种生产 22 全台[%] 23 分品种[%] 24 单锭[%] 25 CBF 27 目标值	30 品质OA 31 纱疵采样 32 全台品质 33 分组品质 34 单锭品质 37 目标值	40 保全OA 41 数据清零 42 43 版本号 44 单锭 45 CBF 47 目标值
5X 报警	6X 初期设定	7X 村田	8X
50 报警OA 51 机台 52 53 54 单锭 55 57	60 初期设定OA 61 机台仕样 62 单锭仕样 63 品种分组 64 画面设定 65 CBF 67 轮班		

批号设定 (F1X)
运转 (F2X)
品质 (F3X)
保全 (F4X)
报警 (F5X)
初期设定 (F6X)

图 9-12 VOS 操作面板

(1) F1X 批号设定界面

① 在 F10 界面下，可以设定批次名、支数、纱种类、纱线速度、筒子定重、筒子定长、管纱

长、单纱强力、张力控制等。其中，张力设置为单纱强力的8%～12%。

② 在F11界面下，可以设定捻接器型号、卷装直径控制、防叠功能等。

③ 在F12界面下，可以设定张力初始电压、标准电压、下限电压等。

④ 在F13界面下，可以设定槽筒电机低速启动时间等。

⑤ 在F14界面下，如果有Perla-D，则可以设定Perla-D标准旋转速度等。

⑥ 在F17界面下，可以设置批次登录(F171)、批次拆分(F172)、批次删除(F173)等储存、调用及删除功能。

(2) F2X运行状况界面

显示具体锭位的运行状态，可以显示全机台、分组、分品种的运行状态，如生产效率(AEF%)、百管断头率(RTI%)、平均棉结疵点剪切个数/10^5m(NC/Y)、平均短粗节疵点剪切个数/10^5m(SC/Y)、平均长粗节疵点剪切个数/10^5m(LC/Y)、平均长细节疵点剪切个数/10^5m(TC/Y)等。

(3) F3X品质界面

显示过去14轮班的纱线品质。

(4) F5X报警界面

显示发生故障的位置并呼叫操作人员及维修人员。

(5) F6X初期设定界面

初始设定主要是分组设定，即在F61界面下，对全机60个锭位按品种进行分组，最多可以分八组。也就是说，村田No. 21C自动络筒机可以同时生产八个不同品种的纱线，并分别对这八种产品设置工艺参数。

(二) Uster Quantum-2型电子清纱器的功能

进入21世纪以后，我国从德国、意大利、日本等国引进的自动络筒机所配备的电子清纱器大都是Uster Quantum-2型电子清纱器。该型号的电子清纱器具有很强的功能。这些功能可以按菜单结构分为五个部分，如图9-13所示，即设定(SETTING)、显示(DISPLAYS)、报告(REPORTS)、服务(SERVICE)、启动(START-U)，图中设定(SETTING)菜单未显示，按箭头"◀◀"所示的方向，向左进行选择即可。

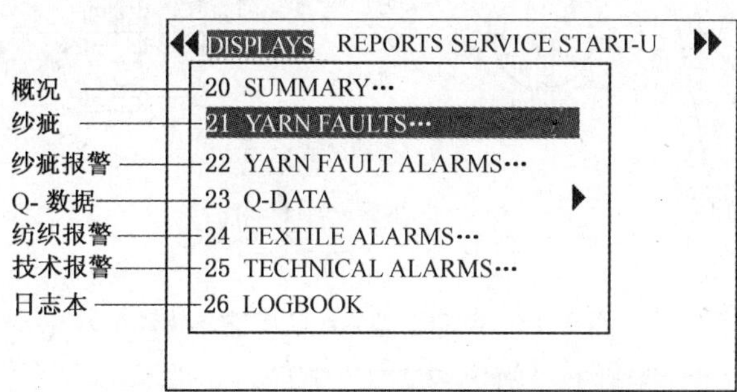

图9-13 Uster Quantum-2型电子清纱器的开始菜单(图中的深色部分为光标位置)

Uster Quantum-2型电子清纱器其中菜单主要功能如下：

(1) 设定(SETTING)

在设定(SETTING)菜单下，可以进行品种基本数据、清纱参数、纺织报警、Q参数、特殊设定、纱线速度、长度修正等设定。

(2) 显示(DISPLAYS)

在显示(DISPLAYS)菜单下(图 9-12),可以显示概况、纱疵、纱疵报警、Q 数据、纺织报警、技术报警、日志本等功能。

(3) 报告(REPORTS)

在报告(REPORTS)菜单下,有打印报告、打印特殊报告、显示连续打印、设定报告等功能。

(4) 服务(SERVICE)

在服务(SERVICE)菜单下,有密码、检测头状态、特殊计数、服务日志本、显示版本、功能测试、特殊功能、系统状态等服务功能

(5) 启动(START-U)

在启动(START-U)菜单下,有系统设定、机器设定、分组、检测头地址设定、换班时间、报警复位权限、选配项、网络、客户名称、显示检测头型号等功能。

第三节 并纱

一、并纱机的工艺过程

FA702 型并纱机的工艺过程如图 9-14 所示,单纱筒子 2 插在纱筒插杆 1 上,纱自单纱筒子退绕出来,经过导纱钩 3、张力垫圈装置 4、落针 5、导纱罗拉 6、导纱辊 7,然后由槽筒 8 的沟槽引导卷绕到筒子 9 的表面上。

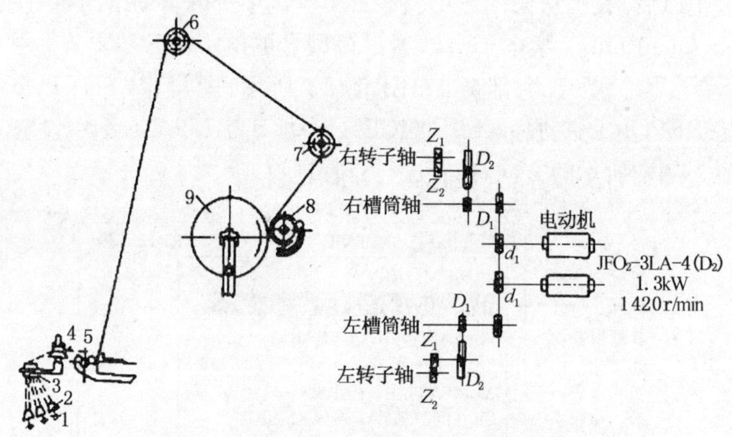

图 9-14 FA702 型并纱机工艺与传动

1—纱筒插杆 2—单纱筒子 3—导纱钩 4—张力垫圈装置
5—落针 6—导纱罗拉 7—导纱辊 8—槽筒 9—筒子

二、并纱机的主要机构和作用

(一) 传动系统

如图 9-14 所示,FA702 型并纱机有两台电动机,用三角皮带分别传动两边的槽筒轴,

所以两边的车速可以不等，故同一机台可并络两个不同品种的细纱，并且在运转时可以开一面、停一面，节约用电。

断头自停装置的转子轴由槽筒轴通过皮带轮 D_1、D_2 及齿轮 Z_1、Z_2 的传动而回转。

(二) 断头自停装置

为保证卷绕至并纱筒子的纱能符合规定的并合根数，不致有漏头而产生并合根数不足的筒子，并纱机上的断头自停装置必须使得任何一根纱断头后筒子都能离开槽筒而停止转动，故要求断头自停装置作用灵敏、停动迅速，以减少回丝和接头操作时间。

并纱机使用的落针式断头自停装置的主要机件是落针与自停转子(或星形轮)，当单筒纱用完或纱断头时，落针失去纱的张力作用，因本身的质量而下落，下落后受到一直在高速回转的自停转子(或星形轮)的猛烈打击，由于杠杆与弹簧(或杠杆与重锤)的作用，导致纱筒与槽筒脱离接触，并使筒子停转。

三、并纱机的产量计算

1. 理论产量 $G_{理}$

$$G_{理}[\text{kg/(锭}\cdot\text{h)}] = V \times 60 \times N_t \times m \times 10^{-6}$$

式中：V 为并纱线速度(m/min)；m 为并合根数；N_t 为单纱线密度(tex)。

2. 定额产量 $G_{定}$

$$G_{定}[\text{kg/ 锭}\cdot\text{h)}] = G_{理} \times \text{时间效率}$$

第四节 捻 线

一、捻线机的种类

捻线机按加捻方法可分为单捻捻线机与倍捻捻线机，按股线的形状和结构可分为普通捻线机与花式捻线机；若根据捻线时股线是否经过水槽着水，还可分为干捻捻线机与湿捻捻线机。

国内广泛采用的普通单捻捻线机的基本类型为 FA721 型和 A631 型。这两种系列均为连续式环锭捻线机。近年来，环锭花式捻线机的数量有所增加。环锭捻线机与环锭细纱机基本相似，不同的是没有牵伸机构，本节仅介绍与环锭细纱机不同的部分。

二、环锭捻线机的工艺过程

图 9-15 所示为 FA721-75 型捻线机的结构示意图，左边纱架为捻线专用，喂入并纱筒子；右边纱架为并捻联合用，喂入圆锥形单纱筒子。现以右边纱架说明其工艺过程。

从圆锥形筒子轴向引出的纱，通过导纱杆 1，绕过导纱器 2 进入下罗拉 5 的下方，再经过上罗拉 3 与下罗拉的钳口，绕过上罗拉 3 后引出，并通过断头自停装置 4 穿入导纱钩 6，再绕过在钢领 7 上回转的钢丝圈，加捻成股线后卷绕在筒管 8 上。

三、环锭捻线机的主要机构和作用

(一) 喂纱机构

喂纱机构包括纱架(筒子架)、水槽(干捻无)、玻璃棒(干捻无)、横动装置、罗拉等部件。

1. 纱架

纱架的形式有纯捻纱架与并捻联合纱架两种，见图9-15。

(1) 纯捻型纱架

筒子横插在纱架上，并合好的纱由筒子径向引出退绕时，筒子在张力的拖动下慢速回转退解，喂入的纱可保持相当的张力而绕在罗拉上，纱的退绕张力排除了气圈干扰因素，所以退绕张力的变化不显著。只是在筒子退绕到最后时，因筒子重量减轻、转速加快，筒子会产生跳动，甚至引起断头。因此，筒管的直径不可过小。再考虑到合股纱的强力较低，络纱筒子的最大直径也不宜过大。综合这两个因素，并纱筒子的容量就受到限制。

(2) 并捻联合纱架

筒子横插在纱架上，从筒子轴向前引或退绕引出的单纱，经过导纱杆和张力球装置，并合后喂入罗拉。由于纱从筒子轴向引出退绕时，随着气圈高度与锥形筒子直径的变化，纱的张力不断变化，因而需要适当调节纱架的位置、单纱在导纱杆上的穿绕方法、张力球的质量，使单纱的张力趋于均匀，符合要求。

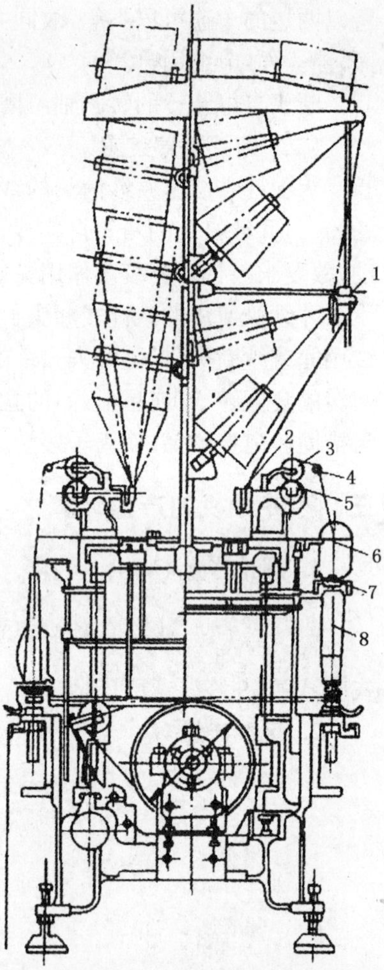

图9-15 FA721-75 型捻线机结构示意图

1—导纱杆 2—导纱器 3—上罗拉 4—断头自停装置 5—下罗拉 6—导纱钩 7—钢领 8—筒管

2. 水槽

在湿捻捻线机上，水槽装置为必要部件。如图 9-16 所示，加捻前合股纱要通过水槽，使纱浸湿着水，其强力比干捻时大，可减少断头，捻成的股线外观圆润光洁、毛羽少。

目前，湿捻法主要应用于低线密度纱针织汗衫用线、缝纫用线、编网用线及帘子线产品。但纱吸收水分后重量增加，回转时纱的张力较大，动力消耗比干捻时多，锭子速度也比干捻时低。纱条的吸水量是通过调节玻璃棒在水槽中的高度来控制的，一般玻璃棒浸水 1/2～2/3 较合适。生产中还采用提高水温或适当加入一些渗透剂等方法来增加吸水量。

3. 罗拉

捻线机一般只用一对罗拉或两列下罗拉与一个上罗拉，只有在花式捻线时才用两对罗拉或三对罗拉。罗拉表面镀铬，圆整光滑。下罗拉通常用铸铁或钢管制成，直径一般为 45 mm，分段接长并由罗拉座托持，每 10 锭对应一个罗拉座。下罗拉的直径差异、弯曲、偏心应控制在一定公差内，以减少捻度不匀率。上罗拉(小压辊)的直径一般为 50 mm，用生铁制成，重量约 500 g，每个上罗拉之间的重量差异要小。罗拉的作用只是送出并纱，供加捻成捻线。

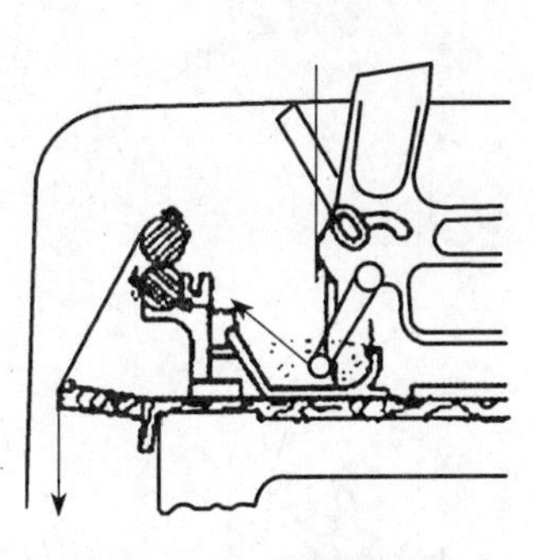
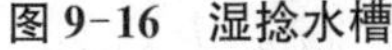
图 9-16　湿捻水槽

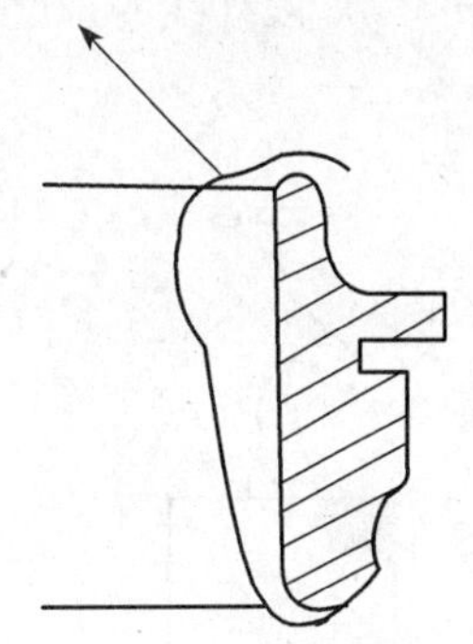
图 9-17　竖边钢领及耳形钢丝圈

(二) 加捻卷绕和升降机构

加捻卷绕和升降机构包括叶子板和导纱钩、钢领和钢丝圈、锭子和筒管、锭子掣动器、锭带和辊筒(或滚盘)等部件,加捻卷绕和升降过程与环锭细纱机相同。

1. 湿捻部件

湿捻机上的一些部件应考虑特殊要求。如用于湿捻的叶子板和导纱钩,为了防止生锈,必须在表面涂以防锈涂料,亦可用瓷牙代替钢质导纱钩。用于湿捻的钢领为竖边钢领,因为横边钢领边缘上的污垢难以清除;同时,湿捻用的是铜丝圈,它的弹性比钢丝圈差,受到纱线张力的作用时容易飞走,不可能在横边钢领上勾住纱线。为了防锈和减少摩擦,竖边钢领一般在落纱时加油。用于湿捻的钢领板,表面需涂以防水油漆。为了避免钢领加油而沾污股线,耳形铜丝圈与竖边钢领的下端接触,如图 9-17 所示。

2. 干捻钢领与钢丝圈

根据国内使用的原棉条件,近年来捻合股线大都采用干捻法,使用横边钢领,与细纱机上使用的相同。FA721-75 型捻线机用 PG1-5160 型钢领。根据不同原料、不同线密度的股线的要求,应选配不同型号的钢丝圈。钢丝圈的选型要求同细纱机。

3. 锭子和筒管

捻线机使用的锭子主要有两类,即分离式细纱高速锭子(D1200 系列或 DFG2 型)和分离式捻线高速锭子(D1300 系列或 DFG3 型)。这两类锭子的性能均能适应高速度、低断头的要求,锭速可超过 13 000 r/min。

四、倍捻捻线机

该机在锭子转一转时可在股线上同时加入两个捻回。如果倍捻捻线机与环锭机的速度相同,则倍捻捻线机的产量可增加一倍。因倍捻机不使用钢丝圈和钢领,锭速不受钢丝圈速度的限制,所以它是一种高产大卷装的捻线机,目前已经普遍使用。

图 9-18(a)为倍捻工艺示意图。并纱筒子套在静止的空心管上,纱由筒子顶端引出,经过空心管,再进入锭管与储纱盘的径向孔。储纱盘随锭子回转,纱线则随锭子每一转被加上一个捻回,如图中 AB 段。这和环锭捻线机的加捻性质基本相同。当这段已加了捻回的纱线从加捻盘的径向孔眼出来引向上方时,再加上一个捻回,如图中 BC 段。结果,锭子一转,即在纱线上加入两个捻回。

图 9-18(b)为倍捻原理示意图。设纱线沿轴向移动的速度为 V,锭子转速为 n,则 ac 段

纱线的捻度 $T_1=n/V$，bc 段纱线的捻度 $T_2=T_1+n/V=2n/V$。

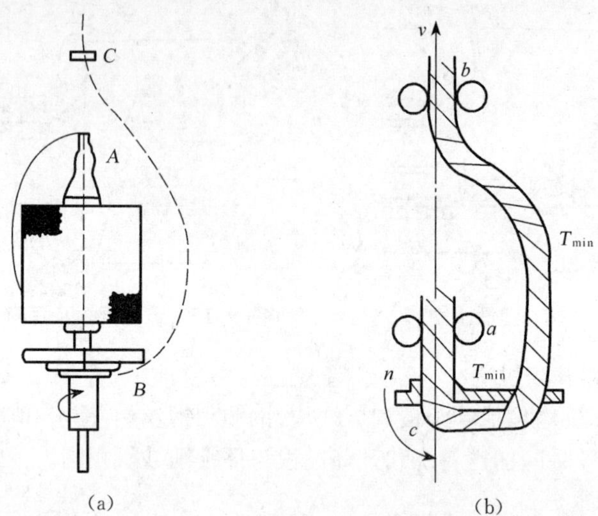

图 9-18 倍捻工艺及原理示意图

五、股线捻系数的选择

股线的捻系数对股线性质的影响很大，应根据股线的不同用途与特点及单纱的捻系数合理选择。一般通过选择合适的股线与单纱的捻系数比（简称捻比）来达到要求，不同用途的股线与单纱的捻比见表 9-7。

表 9-7 股线与单纱的捻比

用　途	质量要求	捻比（α_{t1}/α_{t0}）
织造用经线	紧密，毛羽少，强力高	1.2～1.4
织造用纬线	光泽好，柔软	1.0～1.2
巴厘布用线	硬挺，滑爽，同向加捻，热定形	1.3～1.4
编织用线	紧密，滑爽，圆度好，捻向 ZSZ	初捻 1.7～2.4，复捻 0.7～0.9
针织汗衫用线	紧密，滑爽，光洁	1.3～1.4
针织棉毛衫、袜子用线	柔软，光洁，结头少	0.9～1.1
普通缝纫用线	紧密，光洁，强力高，圆度好，结头少	双股 1.3～1.4，三股 1.6～1.7
高速宝塔缝纫用线	紧密，光洁，强力高，圆度好，捻向 SZ	1.5～1.6
刺绣线	光泽好，柔软，结头小而少	0.8～0.9
帘子线	紧密，弹性好，强力高，捻向 ZZS	初捻 2.4～2.8，复捻 0.85
绉捻线	紧密，弹性好，伸长大，高捻	

第四节 摇 纱

摇纱是将细纱或股线按规定的质量或长度摇成绞纱。绞纱的形式分为直绞式和花绞式两种。直绞式绞纱经漂染时，纱团容易紊乱，退绕时找头困难，摇纱扎绞费时多，因此已趋淘汰。花绞式又名菱形绞，由于导纱器左右移动，使纱线圈层彼此交叉成菱形，绞纱幅宽为 41～78 mm。花绞式的优点是扎绞时间短，而且纱线彼此交叉形成空隙，液体易于渗透，适于漂染、丝光等处理，因此被广泛采用。

一、摇纱机的工艺过程

图 9-19 所示为 FA801 型双面摇纱机的工艺过程与传动简图，纱线自筒子 1 上引出，经过瓷钩 2、落针 3、玻璃杆 4，然后经横动导纱器绕于纱框 5 上。

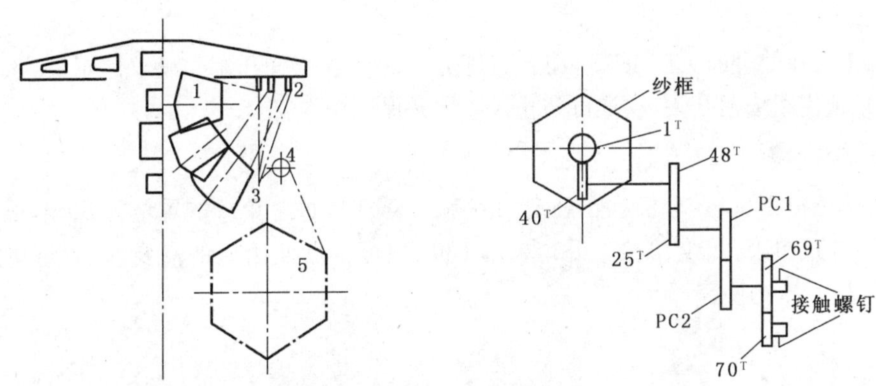

图 9-19 FA801 型双面摇纱机的工艺过程与传动简图

1—筒子 2—瓷钩 3—落针 4—玻璃杆 5—纱框

二、摇纱机的主要机构和作用

1. 纱框

FA801 型双面摇纱机的纱框部件为铝合金的异形管金属纱框，标准周长为 1 370 mm，周长可微调。纱框上装有一根可倒伏的异形管，便于落纱时拍合纱框，减轻工人的劳动强度。左右纱框分别由一台电动机单独传动，纱框的转速可达 360 r/min。

2. 横动装置

横动装置的作用是使导纱器往复移动，构成菱形花绞。由纱框轴传动一对伞形齿轮和偏心轮，通过轮上的凸钉和连杆传动横动导杆，使导纱器进行往复左右移动。

3. 满绞自停装置

FA801 型的满绞自停采用一对齿轮上的(齿数差一齿)工艺触头接触，输入满绞信号，由电气控制自停，参见图 9-19 中的 69^T 和 70^T。

4. 断头自停装置

FA801 型的断头自停采用落针式，断头时落针因无纱线支持而落下，碰及停车片，使停车片和导电棒接触，接通电气回路自行停车，反应灵敏、可靠。

5. 落纱装置

纱框轴的尾端有一手轮，其上有一缺口，落纱时先拍合纱框，然后将扎过绞的绞纱从缺口中拖出，再转动手轮，可取出绞纱。

6. 其他装置

（1）集体生头装置

落纱后生头时，将生头木翻下，将纱压在异形管的锁头铜条缺口中，移动异形管上的锁头铜条，将纱头锁牢，再移动生头木上的锁头铜条，并将生头木放回原处，即可重新摇纱。动作可靠简便，可提高生产效率，并减轻工人劳动强度。

（2）松刹装置

绞纱满绞后，纱框在绞纱张力的作用下绷得很紧，扎绞后纱框很难闭合。利用松刹装置，可使纱框上的绞纱张力减少，便于扎绞后纱框的闭合。采用电磁铁牵引的松刹装置，灵敏可靠，调整方便，松刹效果好。

（3）脚踏启动装置

操作工人在处理断头后可以在机台长度方向的任意位置开车。满绞停车后，该装置不起作用，必须使用按钮开关，这样可防止大绞纱并保证操作安全。

三、成绞规格

法定单位按重量成绞，棉纱在公定回潮率 8.5%时，每一单绞的重量为 50 g，根据线密度不同，可摇成单绞、双绞、四绞、1/2 绞、1/4 绞；也可根据使用厂的需要，每绞重量加工为 31.25 g、78.125 g 等。

第五节 成包

一、筒子成包规格

（一）筒子重量与每包筒子数

棉纱线在公定回潮率 8.5%时的标准成包规格以 50 kg 为一袋包，100 kg 为一件包，10 个件包重 1 t。每包筒子数一般有 40、48、56、64 四种，筒子重量变化时，筒管数应固定不变，以便计算筒管重量。

棉纺厂生产的筒子容量也可以由用户提出筒子重量的要求，例如有的用户对筒子规格的要求是筒子一袋包为 25 kg，每袋包筒子数为 15 个，所以，每个筒子的净重量为 1.667 kg；如果筒子一袋包为 25 kg，每袋包筒子数为 12 个，则每个筒子的净重量为 2.083 kg。

织布厂所用的筒子容量一般是先定长（即整经长度），再折算成筒子重量，并对纺纱厂提出相应的筒子重量要求。

（二）每包筒子重量的计算

在不同回潮率时，每包筒子重量可按下式计算：

$$W=W_1+\text{袋皮重量}+\text{空管重量}$$

式中：W 为每包筒子的毛重量；W_1 为每包筒子在实际回潮率时的净重量。

二、绞纱成包

标准绞纱成包，棉纱线在公定回潮率8.5%时，每小包绞纱的重量为5 kg；20个小包为一件包，重量为100 kg；每40个小包为一大包，重量为200 kg；每10个件包或5个大包的重量为1 t。

小包内的纱团数可按下式计算：

$$\text{小包团数}=\frac{\text{每小包重量(g)}}{\text{每小绞重量(g)}\times\text{每大绞内小绞片数}}$$

标准成包时小包内的纱团数，不管纱的线密度如何，都随每绞质量不同而变化，其相互关系见表9-8。

表9-8 成包绞纱团数与每绞重量的关系

<table>
<tr><td>每小绞重量(g)</td><td>31.25</td><td colspan="2">50</td><td colspan="2">62.5</td><td>78.125</td><td>100</td><td>125</td><td>200</td></tr>
<tr><td>每大绞的小绞数</td><td>5</td><td>5</td><td>4</td><td>4</td><td>5</td><td>4</td><td>2</td><td>2</td><td>1</td></tr>
<tr><td>每小包的大绞数</td><td>32</td><td>20</td><td>25</td><td>20</td><td>16</td><td>16</td><td>25</td><td>25</td><td>25</td></tr>
</table>

本章学习重点

学习本章后，应重点掌握三大模块的知识点：

一、络筒机、捻线机的机构组成与工作原理模块

1. 络筒机、捻线机的主要技术特征、工艺流程。
2. 络筒机、捻线机的主要机构的工作原理。
3. 络筒机、捻线机的传动与自动控制的一般工作原理。

二、络筒工艺、捻线工艺原理

三、综合技术

1. 络筒质量控制技术。
2. 捻线质量控制技术。

复习与思考

一、基本概念

倍捻　捻比

二、基本原理

1. 后加工的任务是什么？
2. 后加工主要包括哪些设备？
3. 写出售单纱、售股线、售绞纱、售绞线的工艺流程。
4. 自动络筒机主要由哪些机构组成？
5. 试设计JC 14 tex经纱的自动络筒工艺参数。

6. 说明捻线机的工艺流程以及主要工艺设计参数的内容。

7. 简要说明倍捻机的工作原理。

基本技能训练与实践

训练项目1:上网收集或到校外实训基地了解有关络筒机,对各种类型的络筒机进行技术分析。

训练项目2:上网收集或到校外实训基地了解有关捻线机,对各种类型的捻线机进行技术分析。

训练项目3:捻线工艺设计,包括速度计算、捻度计算、产量计算。

第十章　新型纺纱

内容提要

本章重点介绍了转杯纺的任务、工艺流程、主要工艺特点及纱线特性，还介绍了喷气纺的任务、工艺流程、主要工艺特点及纱线特性，最后简单介绍了摩擦纺的任务、工艺流程、主要工艺特点及纱线特性。

第一节　新型纺纱概述

一、新型纺纱的特点

新型纺纱是相对于传统的环锭纺纱而言的。与环锭纺纱相比，新型纺纱取消了锭子、筒管、钢领、钢丝圈等加捻卷绕元件，并且加捻与卷绕作用分开进行。新型纺纱具有如下特点。

1. 产量高

细纱机的产量取决于锭子的回转速度。而锭子速度的提高，一方面受到钢丝圈线速度的限制，因为锭速提高，钢丝圈的线速度必然随着提高，在运行过程中，钢丝圈大量发热，产生飞圈而增加断头；另一方面受到气圈张力的限制，随着锭速的提高，钢丝圈受到的摩擦阻力、气圈的离心力及气圈受到的空气阻力都相应增大，造成纺纱张力及其波动增加且气圈形态不稳定，从而使纺纱断头增加。

新型纺纱采用新的加捻方式，加捻器速度不再像环锭纺纱机那样受钢丝圈线速度的限制，因而产量大幅度提高，出纱速度最高可达 450 m/min，是环锭细纱机的近 20 倍。

2. 卷装大

环锭细纱机上，增大卷装的途径是增加筒管长度和加大钢领直径，但筒管增大，将加大气圈高度，使小纱时气圈张力增大而断头增多；加大钢领直径时，又因钢丝圈的线速度增大而断头增多。因此，环锭细纱机的卷装容量不能过多增大，一般约为 70～75 g。而各种新型纺纱上，由于加捻与卷绕分开，可以直接络成筒子纱，因而卷装容量增大，可达 1.5～7 kg。

3. 纺纱工艺流程短

新型纺纱普遍采用条子喂入且直接纺成筒子纱，一般可省去粗纱、络筒两道工序，从而大大缩短了纺纱流程，节约了基建和设备投资，也可减少劳动力。

二、新型纺纱的种类

新型纺纱按纺纱原理可分为自由端纺纱和非自由端纺纱两大类。

1. 自由端纺纱

自由端纺纱的原理如图 10-1 所示。条子自喂入端 1 喂入,经分梳机构分解为单纤维,一般采用分梳辊分解纤维。然后将单纤维凝聚成为连续的须条 2,加捻成纱后至输出端输出,并卷绕成筒子。重新凝聚的须条头端,称为自由端,可以随加捻器 3 回转,加捻器至输出端的一段纱条上即可获得捻度。因凝聚加捻方法不同,自由端纺纱可分为转杯纺纱、摩擦纺纱、涡流纺纱、喷气涡流纺纱等。

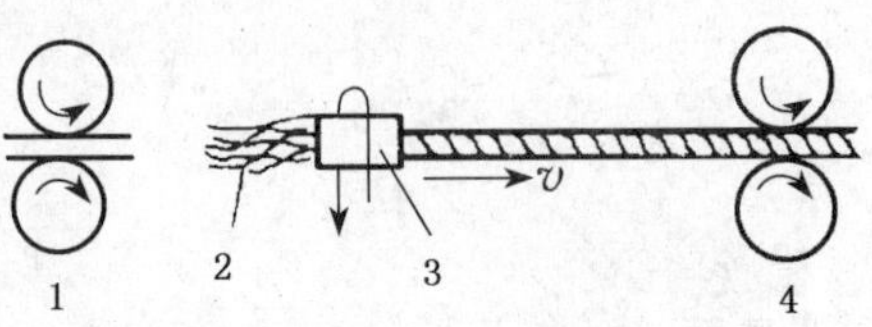

图 10-1　自由端纺纱原理

2. 非自由端纺纱

非自由端纺纱的原理是使由纤维组成的须条自喂入端至输出端呈连续状态,其间没有断裂过程。加捻器置于输入端和输出端之间,对须条施加假捻。纱条获得强力的原因将因纺纱方法的不同而异。属于非自由端纺纱的新型纺纱有自捻纺纱、喷气纺纱和无捻纺纱等。

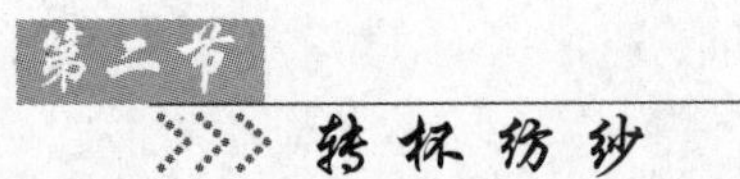

第二节 转杯纺纱

一、转杯纺纱概述

(一) 转杯纺纱的发展

转杯纺纱(国内习惯称之为"气流纺纱")是发展最快、应用最广、技术最成熟的一种新型纺纱方法。转杯纺纱自第一台纺纱机问世以来,机械性能、纺纱性能和自动化程度均有很大的发展。

转杯纺纱机的发展经历了三个阶段。第一阶段(20 世纪 60 年代中期)的代表机型有 BD200M、BD200R 等,转杯速度为(3.6～4.4)×10^4 r/min,头距小,无排杂装置,自动化程度低;第二阶段(20 世纪 70 年代中后期)的代表机型有 BD200RN、BD200SN、HSL 系列、RU10、M1/2 等,其转速提高到(4.0～6.0)×10^4 r/min,附有排杂装置,卷装容量增大;第三阶段(20 世纪 80 年代中后期)的代表机型有 RU14、Autocoro 系列、R40、BT9 系列、BD-D3 系列等,其转速高达(7.0～13.0)×10^4 r/min,最高达 15.0×10^4 r/min,附有排杂装置,具有启动检测、断头自停、自动落纱、自动生头、工艺参数自动显示、张力自动控制、生产数据自动处理、变频调速、电子清纱等装置。

我国转杯纺纱机的发展也取得了较大的成绩,目前主要机型有 CR2、FA601、FA601A、FA610A、F1601-1605、F2601(毛型)等。几种转杯纺纱机的主要技术参数如表 10-1 所示。

表 10-1 几种转杯纺纱机的主要技术参数

机型	FA1604	RFRS10	Autocoro312	R40	BT903
每台锭数	168，192	192	230	245	216
锭距(mm)	200	216	312	320	192～240
适纺纤维	＜60	＜40	＜60	＜60	＜60
纺纱线密度(tex)	166～15	120～16	240～15	170～10	240～15
喂入线密度(tex)	5 000～2 200	5 000～2 200	—	—	—
转杯转速(r/min)	75 000	90 000	40 000～150 000	40 000～150 000	36 000～95 000
转杯驱动方式	龙带	高速龙带	—	—	—
分梳辊转速(r/min)	5 200～8 200	5 500～9 000	6 600～9 000	6 500～9 000	5 000～10 000
牵伸倍数	35～230	32～220	37～350	40～400	18～330
纺纱器形式	自排风	抽气敞开式	SE11 抽气式，整体式输纤通道	SC-R 抽气式，整体式输纤通道	排气式
引纱速度(m/min)	20～120	50～150	30～220	＜235	27～170
转杯直径(mm)	40～66	36～50	56～28	56～28	50，36
排杂及回收方式	小排杂，吸风管	大排杂，输送带	大排杂，输送带	垂直大排杂，输送带	小排杂，吸风管
平筒(mm)：直径×宽度	300×150	300×150	300×150	340×150	300×150
空管(mm)：直径×宽度	50×170	54×170	30.5×170	54×170	54×170
纱筒重量(kg)	4.0	4.0	4.15	5.0	4.15
自动化程度	半自动	半自动	全自动	全自动	半自动
电子清纱器	可以选配	可以选配	电子清纱器	电子清纱器	电子清纱器
卷绕方式	往复式	往复式			
装机容量(kW)	42	58	113	87.5	66～77.5
制造公司	经纬纺机	浙江日发	苏拉/赐莱福	立达	立达/捷克

(二) 转杯纺纱机的工艺过程

转杯纺纱机主要由喂给分梳、凝聚加捻和卷绕等机构组成。图 10-2 为转杯纺纱机的剖面示意图，条子从条筒中引出，送入纺纱器，在纺纱器内完成喂给、分梳、凝聚和加捻作用，由引纱罗拉将纱条引出，经卷绕罗拉(槽筒)卷绕成筒子。

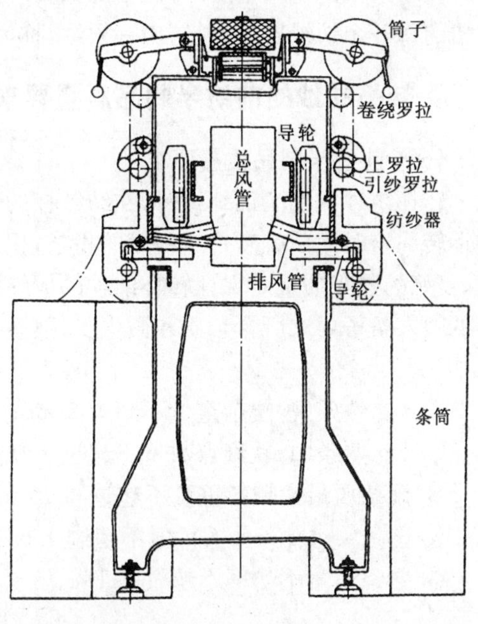

图 10-2 转杯纺纱机剖面示意图

图 10-3 为纺纱器内部结构示意图。条子通过喂给喇叭 1，由喂给罗拉 2 与喂给板 3 握持，并积极向前输送，经表面包有金属锯条的分梳辊 4 分梳成单纤维，并被分梳辊抓取。由于纺纱杯 5 高速回转，带动杯内的气流回转而产生离心力，将空气从排气孔 6 中排出，使纺纱杯内产生真空度，迫使外界气流从补风口 7 和引纱管 8 补入，于是，附于分梳辊锯齿上的单纤维在分梳辊离心力

及补风口补入气流的作用下，通过输送管道 9 吸入纺纱杯 5，气流经隔离盘 12 的导流槽从排气口排出，纤维沿纺纱杯壁滑入纺纱杯 5 的凝聚槽 10，形成凝聚须条。

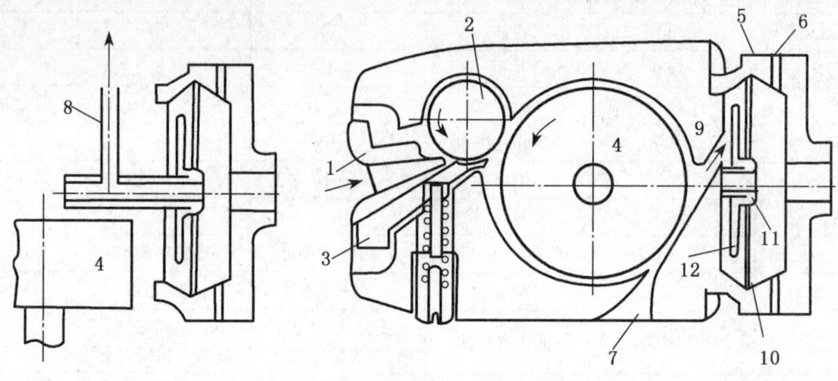

图 10-3　纺纱器内部结构示意图

1—喂给喇叭　2—喂给罗拉　3—喂给板　4—分梳辊　5—纺纱杯　6—排气孔
7—补风口　8—引纱管　9—输送管道　10—凝聚槽　11—阻捻盘　12—隔离盘

开车生头时，将引纱送入引纱管，由引纱管补入的气流吸入纺纱杯，由于纺纱杯内的气流高速回转而产生的离心力，使引纱的尾端贴附于凝聚须条上。引纱由引纱罗拉握持输出，贴附于凝聚须条的一端，和凝聚须条一起随纺纱杯高速回转，因而获得捻回，并借捻回使纱尾与凝聚须条相联系。引纱罗拉连续输出，凝聚须条便被引纱剥离下来，在纺纱杯的高速回转下加捻成纱。因凝聚须条可随纺纱杯(加捻器)一起回转，所以凝聚须条就是转杯纺纱的环状自由端。

纱条在回转加捻的过程中受到阻捻盘 11 的摩擦阻力而产生假捻，使阻捻盘至剥离点间的一段纱条上的捻回增加，可以增加回转纱条与凝聚须条间的联系力，以减少断头。转杯纺纱机的每一个纺纱器，可以纺出一根纱，称为一个头。

二、转杯纺纱的前纺半制品质量要求与工艺

(一) 前纺半制品质量要求

转杯纺纱机加工棉纤维时，在纺纱杯的凝聚槽和排气孔中易积聚纤维屑和尘杂，纺纱杯在运转一定时间后就有一定程度的积杂，积杂的多少与喂入条子的含杂情况直接相关。另外，良好的熟条质量对保证转杯纺纱的成纱质量十分重要。与环锭纺纱的熟条相比，转杯纺纱的喂入条子要求所含杂质和微尘少，熟条中纤维的分离度、伸直度要好。对熟条的质量要求如下：

① 1 g 熟条中，硬杂重量不超过 3 mg；

② 1 g 熟条中，软疵点数量不超过 120 粒；

③ 硬杂质最大颗粒重量不超过 0.10 mg；

④ 熟条 Uster 条干 CV 值不超过 4.5%；

⑤ 熟条重量不匀率不超过 1.1%。

(二) 前纺工艺

转杯纺纱机以条子喂入，其前纺设备，除省去粗纱机外，基本上与传统纺纱相似。目前转杯纺纱工艺流程主要有以下两种：

① 开清棉→梳棉→并条(两道)→转杯纺纱；

② 清梳联→并条(两道)→转杯纺纱。

三、转杯纺纱机的喂给分梳机构与作用

喂给分梳机构的作用是将条子喂入并分解为单纤维状态，同时将条子中的细小杂质排除，以达到提高质量、降低断头的目的。

(一) 喂给机构与作用

图 10-4 是喂给机构的示意图。喂给机构由喂给喇叭 1、喂给罗拉 2 和喂给板 3 组成，其作用是将条子均匀喂入，并对条子施加一定压力，供分梳辊 4 分梳。

1. 喂给喇叭

喂给喇叭的作用是引导条子。条子进入握持机构前，受到必要的整理和压缩，使须条横截面上的密度趋于一致，以扁平截面进入握持区。喂给喇叭的出口应尽量接近握持钳口，使纤维经握持机构向前输送时受到一定的张力，从而伸直纤维。喂给喇叭的出口位置应稍低于分梳辊中心，以免绕分梳辊。

喂给喇叭要求内壁光滑，以减少对条子外层纤维的摩擦，避免破坏喂入条子的结构和均匀度。喂给喇叭出口截面尺寸与喂入条子的定量有关，一般为 9 mm×5 mm、9 mm×2 mm、7 mm×3 mm 等。如果截面尺寸过小或条子定量过重，则易堵塞；反之，截面尺寸过大或条子定量过轻，就失去了集合作用。

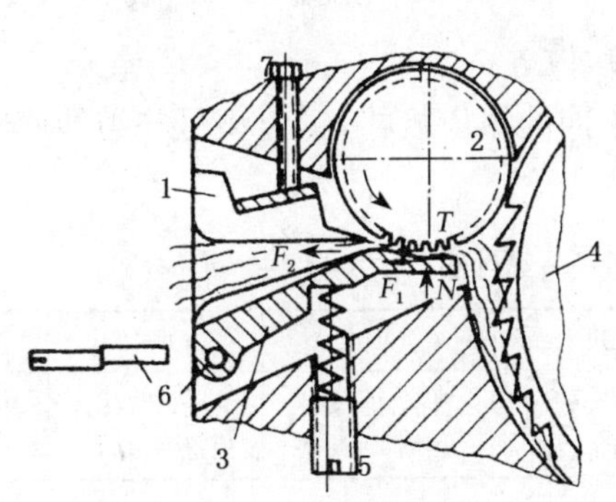

图 10-4　喂给机构的示意图

1—喂给喇叭　2—喂给罗拉　3—喂给板　4—分梳辊　5—调节螺钉

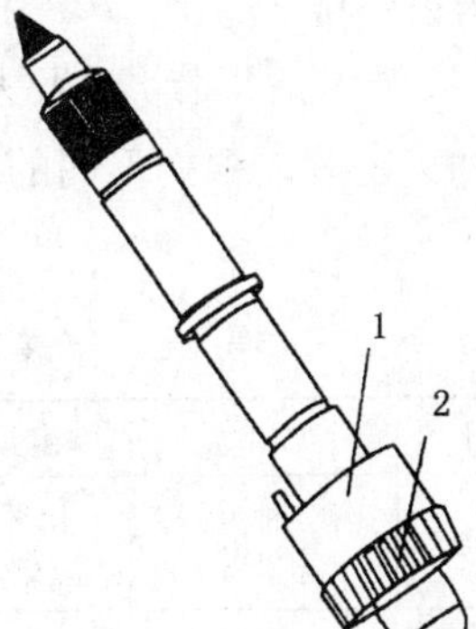

图 10-5　喂给罗拉结构

1—喂给离合器　2—齿轮

2. 喂给罗拉与喂给板

条子从条筒中引出后经喂给喇叭密集，然后以扁平状截面进入喂给罗拉与喂给板的握持区，喂给罗拉一般为表面带斜齿的沟槽罗拉，喂给板依靠弹簧加压(喂给板可绕支点上下摆动，可自动调节加压大小)，使喂给罗拉与喂给板比较均匀地握持条子，并借助喂给罗拉的积极回转向前输送，供分梳辊抓取分梳。

如图 10-5 所示，喂给罗拉由喂给离合器 1 驱动，齿轮 2 与喂给轴组件上的蜗杆啮合。

当纱断头后，离合器分离，喂给罗拉停转，使纺纱器的纤维喂给中断。喂给轴组件由喂给轴和套在轴上的蜗杆组成，每根轴上套有八根蜗杆，它们能在喂给轴上移动，以便调整其与喂给罗拉上的斜齿轮的啮合位置。每根喂给轴有四个回转支承，安装在纺纱器壳体上。

分梳辊对条子的分梳与除杂效果，除受喂入条子的结构影响外，主要取决于握持机构对条子的握持状态。喂给罗拉与喂给板组成的握持钳口对条子必须有足够的握持力，且要求握持力分布均匀，握持稳定。为此，必须给喂给罗拉加以适当的压力，压力过小，条子在罗拉钳口下打滑，影响分梳辊对纤维的分梳作用；但压力过大，会增加喂给板对条子的摩擦阻力，出现上下纤维分层和底层纤维在给棉板上拥塞的现象。

为了加强对条子的握持，喂给罗拉与喂给板之间的隔距自进口至出口应由大到小，喂给板分梳工艺长度（指自喂给罗拉与喂给板握持点至分梳辊中心水平线与喂给板交点间的长度）应等于或接近纤维的品质长度。

（二）分梳机构与作用

转杯纺纱机上，分梳辊是在喂给机构的配合下，将条子梳理分解成单纤维并排除杂质，将纤维流转移到输纤通道的元件，由龙带直接传动。分梳辊结构、包覆锯齿的规格和质量、分梳工艺参数等直接影响分梳质量。

1. 分梳辊结构

分梳辊一般采用铝合金或铁胎表面包有金属锯条或植有梳针的结构。目前生产中普遍采用高速小分梳辊，其直径为 60～80 mm，转速为 5 000～9 000 r/min，基本上能将条子分解成单纤维状态。分梳辊的结构如图 10-6 所示。

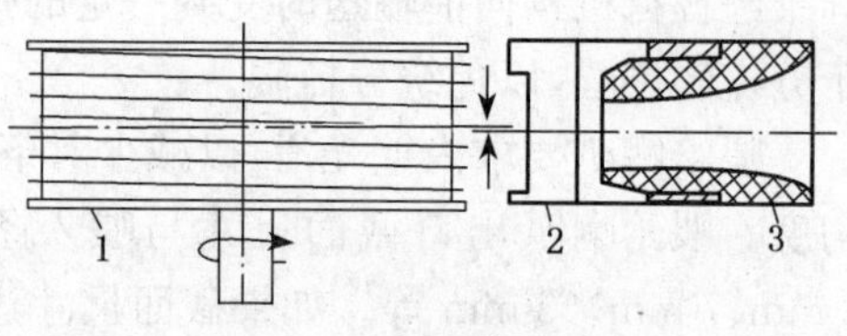

图 10-6　分梳辊的结构

1—分梳辊　2—喂给板　3—喂给喇叭

2. 锯齿规格

锯齿规格包括工作角、齿尖角、齿背角、齿高、齿深和齿密等。根据不同的原料，选择不同的锯齿规格，锯齿型号与纺纱原料的关系如表 10-2。

表 10-2　锯齿型号与纺纱原料的关系

锯齿型号	OB20	OK36	OK37	OK40	OK61	OS21
原料种类	棉，棉/黏，棉/涤	化纤，丝，毛/黏，毛/棉	化纤，丝，毛/黏，毛/棉	棉，棉/黏，棉/涤	腈纶，涤/棉，毛/棉，黏胶	涤/棉，毛/棉，化纤

3. 分梳辊转速

分梳辊转速对纤维的分梳、转移和除杂有显著影响。在其他工艺条件相同的情况下，提高分梳辊转速，分梳作用强，杂质易于排除，纤维转移顺利，因而成纱条干好，粗节、细节、棉结、断头相应减少。但分梳辊转速过高，容易损伤纤维，且纤维越长损伤越严重，因而影响成纱强力。因此，一般要求在少损伤纤维的前提下，适当提高分梳辊转速，可以达到提高成纱质量的目的。加工棉纤维时，分梳辊的速度一般为 6 000～9 000 r/min。不同的化学纤维对分梳辊转速的要求不同，一般在 5 000～8 000 r/min 范围内。

分梳辊转速与条子定量和喂入速度有关。喂入条子定量加重或喂入速度增大，绕分梳辊的纤维数量增多，分梳辊转速提高，可使绕分梳辊的纤维数量减少。因此，喂入条子的定量重或单位时间内的喂给量增加，则分梳辊的转速要相应提高，否则容易绕分梳辊。

分梳辊上的纤维与杂质，随分梳辊高速回转时所产生的离心力与分梳辊的直径为线性比，而与分梳辊的角速度为平方比。因此，分梳辊转速对离心力的影响比分梳辊直径对离心力的影响显著，故采用小直径、高转速分梳辊更有利于杂质的排除和纤维的转移。分梳辊的转速还必须与纺纱杯的真空度相适应，如果纺纱杯的真空度低而分梳辊的转速高，则影响纤维的正常转移输送，甚至造成分梳辊绕花。

（三）排杂装置

转杯纺纱机上普遍装有排杂装置，并将补气与排杂相结合，利用气流和分梳辊的离心力排除微尘和杂质，达到减少转杯内凝聚槽的积尘、减少断头、稳定生产、提高成纱质量的目的。

目前，转杯纺纱机的排杂装置主要有固定式排杂装置和调节式排杂装置两种类型。

1. 固定式排杂装置

如图 10-7 所示，在纺纱过程中，被分梳辊 1 抓取的纤维和杂质随分梳辊一起运动。由于纤维的长度长，受空气阻力和分梳辊腔壁的摩擦阻力的作用，被锯齿握持较牢。而杂质的质量大，所受离心力也大，容易脱离锯齿。当杂质经过排杂口 4 时，因受离心力的作用，自锯齿抛出，经排杂通道 5 及吸杂管 6 由风机吸至车尾的集杂箱。

由于纺纱杯产生真空度而从分梳辊 1 的表面吸气，吸杂管 6 也要吸气，这两部分气流都自补风通道 3 补入。向分梳辊表面补入的气流经排杂口 4 补入，有托持回收纤维的作用；向吸杂管 6 补入的气流经过排杂通道 5，有助于输送尘杂。

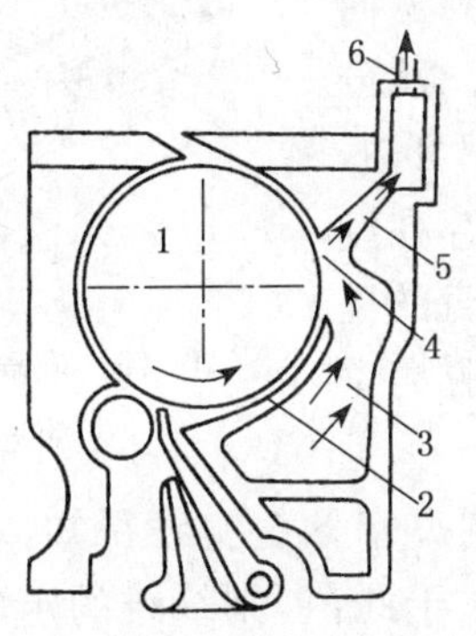

图 10-7　固定式排杂装置

1—分梳辊　2—分梳点　3—补风通道
4—排杂口　5—排杂通道　6—吸杂管

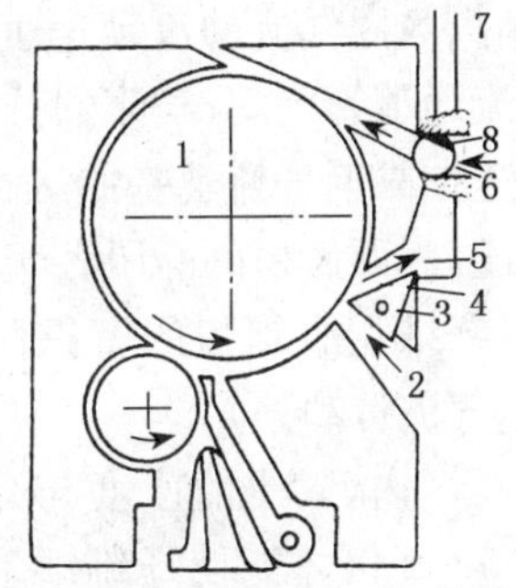

图 10-8　调节式排杂装置

1—分梳辊　2—固定补风口　3—导流板　4—排杂口
5—排杂通道　6—补风口　7—吸杂管　8—可调补风阀

2. 调节式排杂装置

如图 10-8 所示，杂质受离心力的作用，自排杂口 4 排出，经排杂通道 5 由吸杂管 7 吸走。固定补风口 2 补入的气流起托持纤维的作用，防止纤维随杂质排出。可调补风阀 8 可以根据原棉的含杂情况及成纱质量的不同要求，调节落棉率及落棉含杂率。调节时，只要旋动补风阀，将补风口 6 的通道打开 1/6、1/2 或全部。当补风口的通道减小时，此处补入的气流量减小，而由于纺纱杯真空度的影响，固定补风口 2 补入的气流量增多，回收作用增强，落棉量减少，落棉中排除的主要是大杂；当补风口的通道开大时，由于此补风口靠近纺纱杯，此处补入的气流量增多，而固定补风口 2 受纺纱杯真空度的影响减弱，补风量减少，落棉量增多。

(四) 纤维的剥离与输送

1. 纤维在分梳辊周围的运动过程

如图 10-9 所示，1 为分梳辊刺入须丛的始梳点，2 为分梳点，3 为分梳辊与腔壁间最小隔距区的终点，4 为剥离点即输送管的入口位置，5 为输送管道的出口位置。在分梳辊的周围，1～2 之间为分梳区，2～3 之间为输送区，3～4 之间为剥离区，4～5 之间为气流输送区。纤维在分梳区被分梳辊分梳为单纤维后，随分梳辊一起进入输送区，在此区内，由于分梳辊与其腔壁间的隔距很小(0.15 mm)，纤维受到分梳辊腔壁的摩擦阻力，被锯齿握持得很牢。当纤维到达剥离区时，由于分梳辊锯齿与其周围气流通道管壁间的距离增大，纤维在离心力及气流静压差的作用下，逐渐向齿尖滑移，并沿齿尖的圆周切向抛出。到剥离点 4 处，分梳辊又进入与腔壁最小隔距的状态，纤维则随气流进入输送管(气流输送区)。此后，纤维经过隔离盘与纺纱器壳体间的扁通道，到达纺纱杯的滑移面，滑入纺纱杯的凝聚槽。

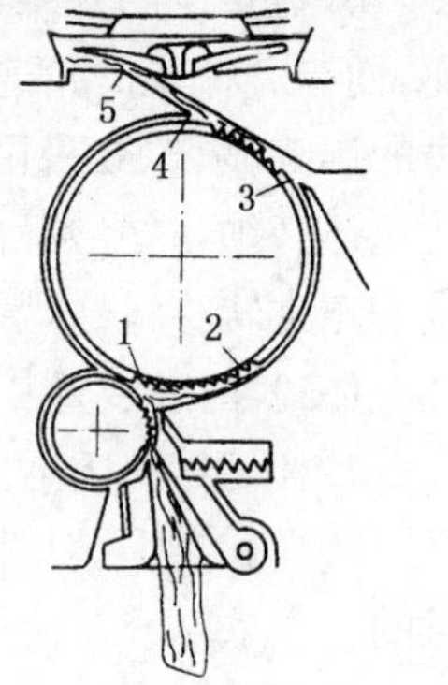

图 10-9　纤维在分梳辊周围的运动过程

1—始梳点　2—分梳点
3—最小隔距区的终点
4—剥离点
5—输送管道的出口位置

2. 纤维的剥离

剥离区内，因为有分梳辊转动所带来的气流以及从补风口补入的气流运动，为了使从锯齿剥离的纤维有一定的伸直度和方向性，要求剥离区内气流的流动速度大于分梳辊的表面速度。从分梳辊到气流通道管壁间，气流的分布如图 10-10 所示。由图可知，气流的流速在靠近分梳辊基胎表面处较低，沿分梳辊径向存在气流速度梯度，因而齿根的静压大于齿尖的静压，加上纤维自身的离心力，使得纤维克服锯齿的摩擦阻力而向齿尖滑移，最后脱离锯齿，随高速气流运动。

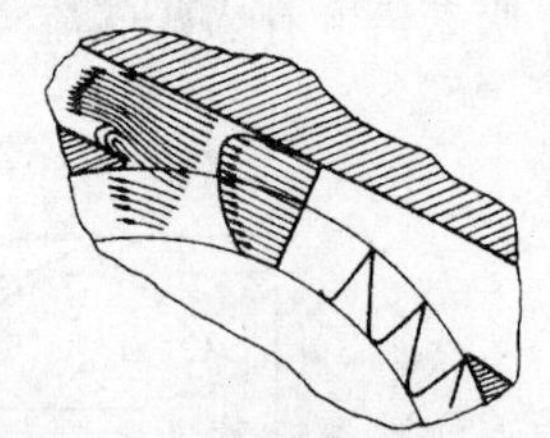

图 10-10　剥离区气流流速分布图

在剥离区内，气流的速度与分梳辊表面的比值称为剥离牵伸。实践得知，剥离牵伸保持在 1.5～2 倍才能使纤维顺利剥离。如果剥离牵伸大于此值，则纤维的定向伸直度更好。

锯齿的光洁度和工作角、纤维和锯齿的摩擦系数都影响纤维的剥离。如果大量纤维到达剥离点时尚未脱离锯齿而被分梳辊带走，则出现绕分梳辊现象。

3. 纤维的输送

指输送管道内的气流对纤维的输送。为了保证纤维在运动过程中不恶化其定向度和伸直度，输送管道的截面一般成渐缩形，这样可使气流在管道内的流速随着截面的减小而逐渐增大。由于作用在纤维上的气流力与气流和纤维的速度差的平方成正比，因此纤维前端所受到的气流力大于后端，使纤维受到拉伸并得到加速。拉伸有利于纤维的伸直，加速可使相邻纤维头端的距离增大，有利于纤维的分离。

由于要求剥离区管道内的气流速度必须大于分梳辊的表面速度，因此，纺纱杯的真空度和分梳辊的转速必须配合恰当。如果分梳辊转速较高而纺纱杯真空度较低，分梳辊带动的

气流量超过纺纱杯的吸气量，则破坏了气流的平衡条件，将会使气流在输送管道口发生回流现象，影响正常输送和纤维定向伸直，并造成分梳辊的严重返花。自排风式纺纱杯的真空度取决于纺纱杯自身的转速，当纺纱杯的转速较低时，纺纱杯的真空度也低，分梳辊的转速不宜过高，否则气流失去平衡，将影响纤维的正常剥离与输送。

四、转杯纺纱机的凝聚加捻机构与作用

凝聚加捻的作用是将分梳辊分梳后的单纤维重新凝聚成连续的须条并加上一定的捻回而成纱。

(一) 纺纱杯及其作用

纺纱杯的外观近似截锥形，其内壁称为滑移面，直径最大处称为凝聚槽，纺纱杯高速回转产生的离心力起凝聚纤维的作用，纺纱杯每一回转，就给纱条加上一个捻回。因此，纺纱杯是凝聚加捻机构的主要部件。目前纺纱杯主要有自排风式和抽气式两种，如图 10-11 和 10-12 所示（自排风式已逐渐淘汰，但目前国内仍有相当数量的此种机器）。

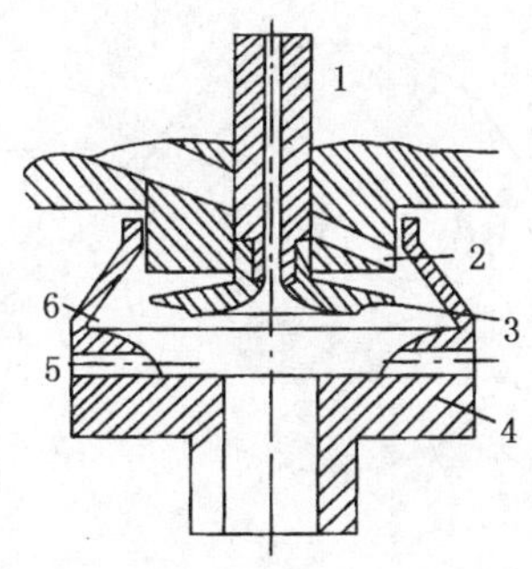

图 10-11　自排风式纺纱杯

1—引纱管　2—输送管　3—假捻盘
4—纺纱杯　5—排气孔　6—凝聚槽

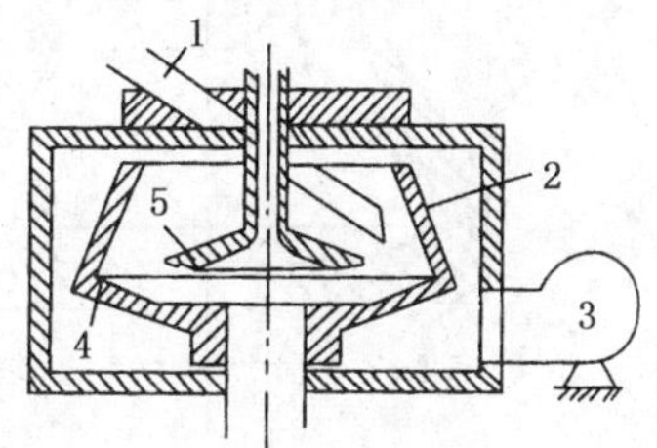

图 10-12　抽气式纺纱杯

1—输送管　2—纺纱杯　3—引风机
4—凝聚槽　5—假捻盘

1. 纺纱杯中气流和纤维的运动规律

纤维质量较轻，其运动规律基本上由气流的运动规律决定。因此，控制纺纱杯内气流的运动规律，就可以控制纤维运动，以达到提高成纱质量和减少断头的目的。纺纱杯的排气方式不同，杯内气流运动的规律也不同。

(1) 自排风式纺纱杯

如图 10-11，自排风式纺纱杯是在纺纱杯的下部开排气孔，空气从排气孔排出。由于高速回转而产生真空度，其压力分布在纺纱杯 4 的中心为最低，所以假捻盘 3 的中心区域为低压区，气流有向这个低压区流动的趋势。由于气流向这个方向流动，纤维也受这股气流的影响而向中心区流动，如果输送管出口位置不当，会发生纤维绕假捻盘的弊病。由于纺纱杯的下部开有排气孔 5，气流还有自上而下的轴向流动。因此，自排风式纺纱杯中的气流流动是一个空间复合运动，随纺纱杯的回转方向呈自上而下的空间螺旋线运动。为了防止纤维自输送管 2 输出后未到达纺纱杯壁就冲到假捻盘至凝聚槽 6 间的一段纱条上而形成缠绕纤维。自排风式纺纱杯必须采用隔离盘，并要求正确安装各盘的位置，保证纤维在纺纱杯壁上的落点与凝聚槽有一定的距离。

(2) 抽气式纺纱杯

如图 10-12 所示，与自排风式的主要区别在于气流的轴向运动方向不同，即其气流是自下(从引纱管、输送管出口)而上(纺纱杯顶部与固定罩盖之间)流动，形成自下而上的复杂空间螺旋线运动。抽气式纺纱杯 2 的真空度决定于抽气速度，与纺纱杯的转速无关，因而有利于提高纺纱杯及输送管的真空度。又因纤维受自下而上的气流流动的影响，也有利于减少纤维冲到假捻盘 5 至凝聚槽 4 间的一段纱条上，可减少缠绕纤维。但是输送管 1 的出口位置不能离纺纱杯的上口太近，否则纤维易被吸走，影响制成率。

2. 纤维在纺纱杯壁上的滑移运动

纤维到达纺纱杯壁后，随着纺纱杯的回转，纤维在离心力的作用下克服杯壁的摩擦阻力而滑向凝聚槽。杯壁的滑移角 α(图 10-13)大，杯壁对纤维的摩擦阻力大，纤维滑移困难。实践证明 $\alpha>70°$就不易纺纱。但是，若 α 过小，纤维滑移速度过快，少数纤维尚未到达凝聚槽即附着于纱条上，使外包纤维增加，断头增多，而且，纤维滑移过快也不利于纤维在滑移过程中伸直。一般 α 为 60°～65°。

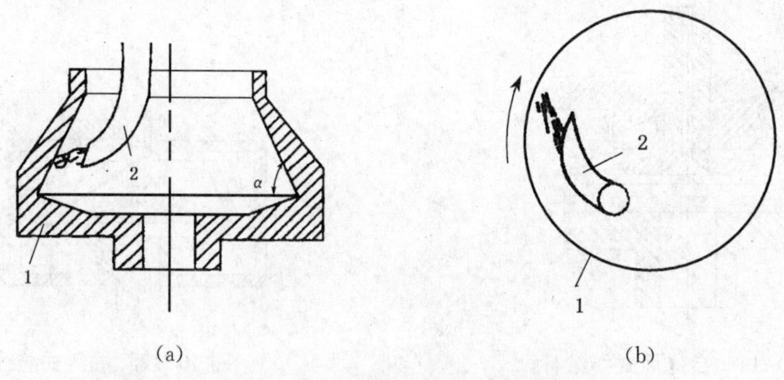

图 10-13　输送管出口的纤维运动

3. 纤维在纺纱杯内的并合作用

进入纺纱杯的纤维在向凝聚槽凝聚的过程中发生了大约 100 倍的并合作用，这样的并合作用对改善成纱均匀度具有特殊的作用，它也是转杯纺纱的均匀度比环锭纺纱好的原因。当喂入条子的线密度低，成纱线密度高，纺纱杯的直径大、转速高，喂入罗拉的直径小而转速低时，纺纱杯的并合作用强，成纱条干好。特别是当喂入棉条不匀或喂给机构不良而造成周期性不匀时，只要不匀的波长小于 πD(D 为纺纱杯直径)，纺纱杯的并合作用就能改变这种不匀，从而保证成纱均匀度。

(二) 隔离盘与假捻盘(阻捻盘)

1. 隔离盘

如图 10-14 所示，隔离盘 2 是一个表面有倾斜角、边缘上开有导流槽的圆盘，用于自排风式纺纱杯中，位于输送管道出口 5 与纺纱杯 3 的凝聚槽之间，它的顶面与纺纱器壳体的间隙形成一个环形扁通道，扁通道与输送管道相连。自分梳辊 1 剥离下来的单纤维，随气流由输送管道输出，通过扁通道，到达纺纱杯 3 的滑移面，然后滑向凝聚槽。隔离盘的作用如下：

① 隔离纤维与纱条。隔离盘用于自排风式纺纱杯，由于自排风式纺纱杯中的气流有自上而下的运动趋势，输送管道短，如不采用隔离盘，纤维自输送管道输出后，有可能受气流的

吸引，附在凝聚槽至引纱罗拉的一段纱条上，而形成缠绕纤维。隔离盘起到隔离纤维与纱条的作用。

② 定向引导纤维。纤维经过输送管道时，因为输送管道的截面呈渐缩形，气流得到加速，可使纤维定向伸直。

③ 使气流与纤维分离。图 10-15 为气流与纤维分离示意图。

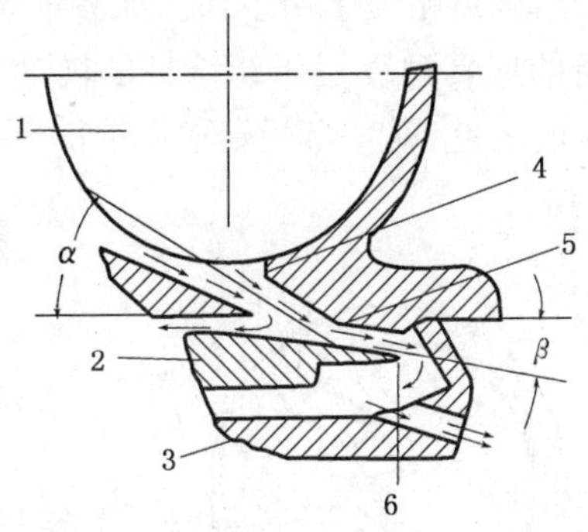

图 10-14　输送管道与扁通道组合位置

1—分梳辊　2—隔离盘　3—纺纱杯　4—输送管道入口　5—输送管道出口　6—扁通道出口

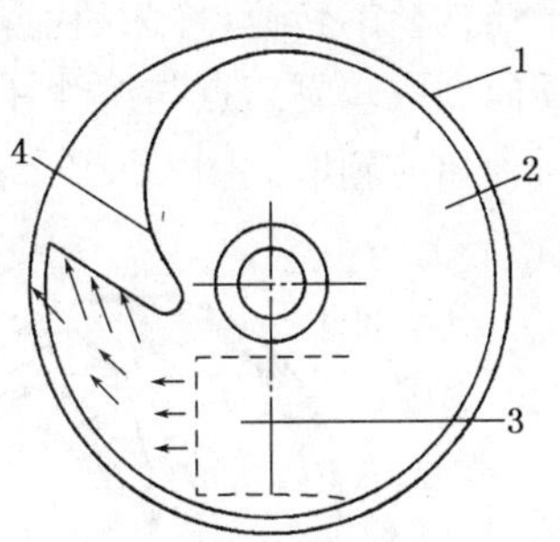

图 10-15　气流与纤维分离示意图

1—纺纱杯　2—隔离盘　3—纺纱杯　4—输送管道出口　5—导流槽

2. 假捻盘(阻捻盘)

假捻盘的作用是阻捻和假捻。阻捻即阻止捻回传递，捻回集中分布在回转纱条(假捻盘至凝聚槽的一段纱条)上；而假捻则使回转纱条上的捻回增多。在阻捻与假捻的两个作用中，假捻作用是主要的。通过假捻盘的假捻作用，可以使回转纱条与须条间的联系力增强，以达到减少断头的目的。

目前，假捻盘一般有金属和陶瓷两种材质，形态有表面光滑、表面刻槽及盘香式。假捻盘的直径和形态与纺纱线密度有关，纺纱线密度大，假捻盘直径也大。

3. 须条的剥取与加捻

(1) 须条的剥取与加捻过程

在纺纱杯的凝聚槽中，须条的剥取与加捻是同时进行的。如图 10-16 所示，引纱被吸入纺纱杯 1 后，依靠纺纱杯回转时产生的离心力，使纱尾紧贴于凝聚槽中的须条 2 上。引纱的前端被引纱罗拉 4 握持。假设剥离点为 A，纺纱杯出口的颈部为 B，罗拉握持点为 C，AB 段纱条因离心力的作用紧贴杯壁，受高速回转的纺纱杯的带动而使纱条得到捻回。纺纱杯带着纱段 AB 一起回转，则沿纺纱杯的回转轴产生一扭力矩，此扭力矩促使 BC 段纱条加上捻回。

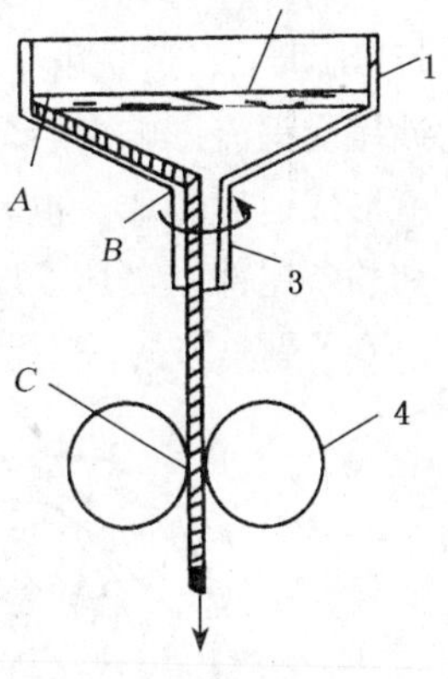

引纱的尾端随着纺纱杯回转，因而捻回增多，引纱的尾端将捻回向须条传递，便和须条合在一起。由于引纱罗拉的回转牵引，将须条从凝聚槽中逐渐剥取下来，随着纺纱杯的回转加捻成纱。

图 10-16　纱条加捻

1—纺纱杯　2—须条　3—引纱管　4—引纱罗拉

(2) 剥取作用分析

须条的剥取是依靠两个条件完成的，一是纱条与凝聚槽中须条的联系力大于凝聚槽对须条的摩擦阻力，二是剥离点与凝聚槽有相对运动。为了顺利地剥取凝聚槽中的须条，必须使纱条上的捻回通过剥离点延伸至剥离区，把加捻力矩向凝聚槽中的须条传递，依靠纱条与凝聚槽内须条的联系力，克服凝聚槽对须条的摩擦阻力，才能把凝聚槽中的须条剥取下来。如果纱条没有足够的捻回，剥离区内纱条与凝聚槽内须条的联系力小于凝聚槽对须条的摩擦阻力，则不能实现剥取，纱条与须条将在剥离点断裂，形成断头。

在剥取过程中，剥离点的运动可以略快于纺纱杯，也可略慢于纺纱杯。前者纱条的回转速度超前于纺纱杯的转速，称为超前剥取；后者纱条的回转速度迟于纺纱杯的转速，称为迟后剥取或反向剥取。剥离点与纺纱杯两者的回转速度之差，就是自凝聚槽剥取的须条圈数。正常纺纱时为超前剥取。图 10-17 所示为须条的剥取。

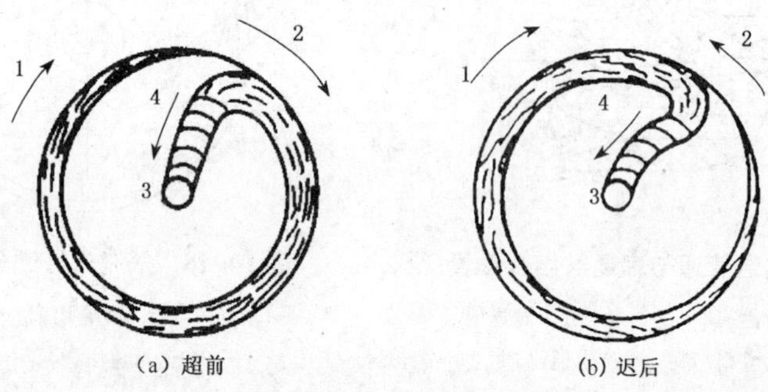

图 10-17 须条的剥取

1—纺纱杯回转方向 2—剥离点相对运动方向 3—引纱管 4—引纱方向

在纺纱过程中，须条的剥取和纤维向凝聚槽滑移是同时进行的。纺纱杯每转一周，剥离点剥取一段纱条，而凝聚槽中又补入一圈纤维。当剥离点环绕纺纱杯剥取一圈后，凝聚槽内的须条分布形态，将沿剥离点的相对运动方向，由粗逐渐变细，此后在剥离点连续剥取。由于凝聚槽中不断补入纤维，剥取下来的纱条粗细是相同的。

纺纱杯有时也可能发生迟后剥取，即纱条的回转速度迟于纺纱杯的转速，如图 10-17(b)所示。这是由于开始纺纱接头时，引纱吸入纺纱杯，纱尾正好通过纺纱杯的涡流区，纱尾受涡流影响而后弯，或纱尾触到隔离盘的底侧，因减速而后弯，与凝聚须条贴紧捻合后，就形成迟后剥取。也有在正向纺纱过程中，未分离的大纤维束处于骑跨状态（骑跨在剥离点和须条尾部），破坏了加捻力矩的正常传递方向，使加捻力矩经骑跨纤维束传向须条的尾部，改变了剥离方向，如图 10-18 所示。图中 1 为骑跨纤维束，(a)为骑跨位置，(b)为干扰加捻力

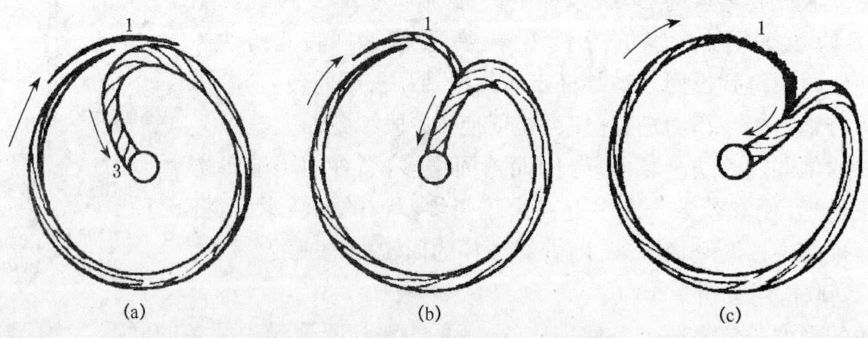

图 10-18 骑跨纤维束改变剥取方向

矩的传递，(c)为改变须条的剥取方向。如果正常纺纱时因上述原因突然改变剥取方向，则剥取下来的须条突然变细，纱上出现细节，以后又逐渐增粗，形成纱疵，甚至造成断头。

(3) 加捻作用分析

图 10-16 中，AC 段纱条上的捻回分布是不均匀的，BC 段的捻度大，而 AB 段的捻度小，使捻回不能充分传递到纱的形成点，造成纤维剥离不充分，使成纱变细，引起断头。剥离点的捻度降低率有时可达 30%。为了维持正常纺纱，转杯纺纱的捻度设计一般比环锭纺纱高。

如图 10-19 所示，纺纱杯带动纱条高速回转时，纱条获得 Z 向捻回，在离心力的作用下，纱条被引纱罗拉引出时紧贴于假捻盘表面运动，因为假捻盘对回转纱条产生了一个与纺纱杯转向相反的摩擦阻力 F，B 点纱条在该摩擦力矩的作用下绕自身轴线回转，也使 AB 段纱条获得 Z 捻，即依靠假捻的捻回传向剥离点，从而增加了剥离点 A 处纱条与凝聚槽中纤维的联系力，以达到降低成纱捻度、减少断头的目的。

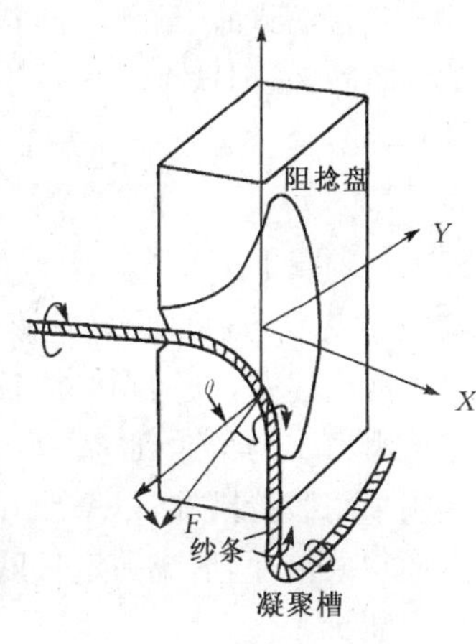

图 10-19　纱条的假捻

① 假捻作用。影响假捻效果的因素主要有纺纱杯的转速与直径、假捻盘的材质与结构、假捻盘的规格、纱条的摩擦系数等。当纺纱杯的转速、直径与成纱线密度一定时，影响假捻效果的因素主要是假捻盘的材质、结构与规格。摩擦系数大，假捻效果也大；纱条与假捻盘的包围角增大，假捻效果随之增大；假捻盘直径大，假捻捻度也大。假捻盘表面刻槽，能有效地提高假捻效果，降低纺纱断头。

假捻捻度对增加纱条的动态强力和减少断头有利，但对成纱强力不利。一般而言，若纱条与假捻盘的摩擦作用越强，凝聚须条上的假捻捻度越多，往往会使纱条的内外层捻度差异增大而引起成纱强力降低；同时，由于假捻捻度增多，会有较多的骑跨纤维在纱条表面形成缠绕纤维，使成纱强力降低。另外，假捻作用越强，剥离点附近纱条的动态强力越大，可减少剥离点附近的断头，但会使成纱强力越低。假捻盘对纱条的摩擦作用过大，会使纱条表面的毛羽增多。因此，假捻作用并不是越大越好，在生产中要结合成纱特点和质量，选择合适的假捻器形式和型号。

② 捻向与捻度。转杯纺纱的捻向是由纺纱杯的回转方向决定的，如图 10-20 所示。从引纱管的一侧观察，若纺纱杯以顺时针方向回转，纱条可获得 Z 捻；若纺纱杯以逆时针方向回转，则纱条获得 S 捻。转杯纱的捻向一般是 Z 捻。

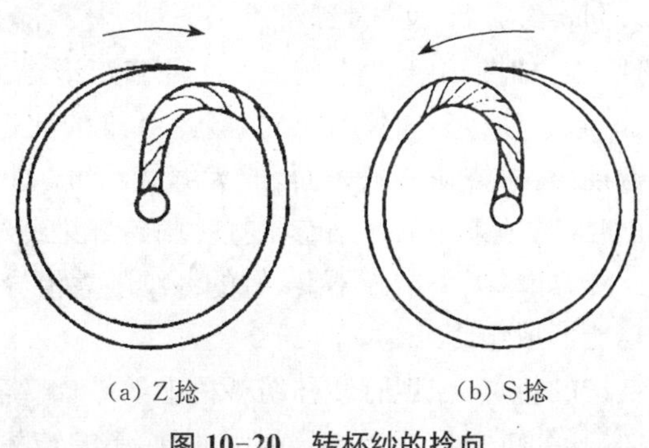

(a) Z 捻　　(b) S 捻

图 10-20　转杯纱的捻向

从纺纱杯凝聚槽中剥取的纱条，因纺纱杯回转而获得真捻，转杯纺纱的捻度取决于纱条的回转速度和引纱罗拉的引纱速度。其计算捻度 T_t 为：

$$T_t = \frac{n_y}{V \times 10}$$

式中：T_t 为转杯纱的计算捻度(捻/10 cm)；n_y 为纱条的回转速度(r/min)；V 为引纱罗拉的引纱速度(m/min)。

正常纺纱时，纱条的回转速度大于纺纱杯的回转速度，两者之差就是从凝聚槽剥取下来的须条圈数，但这个差异较小。因此，在实际生产中，计算捻度可直接用纺纱杯的转速进行计算，即：

$$T_t = \frac{n}{V \times 10}$$

式中：n 为纺纱杯的回转速度(r/min)。

前已述及，顺利剥取须条的条件之一是纱条与须条的联系力必须大于凝聚槽对须条的摩擦阻力。为了达到这一目的，转杯纱的设计捻度一般比同类环锭纱高 20%左右。另外，还须采用假捻措施，以增加假捻盘至凝聚槽间的一段纱条的捻度，使纱条的加捻力矩经剥离点向须条传递，形成一定长度的捻度传递区(剥离区)，保证纱条与须条间有足够的联系力，减少断头。

4. 缠绕纤维

如前所述，在纱条回转剥取凝聚须条的过程中，剥离点的后面会产生空隙，但是观察发现，上述理论空隙并不明显存在，而是被少量纤维所填补。这些少量纤维骑跨剥离点和须条的尾端，称为骑跨纤维或搭桥纤维。图 10-21 为凝聚须条的展开图，图中 1 为凝聚须条，2 为剥离点，3 为骑跨纤维，$2\pi R$ 为凝聚槽的周长，$\overline{M}$ 为纱条截面内的纤维平均根数。这些少量的骑跨纤维，被剥取加捻时，就形成缠绕纤维或称为外包纤维。

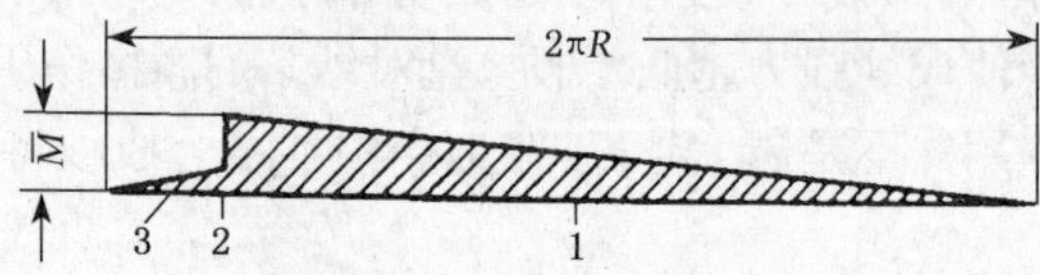

图 10-21 凝聚须条的展开图

在凝聚剥取过程中，纱条随纺纱杯回转并沿凝聚槽剥取须条，同时纤维流连续不断地自纤维补入点补入凝聚槽。回转纱条每次经过纤维补入点时，补入凝聚槽的纤维往往一端搭在须条的尾端，成为骑跨纤维，如图 10-22 中的 α。这种骑跨纤维的前端处于捻回传递区中，有可能与须条捻合在一起。当纱条向外引出时，骑跨纤维的前端随纱条脱离凝聚槽，其后端则从凝聚须条的尾端抽出，缠绕在纱条表面，成为缠绕纤维，如图 10-23 所示。骑跨纤维的尾端从凝聚须条抽出时，对须条中的纤维有干扰。骑跨纤维缠绕在纱条上，本身将形成弯钩纤维或对折纤维。此外，如果隔离措施不良，有的纤维随着沿导流槽下行的气流进入纺纱杯，附在回转纱条上，也能形成缠绕纤维。

缠绕纤维是转杯纱结构的特点，在现有转杯纺纱机上纺纱，缠绕纤维是不可避免的。但缠绕纤维缠附于纱条表面，其纤维强力不能充分利用，因而影响转杯纱的强力。

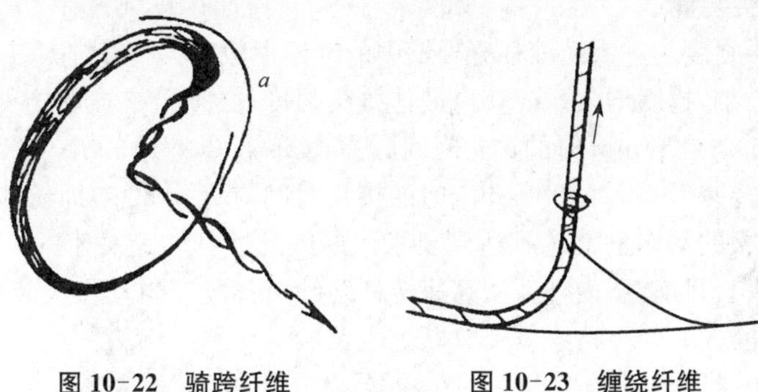

图 10-22 骑跨纤维　　图 10-23 缠绕纤维

缠绕纤维的数量与骑跨纤维的数量有关，此外，纤维长度长、纺纱杯直径小，都会增加缠绕纤维的数量。

五、转杯纺纱机的自动装置

随着转杯纺纱机速度的提高，为保证成纱质量，提高生产效率，目前的高速转杯纺纱机均配有自动接头、自动落筒、自动清洁、成纱质量自动监测与显示、工艺参数显示等自动装置。

（一）留头机构

转杯纺纱属于自由端纺纱，条子必须先分解为单纤维，然后凝聚成须条形成自由端，再经过剥取、加捻、卷绕成纱。纺纱过程中，喂入条子和输出纱条之间是不连续的，有断裂过程，但纱条与自由端之间必须是连续的，这样才能纺出连续的纱。

在转杯纺纱机上，每次关车时，由于各主要机件的回转惯性不同，破坏了纱条与重新形成自由端（凝聚须条）的连续条件，再开车时会造成全机断头，给生产带来不便。留头机构的目的是在关车时创造必要的条件，使开车时纱条与自由端恢复正常的连续性，完成集体接头，保证生产正常进行。

留头机构是通过控制（电器或机械式）系统来控制转杯纺纱机的各回转部件（如喂给罗拉、分梳辊、引纱罗拉、卷绕罗拉、纺纱杯）的关车及开车顺序，以弥补它们之间的惯性差异，使关车后仍能保持正常的纺纱条件，再次开车时能顺利地集体生头。

目前普遍采用的留头机构有两种类型，一类为拉纱法留头机构，另一类为卷绕罗拉倒顺转留头机构。留头的关键在于开车时使各运动机件能按照所需的时间顺序发生动作，对机件惯性及动作的可靠性进行有效的控制。

（二）半自动接头装置

在 DB 系列、AS 系列、RU11 等转杯纺纱机上，均有半自动接头装置，它是一种附属设备，在接头后不影响机器的正常工作。

半自动接头装置采用一套杠杆机构，当杠杆在工作位置时，先使纱筒脱离卷绕罗拉并将纱筒制动后固定于某一位置，同时确定接头所需的引纱长度。清洁完纺纱杯后，将引纱送入引纱管，然后按动控制杆，使杠杆脱离工作位置，纱筒顺势落在卷绕罗拉上，引纱胶辊与引纱罗拉接触，由引纱胶辊与夹持器握持的引纱头被放松，引纱被吸入纺纱杯，接头操作完成。

（三）自动接头装置

转杯纱的接头强度与进入纺纱杯凝聚槽中的纤维根数有关。纤维太多，接头粗，捻度减少；纤维太少，接头细，捻度增多。要获得最佳接头强度，必须严格控制接头时间。据测定，纺纱杯转速为 4.5×10^4 r/min 时的接头时间应为 0.55 s，转速为 5.5×10^4 r/min 时的接头时间应为 0.45 s，转速为 6.7×10^4 r/min 时的接头时间应为 0.33 s，即纺纱杯转速越高，接头时间应该越短，人的动作也就越难达到要求。一般纺纱杯转速高于 6.0×10^4 r/min 时，必须采用自动接头。目前，国内外新型高速转杯纺纱机都配有自动接头装置。自动接头装置一般有以下功能：

① 首先由传感器感应出发生断头的纺纱器；

② 自动引入引纱并清洁纺纱杯；

③ 自动接头时使纱筒退绕；

④ 自动接头时使引纱头解捻；

⑤ 自动接头时控制喂入罗拉的喂入量；

⑥ 自动接头。

（四）自动落筒装置

为了满足最终成品质量的需要并延长落纱周期，转杯纺纱机的卷绕量逐渐加大，为了减轻劳动强度，在转杯纺纱机上先后采用了半自动落筒和全自动落筒装置。全自动落筒装置一般包括以下几个部分：

① 切纱和吸纱装置；

② 回转式落筒机构；

③ 空筒管传递机构；

④ 回转式落筒机构的传统系统。

（五）成纱质量监测与工艺参数显示

① 安装电子清纱器检测成纱质量；

② 通过微机编程调节工艺参数并在显示屏上显示。

六、转杯纺纱工艺配置

（一）纺纱杯转速的选择

纺纱杯转速的选择根据纺纱杯直径、纺纱线密度、原料品种、半制品结构及纺纱断头情况进行。

纺纱杯直径大，凝聚槽内凝聚须条及杂质、棉结的离心力大，剥取的力就大。因此，直径大的纺纱杯，不适宜高速纺纱。此外，转杯直径大，高速时支承、传动负荷大，动力消耗大，噪音大，造成机械传动的许多不利因素。

一般，纺纱线密度越高，选择的捻度越小，也就是在相同转杯转速的情况下，引纱卷绕速度越快，产量就可以提高。

纺纯棉纱时，如果原棉质量好、短绒结杂少、整齐度好，可纺出质量好的纱，纺纱杯的转速可选择高一些，反之只能用较低的转杯速度；其他非棉原料纺纱时，一般采用比较低的转杯速度；如半制品质量和分梳质量好，有利于提高转杯速度。

转杯纺纱机的断头率是重要指标，一般纺纱厂控制在 200 根/(千头 · h)以下。若捻度

配置相同，转杯速度低时，断头率较小；相反，断头率较低时，如果将转杯转速提高，可获得更高的经济效益。

(二) 分梳辊转速的选择

分梳辊转速的选择主要考虑以下因素：

① 视原料的种类及其质量要求确定；

② 分梳辊的针布状态欠佳，可适当提高分梳辊转速；

③ 纺化纤时，分梳辊转速宜适当提高；

④ 条子定量大时，需适当提高分梳辊转速；

⑤ 转杯凝聚槽内粉尘多时，应在前纺制条工艺上采取措施，也需要适当降低分梳辊转速；

⑥ 排杂区的落白增加时，需适当降低分梳辊转速。

(三) 捻系数的选择

由于转杯纱的成纱结构与环锭纺不同，捻系数一般比环锭纱大，一般经纱选择 450±36；针织用纱可选择低一点的捻系数。

① 断头率高时，在满足客户要求的前提下，可适当提高捻系数，以减少断头；

② 根据纤维的柔软性、摩擦系数、长度及其整齐度、含杂等特征选择适宜的捻系数；

③ 根据条子内单纤维的分离性、棉结、杂质含量、纤维的整齐度等特征选择适宜的捻系数；

④ 如果选择假捻作用强的假捻盘或阻捻作用强的阻捻器，亦可选择较低的成纱捻系数。

(四) 牵伸倍数的选择

根据纺纱线密度和条子定量进行选择，而条子的定量选择要考虑纺纱过程中半制品供应能力、原料种类与性能以及纺纱质量的要求。在前纺设备对条子供应能力许可的情况下，一般选择较轻的条子，以有利于分梳辊对条子的梳理和排杂作用。

(五) 卷绕张力的选择

卷绕张力随转杯速度的提高而增大，因此卷绕张力应随转杯转速提高相应降低。若单纱强力较低时，卷绕张力要相应减小。卷绕张力增大，纱筒的紧密度随之增大，纱筒容量增大，但纱的断裂伸长减小。

七、转杯纺纱机的传动与工艺计算

(一) F1604 型转杯纺纱机的传动系统

图 10-24 所示为 F1604 型转杯纺纱机的传动图。

(二) 工艺计算

(1) 转杯转速

$$n_{杯}(\text{r/min}) = 2\,880 \times \frac{D_1}{D_2} \times \frac{170+\delta}{10}$$

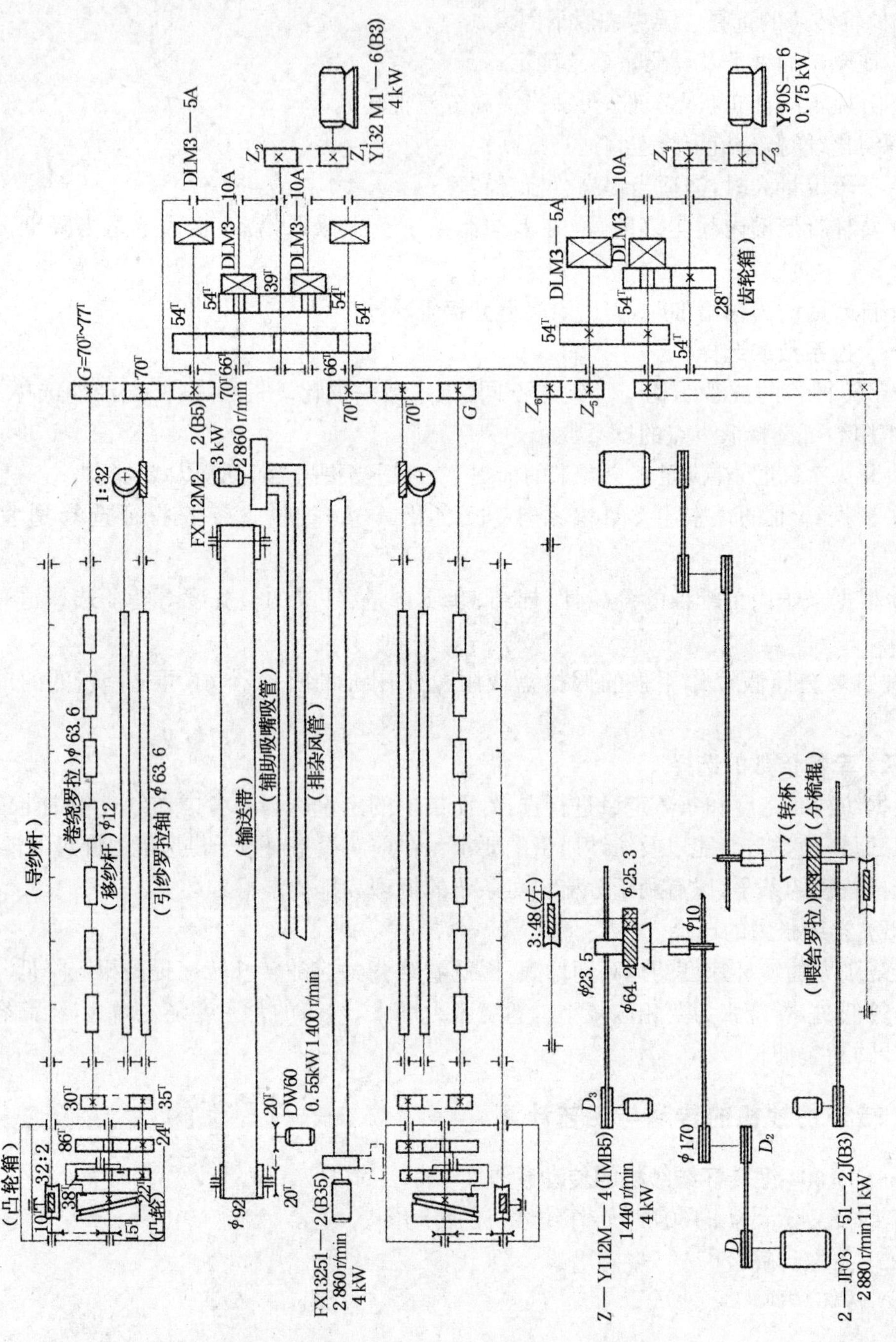

图 10-24 F1604 型转杯纺纱机传动图

式中：δ 为龙带的厚度(2.6 mm)；D_1 为电机变换轮的直径(142 mm、162 mm、178 mm、182 mm、197 mm、212 mm、227 mm、242 mm)；D_2 为转杯变换轮的直径(234 mm、201 mm、178 mm、175 mm、160 mm、150 mm)。

(2) 分梳辊转速

$$n_{辊}(\mathrm{r/min}) = 1\,430 \times \frac{D_3 + \delta}{23.5}$$

式中：δ 为龙带的厚度(2.6 mm)；D_3 为电机变换轮的直径(83 mm、100 mm、108 mm、116 mm、124 mm、132 mm、140 mm、150 mm、160 mm)。

(3) 引纱速度

在开车状态下，改变引纱变频器的频率直至显示屏上出现所需的引纱速度或捻度，在变频器上输入频率以改变引纱速度。

$$n_{引}(\mathrm{r/min}) = 940 \times \frac{25}{51} \times \frac{70}{70} \times \frac{f_{引}}{50} = 9.216 f_{引}$$

$$V_{引}(\mathrm{m/min}) = 0.065\pi n_{引} = 1.842 f_{引}$$

式中：$f_{引}$ 为引纱变频器的设定频率(Hz)；$n_{引}$ 为引纱罗拉的转速(r/min)；$V_{引}$ 为引纱罗拉的表面线速度(m/min)。

(4) 喂给速度

$$n_{给}(\mathrm{r/min}) = 910 \times \frac{26}{51} \times \frac{38}{38} \times \frac{3}{48} \times \frac{f_{给}}{50} = 0.58 f_{给}$$

$$V_{给}(\mathrm{m/min}) = 0.025\,3\pi \times n_{给} = 0.046 f_{给}$$

式中：$f_{给}$ 为给棉变频器的设定频率(Hz)；$n_{给}$ 为给棉罗拉的转速(r/min)；$V_{给}$ 为给棉罗拉的表面线速度(m/min)。

(5) 牵伸倍数

① 总牵伸倍数　$$E = \frac{V_{引}}{V_{给}} = 39.942 \times \frac{f_{引}}{f_{给}}$$

② 张力牵伸率　$$K = \frac{V_{卷}}{V_{引}} = \frac{\pi \times 63.6 \times n_{卷}}{\pi \times 63.6 \times f_{引}} = 70 \times \frac{1}{G}$$

式中：G 为张力变换齿轮的齿数($70^{T} \sim 77^{T}$)。

(6) 捻度

$$T_t(捻/\mathrm{m}) = \frac{n_{杯}}{V_{引}}$$

(7) 理论产量

$$G_{理}[\mathrm{kg/(千锭\cdot h)}] = \frac{V_{引} \times 60 \times 1\,000}{1\,000 \times 1\,000} \times N_t = 0.06 \times V_{引} \times N_t$$

式中：N_t为纺纱线密度(tex)。

八、转杯纱的结构与特点

(一) 转杯纱的结构

纱线结构主要反映在须条经加捻后纤维在纱线中的排列形态及纱线的紧密度。不同的加捻成纱过程，形成不同的纱线结构，直接影响成纱质量。通过对转杯纱和环锭纱的显微镜照相发现，转杯纱的结构与环锭纱有显著差异。转杯纱由纱芯和外包(缠绕)纤维两部分组成，其内层的纱芯结构与环锭纱相似，比较紧密，但外包纤维结构松散。转杯纱纤维形态如图 10-25 所示，1 为圆锥形螺旋线，2 为圆柱形螺旋线，3 为两端折、后弯，4 为前弯、前打圈，5 为中弯、中打圈，6 为前后两端弯、两端打圈，7 为前后折、中打圈，8 为对折纤维，9 为打圈纤维，10 为对折前后打圈纤维，11 为外包纤维。

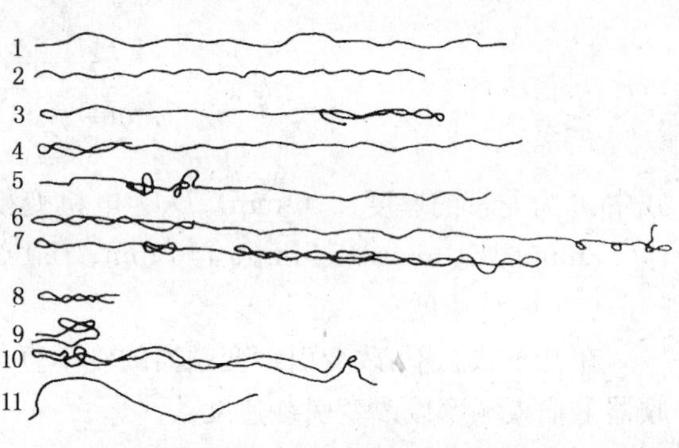

图 10-25 转杯纱纤维形态

转杯纱中，圆锥形、圆柱形螺旋线纤维约占 24%，比环锭纱少(占 70%左右)；而弯钩、对折、打圈、缠绕纤维约占 76%，比环锭纱(占 23%左右)多得多。说明环锭纱中的纤维形态较好，对折、缠绕纤维基本没有，弯钩、打圈纤维较少，而转杯纱中弯钩纤维较多，尤其是对折、打圈、缠绕纤维多，影响纱线结构。转杯纱结构比环锭纱结构差的原因，主要是转杯纱在加捻过程中，纤维在纱线中的几何形状和力学条件与环锭纱不同，这是由于在分梳和输送过程中纤维的伸直度被破坏以及转杯的凝聚加捻方式不利于纤维的内外转移造成的。

(二) 转杯纱的特点

1. 强力

由于转杯纱中弯曲、打圈、对折、缠绕纤维多及内外层纤维的转移程度差，当纱线受外力作用时，纤维断裂的不同时性较严重，而且因纤维与纤维的接触长度短，受外力时纤维容易滑脱，因此转杯纱的强度低于环锭纱。纺棉时，转杯纱的强度比环锭纱约低 10%～20%；纺化纤时，约低 20%～30%。

2. 条干均匀度

转杯纺纱不用罗拉牵伸，因而不产生环锭纱具有的机械波和牵伸波。但如果凝聚槽中嵌有硬杂，转杯纱中也会产生等于纺纱杯周长的周期性不匀。此外，如果分梳辊绕花、纤维分离度不好或纤维的运动不规则，也会造成粗细节条干不匀。然而，一般情况下，分梳辊的分梳作用较强，纤维分离度较好，带纤维籽屑、棉束等疵点少，有利于条干均匀。此外，转杯纺纱的凝聚过程中有并合作用。因此，转杯纱的条干比环锭纱均匀。纺中线密度转杯纱，乌斯特条干 CV 值为 11%～12%，有的低于 10%。

此外，原棉经过前纺机械时有强烈的开松除杂作用，排杂较多，纺纱器上还有排杂装置，故转杯纱比环锭纱清洁，纱疵小而少，纱疵数仅为环锭纱的 1/4～1/3。

3. 耐磨性

纱线的耐磨性除与纱线本身的均匀度有关外，还与纱线结构有密切的关系。环锭纱中纤维呈有规则的螺旋线，反复摩擦时，螺旋线纤维逐步变成轴向纤维，整根纱因失捻解体而很快磨断。而转杯纱外层包有不规则的缠绕纤维，不易解体，因而耐磨性好。一般，转杯纱的耐磨性能比环锭纱高10%～15%。至于转杯纱股线，由于其表面毛糙，纱与纱之间的抱合良好，因此，转杯纱股线比环锭纱股线具有更好的耐磨性。

4. 弹性

纺纱张力和捻度是影响纱线弹性的主要因素。一般情况下，纺纱张力越大，弹性越差；捻度越大，弹性越好。因为纺纱张力大，纤维易超过弹性变形范围且成纱后纱线中的纤维滑动困难，故弹性差。纱线捻度大，纤维倾斜角大，受到拉伸时，表现出弹簧般的伸长性，故弹性好。转杯纺纱属于低张力纺纱且捻度比环锭纱大，因此转杯纱的弹性比环锭纱好。

5. 捻度与手感

一般转杯纱的捻度比环锭纱高20%左右，这对某些后道加工将造成困难，如起绒织物的起绒加工。同时，捻度大，纱线的手感较硬，影响织物的手感。

6. 蓬松性

纱线的蓬松性用比容(cm^3/g)表示。由于转杯纱中的纤维伸直度差且排列不整齐，加捻过程中纱条所受张力小，外层又包有缠绕纤维，所以转杯纱的结构蓬松。一般转杯纱的比容约比环锭纱高10%～15%。

7. 染色性和吸浆性

转杯纱的结构较蓬松，吸水性好，因此，转杯纱的染色性和吸浆性较好，染料可少用15%～20%，浆料浓度可降低10%～20%。

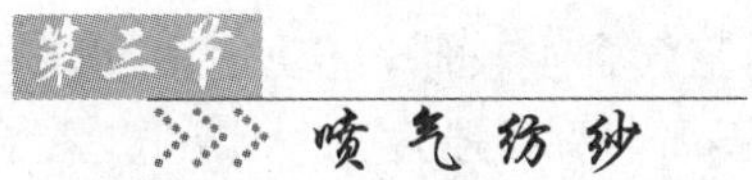

第三节 喷气纺纱

喷气纺纱是继转杯纺纱、自捻纺纱和涡流纺纱之后发展起来的一种新型纺纱方法。喷气纺纱利用高速喷射的气流对纤维进行加捻包缠而成纱。由于成纱机理的特殊性，其成纱结构不同于环锭纺和其他新型纺纱，产品具有独特的风格，是一种很有前途的新型纺纱方法。

一、喷气纺纱技术发展概况

美国杜邦(Dupont)公司于1936年研制出单喷嘴包缠纺纱机，但未能进行工业化生产。40年后，日本村田(Murata)公司在杜邦公司单喷嘴包缠纺纱技术的基础上研制喷气纺纱，至1980年试制成功，1981年投入批量生产。经过近20年的发展和不断改进，形成了MJS系列的双喷嘴喷气纺纱机(MJS801、MJS802)及MJS802H喷气纺纱机，纺纱速度为200～300 m/min。继MJS系列之后，村田公司又推出了RJS804罗拉喷气纺纱机，该纺纱机的包缠加捻装置由喷嘴和充气球形罗拉组成，充气球形罗拉的作用与MJS纺纱机的第二喷嘴相同，纺纱速度可达400 m/min。1995年，村田公司又推出了新一代喷气涡流纺纱机MVS，该机包括牵伸、涡流加捻、空心锭子、成纱和卷绕等部分，由于纺纱机理的改变，MVS纺纱机的品种适应性比上述各种纺纱机大大改善，能纺制 14.5～32 tex(40^S～18^S)的纯棉纱，纺纱速度最高可达 450 m/min。此外，村田公司还研制出 MTS881 喷气纺纱并纱联合机，集纺纱、并纱为一体，形成多功能的双纱并合喷气纺纱机。

另外，德国绪森(Suessen)于 1987 年推出了 Plyfil 双纱喷气纺纱机，集高倍牵伸、纺纱、并纱和络筒于一体，纺出的股线具有蓬松性，Plyfil 1000 型适用于加工棉、化纤及其混纺，Plyfil 2000 型适用于加工毛、化纤及其混纺。与此同时，日本丰田(Toyota)公司推出了 TYS 型单喷嘴喷气纺纱机，日本东丽(Toray)公司推出了 AJS-101 型喷气纺纱机，这两种纺纱机的纺纱速度都不是很高(200 m/min 以下)，但纺纱性能比较稳定。

我国自 20 世纪 80 年代起对喷气纺纱进行研究，目前上海太平洋集团、浙江泰坦等已开始研究设计自己的喷气纺纱机。

二、喷气纺纱的主要特点

1. 高速高产

由于喷气纺纱利用压缩空气在喷嘴中产生高速旋转的气流对纱条进行加捻，纱条加捻的转速可达(15～30)×10^4 r/min，故纺纱速度可达 200～400 m/min。目前，最新的喷气涡流纺纱机 MVS861 型的纺纱速度可达 450 m/min，为环锭纺纱机的 10～20 倍。

2. 工艺流程短，占地面积小

喷气纺纱采用条子直接纺成筒子纱，卷装质量达 3～4 kg，而且机上设置了电子清纱器，纱疵少，不需要倒筒，省略了粗纱和络筒两道工序。MTS881 型喷气纺纱机为双纱成筒，还省略了并纱。因此，喷气纺的设备占地面积比环锭纺减少约 40%。

3. 劳动环境好，劳动强度低，用工省

由于喷气纺纱机上没有高速转动件，故噪音大大降低(85 dB 左右)，车上装有吸尘装置和自动巡回清洁装置，车间空气含尘较低，自动化程度高，挡车工只需要检查和处理有故障的纺纱部位和调换棉条筒，劳动强度大大减低，看台能力提高，用工比环锭纺少 60%。

4. 翻改品种方便

翻改品种时，除了正常调节牵伸部分的工艺外，加捻部分一般只需要调节喷嘴的气压。如果纱线的线密度变化范围不大，加捻部分可以不调节。

5. 适合纺低线密度纱

与转杯纺纱等其他新型纺纱相比，喷气纺纱适合纺低线密度纱，其纺纱线密度范围一般为 7.5～29 tex(80^S～29^S)。

三、喷气纺纱的前纺工艺特点

喷气纺纱的前纺工艺流程与环锭纺基本相同。但是，喂入条子的质量直接影响喷气纱的质量。因此，喷气纺纱的前纺工艺应着重提高末道条子的质量，尤其应提高条子的条干均匀度和条子中纤维的伸直度、平行度，提高混合成分的混合均匀性。

四、喷气纺纱机的主要技术特征

喷气纺纱机的主要技术特征见表 10-3。

表 10-3 几种喷气纺纱机的主要技术特征

机型	村田 MJS		村田 MTS		村田 MVS	绪森 Plyfil		丰田 TYS	东丽 AJS-101
	No. 802	No. 802 HR	No. 881T（双纱）	No. 882T（双纱）	No. 861	1000（双纱）	2000（双纱）		
最大锭数	60	72	60	60	48	126	126	12×2 双面上行式	120 双面下行式
锭距(mm)	215	215	215	215	215	188	188	230	190
最高纺纱速度(m/min)	210	300	210	200	450	200	300	200	200
适纺原料长度(mm)	22～51	22～51	22～51	60～110	22～38	22～38	60～110	22～38	22～38
卷装重量(kg)	4	4	4	4	4	1.7	1.7	2.8～4	3
总牵伸倍数	50～250	50～250	50～250	100～250	65～300	小于 350	小于 400	—	—
牵伸形式	三罗拉双短胶圈	四罗拉和五罗拉	三罗拉双短胶圈	五罗拉四胶圈	四罗拉双短胶圈	五罗拉四胶圈	五罗拉四胶圈	三罗拉双短胶圈	四罗拉双短胶圈
喷嘴形式	双喷嘴	双喷嘴	并联双喷嘴	并联双喷嘴	单喷嘴＋空心锭	并联双喷嘴	并联双喷嘴	双喷嘴	单喷嘴
适纺线密度(tex)	58.3～7.3	59～10	58.3～7.3	50×2～8.3×2	39～10	100～25	100～25	58.3～9.7	58.3～9.7

五、村田 MJS 喷气纺纱机

（一）工艺流程

村田 MJS 喷气纺纱机由喂入部分、牵伸部分、喷气加捻部分和卷绕成形部分等组成。图 10-26 所示为 MJS 喷气纺纱机工艺流程。

在 MJS 纺纱机上，棉条从棉条筒内抽出，经棉条架的引导，直接供给牵伸装置，棉条经过四（三）罗拉双胶圈牵伸机构的牵伸后进入喷嘴系统（加捻管）。喷嘴系统由两个气流旋向相反的第一、第二喷嘴串接而成，由于第二喷嘴的压力大于第一喷嘴，使经过第一喷嘴后形成的芯须条，通过第二喷嘴时在其外面反向包覆上一层包缠纤维（外包纤维）。外包纤维在产生与中间纤维方向相反的捻度后，经输出罗拉、卷绕罗拉的作用，纱条被引出，芯纱捻度消失，而外包缠纤维越包越紧，从而形成具有一定强度的喷气纱，经清纱器剔除疵点后卷取在筒子上。

（二）牵伸机构与牵伸工艺

1. 牵伸形式

目前，MJS 喷气纺纱机的牵伸形式一般为四罗拉（三罗拉和五罗拉）双胶圈超大牵伸，并设有断头自停装置，如图 10-27 和图 10-28 所示。

图 10-26　MJS 喷气纺纱工艺流程

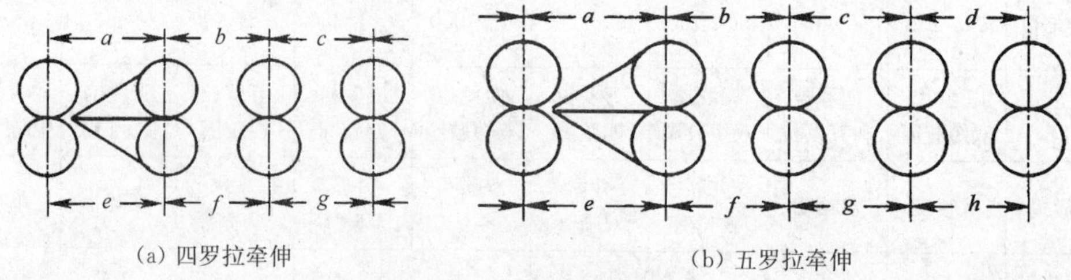

图 10-27　几种牵伸形式

中罗拉和前罗拉直接与驱动箱相连，后罗拉靠电磁离合器作用，正常纺纱时回转，纱断头时停止转动。

2. 主要牵伸元件

(1) 罗拉

由于喷气纺纱机的锭距较大，前、中罗拉每两头组成一节，后罗拉为了适应断头自停的需要，每头单独自成一节。罗拉直径均为 25 mm，前、后罗拉表面具有与轴平行的等距沟槽，中罗拉表面为菱形滚花。各罗拉表面均用硬铬涂层，加工精度高，罗拉径向跳动小于 0.005 mm。

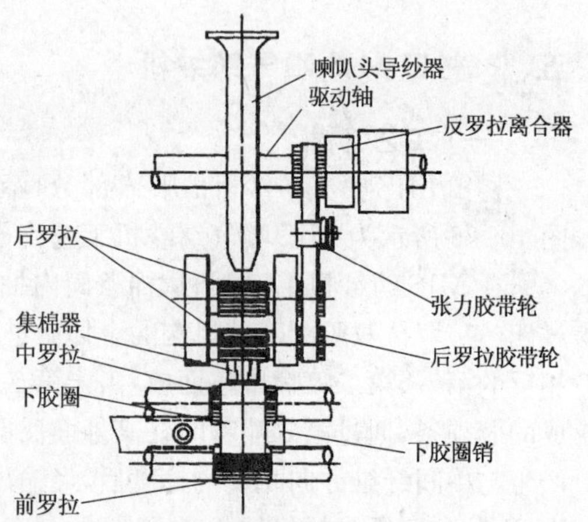

图 10-28　牵伸机构及其传动

(2) 胶辊与胶圈

喷气纺纱机的胶辊是在高速度、重加压和须条无横动的条件下回转的，其表面温度可高达 80℃。因此，喷气纺纱对胶辊的要求，除了需满足传统纺纱的要求外，更需要具有较高的耐磨性能和抗压缩变形性能，以延长使用寿命，一般其硬度达邵氏 A81 度左右。

上胶圈规格(直径×周长)为 ϕ37mm×32mm，下胶圈规格为 ϕ38mm×34mm。一般采用双层胶圈，外层质硬耐磨，硬度为邵氏 A85 度；内层质地较软，硬度为邵氏 A81～82 度。胶圈与罗拉的接触面为 1 mm×1 mm 的菱形花纹，以降低胶圈的滑溜。

(3) 下销

为上托式曲面下销，如图 10-29 所示。

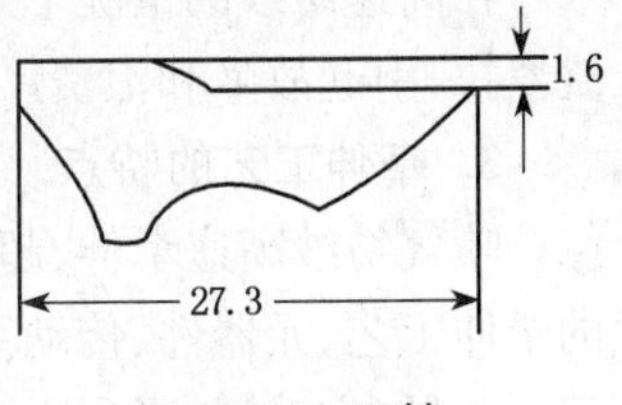

图 10-29　下销

(4) 导条管和集束器

喷气纺纱机的牵伸是超大牵伸，喂入品为无捻松散的棉条，后区牵伸较大，喂入与纺出纱条的宽度相差悬殊。因此采用胶木喂入导条管，如图 10-30 所示，其通道长度达 150 mm，截面逐渐收缩，从而适当增大了牵伸过程中纤维之间的联系力，使纤维运动稳定。

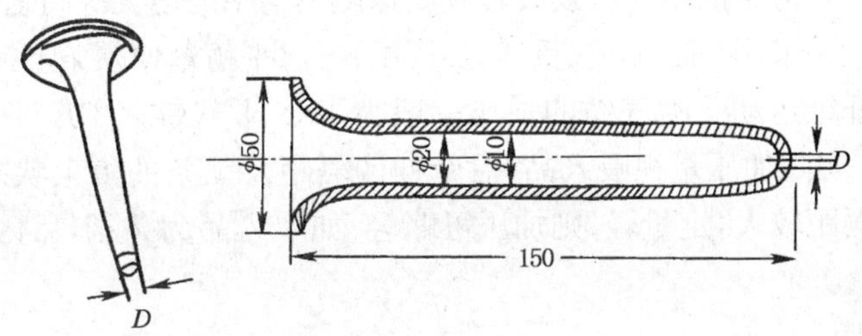

图 10-30　导条管

后牵伸一般为 4～5 倍，为了防止须条在牵伸时过分扩散和保持纤维间的相互联系力，应使须条具有一定的紧密度和良好的形态进入前牵伸区，故在后区设有集束器（图 10-31），起到在第三罗拉和中罗拉之间规范供给棉条宽度的作用。集束器出口截面配有五种规格，高为 10 mm，宽有 2 mm、3 mm、4 mm、5 mm、6 mm，可根据条子定量不同选择开口尺寸（表 10-4）。

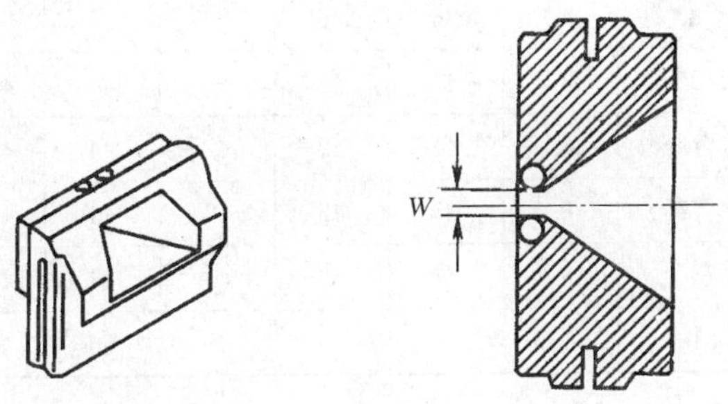

图 10-31　集束器

表 10-4　集束器与条子定量的关系

喂入条子定量(g/5 m)	≤10.63	12.4～14.1	15.9～17.8	19.0	21.3
集束器宽度(mm)	2	3	4	5	6

(5) 下胶圈横动

喷气纺纱中，喷嘴的安装位置对纺纱质量的影响很大，喷嘴安装后，前罗拉输出的须条必须对准其吸口，因此不能采用传统的纱条横动装置来保护胶辊和胶圈。MJS 纺纱机均采用下胶圈慢速横动的方法来保护胶圈，延长其使用寿命。

（6）后罗拉单独传动及断头自停机构

在高速纺纱的情况下，必须配有后罗拉单独传动及断头自停机构，否则断头后容易产生绕罗拉，引起故障和浪费。

3. 牵伸工艺的特点

喷气纺纱高速牵伸、超大牵伸、喂入须条无横动以及特殊的成纱原理等特点，给纺纱机的牵伸工艺、元器件、传动系统等带来一系列的问题和重大变革，牵伸工艺配置与环锭纺有很大差异，宜采用“紧隔距、重加压、零钳口（无隔距块）、强控制”的牵伸工艺路线。

（1）罗拉加压

喷气纺纱由于牵伸倍数增大（喂入定量重）和纺纱速度提高，罗拉握持力与牵伸力的矛盾、高速与胶辊胶圈打滑率的增大以及胶辊胶圈速度不匀率的增大等问题显著突出，因此罗拉加压要适当加重，并采用“重、更重、重”的加压配置，以平衡牵伸须条上握持力与牵伸力的矛盾，有效地控制纤维运动。喷气纺的加压一般为 196 N/双锭×216 N/双锭×216 N/双锭×216 N/双锭。实际加压量视喂入品、后牵伸区隔距及须条的集束状态而定，如喂入品为有捻粗纱，后区隔距较大，定量轻，则加压可略轻；如喂入品为条子，后区隔距小，定量重，宜采用较重的压力。

（2）罗拉中心距

No. 801 型喷气纺纱机为三罗拉牵伸装置，其隔距是固定的。No. 802 系列和 No. 881MTS 等机型则大都是四罗拉牵伸装置，罗拉隔距可以调节，可以纺绵、棉型化纤和 51 mm 的中长化纤。隔距大小由纺纱原料的纤维长度等因素决定，如表 10-5 所示。

表 10-5 纤维与罗拉中心距的关系

纤维原料	纤维长度(mm)	胶辊中心距(mm)				罗拉中心距(mm)			
		a	*b*	*c*	*d*	*e*	*f*	*g*	*h*
100%细绒棉	<35	42	36	36	36	37	36	36	36
100%长绒棉	>35	48.5	41	42	42	44	41.5	42	42
合纤/精梳棉	38(合纤)	48.5	41	42	42	44	41.5	42	42
合纤/普梳棉	38(合纤)	48.5	39	42	42	44	41.5	42	42
100%合纤	38	48.5	43	43	43	44	41.5	45	45
100%合纤	51	60.5	54	56	—	56	55	56	—

（3）牵伸装置的牵伸分配

① 后区牵伸。后区牵伸以不超过 5 倍为宜，三罗拉牵伸时以不超过 2 倍为宜。后区简单罗拉牵伸采用“紧隔距、重加压、密集合”的牵伸工艺，才可确保后牵伸达到 4.5～5 倍时纱条上不致出现明显的中长片段不匀。

② 前区牵伸（主牵伸区）。前区牵伸一般为 20～40 倍。前区牵伸工艺的特点是加强胶圈的控制作用，采用曲线牵伸、零钳口、强控制和小距离的工艺路线，从而保证成纱条干。

总之，喷气纺纱采用“重加压、紧隔距、零钳口、强控制、密集合”的高速超大牵伸特殊工艺，使成纱条干 CV 值优于相同线密度的环锭纱。

（三）MJS 喷气纺纱机的喷嘴结构与加捻原理

1. 喷嘴的结构

喷嘴是喷气纺纱机的加捻器，也是喷气纺纱机的关键部件。目前的喷气纺纱机大都采用双进气双喷嘴形式，即由靠近前罗拉钳口的第一喷嘴（前喷嘴）和靠近输出罗拉的第二喷嘴（后喷嘴）组成，如图 10-32 所示。

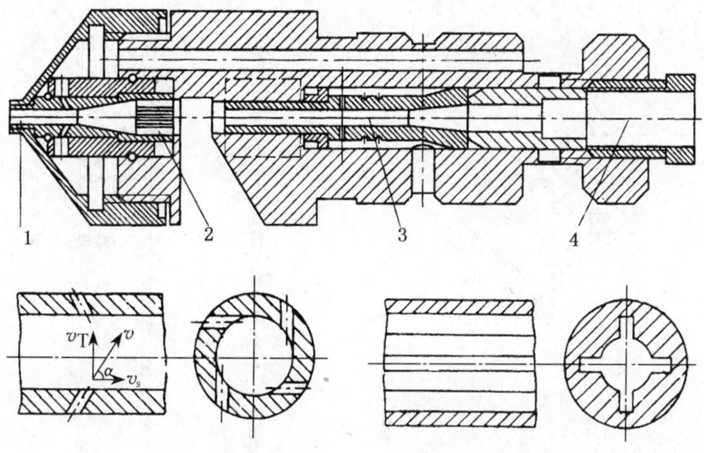

图 10-32　双喷嘴结构示意图

第一加捻喷嘴的主要作用，一是产生高速反向的气圈，控制前罗拉处须条的捻度，在前罗拉钳口处形成弱捻区，以利于外缘纤维的扩散和分离；二是使头端自由纤维在第一喷嘴管道中做与纱芯捻向相反的初始包缠；三是产生一定的负压，以利于引纱。

第二加捻喷嘴的作用是对主体纱条（纱芯）起积极的假捻作用，使整根主体纱条上呈现同向捻，在须条逐步退捻时获得包缠真捻。

双进气双喷嘴由两个独立的喷嘴的串联而成，它由壳体 1、吸口 2、喷射孔 3、气室 4、进气管 5、纱道 6 和开纤管组成，如图 10-33 所示。第一喷嘴的开纤管又称中间管，第二喷嘴的纱道为喇叭形，喷孔与纱道内壁成切向配置。纺 Z 捻纱时，第一喷嘴为左切配置，第二喷嘴为右切配置；纺 S 捻纱时则相反。MJS No. 802 和 MJS No. 881 Twin 机型的第二喷嘴纱道结构改为分节式，喷嘴最末端为一根可拆卸的出口管，并配有各种孔径，供纺制不同线密度的纱线时选用。

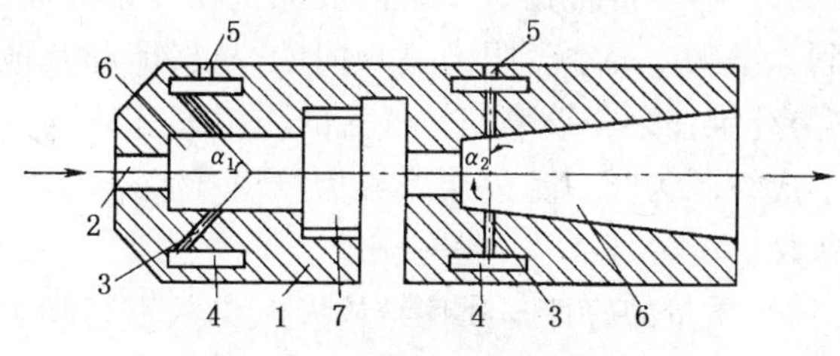

图 10-33　MJS No. 802 型喷嘴

1—壳体　2—吸口　3—喷射孔　4—气室　5—进气管　6—纱道

第一喷嘴出口和第二喷嘴入口之间约有 5 mm 的间距，使第一喷嘴的气流向外排出时不干扰第二喷嘴，这样可以提高第二喷嘴的加捻效率。由于第一喷嘴和第二喷嘴的压缩空气分别由各自的气室供给，因而各喷嘴的气压可单独调节，以适应不同线密度的纱和不同工艺的需要。

2. MJS 喷气纺纱的加捻原理

MJS 喷气纺纱属于非自由端假捻退捻包缠纺纱，如图 10-34 所示。

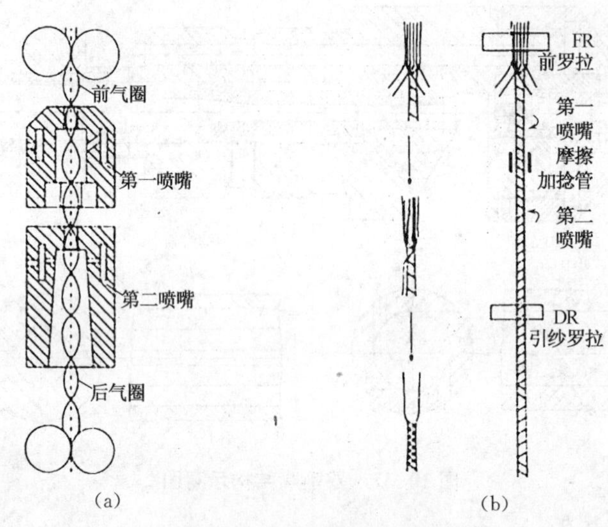

图 10-34　喷气纺纱原理

熟条经牵伸机构牵伸后以一定的须条宽度进入喷嘴系统，纱条的两端由前罗拉和输出罗拉握持，在两个喷嘴的喷射气流和开纤管的摩擦作用下加捻成纱。喷嘴系统由两个气流旋向相反的第一、第二喷嘴串接而成，且第二喷嘴的气流强度大于第一喷嘴。第二喷嘴的气流使纱条做逆时针方向回转，致使第二喷嘴至前罗拉钳口的整段纱条呈“S”捻。第一喷嘴气流的旋向与第二喷嘴相反，使纱做顺时针方向回转，由于第一喷嘴气流的回转速度低于第二喷嘴，故对第一喷嘴至前罗拉钳口间的一段纱条起退捻作用，使其只保留不至于断头的弱“S”捻。由此可见，第一喷嘴至前罗拉钳口间一段纱条的捻向与气圈的回转方向相反，前者由第二喷嘴气流的旋向决定，后者由第一喷嘴的旋向决定。从前罗拉输出的须条有一定的宽度，其边缘纤维在其头端离开前罗拉钳口后，由于回转气流的振动、气圈与前罗拉的摩擦及纱条轴向的空气阻力的影响，不能被捻入纱条内而漂浮在纱条外面。这类纤维的后端离开前罗拉钳口时，因受到纱条轴向的空气阻力是顺向的，故又能和其他纤维一起捻入纱中，成为头端自由纤维。这类纤维在第一喷嘴回转气流的作用下呈“Z”方向倾斜或形成“Z”捻，松散包缠在纱条表面，形成纱芯为“S”捻、外层纤维为“Z”捻的纱条。

3. 加捻器的结构参数

喷气纺能否纺纱和纺纱质量的好坏与喷嘴结构及其参数密切相关，因此必须正确选择和配置各结构参数。

(1) 喷射角

喷射角小，气流在纱道中的轴向速度分量增大，轴向吸引力增大，但切向旋转速度减小，对纱条加捻不利。为了既有一定的吸引前罗拉输出纤维的能力，又要有较大的旋转速度，一

般第一喷嘴的喷射角 α_1 在 45°～55°范围内变化，第二喷嘴喷射角 α_2 在 80°～90°范围内变化，以接近 90°为宜，可获得较好的加捻效果。

(2) 纱道直径及长度

为了获得较高的纱条气圈转速，尽量选择较小的纱道直径。但是，还要考虑所纺纱的线密度，使纱条在纱道内有足够的空间旋转，纱细则纱道直径可小些，纱粗则纱道直径可大些。第一喷嘴的纱道直径一般为 2～2.5 mm(入口 1～1.5 mm)。为了使纱条在喷嘴内形成稳定的气圈，提高包缠效果，减少排气阻力，第二喷嘴的纱道截面积应逐步扩大，设计成一定的锥度，一般进口直径为 2～3 mm(喷射孔截面处)、出口端直径为 4～7 mm。

纱道长度以稳定旋涡和气圈为原则，第一喷嘴的纱道长度为 10～12 mm，第二喷嘴的纱道长度为 30～50 mm。

(3) 喷射孔的直径与孔数

喷射孔直径与孔数是两个相互制约的参数，在保持一定的流量条件下，增加孔数意味着减少孔径。一般，第一喷嘴的喷射孔直径为 0.3～0.5 mm，孔数为 2～6 个；第二喷嘴的喷射孔直径为 0.35～0.5 mm，孔数为 4～8 个。

(4) 中间管

第一喷嘴的开纤管又称中间管，它起着抑制气圈形态和阻止捻度传递的作用。中间管的内壁成沟槽状态，内径(mm)为(0.8～0.9)D_1(D_1 为第一喷嘴的纱道直径)，中间管长度一般为 5 mm。

(5) 加捻器吸口

喷嘴吸口不仅要保持一定的负压，以利于吸引纤维和纱条，而且起控制和稳定气圈的作用，其内径一般为 1～1.5 mm，第一喷嘴的吸口长度为 6～15 mm，第二喷嘴的吸口长度一般大于 5 mm。

(6) 第一喷嘴与第二喷嘴的间距

两喷嘴的间距会影响气圈的稳定性。如果两级喷嘴为分离式，可适当调整二者的间距，达到正常纺纱的目的，但一般变化范围不大，可在 4～8 mm内变动，一般采用 5 mm。

(7) 气压

第一喷嘴和第二喷嘴的气压对成纱质量和包缠程度有较大的影响，对压缩空气的消耗也有直接的影响。一般第一喷嘴的气压低于第二喷嘴的气压，两者的取值范围分别为 245.5～343.7 kPa、392.8～491.0 kPa。

3. 喷嘴型号

MJS 喷气纺纱机的喷嘴型号有 H 型、S 型和 C 三种，S 为标准喷嘴，H 为高速喷嘴，C 为纺高线密度纱的喷嘴。C—S 喷嘴，表示第一喷嘴用粗线密度喷嘴，第二喷嘴用标准喷嘴。不同的喷嘴型号分别适用于不同的机型，如表 10-6 所示。

表 10-6　喷嘴型号

喷嘴型号	机型	纺纱速度(m/min)	适纺线密度
H26	MJS802	200 以上	30 tex 以下
H3	MJS802HR	300 以上	较高线密度
H40	MJS802，MJS802HR	220	50 tex 以上

(四) MJS喷气纱的结构与性能

1. MJS喷气纱的结构

如图10-35所示，喷气纱是一种复合性的结构，由一部分无捻(或极少捻度)的纱芯和另一部分包缠在纱芯外部的包缠纤维构成。

图10-35 喷气纱的结构

喷气纱为外包纤维包缠在芯纤维上的双层包缠纱结构。外包纤维的包缠是随机性的，呈多种形态，可归纳为螺旋包缠、无规则包缠和无包缠三类。MJS喷气纱的外包纤维大都呈螺旋形包缠在芯纤维上，占包缠纤维的62.43%。据研究表明，一般在喷气纱中，包缠部分的纤维(包括不规则包缠纤维)比例占20%左右，芯纱部分的纤维占80%左右。由此可见，喷气纱的强力取决于外包纤维对芯纤维的包缠，当纱线受拉伸时，外包纤维由于受到张力的作用而对芯纤维产生挤压，使芯纤维间的摩擦抱合力增加，从而表现为纱的强力增大。因此，外包纤维的包缠数量和包缠紧密度是影响纱线强力最重要的因素。

包缠纤维的数量和包缠状态决定成纱强力和手感，包缠纤维数量多，则手感硬；包缠纤维数量太少，则芯纤维的结合松散，成纱强力低；包缠纤维太多，承受作用力的芯纤维数量太少，成纱强力也低。因此，应根据成纱用途和要求，适当选择包缠纤维数量。影响包缠纤维数量的纺纱参数及两者之间的关系见表10-7。

表10-7 影响包缠纤维数量的纺纱参数及两者之间的关系

包缠纤维数量	纺纱参数							
	集束器开口	主牵伸倍数	第一喷嘴与前罗拉的隔距	输出比	纺纱速度	第一喷嘴压力	第二喷嘴压力	胶圈压力
少	小	小	短	小	低	低	高	低
多	大	大	长	大	高	高	低	高

表10-8 喷气纱结构与性能的关系

产品	内在质量			表面性能					外观质量		
	强度	强力不匀	伸长	刚度	手感	表面摩擦系数	耐磨性	蓬松度	粗细节	均匀性	毛羽
环锭纱	高	大	小	小	软	低	差	紧	多	差	多
喷气纱	低	小	略大	大	硬	高	好	松	少	好	少
转杯纱	低	小	大	大	硬	高	好	松	少	好	少

2. 喷气纱的特性

喷气纺的特殊成纱机理使喷气纱的结构、性能与环锭纱等相比具有明显的特点，如表10-8。

① 喷气纱的强度通常低于同类环锭纱，但强力不匀比同类环锭纱小，伸长较环锭纱大。纯涤纶喷气纱的强度比同类环锭纱低5%～10%；涤/棉混纺喷气纱与环锭纱的强度差异随

着涤纶纤维含量的增加而减少，一般低 10%～20%；喷气纯棉纱的强度则很低。

② 喷气纱的双重结构大大减少了纤维尾端、头端的游离数，成纱 3 mm 以上的毛羽数大幅度降低，故布面光洁，抗起球性好，可达 3.5 级以上。

③ 喷气纱外层为包缠纤维，纤维定向明显，纱的摩擦系数大，织物内纱与纱间摩擦抱合性好，不易产生相互滑移，耐磨性提高，喷气纱织物的耐磨性比环锭纱织物高 30%以上。而且，由于喷气纱是表层纤维头端包缠结构，纱线具有方向性，其摩擦性能也具有方向性。

④ 由于喷气纱的结构较为蓬松，芯纤维几乎呈平行状态，纤维间隙较大，结构较松散，因此织物透气性好，经测试，透气性约提高 10%，同时洗涤后干燥速度快。

⑤ 由于喷气纱为包缠结构，因而与环锭纺比，线密度相同时蓬松度好而显得粗一些(约粗 4%)，纱的圆整度好，刚性大，在相同经纬密条件下，织物中纱与纱之间排列紧密，纱在织物中弯曲困难，使织物硬挺度提高。

⑥ 因喷气纱结构蓬松，织物染整时吸色性好，得色偏深，因而可节省染料，但光泽较差。喷气纱织物的匀染度、色牢度、色花色差等均优于环锭纱织物，且吸浆能力大，浆液易渗透，因而上浆率约降低 1%。

(五) 喷气纺纱的质量控制

1. 规律性条干不匀的产生原因与防止措施(表 10-9)

表 10-9 不匀的产生与消除

<table>
<tr><th>不匀的表现</th><th>可能产生的原因</th><th>建议采取的措施</th></tr>
<tr><td>短周期性不匀</td><td>主牵伸太大</td><td>缩小主牵伸</td></tr>
<tr><td>8 cm 周期不匀</td><td>前下罗拉偏心或跳动大</td><td>更换相应的罗拉</td></tr>
<tr><td>10 cm 周期不匀</td><td>上胶辊偏心或跳动大</td><td>更换胶辊</td></tr>
<tr><td rowspan="5">长周期不匀</td><td rowspan="3">后区牵伸比太大</td><td>缩小后区牵伸</td></tr>
<tr><td>加大主牵伸</td></tr>
<tr><td>减小喂入棉条的定量</td></tr>
<tr><td>集束器尺寸小</td><td>更换尺寸大的集束器</td></tr>
<tr><td>罗拉隔距不合适</td><td>重新调整罗拉隔距</td></tr>
</table>

2. 包缠纤维数量的控制

增加包缠纤维数量的途径和措施见图 10-36。

(六) 喷气纱的产品开发

1. 机织产品

由于喷气纱具有毛羽少、强力均匀、条干好、疵点少等优点，恰好满足无梭织机用纱标准，故适宜于无梭织机使用。采用喷气纱一般可以提高织机效率 2%～3%。

喷气纱在机织产品中的应用可分为两类。一是服饰面料，利用其织物挺括、耐磨性好、透气性强、易洗快干的优点，可以生产色织磨绒类衬衫面料、外衣类防雨府绸或仿麻类夏令服饰面料等产品，穿着凉爽、耐磨、舒适、透气，代表性品种有 T/C 65/35 或 55/45 14.5 tex 和 13 tex 等；二是家纺产品，利用其透气性强、耐磨性高、吸湿性好及可染性强的特点，可以生产床单、被套、床罩、枕套等床上用品和窗帘、台布等装饰用品，适用于宾馆及家庭房间布

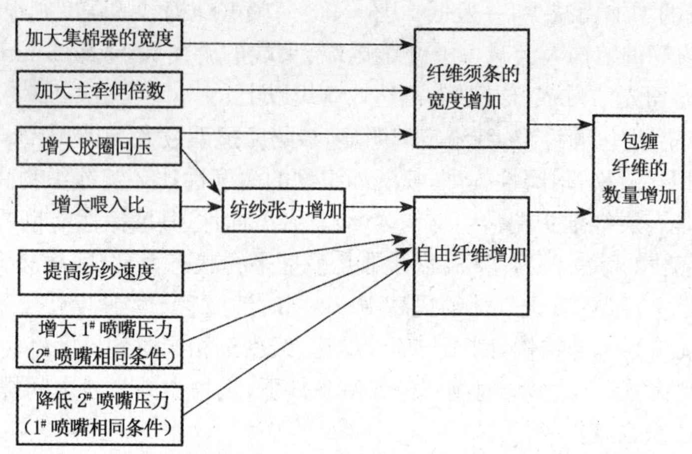

图 10-36　包缠纤维数量的控制图

置，代表性品种有 T/C 50/50 或 40/60 15.5 tex、14.5 tex 以及 T100% 36～19.5 tex(16^S～30^S)等。

① 衬衫面料。主要利用喷气纱的硬挺度高、透气性强的优点，产品主要有厚型色织磨绒及薄型色织府绸等。

② 外衣或风雨衣面料。由于喷气纱的硬挺度大、透气性强，喷气纱织物挺括、耐磨性好，制成防雨线绢、防雨府绸，经拒水处理后，加工成风雨衣、羽绒服，其耐磨性比环锭纱织物提高 30%以上，透气性提高 10%以上。

③ 仿麻类织物。因为喷气纱有硬挺、粗糙等特点，所以更适宜制成仿麻类织物，如加工成夏令童装、衬衫等服装，既挺括又耐磨，衬衫领口不易磨破起毛；若经提花织造、染色印花处理，具有色泽艳丽、耐磨、立体感强的优点。

④ 床上用品。主要利用其织物的透气性强、厚实丰满、吸湿性强、硬挺感强等特点，美国、日本对采用喷气纱制织的床上用品很欢迎，主要有漂白、染色、印花的床单、被套、床罩、枕套等产品。

⑤ 室内装饰织物。喷气纺可将两根不同原料的纱同时喂入纺制成包芯纱，近年来国外热衷于采用短涤包芯纱，用短涤作芯纱、外包纯棉的纱织成的织物，经烂花处理后，花型突出丰满、光泽柔和，而且此类产品的价格比采用长丝包芯纱低很多。

2. 针织产品

由于喷气纱中的芯纤维无捻度、条干均匀、粗节少、重不匀低，故特别适用于针织加工，其针织物无歪斜、条影少、缩率低、布面匀整丰满。

① 针织 T 恤及针织内衣。由于喷气纱条干均匀、细节明显减少、在针织大圆机上加工时不会产生纬斜的特点，用于针织 T 恤和纯棉针织内衣，其布面匀整丰满、条干优疵点少、穿着透气性强。特别是采用短涤包芯喷气纱制作的针织内衣，既有棉的穿着舒适的特性，又有仿麻凉爽的感觉，很受消费者的青睐。由于喷气纱织物手感偏硬，故一般采用倒比例涤棉配比，以改善手感，代表性品种有 T/C 50/50 或 40/60 28 tex (21^S)、19.5 tex (30^S)、14.5 tex(40^S)等。

② 运动装、双面休闲装和儿童服装等。利用其毛羽少、耐磨性和抗起球性能优越的特

点，生产运动装、双面休闲装和儿童服装等产品，代表性品种有 T/C 65/35 或 55/45 18.5 tex(32^S)、17 tex(34^S)等。

③ 绒衣。由于喷气纱织物水洗后不易起球，近年来国外采用喷气纱织制绒衣的外层外纱，而内层用 OE 纱或环锭纱起绒，效果很理想。

④ 花色纱织物。国外采用喷气花色纱制作的针织品很受欢迎，近年来在市场上很流行。喷气纺花色纱以纯棉作内纱，外纱则用一根强力很弱的带颜色的人造丝，由于人造丝强力很低，经罗拉牵伸后很容易被拉断成一节节，这些带颜色的一节节色纱均匀地包缠在纱的外层。

3. 缝纫线

MJS881Twin 型纺纱机采用双纱成筒、空气捻接，可达到万米无结头，所以用纯涤纶制造缝纫线有独特的优点。

六、MVS 喷气涡流纺纱机简介

MVS 型喷气涡流纺纱机是村田公司在 MJS 型的基础上发展起来的新型喷气纺纱技术，与 MJS 型相比，属于自由端纺纱。利用喷嘴结构和成纱机理的改变，可以纺制具有较高强力的纯棉纱，其外观和成纱性能与 MJS 不同，纺纱速度达 400～450 m/min。

(一) MVS 型喷气涡流纺纱机的喷嘴结构和成纱机理

MVS 型喷嘴结构如图 10-37 所示。

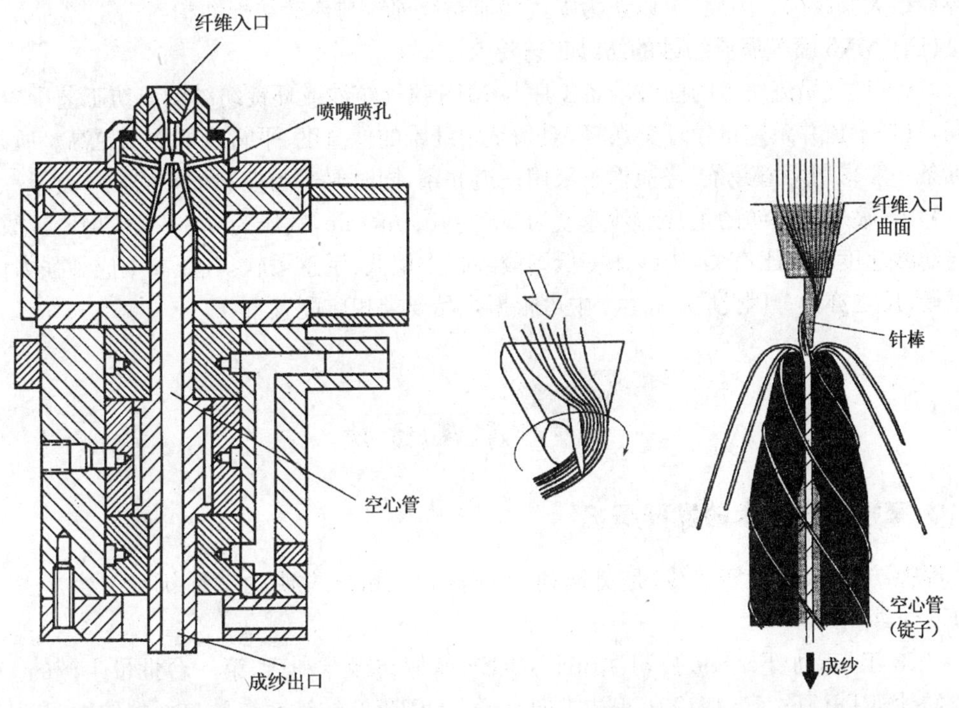

图 10-37　MVS 型喷嘴结构　　图 10-38　MVS 成纱机理

喷气涡流纺的成纱机理如图 10-38 所示。由前罗拉输出的须条进入喷嘴后，纺纱器上的四个喷射孔与锥形圆锥管道上的圆形涡流室相切，形成旋转气流，并沿空心锭的锥形顶端在锥形通道中旋转下移，从排气孔排出。当纤维的末端脱离螺旋输送管道的引导面和针状物的控制时，由于气流的膨胀作用，对须条产生径向作用力，依靠高速气流与纤维之间的摩擦力，使之足以克服纤维与纤维之间的联系力，从而达到分解成单纤维的目的。须条中纤维的相互分离产生了大量的边缘纤维（头端自由纤维），从而形成自由端，在旋转气流的作用下，覆盖在空心锭子上，同时对短绒有清除作用。纤维的另一端根植于纱体内，在空心锭子入口的集束和高速回转涡流的旋转的共同作用下，边缘纤维（头端自由纤维）沿着锭子回转，当纤维被牵引到锭子内时，纤维沿着锭子的回转而获得一定的捻度，形成外观类似环锭纱的螺旋形真捻结构。

（二）MVS 喷气纱的结构

MVS 喷气纱的结构如图 10-39 所示。

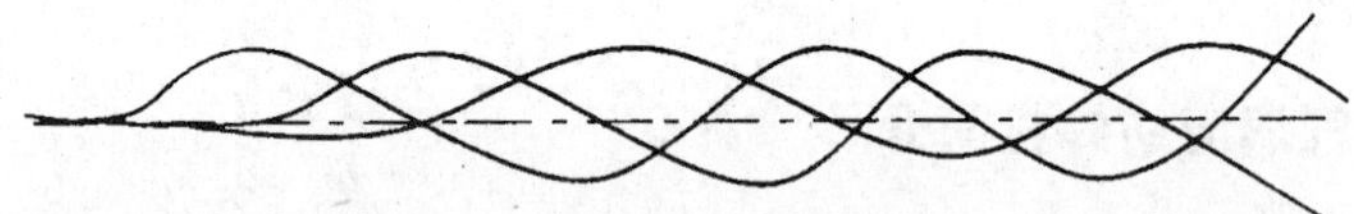

图 10-39 MVS 喷气纱的结构

喷气涡流纺的成纱结构与环锭纺相似，但还存在纱芯。约 40%的纤维连续排列而形成纱芯中的平行部分，约 60%的纤维形成外观类似环锭纱的螺旋包缠结构。

纺纯棉时，喷气涡流纺的单纱强度和条干比环锭纱稍差，其他指标与环锭纺相当，毛羽比环锭纱大幅减少。因此，可以认为喷气涡流纺纯棉纱与环锭纺棉纱相当。

（三）MVS 喷气涡流纺纱的纺纱工艺特点

MVS 喷气涡流纺纱的前纺准备工序与 MJS 喷气纺纱或环锭纺纱的前纺工艺配置基本相同，只是末道并条定量较环锭纺轻，对条子中纤维的伸直度、平行度的要求更高。所以，精梳棉条一般采用两道并条，普梳棉条采用三道并条，同时要适当控制棉条的短绒含量。

MVS 喷气涡流纺的正常纺纱速度为 300～400 m/min，气压为 0.4～0.6 MPa。成纱特性与纺纱速度和气压有关，纺纱速度低则成纱强力偏低、手感柔软，气压高则成纱强力偏高、手感硬；反之亦然。因此，实际生产中可根据产品要求相应配置。

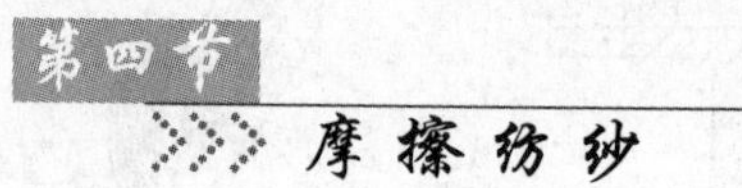

第四节 摩擦纺纱

一、摩擦纺纱技术的发展概况

摩擦纺纱（又称尘笼纺纱）是奥地利 Dr Ernst Fehrer 发明的一种新型纺纱方法，简称 DREF 纺纱。

1973 年，菲勒（Fehrer）公司注册了 DREF 摩擦纺纱专利后，第一台批量生产的 DREF 摩擦纺纱机 DREF 2 于 1977 年正式推向市场。DREF 2 纺纱系统属自由端纺纱，与其他自由端纺纱一样，具有与转杯纺纱相似的喂入开松机构，将纤维条分梳成单根纤维状态并喂入凝聚加捻区域，而纤维的凝聚加捻通过带抽吸装置及中速旋转的两个尘笼作用来完成。

1979 年，推出了另一种较为复杂的摩擦纺纱系统——DREF 3，是在 DREF 2 摩擦纺纱机的基础上，增加了一套纤维条牵伸喂入系统，能生产更为复杂的多组分包芯纱。

1986 年和 1994 年，菲勒公司推出了第二代 DREF 2 产品(DREF 2/86)和第三代 DREF 2 产品(DREF 2/94)。

1999 年，菲勒公司推出了全新设计的 DREF 摩擦纺纱机——DREF 2000。与 DREF 2 相比，DREF 2000 提供了更宽的纺纱线密度范围，具有更优、更经济的纺纱性能。

2003 年，在伯明翰举行的 ITMA 上，DREF 3000 首次展出并开始销售。目前，DREF 2000 和 DREF 3000 是最新型号的 DREF 摩擦纺纱机，代表了摩擦纺纱技术的最高水平。

我国于 20 世纪 80 年代进口了不少 DREF 摩擦纺纱机，全部第一代和第二代的 DREF 2 和 DREF 3 产品。

二、摩擦纺纱的主要特点

1. 低速高产

摩擦纺纱利用摩擦加捻原理，在加捻机件速度比较低的情况下，其单产可达环锭细纱机的 10 倍以上，属于低速高产的纺纱技术。

2. 适纺原料广

摩擦纺纱既可纺好纤维，也能纺下脚纤维，适纺纤维长度为 20～150 mm，同时能用好纤维包覆低档纤维。因此，摩擦纺纱不仅能大幅度地降低原料成本，而且能对原料进行综合利用。

3. 成纱品种多

摩擦纺可生产多种花式纱线，如竹节纱、结子纱、包芯纱及独特的摩擦纺彩色花式纱等。

4. 工艺流程短

摩擦纺纱直接从条子纺成筒子纱，省掉了环锭纺中的粗纱和络筒工序，大大缩短了工艺流程。

三、DREF 2 型摩擦纺纱机

DREF 2 型摩擦纺纱机由喂入牵伸、分梳辊梳理、凝聚加捻、输出卷绕四个部分组成，工艺流程如图 10-40 所示。

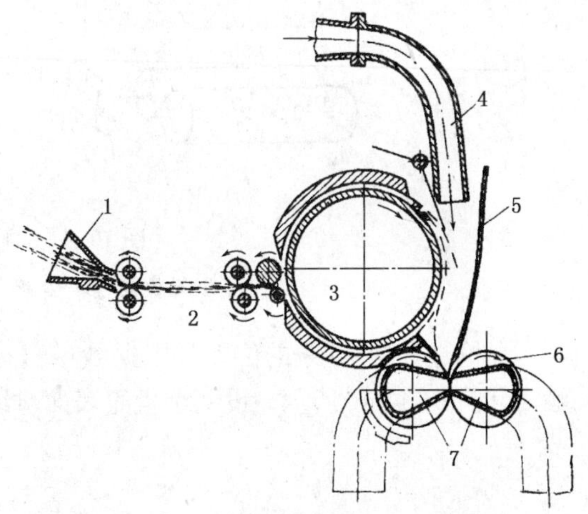

图 10-40 DREF 2 型摩擦纺纱机工艺过程

1—喂入喇叭 2—牵伸罗拉 3—分梳辊
4—吹风管 5—挡板 6—尘笼 7—吸气装置

(一) 喂入牵伸

喂入牵伸装置由喂入喇叭 1 及三对牵伸罗拉 2 组成。根据纺纱品种的不同，喂入条子由四根至六跟并合喂入，通过并合，可以提高成纱长片段的均匀度；通过牵伸，可以提高纤维的伸直度，减少分梳辊梳理时对纤维的损伤。通常以梳棉条子喂入，喂入条子的质量不匀率应小于 5%。当条子质量不匀率过大或混纺条子混合不匀时，需要经过一道并条，以改善其不匀，然后再喂入摩擦纺纱机。喂入条子的总质量可在 15～30 g/m 范围内。纺锦纶、丙纶等化纤时，由于此类纤维与金属的摩擦系数大，喂入定量应轻，以免分梳辊分梳时发热量过高。

(二)分梳辊梳理

经过喂入装置喂入的条子,受到直径为 192 mm 的分梳辊 3 的梳理,被分解为单纤维状态。分梳辊的锯齿应锋利,表面应光洁、不挂花,以保证成纱条干均匀。分梳辊的转速为 2 800～4 200 r/min,过高易损伤纤维,过低则梳理效果差。

(三)凝聚和加捻

纤维在分梳辊离心力的作用下脱离锯齿,并在吹风管 4 的气流作用下,沿档板 5 向两个直径为 80 mm 的网眼纺纱辊筒(尘笼)运动。尘笼的网眼孔径为 0.8 mm,表面孔眼 32 000 个,内部装有吸气装置 7,其内胆开口对着尘笼的契形槽,一端通过管道与风机相连。吸气装置的负压为 1 470 Pa 左右,可以调节。在吸气装置的吸力作用下,纤维被凝聚在两个尘笼间的契形槽中,两个尘笼以 1 600～3 500 r/min 的转速同向回转,将凝聚的纤维条加捻成纱。

摩擦纺纱的加捻原理如图 10-41 所示。凝聚的须条是纱条的尾端,由尘笼 2 摩擦而自由回转,因而是摩擦纺纱的自由端。纱条受引纱罗拉 3 握持并输出,纱尾自由回转,纱条因而获得捻度。

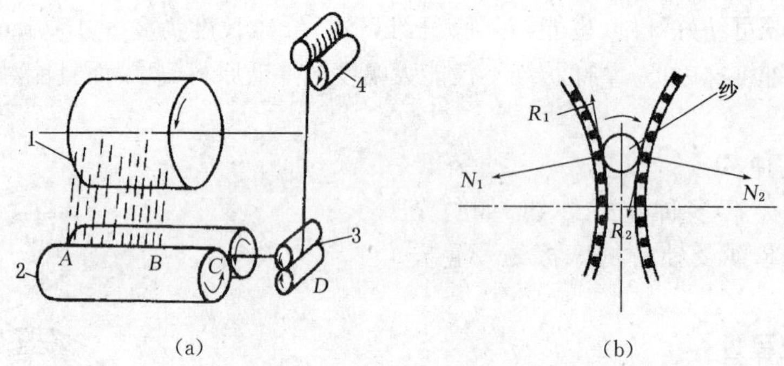

图 10-41　摩擦纺纱的加捻

1—分梳辊　2—尘笼　3—引纱罗拉　4—槽筒

加捻过程中,纱条的位置是根据纱条直径而自行调节的,但始终与两尘笼的表面相接触,如图 10-41(b)所示。设两个尘笼表面对纱条的摩擦力分别为 R_1 和 R_2,则:

$$R_1 = \mu N_1$$
$$R_2 = \mu N_2$$

式中:μ 为纱条与尘笼表面的摩擦系数;N_1、N_2 分别为两个尘笼对纱条的吸力。

R_1 和 R_2 构成一对使纱尾绕自身轴线回转的力偶,因而发生搓捻作用。纱尾的理论转速 n_2 可按下式求得:

$$n_2 = \frac{D_1}{D_2} \times n_1$$

式中:D_1 为尘笼直径(mm);n_1 为尘笼直径(r/min);D_2 为纱尾直径(mm)。

摩擦纺纱的加捻是在三个区域内进行的。图 10-41(a)中,AB 区域称为分层加捻区,BC 区称为整体加捻区,CD 区称为匀捻区。

(1) AB 区

纤维沿分梳辊的宽度在此凝聚形成自由端。由于受引纱罗拉的牵引,纱尾向输出方向运动,纤维又不断地添加到纱尾上,致使纱尾上的纤维数量分布由 A 向 B 逐渐增多。当受到尘笼摩擦而回转时,由于 AB 之间须条各截面的直径不同,回转速度各异,靠近 A 点的直径细而转速高,靠近 B 点的直径粗而转速低,因而各截面间因转速差异而获得捻回。但纱尾的回转加捻是与添加纤维以及向输出方向运动同时进行的,靠近 A 点部分虽然已经获得捻回,当向输出方向移动并添加纤维后,仍能随着外层纤维继续获得捻回。这样,纱芯的捻回多、外层的捻回少,而且逐层变化。这种分层加捻的结果,形成了摩擦纺纱纱芯结实、外层松软的结构。

(2) BC 区

此区纱体已经形成,纱条各截面直径相同,回转速度没有差异。纱条在此区内不增加捻回,纱条的回转只能对 CD 区纱条整体加捻。

(3) CD 区

D 点受引纱罗拉握持,相当于握持点。因 BC 段纱条的回转,使此区的纱条获得捻度。又因 CD 段纱条处于自由悬垂状态,且本身具有与捻向相反的抗捻力矩,使得由 C 点传来的捻回在此区均匀分布。如因 AB 区的加捻产生捻度不匀,在此区可得到改善。

纱条外观上获得的捻度 T_t(捻/10 cm)可由下式决定:

$$T_t = \frac{D_1 \times n_1}{D \times V \times 10} \times \eta$$

式中:V 为引纱速度(m/min);D 为纱条直径(r/min);η 为加捻效率。

加捻效率 η=1－滑溜率,因纱条是在契形槽内自由状态下加捻,纱条与尘笼间的滑溜率较大,加捻效率约为 65%～80%。影响加捻效率的主要因素是尘笼对纱条的吸力的高低以及尘笼表面与纱条的摩擦系数大小。因此,保持尘笼有足够的负压、增加尘笼表面与纱条之间的摩擦系数,是进一步发挥摩擦纺纱低速高产的关键。

纱条直径 $D=CN_t$(其中 N_t 为纺纱线密度,C 为系数),代入上式得:

$$T_t = \frac{D_1 \times n_1}{C\sqrt{N_t} \times V \times 10} \times \eta$$

由上式可知,当改变纺纱线密度,而尘笼及引纱速度不变时,即可改变成纱的捻度。实践证明,在较广泛的线密度范围内,摩擦纺的引纱速度大致上是恒定的,这是摩擦纺纱的一个特点。

(四) 输出卷绕

经过加捻的纱条由引纱罗拉输出并卷绕在筒管上,可卷绕成平行筒子,也可卷绕成锥形筒子。筒管由槽筒传动,其纺纱速度可达 100～280 m/min。引纱罗拉引纱时,只需克服尘笼的摩擦阻力,纱条受到的轴向力很小,属于低张力纺纱,因而纺纱过程中很少断头。

(五) 成纱的特点及其用途

1. 成纱蓬松度高,条干好

由于摩擦纺纱的径向捻度分布由纱芯向外层逐渐减小,因而具有内紧外松的结构,同时,由于纤维在凝聚过程中缺少轴向力的作用,因而纤维的伸直平行度差。所以,摩擦纺纱表面丰满而蓬松，弹性和手感好，伸长率较高。摩擦纺纱由多层纤维聚集而成，成纱条干优于环锭纱，粗节和棉结也少于同线密度环锭纱。

2. 可纺多彩的混色纱

摩擦纺纱采用多根条子并列喂入，如图 10-42 所示。图中最右侧(离引纱罗拉远)条子中的纤维将组成成纱的内芯，而左侧(离引纱罗拉近)条子中的纤维将包缠在成纱的外层，故可以利用喂入条子的色泽不同或者各色条子排列位置的不同，可获得不同的色彩效应。如果利用条子的粗细变化，使各种色彩的覆盖面积不同，也可获得不同的色彩效应。此外，还可采用特殊的机构，使两侧的条子周期性或非周期性地变换位置，可以得到色彩变化的色彩效应纱。

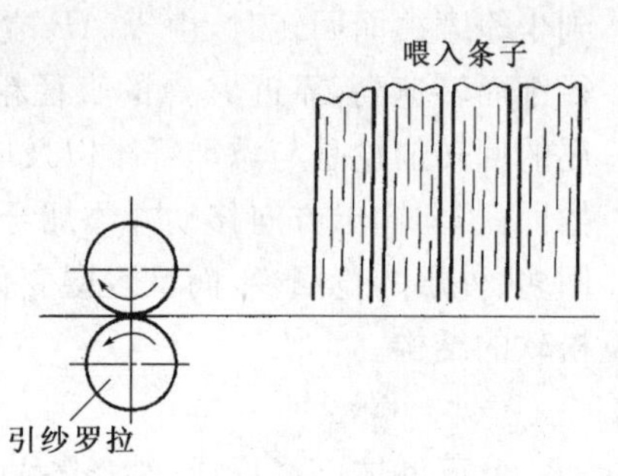

图 10-42 摩擦纺的色彩效应

3. 可利用下脚料纺纱

摩擦纺纱的纺纱张力低，对原料的适应性广，棉、毛、丝、麻、化纤、再生原料、下脚原料都可纺纱。由于纤维的凝聚和搓捻在具有网眼的尘笼表面进行，且该机合理地使用了吸风装置，尘杂可随时由附装的排杂装置吸走，即使所纺各种下脚料中含有大量杂质，成纱中的含杂也很少，所以能顺利地加工纺织厂的各种下脚料及再生原料。

4. 可用优质纤维包缠廉价原料

摩擦纺可将质量外观较差的纤维安置在纱线的内层，将高档的纤维原料如羊毛、绢丝等包缠在纱线外层，以增强产品外观效应。

5. 可纺包芯纱及花式纱

纺制包芯纱的工艺简便，可将纱线、长丝或金属丝从轴向喂入尘笼，并用短纤维包缠于外层，纺成包芯纱。这样能弥补短纤维长度短、强力低的弱点，采用纱线、长丝等作为纱芯则可获得较高的成纱强度。

纺花式纱可利用花式纱装置。通过牵伸装置及气流喷嘴，间断地将纤维添加于基纱上，再经摩擦加捻可纺成竹节纱。纺制圈形花式纱和结子纱均可利用超喂的方式，使装饰纱的速度高于芯纱的速度，以等速或变速超喂送入加捻区，装饰纱线将蓬松地圈绕于芯纱的周围，产生圈圈或结子，再经纺纱区用短纤维包缠，以固定纱圈。

摩擦纺纱所纺制的纱线用途很广，可用于装饰织物、棉毯织物、清洁用布、外衣用织物、工业用织物、起绒织物等。

四、DREF 3 型摩擦纺纱机

DREF 3 型摩擦纺纱机较 DREF 2 型有较大改进，它具有两个喂入牵伸机构，第一喂入牵伸机构为四上四下双胶圈牵伸，如图 10-43(a)所示，牵伸倍数为 100～150 倍，喂入二并熟条，条重一般控制在 3～3.5 g/m，牵伸后的须条沿尘笼 1 的轴向喂入加捻区，作为纱芯；第二喂入牵伸机构为三上二下罗拉牵伸，如图 10-43(b)所示，喂入六根并列的生条，经一对直径相同的分梳辊 3 梳理、分解为单纤维后，经气流输送管 4 吸附在两个尘笼的契形槽中，由尘笼搓捻包缠在纱芯上，形成包缠纱。成纱由引纱罗拉 2 输出，经槽筒卷绕在筒管上成为筒子纱。

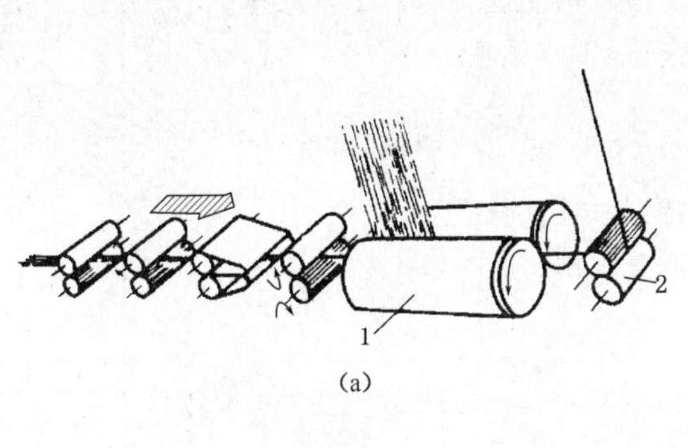

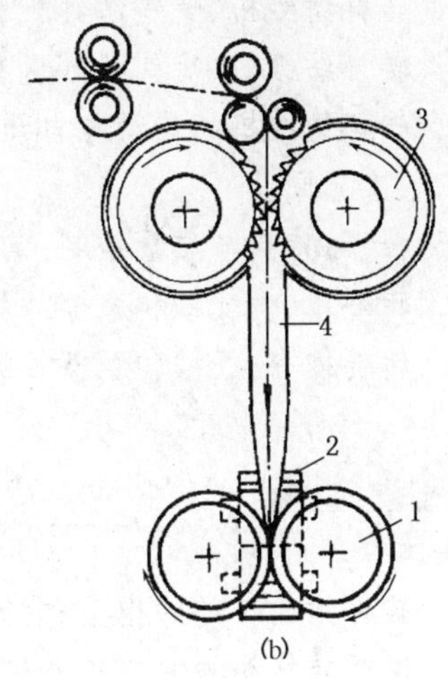

图 10-43 DREF 3 型摩擦纺纱机工艺流程

1—尘笼 2—引纱罗拉 3—分梳辊 4—气流输送管

第一喂入牵伸机构输入的须条以前罗拉钳口和引纱罗拉钳口为握持点，中间经尘笼加捻，输入端和输出端的捻向相反，因而形成假捻。同时，第二喂入牵伸机构输出的纤维随着纱芯一起回转，包缠在纱芯表面。通过加捻，纱芯成为平行伸直的纤维束，外层纤维缠绕在纱芯表面，使纱芯的纤维紧密接触，纱芯体现为纱的强度，外层纤维构成纱的外形，从而提高了成纱强力。这种纺纱方式，实际上是非自由端纺纱，属于假捻包缠。

该机尘笼直径为 44 mm，尘笼上分布有 9 000 多个直径为 0.8 mm 的孔眼，尘笼转速为 3 000～5 000 r/min，负压为 2 450～2 940 Pa，纺纱速度为 200～300 m/min。尘笼负压和转速的大小，是影响加捻效率和成纱强力的主要因素。尘笼转速高，成纱捻度大，可以获得较高的强力，但转速过高，纱条在尘笼进出口处跳动，增加断头。适当加大尘笼负压，能提高加捻效率，而且使成纱毛羽少、外观光洁，如负压过高则成纱手感硬挺且易堵塞尘笼网眼。尘笼转速及负压的大小，须结合纤维的可纺性、纺纱线密度、用途等综合考虑。

DREF 3 摩擦纺纱机纺出的纱是一种芯纤维平行伸直排列的包芯纱，具有强力高、条干好、毛羽少等特点。纱芯截面的纤维根数不宜少于 130 根，纱芯与表层纤维的比例可为 30/70、50/50、75/25，芯纤维的比例增加，成纱强力增大。但表面纤维的比例过小时，芯纤维可能外露。国内试验，以 70%的棉纤维为芯纱，外包 30%的毛纤维，用酸性染料染色，结果棉纤维没有外露，试织的女式呢，其外观酷似纯毛产品。

DREF 3 摩擦纺纱机适用于加工各类天然纤维和化学纤维，也适用于它们的混纺。纱芯原料可用短纤维，也可用化纤长丝、弹力丝、金属丝等。该机可纺本色纱或彩色纱，也可用优质纤维包缠廉价纤维，利用花式装置，还可纺各种花式纱。

本章学习重点

学习本章后，应重点掌握三大模块的知识点：

一、转杯纺纱机、喷气纺纱机和摩擦纺纱机的机构组成与工作原理。

1. 转杯纺纱机、喷气纺纱机和摩擦纺纱机的主要技术特征、工艺流程。

2. 转杯纺纱机、喷气纺纱机和摩擦纺纱机的主要机构的工作原理。

3. 转杯纺纱机的传动与自动控制的一般工作原理。

二、工艺原理

三、产品特点与质量控制。

1. 转杯纱、喷气纱和摩擦纱的结构特点与性能特点。

2. 转杯纱、喷气纱和摩擦纱的成纱质量控制。

复习与思考

基本原理

1. 转杯纺和环锭纺相比有何特点?

2. 说明转杯纺纱的工艺流程、适用的原料和可纺纱支范围。

3. 说明转杯纺成纱工作原理和工作过程。

4. 说明转杯纺纺纱器的主要组成和作用。

5. 转杯纺纱机主要有哪两种类型? 各有何特点?

6. 转杯纺主要有哪些工艺设计参数?

7. 说明转杯纱的结构和特点。

8. 说明喷气纺纱的成纱原理、喷气纱的结构及性能特点。

9. 说明摩擦纺的成纱原理、适纺原料和成纱特点。

基本技能训练与实践

训练项目1:上网收集或到校外实训基地了解有关转杯纺纱机,对各种类型的转杯纺纱机进行技术分析。

训练项目2:上网收集或到校外实训基地了解有关喷气纺纱机,对各种类型的喷气纺纱机进行技术分析。

训练项目3:转杯纺纱工艺设计,包括速度计算、捻度计算、产量计算。

参考文献

[1] 上海纺织控股集团棉纺手册第三版编委会. 棉纺手册(第三版)[M]. 北京:中国纺织出版社,2004.
[2] 任家智. 纺织工艺与设备(上册)[M]. 北京:中国纺织出版社,2004.
[3] 史志陶. 棉纺工程(第三版)[M]. 北京:中国纺织出版社,2004.
[4] 徐少范. 棉纺质量控制[M]. 北京:中国纺织出版社,2002.
[5] 费青. 自调匀整装置与清梳联技术的发展[J]. 棉纺织技术,2002,(7).
[6] 张冶. 新型梳棉机的发展趋势[J]. 纺织科学研究,2005,(3).
[7] 秦贞俊. 现代梳棉机的技术进步[J]. 国外纺织技术,2001,(5).
[8] 穆征. TC03 型梳棉机的在线监控技术[J]. 棉纺织技术,2005,(7).
[9] 苏馨逸. 国产清梳联技术分析[J]. 棉纺织技术,2005,(7).
[10] 郑州纺织机械厂. 清梳设备资料. 2007.
[11] 青岛纺织机械有限公司. 清梳设备资料. 2004.
[12] 周金冠. 新型棉精梳机工艺设计[M]. 西安:全国棉纺织科技信息中心,1999.
[13] 周金冠. 现代精梳生产工艺与技术[M]. 北京:中国纺织出版社,2006.
[14] 周金冠. 现代精梳系统及相关工艺技术[J]. 棉纺织技术,2004,(1)～(12).
[15] 沈阳纺织机械厂. FA326 并条机产品说明书. 2003.
[16] 吕恒正. 浅论国内外棉纺并条机的技术进步[J]. 棉纺织技术,2001,(8).
[17] USTER 公司. USG 自调匀整产品说明书. 2006.
[18] 天津纺织机械厂. FA492 粗纱机产品说明书. 2006.
[19] 梁英俊. 浅谈国产粗纱机的技术进步[J]. 纺织导报,2002,(3).
[20] 吕恒正. 电脑粗纱机的技术发展[J]. 纺织导报,2003,(5).
[21] 白予生. 试论粗纱机纺纱张力的 CCD 在线监控[J]. 棉纺织技术,2005,(9).
[22] 白予生,徐洪根. 棉纺粗纱机动态纺纱张力分析[J]. 陕西纺织,2005,(1).
[23] 白予生. 论粗纱机"恒离心力纺纱"[J]. 棉纺织技术,2004,(3).
[24] 史志陶. 粗纱张力自动检测调节系统工作原理分析[J]. 棉纺织技术,2003,(6).
[25] 顾菊英. 棉纺工艺学(第二版)[M]. 北京:中国纺织出版社,1998.
[26] 李济群,瞿彩莲. 紧密纺纱技术[M]. 北京:中国纺织出版社,2006.
[27] 村田 No. 21C 自动络筒机产品说明书. 2006.
[28] USTER 公司. USTER QUANTUM—Ⅱ电子清纱器产品说明书. 2006.
[29] 经纬纺织机械厂. F1604 转杯纺纱机产品说明书. 2004.
[30] 蔡永东. 新型机织设备与工艺(第二版)[M]. 上海:东华大学出版社,2008.
[31] 张冶,刘梅城,张曙光. 纺纱工艺设计与实施[M]. 上海:东华大学出版社,2011.

[32] 杨昆，陶肖明．一种新型针织用环锭纱的研制及应用[J]．纺织学报，2004，(6)．
[33] 李新荣．假捻器在环锭纺上的应用[J]．纺织器材，2011，(2)．
[34] 梅自强．我国原创的两种纺纱新技术[J]．棉纺织技术，2010，(9)．
[35] 刘荣清，张易．现代细纱机的创新和发展[J]．纺织器材，2011，(6)．
[36] 徐卫林，夏治刚，丁彩玲等．高效短流程嵌入式复合纺纱技术原理解析[J]．纺织学报，2010，(6)．
[37] 刘荣清．嵌入式复合纺纱技术的理解和思考[J]．上海纺织科技，2009，(10)．
[38] 熊伟，赵阳．高效短流程嵌入式纺纱的综合分析[J]．纺织器材，2009，(3)．
[39] 徐巧林．嵌入式复合纱与环锭纱的性能对比[J]．上海纺织科技，2010，(3)．
[40] 徐巧林．嵌入式复合纱与 Sirofil 复合纱的对比分析[J]．上海纺织科技，2010，(3)．
[41] 尚红燕．嵌入式复合纱的纺制实践[J]．棉纺织技术，2011，(2)．
[42] 方磊，何春泉．浅析嵌入式纺纱技术[J]．上海纺织科技，2011，(8)．